Kussy, Elektrische Niederspannungsschaltgeräte

Elektrische Niederspannungs-schaltgeräte

von

Dr. Ing. Werner Kussy

Mit 342 Textabbildungen

BERLIN 1950

TECHNISCHER VERLAG HERBERT CRAM

Gedruckt im Druckhaus Tempelhof, Berlin

Inhalt

Kapitel I: Allgemeine Theorie der Schaltgeräte

Kapitel II: Widerstände

Kapitel III: Berechnung von Magneten

Kapitel IV: Mechanik der Schaltgeräte

Einleitung

Soviel Literatur über Motoren und Generatoren erschienen ist, so wenig Lehrbücher gibt es über den Niederspannungsschaltgerätebau. In den letzten 20 Jahren, in denen der Schaltgerätebau sehr starken Veränderungen unterworfen war, ist meines Wissens in deutscher Sprache überhaupt kein zusammenfassendes Lehrbuch erschienen; aber auch in der englischen und französischen Literatur ist das Gebiet sehr stiefmütterlich behandelt worden.

Der junge Ingenieur kennt meist weder die rechnerischen noch die konstruktiven Unterlagen und muß sich diese mühsam zusammensuchen. Dies führt dazu, daß jeder junge Konstrukteur und Berechner leicht und häufig Fehler beim Entwurf von Apparaten macht oder sich Dinge erarbeiten muß, die bereits Allgemeingut der Technik sein sollten.

Ich habe nun versucht, sowohl die theoretischen Fragen, die für den Ingenieur, der sich im Niederspannungsschaltgerätebau betätigen will, wichtig sind, zusammenzufassen, als auch die konstruktiven Grundlagen darzustellen. Mit Absicht habe ich es vermieden, Fotografien von fertigen Apparaten in das Buch aufzunehmen, da diese im allgemeinen nur ein undeutliches Bild über den Bau der Geräte geben und weil alle Apparatekonstruktionen starken Veränderungen unterworfen sind. Dagegen soll die große Zahl von konstruktiven, skizzenhaften Darstellungen, wie sie vor allem im 4. Kapitel gezeigt werden, dem Konstrukteur an Hand von Beispielen die Anregung geben, von sich aus — aus den vorhandenen Lösungen — neue Wege bei der Lösung von Fragen des Schaltapparatebaues zu finden.

Ich habe mich bemüht, Beispiele von möglichst vielen Fabriken darzustellen, wobei ich in vielen Fällen Vereinfachungen und Änderungen gegenüber den wirklich ausgeführten Konstruktionen der Deutlichkeit halber vorgenommen habe. Es ist jedoch natürlich, daß mir die Unterlagen der von mir geleiteten Firma „Rheostat" Specialfabrik elektrotechn. Apparate G.m.b.H., Dresden, am besten zugänglich waren und ich daher in besonders vielen Fällen auf diese zurückgegriffen habe.

Auf die benützte Literatur ist im allgemeinen an den Stellen im Buch verwiesen, wo auf diese zurückgegriffen wurde. Ich bitte jedoch meine Leser, zu entschuldigen, wenn dies in dem einen oder anderen Falle einmal unterblieben sein sollte, ebenso dann, wenn ich hin und wieder einmal eine Firma nicht angegeben habe, von der eine Ausführungsform stammt. Dies kommt daher, daß in den Kriegsereignissen es wohl gelungen ist, den ersten Entwurf des Manuskriptes zu erhalten, dagegen leider die Unterlagen, in denen ich die Literatur, die ich benutzte, aufgezeichnet habe, abhanden gekommen sind, und ich diese daher aus dem Gedächtnis oder Rekonstruktionen, die ich nach dem Kriege vorgenommen habe, wieder ergänzen mußte. Ich habe das Buch nach dem Kriege zu Ende geführt und mich bemüht, auch die allerneuesten Forschungsergebnisse, soweit sie mir zugänglich waren, mit zu verwenden.

Für viele Anregungen, die mir meine Mitarbeiter, insbesondere die Herren Seidel, Nedeß, Vetter, Zumpe, sowie Herr Dipl.-Ing. Lappe gaben, möchte ich an dieser Stelle danken, ebenso Herrn Grundke und Herrn Küßner, die die Zeichnungen ausgeführt haben. Besonderer Dank aber gebührt meiner Frau, durch deren Wirken das erste Manuskript gerettet wurde.

Allgemeine Theorie der Schaltgeräte

Widerstand von Stromschienen

Leitungsträger in Schaltapparaten sind Klemmen, Kontakte, Litzen, Widerstandsdrähte, Spulen und andere Stromschienen. Für die Größe des Schaltapparates ist in erster Linie die Bemessung und Ausbildung dieser Leitungsträger von ausschlaggebender Bedeutung. Die Abmessungen richten sich nach der Temperatur, die in den Leitungsträgern auftreten darf, der Wärmemenge, die in ihnen erzeugt wird, nach den Abkühlungsmöglichkeiten und nach den mechanischen Erfordernissen. Die Temperatur, die in Stromschienen auftreten kann, ist von der zugeführten Wärme abhängig und von den Abkühlungsmöglichkeiten. Die zugeführte Wärme ist bekanntlich I^2R, wobei I die elektrische Stromstärke in Amp. und R der Ohmsche Widerstand ist. Die Berechnung dieser Größe macht im allgemeinen bei Gleichstrom keine Schwierigkeiten. Die Größe I ist, von wenigen Ausnahmen abgesehen, die später behandelt werden, im allgemeinen im Apparatebau bekannt, und die Größe R ergibt sich bei Gleichstrom aus dem Ohmschen Gesetz.

Hierbei ist der Gesamtwiderstand $R = \frac{l \cdot \rho}{q}$, (1a)

wobei l die Länge der Schiene in Metern

ρ der spezifische Widerstand $\left(\Omega \frac{\text{qmm}}{\text{m}}\right)$ bei 20° C

q der Querschnitt in mm^2 ist.

Die Werte von ρ für die wichtigsten Metalle sind in folgender Tabelle zusammengestellt[1]);

	Spezifischer Widerstand bei 20° C	Widerstandszunahme pro ° C in ‰
Silber	0,0163	0,41
Kupfer	0,0175	0,40
Aluminium	0,029	0,40
Eisendraht	0,125	0,6
Gußeisen	1,00	0,1
Messing	0,065—0,085	0,12—0,20
Konstantan	0,5	0,013
Chromnickel	1,12	0,01
Graphit	12—40	~ —0,05
Nickelin	0,4—0,44	0,018—0,021
Isabellin	~ 0,5	—0,005

1) S. auch Hütte 2 Bd. 1941.

Schwieriger ist die Bestimmung des Wechselstrom-Widerstands, insbesondere von massiven Leitern bei höheren Frequenzen[1]).

In einem Leiter (Abb. 1) sei die Stromrichtung in der gezeichneten Weise angenommen. Sobald sich der Strom im dargestellten Stromfaden ändert, entstehen veränderliche Felder um den Stromfaden, die wiederum ihrerseits Strom erzeugen. Diese Ströme kehren sich ebenso wie der Strom I um. Wie man aus der Abbildung erkennen kann, wird gegen die Mitte des Leiters zu die Stromdichte vermindert, nach außen zu erhöht. Der Strom ist also nicht mehr gleichmäßig über den ganzen Leiter verteilt. Berechnet man die Veränderung, die diese ungleichmäßige Stromverteilung in einer rechteckigen Stromschiene hervorruft, so betrachten wir zunächst einen Leiter, dessen Dicke 2 d im Verhältnis zur Länge und zur Höhe klein ist, so daß Randwirkungen vernachlässigt werden können. In einem solchen Leiter betrachten wir einen Stromfaden von der Höhe 1 und der Stärke ∂y. Denkt man sich in der Mitte des Leiters, wie ihn Abb. 2a zeigt, ein Koordinaten-System, so ergibt das erste Maxwellsche Gesetz folgende Gleichung:

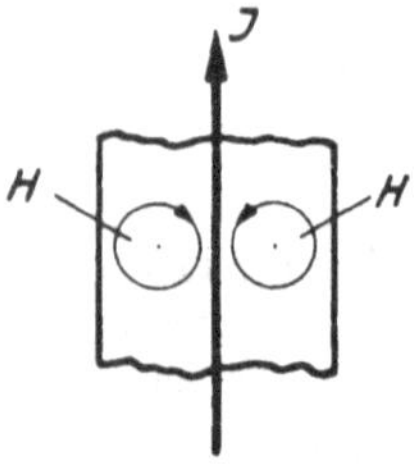

Abb. 1

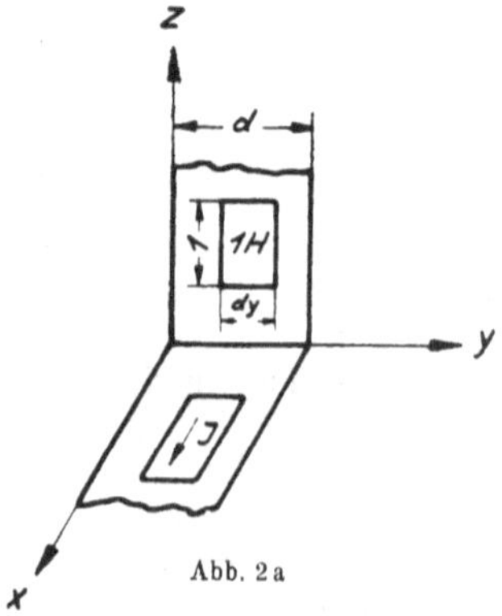

Abb. 2a

$$\frac{\partial \mathfrak{H}}{\partial y} = 0{,}4\, \mathfrak{J}\, \pi \qquad (1b)$$

Hierbei ist $\mathfrak{J}$ die Stromdichte in Amp./cm², H die magnetische Feldstärke in Gauß.

Nach dem zweiten Maxwellschen Gesetz ergibt sich

$$\frac{\partial \mathfrak{E}}{\partial y} = \frac{\partial \mathfrak{H}}{\partial t} \cdot 10^{-8}\ ^{2)} \qquad (2)$$

Hierbei ist $\partial \mathfrak{E}$ die Zunahme der elektrischen Feldstärke in Volt/cm. Wir untersuchen nun den Fall des einwelligen Wechselstromes von der veränderlichen magnetischen Feldstärke

$$\mathfrak{H} = H_m \sin \omega t \qquad \text{oder}$$

in komplexer Schreibweise ausgedrückt

$$\mathfrak{H} = H_m e^{-j\omega t}$$

[1]) Fränkel, Theorie der Wechselströme. 3. Aufl. S. 124ff.

[2]) Mißt man $\mathfrak{H}$ m Oerstedt, dann muß Gleichung 2 lauten $\frac{\partial \mathfrak{E}}{\partial y} = \mu_0 \frac{\partial \mathfrak{H}}{\partial t} \cdot 10^{-8}$, hierbei ist $\mu_0 = \frac{1 \text{ Gauß}}{1 \text{ Oerstedt}}$.

Es ergibt sich $$\frac{\partial \mathfrak{H}}{\partial t} = j\,\omega\,H_m\,e^{j\omega t} \tag{2a}$$

Unter Berücksichtigung der Gleichungen 1b und 2 ergibt sich:

$$\frac{\partial \mathfrak{E}}{\partial y} = \rho \frac{\partial \mathfrak{J}}{\partial y} = j\,\omega\,\mathfrak{H} \cdot 10^{-8}$$
$$j\,\omega\,\mathfrak{H} \cdot 10^{-8} = \rho \frac{1}{0{,}4\pi} \frac{\partial^2 \mathfrak{H}}{\partial y^2} \tag{3}$$

$$\frac{\partial^2 \mathfrak{H}}{\partial y^2} = 2\,j\,k^2\,\mathfrak{H}, \text{ wobei } k^2 = \frac{0{,}4\pi\,\omega \cdot 10^{-8}}{2\,\rho} \left[\frac{1}{\text{cm}^2}\right] \tag{4}$$

Hierbei ist ρ in Ω cm gemessen.

Diese Differentialgleichung hat folgende allgemeine Auflösung:

$$\mathfrak{H} = \mathfrak{A}\,e^{ky\sqrt{2j}} = \mathfrak{A}_1\,e^{+k(1+j)y} + \mathfrak{A}_2\,e^{-k(1+j)y} \tag{5}$$

Das Koordinaten-System ist genau in die Mitte des Leiters gelegt, wie Abb. 2a zeigt. Im Koordinaten-Anfangspunkt, also für $y = 0$ ist die Stromdichte ein Minimum. Es ist also gemäß Gleichung 1b

$$0{,}4\,\pi \frac{\partial \mathfrak{J}}{\partial y} = \frac{\partial^2 \mathfrak{H}}{\partial y^2} = 0 = \mathfrak{A}_1\,k^2\,(1+j)^2\,e^{ky(1+j)} + \mathfrak{A}_2\,k^2\,(1+j)^2\,e^{-ky(1+j)}$$

Hieraus folgt $\mathfrak{A}_1 = -\mathfrak{A}_2 = \mathfrak{A} = A\sqrt{2}\,e^{j\omega t}$

Diesen Wert setzen wir in die Gleichung für die magnetische Feldstärke ein und erhalten $$\mathfrak{H} = A\sqrt{2}\,e^{j(\omega t + ky)}\,e^{ky} - A\sqrt{2}\,e^{j(\omega t - ky)}\,e^{-ky} \tag{6}$$

Nach der Gleichung 1b ist aber jetzt $\frac{\partial \mathfrak{H}}{\partial y}$ leicht zu errechnen, denn nach Gleichung 5 gilt:

$$0{,}4\,\pi\,\mathfrak{J} = \mathfrak{A}\,k\,(1+j)\left\{e^{k(1+j)y} + e^{-k(1+j)y}\right\} \tag{7}$$

Es ist also jetzt die Stromdichte bekannt. Für die Erwärmung ist maßgebend die Größe $I^2\,\rho\,l/q = \mathfrak{J}^2\,\rho\,lq$.

Der Widerstand bei Wechselstrom wird daher scheinbar erhöht, und zwar im Verhältnis des Mittelwertes der Quadrate der effektiven Stromdichten J^2_{eff} zum Quadrat des Mittelwertes der Stromdichte J_0^2 (Abb. 2b).

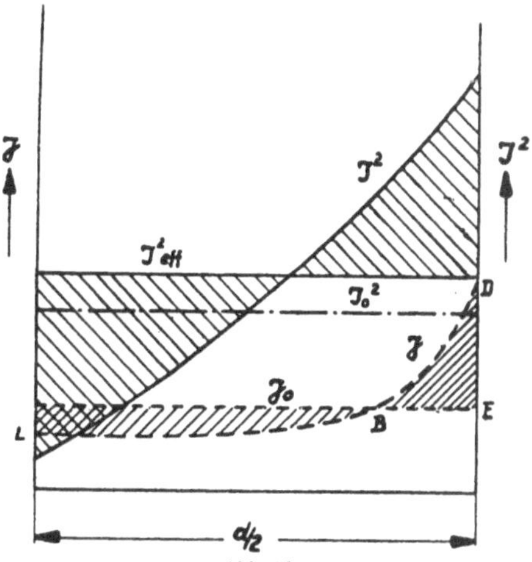

Abb. 2b

Das Quadrat des Mittelwertes der Stromdichte für eine Leiterhälfte ergibt sich als Quadrat der durchschnittlichen Stromdichte über den Querschnitt einer Leiterhälfte:

$$\mathfrak{J}_0^2 = \left(\frac{1}{d}\int_0^d \mathfrak{J}\,dy\right)^2 \tag{8}$$

Der Mittelwert der Quadrate der effektiven Stromdichte für eine Leiterhälfte

$$J^2 = \frac{1}{d}\int_0^d \mathfrak{J}^2\,dy \tag{9}$$

Es ist also die Widerstandserhöhung

$$v = \frac{Rw}{Rg} = \frac{\left(\frac{1}{d}\int_0^d J^2\,dy\right)}{\left(\frac{1}{d}\int_0^d J\,dy\right)^2} \tag{10}$$

Für den hier untersuchten Fall der rechteckigen langen Stromschienen

$$\mathfrak{J}_0 = \frac{1}{d}\int_0^d \mathfrak{J}\,dy = \frac{\mathfrak{A}}{0{,}4\,\pi\,d}\left(e^{kd\,(1+j)} - e^{-kd\,(1+j)}\right) \tag{11}$$

Das Quadrat des Mittelwertes der Stromdichte errechnet man nach der symbolischen Methode durch Multiplikation mit dem konjugiert komplexen Vektor. Das Quadrat einer Stromdichte multipliziert mit einem Ohmschen Widerstand ergibt eine Leistung. In der Leistung erscheint die Differenz der Phasenwinkel zwischen Strom und Spannung und der Faktor $e^{j\omega t}$ fällt fort, daher wird die Leistung durch Multiplikation des Stromvektors mit dem konjugiert komplexen Spannungsvektor errechnet. Die effektive Leistung $E \cdot I \cdot \cos\varphi$ berechnet man in folgender Weise:

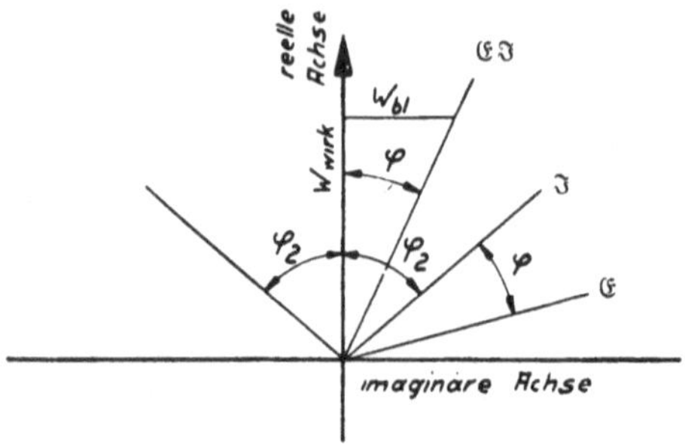

Abb. 3

In der komplexen Ebene Abb. 3 sind die Vektoren $\mathfrak{E}$ und $\mathfrak{J}$ und infolgedessen auch der Vektor

$$\mathfrak{E}\mathfrak{J} = E \cdot I\,(\cos\varphi - j\sin\varphi) = E\,I e^{-j\varphi} = W_{wirk} + j\,W_{bl} \tag{12}$$

gegeben. Hierbei ist W_{wirk} die Wirkleistung und W_{bl} die Blindleistung.

Wie man aus der Abb. 3 erkennt, wird die Wirkleistung und die Blindleistung dadurch bestimmt, daß man den Vektor $\mathfrak{E}$ mit dem Vektor $\mathfrak{J}'$, der konjugiert komplex zu dem Vektor $\mathfrak{J}$ ist, multipliziert. Man muß daher, um das Quadrat des Mittelwertes der Stromdichten zu bestimmen, auch den Vektor $\mathfrak{J}_0$ (Gleichung 11) mit dem zu ihm konjugiert komplexen multiplizieren, da das Quadrat des Mittelwertes der Stromdichten multipliziert mit $\frac{\rho \cdot l}{q}$ eine Leistung ergibt.

$$J_0^2 = \frac{A^2}{d^2}\left\{\left[e^{kd(1+j)} - e^{-kd(1+j)}\right]\left[e^{kd(1-j)} - e^{-kd(1-j)}\right]\right\}\frac{1}{(0{,}4\,\pi)^2}$$

$$= \frac{2}{(0{,}4\,\pi)^2}\cdot\frac{A^2}{d^2}\left[\mathfrak{Cof}\,2\,kd - \cos 2\,kd\right] \qquad (13)$$

In der gleichen Weise wird aus der Gleichung 7 das Quadrat der effektiven Stromdichten durch Multiplikation des in Gleichung 7 dargestellten Vektors mit seinen konjugierten Komplexen errechnet, da auch das Quadrat der effektiven Stromdichte wieder eine Leistung ergibt.

$$J^2 = 1\,(1+j)\,(1-j)\,A^2\,k^2\left\{\left[e^{ky(1+j)} + e^{-ky(1+j)}\right]\left[e^{ky(1-j)} + e^{-ky(1-j)}\right]\right\}\frac{1}{(0{,}4\,\pi)^2}$$

$$= 4\,\frac{A^2}{(0{,}4\,\pi)^2}\,k^2\left[\mathfrak{Cof}\,2\,ky + \cos 2\,ky\right] \qquad (14)$$

Der Mittelwert der effektiven Stromdichtenquadrate ist wie in Gleichung 9 dargestellt

$$J^2_{eff} = \frac{1}{d}\int_0^d J^2\,dy = \frac{4\,A^2\,k}{(0{,}4\,\pi)^2\,d}\left[\mathfrak{Sin}\,2\,kd + \sin 2\,kd\right] \qquad (15)$$

Es ist also für eine rechteckige Stromschiene

$$v = \frac{Rw}{Rg} = kd\,\frac{\mathfrak{Sin}\,2\,kd + \sin 2\,kd}{\mathfrak{Cof}\,2\,kd - \cos 2\,kd} \qquad (16)$$

Für technische Frequenzen, also für kleine Werte kd kann man Gleichung 16 in Reihen entwickeln und es ergibt sich:

$$v = 1 + \frac{(2\,kd)^4}{180} = 1 + \frac{0{,}16\pi^2\,10^{-16}\,\omega^2 d^4}{180\cdot 4\cdot \rho^2} = 1 + 0{,}11 d^4. \qquad (17)$$

Für große Werte von $k \cdot d$, also für hohe Frequenzen oder sehr dicke Platten ist

$$v = kd = 2\,\pi\,d\sqrt{\frac{f}{\rho}\,10^{-9}} \qquad (18)$$

In ähnlicher Weise wie für Platten ist auch von Lord Kelvin die Widerstandserhöhung von Wechselstrom in massiven kreisförmigen Leitern berechnet worden.

Die Berechnung geschieht in gleicher Weise wie für rechteckige Leiter. Die Gleichung 5 gilt also auch hier. Will man aber nun integrieren und den Mittelwert der Quadrate der effektiven Stromdichten zum Quadrat des Mittelwertes der Stromdichten aufstellen, so muß in diesem Falle, da wir es mit kreisförmigen Leitern mit dem Radius r zu tun haben, folgende Integration angewendet werden:

$$v = \frac{Rw}{Rg} = \frac{\int_{y=0}^{y=r} J^2\, 2\,\pi\, y\, dy}{\left[\int_{y=0}^{y=r} J\, \pi\, y\, dy\right]^2} \tag{19}$$

Bei der Auflösung dieser Integration kommt man zu Besselschen Funktionen. Das Ergebnis der Rechnung sei hier für niedrige Frequenzen näherungsweise angegeben

$$v = \frac{\pi^4 f^2 d^4}{48\,\rho^2 10^{18}} + 1 \text{ [1]} \tag{20}$$

wobei f die Frequenz des Wechselstromes und d die Drahtstärke ist. Hierbei ist ρ der spezifische Widerstand in Ω cm einzusetzen.

Zur Zeit $t = 0$ ist die Feldstärke nach einer Sinusfunktion verteilt. An jeder Stelle $y =$ konst. schwingt sie nach der Funktion $\sin \omega t$. In der Zeit dt schreitet die Welle um den Wert dy fort, und zwar mit der Geschwindigkeit

$$v = \frac{dy}{dt} = \frac{2\pi f}{k} = f\lambda,$$

denn $\omega\, dt = k dy = 0$, wenn die Gleichung 6 auch für den Ausdruck

$$\sqrt{2A} \sin [\omega (t + dt) + k (y + dy)]$$

bestehen bleiben soll. Die Wellen werden gedämpft, und zwar nach dem Fektor $e^{\pm ky}$. Am Rande herrscht nach Voraussetzung die größte Stromdichte, in der Mitte ist sie ein Minimum. Die Feldstärke ist also durch zwei sich superponierende gedämpfte Wellen mit der Wellenlänge $\lambda = 2\pi / k$ darzustellen.

Dies ist für $f = 50$, bei Kupfer $= 6$ cm, da k Kupfer $= 1{,}05$. Die Wellen sind nach einer Wellenlänge auf den 525. und nach einer halben Wellenlänge auf den 20. Teil gedämpft. In ähnlicher Weise ist bei zylindrigen Leitern die Feldstärke darstellbar, jedoch sind hier die Wellen zylinderförmig.

Unter der Annahme, daß für $y = 0$, $H = 0$ herrschte, gilt die Gleichung 6, und der Wert von H am Rand d ist zu berechnen als Summe des Wertes der einfallenden Welle (positives Vorzeichen) vermindert um den Wert der gegenläufigen

[1]) ETZ 1890 S. 661, Fränkel, Theorie der Wechselströme

(negatives Vorzeichen) Welle. Am Rand ist die Summe am größten. Dies war auch schon qualitativ in Abb. 1 gezeigt.

Auf experimentelle Weise wurden nun von Forbes und Gorman Widerstandserhöhungswerte für rechteckige Leiter, bei denen die Randwirkung nicht vernachlässigt werden konnte, untersucht[1]).

Diese Ergebnisse sind in Abb. 4 dargestellt.

Die Ordinate gibt das Verhältnis v an, während die Abszisse durch einen Ausdruck dargestellt ist, in dem alle bekannten Größen vorkommen, nämlich die Frequenz f,

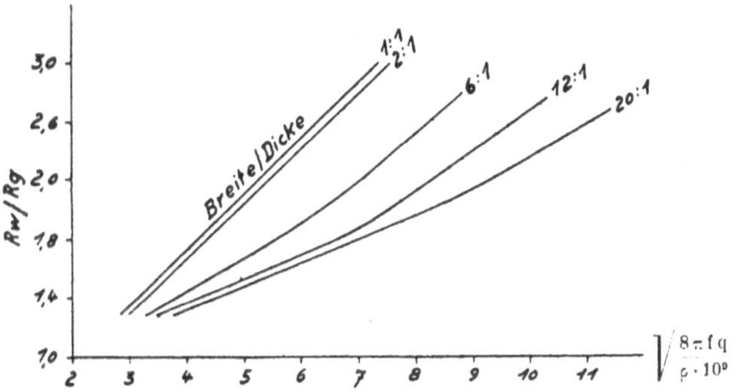

Abb. 4

der Querschnitt q in cm² und der spezifische Widerstand in Ω cm. Eine Berechnung derartiger Anordnungen ist bisher noch nicht möglich gewesen. Praktisch ist die Hautwirkung bei technischen Frequenzen von massiven Leitern aus Kupfer erst bei Stäben von einer Dicke bzw. von einem Durchmesser von 3 oder mehr cm zu beachten. Man wählt daher vielfach für hohe Stromstärken mehrere parallelgeschaltete Leiter unter 3 cm Stärke. Die größere Stromdichte an den Rändern hat zur Folge, daß durch die Hautwirkung an breiten Kontakten gern der Lichtbogen-Fußpunkt an den Rand getrieben wird, da der Fußpunkt sich die Flächen größter Stromdichte aussucht. Durch diese einseitige Beanspruchung starker Kontakte wird daher leicht Kontaktmaterial verbraucht und, da sich die Beanspruchung besonders an den Rändern und in der Nähe der Funkenkammern befindet, der Funkenschutz beschädigt. Für große Stromstärken über 600 Amp. versucht man daher große und breite Kontakte möglichst zu vermeiden. Entweder sammelt man die zur Abkühlung notwendige Masse nicht an der Kontaktübergangsfläche oder man wählt mehrere parallele Kontakte.

Betrachtet man noch einmal den Ausdruck für k in den obengenannten Gleichungen, so erkennt man, daß der spezifische Widerstand für die Widerstandserhöhung von maßgebendem Einfluß ist. Hat man daher starke Stromschienen, so ist es noch

[1]) Electr. Eng. Sept. 1939.

nicht sicher, ob in jedem Falle ein Material mit geringer Leitfähigkeit günstig für die Erwärmung ist, da bei diesem die Widerstandserhöhung stark ins Gewicht fällt. Man muß daher in einem solchen Falle untersuchen, ob es nicht zweckmäßiger ist, ein Material von geringerer Leitfähigkeit auszuwählen, da wohl der rein Ohmsche Widerstand von diesem höher ist, aber der Wechselstrom-Widerstand doch zum Schluß ein niedrigerer sein kann.

Diese Betrachtungen der Widerstandserhöhung sind in diesen Abschnitten nur untersucht worden für unmagnetische Materialien. Starke Eisendrähte verhalten sich viel ungünstiger. Überall dort, wo die Permeabilität μ eine Rolle spielt, macht sich die Hautwirkung in viel unangenehmerem Maße bemerkbar, da ja in Gleichung 2 nicht $\partial \mathfrak{H}/\partial t$ stehen müßte, sondern eigentlich $\partial \mathfrak{B}/\partial t$, wobei $B = \mu H$. B ist hierbei die Induktion.

Setzt man diesen Wert in die Rechnung ein, so erkennt man, daß k dem Werte aus $\sqrt{\mu}$ proportional ist.

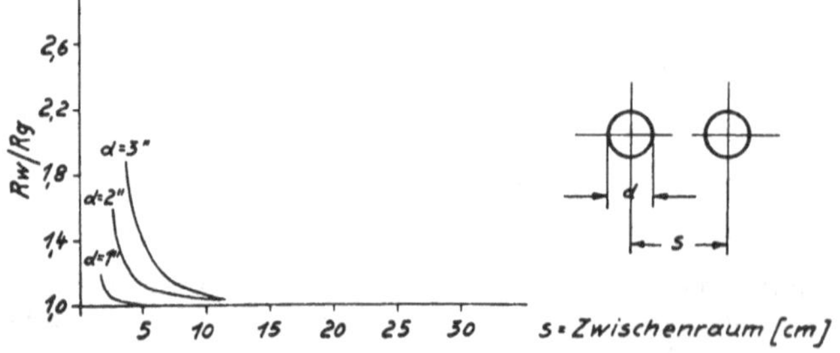

Abb. 5

Die gegenseitige Beeinflussung der Stromfäden und die dadurch bedingte Widerstandserhöhung tritt nicht immer nur bei massiven Leitern auf. Eine Widerstandserhöhung tritt natürlich in gleicher Weise auf, wenn 2 Leiter nur geringe Entfernung voneinander haben. Auch dieser Effekt macht sich nur in vernachlässigbarem Maße bei schwachen Drähten bemerkbar. Bei starken Stromschienen ist er jedoch nicht immer zu vernachlässigen. Die Widerstandserhöhung für 2 runde Leiter ist abhängig von ihrer Entfernung und ihrer Drahtstärke. Experimentelle Ergebnisse[1]) sind in Abb. 5 dargestellt.

Erwärmung von Stromschienen

Für die Bestimmung der Temperatur stromführender Teile sind vier Faktoren maßgebend, nämlich

1. die zugeführte Wärmemenge Q_1
2. die zur Erhöhung der Temperatur des erwärmten Teiles benötigte Wärmemenge Q_2

[1]) Coates and Pearce: The Switch Gear Handbook 1938.

3. die durch Strahlung abgegebene Wärmemenge Q_3
4. die durch Leitung und Konvektion abgegebene Wärmemenge Q_4.

Die zugeführte Wärmemenge Q_1 muß in jedem Augenblick so groß sein wie die Summe der Wärmemengen $Q_2 + Q_3 + Q_4$.

Nachdem in den meisten Fällen die Bestimmung der Wärmemengen Q_3 und Q_4 große Schwierigkeiten macht, ist es nur möglich, bei geometrisch verhältnismäßig einfachen Körpern die jeweilige Temperatur rein rechnerisch zu bestimmen. Bei allen geometrisch nicht einfachen Gebilden und insbesondere bei allen inhomogenen Körpern und besonders dort, wo durch gegenseitige Beeinflussung von verschiedenen Körpern die Temperatur sich an jeder Stelle nach anderen Gesetzen verändert, ist man gezwungen, Modellversuche zu machen, an denen man die Temperatur mißt und aus diesen Messungen dann empirische Schlüsse auf andere Körper zieht. Einfache Stromschienen, insbesondere wenn sie in ruhiger Luft oder in Öl angeordnet sind, lassen sich aber rechnerisch erfassen, insbesondere dann, wenn man davon absieht, die gegenseitige Beeinflussung der Erwärmung von mehreren Stromschienen, die alle beheizt werden, zu berücksichtigen. Diese einfachen Schienen wollen wir zunächst untersuchen und feststellen, welche Temperatur sie annehmen, wenn man elektrischen Strom durch sie leitet.

Für die zugeführte Wärmemenge gilt in jedem Falle folgende Gleichung:

$$d\,Q_1 = I^2\,R\,d\,t\ \text{(Watt)} \tag{21}$$

Die Bestimmung des Widerstandes R haben wir im ersten Abschnitt vorgenommen. Die Stromstärke ist bekannt. Für Motoren gelten ungefähr folgende Stromstärken:

Stromaufnahme von Elektromotoren — Mittelwerte

Bei Kran- u. Aufzugsmotoren sind durchschn. 35 % höhere Stromstärken vorzusehen

Motorabgabe Motorleistung kW	PS	Motoraufnahme kW	Gleichstrom Stromstärke bei Volt 110	220	440	500	Drehstrom Stromstärke bei Volt 125	220	380	500
			in Ampere				in Ampere			
1,1	1,5	1,4	12,8	6,4	3,2	2,8	7,5	4,3	2,5	1,9
3	4	3,75	34	17	8,5	7,5	19	11	6,2	4,8
5,5	7,5	6,7	61	30	15	13,5	33	19	11	8,5
7,5	10	9,2	84	42	21	18,5	46	26	15	11,5
15	20	17	155	78	39	35	92	52	30	23
30	40	34	310	155	77	68	180	100	58	45
50	68	57	520	260	130	114	290	170	95	73
80	110	89	800	400	200	180	460	260	150	115
100	135	110	1000	500	250	220	570	320	185	140
125	170	137	1250	625	310	275	710	400	230	177

Für die Bestimmung der Wärmemenge dQ_2 ergibt sich folgende Gleichung:

$$c\,G\,d\,T = d\,Q_2 \tag{22}$$

Hierbei ist G das Gewicht des erwärmten Körpers in kg und c die spezifische Wärme in Wattstd./kg ° C, während dT die Steigung der Temperatur in Grad C oder Grad Kelvin bedeutet. Im allgemeinen werden Stromschienen im Schalterbau nicht mehr als 50°—70° erwärmt. Nur in bestimmten Fällen können auch Temperaturen von etwa 400° C auftreten.

Innerhalb dieser Grenzen ist erfahrungsgemäß in den meisten Fällen die spezifische Wärme als eine konstante Größe anzusehen. Ausnahmen treten nur auf, wenn es sich um die Bestimmung der Erwärmung bei Kurzschluß handelt oder wenn man die Untersuchung der Temperatur der Fußpunkte von Lichtbogen vornehmen will.

Die mittleren spezifischen Wärmen der wichtigsten im Schaltgerätebau verwendeten Metalle zwischen 0° C und 100 ° C betragen

Aluminium	0,26	Wattstd./kg °C
Konstantan	0,116	„
Silber	0,065	„
Kupfer	0,109	„
Messing	0,106	„
Eisen	0,133	„

Selbst bei 400° C ändert sich die spezifische Wärme des Eisens nur um etwa 15 %. Sie beträgt bei etwa 400° C 0,151 Wattstd./kg °. Im allgemeinen läßt sich die Temperatur ohnedies nur mit einer Genauigkeit von ca. 10—15 % vorausbestimmen, so daß man auch in solchen Fällen es noch für zulässig erachten kann, Mittelwerte für die spezifische Wärme einzusetzen.

Schwieriger ist die Bestimmung der durch Strahlung abgegebenen Wärmemenge Q_3. Das wichtigste Strahlungsgesetz stammt von Stefan Boltzmann und behandelt den absolut schwarzen Körper. Für diesen gilt Q_3.

$$Q_3 = Q_{Str} = C_s F \frac{T^4 - T_0^4}{100^4} \tag{23}$$

Hierbei ist C_s die Strahlungskonstante des schwarzen Körpers

$$= 5{,}77\ 10^{-8}\ \mathrm{Watt/m^2\ (°K)^4}$$

$T =$ die absolute Temperatur (in Kelvin)

$F =$ die strahlende Fläche in m^2

$T_0 =$ die Umgebungstemperatur in °Kelvin.

Zunächst ist es in vielen Fällen schwierig, die strahlende Fläche festzustellen. Wenn sich mehrere Flächen gleicher Temperatur gegenseitig bestrahlen, so nimmt die bestrahlte Fläche dieselbe Wärmemenge durch Strahlung auf, wie sie wieder durch Strahlung abgibt. Es müssen also bei der Bestimmung der strahlenden Flächen von der Gesamtoberfläche diejenigen Flächen herausgenommen werden, die sich gegenseitig bestrahlen, sowie diejenigen, die überhaupt nicht strahlen können.

An einem Beispiel sei dies erläutert:

Untersucht man z. B. eine Drahtspirale und will dabei die durch Strahlung abgegebene Wärme berechnen, so darf man nicht die gesamte Drahtoberfläche als Strahlungsfläche ansehen, sondern man muß die Flächen, die sich gegenseitig bestrahlen, abziehen. Für einen geradlinigen ausgespannten Draht vom Durchmesser d und der Länge L ist die Strahlungsfläche $F = \pi \cdot d \cdot L$. Betrachtet man z. B. eine dicht gewickelte Locke mit einer Steigung $C = h/n$ [1]), wobei h die Lockenhöhe und n die Windungszahl bedeutet, so kann man feststellen, daß die gesamten Innenflächen sich gegenseitig bestrahlen. Aber auch die Außenflächen bestrahlen sich gemäß Abb. 6 teilweise, und zwar, wenn die Windungen dicht gewickelt sind, innerhalb der Bögen 2α, wobei $\alpha = 30°$ ist. Die gesamte Strahlungsfläche beträgt also $F = 1{,}05 \cdot d \cdot L$.

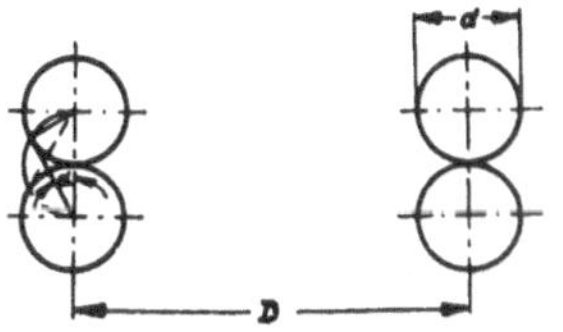

Abb. 6

Das Stefan Boltzmannsche Gesetz ändert sich, wenn man nicht schwarze Körper betrachtet. Geiß hat z. B. gefunden, daß sich die durch Strahlung abgegebene Wärmemenge bei Platin nicht mit der 4, sondern mit der 4,77fachen Potenz ändert. Langmuir hat für Wolfram einen Exponenten 4,74 durch Versuche ermittelt. Die Strahlungskonstante C_s ist für alle technischen Körper schwierig festzustellen. Man hat Näherungswerte festgelegt und für technische Körper die Strahlungsformel aufgestellt:

$$Q_3 = Q_{Str} = eFC_s\left(\frac{T^4}{100^4} - \frac{T_0^4}{100^4}\right) \qquad (24)$$

Hierbei ist e eine von der Rauhigkeit der Oberfläche abhängige Konstante, die man näherungsweise annehmen kann, z. B.

für blankgezogenes Kupfer, Konstantan oder Messing mit ungefähr 0,1,
leicht angelaufenes Kupfer, Konstantan oder Messing 0,3,
leicht angelaufenes Eisen 0,3,
oxydiertes Kupfer oder Eisen 0,7,
unbearbeitetes Gußeisen .... 0,8.

Allerdings ist die Bestimmung der durch Strahlung abgegebenen Wärmemenge im Schaltapparatebau im allgemeinen nicht sehr wichtig, da bei Temperaturen bis etwa 300—400° C die durch Strahlung im Verhältnis zu der durch Wärmeleitung und Konvektion abgegebenen Wärmemenge Q_4 gering ist. Nach Berechnungen und Versuchen, die der Verfasser angestellt hat, beträgt diese selbst bei Temperaturen von 600—800° C nur etwa 10 % der Wärmemenge Q_4.

Von großer Wichtigkeit im Apparatebau ist deshalb die Bestimmung der durch Wärmeleitung und Konvektion abgegebenen Wärmemenge Q_4. Die Wärme-

[1]) Bullet. d. Schweiz. Elektrotechn. Vereins: Elektr. Erwärmung von Drähten u. Platten, Kussy 1943.

leitung und Konvektion entsteht dadurch, daß in einem Medium, das an verschiedenen Stellen verschiedene Temperaturen hat, ein Wärmestrom fließt. Dies ist eine Folge des 2. Hauptsatzes, nach welchem stets Wärme vom heißeren zum kälteren Stoffteil fließen muß, da der Zustand ausgeglichener Temperatur der wahrscheinlichste ist. Man unterscheidet nun die Wärmeleitung und die Wärmekonvektion. Wärme wird besonders gut in Metallen geleitet. Es gilt für die Wärmeleitung die folgende Gleichung:

$$dQ_{WL} = -\lambda \cdot q \frac{dT}{dx} dt \tag{25}$$

hierbei ist Q_{WL} die durch den Querschnitt q in cm^2 in einer Sekunde fließende Wärmemenge,

$\frac{dT}{dx}$ = das Temperaturgefälle und λ die Wärmeleitfähigkeit.

Für Metalle gelten für die Wärmeleitfähigkeit folgende Größen:

Aluminium	1,5—2,0 Watt/cm °C
Kupfer	3,5 ,,
Gußeisen	0,46 ,,
Silber	4,2 ,,
Zinn	0,64 ,,
Messing	0,93 ,,
Chromnickel	0,12 ,,
Konstantan	0,22 ,,
Stahl	0,6 ,,
Graphit	sehr variierend

Die Wärmeleitfähigkeit ändert sich bei Metallen nur in geringem Maße mit der Temperatur; innerhalb der im Schalterbau vorkommenden Temperaturen kann sie als konstant angesehen werden. Wärmeleitung findet natürlich nicht nur im Metall selbst statt, sondern auch zwischen dem erwärmten Leiter und dem umgebenden Medium, z. B. Luft oder Öl. Die Konvektion findet überhaupt nur statt zwischen dem Leiter und dem umgebenden Medium; sie ist das Mitführen von erwärmten Luft- oder Flüssigkeitsteilchen von einem Ort zu einem anderen. Die rechnerische Erfassung der Konvektion macht Schwierigkeiten. Sie wurde bisher überhaupt nur genau für homogene Körper durchgeführt (näheres darüber siehe S. 24ff.). Oft werden Erwärmungsberechnungen für homogene Körper bei natürlicher Konvektion, d. h. wenn künstliche Abkühlungsmaßnahmen nicht getroffen werden, nur näherungsweise vorgenommen. Die einfachste Bestimmung, die bei allen elektrisch erwärmten Körpern Anwendung findet, ist folgende:

Die Erfahrung hat gezeigt, daß ein Körper, der durch den elektrischen Strom erwärmt wird, nach einer gewissen Zeit eine sich nicht mehr verändernde Endtemperatur annimmt. Es besteht dann Gleichgewicht zwischen der abgeführten und der zugeführten Wärmemenge. Man bezeichnet nun die in einer Sekunde pro m^2 Oberfläche abgegebene Wärmemenge pro Grad C mit α (Watt/m^2 °C) oder der Wärmeübergangszahl. Die Wärmeübergangszahl wird hierbei willkürlich als eine Konstante eingeführt, und man erfaßt mit dieser die durch Wärmeleitung, Konvektion und Strahlung an das die Stromschiene umgebende Medium abgegebene Wärmemenge. Wie wir später sehen werden, ist diese Annahme sehr roh und führt vielfach zu Trugschlüssen. Trotzdem sei auf sie hier eingegangen, da die Berechnung mit einer konstanten Wärmeübergangszahl eine weitverbreitete Anwendung gefunden hat und findet. Es ist dann $dQ_{3,4}$ die durch Leitung, Konvektion und Strahlung abgegebene Wärmemenge

$$dQ_{3,4} = \alpha F (T - T_0) dt \tag{26}$$

Die Erwärmungsgleichung ergibt dann

$$dQ_1 = dQ_2 + dQ_{3,4} = I^2 R dt = c G dT + \alpha F (T - T_0) dt \tag{27}$$

Durch Einführung der Zeitkonstante

$$T' = c G/\alpha F \tag{28}$$

ergibt sich Gleichung

$$\frac{I^2 R dt}{\alpha F} = T' d\tau + \tau dt \tag{29}$$

wobei man mit τ die Übertemperatur $= T - T_0$ bezeichnet.

Führt man weiter für den Ausdruck

$$I^2 R = \alpha F (T - T_0)_{max} = \alpha F \tau_{max} \tag{30}$$

ein, erhält man $dt = T' d\tau (\tau_{max} - \tau)$
und die Lösung der Differentialgleichung

$$\tau = \tau_{max} - K \cdot e^{-t/T'} \tag{31}$$

Die Konstante K für den Erwärmungsvorgang läßt sich dadurch bestimmen, daß man für den Anfangszeitpunkt, also für $t = 0$ die Temperatur des erwärmten Körpers als gleich der Umgebungstemperatur ansieht, also $\tau = 0$.

Die Abkühlungskurve bestimmt man dadurch, daß man $I^2 R = 0$ setzt.

Es ergibt sich daraus

$$c G d\tau + \alpha F \tau = 0$$

$$\frac{c G d\tau}{\alpha F \tau} = dt \qquad \tau = K' e^{-t/T'}$$

Die Gleichung für den Erwärmungsvorgang ist

$$\tau = \tau_{max} (1 - e^{-t/T'}) \tag{32}$$

und für den Abkühlungsvorgang

$$\tau = \tau_{max} e^{-t/T'} \tag{33}$$

Diese Gleichung für die Bestimmung der Erwärmung hat sogar so weitgehende Anwendung gefunden, daß sie z. B. in den VDE-Vorschriften für die Berechnung der Temperatur von Motoren empfohlen wird. Man kann nämlich auf Grund eines kurzen Versuches, bei dem drei Erwärmungsmessungen durchgeführt werden, ohne weiteres bestimmen, welche Endtemperatur ein Körper auf Grund dieser Gleichung annähme. Nach Abb. 7 trägt man die Erwärmung τ über der Zeit t auf. Mißt man nun in zwei gleichen Zeitabständen Δt die Erwärmung $\Delta\tau$ und trägt diese in der in der Zeichnung dargestellten Weise auf, so kann man zwei Punkte einer Geraden

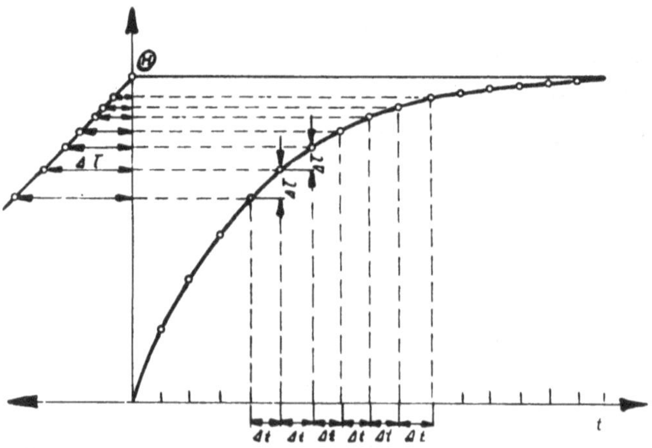

Abb. 7

finden, die die Erwärmungsachse an dem Punkt schneidet, der der Endübertemperatur entspricht. Der Beweis läßt sich auf folgende Weise dafür erbringen:

Geht man in der Gleichung

$$dt = \frac{T'd\tau}{\tau_{max} - \tau}$$

von Differentialen zu den Differenzen über, so kann man für konstantes Δ t

$$\frac{\Delta t}{T'} = \text{Konst} = \frac{\Delta\tau}{\tau_{max} - \tau} \tag{34}$$

schreiben. Danach ergibt sich ohne weiteres, daß

$$\Delta\tau : \tau_{max} - \tau = \text{konst.}$$

eine Gerade ergibt, da dieser Wert für konstantes Δt konstant bleibt. Kennt man 2 Punkte dieser Geraden, so läßt sie sich graphisch darstellen. Mit Hilfe der Erwärmungs- und der Abkühlungsgleichung von Oelschläger[1]) kann die Temperatur von Widerständen und Motoren bei aussetzendem und kurzzeitigem Betrieb bestimmt werden (näheres darüber siehe Kap. 2 S. 97).

Es bedarf aber doch auch in einigen Fällen der Bestimmung der Endtemperatur auf graphischem Wege. Dies ist in Abb. 8 dargestellt.

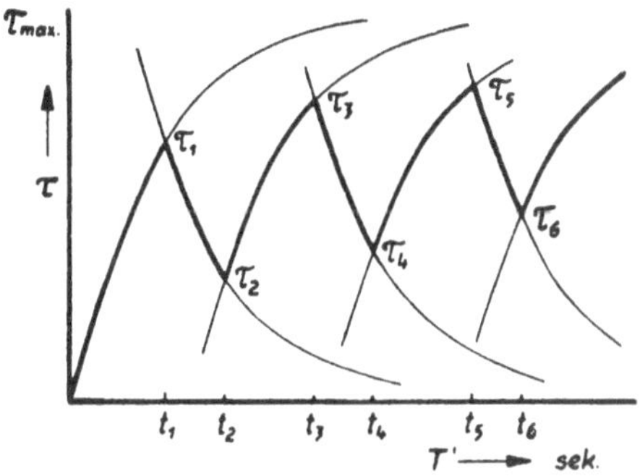

Abb. 8

Die Ausführung geschieht in folgender Weise:

Man fertige sich eine Schablone an, die eine Exponentialkurve darstellt und bestimme den Maßstab in der Form, daß die Zeitkonstante T' der Schablone so groß wie der Wert $\frac{c \cdot G}{\alpha F}$ ist.

Die Schablone selbst ist auf der t-Achse verschiebbar. Den Maßstab für die Übertemperatur τ bestimmt man in der Weise, daß

$$\tau_{max} = \frac{I^2 \cdot R}{\alpha \cdot F} \tag{35}$$

Diese Schablone lege man längs der t-Achse an das Koordinatensystem mit den Achsen τ und t und zeichne die Erwärmungskurve längs der Exponentialkurve vom Punkte 0 bis zum Punkte t_1 und erhält so einen Wert τ_1. Dann zeichne man längs einer angefertigten Abkühlungsschablone die Kurve der Abkühlung vom Zeitpunkt t_1 bis zum Zeitpunkt t_2. Dies ergibt eine Übertemperatur τ_2. Die Abkühlungsschablone ist im Falle, daß die Zeitkonstante während des Erwärmungsvorganges und Abkühlungsvorganges gleich ist, identisch mit der Erwärmungskurve.

Die Abkühlungsschablone lege man so an, daß für $t = \infty \tau = 0$ wird. Jetzt verschiebe man die Erwärmungskurve längs der t-Achse so lange, bis die Exponentialkurve durch den Punkt τ_2 geht, zeichne dann die Erwärmungskurve von t_2 bis t_3, d. h. also von τ_2 bis τ_3, zeichne dann wieder eine Abkühlungskurve für die Zeit t_3 bis t_4 und erhält den Wert τ_4. Dann kommt wieder eine Erwärmungskurve, die man durch Verschiebung der Exponentialkurve längs der t-Achse erhält, bis sie den Punkt τ_4 schneidet, man setzt dieses Verfahren fort, bis nur noch regelmäßige Schwankungen zwischen einer maximalen Temperatur am Ende einer Erwärmungsperiode und einer minimalen Temperatur am Anfang einer Erwärmungsperiode auftreten. Dieses Verfahren ist selbstverständlich auch bei regelmäßigen Belastungsschwankungen anwendbar, jedoch sind diese auch der Rechnung zugänglich. Es ergibt sich

[1]) ETZ 1900 S. 1058.

im Falle der regelmäßigen Erwärmung eine Schwankung zwischen einer minimalen Endtemperatur τ_1 und einer maximalen Endtemperatur τ_2 folgende Gleichung:

$$\tau_2 = \tau_{max} \left[1 - \left(1 - \frac{\tau_1}{\tau_{max}}\right) e^{-a/T'}\right] = \tau_{max} \frac{1 - e^{-a/T'}}{1 - e^{-(a+r)/T'}} \tag{36}$$

$$\tau_1 = \tau_2 \, e^{-\frac{r}{T'}} \tag{37}$$

wobei a die Arbeitszeit und r die Ruhezeit ist, während der Wert für τ_{max} in gleicher Weise wie in Formel 35 errechnet wird.

So weitverbreitet die Oelschlägerschen Gleichungen sind, so sind sie doch nur für sehr grobe Näherungsrechnungen zu gebrauchen, und es sei nachdrücklich davor gewarnt, aus kurzzeitigen Versuchen, etwa wie in Abb. 7 dargestellt, auf Endtemperaturen zu schließen. Die Annahme einer konstanten Wärmeübergangszahl ist nicht berechtigt, da nicht nur die Strahlung nicht berücksichtigt ist, sondern auch die Wärmeleitung zwischen umgebendem Medium und stromführendem Leiter sich mit der Temperatur verändert und in gleicher Weise auch die Konvektion. Es ist allenfalls noch zulässig, die Gleichung 35 für den Dauerzustand gelten zu lassen, aber nicht deshalb, weil die Wärmeübergangszahl konstant ist, sondern aus Gründen, die weiter unten noch dargelegt werden. Andererseits sind die Oelschlägerschen Gleichungen infolge ihrer Einfachheit doch verlockend, und man kann sie zumindest für Überschlagsrechnungen verwenden, wenn man gewillt ist, eine genügende Sicherheit einzukalkulieren und die Stromschienen mit Rücksicht auf die Erwärmung so reichlich auswählt, daß auch im Falle, daß die rechnerisch festgestellte Erwärmung noch überschritten wird, die höchstzulässige Temperatur noch nicht erreicht wird. Es sind eine Unzahl von Formeln, meist empirischer Art, aufgestellt und veröffentlicht worden, um die Endtemperatur eines Drahtes, durch den Strom geschickt wird, zu bestimmen. Im folgenden aber sei hier nur auf zwei Methoden eingegangen, die infolge ihrer guten physikalischen Begründung Anspruch darauf erheben können, die Oelschlägerschen empirischen Formeln zu verdrängen. Man hat sich zwar auch damit geholfen, an Stelle einer Zeitkonstanten von einem Zeitfaktor zu sprechen in Anlehnung an die Tatsache, daß nach einer Zeit von 3 T' 95 % der Endtemperatur erreicht werden. Wenn man den Temperaturverlauf abhängig von der Zeit nach Gleichung 32 betrachtet, wird der Zeitfaktor zu $^1/_3$ der Zeit gewählt, die notwendig ist, um 95 % der Endtemperatur zu erreichen. Es ist zweckmäßiger, diesem durch Versuche ermittelten Wert Überschlagsrechnungen zugrunde zu legen als den rein rechnerisch ermittelten Wert T'. Die Versuche sind allerdings meist langwierig.

Eine weitverbreitete Methode der Bestimmung der Erwärmung von Körpern ist die Ähnlichkeitsmethode (s. Gräbner-Erck: Grundgesetze der Wärmeübertragung).

Bei der Ähnlichkeitsmethode werden Modellversuche unternommen, und die Ergebnisse am Modell werden auf die wirklichen Verhältnisse übertragen. Durch diese wird die Konvektion und die Wärmeleitung berücksichtigt, während man die Wärmestrahlung nach Formel 24 errechnet. Diese Methode ist von Nusselt entwickelt worden. Sie soll hier nur insoweit gestreift werden, als deren Gedankengänge für den Schaltapparatebau interessieren. Das Ziel der Methode besteht darin, die Wärmeübergangszahl für Leitung und Konvektion zu bestimmen. Man prüft die Frage, von welchen bekannten physikalischen Gesetzen überhaupt die Wärmeübergangszahl abhängig ist. Hat man dies für eine bestimmte Anordnung gefunden, so muß man untersuchen, unter welchen Voraussetzungen die sie bestimmenden physikalischen Gleichungen unverändert beibehalten werden können. Bleiben alle Gleichungen bei zwei oder mehr verschiedenen Anordnungen erfüllt und ändern sich nur die geometrischen und physikalischen Daten, so sind die beiden Vorgänge ähnlich, und man kann, ohne die Gleichungen auszurechnen, die physikalischen Gesetze auf Grund von Versuchen am Modell feststellen.

Die folgenden Bedingungen sind für die Bestimmung der Wärmeübergangszahl von Bedeutung. Zunächst müssen die Modelle dem Prüfkörper geometrisch ähnlich sein, außerdem aber müssen die Gleichungen über den Wärmeaustausch über die Wärmeleitung und das Navier-Stokesche Gesetz über die Druckverhältnisse in Flüssigkeiten aus der Hydromechanik zwischen Modell und Prüfkörper übereinstimmen.

Das Navier-Stokesche Gesetz sagt folgendes aus:

$$\sigma\,(\mathrm{v}\ \mathrm{grad})\,\mathrm{v} = \sigma \mathrm{g} + \mathrm{grad}\ \mathrm{p} + \mathrm{u}\ ({}^1/_3\,\mathrm{grad}\ \mathrm{div}\ \mathrm{v} + \Delta \mathrm{v}) \tag{38}$$

σ = spez. Dichte der umgebenden Flüssigkeit oder des Gases in kg · $\mathrm{sek}^2/\mathrm{m}^4$

g = Erdbeschleunigung = 9,81 $\mathrm{m/sek}^2$

v = Strömungsgeschwindigkeit des Gases oder der Flüssigkeit m/sek

p = Druck $\mathrm{kg/m}^2$

u = Zahigkeit des Gases oder der Flüssigkeit kg $\mathrm{sek/m}^2$.

Hierbei sind σ (v grad) v die Trägheitskräfte

σ g die Schwerkräfte

grad p der Druckabfall

u (${}^1/_3$ grad div v + Δv) die innere Reibung.

Die Gleichung über die Wärmeleitung lautet

$$(\mathrm{v}\ \mathrm{grad}\ \tau) = \mathrm{a}\Delta\tau \tag{39}$$

Hierbei ist c_p die spezifische Wärme bei konstantem Druck Kcal/kg°C

λ die Wärmeleitfähigkeit Kcal/m sek° C

γ das spezifische Gewicht des Gases oder der Flüssigkeit $\mathrm{kg/m}^3$

$\mathrm{a} = \dfrac{\lambda}{c_p \gamma}$ ist die Temperaturleitfähigkeit der Flüssigkeit.

Die Gleichung über den Wärmeaustausch sagt aus:

$$dQ_4 = \alpha (T - T_w)\, dF = \lambda_w \frac{dT}{dL}\, dF \tag{40}$$

Hierbei ist Q die abgegebene Wärmemenge (Kcal)
α die Wärmeübergangszahl Kcal/°C m² sek
T_w die Wandtemperatur
F die wärmeabgebende Oberfläche (m²)
λ_w die Wärmeleitfähigkeit bei Wandtemperatur
T die Temperatur in Kelvin
L die Länge in cm

Diese Gleichungen gelten sowohl für Flüssigkeiten als auch für Gase. Die Gleichungen bleiben erhalten, wenn die Konstantenverhältnisse übereinstimmen. Kennt man aus Versuchen die Konstanten für einen Vorgang, so kann man die richtigen Konstantenverhältnisgleichungen für einen physikalisch ähnlichen Vorgang und die allgemeinen Bedingungen dafür ableiten.

Wie müssen diese Konstantenverhältnisgleichungen aussehen? Man führt Maßstabsfaktoren ein und bezeichnet die durch Versuche festgestellten Daten ohne Index, während die ähnlichen Vorgänge mit dem Index 1 versehen sind.

Sind nun ζ die Maßstabsfaktoren, so gelten folgende Bedingungen:

$L_1 = \zeta_L \cdot L$ (ζ_L = Längenmaßstab)
$\tau_1 = \zeta_\tau \cdot \tau$ (ζ_τ = Temperaturmaßstab)
$p_1 = \zeta_p \cdot p$ (ζ_p = Druckmaßstab)
$v_1 = \zeta_v \cdot v$ (ζ_v = Geschwindigkeitsmaßstab)
$\sigma_1 = \zeta_\sigma \cdot \sigma$ (ζ_σ = Dichtemaßstab)
$u_1 = \zeta_u \cdot u$ (ζu = Zähigkeitsmaßstab)

Die Gleichungen 38—40 bleiben erhalten, wenn zwischen Versuchskörper und Modell folgende Konstanten-Verhältnisse bestehen;

$$\frac{\zeta v^2}{\zeta_L} = \frac{\zeta p}{\zeta \sigma \cdot \zeta_L} = \frac{\zeta v \cdot \zeta u}{\zeta_{L^2} \cdot \zeta \sigma} \qquad \text{aus 38}$$

$$\frac{\zeta v \zeta \tau}{\zeta_L} = \frac{\zeta a \cdot \zeta \tau}{\zeta_{L^2}} \qquad \text{aus 39}$$

$$\frac{\zeta \lambda \zeta \tau}{\zeta_L} = \zeta \alpha \cdot \zeta \tau \qquad \text{aus 40}$$

Aus den Gleichungen ergeben sich jezt folgende Beziehungen:

$$\frac{\zeta p \cdot \zeta_L}{\zeta \sigma \zeta v^2 \zeta_L} = \frac{\zeta v \cdot \zeta \sigma \cdot \zeta_L}{\zeta u} = \frac{\zeta a}{\zeta v \zeta_L} = \frac{\zeta \lambda}{\zeta_L \cdot \zeta \alpha} = 1 \tag{41}$$

Aus diesen 4 Beziehungsgleichungen kann man jetzt bestimmte Zahlen ableiten, die dimensionslos sind und die sich aus bestimmten Größen errechnen. Diese Zahlen müssen am Versuchskörper und am Modell in bestimmten Fällen die gleichen sein, je nachdem, welche physikalische Ähnlichkeit man untersuchen will. Es sind dies die folgenden Zahlen;

$$\frac{\partial p}{\partial L} \cdot \frac{L o}{\sigma v^2} = \frac{\partial p'}{\partial L'} \cdot \frac{L o'}{\sigma v'^2} = \text{Eu (Eulersche Zahl)} \qquad (42)$$

$$\frac{v \cdot \sigma \cdot L o}{u} = \frac{v' \sigma' L o'}{u'} = \text{Re (Reynoldsche Zahl)} \qquad (43)$$

$$\frac{v L o}{a} = \frac{v' L o'}{a'} = \text{Pe (Pécletsche Zahl)} \qquad (44)$$

$$\frac{\sigma a}{u} = \frac{\sigma' a'}{u'} = \text{St (Stantonsche Zahl)} \qquad (45)$$

$$\frac{\alpha L o}{\lambda} = \frac{\alpha' L o'}{\lambda'} = K \qquad (46)$$

Hier interessiert ausschließlich die Frage, von welchen Konstantenverhältnissen die Wärmeübergangszahl bei ruhiger Konvektion abhängig ist. Die Frage der künstlichen Kühlung ist im Apparatebau allgemein uninteressant, da Schaltapparate nur in ganz seltenen Fällen künstlich gekühlt werden. Es kann also nur eine Zahl in Frage kommen, die von der Geschwindigkeit des Kühlmediums unabhängig ist. Infolgedessen ist die Stantonsche Zahl für die Berechnung der Wärmeübergangszahl maßgebend. Neben den aufgeführten 5 Zahlen ist aber für die Wärmeübergangszahl noch eine Ähnlichkeit der Raumausdehnung zwischen dem Kühlmedium am Modell und am Prüfkörper notwendig.

Der Raumausdehnungskoeffizient $\beta = 1/L \, \frac{d L}{d \tau}$ (47)

Die Ähnlichkeit der Raumausdehnung bleibt bestehen, wenn die Gleichung

$$\frac{1}{\zeta_L} \cdot \frac{\zeta_L}{\zeta \tau \cdot \zeta \beta} = 1 \qquad (48)$$

gilt.

Hieraus folgt, daß die Ähnlichkeit der Raumausdehnung bestimmt bestehen bleibt, wenn $\zeta \tau \cdot \zeta \beta = 1$, d. h. $\tau \cdot \beta = \text{konst} = k_1$. (49)

Beachten wir weiter, daß das Navier-Stokesche Gesetz nur erfüllt bleibt, wenn auch

$$\frac{v^2}{Lg} = k_2 = \text{Konst.}$$

so ergibt sich folgende neue Bezeichnung:

$$\frac{Lg \, \tau \, \beta}{v^2} = k_3 \qquad (50)$$

Weiter folgt aus 41:

$$\frac{\zeta_V \cdot \zeta_\sigma \cdot \zeta_L}{\zeta_n} = 1 \qquad v^2 = \frac{u^2}{\sigma^2 L^2} k_4$$

$$\frac{L^3 \sigma^2 (T_w - T_0) \cdot \beta g}{u^2} = Ko = Gr \text{ (Grashoffsche Zahl)} \tag{51}$$

Hierbei ist T_w die Wandtemperatur und T_0 die mittlere Umgebungstemperatur. In dieser Gleichung kommen alle die Größen vor, die maßgebend sind für die Ähnlichkeit der Raumausdehnung und für die Beibehaltung gleicher Strömungsverhältnisse. Auch von dieser Zahl muß also die Wärmeübergangszahl abhängig sein. Daneben beruht die Konstanz der Wärmeübergangszahl auf der Konstanz der geometrischen Verhältnisse. Weiterhin aber ist sie direkt proportional, wie es sich aus Versuchen ergeben hat, der Wärmeleitfähigkeit des umgebenden Mediums und einer geometrischen Maßstabseinheit, die z. B. für kreisförmige Drähte dem Durchmesser proportional ist, da die Oberfläche eine lineare Funktion dieser Größe ist. Es ergibt sich also, daß die Wärmeübergangszahl die folgende Bezeichnung hat:

$$\alpha = \lambda / Lo\ \varphi\ (St, Gr, L_1/L_0, L_2/L_0, L_3/L_0 \ldots\ldots)$$

Diese Funktion φ ist durch Versuche, die oft sehr langwierig sind, zu ermitteln. Auf Grund derartiger Betrachtungen hat unter Verwendung von vielen veröffentlichten Versuchsergebnissen Nusselt für Drähte die folgenden Wärmeübergangszahlen errechnet:

$$\alpha = \frac{\lambda}{d} \cdot 0{,}435 \text{ für kleine Durchmesser d} \tag{52}$$

$$\alpha = 0{,}468 \frac{\lambda}{d} Gr^{0{,}25} \text{ für große Durchmesser d} \tag{53}$$

mit deren Anwendung Gleichung 35 für die Bestimmung der Endtemperatur eines dauernd durch Strom erwärmten Leiters zu verwenden ist.

Versuchsergebnisse stimmen mit dieser Gleichung gut überein. Diese Methode ist allerdings auch nur für wenige Körper verwendbar, und um zu brauchbaren Ergebnissen zu kommen, sind lange Versuchsreihen erforderlich und man hat sehr viel Erfahrung notwendig, um die richtigen Werte für die Funktion φ zu ermitteln. Außerdem aber interessiert es häufig in der Elektrotechnik, nicht nur die Endtemperatur, sondern den Temperaturverlauf zu bestimmen. Die Ähnlichkeitsmethode eignet sich kaum dazu, da sie ja keine Gleichung dafür angibt, nach welcher Funktion sich die Temperatur mit der Zeit verändert und außerdem die Grashoffsche Zahl mit der Temperatur schwankt.

Ist also die zuerst genannte Methode, mit einer Zeitkonstante zu rechnen, äußerst ungenau und die Ähnlichkeitsmethode nur unvollständig, so ist in den letzten Jahren vom Verfasser[1]) noch eine Methode entwickelt worden, die zwar noch nicht für alle

[1]) Bulletin des Schweiz. elektrotechn. Vereins. Zürich 1943.

Fälle anwendbar ist, aber doch bei der Bestimmung der Erwärmung von Stromschienen und für andere geometrisch einfache Gebilde Ergebnisse liefert, die durch Experimente genau bestätigt sind.

Untersucht man das Temperaturfeld, d. h. also die Ausbreitung der Temperatur eines erwärmten Körpers im umgebenden Medium, so entdeckt man, daß in unmittelbarer Nähe des Prüfkörpers in einer Grenzschicht ein Temperatursprung stattfindet. Die Temperatur nimmt in einer ganz dünnen Schicht in unmittelbarer Nähe des Körpers fast bis auf die Umgebungstemperatur ab und sinkt erst außerhalb dieser Schicht allmählich genau auf die Umgebungstemperatur um die verbleibenden wenigen Grade Übertemperatur. Die Stärke dieser Schicht ist abhängig von dem Raume, in dem der Prüfkörper sich befindet, ob in einem geschlossenen Kasten oder in einem ventilierten Kasten oder in freier Luft. Die Erscheinung des Temperatursprungs ist ähnlich zu erklären wie das Verhalten der Strömung einer Flüssigkeit in einer Röhre. Hier findet ein Temperatursprung in einer Grenzschicht statt, dort ein Geschwindigkeitssprung. Die Ursache liegt darin, daß die Adhäsionskräfte in unmittelbarer Nähe des Prüfkörpers verhindern, daß die Luftteilchen sich bewegen, und erst außerhalb der Grenzschicht herrscht Turbulenz. Auch die Flüssigkeitsteilchen in einer Röhre werden in unmittelbarer Nähe in einer feinen Grenzschicht festgehalten. Bei erwärmten Prüfkörpern findet innerhalb der Grenzschicht reine Wärmeleitung statt, und erst außerhalb der Grenzschicht beginnt die Konvektion. Man kann sich bei der Untersuchung der Frage, welche Wärme an die Umgebung vom Prüfkörper abgegeben wird, auf die Frage beschränken, welche Wärme vom Prüfkörper an die Grenzschicht abgegeben wird, nachdem in der Grenzschicht fast die gesamte Übertemperatur gegenüber der umgebenden Luft verlorengeht. Die geringe Übertemperatur am Rande der Grenzschicht ergibt sich daraus, daß jetzt von der Grenzschicht wieder Wärme in den umgebenden Raum abgegeben wird. Dieser Vorgang ist aber für die Temperaturbestimmung des durch elektrischen Strom erwärmten Körpers unwichtig, da für die Bestimmung der Temperatur des erwärmten Körpers es unwesentlich ist, was mit der einmal an die Grenzschicht abgegebenen Wärme, nach deren Verlassen, später geschieht.

Die Stärke der Grenzschicht kann experimentell unter Zuhilfenahme einer Formel von Langmuir bestimmt werden[1]). Sie ist, wie schon gesagt, nicht nur abhängig von den geometrischen Verhältnissen des Prüfkörpers, sondern auch abhängig von der Abdichtung des umgebenden Raumes. Durch die Grenzschichttheorie wird daher das Problem des Wärmeüberganges durch Leitung und Konvektion auf ein reines Wärmeleitungsproblem zurückgeführt. Auf diese Weise ist bisher die Temperatur von Drähten, gleichgültig in welcher Form sie gewickelt sind, und von ebenen Platten in freier Luft und Gehäusen berechnet worden. Diese Formeln haben aber nur Geltung für homogene Körper und haben dort keine, wo

[1]) Phys. Review 1912.

die Grenzschicht gestört wird, also z. B. bei Drähten, die auf einem festen Körper, z. B. auf Porzellan, gewickelt sind.

Die Wärmeleitfähigkeit λ der Luft ist eine Funktion der Temperatur. s sei die Fläche, in der die Wärmeleitung stattfindet. Sie ist z. B. bei einem frei ausgespannten Draht eine Röhre in der zwischen d (Drahtdurchmesser) und b (Grenzschichtdurchmesser) wachsenden Entfernung x vom Drahtmittelpunkt, die innerhalb der Grenzschicht um den frei ausgespannten Draht gedacht ist. Bezeichnet man die Grenzschicht einer ebenen Platte mit B, so gilt folgende Gleichung für die durch Leitung und Konvektion pro cm abgegebene Wärmemenge bei gleichbleibender Temperatur.

$$Q_4 = Q_1 - Q_3 = \frac{s}{B}\int_{T_1}^{T_2} \lambda \, d\, T \tag{54}$$

Nach dem Grundgesetz der Wärmeleitung in homogenen Körpern ist die durch Leitung abgegebene Wärmemenge proportional dem Produkt der Fläche und der Zeit, durch die die Wärmeleitung stattfindet und proportional dem Temperaturgefälle senkrecht zu dieser Fläche, außerdem einer Größe λ, die man als Wärmeleitfähigkeit bezeichnet.

Bezeichnet man jetzt mit φ_1 und φ_2 in Integralfunktionen, so gilt für die Platte also folgende Gleichung:

$$Q_4 = \frac{s}{B}(\varphi_2 - \varphi_1) \tag{55}$$

Die Funktion φ als Funktion von T (°K) für Luft kann man durch graphische Integration bestimmen (Abb. 9).

Allgemein gilt also folgendes;

$$Q_4 = \int_{T_1}^{T_2} \lambda \, d\, T \Big/ \int_{d}^{b} \frac{d\, x}{s} \tag{56}$$

Für einen Draht erhält man $s = 2\,\pi \cdot l \cdot x$. Setzt man diesen Wert in die Gleichung 56 ein, so erhält man für

$$Q_4 = \frac{\int_{T_1}^{T_2} \lambda \, d\, T}{\int_{d}^{b} \frac{dx}{s}} = \frac{2\,\pi\, l}{\ln b/d} \int_{T_1}^{T_2} \lambda \, d\, T \tag{57a}$$

$$s = 2\,\pi / \ln \frac{b}{d} \tag{57b}$$

Hierbei ist b der Filmdurchmesser einschl. des Drahtdurchmessers des Drahtes und d der Drahtdurchmesser in cm.

Eine Platte ist ähnlich einem Draht mit sehr großem Durchmesser. Der Wert b/2 — d/2 nähert sich dem Wert B, wenn der Wert d steigt. Bezeichnet man die Entfernung einer Isotherme einer Platte mit x und die Entfernung einer Isotherme vom Drahtmittelpunkt mit r, gilt folgende Gleichung

$$\int_{d/2}^{b/2} \frac{dr}{r} = \int_{0}^{B} \frac{dx \cdot 2}{b} \qquad \ln b/d = \frac{2B}{b} \tag{58}$$

Diese Bezeichnung ist deswegen wichtig, weil die Gleichung nur abhängig vom Durchmesser d eine Beziehung zwischen B und d herstellt (vgl. Formel 58 und 57 b).

Setzt man für $d/b = e^{-\frac{2\pi}{s}}$ und für $B/b = \frac{\pi}{s}$ ein, so erhält man

$$d/B = \frac{b}{B} \cdot \frac{d}{b} = \frac{s}{\pi} e^{-\frac{2\pi}{s}} \tag{59}$$

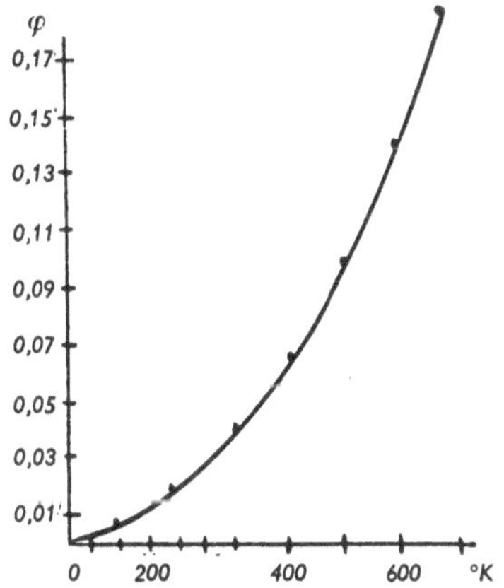

Abb. 9

Aus Versuchen ergab sich, daß in freier Luft bei natürlicher Konvektion die Filmschicht einer Platte B = 0,17 cm ist. Dies konnte man in der Weise ermitteln, daß für verschiedene Drahtdurchmesser die zugeführte Wärmemenge Q_1 bestimmt wurde, weiterhin durch sorgfältige Messungen die Endtemperatur in Kelvin, die der Draht nach langer Erwärmung angenommen hat. Zieht man von der zugeführten Wärmemenge die durch Strahlung angegebene Wärmemenge Q_3 ab, die man nach Formel 24 berechnen kann, und bestimmt die Integralfunktion φ_1 und φ_2 nach Abb. 9, so kann man den Wert für b/d aus Gleichung 57 b berechnen.

Aus dem Werte von s kann man mit Hilfe der Gleichung 59 den Wert d/B bestimmen. Als Näherungsformel kann für Drähte zwischen 0,5 und 3 mm Durchmesser in freier Luft (B = 1,7 mm) ein Wert

$$b = 1{,}6 + 1{,}3\, d \text{ mm} \tag{60}$$

bestimmt werden.

In Kästen aus gelochtem Blech oben und seitlich ist

$$B = 0{,}25 \text{ cm und } b = 2{,}1 + 1{,}4\, d \text{ mm} \tag{61}$$

In geschlossenen Holzkästen ist

$$B = 0{,}45 \text{ cm und } b = 3{,}4 + 1{,}7\, d \text{ mm} \tag{62}$$

Die Wärmeleitfähigkeit der Luft verändert sich bei Temperaturen bis zu etwa 800° Kelvin nach folgender Gleichung:

$$\lambda = \lambda_{293}\left(1 + 0{,}24\,\frac{T - T_{293}}{100}\right) \tag{63}$$

Hierbei ist $\lambda_{293} = 0{,}000256$ Watt/cm/° Kelvin
$T_{293} =$ die Umgebungstemperatur (20° C)
$T \;=$ die Körpertemperatur.

Wenn die Temperatur des Drahtes nicht konstant ist, wird Q_4 eine Funktion der Zeit. Setzt man den in der Gleichung gefundenen Wert für λ in die Erwärmungsgleichung 57a ein, so kann man für dQ_4 für Drähte folgenden Wert einsetzen:

$$d\,Q_4 = \frac{2\,\pi\,l}{\ln b/d}\,dt\int_{T_0}^{T}\lambda\,d\,T = \frac{2\,\pi\,l}{\ln b/d}\,d\,t\,\lambda_{\text{mittel}}\,(T - T_0) =$$

$$= \frac{2\,\pi\,l}{\ln b/d}\,d\,t\,\lambda_{293}\,(T - T_0)\left(1 + 0{,}24\,\frac{T + T_0 - 546}{200}\right) \tag{64}$$

und für Platten folgenden Wert

$$d Q_4 = \frac{F}{B}\,\lambda_{293}\,(T - T_0)\,dt\left(1 + 0{,}24\,\frac{T + T_0 - 546}{200}\right) \tag{65}$$

wobei F die Oberfläche der Platte ist.

Vernachlässigt man die Wärmeabgabe durch Strahlung, die, wie schon dargelegt, im Verhältnis zu der durch Konvektion gering ist, so kann man unter Einsetzung der bekannten Werte für Q_1 und Q_2 folgendes Lösungsintegral für die Erwärmungsgleichung für Drähte aufstellen:

$$t = \int_{T_0}^{T}\frac{c\,G\,d\,\tau}{I^2\,R - \dfrac{2\,\pi\,l}{\ln b/d}\,\lambda_{293}\left(1 + 0{,}24\,\dfrac{T + T_0 - 546}{200}\right)(T - T_0)} =$$

$$= \frac{c\,G\ln b/d}{\lambda_{293}\,2\,\pi\,l}\int_{0}^{\tau}\frac{d\tau}{\dfrac{I^2\,R\ln b/d}{2\,\pi\,l\,\lambda_{293}} - \tau - 0{,}0012\,\tau^2} \tag{66}$$

T_0 ist beliebig zu wählen, man wählt am besten 273.

Führt man folgende Abkürzungen für Drähte und Platten ein

$$M = \sqrt{\frac{I^2 R\, 0{,}24 \ln b/d}{\lambda_{293}\, 2\pi l\, 200} + {}^1/_4} \qquad \text{Drähte} \qquad (67)$$

$$M = \sqrt{\frac{I^2 R\, 0{,}24 \cdot B}{\lambda_{293}\, 200\, F} + {}^1/_4} \qquad \text{Platten} \qquad (67a)$$

$$N = \frac{-\lambda_0\, 2\pi l}{c\, G \ln b/d} M \qquad \text{Drähte} \qquad (68)$$

$$N = -M\, \lambda_{293}\, F/cGB \qquad \text{Platten} \qquad (68a)$$

$$P = \mathfrak{Ar}\, \mathfrak{Tg}\, \frac{1}{2M} \qquad (69)$$

so erhält man, da der Nenner des Integrals 66 von der Form $a + 2b\,x + c\,x^2$ ist und $a\,c - b^2$ stets < 0 (denn b^2 ist stets positiv, a ebenfalls c negativ), folgende Erwärmungskurve;

$$t = \frac{1}{N}\, \mathfrak{Ar}\, \mathfrak{Tg}\, \frac{-0{,}5 - 0{,}0012\,\tau}{M} + c \qquad (70)$$

da aber für $t = 0$ $\tau = 0$

$$\tau = 833\,[-0{,}5 - M\, \mathfrak{Tg}\,(Nt - P)] \qquad (71)$$

Als weiter zulässige Vereinfachung kann die mittlere Wärmeleitfähigkeit der Luft eingeführt werden, und zwar als arithmetischer Mittelwert der Leitfähigkeit zwischen Draht- und Umgebungstemperatur.

Hieraus ergibt sich folgender Wert;

$$\tau_{max} = \frac{I^2 R \ln b/d}{2\pi\, \lambda_{mittel}} \qquad (72)$$

Aus dieser Gleichung kann man ohne weiteres die maximale Temperatur sowohl für Drähte als auch für Platten bestimmen. Diese ergibt:

$$\tau_{max} = \frac{I^2 R \cdot B}{\lambda_{mittel}\, F} \qquad (73)$$

Aus dieser Gleichung kann man das Verhältnis der Stromstärken bestimmen, die in Drähten von verschiedenen Durchmessern die gleiche Endtemperatur hervorbringen

$$\frac{I_1^2}{I_2^2} = \frac{d_1^2 \ln b_2/d_2}{d_2^2 \ln b_1/d_1} \qquad (74)$$

Will man noch die Strahlung berücksichtigen, so kann man auch eine vollständige Lösung des Integrals aus der Erwärmungsgleichung

$$d\,Q_1 = d\,Q_2 + d\,Q_3 + d\,Q_4$$

finden.

Das Lösungsintegral dieser Gleichung lautet:

$$t = \int_{T_0}^{T} \frac{c\,G\,d\,F}{I^2 R - (2\pi'/\ln b/d)\,\lambda_{293}\,[1 + 0{,}0012\,(T + T_0 - 546)]\,(T - T_0) - e\,C_s \frac{F}{100^4}\,(T^4 - T_0^4)} \tag{75}$$

Die Lösung dieses Integrals geschieht am einfachsten graphisch, und zwar in der Weise, daß man folgende Abkürzungen einführt:

$$t = \int_{T_0}^{T} \frac{d\,T}{U + V\,T + W\,T^2 + X\,T^4} = c\,G \int_{T_0}^{T_x} \frac{d\,T}{\varphi\,(T)} \tag{76}$$

$$U = I^2\,R + \frac{2\,\pi\,l}{\ln b/d}\,\lambda_{293}\,(T_0 + \frac{0{,}24}{200}\,T_0^2 - \frac{0{,}24 \cdot 546}{200}\,T_0) + \frac{e\,C_s\,F\,T_0^4}{10^8} \tag{77}$$

$$V = \frac{-\,2\,\pi\,l}{\ln b/d}\,0{,}35\,\lambda_{293} \tag{78}$$

$$W = -\,\frac{2\,\pi\,l}{200\,\ln b/d}\,\lambda_{293}\,\frac{0{,}24}{200} \tag{79}$$

$$X = -\,e\,C_s\,F\,10^{-8} \tag{80}$$

Die Auflösung des Integrals wird in folgender Weise durchgeführt: Durch Annahme verschiedener Werte von T wird für jeden Wert von T ein Wert φ (T) gefunden. Für den Wert von φ (T) = o ist die zugeführte Wärmemenge ebenso groß wie die abgeführte. Dieser Wert von T ist die maximale Temperatur. Das Integral interessiert nur zu berechnen zwischen den Grenzen $T = T_0$ und $T = T_{max}$. Dies geschieht dadurch, daß man die Kurve 1 : φ (T) graphisch integriert und diesen Wert mit c · G multipliziert.

Das Ergebnis zeigt an, nach welcher Zeit die jeweilige Temperatur erreicht wird. Die Integrationen sind in Abb. 10/11 durchgeführt.

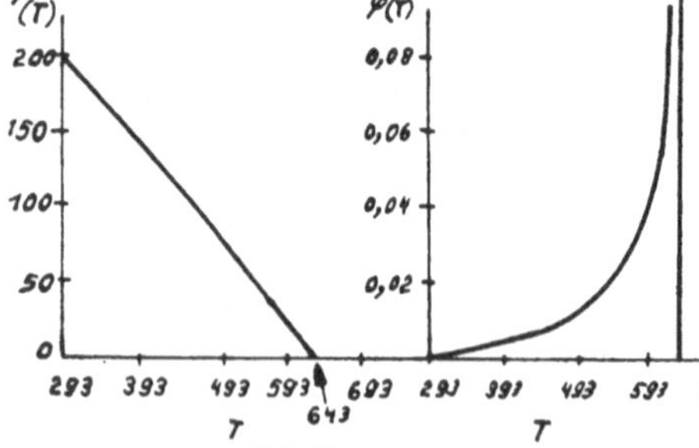

Abb. 10

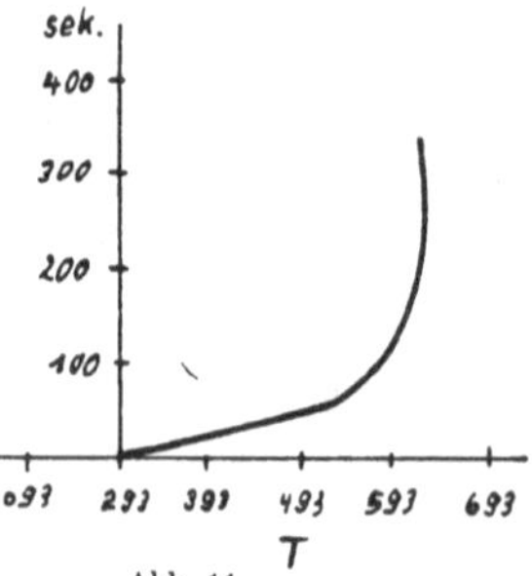

Abb. 11

In der Formel 73 kann man den Wert von $\lambda_{mittel} \cdot F$ auch als Wärmeabgabezahl bezeichnen und erhält in freier Luft hierfür folgende Abgabezahl:

Übertemperatur:[1])	35° C	60° C	80° C	180° C	360° C
(Watt/m²° C)	15	15,5	16	17,6	21

In gekapselten Geräten kann mit einer Filmstärke von etwa 0,35 cm gerechnet werden und es ergibt sich:

Übertemperatur:[1])	35° C	60° C	80° C	180° C	360° C
(Watt/m²° C)	7,3	7,6	7,9	8,6	10,2

Bei Geräten in Öl ist im allgemeinen eine Übertemperatur von 60° C am Kasten zulässig. Die maximal zulässige Temperatur des Öls beträgt 80° C, die Wärmeübergangszahl 15,5.

Als Oberfläche F darf aber nur die wirksame, die unmittelbar an freier Luft liegt, jeweils betrachtet werden.

Die vorliegenden Gesetze sind überhaupt nur für den Fall bestimmt, daß die Körper homogen sind. Für nicht homogene Körper kann die Erwärmung nur entweder schätzungsweise nach der Exponentialkurve vorgenommen werden oder nach Methoden, wie sie auf Seite 94 ff. für Widerstandsrollen dargelegt werden. Auf Grund dieser Methoden können auch andere Vorgänge abgeschätzt werden.

Für die Abkühlungskurve ergibt sich unter der Voraussetzung, daß man die Strahlung vernachlässigt, bei Verwendung der Bedingungen $I^2 R = 0$, und daß im folgenden Kurvenbild für: $t = 0, \tau = \tau_{max}$ ist.

$$t = \frac{c\, G \ln b/d}{2 \pi l \lambda_{293}} \frac{1}{2} [\mathfrak{Ar}\,\mathfrak{Tg}\,(1 + \tau) - \mathfrak{Ar}\,\mathfrak{Tg}\,(1 + \tau_{max})] \qquad (81)$$

Im übrigen kann auch die exakte Lösung für die Abkühlungsgleichung unter der Annahme, daß $I^2 \cdot R = 0$ ist, auf graphischem Wege gefunden werden. Bei intermittierendem Betrieb muß allerdings jetzt die Abkühlungs- und die Erwärmungskurve für jeden Fall gesondert in einer Schablone festgelegt werden, und mit Hilfe dieser beiden Schablonen kann dann in gleicher Weise wie dies in Abb. 9 für die Exponentialkurve geschehen ist, der Temperaturverlauf bestimmt werden, d. h. man zeichnet zunächst die Erwärmungskurve zwischen der Zeit t_0 und t_1, dann zeichnet man die Abkühlungskurve längs der Abkühlungsschablone zwischen t_1 und t_2, verschiebt jedoch wieder die Erwärmungskurve entlang der t-Achse, bis sie den Punkt t_2 schneidet, und setzt dieses Verfahren durch Verschieben der Erwärmungskurve so lange fort, bis die Schwankung eine regelmäßigere wird, in gleicher Weise, wie dies in Fig. 9 geschehen ist. Als grobe Näherungsformel, die allerdings nur für Überschlagsrechnungen Verwendung finden darf, kann man die Gleichung

$$I^2_d = I^2\, a/r \quad (I_d = \text{äquivalenter Dauerstrom}) \qquad (82)$$

verwenden.

Hierbei ist a die Arbeitszeit, r die Ruhezeit.

Sicherheitshalber soll man dem so errechneten Wert von I_d 10—15% hinzuschlagen.

[1]) bei ca. 20° C Raumtemperatur.

Berechnung des Kurzschlußstromes

Tritt im Netz oder in der Nähe der Klemmen der Maschine ein Kurzschluß auf, so entsteht zuerst der Stoßkurzschlußstrom, auf den der Dauer-Kurzschlußstrom folgt[1]). Der Stoßkurzschlußstrom tritt unmittelbar nach Eintritt des Kurzschlusses auf. Durch die Veränderung der Erregung der Maschine durch den Kurzschluß sinkt aber der Strom allmählich ab, bis er sich auf einen konstanten Wert, den Dauerkurzschlußstrom, einstellt. Ein einpoliger Kurzschluß hat folgendes Oszillogramm (Abb. 12).

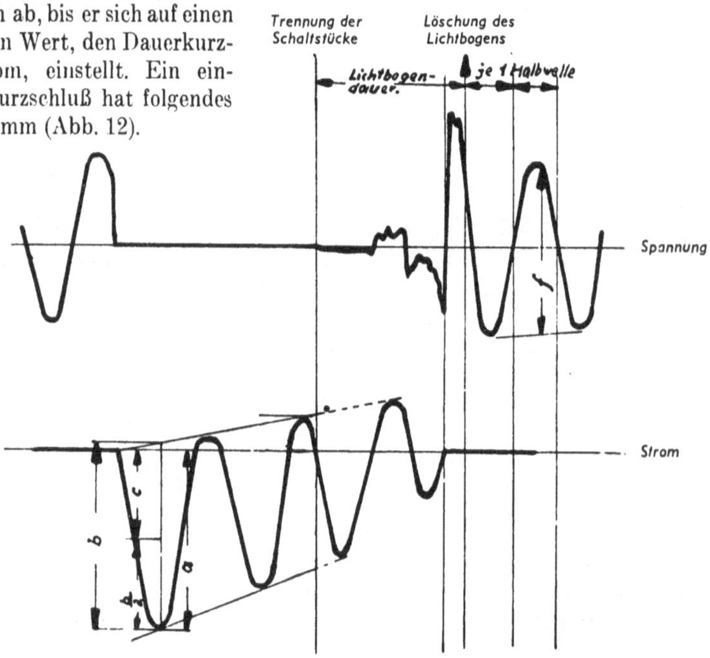

Abb. 12[2])

Der Stoßkurzschlußstrom (a) teilt sich in den Stoßkurzschluß-Wechselstrom $\frac{b}{2\sqrt{2}}$ und den Stoßkurzschluß-Gleichstrom c. Die Größe des Stoßkurzschluß-Wechselstromes errechnet man nach der Formel

$$I_{SW} = \frac{1{,}1 \cdot U}{\sqrt{X^2 + R^2}} \cdot \sqrt{3} \tag{83}$$

[1]) VDE-Vorschriften 1939 S. 670.

[2]) w = Abstand der Stromverlaufkurve im Moment der Trennung der Kontakte
g = Abstand des Halbierungspunktes von w von der Null-Linie.
w ist der Wechselstromanteil und g der Gleichstromanteil des Ausschaltstromes,

der Ausschaltstrom $= \sqrt{\left(\frac{w}{2\sqrt{2}}\right)^2 + g^2}$

Hierbei ist U die Netzspannung, R der Wirkwiderstand der Gesamtkurzschlußbahn, X der Blindwiderstand der Gesamtkurzschlußbahn. Den Faktor 1,1 wählt man, um einen Sicherheitsfaktor einzuschließen, der die Abweichung der wirklichen Verhältnisse von denen, die der Rechnung zugrunde gelegt sind, berücksichtigt. Der Blindwiderstand der Gesamt-Kurzschlußbahn setzt sich aus dem Streuwiderstand des Generators, dem Streuwiderstand der Umspanner und Spulen sowie den Blindwiderständen der Leitung zusammen.

Hierbei ist der Streuwiderstand des Generators

$$X_{St} = \frac{U_n}{\sqrt{3}\, p\, I_n} \qquad (84)$$

Hierbei ist U_n die Generatornennspannung, I_n der Generator-Nennstrom, p das Stoß-Kurzschlußverhältnis, d. h. das Verhältnis des Stoßkurzschluß-Wechselstromes beim Klemmenkurzschluß zum Nennstrom. p wird festgelegt in der Weise, daß der gesamte Stoßkurzschlußstrom nicht das 15fache des Scheitelwertes des Nennstromes übersteigen darf. Das Verhältnis des Gesamt-Kurzschlußstromes zum Scheitelwert des Stoßkurzschluß-Wechselstromes a ergibt sich aus nebenstehender Kurve (Abb. 13), so daß folgende Beziehung besteht:

$$I_S = a \sqrt{2}\, I_{SW} \qquad (85)$$

Setzt man den größten Wert für a = 1,8 ein, so erhält man als Stoßkurzschlußverhältnis

$$p_{max} = \frac{15}{1,8} = 8,33$$

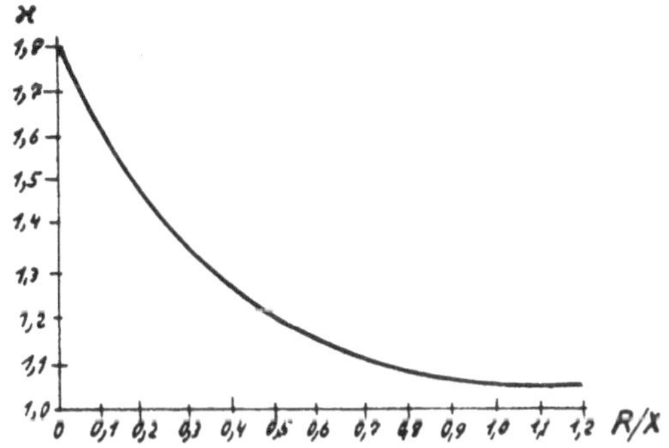

Abb. 13

Für die Berechnung komplizierter Netze ist es zweckmäßig, an Stelle mit den Widerständen mit dem reduzierten prozentualen Spannungsfällen zu rechnen[1]), wobei man als reduzierten prozentualen Spannungsfall den Spannungsfall in % bezeichnet, der an dem Widerstand der Maschine, der Leitung, der Drossel, des Umspanners auftritt, wenn die Leistung von 1 MVA übertragen wird.

Bezeichnet man mit

u′ den reduzierten prozentualen Spannungsfall, mit $Z = \sqrt{R^2 + X^2}$ den Widerstand der Strombahn, mit I_n den Nennstrom, mit N_n die Nennleistung, mit u den prozentualen Spannungsfall des Nennstromes an den Wicklungswiderständen, bezogen auf die Nennleistung, und mit N′ = 1 MVA, so gilt die Gleichung

[1]) Paul Steglich, ETZ 1942 S. 513.

$$u' = u \frac{N'}{N_n} = \frac{\sqrt{3}\; I_n Z \cdot 100\, N'}{U N_n} = Z \cdot \frac{100}{U^2} \text{ in } \% \qquad (86)$$

Setzt man den Faktor $k = \frac{100 \cdot N'}{U^2}$ so ist $u' = k \cdot Z$.

Für Reihenschaltung von Blindwiderständen rechnet man mit

$$u'_1 + u'_2 = k \cdot X_1 + k \cdot X_2 = k\,(X_1 + X_2) \qquad (87)$$

für Parallelschaltungen mit

$$\frac{u_1' \cdot u_2'}{u_1' + u_2'} = k \frac{X_1 \cdot X_2}{X_1 + X_2}$$

und für Sterndreieck-Schaltungen mit

$$\frac{u_1' \cdot u_2'}{u_1' + u_2' + u_3'} = k \frac{X_1 \cdot X_2}{X_1 + X_2 + X_3} \qquad (88)$$

Mit diesen reduzierten prozentualen Spannungsfällen kann man dann genau so rechnen, wie mit den Widerstandswerten. Hat man vorher die reduzierten prozentualen Spannungsfälle der Maschinenumspanner und Drosselspulen bestimmt, so kann man zum Schluß die gesamte Stoßkurzschluß-Wechselstromleistung aus der Gleichung

$$N_{SW} = \frac{1{,}1 \cdot U^2}{Z} = \frac{1{,}1 \cdot 100 \cdot Z}{u' \cdot Z} (\text{in } \%) = \frac{110}{u'} \qquad (89)$$

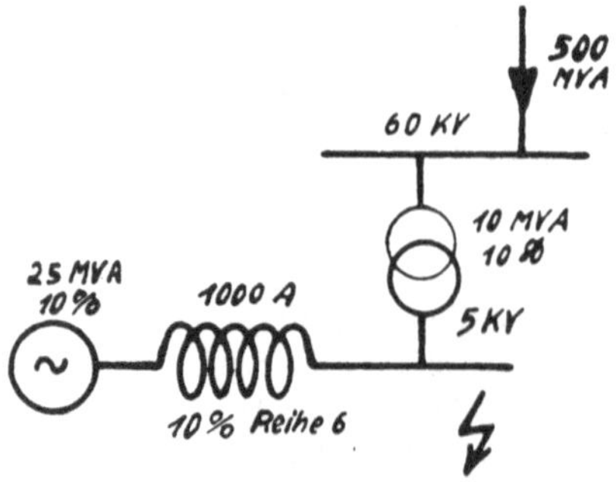

Abb. 14

ermitteln und hieraus den Stoßkurzschlußstrom

$$I_S = \cdot a \sqrt{2}\; J_{SW} = a \sqrt{2} \frac{N_{SW}}{\sqrt{3} \cdot U} \qquad (90)$$

Ein Beispiel möge dies deutlich machen (Abb. 14).

Es führe beispielsweise ein Strom von einem Netz, das eine Leistung von 500 MVA hat, über einen Umspanner, dessen Leistung 10 MVA beträgt, bei einer Kurzschlußspannung von 10 % zu einer Kurzschlußstelle; zu dieser führe gleichzeitig noch ein Strom von einem Generator mit einer Leistung von 25 MVA und einer relativen Stoßstreuspannung von ebenfalls 10 % über eine Drosselspule, die, wenn durch sie ein Strom von 1000 Amp. fließt, bei 6 kV einen Spannungsfall von 10 % (u_R) hat, zur Kurzschlußstelle (die Oberspannung des Umspanners sei 60 kV, die Niederspannung 5 kV), dann ergibt sich folgendes:

Der reduzierte prozentuale Spannungsfall beträgt

am Netz $$u' = \frac{110}{N_{SW}} = \frac{110}{N_n} = 0{,}22\,\%$$

am Umspanner $$\frac{10}{N_n} = 1\,\%$$

am Generator $$\frac{U}{N_n} = \frac{10}{25} = 0{,}4\,\%$$

An der Drosselspule errechnet sich jetzt der reduzierte prozentuale Spannungsfall wie folgt:

Bezeichnet man mit U_R die Reihenspannung (6 kV) und U_B die Betriebsspannung der Drossel, so gilt folgendes:

Ist eine Drosselspule für eine bestimmte Reihenspannung bemessen, so hat sie bei Nennstrom in diesem Fall, also bei 1000 Amp. einen ganz bestimmten Spannungsfall in Volt (z. B. 10 % = 600 V). Dieser Spannungsabfall in Volt ändert sich nicht, wenn sie in ein Netz mit anderer Spannung (z. B. 5000 V) als die, für die sie bestimmt ist, eingebaut wird. Es ändert sich in diesem Falle der relative prozentuale Spannungsabfall der Drossel. Bei einer Reihenspannung (U_R) von 6 kV ergibt sich als relativ reduzierter prozentualer Spannungsabfall für die Drosselspule

$$u' = \frac{u_B}{N_B} = \frac{u_R}{N_B} \cdot \frac{U_R}{U_B} = \frac{10 \cdot 6000}{\sqrt{3}\,\frac{1000 \cdot 5000 \cdot 5000}{1000000}} = 1{,}39\,\% \qquad (91)$$

Hierbei ist u_B der prozentuale Spannungsfall bei Betriebsspannung.

Den Kurzschlußstrom ermittelt man nun wie folgt:

Gemäß der Gleichung über die Netz-Transfiguration handelt es sich hier um eine einfache Parallelschaltung, wobei einmal Netz und Umspanner, das andere Mal Generator und Drossel in Reihe geschaltet sind. Es ergibt sich nun als Summe der prozentualen Abfälle

1. Generator und Drossel 1,79 %, 2. Netz und Umspanner 1,22 %.

Beide parallel ergibt also einen gesamten reduzierten prozentualen Spannungsabfall von

$$\frac{1{,}79 \cdot 1{,}22}{3{,}01} = 0{,}76$$

Die Kurzschlußleistung ist

$$\frac{110}{0{,}76} = 145\ \text{MVA}.$$

Dies ergibt einen Stoßkurzschluß-Wechselstrom von

$$\frac{145 \cdot 10^6}{\sqrt{3} \cdot 5 \cdot 10^3} = 16000\ \text{Amp.}$$

Will man den Dauerkurzschlußstrom berechnen, so muß man beachten, daß durch den Zusammenbruch der Spannung durch den Kurzschluß eine starke Ankerrückwirkung eintritt, wodurch wiederum die Klemmenspannung herabsinkt. Durch das Herabsinken dieses Wertes sinkt der Kurzschlußstrom, bis schließlich ein Beharrungszustand eintritt.

Vorgeschrieben sind durch die VDE-Bestimmungen bei Klemmen-Kurzschluß für Turbogeneratoren das Verhältnis des Dauerkurzschlußstromes I_d zum Stoßkurzschluß-Wechselstrom I_{SW} bei Generatoren im Leerlauf 0,105, bei Voll-Last 0,3, bei Schenkelpolgeneratoren ohne Dämpferwicklung 0,12 bzw. 0,375. Will man noch die Verhältnisse des Netzes berücksichtigen, so kommt man zu folgenden empirischen Formeln für den Verlauf des Kurzschlußstromes[1]):

$$i = \sqrt{2}\,(I_{SW} - I_d)\, e^{-t/\tau_W} \sin(\omega t - \alpha) + I_{SW}\, e^{-t/\tau_g} \sin\alpha + I_d \sin(\omega t - \alpha) \qquad (92)$$

wobei

$$\tau_W = \frac{X_n + X_s}{X_n + \frac{U}{\sqrt{3}\, I_n}} \cdot \frac{L_1}{R_1} = \text{Abklingzeitkonstante des Wechselstromgliedes} \qquad (93)$$

$$\tau_g = \frac{X_n + X_s}{\omega\,(R_n + R_a)} = \text{Abklingzeitkonstante des Gleichstromgliedes} \qquad (94)$$

I_d = Dauerkurzschlußstrom
L_1 = Läuferinduktivität in Henry
R_1 = Läuferwiderstand in Ohm
R_n, X_n = Wirk- bzw. Blindwiderstand der Kurzschlußbahn
R_a = Ankerwiderstand in Ohm.

Mit Hilfe dieser Gleichung kann man den Verlauf des Kurzschlußstromes angenähert bestimmen.

Die Berechnung des Dauerkurzschlußstromes ist durch Rüdenberg vorgenommen[2]).

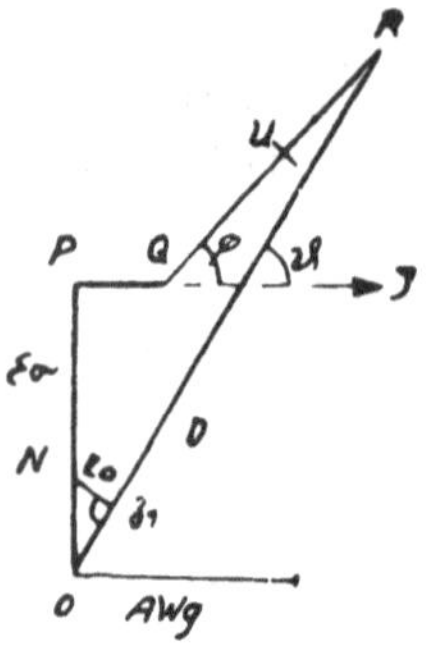

Abb. 15

Abb. 15 stellt das Vektor-Diagramm eines Generators unter Berücksichtigung der Leerlaufkennlinie dar, wobei im Vektor-Diagramm φ der äußere Phasen-Verschiebungswinkel zwischen der Klemmenspannung U und dem Phasenstrom I ist. PQ = RI = der Ohmsche Spannungsabfall, $E\,\sigma$ die EMK der Streuung = PN, Eq = NO′ = die vom Querfeld herrührende EMK in einer Phase. Diese steht senkrecht auf dem Vektor der resultierenden elektromotorischen Kraft E_R. $E\sigma$ und der Ohmsche Spannungs-

[1]) Hameister, ETZ 1935: Berechnung des Kurzschlußstromes in Hochspannungsnetzen.
[2]) Kurzschlußströme bei dem Betrieb von Großkraftwerken, Berlin 1925, Regeln für Hochspannungsgeräte (REH 1925), Berechnung von Kurzschlußströmen und Schaltleistungen.

abfall ist dem Strom I proportional. E_0 ist die von $\dot{\mathfrak{H}}_1$ stammende EMK, sie ist proportional dem Hauptfeld $\mathfrak{H}_1$. Sie ist durch die Leerlaufcharakteristik gegeben. Eq ist die vom Querfeld herrührende EMK. Eq ist gleichfalls $\mathfrak{H}_1$ proportional. $\mathfrak{H}_1$ ist eine Funktion des Phasenstromes · I. Die zu E_0 und Eq gehörenden Felder kann man in der Weise bestimmen, daß man das tatsächliche Felddiagramm des Generators in Fourrier-Reihen zerlegt, wobei die Feldstärke des Hauptfeldes die erste Harmonische der sin-Schwankungen und Hq die Querfeldstärke die erste Harmonische der cos-Schwankungen beträgt. In dem Vektor-Diagramm ist die resultierende Spannung $E_R = RO'$.

Legt man das Vektor-Diagramm in die Leerlauf-Charakteristik (Abb. 16) und vernachlässigt man, was im Kurzschlußfall ohne weiteres zulässig ist, den Ohmschen Spannungsabfall PQ und beachtet ferner, daß in diesem Fall die Leerlauf EMK E_0 genau so groß ist wie die resultierende EMK E_R, so fallen die Punkte P und Q_k zusammen, die Strecke PN_k steht senkrecht auf der Strecke LO, wobei die Strecke OL die Gegenampere-Windungen und die Strecke ML die gesamten erregenden Amperewindungen bezeichnen. Die Gegenampere-Windungen (AWg) sind der Stromstärke proportional. Im Kurzschlußfall aber sind diese den für die Erzeugung der Kurzschluß EMK erforderlichen Ampere-Windungen[1]) proportional.

Nach dem Verfahren von Rüdenberg besteht folgende Bestimmungsgleichung

$$\operatorname{tg} \alpha = \frac{E_0}{J_d} = \omega S + \omega L = a E_s \tag{95}$$

wobei a = numerische Kurzschlußentfernung ist, ωS der Blindwiderstand der Maschine und L die Induktivität der angeschlossenen Apparate und Drosseln. Man zieht zu CL eine Parallele durch V_L, das ist die Erregung, die herrschte, bevor der Kurzschluß eintrat, der Schnittpunkt mit der Erregercharakteristik ergibt V_K. Die Strecke $V_L V_k$ ist proportional dem Dauerkurzschlußstrom im v-Maßstab, der bestimmt wird, wenn man die Strecke OL = In (Nennstrom des Generators) setzt. Wäre die

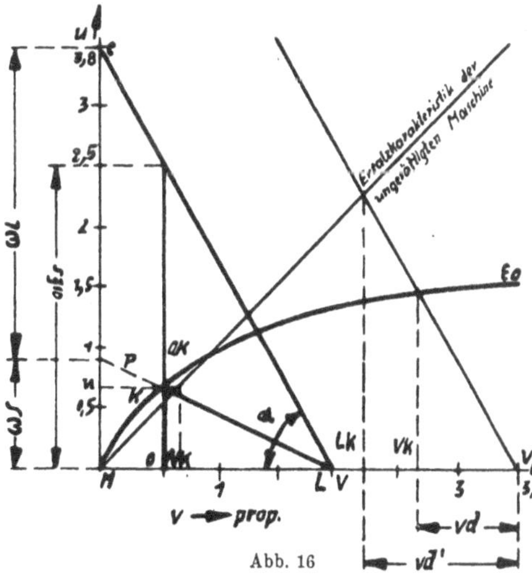

Abb. 16

[1]) Osanna, Starkstrom-Technik S. 268ff. — Ollendorf, Praktische Methoden zur Berechnung des Dauerkurzschlußstromes einfach gespeister Netze, ETZ 1930.

Maschine ungesättigt, herrschte der Dauerstrom V_d'. Die Gerade, die durch $u = 1$ und $v = 1$ geht, ist die Ersatzcharakteristik der ungesättigten Maschine.

Für $\omega L = 0$ ergibt sich aus diesem Diagramm die Dauer-Kurzschlußstromstärke bei Klemmenkurzschluß. Nach den VDE-Vorschriften 1929 kann folgende empirische Tabelle für die Leerlauf-Charakteristik aufgestellt werden:

v = relativer Erregerstrom	u = relative Erregerspannung
0	0
0,5	0,58
1	1
1,5	1,21
2	1,33
2,5	1,40
3	1,46
3,5	1,51 (s. Abb. 16)

$$\text{wobei } v = 1{,}08 + F(\cos\varphi)\left[4{,}45\,\varepsilon_s + \frac{1}{I_K/I_n} - 0{,}33\right] \tag{96}$$

I_K/I_n = 0,7 für Turbogeneratoren
I_n = Nennstrom
ε_s = 0,24 = Mittelwert der Streuspannung der Maschine
X_s = $\varepsilon_s\, U/\sqrt{3}\; In$ = Streureaktanz der Maschine

$\cos\varphi$	0,0	0,5	0,6	0,7	0,8	0,9	1,0
$F(\cos\varphi)$	1,00	0,91	0,86	0,80	0,72	0,60	0,30

Die Bestimmung des Dauerkurzschlußstromes für den 3poligen Kurzschluß geschieht nach folgender Formel

$$Id = \frac{U K}{\sqrt{3}\,(X_a + Xs + X_T + X_L + X_D)}\ ^{1)} \tag{97a}$$

Für den 2poligen Dauerkurzschlußstrom eines Dreiphasengenerators ergibt sich

$$Id = \frac{U K}{X_a + 2a\, X_s} \tag{97b}$$

Hierbei ist $X_a + Xs = \dfrac{U}{\sqrt{3}\ (I_K/I_n) \cdot In}$ = Anker + Ständerblindwiderstand,

herrührend von der Ankerrückwirkung (98)

während die Blindwiderstände X_T, X_L und X_D aus den Gleichungen

$$X_T \text{ (Umspannerblindwiderstände)} = \frac{U\,\varepsilon_T}{\sqrt{3} \cdot In}$$

$$X_D \text{ (Drosselblindwiderstand)} = \frac{U\,\varepsilon_D}{\sqrt{3} \cdot In}$$

$$X_L \text{ (Leitungswiderstand)} = U\,\varepsilon_L/\sqrt{3} \cdot In \tag{99}$$

1) VDE 1930 S. 833.

bestimmt werden, wobei ε_D, ε_T und ε_L die relativen Streuspannungen des Umspanners, der Drossel und der Leitung sind.

Die relative Erregung v haben wir oben berechnet. Die numerische Kurzschlußentfernung a ergibt sich aus der Formel

$$a = \frac{X_S + X_T + X_L + X_D}{X_S} \tag{100}$$

K ist der Sättigungsfaktor, K = 1 für eine ungesättigte Maschine, während für gesättigte Maschinen K nach folgender Tabelle bestimmt werden kann:

a 3pol. Kurzschluß	a 2pol. Kurzschluß	v <1	1,0	1,5	2,0	2,5	3,0	3,5
1	—	0,955	1,03	1,55	2,07	2,58	3,09	3,5
2	1	0,985	1,06	1,58	2,08	2,55	3,02	3,49
4	2	1,00	1,08	1,57	2,03	2,38	2,63	2,94
8	4	1,00	1,07	1,52	1,83	1,93	2,15	2,38
16	8	0,995	1,06	1,42	1,61	1,73	1,82	1,94
32	16	0,975	1,03	1,31	1,47	1,57	1,64	1,73
∞	∞	0,955	1,00	1,21	1,33	1,41	1,46	1,51

Die Größe K wird aus dem Potierschen Dreieck bestimmt. Hierin ist K = Vd/Vd′. Diese Berechnung des Kurzschlusses ist wohl genau, aber für viele Fälle zu umständlich. In den meisten Fällen genügt es, da ja der Kurzschluß nur verhältnismäßig kurze Zeit währt, die Kurzschlußleistung und den Kurzschlußdauerstrom abhängig von der Zeit vom Eintritt des Kurzschlußfalles bis zur Abschaltung des Kurzschlusses wie folgt empirisch zu bestimmen[1]).

Als Ordinate tragen wir μ das Verhältnis des symmetrischen Ausschaltstromes $= \frac{w}{2\sqrt{2}}$ (Fig. 12) zum Stoßkurzschluß-Wechselstrom I_{SW}, als Abszisse das Verhältnis des Stoßkurzschluß-Wechselstromes zum Nennstrom auf. Es ergibt sich dann abhängig von einer Schaltzeit von $^1/_{10}$ bzw. $^1/_4$ Sek. für die meisten Berechnungen folgendes Bild[2]) (Abb. 17).

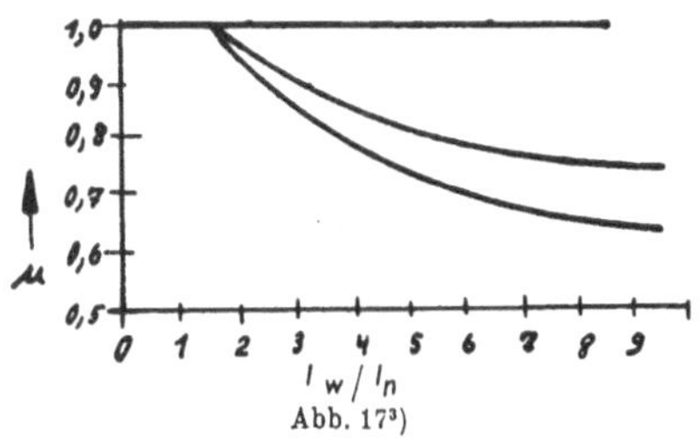

Abb. 17[3])

Für die Berechnung der Erwärmung durch Kurzschlußströme kann vereinfachend angenommen werden, daß alle zugeführte Wärme zur Erhöhung der Temperatur des stromführenden Körpers verwendet wird. Kurzschlußströme herrschen in Schaltgeräten nur eine so kurze Zeit, daß ein Wärmeübergang an die umgebende Luft im allgemeinen nicht

[1]) ETZ 1942 S. 515, Steglich.
[2]) VDE 0670, ETZ 1938.
[3]) Die untere Kurve gilt für einen Mindestschaltverzug $\geq$ 0,25 sek, die obere für $\approx$ 0,1 sek und die Parallele durch 1,0 zur I_{sw}/I_n Achse für einen Mindestschaltverzug von $\approx$ 0 sek.

mehr stattfinden kann. Andererseits muß man beachten, daß sowohl die spezifische Wärme als auch der spezifische Widerstand sich mit der Temperatur verändert. Für die spezifische Wärme kann mit guter Näherung folgende Gleichung angenommen werden

$$c = c_0 (1 + \alpha \tau) \tag{101}$$

und für den spezifischen Widerstand gilt:

$$\rho = \rho_0 (1 + \gamma \tau) \tag{102}$$

Daraus ergibt sich als Erwärmungsgleichung die folgende Funktion:

$$\tau = \int_0^t \frac{\rho_0 (1 + \gamma \tau)}{s c_0 (1 + \alpha \tau)} J^2 \, d t$$

wobei J die Stromdichte ist, die bei einem Strom, der nach Gleichung 92 zu berechnen ist, herrscht, und s das spezifische Gewicht bedeutet.

Dimensionierung von Stromschienen

Auf Grund der vorgenommenen Erwärmungsrechnungen sind für eine große Anzahl Fälle Normalien für die Ausbildung von Stromschienen ausgearbeitet worden.

Anschlußbolzen

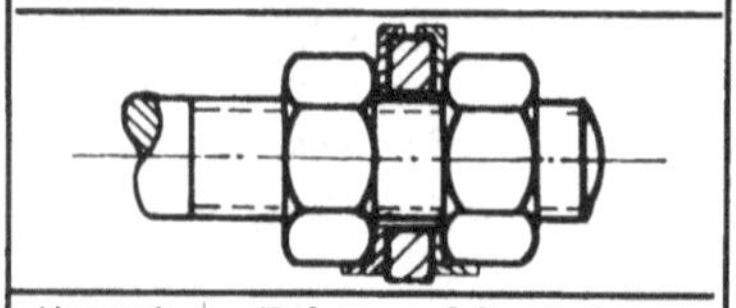

(dauernd) Nennstromstärke A	Bolzen und Gewinde ⌀ Nach DIN 46200 Metrisch	Nach DIN 46200 Whitworth	Nach BSJ Whitworth
(2) 2,5	M 3,5		
4	M 3,5		
6	M 3,5		
10	M 4		
(15) 16	M 4		0,185″
25	M 5		
30			0,236″
(35) 40	M 6		
60	M 6		5/16″
100	M 8		3/8″
150			7/16″
200	M 10		1/2″
300			5/8″
(350) 400	M 16	5/8″	3/4″
600	M 20	3/4″	7/8″
800			1″
1000	M 30 · 2	R 7/8″ W30·1/10	1 1/8″
1200			1 1/2″

Abb. 18

Die höchstzulässigen Temperaturen betragen

für Stromschienen in freier Luft ..	65° C
für Stromschienen in gekapselten Anlagen bis 2000 Amp.	70° C
für Stromschienen über 2000 Amp.	75° C
für Kontakte	105° C
für Spulen, je nach Isolation ..	85—95° C
für blanke Leitungen	100° C

Mit Rücksicht darauf sind für Anschlußbolzen folgende Normalien bestimmt worden (Abb. 18).

Nach den BSI-Vorschriften ist für 1200 Amp. Gleichstrom ein Anschluß von 1 1/4″ genügend. Der Unterschied zwischen den Anschlußbolzendurchmessern für Gleichstrom und Wechselstrom erklärt sich aus dem Skineffekt. Die Anschlußmuttern werden gemäß nebenstehender Abbildung meist durch Sprengring gesichert. Niemals darf die Anschlußschraube auf einer isolierten Unterlage befestigt werden, da diese sich mit der Zeit lockert, es sei denn, daß Muttern

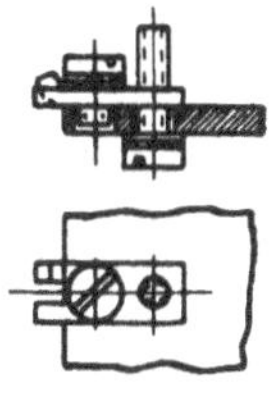

Anschlußstück

Abb. 19

oder Schrauben in Bakelit eingepreßt werden. Man kann an Stelle der Anschlußschrauben Bolzen, an denen die Leitung durch Mutter und Sprengring befestigt wird, wählen. Die Befestigung der Leitung an kleinen Geräten geschieht am einfachsten dadurch, daß die Anschlußstücke kleine Zinken erhalten (Abb. 19) oder kleine Zwischenstücke, durch die in jedem Falle erreicht wird, daß sich die Leitung nicht drehen kann. Leitungen über 16 mm^2 Querschnitt erhalten Kabelschuhe (Abb. 20).

Kabelschuhe
gestanzt, für Kupferleiter

DIN 46211

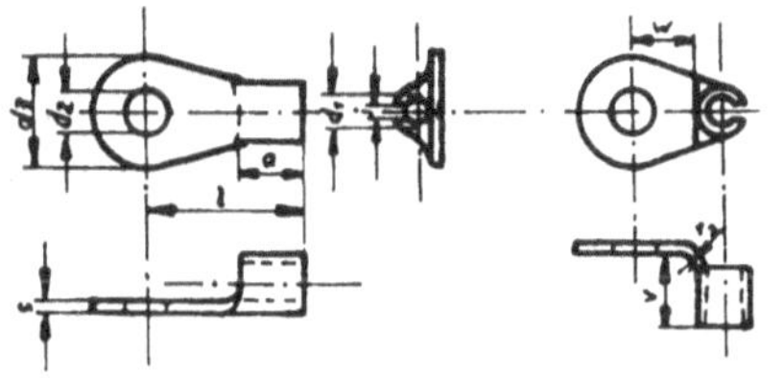

Anschluß-bolzen × Hülseninnen-durchmesser	Form A und B								Form B		A und B
	Hülse d_1 H 15	Hülse a	Hülse i H 16	d_2 H 16	d_3 j 13	l j 14	s	v_z	V	W j 15	Leiter-quer-schnitt
3×1,5	1,5	3,5	1,2	3,2	6	10	0,5		4	5	1
4×1,5	1,5	3,5	1,2	4,3	10	11,5	0,5		4	6,5	1,5
4×2	2	5	1,5			13			5,5		2,5
5×2	2	5	1,6	5,3	12	14,5	0,6		5,5	8	2,5
6×2	2	5	1,6	6,4	14	16	0,6	1	6	9	2,5
6×2,5	2,5	6	1,5			17	0,8		7		3
6×3,3	3,5	8	2			19	1		9		4
6×4,5	4,5	10	3,5			21	1,2		11		10
8×5,6	5,6	11,5	3,5	8,4	18	27	1,5		13,5	12	16
8×8,5	8,5	16	4			33	2		19		35
10×8,5	8,5	16	3,5	10,5	22	35	2	1,5	19	14	35
10×10	10	19	4			38	2,5		22		50

Abb. 20

Die Kabelschuhe werden mit der Leitung verlötet. Die Stärke der Stromschienen kann nach der aufgestellten Formel berechnet werden. Dann ist meist schon die Stromschiene ausreichend gegen übermäßige Erwärmung gesichert. Bei noch größeren Stromstärken muß man insbesondere bei Wechselströmen die Leitungen auf Erwärmung nachrechnen, bei Strömen über 1200 Amp. soll man möglichst immer mehrere parallele Leitungen verlegen. Allerdings muß man in diesem Falle stets den Näherungseffekt beachten. Es zeigt sich z. B., daß 3 Leitungen, je nachdem in welcher Weise sie verlegt sind, mit verschiedenen Stromstärken belastet werden können. Die folgenden Tabellen geben Aufschluß über die Dauerbelastbarkeit von blankem Rundkupfer und Rundeisen.

Dauerbelastung von Rundeisen DIN 671
für Gleich- und Wechselstrom 50 Hz in Ampere

Durchmesser	Gleichstrom				Wechselstrom 50 Hz			
	30—35° C Lufttemperatur 30° C Erwärmung		35° C Lufttemperatur 45° C Erwärmung		30—35° C Lufttemperatur 30° C Erwärmung		35° C Lufttemperatur 45° C Erwärmung	
mm	blank A	gestr. A	blank A	gestr. A	blank A	gestr. A	blank A	gestr. A
3	15	16	18	20	12	15	15	18
5	18	32	34	38	20	25	25	30
6	35	40	42	50	24	30	30	36
8	50	60	60	75	32	40	40	50
10	70	80	85	100				
16	130	155	160	190				
20	180	210	220	260				

Dauerbelastung von Rundkupfer
für Gleich- und Wechselstrom 50 Hz in Ampere

Durchmesser	Gleichstrom				Wechselstrom 50 Hz			
	30—35° C Lufttemperatur 30° C Erwärmung		35° C Lufttemperatur 45° C Erwärmung		30—35° C Lufttemperatur 30° C Erwärmung		35° C Lufttemperatur 45° C Erwärmung	
mm	blank A	gestr. A	blank A	gestr. A	blank A	gestr. A	blank A	gestr. A
6	80	90	100	110	80	90	100	110
7	100	110	120	135	100	110	120	135
8	135	150	160	180	135	150	160	180
10	205	225	250	275	205	225	250	275
16	395	440	485	540	395	440	485	540
20	540	600	660	940	540	600	660	740
30	970	1080	1190	1330	950	1050	1160	1290

Nach Abb. 21 kann z. B. bei einem Querschnitt von 3″ mal $^1/_4$″ die linke Leitung mit 1750, die mittlere Leitung mit 2200 und die rechte Leitung mit 2100 Amp. belastet werden, während bei einem Querschnitt von 4″ mal $^1/_2$″ die Werte 2200, 2750 und 2600 Amp. betragen.

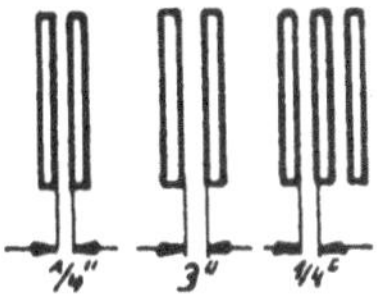

Stromschienen
3″ × $^1/_4$″ Querschnitt
Abb. 21.

Die nachstehende Tabelle zeigt die praktische Auswirkung des Näherungseffektes für Kupferschienen für Wechselstrom von 50 Perioden:

Stromschienen aus Kupfer, rechteckig

Abmessungen		Dauerbelastbarkeit in Amp. bei Wechselstrom 50 Hz															
		walzblank								gestrichen							
Breite × Dicke	Querschnitt	30—35° C Lufttemp. und 30° C Erwärmung				35° C Lufttemp. und 45° C Erwärmung				30—35° C Lufttemp. und 30° C Erwärmung				35° C Lufttemp. und 45° C Erwärmung			
		Schienenzahl				Schienenzahl				Schienenzahl				Schienenzahl			
mm	mm²	1 I	2 II	3 III	4 II 50 II	1 I	2 II	3 III	4 II 50 II	1 I	2 II	3 III	4 II 50 II	1 I	2 II	3 III	4 II 50 II
12×2	24	110	200			140	245			125	225			155	275		
15×3	45	170	300			210	965			165	330			230	405		
20×5	100	290	495			360	605			325	550			400	675		
25×5	125	350	500			425	735			385	670			475	820		
30×5	150	405	705			495	860			450	780			550	955		
40×5	200	515	900			635	1100			575	1000			705	1225		
50×5	250	630	1090	1575	2080	770	1340	1930	2550	700	1210	1750	2310	855	1490	2140	2840
50×10	500	920	1620	2210	2990	1130	1985	2700	3670	1225	1800	2450	3330	1255	2210	3000	4080

Bewegliche stromführende nicht kontaktgebende Teile werden durch Litzen, Bronzefedern oder geflochtene Bänder ausgeführt. Isolierte Litzen werden meist mit Gummischlauch umgeben. Alle Litzen müssen, vor allem bei großer Schalthäufigkeit, möglichst wenig Bewegung machen, da sie sonst leicht brechen können. Die Befestigung an Klemmen-Schrauben geschieht dann am einfachsten mittels Kabelschuhen. Bei Stromstärken von über 200 Amp. wählt man für bewegliche stromführende Teile, insbesondere bei größerer Schalthäufigkeit, hochflexibles geflochtenes Band. Die Wahl von Bändern für hohe Stromstärken hat auch noch den Vorteil, daß Bänder eine verhältnismäßig große Abkühlungsfläche haben, so daß die Wahl von mehreren dünnen parallel geschalteten Bändern sowohl aus Gründen der Flexibilität als auch aus Gründen der Wärmeabführung vorteilhafter ist als die einfachen Kupferdrähte. Innerhalb von Apparaten wählt man die Verbindungsleitungen nach nachstehenden Tabellen.

Messing-Endverbindungen innerhalb von Apparaten							
blank				isoliert (mit Schlauch- oder Bandageüberzug)			
Abmessung	Querschnitt mm²	Belastung in Amp. bei ED 40 vH.	ED 100 vH.	Abmessung	Querschnitt mm²	Belastung in Amp. bei ED 40 vH.	ED 100 vH.
1,2 ⌀	1,13	8	3	1,2 ⌀	1,13	8	5
1,5 ⌀	1,77	11	7	1,5 ⌀	1,77	10	6
1,8 ⌀	2,55	15	10	1,8 ⌀	2,55	14	8
2,5 ⌀	4,9	22	15	2,5 ⌀	4,9	17	12
3,2 ⌀	8,0	33	22	3,2 ⌀	8,0	22	15
4,0 ⌀	12,6	40	30	4,0 ⌀	12,6	30	21
4,8 ⌀	18,0	60	40	4,8 ⌀	18,0	55	37
5,5 ⌀	23,6	80	55	5,5 ⌀	23,6	70	45
20×3	60	180	120				
20×4	80	220	150				
30×4	120	300	200				
30×5	150	370	250				
30×6	180	400	270				
50×5	250	550	300				

Tabelle a

Die Endverbindungen werden zweckmäßig in Messing oder Kupfer verlegt. Messing-Endverbindungen haben die vorstehenden Abmessungen (Tabelle a).

Aluminium-, Eisen- und Kupfer-Verbindungsleitungen in Apparaten, Steuerungen usw. haben folgende Abmessungen, abhängig von Einschaltdauer und Querschnitt. Hierbei sind besonders die Abmessungen blanker Verbindungsleitungen in Flachbahn-Schaltwalzenanlassern berücksichtigt (Tabellen b und c.)

Kupfer-Verbindungsleitungen innerhalb v. Apparaten, Steuerungen, Schaltschränken u. Schaltanlagen												
Abmessung	ca. Querschnitt mm²	Werkstoff	Höchster dauernd zuläss. Strom für End- u. Regelverbindung blank 100% ED	isol. 100% ED	Höchstzul. Nennstrom der Sicherung für Kurzschl.-schutz	Höchstzulässige Belastung in Amp. — Blanke Anlaßverbindungen in Widerstandsgeräten, ED bei 125 Schaltungen je Stunde 70%	40%	28%	20%	12,5%	Blanke Anlaßverbind. in Schaltw. Anlasser für geringe Schalth.	Flachb. Anlasser für geringe Schalth.
1,5	1,77	Blanker	15	13,5	25	20	25	32,5	39,5	47	54	60
2	3,1	weicher Kupfer-	22	20	35	30	37,5	48,5	59	70	80	90
2,5	4,9	draht	30	27	60	42	52	68	82	98	112	127
3	7,1	nach	40	36	80	55	69	89	110	129	149	168
4	12,6	DIN 1766 Güte-	60	54	100	84	105	135	165	195	225	255
5	19,6	klasse	85	76	125	120	148	192	232	275	320	360
6	28,3	E-Cu F20	110	100	160	154	197	253	308	365	420	475
14×1	14	Kupferb.	60								für 6 mm ⌀	
14×1,5	21	DIN 1752 Gütekl.	80								Anschlußbolzen	
18×2	36	E-Cu F20	130								f. 8mm ⌀ Anschlb.	
30×3	90	Flachkpfr.	280			380	540	700	850	1000	f. 12mm ⌀	,,
30×5	150	DIN 1768	400			600	870	1120	1370	1620	f. 16mm ⌀	,,
eindrähtig	1,5 e			16	25							
	2,5 e			21	35							
	4 e	Isolierte		27	60							
	6 e	Kupfer-		35	80							
	10 e	leitungen NGA (UV)		48	100							
mehrdrähtig	16 m	Cu		65	125							
	25 m	schwarz		88	160							
	35 m			110	200							
	50 m			140	260							

Tabelle b

Aluminium-Verbindungsleitungen innerhalb von Apparaten, Steuerungen, Schaltschränken und Schaltanlagen												
Abmessung		Werkstoff	Höchster dauernd zuläss. Strom für End- u. Regel-verbindungen		Höchstzul. Nennstrom der Sicherg. für Kurzschl.-schutz	Höchstzulässige Belastung in Amp.						
						Blanke Anlaßverbindungen in Widerstandsgeräten ED bei 125 Schaltungen je Stunde					Blanke Anlaßverb. in Schaltw. Anlasser für geringe Schalth.	
Durch-messer	ca. Quer-schnitt		blank	isoliert							Schaltw.	Flachb.
mm	mm²		Amp.	bei	100% ED	70%	40%	28%	20%	12,5%		
2,2 Φ	3,8	Alu-Draht nach DIN VDE 6420 Gütekl. E-Al. F 7	25	21	35	32	40	50	62	75	85	90
2,8 Φ	6,2		30	27	60	37	46	59	73	86	100	110
3,5 Φ	9,6		40	38	80	53	67	85	105	122	135	160
4,5 Φ	15,9		60	51	100	75	92	120	155	180	210	225
6 Φ	28,3		85	69	125	120	150	190	235	280	320	360
	2,5 e	Isolierte Alu-Leitungen KNGA-Al. schwarz		16	29	22	25					
	4 e			21	35	27	35					
	6 e			27	60	32	40					
	10 e			38	80	45	60					
	16 e			51	100							

Tabelle c

Die Stärke blanker Zuleitungen und der zu wählenden Sicherungen für Drehstrommotoren zeigen Tabellen d 1 und d 2.

Sicherungen und Leistungsquerschnitte von Drehstrommotoren																
Motor-nenn-lei-stung	Sicherungsnennströme Für direktes Einschalten von Motoren mit Kurzschlußläufer bei Anlaufzeiten bis zu 5 Sekunden								Sicherungsnennströme Für Anlassen von Motoren mit Kurzschlußläufer in Verbindung mit Sterndreieckschalter und Schleifringläufer in Verbindung mit Anlasser							
	125 V		220 V		380 V		500 V		125 V		220 V		380 V		500 V	
kW	träge	flink	träge	flink	träge	flink	träge	flink	träge	flink	träge	flink	träge	flink	träge	flink
	A	A	A	A	A	A	A	A	A	A	A	A	A	A	A	A
0,5	6	10	4	10	2	4	2	4	4	6	4	6	2	4	2	2
1,1	10	20	6	15	4	10	4	6	10	15	6	10	4	6	4	6
2,2	25	35	15	25	10	15	6	10	20	20	10	15	6	10	6	10
5,5	60	80	35	50	25	35	15	25	50	50	25	25	15	20	15	15
7,5	80	100	35	60	25	50	20	35	60	60	35	35	20	25	15	20
11	100	160	60	100	50	60	35	50	80	80	50	50	25	25	20	25
22	160	200	100	160	60	80	50	80	160	160	80	80	50	50	35	35
40	260	300	160	200	100	125	80	100	260	260	160	160	80	80	60	60
64	—	—	225	260	125	160	100	160	—	—	225	225	125	125	100	100
100	—	—	350	—	200	225	160	200	—	—	350	350	200	200	160	160

Nennstrom für Schmelzsicherungen	A	6	6	10	15	20	25	35	60	80	100	125	160	200	225	260	300	350
Kupferquerschnitt	mm²	0,75	1	1,5	2,5	4	6	10	16	25	35	50	70	95	120	150	185	240
Höchstzulässiger Strom für blanke und isol. Kupferleitungen	A	9	11	14	20	25	31	43	75	100	125	160	200	240	280	325	380	450

Tabelle d 1 und d 2

Die Einführung in die Schaltgeräte bei gekapselten Anlagen wird mittels Isolierrohr oder Stahlpanzerrohr vorgenommen. Die lichten Weiten werden gemäß vorstehender Tabellen und Abbildungen bestimmt. Abb. 22 bestimmt die Größe des zu wählenden Stahlpanzerrohres, Abb. 23 die Ausmaße der zugehörigen Stopfbuchsen.

Eine andere Möglichkeit der Einführung in Schaltgeräte ist die mittels einfachen, zweifachen oder dreifachen Kabelendverschlüssen (Abb. 24). Die zu Abb. 24 gehörende Tabelle zeigt ein Beispiel für die Größenverhältnisse für verschiedene Stromstärken. Geräte, die nur Berührungsschutz haben, also insbesondere eine Haube aus Blech, Bakelit oder Pappe, werden meist so angeschlossen, daß in der Schutzhaube ein kleines Stück eingestanzt ist, das herausgebrochen wird, sobald man das Gerät anschließt.

Bestimmung der lichten Weiten für Isolier- und Stahlpanzerrohre

Leiterquerschnitt mm²	1 NGA	2 NGA	3 NGA
	Erforderliche Rohrweite in mm		
Isolierrohr mit gefalztem Metallmantel			
1,5	—	11	13,5
2,5	—	16	16
4	11	16	16
6	11	23	23
10	13,5	23	23
16	13,5	23	29
25	16	29	36
35	23	36	36
50	23	36	48
70	23	48	48
Stahlpanzerrohr			
1,5	—	13,5	13,5
2,5	—	16	16
4	11	16	21
6	11	21	21
10	13,5	21	21
16	13,5	29	29
25	16	29	36
35	21	36	36
50	21	42	42
70	21	42	42
95	29	42	—
120	29	—	—
150	36	—	—
185	36	—	—

Abb. 22

Kabelstopfbuchsen

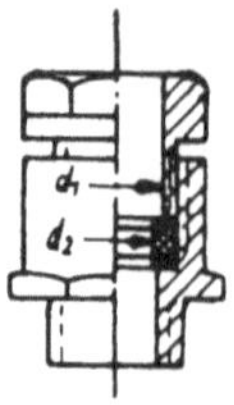

Einadrige Kabel

Höchstbelastg. in Amp.	Querschnitt mm²	Spannung in Volt	Kabel	Außenkabel ∅ mm	Bleimantel ∅ mm	d_2 mm	d_1 mm	Pg.-Gew. Nr.
14	1,5	bis 250	NKBA	9,5	—	10	14	13,5
25	4			10,5	—	10	14	13,5
31	6			11	—	13,5	14	13,5
95	10	bis 950		18	10	10	19	16
170	25			23	13	14	21	21
385	95			30	20	24	29	29
510	150			36	24	24	38	36
575	189			38	26	27	38	36

Abb. 23

Kabelendverschlüsse

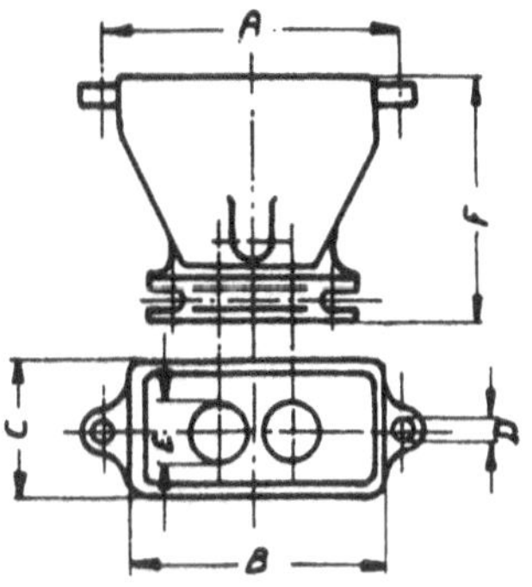

Anzahl der Einführg.	A mm	B mm	C mm	D mm	E mm	F mm	Schaltgerät
1	68	69	40	5,5	23	75	
2	68	69	40	5,5	23	75	15 A
3	68	69	40	5,5	16	75	
1	120	100	66	7	28	100	
2	120	100	66	7	28	100	25 A
3	120	100	66	7	28	100	
1	164	142	74	9,5	36	135	
2	164	142	74	9,5	36	135	60 A
3	164	142	74	9,5	36	135	
1	210	190	90	9,5	42	160	
2	210	190	90	9,5	42	160	100 A
3	210	190	90	9,5	42	160	
1	250	222	104	11,5	55	200	
2	250	222	104	11,5	55	200	200 A
3	250	222	104	11,5	55	200	
1	300	272	112	14	68	230	350 A
2	300	272	112	14	68	230	

Abb. 24

Theorie der Kontakte[1])

Die Theorie des Kontaktüberganges ist noch sehr jung. Nach den neuesten Forschungen wird im Vakuum ein rein metallischer Übergang zwischen zwei aneinandergepreßten stromführenden Stücken ohne Zwischenschicht erzeugt. Der Stromdurchgang findet aber nur in 2 oder praktisch höchstens 3 Übergangsstellen statt, denn es ist sehr unwahrscheinlich, daß die Übergangsflächen in mehr als 3 Punkten aufeinander aufliegen. An den Berührungsstellen werden die Stromfäden eingeschnürt (Abb. 25). Das Gebiet, in dem die Stromfäden eingeschnürt sind, bezeichnet man als Engegebiet, die Berührungsfläche selbst als Engefläche. Befindet sich zwischen den Metallteilen eine dünne Schicht Schmiermaterial, so haben diese nach Versuchen von Holm, wenn sie schwächer ist als 10^{-6} cm, auf den Übergangswiderstand keinen Einfluß. Durch die Schmierung wird der Kontaktverschleiß ermäßigt. Man bezeichnet einen Übergang mit einer dünnen Schmierschicht als quasi-metallisch.

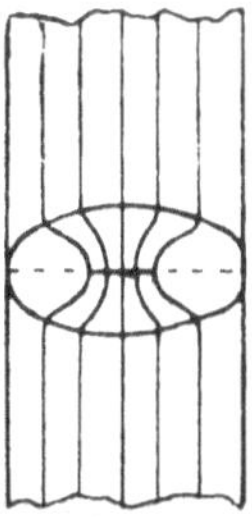

Abb. 25

In Luft oder Öl oder einem anderen Medium entstehen natürlich Zwischenschichten, die man nicht mehr vernachlässigen kann, aber der Übergang findet auch nur an zwei oder drei Stellen statt. Angenommen, es wäre die gesamte Kontaktkraft P bekannt, so wird, da die Übergangsstelle klein ist, ein Druck erzeugt, der das Kontaktmaterial bis zur Fließgrenze beansprucht. Dadurch wird es an dieser Stelle breit gequetscht, bis die Übergangsstelle so groß ist, d. h. daß der Druck so weit sinkt,

[1]) Vgl. auch Holm, ETZ 1941.

daß eine weitere Ausdehnung nicht mehr stattfinden kann. Die Übergangsflächen schmiegen sich jetzt aneinander und der Übergang wird fast quasi-metallisch. Bezeichnet man mit σ_f die Fließgrenze des Materials und mit F die Engefläche, so ist

$$F = \frac{P}{2\,\sigma_f} \tag{103}$$

Für σ_f gelten folgende Werte:

Silber	3000 kg/cm²	Wolfram	15 000 kg/cm²
Kupfer	4000 „	Platin	15 000 „
Messing	5000 „	Graphit	3 000 „

Der Faktor 2 ist angenommen, da mindestens zwei Übergangsstellen vorhanden sein müssen. F würde kleiner sein, wenn mehr als zwei Übergangsstellen entstehen, jedoch hat man auf die Zahl der Übergangsstellen keinen Einfluß. Außer diesem fast quasi-metallischen Übergang findet aber im Medium noch ein Stromübergang durch eine Luftschicht, die gewöhnlich 10^{-6} cm übersteigt, statt. Der Stromübergang durch diese Schicht erfolgt durch Durchschlag. Der beim Durchschlag entstehende Spannungsverlust beträgt für Metalle etwa 0,2 bis 1 Volt, im Durchschnitt etwa 0,5 Volt, für Graphit etwa 1—2,5 Volt. Bei kleineren Stromstärken bildet sich bei derselben Spannung nur eine leitende Brücke in der Schicht (Frittung). Der Spannungsverlust in dieser Brücke ist die Frittungsspannung (U_{Fr}). Die durch den Spannungsverlust U entstehende Temperatur ist von Weiler experimentell gefunden worden[1]).

$$\tau = \frac{U^2}{8\lambda\rho} \tag{104}$$

wobei ρ der spezifische Widerstand und λ die Wärmeleitfähigkeit des Kontaktmaterials ist.

Genauer ist

$$\frac{U^2}{8} = \int_{t_0}^{t} \rho\,\lambda\,d\tau \tag{105}$$

Dieser Spannungsverlust errechnet sich jetzt wie folgt:

$$U_{enge} \simeq I\,\frac{\rho_1 + \rho_2}{4a}\quad \pi a^2 \simeq F\ ^{3)} \tag{106}$$

ρ_1 und ρ_2 sind die spezifischen Widerstände der beiden Kontaktwerkstoffe, dabei ist $U_E \ll U_{fr}$ bei ausreichender Kontaktkraft.

Der Gesamtverlust $U = U_{fr} + U_{enge}$. (107)

Durch eine einfache Formel ist von Höpp[2]) der Spannungsverlust zwischen zwei Kontaktflächen experimentell bestimmt worden, und zwar U = I Rü, wobei Rü der Übergangswiderstand ist, und zwar ist $Rü = \frac{C}{P}$ wobei $C = 0{,}00046\,\rho\sqrt{\frac{\sigma_f}{100}}$.

[1]) ETZ 1937.

[2]) Höpp, ETZ 1920 S. 205.

[3]) F ist als Kreisfläche eingenommen. Die genaue Berechnung siehe Holm: „Die technische Physik der elektrischen Kontakte."

Für die Abhängigkeit des Widerstandes Rü von der Temperatur ergibt sich folgende Gleichung[1]):

$$Rü = R_0 \left(1 + \frac{2}{3} \alpha t\right)$$

wobei α der Temperaturkoeffizient des Widerstandes ist.

Aus den Gleichungen erkennt man, daß die Engespannung umgekehrt proportional der Kontaktkraft ist. Versuche fehlen darüber, inwieweit sich die Frittungsspannung mit steigender Kontaktkraft ändert. Aber es ist auch hier zu erwarten, daß sie mit ihr fällt. Das Wesentliche aber aus all diesen Betrachtungen besteht darin, daß für den Übergangswiderstand überhaupt nicht die Kontaktgröße, sondern einzig und allein die Kontaktkraft maßgebend ist.

Diese Erkenntnis hat in den letzten Jahren zu einer umfassenden Veränderung im Schalterbau geführt. Für Schalter hoher Stromstärke werden jetzt nicht mehr Bürsten-, sondern Klotzkontakte verwendet, jedoch unter starker Steigerung der Kontaktkraft. Klotzkontakte sind erheblich billiger und leichter als Bürstenkontakte. Dadurch wird vor allem die Leistungsfähigkeit der Schalter, wie wir später sehen werden, stark gesteigert, da die zu bewegenden Massen bei Klotzkontakten kleiner sind als bei Bürstenkontakten. Bei der Dimensionierung der Klotzkontakte darf man jedoch nicht vergessen, daß beim Schalten Lichtbögen entstehen, und daß die hierdurch entstehende Wärme und die an der Übergangsstelle entstehende Wärme abgeführt werden muß. Es muß also auch die Größe der Klotzkontakte von der Stromstärke abhängig sein. Zusätzlich aber wirkt sich auf den Übergangswiderstand noch immer das Entstehen einer Oxydationsschicht zwischen den Metallen aus. Diese Oxydationsschicht ist vor allem bei Kupfer schlecht leitend. Bei der Bemessung der Kontakte ist ständig zu beachten, daß an der heißesten Stelle im eingeschalteten Zustand niemals eine höhere Übertemperatur als 70°[2]) auftreten darf. Bei Temperaturen über 140° würden bleibende Verformungen des Kontaktmaterials auftreten. Bei praktisch vorkommenden Kontakten haben kleine Unebenheiten keine wesentliche Bedeutung, da zum Schluß doch nur punktförmige Berührung stattfindet. Als Kontaktkraft wird folgendes vorgesehen:

Schalter in Luft		Schalter in Öl	
häufig schaltend	etwa 12—13 gr pro Amp.	häufig schaltend	20—22 gr pro Amp.
selten schaltend	„ 17 „ „ „	selten schaltend	25 „ „ „

Fließt durch einen Kontakt dauernd ein Strom, der höher ist als 600 Amp., so steigert man allmählich die Kontaktkraft pro Ampere, beginnend bei 600 Amp. mit 25%, bei noch höheren Stromstärken bis zu 60% der hier gegebenen Erfahrungszahlen. Man beachte, daß Schalter, für die wegen des häufigen Schaltens nur eine geringe Kontaktkraft vorgesehen ist, nicht dauernd eingeschaltet bleiben dürfen, damit sich nicht mit der Zeit eine Oxydationsschicht bildet, durch die ein so hoher

[1]) Ableitung siehe Holm: „Die technische Physik der elektrischen Kontakte.“

[2]) Bei massiven Kontaktstücken, bei Bürstenkontakten beträgt die Maximal-Übertemperatur 35° C bei 35° C Raumtemperatur.

Übergangswiderstand entsteht, daß die Kontakte verschmoren. Man muß daher Schalter mit einer Kontaktkraft unter 17 gr/Amp. in Luft mindestens 2—3mal täglich schalten. Dies gilt nicht, wenn als Kontaktmaterial Silber verwendet wird. Die Kontaktkraft wird in Öl höher gewählt als in Luft, da infolge der Zähigkeit des Öls Kraft zum Wegdrücken des Öls nötig ist. Außerdem besteht in Öl eine höhere Frittungsspannung als in Luft.

Durch den Lichtbogen entstehen im Kontakt Verformungen, die größer sind als durch den bloßen Stromübergang. Diese Verformungen nennt man grobe Verluste. Die Verdampfungsmenge an Kontaktmaterial ist proportional der im Lichtbogen entwickelten Energie.

Bezeichnet man mit D die Verdampfungsmenge, mit q die Ladung $= \int_{t_0}^{t_1} i\,dt$, wobei die Zeit von $t_0 - t_1$ die Dauer des Lichtbogens bedeutet, mit U_B die Lichtbogenspannung (Näheres darüber siehe später) und mit k eine Proportionalitätskonstante, so ergibt sich schätzungsweise folgende Gleichung

$$D = k U_B q \quad (108)$$ [1])

Von dieser Verdampfungsmenge setzt sich meist in Form von Oxyd wieder ein Teil durch Abkühlung an den Kontakten selbst fest, so daß der tatsächliche Materialverlust G etwas kleiner ist als D. Diese Größe des Materialverlustes $\cong \gamma q$, wobei γ gemessen in $cm^3\ 10^{-6}$/coul eine Materialkonstante ist.

Sie beträgt für Kupfer 6, Silber 0,3 und Wolfram 0,04.

Die gegenüber Kupfer so günstige Wirkung des Silbers ist auf die viel bessere Leitfähigkeit des Silber-Oxyds zurückzuführen, die günstige Wirkung des Wolfram auf seinen hohen Schmelzpunkt.

Gleichstrom-Ölschalter werden kaum verwendet, da eine elektrolytische Zersetzung des Öles stattfindet. Außerdem aber entsteht durch den Gleichstromlichtbogen eine Verkohlung der im Öl enthaltenen harzhaltigen Stoffe in weit höherem Maße als bei Wechselstrom. Das Mineralöl wird durch Bildung von Gasen, die in erster Linie wasserstoffhaltig sind, zersetzt, wobei sich grob- oder feinflockige Ausscheidungen bilden, die hauptsächlich Kohle enthalten. Diese Ausscheidungen verschlacken nach wenigen Schaltungen die Kontakte, so daß Gleichstrom-Ölschalter nur dann verwendet werden, wenn ganz selten geschaltet wird, oder in chemischen Betrieben, in denen Dämpfe auftreten, die korrosionsgefährlich sind. Dieselbe Erscheinung tritt aber auch bei Wechselstrom auf, wenn auch in wesentlich geringerem Maße, so daß die Kontakte auch bei Wechselstrom viel früher in Öl als in Luft verschlacken. Versuche an Schützen haben gezeigt, daß der Kontaktabbrand bei Wechselstromschaltern in Öl unter gleichen Bedingungen etwa 10—20 mal so hoch ist wie Luft.

Die Haltbarkeit von Druckkontakten scheint besonders günstig zu sein, wenn der eine Kontakt aus Silberlegierung und der andere Kontakt aus einer Kupferlegierung besteht[2]). Besonders wesentlich ist auch die Beanspruchung der Kon-

[1]) Holm, ETZ 1941.
[2]) Henker, ETZ 1943 S. 347.

takte für deren Haltbarkeit. Es hat derselbe Kontakt eines Ölschützes bei 6facher Einschaltspitze bei halber Belastung eine etwa 80 %, bei $^1/_4$ Belastung eine etwa 100% höhere Haltbarkeit als vorgesehen. Derselbe Kontakt hat bei Schleifringankermotoren mit etwa $1^1/_2$ facher Spitze in jedem Falle eine 4—5 mal höhere Haltbarkeit.

So günstig es im ersten Moment scheint, Silber an Stelle von Kupfer zu verwenden, so hat in vielen Fällen auch das Silber seinen Nachteil. Durch den Lichtbogen wird Kontaktmaterial verdampft. Der Silberdampf verbindet sich aber sofort mit dem Sauerstoff der Luft, und in der Lichtbogenbahn befinden sich dann Oxydteilchen. Die Silber-Oxydteilchen sind weit besser leitend als die Kupfer-Oxydteilchen. Die Folge davon ist, daß die Schaltleistung durch die Verwendung von Silber herabsinkt. Es sind daher bei der endgültigen Wahl des Kontaktstoffes meist Experimente erforderlich, ehe man sich für ein bestimmtes Material entscheidet.

Bei geringer Kontaktkraft, also niedrigen Stromstärken, entsteht eine Oxydationsschicht in viel stärkerem Maße als bei höheren Stromstärken. Dies kommt anscheinend daher, daß das Oxyd durch die geringeren Kontaktkräfte bei niedrigen Stromstärken weniger stark gequetscht wird, als bei höheren Stromstärken. Man hat daher für Ölkontakte bestimmte Minimalkräfte vorzusehen, bei Kupferkontakten niemals unter 150 g, bei Wolfram und Edelmetallen niemals unter 50 g. In Luft kann man diese Werte um 20—25 % ermäßigen. Reine Tastkontakte ohne Schieb- oder Wälzbewegung (darüber siehe später) wählt man immer aus Edelmetall. Durch den Lichtbogen wird der Fußpunkt des Kontaktes örtlich erwärmt, jedoch nimmt im Kontakt selbst die Temperatur sehr rasch mit der Entfernung vom Lichtbogenfußpunkt ab. Diese Erscheinung ist von Kesselring theoretisch untersucht worden[1]). Auf die Differentialgleichung, die er aufstellt, sei hier nicht eingegangen.

Über das zeitlich örtliche Temperaturfeld eines Lichtbogens mit einer Fußpunkttemperatur von 1000° C ergeben sich dann nach den Kesselringschen Gleichungen die in Abb. 26 dargestellten Verhältnisse.

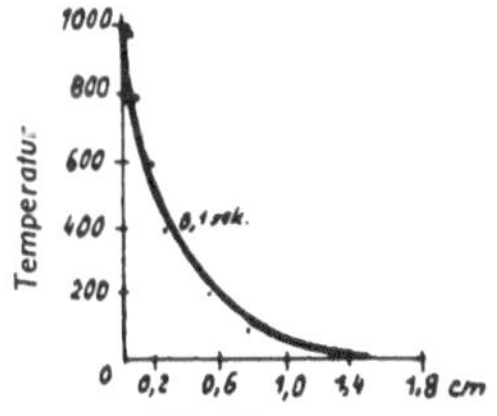

Abb. 26

Das schnelle Absinken der Temperatur für den nur ganz kurzzeitig bestehenden Lichtbogen mit der Entfernung vom Fußpunkt zeigt, daß es zweckmäßig ist, daß die dauernde Stromübergangsstelle möglichst mit der Schaltstelle nicht identisch ist. Man verwendet daher bei größeren Leistungen gern Vorkontakte. Später werden wir noch sehen, daß der Lichtbogen schnell von der Stromübergangsstelle wegwandern soll. Es wird dann wenig Material durch die entstehende Wärme geschmolzen bzw. oxydiert. Man bildet daher die Kontakte hörnerförmig für größere Leistungen aus und läßt sie aufeinander abwälzen.

Die Schaltwege von Hilfskontakten, vor allem wenn sie unter 0,5 Amp. abzuschalten haben, können klein gewählt werden. Man soll aber Hilfskontakte niemals als reine Tastkontakte ausbilden, da sie, wie weiter oben dargelegt, besonders leicht

[1]) Kesselring, Theoretische Grundlagen zur Berechnung von Schaltgeräten S. 77ff.

oxydieren, wenn man nicht hohe Kontaktkräfte wählt. Wir haben gesehen, daß Wolfram das haltbarste Kontaktmaterial ist. Es ist aber wegen des hohen elektrischen Widerstandes nicht für Geräte mit langer Einschaltdauer geeignet. Man verwendet an Stelle von Wolfram, da es schwer bearbeitbar ist, und besonders wegen des hohen Preises lieber sogen. Verbundmetalle, die aus einer Legierung von Kupfer oder Silber mit Wolfram bestehen. Durch Verwendung einer Auflage aus einer solchen Legierung auf dem Schaltstück wird die Lebensdauer gegenüber den von reinen Kupferkontakten etwa um das 6—8fache erhöht, während die Lebensdauer eines Silbertastkontaktes etwa doppelt so groß ist wie die eines Kupfertastkontaktes. Bei langsam schaltenden Geräten werden heute noch, wenn auch immer seltener, Bürstenkontakte verwendet. Allerdings auch im Anlasser- und Reglerbau geht man mehr und mehr zum Klotzkontakt über. Einen normalen Anlasser-Klotzkontakt zeigt Abb. 27[1]).

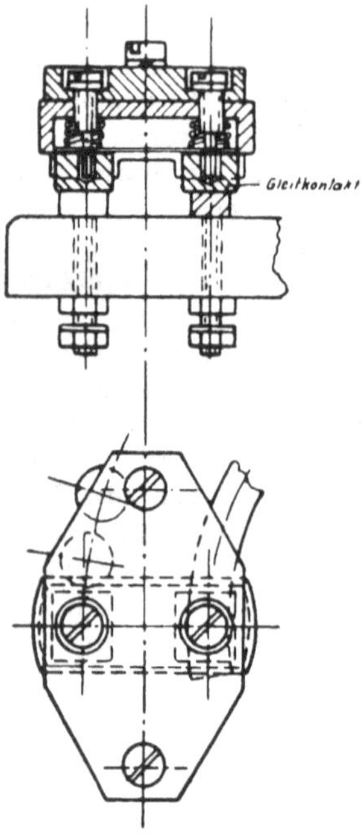

Abb. 27

Die Größe der nicht federnden Flachbahnkontakte wird etwa gemäß folgender Tabelle gewählt:

Rundkontakte

Höhe	ca. 0,5 d		
Durchm.	8	10	12 mm
Dauerstrom	20	30	45 Amp,

Flachkontakte

Höhe	ca. 0,5 b	ca. 0,5 b
Länge	l = 25 mm	l = 35 mm
Breite	b = 8 12 22	b = 8 12 22 mm
Dauerstrom	45 60 90	60 90 120 Amp.

Bei derartigen Reibekontakten soll man einen Federdruck von etwa 20—25 gr/Amp. vorsehen.

Klotzkontakte haben bei Flachbahnausführung den Nachteil, daß sie sich schwer über eine flache Bahn führen lassen, wenn eine hohe Kontaktkraft vorliegt. Bei Bürsten kann im allgemeinen der Kontaktdruck etwas herabgesetzt werden. Man wählt etwa 4 kg/cm².

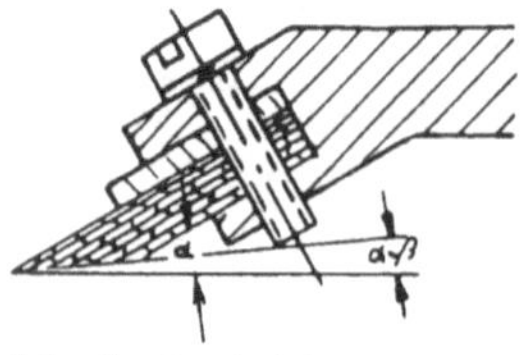

Abb. 28

Die Winkel α und β in Fig. 28 sollen höchstens 30 bzw. 25° betragen[2]). Da die Bürsten eine große Anzahl Übergangsstellen haben, kann man bei Bürsten den Begriff des Kontaktdruckes anwenden. Im allgemeinen wählt man die Bürste etwa halb so groß wie die

[1]) s. Anmerkung 1, S. 47. [2]) Rziha Seidener, Starkstromtechnik 1921.

Kontaktfläche. Abhängig von der Bürstenbreite b wählt man etwa folgende Stromdichten bei 100% Einschaltdauer:

Breite	10	15	20	25	30	35 mm
Stromdichte						
Kontaktplatte	0,75	0,65	0,6	0,57	0,55	0,50 A/mm²
Bürste	1,5	1,3	1,2	1,15	1,1	1,0 A/mm²

Bei sehr langsam einschaltenden Geräten ist es notwendig, Kohlekontakte zu verwenden, da jedes Metall bei hoher Temperatur durch Funkenübergang beim Einschalten schweißen würde. Eine einzige Ausnahme hiervon bildet Wolfram, das jedoch für die meisten Zwecke zu teuer ist. Der Schmelzpunkt von Graphit liegt bei etwa 3600°. Durch Zusatz von Kupfer wird der Schmelzpunkt niedriger und der Materialverbrauch durch den Lichtbogen höher, andererseits aber die Leitfähigkeit besser. Versuche über Bronze- und Graphitkohlen ergeben folgendes Bild:

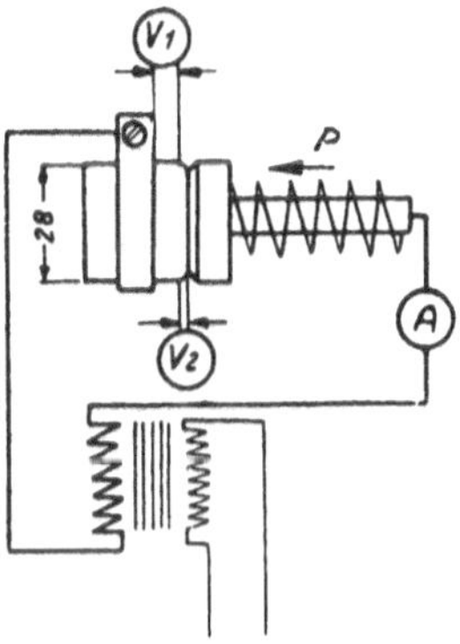

Kohle Art	A	V_1	V_2	Strom Art
	Amp.	Volt	Volt	
Grafit	17	0,3	0,8	~
,,	45	0	1,8	~
,,	1	0,0013	0,051	=
Bronze	40	0	0	~
,,	60	0	0	~
,,	70	0	0	~
,,	2	0 0002	0,005	=

Abb. 29

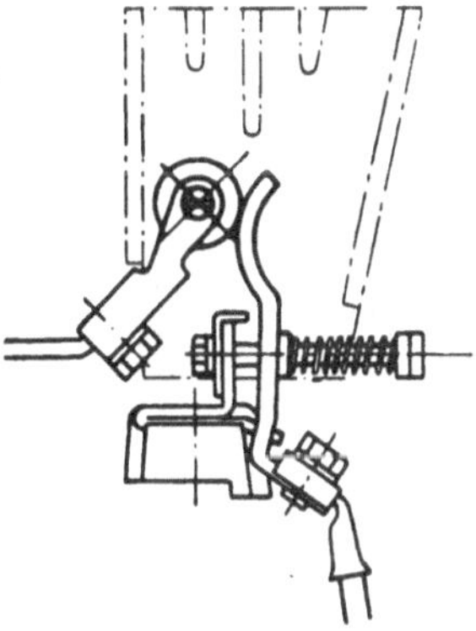

Abb. 29a

Abb. 29 stellt einen Kontakt dar, während das Schaubild Nr. 30 zeigt, welche Übertemperatur Bronzekohle und welche Übertemperatur Graphitkohle bei verschiedener Stromdichte und gleichem Kontaktdruck und verschiedener Einschaltdauer hat.

Das Schaubild 31 zeigt die Entwicklung der Temperatur der Graphitkohle und des metallenen Kontakttellers bei 50% Einschaltdauer und 120 Schaltungen pro Stunde. Die Kohlen sind wesentlich reichlicher zu wählen als Klotzkontakte, da die Wärmeleitfähigkeit geringer ist. Man muß sich damit auch weiterhin abfinden, daß Kohle langsam zerstäubt, da stets kleine Teilchen durch den Lichtbogen mitgerissen werden. Die Kohlen müssen wegen des hohen Materialverschleißes leicht nachstellbar sein. Als Kontaktkraft für Graphitkohlen wähle man etwa 30—35 gr/Amp., bei Bronzekohle ca. 10—15 gr/Amp.

Diese Werte gelten für 100% Einschaltdauer, bei 50% Einschaltdauer können diese Werte um 40% vermindert werden. Als spezifische Belastung bei Flächenkontakten wählt man ca. 90 gr/cm². Man kann auch Kupferwälzkontakte auf einem festen Kohlekontakt abwälzen lassen. Die Kohlekontakte können in Form einer drehbaren Rolle ausgebildet werden (Abb. 29a).

Es ist manchmal zweckmäßig, beim Langsamschalten die Bronzekohle dem Lichtbogen nicht auszusetzen, vor allen Dingen, wenn es sich um höhere Spannung handelt und dabei keine magnetische Lichtbogenlöschung vorgesehen ist, sondern Graphitkohle

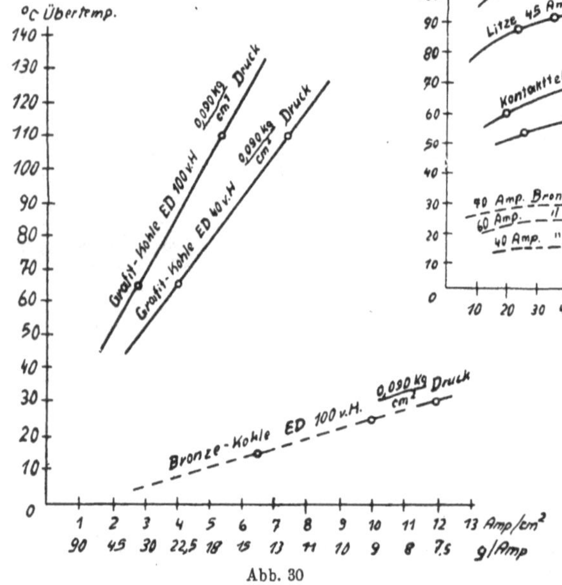

Abb. 30

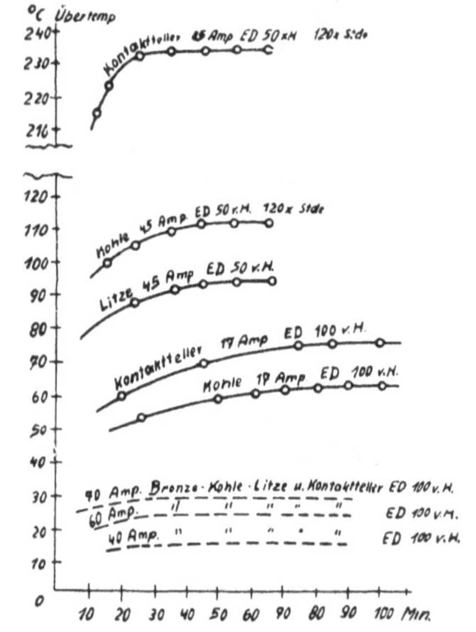

Abb. 31

Schütz ohne Abdeckung
Grafit-Kohle 28 ∅ ——
Bronze-Kohle 28 ∅ - - - -
Kontaktkraft P = 0,55 kg
Kontaktdruck $p = \frac{0{,}030 \text{ kg}}{\text{cm}^2}$

hierfür vorzusehen und zum dauernden Stromübergang eine Bronzekohle zu wählen. Es ist daher zweckmäßig, einen Graphitkohlevorkontakt und einen Bronzekohlehauptkontakt vorzusehen.

Sehr wichtig ist die Untersuchung der Frage, welche Kräfte am Kontaktsystem[1]) auftreten können. Besonders bei hohen Stromdichten, also insbesondere dann, wenn Kurzschlüsse auftreten, können so große Kräfte auf das Kontaktsystem wirken, daß die Kontakte sich voneinander abheben wollen. Kräfte an elektrischen Leitern

[1]) Kesselring, Theoretische Grundlagen zur Berechnung von Schaltgeräten S. 77ff.

berechne man nach dem Gesetz von Biot-Savart. Man berechnet zunächst die im System vorhandene elektrische Energie, und diese ist so groß wie die scheinbare mechanische Arbeit in dem System. Differentiert man diese nach dem Wege, so erhält man die Kraft, die auftreten kann. Man beachte stets den Grundsatz, daß gleichgerichtete Ströme einander anziehen, entgegengesetzte einander abstoßen.

Die Zunahme der elektrischen Energie in einem System

$$dE = \frac{i^2}{2} \, dL \text{ (Watt)} \tag{109}$$

die von ihm ausgeübte Kraft

$$P = \frac{dE}{ds} = \frac{i^2}{2} \frac{dL}{ds} \text{ Joule/cm} \tag{110}$$

Hierbei ist L der Selbstinduktionskoeffizient und s der virtuelle Weg, d. h. der angenommene Weg, den die Leiter zurücklegen möchten unter dem Einfluß der Kraft P.

Zwei parallele Leiter haben die folgende Selbstinduktion

$$L = l \left(4 \ln \frac{s}{r} + 1\right) 10^{-9} \text{ Henry} \tag{111}$$

Hierbei ist r der Leiterradius, l die Leiterlänge und s die Entfernung zwischen den Leitern. Unter dem Einfluß der Kraft der gegenseitigen Abstoßung bzw. Anziehung möchte sich der Weg s verändern. Wir müssen also, um die Kraft, mit der sie sich anziehen bzw. abstoßen, zu berechnen, dL/ds bilden:

$$\frac{dL}{ds} = \frac{4\,l}{s} 10^{-9} \tag{112}$$

woraus sich die abstoßende bzw. anziehende Kraft P errechnet.

$$P = \frac{2\,i^2\,l}{s} 10^{-9} \text{ Joule/cm} \tag{113}$$

Zwei durch eine Querschiene verbundene Leiter gem. Abb. 32 üben auf die Querschiene eine Kraft aus. Um diese zu errechnen, differentiere man in Richtung der virtuellen Wegverrückung, die in diesem Falle in Richtung des Leiters liegt, also man errechne dL/dl. Hierbei ist aber noch der Einfluß, den der Strom im Querleiter ausübt, vernachlässigt. Die Kraft auf dem Querleiter wird geringer sein. Nach einer Erfahrungsformel von Biermans tritt noch eine etwa 20%ige Verminderung ein und es ergibt sich

$$P = 0{,}4\,i^2 \left(4 \ln \frac{s}{r} + 1\right) 10^{-8} \text{ kg} \tag{114}$$

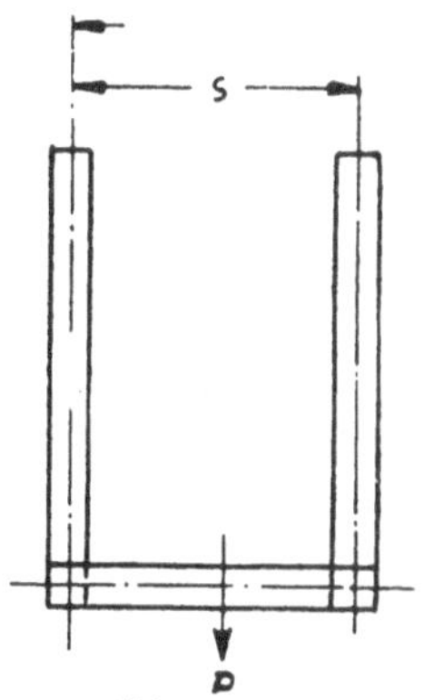

Abb. 32

Bei Tastkontakten, bei denen die Querschiene weit weg liegt oder fortfällt, kann man die auftretenden Kräfte nach dem vorangegangenen Fall bestimmen, da der Stromübergang nur in den Engeflächen stattfindet (Abb. 33). Es tritt also hier die gleiche abhebende Kraft auf, die in einem rechtwinkeligen System auftritt. Die Stromschleife versucht sich stets zu vergrößern. Es gilt also hier die gleiche Formel, nur daß der Einfluß der Querschiene wegfällt, so daß man den Biermanschen Korrekturfaktor nicht berücksichtigen muß. Geht man von der Annahme aus, daß die Engefläche ein Kreis ist, mit dem Radius b und der Entfernung zwischen den beiden Engeflächenmittelpunkten d, so gilt

$$P = 0{,}5\, i^2 \left(4 \ln \frac{d}{b} + 1\right) 10^{-8}\ \mathrm{kg} \tag{115}$$

und auf jeden Kontakt wird eine Abhebungskraft ausgeübt von

$$P = 0{,}25\, i^2 \left(4 \ln \frac{d}{b} + 1\right) 10^{-8}\ \mathrm{kg} \tag{116}$$

Man muß vermeiden, daß sich die Kontakte unter dem Einfluß von Kurzschlußströmen abheben können, da sonst durch den entstehenden Lichtbogen sehr bald eine Zerstörung stattfinden würde. Man wählt daher für große Stromstärken Preß-

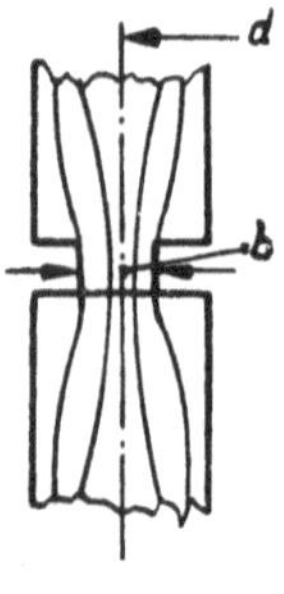

Abb. 33

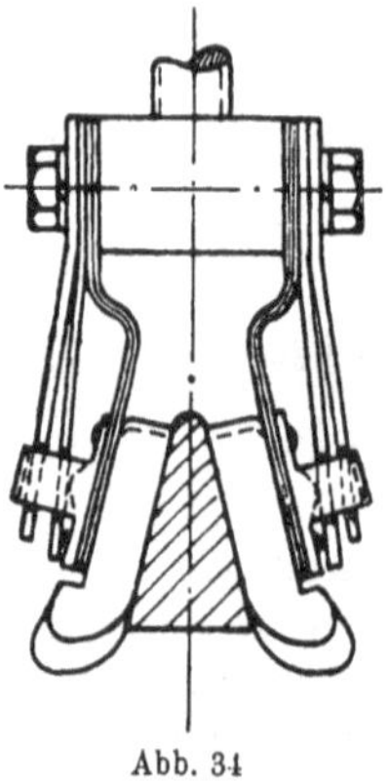

Abb. 34

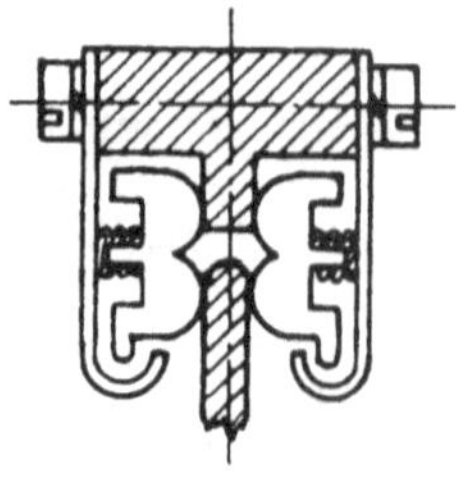

Abb. 35

oder Lamellenkontakte, bei denen durch seitlichen Druck auf die Stromschiene die sich gegenüberliegenden parallel federnden Stromleiter mit steigendem Strom anziehen. In Verbindung mit Stiftkontakten werden derartige Lamellen radial um den Stift angelegt. Auch hier wird mit steigendem Strom eine Anziehung erzielt (Abb. 34/35).

Die Federn dürfen für hohe Ströme nicht zu schwach gewählt werden, da auch nur der Strom an einzelnen Engeflächen übergeht, und es können daher seitliche

Abhebungskräfte auftreten, was insbesondere dann möglich ist, wenn mehrere Lamellen parallel angeordnet sind. Für Schalter, die in der Lage sind, auch große Kurzschlüsse ohne mechanische Zerstörung durchzuhalten, muß die Federkraft entsprechend den Formeln bestimmt werden. Immerhin sind die seitlichen Abhebungskräfte bei weitem nicht so bedeutend wie die Abhebungskräfte, die bei Tastkontakten auftreten.

Kontakte für reinen Stromübergang, die nur zum seltenen Schalten verwendet werden, also z. B. Hebelschalter, die nur zur Abschaltung des Nennstromes bei Drehstrom und nur eines geringen Stromes bei Gleichstrom verwendet werden, werden häufig auf einer Schieferplatte montiert. Bei höheren Spannungen als 500 Volt Wechselstrom und 440 Volt Gleichstrom wähle man allerdings als Platte unbedingt Marmor, da im Schiefer stets Metalladern vorhanden sind. In trockenen Räumen können die Kontakte auch auf Hartpapier befestigt werden. Die Anordnung auf Porzellan oder Steatit oder einer anderen keramischen Masse ist in jedem Falle erlaubt und zweckmäßig, aber meist nur für Massenproduktion möglich, da derartige Teile in der Niederspannungstechnik gepreßt werden. Man kann sie auch auf Bakelit anordnen. Jedoch ist Bakelit und auch Hartpapier wegen der Hygroskopie nicht in allen Ländern als Isolator zulässig. Im allgemeinen ist aber ein solches Bedenken in normalen Räumen überflüssig. Häufig werden auch die Kontakte auf einem Vierkant-Eisen, das mit Pertinax überzogen ist, befestigt (Abb. 36).

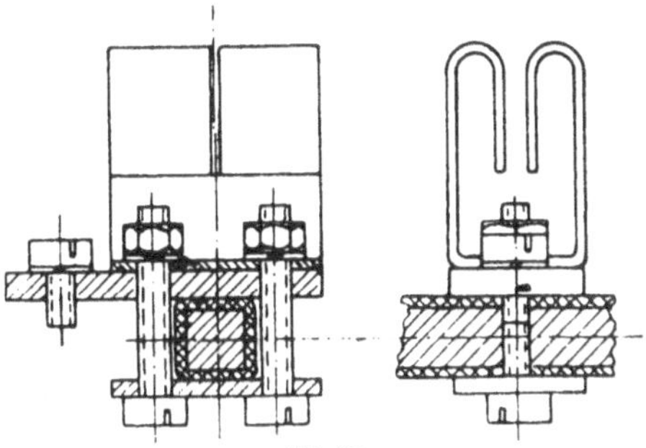

Abb. 36

An Stelle des Vierkant-Eisens werden auch häufig zwei mit Pertinax überzogene Rundeisen gewählt. Die Anordnung von Hebelschalterkontakten auf einer Grundplatte oder einzelner Klemmenplatten mit zwei Schrauben geschieht in gleicher Weise wie auf einem Vierkant-Eisen.

Man kann auch auf eine Schraube verzichten, wenn die Feder in einem eingepreßten Stück gegen Verdrehung geschützt ist. Wenn große Kurzschlußstromstärken vorkommen, sind als Schaltmesser zwei parallele Schienen zweckmäßig, die sich bei Kurzschlüssen anziehen. Solche Kontaktanordnungen sind besonders für Hochstromtrennschalter notwendig. Ein weiterer Vorteil besteht darin, daß die Federn nicht stromführend sind und bei Kurzschluß daher thermisch nur wenig beansprucht werden (Abb. 37).

Bei schweren Kurzschlüssen sind alle diese Maßnahmen noch nicht ausreichend und es können, besonders wenn der Schalter mit der an- und abgehenden Leitung einen rechten Winkel bildet, so große kontaktabhebende Kräfte auftreten, daß nur

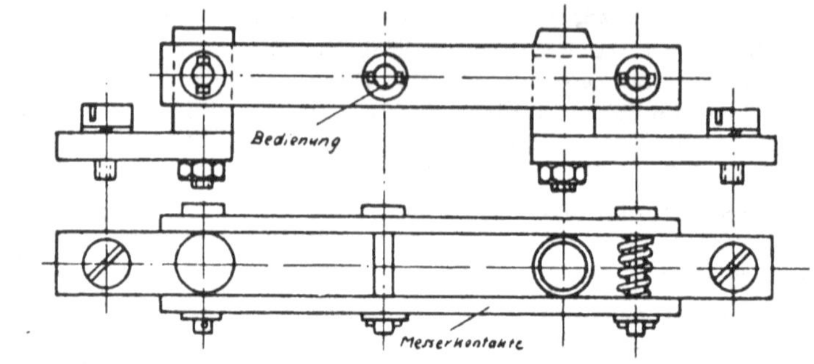

Abb. 37

dann, wenn eine besondere Festhaltevorrichtung das Messer festhält, der Kontakt an der Abhebung verhindert wird. Eine solche Festhaltevorrichtung zeigt Abb. 38.

Die Kontaktmesser von Messerschaltern kann man in den Federn drehbar anordnen, besser ist eine Anordnung nach Abb. 40, rechtes Bild.

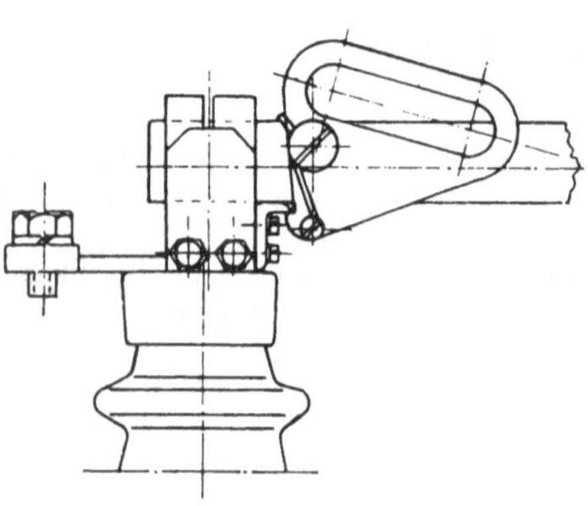

Abb. 38

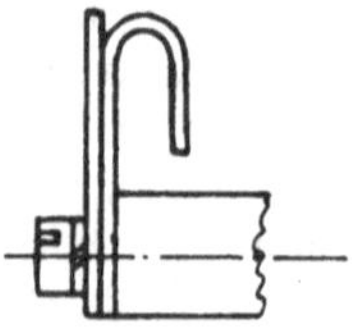

Abb. 39

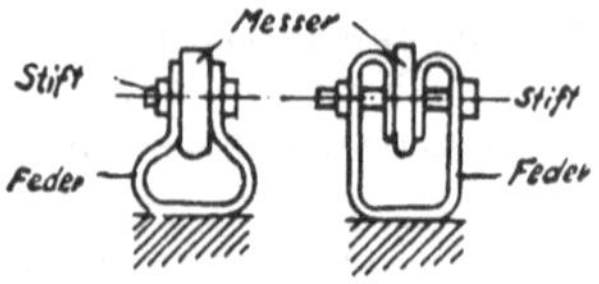

Abb. 40

Bei Strömen über 25000 Amp. schützt man die Federn durch seitlich angebrachte Schutzbleche, wie z. B. Abb. 39 zeigt.

In neuer Zeit hat man für Niederspannungshebelschalter vielfach Tastkontakte gewählt, trotzdem die Schalter nicht so kurzschlußsicher sind. Diese Schalter haben aber meist Sicherungen, die im Kurzschlußfall so schnell wirksam sind, daß Schaden durch die kontaktabhebenden Kräfte an den Kontakten nicht auftreten kann.

Bei doppelter Unterbrechung kann man das Kontaktmesser nach Abb. 41 a, b, c in der beweglichen Welle befestigen. Abb. 41 a stellt Messer, die in Vierkanthartpapier gesteckt sind, dar; Abb. 41 b Messer auf einem mit Hartpapier überzogenen Rundeisen. Zum Schalten von kleinen Leistungen wählt man am besten reine Tastkontakte. Für Wechselstrom genügt in vielen Fällen langsame Schaltung, bei Gleichstrom muß stets schnell geschaltet werden.

Bei kleineren Schaltern wählt man schraubenlose Befestigungsarten. Einen festen Steckfinger, der um 10—15° verdreht wird und sich dadurch ohne Schrauben im Bakelitgehäuse hält, zeigt Abb. 42.

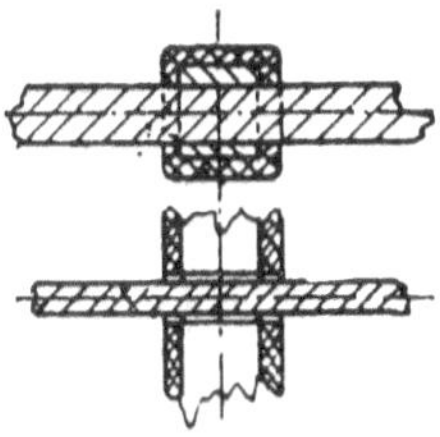
Abb. 41 a

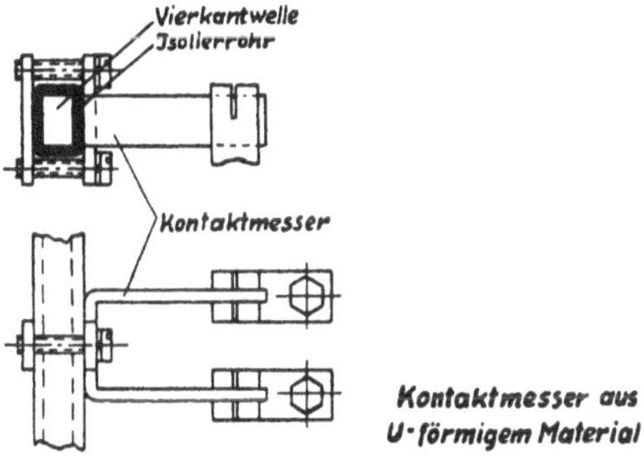

Abb. 41c

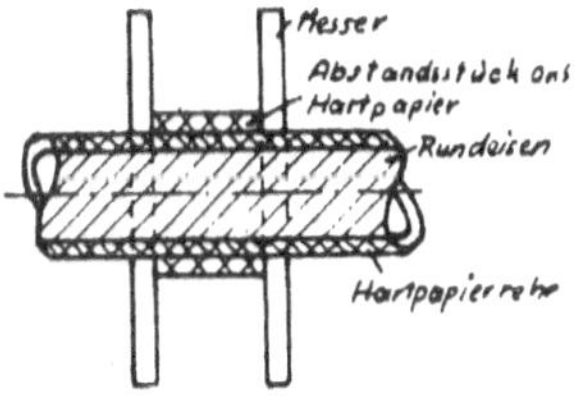

Abb. 41 b

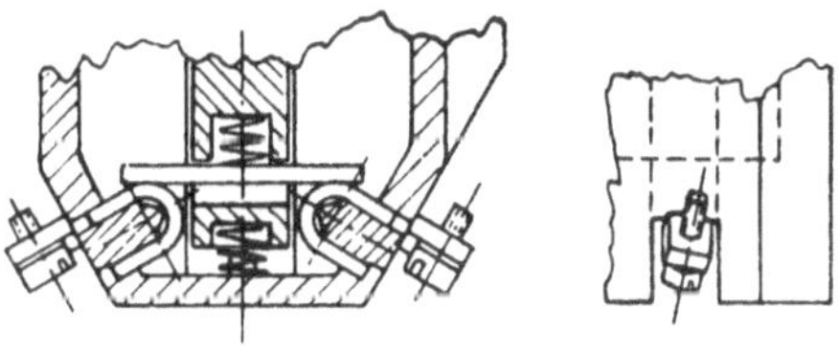
Abb. 42

Tastkontakte müssen, da die Oxydschicht nicht weggedrückt wird, stets eine Edelmetallauflage — Silber, Wolfram oder Verbundmetall — haben. Die Edelmetallauflage wird entweder aufgenietet, aufgelötet oder aufgewalzt. Einen Tastkontakt für kleine Stromstärken zeigt Abb. 43.

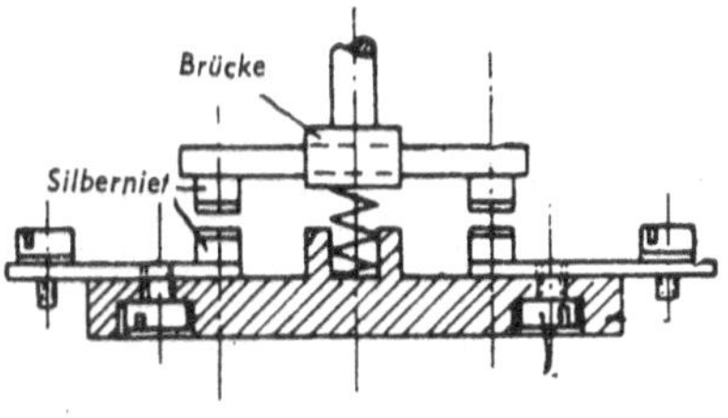

Abb. 43

Bewegen sich Kontakte auf einer Fläche, so wird immer die Oxydschicht durch die Schaltbewegung zerstört und die Kontakte können dann aus Kupfer bestehen. In jedem Falle ist es aber notwendig, daß ein besonderes, aus nicht federndem Material bestehendes Abbrennstück verwendet wird.

Walzenschalter haben für kleinere Leistungen Federfinger. Für größere Schaltleistungen werden Kontrollerfinger verwendet. Die Federfinger müssen leicht auswechselbare Kontaktstücke haben, auch sollen sie stets ein Abbrennstück besitzen.

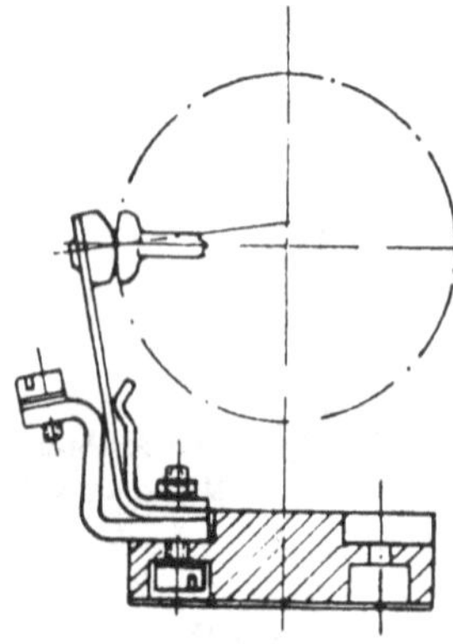

Abb. 44a

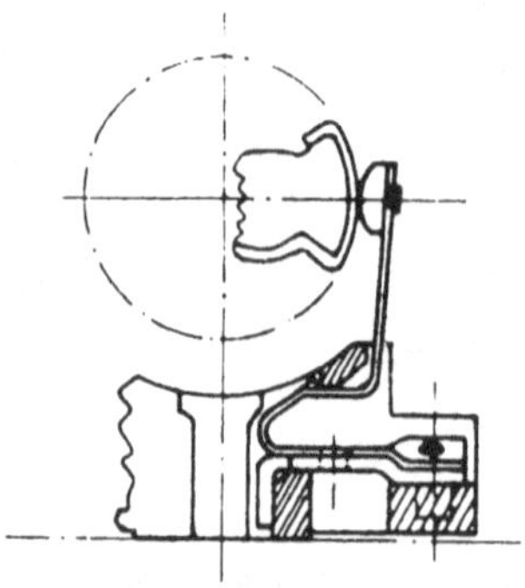

Abb. 44b

Federfinger werden nach Abb. 44a—b angeordnet. Finger 44a ist ein geschraubter Finger, Fig. 44b zeigt einen Finger, der ohne Schrauben befestigt ist.

An Stelle des Bronzebandes kann auch Stahlband mit parallel geschalteten weichen Kupferbändern verwendet werden. Man wählt meist folgende Bronzebänder für die verschiedenen Stromstärken:

15 Amp.	25 Amp.	60 Amp.	100 Amp. (dauernd)
$8 \times 0{,}6$	$10 \times 1{,}0$	$15 \times 1{,}2$	$20 \times 1{,}2$

Als Gegenstück zu diesen Fingern kann man entweder ein in eine Isolierwalze eingepreßtes Kupferblech oder auf Walzen aufgeschraubten Messingguß oder Preßmessing-, Kupfer- oder Messingteile verwenden (Abb. 45a, b, c, d). Man kann auch auf Walzen aus Gußeisen Kupferstücke aufschrauben, eine Anordnung, die besonders bei Schaltwalzen üblich ist.

Abb. 45a zeigt eine Walze mit auf Preßteile aufgepreßten Kupfersegmenten. Abb. 45b zeigt eine Walze mit isolierter Vierkantwelle, aufgeschraubten, gepreßten, gedrückten oder gegossenen Kupfer- oder Messingteilen, Abb. 45c eine Walze aus

Hartpapier oder Preßstoffscheiben, auf die Kupfersegmente aufgeschraubt sind (Allan Bradley), Abb. 45d eine Walze, die aus auf isolierter Vierkantwelle aufgeschraubten Gußteilen besteht, auf der Kupfersegmente befestigt sind.

Für größere Leistungen und starke Beanspruchung bei handbetätigten Apparaten, also insbesondere für Kontroller, werden gern Scharnierfinger verwendet. Als Fingerbreiten wählt man

bis	15	Amp.	8	mm	
,,	25	,,	10	,,	
,,	60	,,	12—15	mm	
,,	100	,,	18—20	,,	
,,	120	,,	20	,,	
,,	150	,,	25	,,	usw.

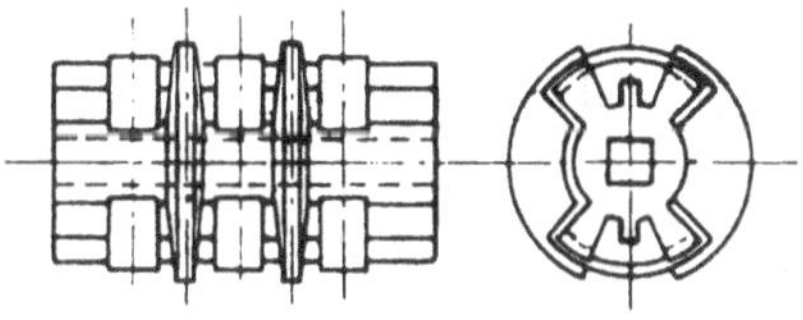

Abb. 45a

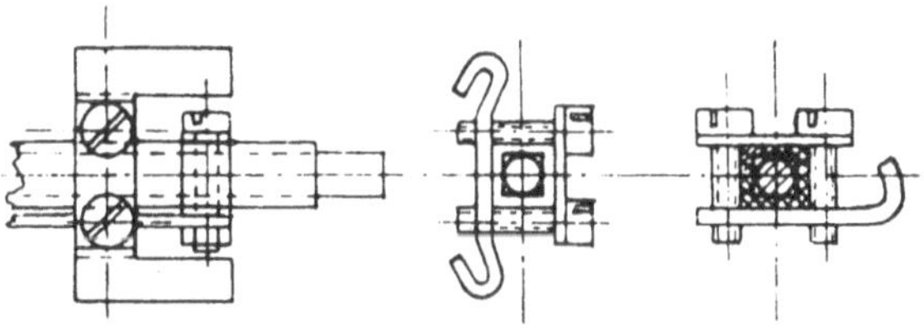

Abb. 45b

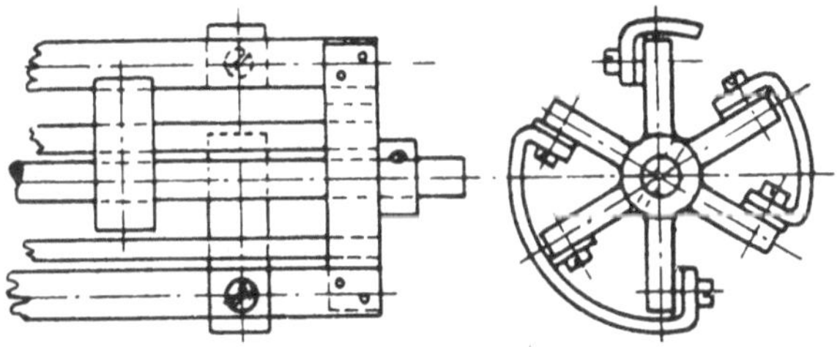

Abb. 45c

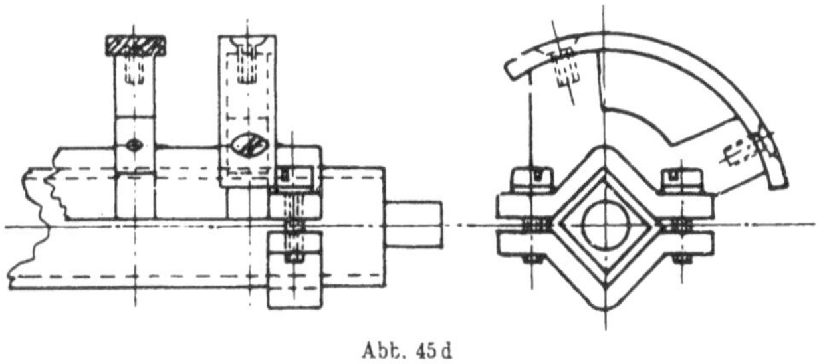

Abb. 45d

Bei höheren Strömen ordnet man auch häufig mehrere Finger parallel an. Die Federkraft muß größer sein als bei Schützen. Man verwendet zur Erzeugung der Kontaktkraft lieber Druck- als Blattfedern, da sich mit diesen der Druck leichter einstellen läßt. Die Druckfeder soll leicht auswechselbar sein. Insbesondere für Kontroller ist eine leichte Einstellbarkeit der Kontakte zweckmäßig, was notwendig ist, da oft viele Kontakte auf einer Leiste befestigt sind. Abb. 46 und Abb. 47 zeigen verschiedene Formen von Kontrollerfingern.

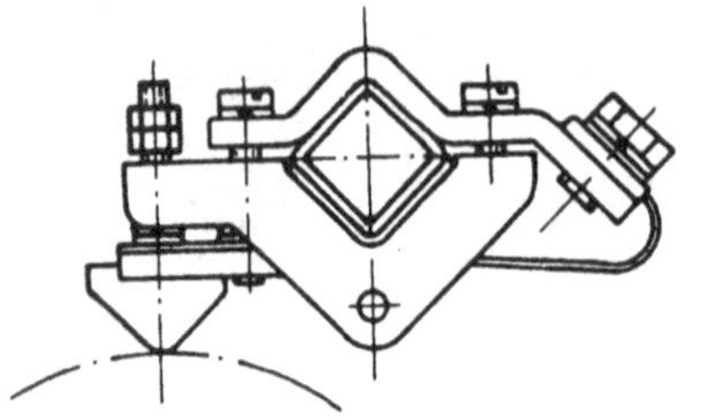

Kontaktfinger

Abb. 46

Schalter, die zur Abschaltung größerer Leistungen dienen, haben häufig Vorkontakte. In vielen Fällen ist der Vorkontakt ein Silberkontakt, damit durch die Oxydation im Lichtbogen nicht die Leitfähigkeit verlorengeht. Grundsätzlich ist aber von einer solchen Konstruktion abzuraten, da wohl die Kontakte haltbarer sind, aber die Leistungsfähigkeit des Gerätes infolge der Leitfähigkeit des Silberoxyds und der durch den Lichtbogen mitgeschleppten Silberoxydteilchen zurückgeht. Es besteht nämlich die Möglichkeit, daß durch das Silberoxyd, das sich zwischen den beiden Kontakten im Lichtbogen bildet, das Verlöschen des Lichtbogens erschwert wird, weil vielleicht kleine Strecken Ohmsche Leitung erhalten. Wenn man die Kontakte nicht aus Kupfer wählen will, so muß man sich schon zu einer Wolframlegierung entschließen. Die einfachste Form für die Anbringung von solchen Vorkontakten zeigen Abb. 48a und b.

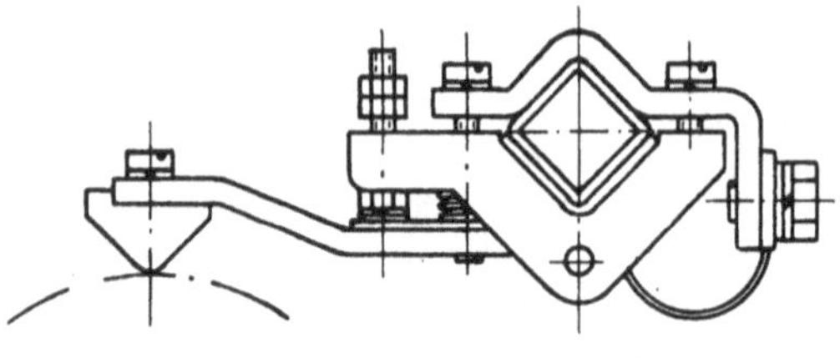

Kontaktfinger

Abb. 47

Die Vorkontakte müssen leicht auswechselbar sein, da sie der Abnutzung viel stärker als der Dauerkontakt ausgesetzt sind.

Schalter für höchste Stromstärken, also für mehr als 1000 Amp., erhalten vielfach noch Zwischenkontakte. Der Zwischenkontakt wird aus einer Wolframlegierung hergestellt. Der Hauptkontakt ist bei Leistungsschaltern häufig aus Silber, da dann

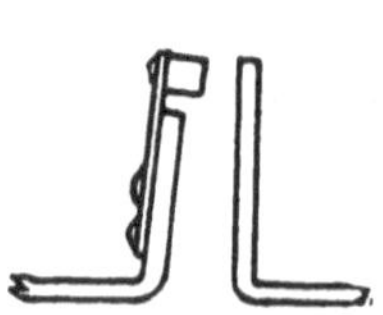

Abb. 48a

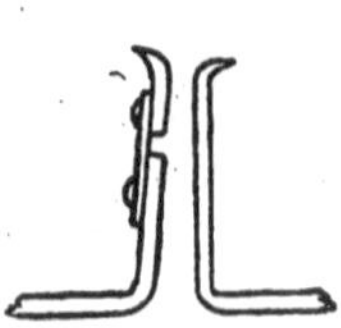

Abb. 48b

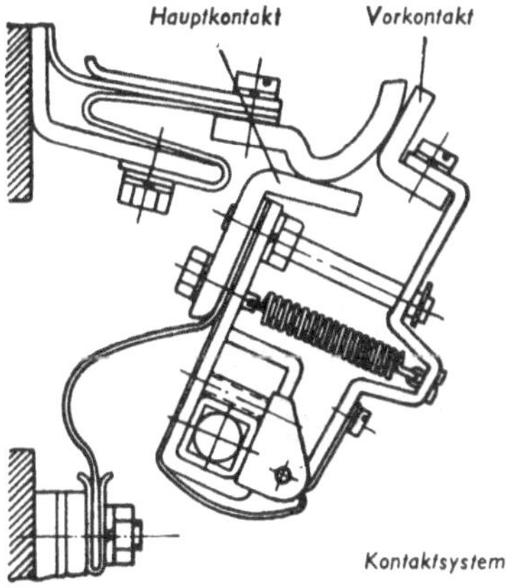

Abb. 49

nur ein niedrigerer Kontaktdruck nötig ist als bei Kupferkontakten. Man kann aber auch den Hauptkontakt als einen Reibungskontakt ausbilden mit der Maßgabe, daß die Druckrichtung auf den Kontakt senkrecht oder fast senkrecht zu der Druckrichtung auf das Schloß steht. In diesem Falle bedarf es zur Auslösung des Schlosses trotz hoher Kontaktkräfte nur geringer Auslösekräfte (Abb. 49).

Ölschütze und auch Luftschütze erhalten häufig doppelte Kontaktunterbrechung mit fast reinen Tastkontakten. Abb. 50 zeigt einen Tastkontakt von Luftschützen nach Konstruktion von Allan Bradley.

Abb. 51 zeigt andere Formen der doppelten Kontaktunterbrechung.

Der Vorteil der doppelten Kontaktunterbrechung besteht in dem Wegfall von Ankerlager, wodurch konstruktiv große Vereinfachungen erzielt werden. Der Nachteil besteht darin, daß der Lichtbogen nicht gut ausblasen kann, und vor allen

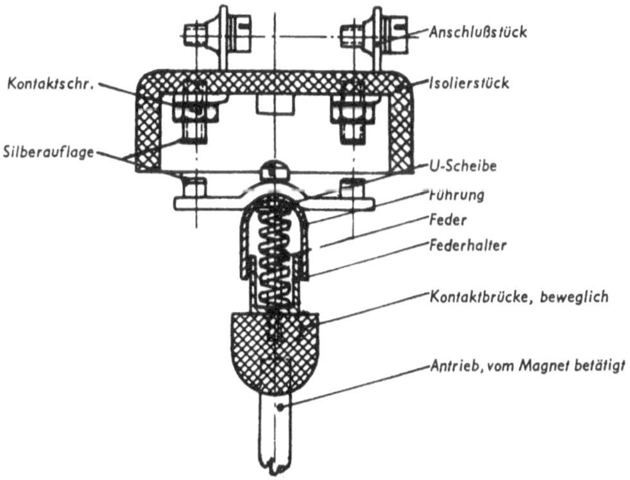

Abb. 50

Dingen, die Kontaktkraft ist doppelt so groß als bei einfacher Unterbrechung. Der Magnet muß für eine ca. 50—60% größere Kraft ausgelegt werden. Sehr wichtig ist noch bei der Bestimmung von Schützkontakten, insbesondere für große Schalthäufigkeiten, die Erzielung einer möglichsten Prellfreiheit. Diese wird erstens dadurch erzielt, daß man eine reine Wälzbewegung für die Kontakte anstrebt, und zweitens dadurch, daß die Kontakte durch die Ausbildung des Kontakthalters an jedem Flattern verhindert werden[1]). Eine fast reine Wälzbewegung wird erzielt, wenn ein Punkt der Verlängerung der Verbindungslinie Schützdrehpunkt — Kontaktdrehpunkt auf dem festen Kontakt (Berührungspunkt) beim Durchdrücken des beweglichen Kontaktes die geringstmögliche Schubbewegung (d. h. Bewegung auf dieser Verbindungslinie) auf dem festen Kontakt macht. Einen solchen Schützkontakt zeigt Abb. 52. Ein weiterer großer Vorteil des reinen Wälzkontaktes besteht darin, daß bei der Wälzbewegung jeweils nur die Oxydschicht weggeschlagen wird, während das Kupfer selbst geschont wird. In dem Moment allerdings, in dem eine Schiebebewegung mit hinzukommt, wird auch Kupferstaub mit weggeschoben. Es müssen die Ablaufkanten des festen Kontaktes im geschlossenen Zustand mit dem Drehpunkt des beweglichen Kontaktes und dem Drehpunkt des Schalters in einer geraden Linie liegen. Also bei geradliniger Magnetbewegung müssen die beweglichen Kontakte parallel zur Magnetbewegung angeordnet sein. Schützkontakte müssen besonders leicht auswechselbar sein.

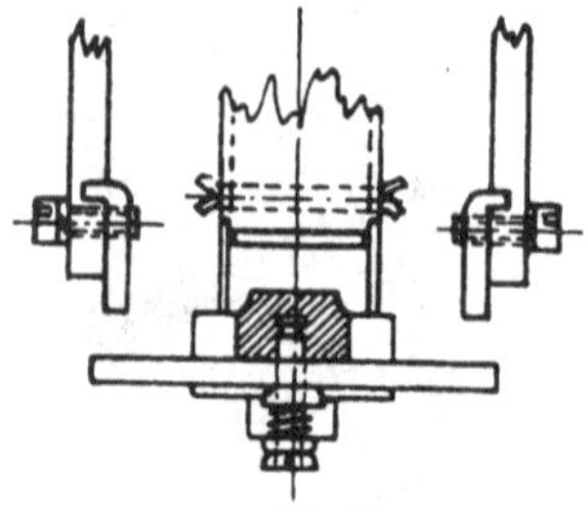

Abb. 51

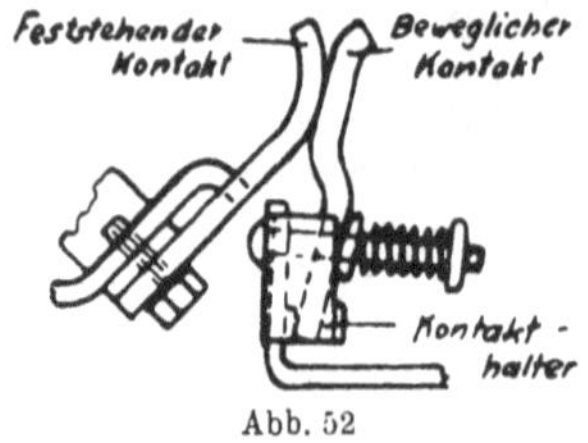

Abb. 52

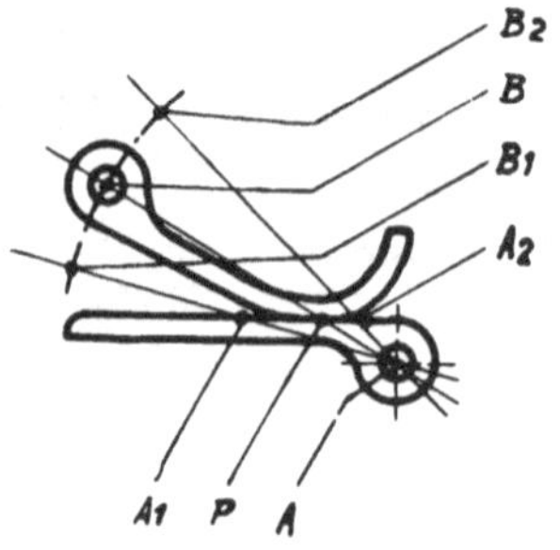

Abb. 52a

Die völlig reine Wälzbewegung kann nur dann entstehen, wenn beide Kontakte drehbeweglich angeordnet sind. Die Abwälzung ohne Schiebung entsteht dadurch, daß der jeweilige Wälzpunkt in Ruhe ist: dann rollen die Kurven aufeinander ab. Er muß also auf der Verbindungslinie zweier Drehpunkte und auf einer gegebenen Kurve (Kontakt), die als Rastpolbahn dient, liegen. Dann kann man den Gegenkontakt konstruieren. Man beachte, daß, wenn eine bewegliche Ebene gegen eine feste sich bewegt, man die Bewegung als eine Drehung um einen Punkt der festen Ebene

[1]) Das abwälzende Stück muß so leicht wie möglich sein.

betrachtet, der der Schnittpunkt der Lote von zwei in bestimmten Punkten der bewegten Ebene angegebenen Geschwindigkeitsvektoren ist. Diesen Punkt nennt man den Momentanpol. Er hat die momentane Geschwindigkeit 0. Jede ebene Bewegung läßt sich aus vielen Drehungen um solche Momentanpole zusammengesetzt denken. Die aufeinanderfolgenden Drehpunkte sind die Polbahnen, die in der ruhenden Ebene ist die Rastpolbahn und als solche muß die gegebene Abwälzkurve eines Kontaktes betrachtet werden. Die Abwälzkurve des anderen Kontaktes ist dann die Polbahn in der bewegten Ebene, die man als Gangpolbahn bezeichnet[1]).

Man konstruiere wie folgt (Abb. 52a):

Gegeben sind die Drehpunkte der beiden Kontakte sowie die Abwälzebene eines Kontaktes und ein Berührungspunkt der beiden Kontakte. Gesucht ist die Abwälzbahn des anderen Kontaktes. Der Berührungspunkt muß in jedem Falle auf der Verbindungslinie der beiden Mittelpunkte sein. Man schlage um A einen Kreis mit Radius AB. Der Schnittpunkt des Strahles AB mit der gegebenen Abwälzebene ist der Momentanpol P. Zieht man jetzt beliebige Strahlen AB_1 AB_2 usw., so schneiden diese die gegebene Abwälzbahn in den Punkten A_1 A_2 usw. Der Schnittpunkt der Kreise um P mit den Radien PA_1 PA_2 usw. mit den Kreisen mit den Radien $B_1 A_1$ $B_2 A_2$ usw. um den Punkt B ergibt mit großer Annäherung Punkte der Abwälzbahn des Gegenkontaktes.

Um Prellungen so sehr als möglich zu vermeiden, sind umfangreiche Versuche für jede Type anzustellen, bei denen der Hebelarm, die Rückzugsfeder, die Kontaktabmessungen, Kontaktform und Abstützungen der Kontakte geändert werden. Einstellbare Kohlekontakte für langsam schaltende Geräte zeigt Abb. 29.

Um Kontakte zu berechnen, ist es in vielen Fällen nötig, die Federkraft zu bestimmen. Die erforderliche Kontaktkraft ergibt sich aus der Stromstärke. Die Länge und Breite der Feder ergibt sich meist aus der Konstruktion. Als Länge ist nur die nutzbare einzusetzen. Bezeichnet man mit σ_B die Biegeschwingfestigkeit, die für Stahl ca. 50 kg/mm^2 und für Bronze ca. 15—20 kg/mm^2 beträgt, so gilt für Blattfedern gemäß Abb. 53 folgende Formel:

$$h^2 \ (h = \text{Federstärke}) = \frac{6\,P\,l}{b\,\sigma_B} \quad ^{2)} \qquad (117)$$

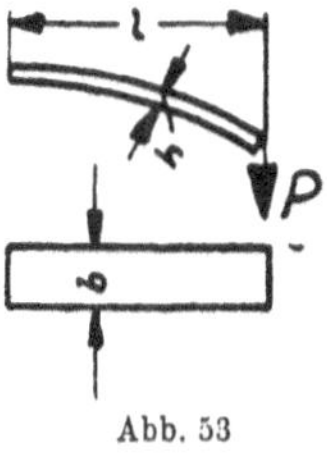

Abb. 53

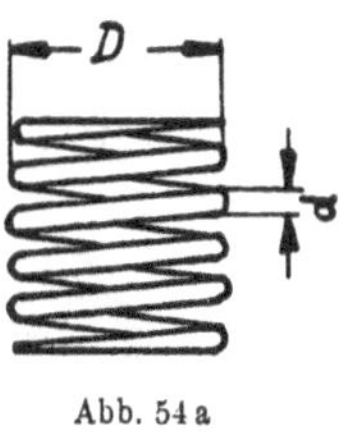

Abb. 54a

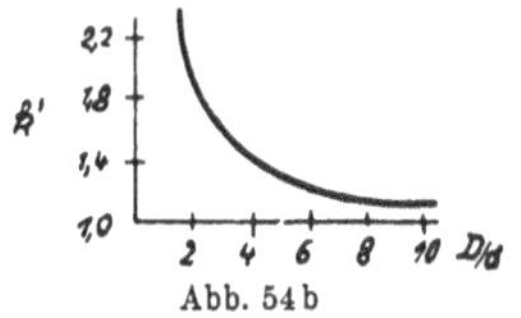

Abb. 54b

[1]) S. auch Grodzinski und Polster, Getriebelehre.
[2]) Hütte 1. Teil 1941.

Zug- und Druckfedern errechnen sich nach der folgenden Formel:

$$d^3 = \frac{k' D P}{\pi \tau_B} \tag{118}$$

Über die Größe von k' gibt Abb. 54 Auskunft.

Bezeichnet man mit n die Anzahl der federnden Windungen, mit f die Federung in cm, mit D den mittleren Windungsdurchmesser (cm), mit d den Drahtdurchmesser (cm), mit S die Seitenlänge bei quadratischen Drahtdurchmessern und mit τ_B die Verdrehungsschwingfestigkeit, die für Stahl ca. 30 kg/mm² und für Bronze 10—15 kg/mm² beträgt, so ergibt sich für den Weg der Feder

$$f = \frac{8 P n D^3}{G d^4} \tag{119}$$

Hierbei ist G der Schubmodul = 800000 kg/cm².

Für die Umrechnung von runden Drahtquerschnitten in quadratische Querschnitte gilt ungefähr die folgende Formel:

$$S \text{ (Seitenlänge v. quadratischen Draht)} \sim \sqrt[3]{0{,}9\, d^3}$$

Zugfedern können auch mit einer bestimmten Vorspannung gewählt werden, so daß die einzelnen Windungen unter Druck aufeinanderliegen. Erst nach Überwindung dieser Vorspannung lösen sich die Windungen voneinander. Folgende Diagramme geben Auskunft über die Belastung von Zug- und Druckfedern.

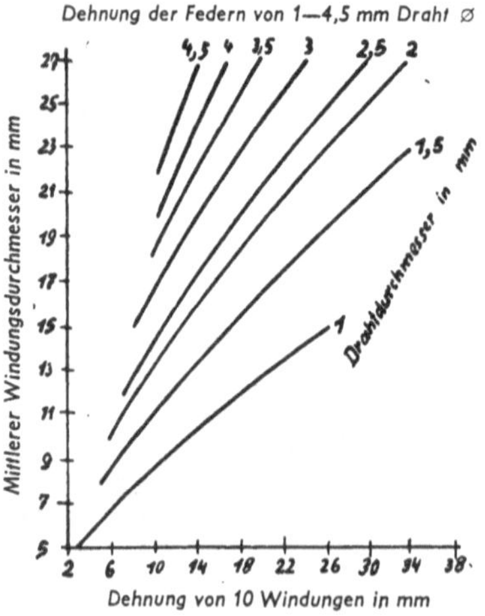

Abb. 55

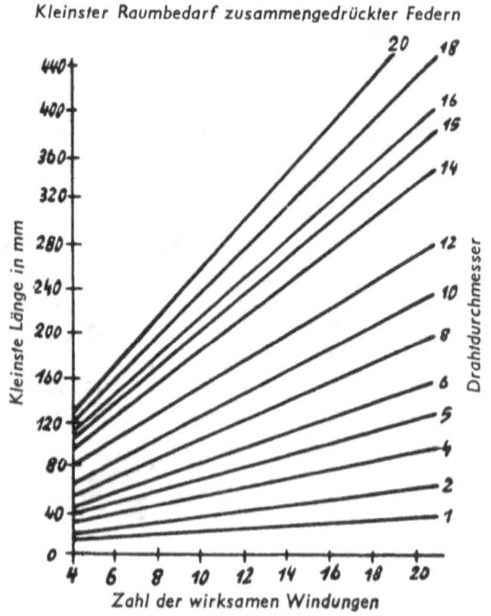

Abb. 56

Gegeben sind: P = Belastung

f = Federung

D = mittlerer Windungsdurchmesser für $\tau_B = 30\,\text{kg/mm}^2$.

Aus dem Diagramm 55 erkennt man den Drahtquerschnitt, die Dehnung bei 10 Windungen, woraus man die Windungszahl für die gesuchte Dehnung berechnen kann, während man aus Abb. 56 den kleinsten Raumbedarf bestimmen kann.

Für eine andere Verdrehungsschwingfestigkeit τ_B' muß P mit $\frac{30}{\tau_B'}$ multipliziert werden.

Drehfedern bestimmt man wie folgt:

Bezeichnet man mit r den Radius der Feder, mit l die Länge des aufgewickelten Drahtes in m, mit α den Verdrehungswinkel der Federn zueinander in °, mit d den Drahtdurchmesser in mm, mit b die Breite der Feder in mm und mit s deren Stärke bei rechteckigem Querschnitt, so kann man folgendermaßen vorgehen: Gegeben ist meistens das Drehmoment $P \cdot r$, sowie der erforderliche Drehwinkel.

Gesucht ist der Drahtdurchmesser und die Länge. Zu jedem Drehmoment gehört ein bestimmter Drahtdurchmesser. Dies zeigt das Diagramm (57a und 57b).

Bei jedem Drahtdurchmesser wird bei 1 m gestreckter Länge ein bestimmter Drehwinkel erzielt. Die Gesamtlänge ergibt sich aus dem Verhältnis des gefundenen Drehwinkels zum Drehwinkel bei 1 m gestreckter Drahtlänge. Sucht man von Flachstahlfedern die Materialstärke, so hat man noch die gestreckte Federlänge zu kennen. Man kann dann aus Abb. 57b die Drahtstärke d bestimmen, nachdem man den Drehwinkel pro m gestreckter Federlänge aus den gegebenen Daten errechnet hat. Die Breite des Federstahls ergibt sich aus der empirischen Formel

$$b = 0{,}6\,\frac{d^2}{s^2} \tag{120}$$

wobei s die Materialstärke ist.

Die vorliegenden Diagramme sind für eine Verdrehungsschwingfestigkeit von 30 kg/mm² aufgestellt.

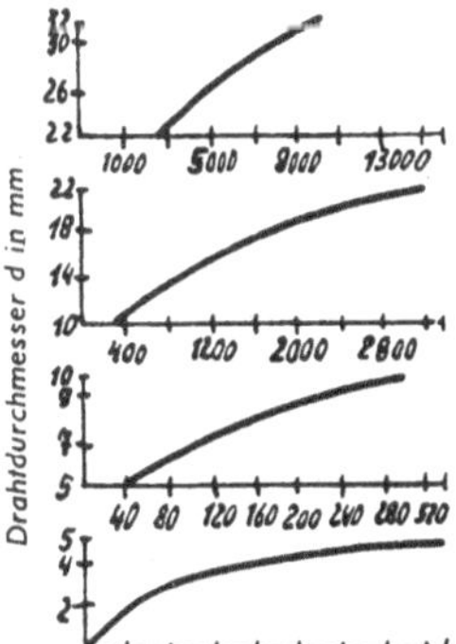

Abb. 57a

Abb. 57b

Für andere Verdrehungsschwingfestigkeiten τ_B' ist zunächst nicht mit dem Drehmoment $P \cdot r$, sondern $\frac{30 \cdot P \cdot r}{\tau_B'}$ zu rechnen.

Hat man dann aus dem Diagramm den Drehwinkel pro m gestreckter Länge abgelesen, so ist dieser Wert mit $\frac{\tau_B'}{30}$ zu multiplizieren, um die endgültige Verdrehung pro m zu errechnen. Bei Federn aus Flachmaterial ist ebenfalls der gegebene Wert mit $\frac{30 \cdot P \cdot r}{\tau_B'}$ zu multiplizieren, während der gegebene Verdrehungswinkel mit $\frac{\tau_B'}{30}$ zu vervielfachen ist.

Mit diesen Werten können die endgültigen Federabmessungen aus dem Diagramm abgelesen werden. Alle rechnerischen Ergebnisse sind durch Experimente nachzuprüfen.

Ausgleichsvorgänge

Allgemein gilt das Gesetz, daß sich beim Schalten von einem Dauerzustand auf einen anderen der Energiezustand des Stromkreises und der dazugehörigen elektrischen und magnetischen Felder ändert. Der augenblickliche Spannungszustand ist stets eine Funktion folgender Art:

$$u = \varphi\left(i,\ L\frac{di}{dt},\ \frac{1}{c}\int i\,dt\right) \text{ [1]} \tag{121}$$

Sieht man Induktivität und Kapazität während des Schaltvorganges als konstant an, so ist die Gleichung 121 linear und ihre Auflösung ergibt (D = Dauer, A = Ausgleich)

$$u = \varphi\left(i_D,\ \frac{di_D}{dt},\ \int i_D\,dt\right) + \psi\left(i_A\ \frac{di_A}{dt},\ \int i_A\,dt\right) \tag{122}$$

Im Dauerzustand aber gilt bekanntlich:

$$u = \varphi\left(i_D,\ \frac{di_D}{dt},\ \int i_D\,dt\right) \tag{123}$$

Also muß für den Übergang gelten:

$$\psi\left(i_A,\ di_A/dt \int i_A\,dt\right) = 0 \tag{124}$$

Theorie und konstruktive Mittel zum Ein- und Ausschalten von Gleichstrom

Ein- und Ausschalten von Gleichstrom bei konstanter Selbstinduktion und Widerstand

Für Niederspannungsgeräte interessieren hier fast ausschließlich die Vorgänge, die beim Ein- und Ausschalten von Widerständen und Selbstinduktionen auftreten.

[1]) Fränkel, Theorie der Wechselströme.

Unter der Annahme, daß Widerstand und Selbstinduktion unabhängig vom Strom sind, gilt hier gemäß Gleichung 122

$$U = Ri_A + L\frac{di_A}{dt} + Ri_D + L\frac{di_D}{dt} \qquad (125)$$

Man bezeichnet die Größe $L/R = T'$ als die Zeitkonstante des Stromkreises, sie ist ein Maß für die Geschwindigkeit der Stromänderung. Es ergibt sich also aus 125 für den Ausgleichstrom:

$$Ri_A + \frac{di_A}{dt} = 0,\ i_A = i_{A\,(t=0)}\, e^{-Rt/L} + \text{Const.} \qquad (126)$$

Der Anfangswert $i_{A\,(t=0)}$ ist entsprechend den Grenzbedingungen festzulegen. Beim Einschalten von Gleichstrom gilt $(t \to \infty)$ $i_D = I$ und für $t = 0$, $i = 0$, daher ergibt sich für den Stromverlauf:

$$0 = i_{A\,(t=0)} + \text{Const}\quad I = \text{Const}$$
$$i_{A\,(t=0)} = -\text{Const}\quad i = I(1 - e^{-R/L\,t}) \qquad (127)$$

Entsprechend gilt bei Widerstandsänderung von R_a auf R_b bzw. vom Anfangsdauerstrom $I_a = U/R_a$ auf den Enddauerstrom $U/R_b = I_b$

$$i = I_b + (I_a - I_b)\, e^{-\frac{R_b t}{L}} \qquad (128)$$

Beim Kurzschließen einer Selbstinduktion über einen Widerstand (s. Feldschutzwiderstand S. 124) besteht die Anfangsbedingung $t = 0$, $i = I$ und die Lösung der Gleichung 125 lautet für diesen Fall:

$$i = I e^{\frac{-R}{L}t} \qquad (129)$$

Veränderlicher Widerstand und Selbstinduktion

Im allgemeinen ist aber die Selbstinduktion eine Funktion des Stromes, denn in jedem magnetischen Kreis mit Eisen ändert sich der Fluß gemäß der Magnetisierungskurve. Es gilt daher an Stelle der Gleichung 125 die Gleichung:

$$U = Ri + n\frac{d\Phi}{dt}\ (n = \text{Windungszahl}) \qquad (130)$$

für den Einschaltvorgang. Der Strom steigt vom Wert 0 auf U/RI, der Fluß von 0 auf Φ. Verliefe die Magnetisierungskurve geradlinig, so wäre im Endzustand die Selbstinduktion

$$L_e = \frac{n\,\Phi_e}{I} \qquad (131)$$

und die Zeitkonstante dann gemäß Gleichung S. 129 $T_e' = \frac{n\,\Phi_e}{I\,R}$.

Man kann nun die Gleichung 130 umformen und erhält:

$$dt = \frac{n\,d\Phi}{U - iR} = \frac{n\Phi_e}{R\,I}\;\frac{d\Phi}{\Phi_e(1 - i/I)} = T_e'\,\frac{d\Phi}{\Phi_e(1 - i/I)}$$

$$t = T_e' \int_0^{\Phi} \frac{d\Phi}{\Phi_e - \Phi_g}\ ^{1)} \qquad (132)$$

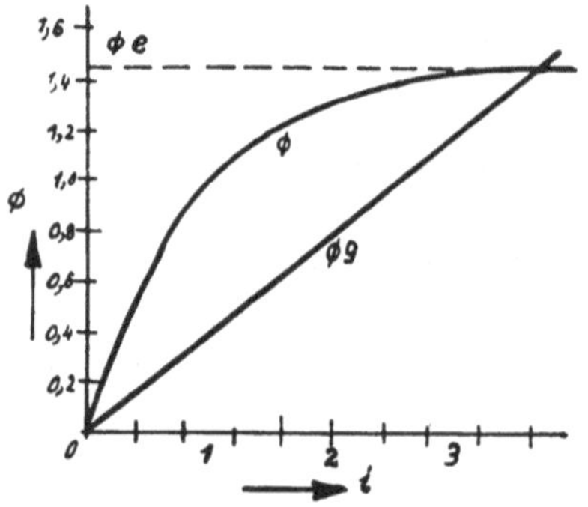

Abb. 58 a

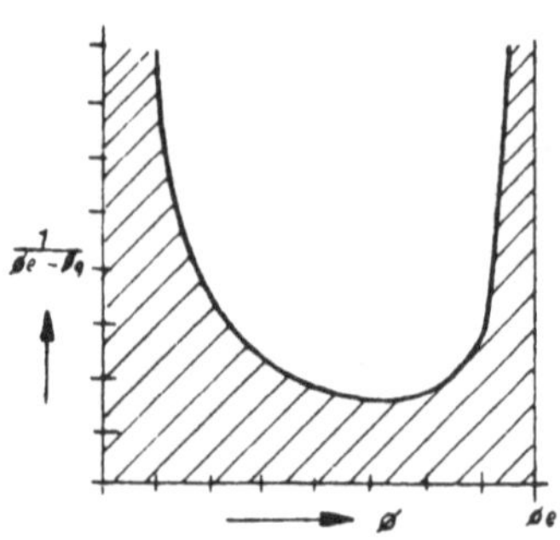

Abb. 58 b

Die Lösung des Integrals wird nach Rüdenberg grafisch vorgenommen. Zeigt Abb. 58a die Magnetisierungskurve der Maschine, und die Gerade $\Phi_g = \Phi_e \cdot i/I$ den der konstanten Selbstinduktion L_e entsprechenden Fluß, dann bildet man $1/(\Phi_e - \Phi_g)$ und trägt diesen Wert als Funktion von Φ auf. Die in Abb. 58b schraffiert gezeichnete Fläche ist der Wert des Integrals, also $= t/T_e'$. Durch Auftragen des Wertes der schraffierten Fläche als Funktion von t/T_e' ergibt sich die Abb. 58c, die sowohl den Fluß- als auch den Stromverlauf als Funktion der Zeit angibt.

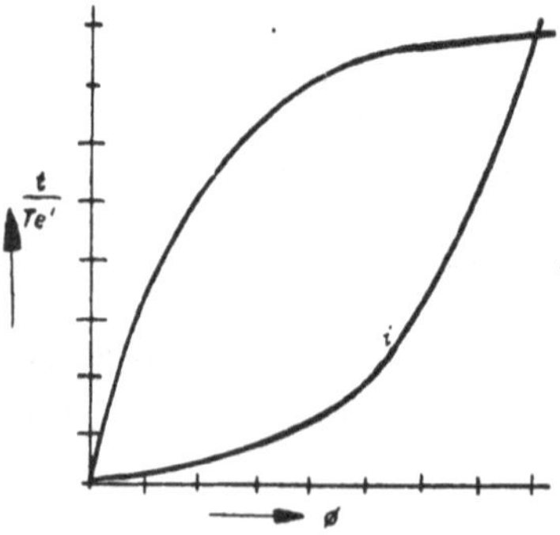

Abb. 58 c

Für den Ausschaltvorgang über einen Widerstand gilt

$$Ri = n\,\frac{d\Phi}{dt} \qquad (133)$$

[1]) Rüdenberg, Elektr. Schaltvorgänge und verwandte Störungserscheinungen 1928.

Auch hier bildet man eine dem Anfangsstrom entsprechende Zeitkonstante, indem man setzt: Selbstinduktion $L_a = n\Phi_a/I$ und entsprechend: $T_a' = n\Phi_a/IR$. Die Auflösung der Gleichung 133 ergibt dann:

$$dt = -\frac{n\,d\Phi}{iR} = -\frac{n\Phi_a\,d\Phi}{IR\Phi_a\,i/I} = -T_a'\frac{d\Phi}{\Phi_g} \qquad t = -T_a'\int_{\Phi_a}^{\Phi}\frac{d\Phi}{\Phi_g} \tag{134}$$

Die Auflösung wird in gleicher Weise grafisch durchgeführt wie für den Einschaltvorgang. Man bezeichnet den, dem Anfangsfluß entsprechenden konstanten Fluß

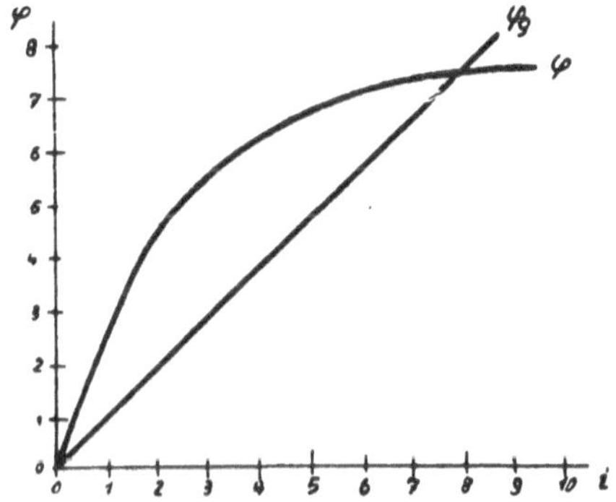

Abb. 59 a

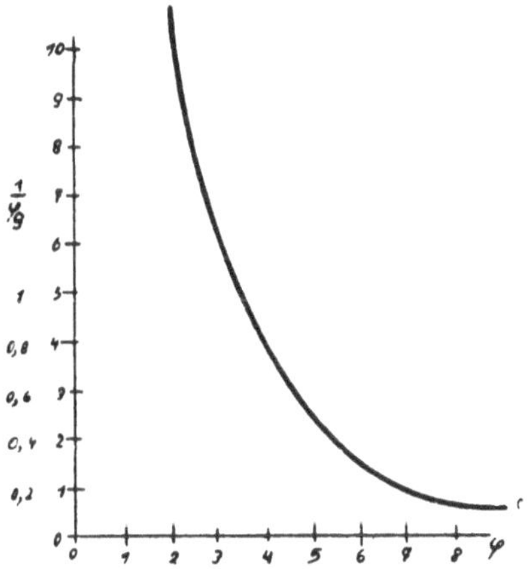

Abb. 59 b

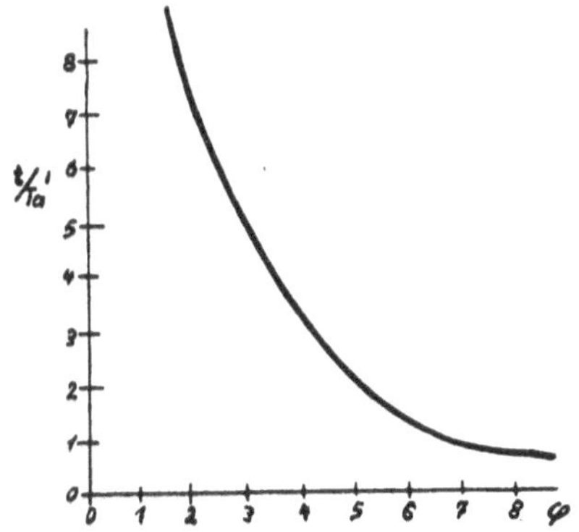

Abb. 59 c

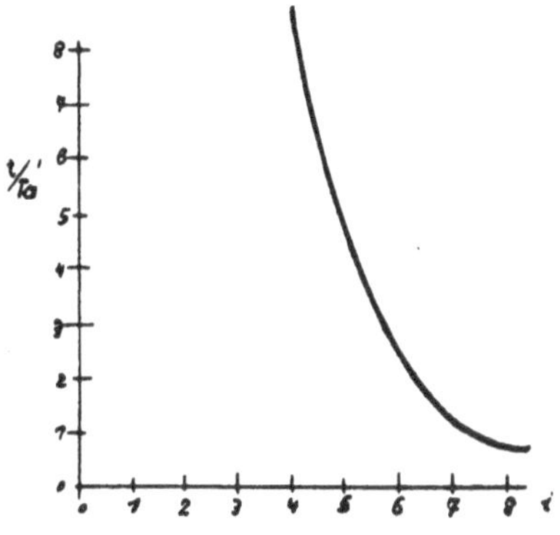

Abb. 59 d

mit Φ_a und zeichnet die Magnetisierungskurve 59a und die Gerade $\Phi_g = \Phi_a\, i/I$. Man zeichne nun $1/\Phi_g$ als Funktion von Φ (Abb. 59b), integriere grafisch und erhält

somit $t/T_a' = -\int\limits_{\Phi a}^{\Phi} \frac{d\Phi}{\Phi_g}$ als Funktion von Φ und i. (Abb. 59c und d)

In allen praktisch vorkommenden Schaltvorgängen aber ändert sich der Widerstand nicht unendlich schnell. Die Ausschaltung geht entweder langsam vor sich über einen Gleitwiderstand oder schnell unter Bildung eines Lichtbogens. Der langsame Ausschaltvorgang hat nur geringe Bedeutung, wie aus den folgenden Ausführungen hervorgeht. Der Stromkreis, bestehend aus einer Selbstinduktion und einem Widerstand sowie aus einem langsam abgleitenden Schaltwiderstand hat einen Schaltwiderstand, der sich umgekehrt proportional mit der Berührungsfläche ändert. Bei einem gleichmäßigen Abgleiten vom Kontakt ist:

$$r = \frac{R_k}{1 - t/T_s} \quad ^{1)} \tag{135}$$

wobei $r =$ der jeweilige Schaltwiderstand, $T_s =$ Gesamtschaltzeit, $R_k =$ Kontaktwiderstand.

Es ergibt sich aber nun eine Spannung am Schaltkontakt von:

$$u_s = i \frac{R_k}{1 - t/T_s} \tag{136}$$

$i =$ der jeweilige Schaltstrom, der für geöffneten Schalter, also für $t = T_s$ Null wird. Vernachlässigt man nun Ri, was gegen Ende der Schaltzeit, da ja dann i klein ist, zulässig ist, so kann man die allgemeine Gleichung für induktive Stromkreise ansetzen:

$$L \frac{di}{dt} + i \frac{R_k}{1 - t/T_s} = U \tag{137}$$

wobei $L \frac{di}{dt}$, für $t \to T_s$, also wenn $i \sim 0$ sich wie folgt errechnet:

$$L \frac{di}{dt} = -\frac{Li}{T_s - t} = -\frac{u_s(1 - t/T_s)}{R_k(T_s - t)} L = -u_s \frac{L}{R_k T_s} \tag{138}$$

Dann ergibt sich unter Zuhilfenahme von Gleichung 136 und 137:

$$u_s = \frac{U}{1 - L/R_k T_s} \quad (\text{für } t = T_s) \tag{139}$$

Als Bedingung für eine endliche Schalterspannung ergibt sich daher:

$$T_s > \frac{L}{R_k} \tag{140}$$

[1]) Fränkel, Theorie der Wechselströme.

Diese Bedingung kann im Schalterbau nur bei sehr kleinen Schaltern erfüllt werden, da meist L groß ist und man die Kontakte mit sehr großem Widerstand versehen müßte. Durch die lange Schaltzeit würden sich dann die Kontakte stark erhitzen. Um die zulässigen Temperaturen nicht zu überschreiten, müßten die Kontakte sehr groß gewählt werden. Man käme dann zu praktisch nicht brauchbaren Konstruktionen. Schaltet man schneller, entsteht ein Lichtbogen.

Vorgänge im Gleichstromlichtbogen

Das Problem der Löschung des Gleichstrom-Lichtbogens besteht darin, den Widerstand der Lichtbogensäule so zu erhöhen, daß der Bogen nicht mehr bestehen kann. Die Leitfähigkeit des Lichtbogens bestimmt man wie folgt[1]): v sei die Geschwindigkeit der Elektronen mit der Ladung e. Die Kraft, die der vom elektrischen Feld $\mathfrak{E}$ auf die Elektronen ausgeübten Kraft e $\mathfrak{E}$ das Gleichgewicht hält = uv, wobei u der Reibungskoeffizient ist. Es gilt also:

$$v = e/u \; \mathfrak{E} = b\mathfrak{E} \qquad (141)$$

wobei man die Größe e/u mit Beweglichkeit der Elektronen bezeichnet. Bezeichnet man die Zahl der Elektronen pro cm^3 mit n, und mit q den Querschnitt des Lichtbogens in cm^2, der kreisförmig anzunehmen ist, so ist der Lichtbogenstrom

$$I = n q v e = n \frac{\pi d^2}{4} v e \qquad (142)$$

und es ergibt sich der Leitwert des Lichtbogens zu:

$$\Gamma = \frac{I}{U} = n \frac{\pi d^2}{4} \frac{b e}{l} \qquad (\mathfrak{E} l = U) \qquad (143)$$

l = Länge des Bogens

Dieser kann herabgesetzt werden durch:

a) Verlängerung des Lichtbogens

b) Herabsetzen der Zahl der Elektronen n.

Der Durchmesser d des Lichtbogens ist wegen der hohen Temperaturen kaum zu begrenzen, e ist bekanntlich eine Konstante (el. Elementarladung).

Die Elektronenzahl pro cm^3 wird ermäßigt durch Verlängerung des Bogens und durch Herabsetzung der Temperatur. Die quantitativen Beziehungen zwischen Bogentemperatur und Elektronenzahlbildung sind kompliziert und z. T. noch nicht erforscht, so daß davon abgesehen werden soll, hierüber Details zu bringen (s. u. a. Kesselring, Arch. f. Elektrotechnik 1935). Nach den Untersuchungen von Kesselring hat nun der Bogen, dessen Temperatur man herabzusetzen trachtet, zunächst

[1]) Kesselring, Archiv für Elektrotechnik 1935.

das Bestreben, sich dagegen zu wehren, ja im Gegenteil, es steigt sogar vorübergehend seine Temperatur, wobei gleichzeitig n und die Lichtbogenspannung U_b anwachsen. Dies ist allerdings nur ein Einleitungsvorgang. Die Löschbedingung für Gleichstrom errechnet Kesselring wie folgt:

Ist U die Netzspannung, dann gilt für einen ausschließlich mit Ohmschem Widerstand R behafteten Stromkreis:

$$U - I\,R - U_b = 0 \tag{144}$$

$$I\,U_b = I\,U - I^2 R$$

$$\frac{d(I U_b)}{d I} = U - 2\,I R \tag{145}$$

Im Anfang ist U_b klein, daher ist gemäß Gleichung 144 $U \cong I R$ und $\frac{d(I U_b)}{d I} < 0$.

Daraus ergibt sich, daß bei erhöhtem Energieentzug die Spannung U_b steigen muß, da für zunehmende IU_b I abnimmt. Es zeigt sich aber, daß man nur eine gewisse Maximalleistung dem Bogen aus dem Netz zuführen kann, wird dann noch mehr Energie entzogen, so fällt die Temperatur und der Bogen kommt zum Erlöschen. Bezeichnet man den Widerstand des Lichtbogens mit R_b, so ergibt sich dieser Maximalwert der Lichtbogenleistung ($R_b = U_b/I$) zu:

$$(I U_b)_{max} = + \frac{U^2}{4R} \tag{146}$$

$$I U_b = I^2 R_b = \frac{U^2 R_b}{(R_b + R)^2} \tag{147}$$

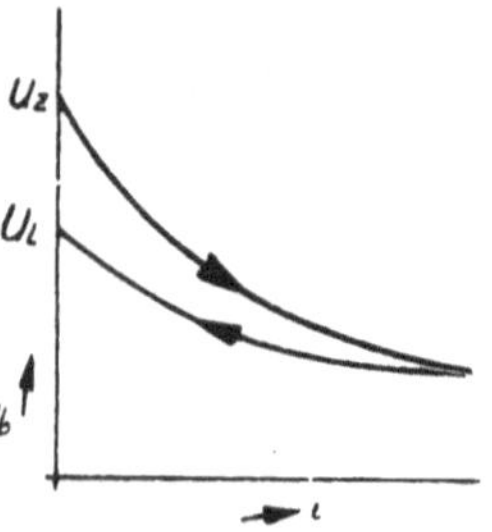

Abb. 60

Trachtet man den Lichtbogen zu verlängern, so sind folgende Erscheinungen zu beachten. Zwischen der Lichtbogenspannung U_b und dem Strom ergibt sich die in Abb. 60 gezeigte Beziehung.

U_z = Zündspannung U_L = Löschspannung.

Der Bogen entsteht, sobald die Zündspannung der kalten Elektroden erreicht wird, und erlöscht bei Erreichen der Löschspannung der heißen Elektroden. Es ergibt sich rechnerisch für den stabilen Gleichstromlichtbogen folgende Gleichung[1])

a) kurzer Bogen:

$$u_b = a + \frac{b}{i} + cl + \frac{d \cdot l}{i} \tag{148}$$

Kupferelektroden in Luft:

$$a = 17\,\text{Volt},\ b = 20\,\text{Watt},\ c = 22\,\text{V/cm},\ d = 180\,\text{Watt/cm},$$

[1]) Elektrische Gasentladungen A. v. Engel und M. Steenbeck 1934.

Geltungsbereich $l = 0{,}1 - 1$ cm
$i = 2$—15 Amp.

Kohle in Luft:

$$a = 40 \text{ Volt},\; b = 12 \text{ Watt},\; c = 20 \text{ V/cm},\; d = 100 \text{ Watt/cm}$$

Geltungsbereich $l = 0{,}1$—$0{,}7$ cm
$i = 2$—20 Amp.

b) langer Bogen:

$$u_b = U_k + U_A + U_ü + \mathfrak{E} \cdot l \tag{149}$$

U_k = Kathodenfall, U_A = Anodenfall

$U_ü$ = Spannungsabfall in den Übergangsgebieten

$\mathfrak{E}$ = Längsfeldstärke einer langen durch Luftströmungen stabilisierten Bogensäule

Abb. 62a zeigt die Längsfeldstärke (in V/cm) einer langen Bogensäule abhängig von der Stromstärke bei verschiedenen Lichtbogenradien in Luft.

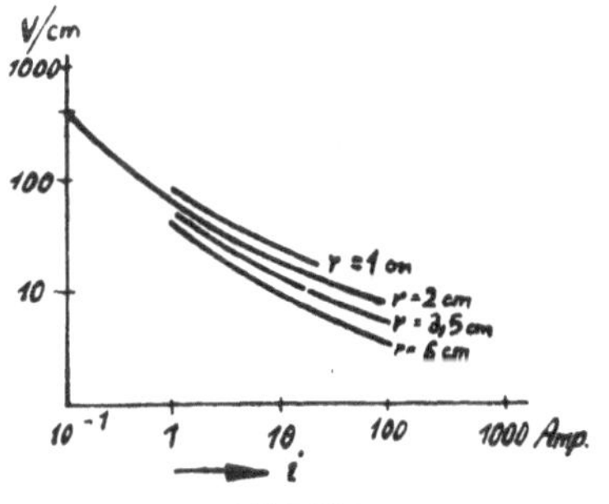

Abb. 62a

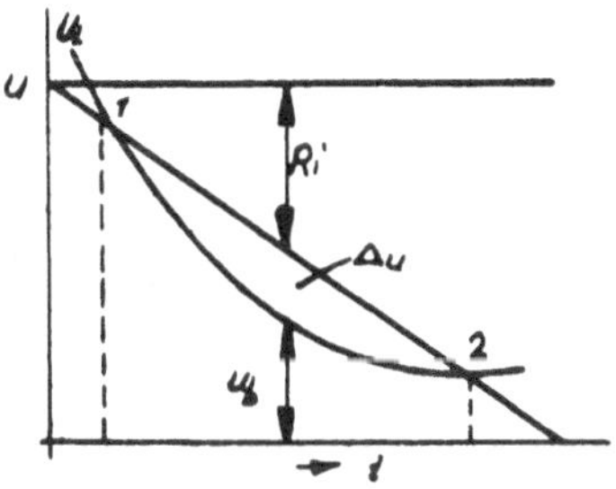

Abb. 61

Kupferelektroden $U_k = 8$ V, $U_A = 3{,}3$ V, $U_ü = 40$ Volt Kohleelektroden $U_k = 11$ V, $U_A = 12$ V, $U_ü = 80$ V.

Bei rein Ohmscher Belastung gilt:

für kurze Bögen stark angenähert $u_b \sim a + \dfrac{dl}{i}$ (150)

$$U = u_b + i R$$

Der Strom ergibt sich zu (s. auch Abb. 61)

$$i = \frac{U - a}{2R} \pm \sqrt{\left(\frac{U - a}{2R}\right)^2 - \frac{dl}{R}},$$

wobei die Wurzel mit dem positiven Vorzeichen die stabile Stromstärke ergibt. Bei dauernder Verlängerung des Bogens ergibt sich der kleinste Strom bei größter Bogenlänge

$$i_{min} = \frac{U - a}{2\,R}$$ und die hierzu gehörige Bogenlänge

$$l_{max} = \frac{(U - a)^2}{4\,d\,R}$$

Grafische Untersuchungen über die Stabilität eines Bogens sind im Gleichstromkreis mit Ohmschen Widerständen und Selbstinduktionen durchgeführt worden. In einem Gleichstromkreis gilt folgende Gleichung für den Fall, daß die Elektrodenbewegung so schnell erfolgt, daß keine wesentlichen Stromänderungen im Schaltkreis während der Elektrodenbewegung auftreten.

$$U = Ri + u_b + L\,\frac{d\,i}{d\,t} \tag{151}$$

Zeichnet man (Abb. 61) die Größen $U - Ri - u_b = L\,\frac{di}{dt} = \Delta\,u$, so zeigt sich, daß in den Punkten 1 und 2 $\Delta\,u = 0$ ist. Jedoch nur im Punkt 2 ist der Zustand stabil, d. h. von jedem Punkt aus, außer, wenn $U - R\,I$ kleiner als u_B und $i < i_1$, wird der Strom i_2 Betriebsstrom und die Spannungsbedingung für den Löschvorgang ist also:

$$u_b > U - I\,R \tag{152}$$

Ist Bedingung 152 erfüllt, so ergibt sich für den Stromverlauf mit konstanter Lichtbogenlänge für

$$\Delta\,u = U - Ri - u_b$$

und in Verbindung mit Gleichung 151

$$\Delta\,u \cdot dt = Ldi,\quad t = L\int_I^i \frac{d\,i}{\Delta\,u},\quad t = \frac{L}{R}\int_I^i \frac{U}{\Delta\,u}\,d\left(\frac{i}{I}\right) \tag{153}$$

Das Integral wird grafisch ermittelt. Man zeichne zunächst u_B und iR und damit $\Delta\,u$ als Funktion von i (immer nur im Bereich der Löschmöglichkeit) auf, bilde dann $1/\Delta\,u$ und integriere diesen Wert. Durch Multiplikation mit L/R erhält man die Zeit als Funktion von i und u_B (s. Abb. 62). Für den Zeitpunkt $t = T_s$ $(i = 0)$ ist daher nach Gleichung 151

$$L\,\frac{d\,i}{d\,t} = U_L - U \tag{154}$$

d. h. die Löschspannung ist um so höher, je schneller der Ausschaltvorgang vor sich geht. Daher soll man Gleichstromspulen niemals abschalten, sondern stets erst einen Widerstand parallel legen und dann abschalten (Feldschutzwiderstand)[1].

[1]) s. S. 117.

Die Schaltarbeit ergibt sich zu:

$$A_s = \int_{i=I}^{i=0} \frac{u_b}{\Delta u} \cdot L\, i\, di = \int_{0}^{T_s} u_b\, i\, dt \tag{155}$$

Der Vorgang kann auch rechnerisch unter Zugrundelegung der Gleichung

$$U = i R + L \frac{di}{dt} + a + \frac{d\, l}{i}$$

ermittelt werden, in ähnlicher Form, wie dies auf S. 74 für Stromkreise mit rein Ohmschem Widerstand geschehen ist.

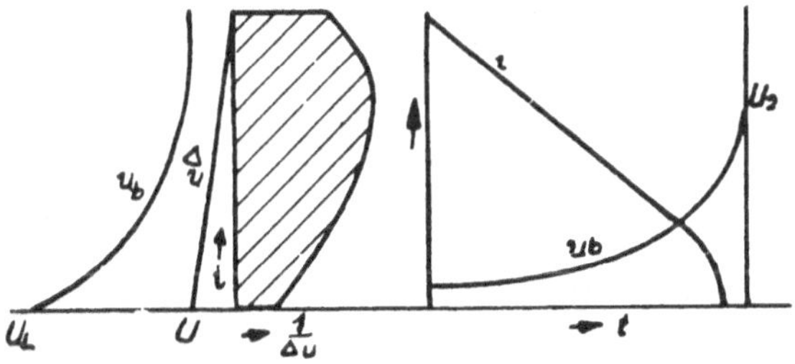

Abb. 62

Man sieht, Gleichstromölschalter würden durch die starke Kühlung hohe Ausschaltüberspannungen erzeugen. Hinzu kommt noch, daß die Schaltarbeit beim Abschalten von Gleichstrom wesentlich größer ist als bei Wechselstrom (kein Nulldurchgang). Dies aber würde in Öl eine starke Verkohlung der harzartigen Stoffe verursachen, da beim Schalten das Öl unter Bildung von Wasserstoff enthaltenden Gasprodukten und kohlehaltigen Ausscheidungen zersetzt wird, so daß der Schalter schon nach wenigen Schaltungen unbrauchbar werden würde. Für Gleichstrom werden daher ausschließlich Luftschalter verwendet. Damit nun der Lichtbogen nicht stehen kann, muß er möglichst weit auseinandergezogen werden, und um den Schaltvorgang zu beschleunigen, werden hörnerartige Kontakte und eine kräftige Blasung vorgesehen.

Ein Elektromagnet, der vom Strome durchflossen wird, erzeugt ein Feld, das auf den Lichtbogen eine Kraft ausübt, die senkrecht zu ihm gerichtet ist. Hierdurch erhält der Lichtbogen eine Ablenkungsgeschwindigkeit von

$$v = \sim \frac{1}{2} \text{ bis } \frac{1}{3} \sqrt{\frac{i\, \mathfrak{H}}{\sigma r}} \tag{156}$$

r = Lichtbogensäulenradius
σ = Gasdichte = $1{,}3 \cdot 10^{-3}$ g/cm³ in Luft[1]).

[1]) Empirische Formel von Engel und Steenbeck.

Die konstruktive Durchbildung eines Schalters mit Blasung zeigt Abb. 63 (Berechnung s. Kap. 3)[1]).

In Abb. 63 wird ein Schützkontakt mit seitlich angebrachter Spule, in Abb. 64 mit hinter dem Kontakt angebrachter Spule gezeigt.

Den Wickelsinn einer Gleichstromspule stellt man mit der linken Handregel fest, und zwar muß der Daumen die Bewegung des Lichtbogens, der Zeigefinger die Richtung des magnetischen Feldes, d. h. der vom Nordpol des Solenoides ausgehenden Kraftlinien und der Mittelfinger die Stromrichtung angeben. Gleichzeitig

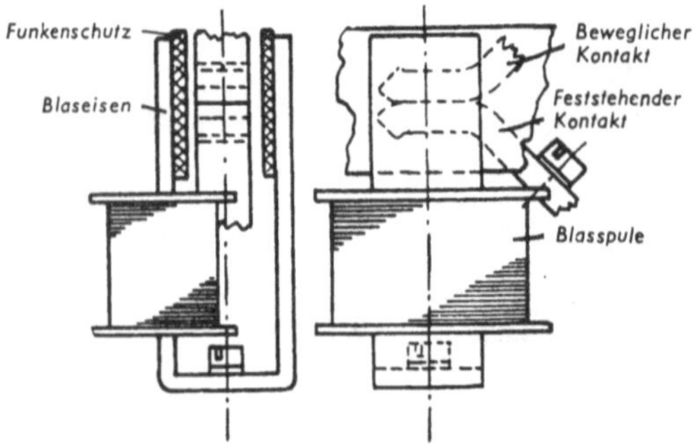

Abb. 63

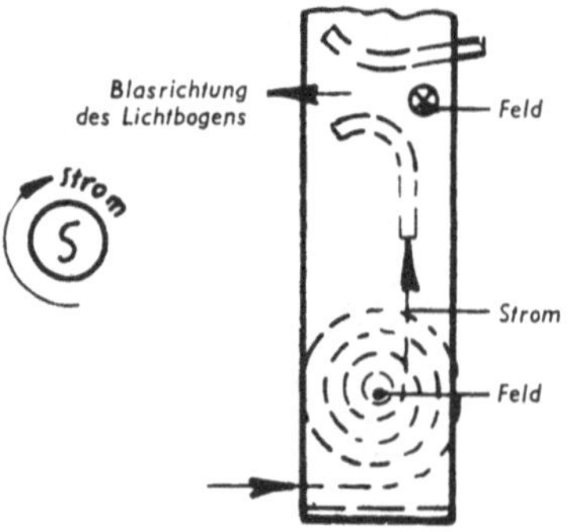

Abb. 63 a

kann man an der Stelle des Entstehens des magnetischen Feldes dadurch die Feldrichtung angeben, daß man die Korkzieherregel anwendet. Das vom Strom im Uhrzeigersinn umflossene Ende des Solenoides ist der Südpol. Die Kraftlinien sind im Eisenkern vom Südpol zum Nordpol gerichtet, d. h. fließt der Strom im Rechtssinn (Uhrzeigersinn), so ist die Richtung des Feldes im umwickelten Teil des Spulenkernes nach vorn gerichtet.

Es muß für die Bewegung des Lichtbogens, d. h. für die Blaswirkung gleichgültig sein, ob man den Plus- oder Minuspol einer Blasspule anschließt, da sich gleichzeitig mit dem Anschluß des anderen elektrischen Pols auch die Feldrichtung um 180° verdrehen muß, wodurch die mechanische Bewegung (die Blasbewegung des Lichtbogens) bestehen bleiben muß. Ist die elektromagnetische Blasung nach diesem System gebaut, so bleibt die Blaswirkung sowohl bei Wechsel- als auch bei Gleichstrom bestehen. Schalter mit elektromagnetischer Blasung finden daher dort, wo hohe Leistungen abgeschaltet werden, sowohl bei Wechsel- als auch bei Gleichstrom Verwendung. Abb. 63a zeigt die Wirkung der Blasung.

[1]) s. S. 174.

Eine Anordnung der Eisenplatten, wie in Abb. 65 angegeben ist, ist oft unzweckmäßig, denn wenn ein seitliches Ausweichen des Lichtbogens stattfindet, schneiden die Kraftlinien nicht mehr den Bogen. Der Lichtbogen bleibt stehen, was vor allem leicht geschehen kann, wenn die Funkenschutzwände verschmutzt sind, verursacht durch wiederholtes Schalten mit seitlichem Ausweichen des Bogens. Besser ist daher eine Anordnung wie Abb. 66 zeigt, in der in jedem Fall der Bogen von den Kraftlinien geschnitten wird. Die Blaseisen müssen stets am engsten in der Nähe des Lichtbogens sein.

Kleine Schalter können unter Umständen an Stelle eines gesonderten Blasmagneten eine Anordnung der Kontakte, wie Abb. 67 zeigt, haben.

Die Kontakte werden besonders stark hörnerförmig ausgebildet. Es entstehen zwischen den Kontakten Kraftlinien, die auf magnetisch gut durchlässige Platten

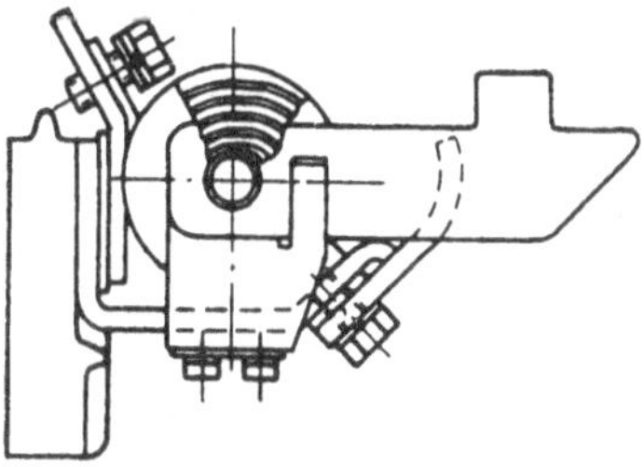

Abb. 64

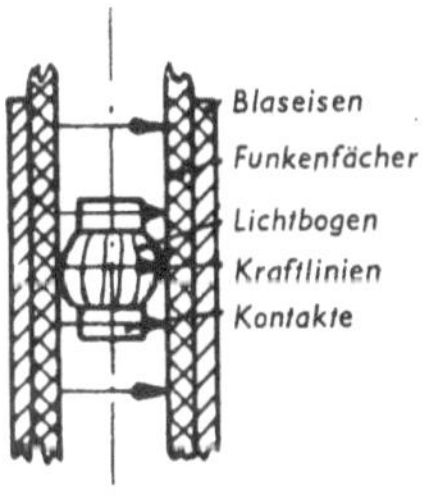

Abb. 65

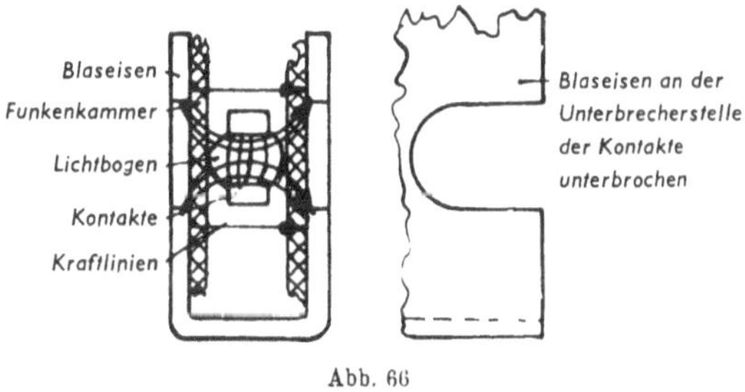

Abb. 66

stoßen, zwischen die der Lichtbogen eingebettet wird. Durch den magnetischen Kreis wird jetzt wiederum eine Kraftwirkung auf den Lichtbogen ausgeübt.

Bei höheren Spannungen und großen Leistungen werden auch häufig Hammerkontakte verwendet, der Lichtbogen wird über den Kontakten in die Länge gezogen

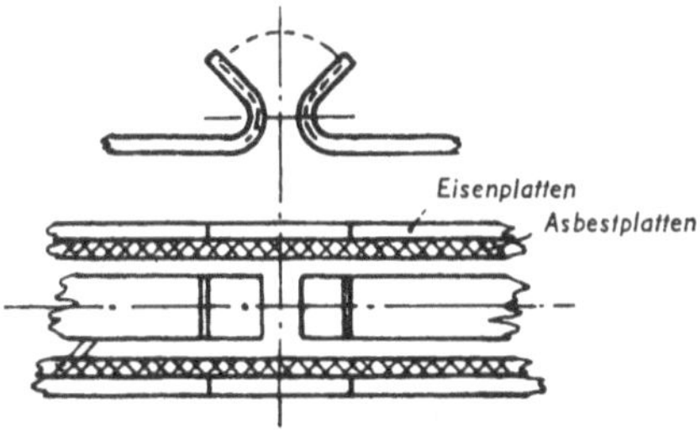

Abb. 67

(Abb. 68)[1]) und reißt bei entsprechender Größe ab. Die Kontakthörner sind kreisförmig gebogen und haben abgesägte Ecken, wodurch die seitliche Stromkomponente verringert wird. Das Magnetfeld nimmt in geringem Abstand von den Hörnern stark ab. Sind nun wie bei Walzen und Kontrollern eine Reihe von Kontakten nebeneinander angebracht, so genügt, wenn die Spannung 440 Volt nicht überschreitet, für alle Kontakte eine große Blasspule. Unterhalb dieser Blasspule liegen die Kontakte (Abb. 69).

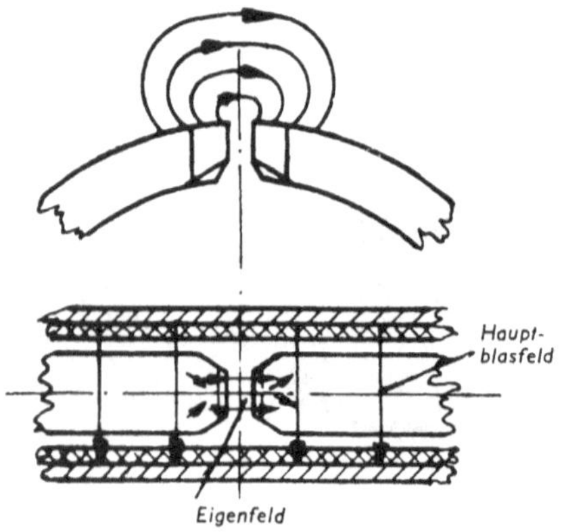

Abb. 68[2])

Durch den großen Kern wird ein starkes Blasfeld erzeugt. Der Lichtbogen wird in die Breite gegen die Funkenwände getrieben, wodurch er dort schneller abkühlt.

Bei höheren Spannungen über 440 V und Leistungen über 50 kW reicht ein solches Blasfeld nicht mehr aus. Jeder Kontakt muß sein eigenes Blasfeld haben.

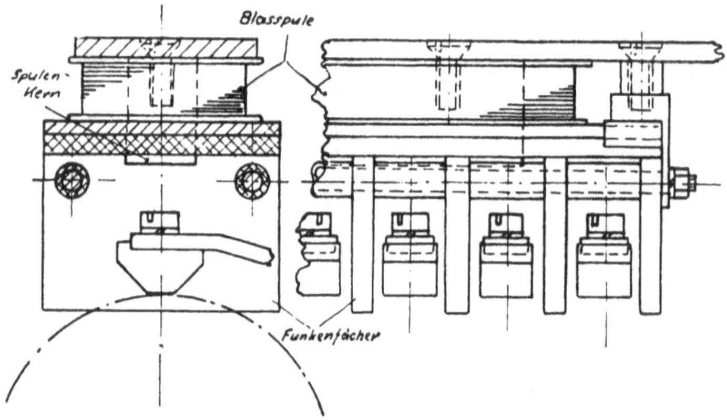

Abb. 69

Es werden dann sogenannte Nockenschalter an Stelle der Kontroller verwendet. Abb. 70[3]) zeigt einen solchen Nockenschalter, wie er z. B. für Straßenbahnkontroller verwendet wird.

[1]) Spieser, Krankheiten elektrischer Maschinen, Transformatoren und Apparate.
[2]) Die Abschrägung an den Kontakten dient zur Unterstützung des Hauptfeldes, durch sie wird ein Eigenfeld erzeugt.
[3]) SSW.

Der Kontaktträger 7, der mit dem festen Kontakt 1 durch 2 Schrauben verbunden ist, sitzt auf zwei Leisten, die aus mit Pertinax überzogenem Vierkanteisen bestehen. Auf diesen Leisten 9 sitzt ein Anschlußbolzen. Auf zwei ebensolchen Leisten 10 sitzt der Kontaktträger 6. Um den Bolzen bewegt sich der Hebel 4. Dieser ist auf der einen Seite mit dem beweglichen Kontakt 2 durch Schrauben 8 verbunden,

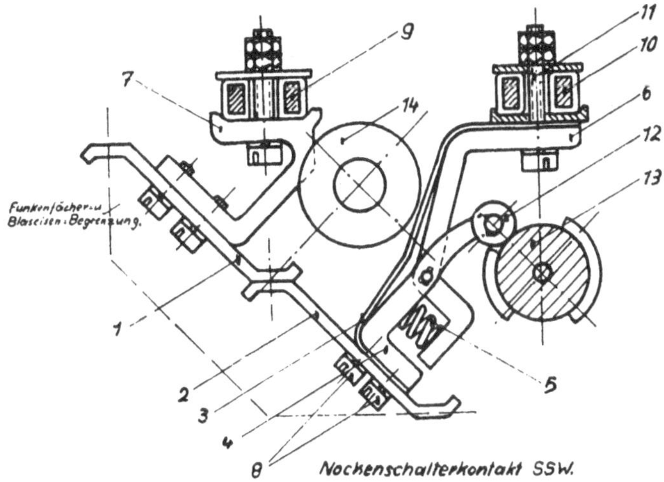

Abb. 70

während an dem anderen Ende eine Rolle 12 sich befindet. Durch die Schrauben 8 ist auch die Litze 3 befestigt, die mit dem Kontaktträger 6 durch die Schraube und Platte 11 verbunden ist. Die Kontaktdruckfeder 5 ist in 6 und 4 geführt. Die Rolle 12 wird durch die Walze 13 bewegt. Seitlich von den Kontakten befindet sich eine Blasspule 14, während die Kontakte in Funkenfächer und Blaseisen in gleicher Weise wie Schützkontakte eingebettet sind. An den Leisten 9 und 10 befinden sich auch die Anschlußklemmen.

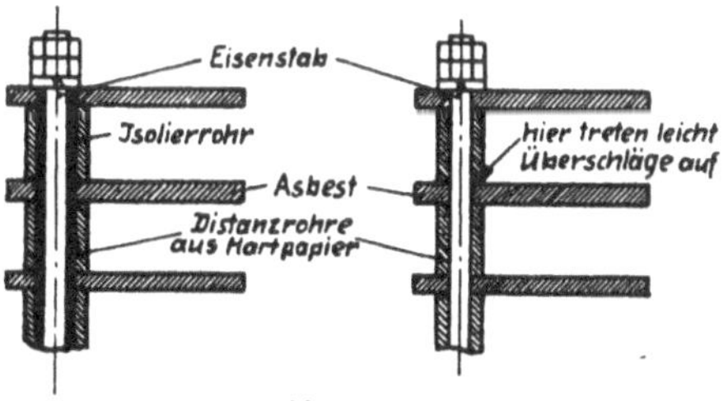

Abb. 71

Um einen Überschlag des Funkens von Pol zu Pol oder von Pol zu Erde zu vermeiden, müssen die Pole gegeneinander oder gegen Erde durch einen Funkenfächer oder Rechen getrennt sein. Für Schaltwalzen wird ein solcher Funkenrechen in der in Abb. 71 linkes Bild angegebenen Weise ausgebildet.

Ein solcher Funkenrechen kann z. B. mittels zwei Stäben aus Pertinax zusammengehalten werden. Es ist darauf zu achten, daß nicht an den Fugen ein Überschlag von Phase zu Phase stattfinden kann. Als Material wird Asbestschiefer verwandt. Für Massenproduktion werden Platten aus Chamotte oder keramisches Material mit hoher Hitzebeständigkeit gebraucht.

Besser als durch Rechen ist ein Lichtbogenschutz durch Kammern. Eine Kammer muß so groß sein, daß der Lichtbogen in der Kammer selbst zum Erlöschen kommt. Ein weiterer Fortschritt besteht darin, die Kammer so auszubilden, daß der Lichtbogen durch Zwischenwände gespalten wird. Sobald der Bogen sich der kalten Wand nähert, werden wegen der hohen Temperatur Gasmoleküle frei. Es eignen sich besonders Wände aus gasabgebendem Material. Diese dringen ins Bogeninnere und kühlen den Bogen ab. So geben Fiberrohr O_2 und H_2, was wegen der besonders hohen Wärmeleitfähigkeit besonders günstig ist, Speckstein- und Asbestpräparate Wasserdampf ab (Abb. 72, 73, 74).

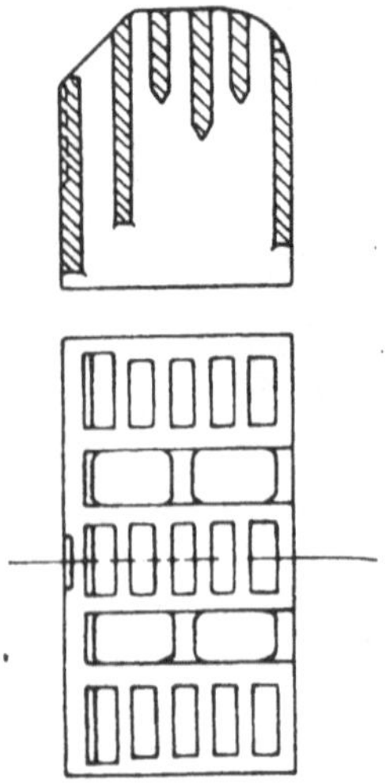

Abb. 72

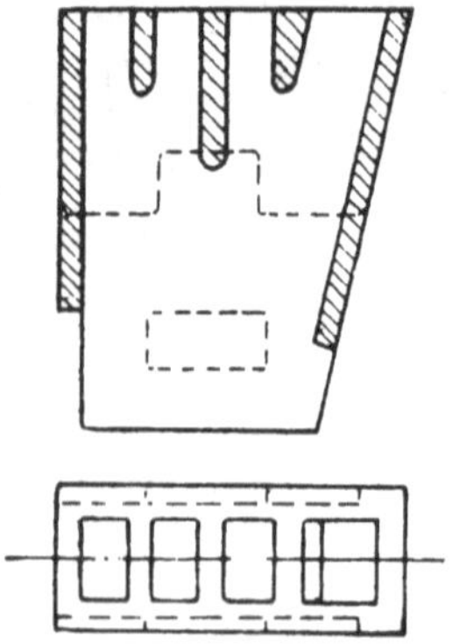

Abb. 73

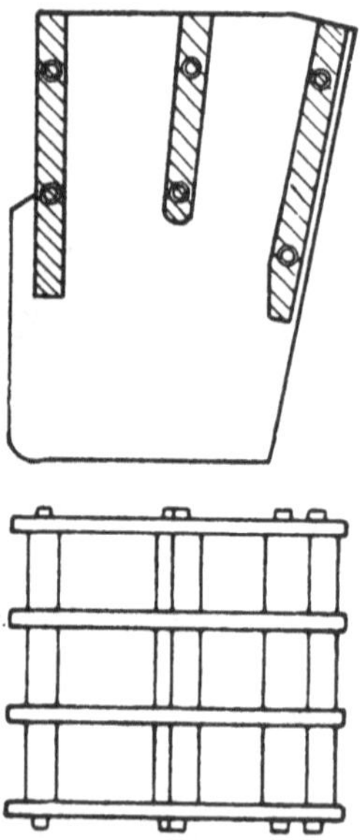

Abb. 74

Abb. 72 zeigt eine keramische Funkenkammer für 3 Pole, Abb. 73 eine für einen Pol, Abb. 74 eine Funkenkammer aus Asbestschiefer.

Aus der Erkenntnis, daß der Lichtbogen dann schnell zum Erlöschen kommt, wenn er gekühlt wird, führt man den Lichtbogen in enge Schlote, an deren Wänden er abkühlen kann. Es ist zweckmäßig, die Schlote so auszubilden, daß ein Luftzug entsteht. Zwecks guter Kühlung und guter Schornsteinwirkung sind verschieden geformte Kammern bekannt. Z. B. verwendet die AEG Funkenkammern, die oben schließen und bei denen der Luftzug durch vorn liegende Öffnungen erzielt wird (Abb. 75).

Bei der Stiftstype[1]) treiben U-förmige Magnete den Lichtbogen in eine große Anzahl Stifte, die in einer Kammer oberhalb der Kontakte untergebracht sind. Die Stifte sind so angeordnet, daß der Lichtbogen in viele kleine Lichtbögen unterteilt wird. Über den Stiften ist eine durch senkrechte Wände unterteilte Kammer angebracht. Durch die so entstehenden Schlote kann das heiße Gas entweichen. Der Lichtbogen selbst wird innerhalb der engen Kammern und nach dem Deionprinzip gekühlt (Deionschalterprinzip s. S. 89).

Funkenrechen müssen so befestigt sein, daß nicht durch Befestigungs- und Verbindungseisen ein magnetischer Kreis oder fast ein magnetischer Kreis entsteht, da sonst durch die Stromstöße beim Ein- und Abschalten Kräfte erzeugt werden können, durch die Bewegungen im Funkenrechen eintreten, als deren Folge über die verbindenden Eisenstäbe Überschläge oder Kriechströme auftreten können.

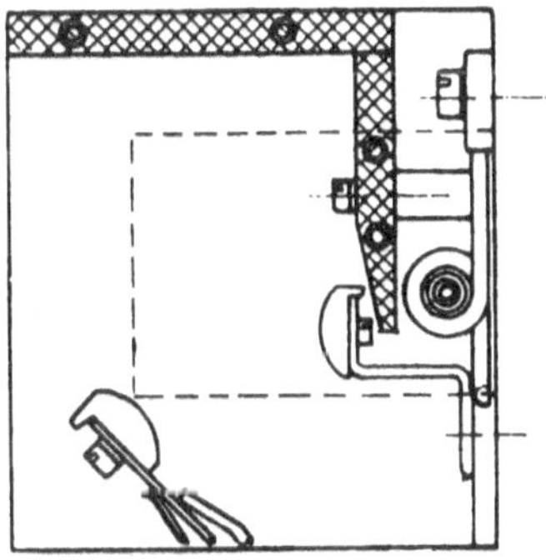

Abb. 75

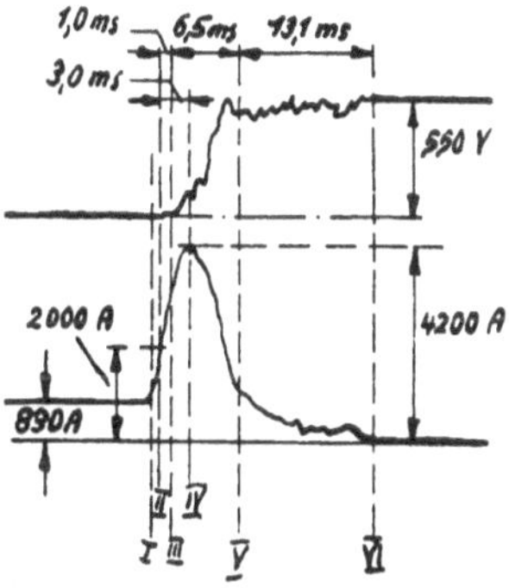

I Kurzschlußbeginn
II Erreichung des Einstellwertes
III metallische Trennung der Schaltstücke
IV Beendigung d. Stromanstieges
V Unterbrechung des Kurzschlußlichtbogens
VI Unterbrechung des Restlichtbogens
II-III Schaltverzug 1,0 ms
III-V Dauer des Kurzschlußlichtbogens 6,5 ms
V-VI Dauer des Restlichtbogens 13,5 ms

Oszillogramm einer Kurzschlußabschaltung. Einstellung des Auslösers 2000 A, Vorbelastung 830 A

Abb. 76

Wie auf S. 75 dargelegt wurde, ist die Schaltarbeit besonders gering, wenn die Ausschaltgeschwindigkeit groß ist. Man erreicht ein schnelles Schalten entweder dadurch, daß man die bewegliche Schaltmasse klein macht oder durch besondere mechanische Hilfsmittel (s. Kap. 4). Der Schaltvorgang bei Schnellschaltern vom Eintreten des Kurzschlusses bis zur Abschaltung des Lichtbogens geht in ungefähr 0,01 sek. vor sich (Abb. 76)[2]). Dies ist notwendig, da der Kurzschlußstrom eine starke Erhitzung der Bürsten des Generators und Rundfeuer erzeugt. Es ist daher wünschenswert, daß die Abschaltung erfolgt, bevor eine Kommutatorlamelle sich von einer Bürste zur anderen bewegt hat.

[1]) Seaman Electrical Eng. 1940.
[2]) Voigt & Häffner, Frankfurt a. M.

Um besonders bei stark induktiven Stromkreisen die hohe Ausschaltüberspannung beim schnellen Schalten zu begrenzen, wird oft parallel zum Lichtbogen ein zweiter Lichtbogen, der durch Widerstände begrenzt wird, erzeugt und der die endgültige Abschaltung vornimmt (Abb. 77—78).

Der Strom I_E, der jetzt abgeschaltet wird, errechnet sich zu

$$I_E = I\,R/(R + R_p)^{1)} \tag{157}$$

wobei R_p der Parallelwiderstand des Schalters, I der Kurzschlußstrom und R der Widerstand des Stromkreises ist.

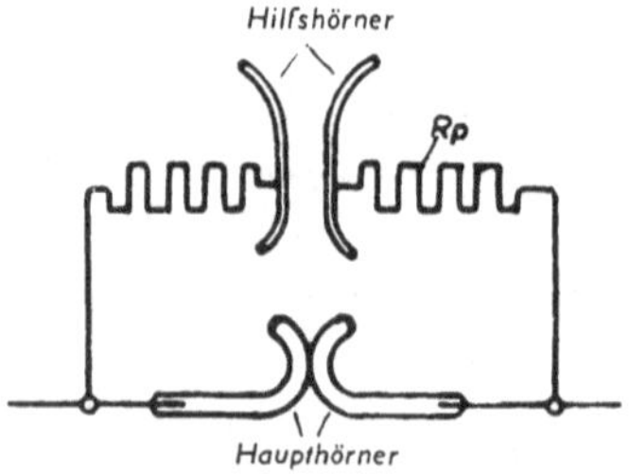

Abb. 77

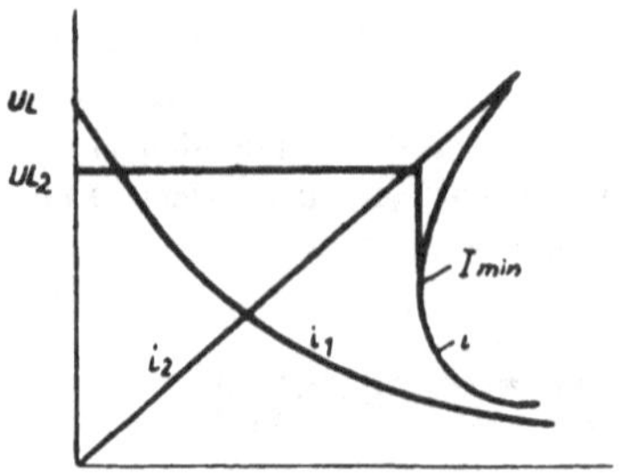

Abb. 78

Der Vorgang spielt sich wie folgt ab:

Bezeichnet man den widerstandsfreien Strom mit i_1, den Strom im mit Widerstand und Hilfshörnern versehenen Stromkreis mit i_2 und zeichnet man die Lichtbogencharakteristik (Abb. 78), so entsteht die Lichtbogencharakteristik für den Gesamtstrom $i_1 + i_2$ durch Hinzufügen der Strecke i_2 zur Charakteristik $i\,(i_1) = f\,(u_b)$. Ohne Widerstand würde der Bogen mit der Löschspannung U_L löschen, mit Widerstand kann die Charakteristik des Lichtbogens nur bis zum Strom I_{min} fortgesetzt werden, da sonst der Strom wieder steigen müßte. Es steigt jedoch die Spannung, bis der Strom i_2 den Wert I_{min} erreicht hat. Zieht man wieder die hinzugefügte Strecke i_2 ab, um die Verhältnisse am Lichtbogen zu kennen, so sieht man, daß jetzt der Bogen abreißt, wobei nur die Löschspannung U_{L2} auftritt.

Theorie und konstruktive Mittel zum Ein- und Ausschalten von Wechselstrom

Konstante Induktivität

Die Lösung der Gleichung 125 für einen Wechselstromkreis mit konstanter Induktivität und Widerstand ergibt für $\mathrm{tg}\varphi = \omega L/R$ (Beginn der Zählung $t = 0$ vom Einschaltaugenblick, in dem $i = I_m \sin(\psi - \varphi)$

$$i = I_{max}\left[\sin(\omega t + \psi - \varphi) - \sin(\psi - \varphi)\, e^{-\frac{Rt}{L}}\right] \tag{158}$$

1) Fränkel, Theorie der Wechselströme.

Das erste Glied in der Kammer stellt den Dauerstrom, das zweite den Ausgleichsstrom dar. Es zeigt sich nun, daß der Ausgleichsstrom stets mit der genau umgekehrten Spannung einsetzt, die der erzwungene Dauerstrom im Schaltaugenblick haben muß (Abb. 79).

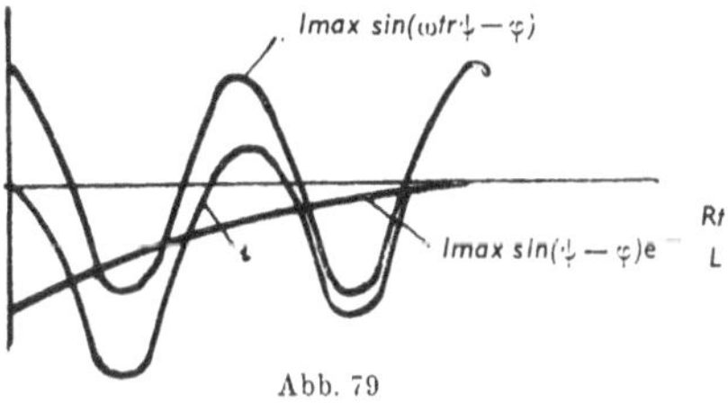

Abb. 79

Es ergibt sich weiter, daß die Höhe einer evtl. Stromspitze wie überhaupt der Verlauf des Ausgleichsstromes vom Einschaltaugenblick, also vom Winkel ψ abhängt. Schaltet man im Augenblick $\psi = \varphi$ ein, so entsteht kein Ausgleichsstrom und der Strom schwingt sofort im Dauer-Wechselstromverlauf, schaltet man dagegen im Moment $\psi - \varphi = \frac{\pi}{2}$ ein, so entsteht eine viertel Periode nach dem Stromnulldurchgang eine Stromspitze, die fast doppelt so hoch wie die Stromspitze des Dauerstromes ist.

Veränderliche Induktivität

Schaltet man einen Stromkreis mit Eisen ein, so gilt an Stelle der Gleichung 130 die Gleichung

$$U \sin(\omega t + \psi) = Ri + n \frac{d\Phi}{dt} \qquad (159)$$

U = Maximalspannung, n = Windungszahl.

Im Einschaltaugenblick ist $\Phi = \Phi_r$ = remanenter Fluß, so daß die Lösung der Gleichung 159 lautet:

$$\Phi = \Phi_r - \frac{U}{\omega n} \cos \cdot (\omega t + \psi) + \frac{U}{\omega n} \cos \psi - \int_0^t \frac{Ri\,dt}{n} \qquad (160)$$

Also auch in diesem Fall hängt die entstehende Stromspitze von dem zufälligen Einschaltaugenblick ab. Sie ist am höchsten, wenn $\psi = 90°$. In diesem Fall entsteht ein Fluß in Höhe von $\Phi_r + 2\frac{U}{\omega n}$. Der Fluß steigt also auf mehr als das Doppelte und wie aus der Magnetisierungskurve hervorgeht, steigt dann die Stromspitze auf das Mehrfache des Dauermaximalstromes. (Dies kann auch mehr als das Acht- bis Zehnfache sein.) Dies tritt beim Einschalten eines Transformators oder Einfachkäfigankermotors auf. Im allgemeinen rechnet man, daß beim Einfachkäfigankermotor ein maximaler Stromstoß von etwa dem acht- bis zehnfachen Dauerstrom auftreten kann. Die Stromspitzen sind beim Transformator noch höher als beim

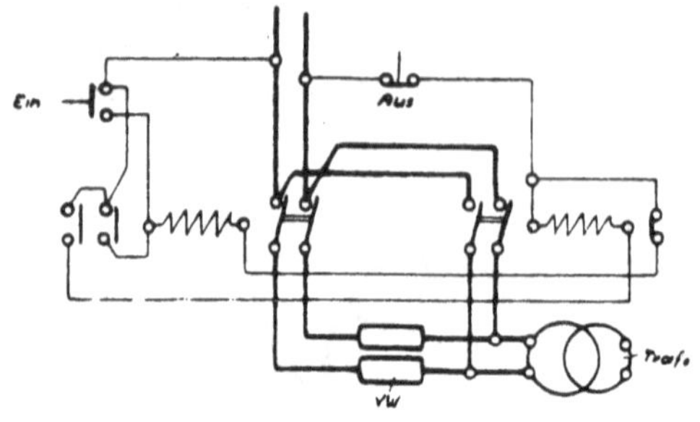

Abb. 80

Motor, während sie beim Stromverdrängungsläufer (s. Kap. 2 S. 123) sich auf den etwa drei- bis fünffachen Wert des Dauerstromes ermäßigen. Beim Einschalten von Transformatoren, die einen so starken Stromstoß nicht aushalten, kann ebenfalls ein Widerstand kurzzeitig vorgeschaltet werden (Abb. 80).

Die Größe des Vorschaltwiderstandes wird so gewählt, daß etwa 10% der Spannung abgedrosselt werden. Da der Vorgang verhältnismäßig schnell abklingt, muß er nur wenige Schaltperioden eingeschaltet werden. Man wähle p (s. Kap. 2) = etwa 200.

Abschaltung von niedrigen Wechselstromspannungen

Das Problem der Abschaltung von Wechselströmen ist ein ganz anderes als das von Gleichströmen, da durch den Nulldurchgang die Schaltbedingungen wesentlich erleichtert werden. Infolge der großen Leistungen treten besondere Abschaltschwierigkeiten bei Hochspannungsschaltern auf, dann auch vor allem, wenn unbelastete lange Kabel (große Kapazitäten) abgeschaltet werden müssen, was im Niederspannungsschaltgerätnetz nicht vorkommt. Es ginge über den Rahmen dieses Buches hinaus, die Schaltprobleme an Hochleistungsschaltern zu besprechen.

Grundsätzlich gilt auch für Wechselstromlichtbögen die Gleichung 143. Der Lichtbogen hat das Bestreben zu erlöschen, wenn der Strom durch 0 geht, der heiße Bogen kühlt sich schnell ab, andererseits aber hat die Spannung das Bestreben, den Lichtbogen wieder neu zum Entstehen zu bringen. Der Vorgang ist offenbar am ungünstigsten, wenn Strom und Spannung um 90° sich unterscheiden. Läßt man den Fall der Schaltung von Kondensatorbatterien außer Betracht, so sind die Schaltbedingungen beim Abschalten induktiver Last am schwierigsten. Dieser Fall liegt besonders bei der Abschaltung von Kurzschlüssen vor. Man glaubte bis vor kurzem, daß der Schaltvorgang sich, wie in Abb. 81 dargestellt, abspielt, d. h.

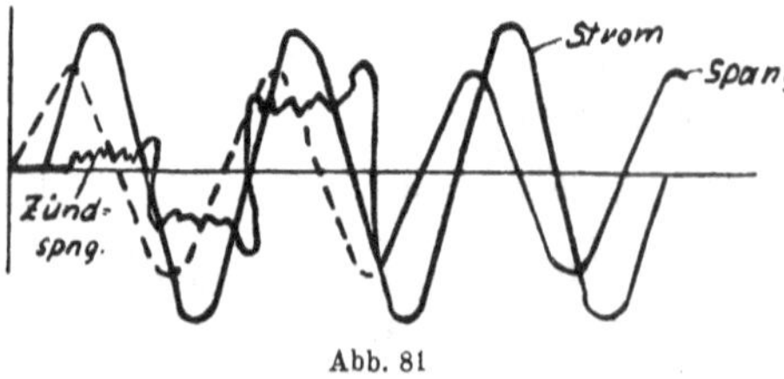

Abb. 81

sobald die Zündspannung, die mit dem Elektrodenabstand wächst, größer als die Netzspannungsamplitude wird, kommt der Lichtbogen zum Erlöschen. Die Zündspannungen sind im Öl viel höher als in Luft, daher verwendet man für Wechselstromschalter gern in Öl schaltende Geräte. Im Falle der Abschaltung eines Kurzschlusses kommt die Spannung nicht unendlich schnell wieder, sondern schwingt sich mit der Eigenfrequenz des Stromkreises ein. Die Eigenfrequenz eines Schwingungskreises beträgt bekanntlich

$$\frac{1}{2\pi}\sqrt{\frac{1}{LC}-\left(\frac{R}{2L}\right)^2}=f_e \qquad (161)$$

Der Ausschaltvorgang hat daher nicht die Form der Abb. 81, sondern der Abb. 82.

Es kommt nun darauf an, daß der Anstieg der wiederkehrenden Spannung langsamer vor sich geht als die Wiederionisierung der Lichtbogenstrecke, da auch die Durchschlagsfestigkeit zwischen den Kontakten nur mit endlicher Geschwindigkeit steigt. Es findet dann keine Neuzündung des Bogens statt, wenn die Kurve der ansteigenden Durchschlagsfestigkeit die der wiederkehrenden Spannung des Bogens nicht schneidet. Die erforderliche Mindestlöschdistanz, bei der ein Wiederzünden des Bogens nicht stattfinden kann, beträgt im Moment der Öffnung eines Stromkreises in Öl ca. 1—0,5 kV/cm. Die Löschung des Bogens findet im Nulldurchgang statt, die Lichtbogenzeit beträgt s/v. s ist der Mindestkontaktabstand, v die durchschnittliche Schaltgeschwindigkeit. Hinzu kommt der Einfluß des Spannungszustandes im Einschaltaugenblick auf die Abschaltdauer, wie Fig. 83[1]) zeigt. Diese beträgt gemäß der Abbildung für einwelligen Wechselstrom 1/2 f = Δ t, so daß sich ergibt:

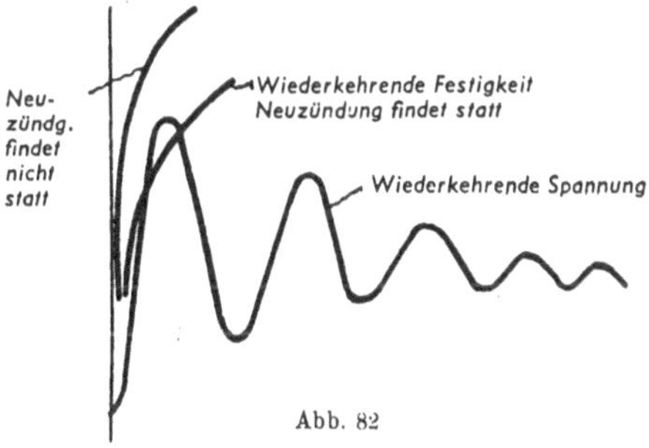

Abb. 82

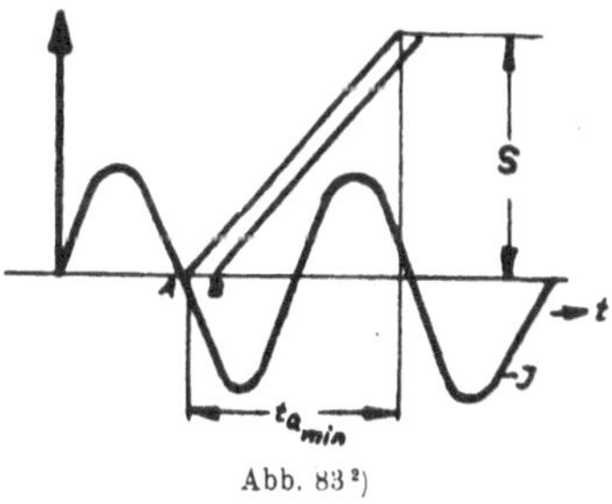

Abb. 83[2])

$$t_a \text{ (Lichtbogenzeit)} = s/v + (1/2)\,f \qquad (162)$$

Für Dreiphasenstrom beträgt die Streuung 5/6 × 1/2 f.

[1]) Kesselring, Archiv für Elektrotechnik 1935.

[2]) Erfolgt die Trennung der Kontakte im Punkte A, so ist der Bogen nach Zurücklegen der Strecke gelöscht. Erfolgt die Trennung zur Zeit B, so fließt nach Zurücklegen der Streke S noch eine halbe Periode lang Stom.

Die Schaltarbeit beträgt nun bekanntlich:

$$A = \int_0^{t_a} i u_B \, dt \tag{163}$$

Die Lichtbogenspannung kann näherungsweise durch die Gleichung:

$$u_B = E_B v \left(t + \frac{m v}{2} \cdot t^2 \right) \text{ [1]} \tag{164}$$

hierbei ist E_B der Lichtbogengradient in Luft ca. 50—60 V/cm, in Öl ca. 100 V/cm dargestellt worden.

m = eine Erfahrungsgröße, die man mit ca. 0,4 annehmen kann.

$$A = \int_0^{t_a} E_B v \left(t + \frac{m v t^2}{2} \right) i \, dt \sim E_B v i t_a \tag{165}$$

Daraus ergibt sich, daß A ein Minimum für einen bestimmten Wert von v hat, daß also nicht eine unendlich hohe, sondern eine bestimmte endliche Ausschaltgeschwindigkeit die günstigste ist. Die günstigste Ausschaltgeschwindigkeit bei Drehstrom liegt bei 500 Volt bei ~ 1 m/sek. Man darf nicht übersehen, daß die Festigkeit des Isoliermaterials unmittelbar nach dem Nullgang nur etwa der zwanzigste bis dreißigste Teil der normalen Festigkeit beträgt.

Es ist in der Starkstromtechnik weit verbreitet, größere Leistungen durch 2polige Schalter abzuschalten und den 3. Pol direkt zum Motor zu führen. Untersucht man nun die Frage, wie sich die Schaltleistung desselben Gerätes bei 2poliger und 3poliger Abschaltung verhält, so ergibt sich folgendes Bild. Bei einem Schalter in Luft gilt folgende Gleichung[2]):

$$E_B \cong \text{Konst.} : I^{3/5} \tag{166}$$

Hierbei ist roh geschätzt der Lichtbogen-Gradient $E_B = u_B\, s$, u_B die Lichtbogenspannung und s die Entfernung der Abrißstellen des Lichtbogens.

Hat man ein Schaltgerät bei Kurzschluß und dreipoliger Abschaltung bis an die Grenze seiner Leistungsfähigkeit bei induktiver Last untersucht, so ist die Lichtbogenspannung u_B etwa so groß wie die verkettete Spannung, wenn man den Spannungsabfall durch die Ohmschen Widerstände der Leitungen vernachlässigt, da der Lichtbogen nur dann unstabil wird, wenn die Lichtbogenspannung mindestens so groß wie die Netzspannung wird. Bei 3poliger Abschaltung wird die Netzspannung auf 2 Pole verteilt. Die mittlere Schaltgeschwindigkeit ist daher doppelt so hoch als bei 2poliger Abschaltung, bei der im ungünstigsten Falle die volle Netzspannung auf einen Pol abgeschaltet werden muß. Der Schaltweg ist daher

[1]) Kesselring, Elektrische Schaltgeräte 1943.
[2]) Kesselring, Elektrische Schaltgeräte.

nur halb so groß wie bei 3poliger Abschaltung. Unter Anwendung der Formel für die Lichtbogenspannung gilt also folgendes:

$$I_1^{3/5} : I_2^{3/5} = 2 \frac{t + 0{,}4\, v\, t^2}{t + 0{,}2\, v\, t^2} \tag{167}$$

An einem Schütz bei dreipoliger Abschaltung mit einem Maximalabstand der Kontakte von 2,2 cm und einer mittleren Schaltgeschwindigkeit von 100 cm pro Sek. wurden 1300 Amp. induktive Last abgeschaltet. Da sich diese Ströme, zu denen, die bei zweipoliger Abschaltung abgeschaltet werden können, verhalten wie ungefähr 4,8[1]) kann man mit demselben Schütz bei induktiver Last nur ca. 360 Amp. abschalten. Versuche ergaben, daß das Schütz bei 400 Amp. induktiver Last noch nicht einwandfrei abgeschaltet hat, jedoch bei einer geringen Erhöhung der Schaltgeschwindigkeit konnte 400 Amp. induktive Last abgeschaltet werden.

Wechselstromschalter schalten lichtbogenfrei ab, wenn die Grenzspannung Ug nach der Formel

$$Ug = \left(150 + \frac{3600}{Ig}\right) n \sqrt{3}$$

gerechnet werden kann.

Hierbei ist Ig die Grenzstromstärke, bei deren Überschreiten bei reiner Induktivlast sofort lange Lichtbogen auftreten, und n die Zahl der Unterbrechungen[2]).

Diese experimentell gefundene Formel zeigt, daß Wechselstromschalter, die mit mehreren Unterbrechungsstellen arbeiten, kleinere Abmessungen haben können, da der Schaltweg nur so groß sein muß, daß kein Funkenüberschlag zwischen den Kontakten stattfindet, also 5-6 mm, d. h. also etwa so groß wie die Luftstrecken, die nach VDE-Vorschriften vorgeschrieben sind.

Diese Formel darf aber nicht dazu verleiten, Leistungsschalter mit kleinen Schaltwegen zu bauen, und zwar deswegen, weil in der ersten Halbperiode bei der Abschaltung ein Gleichstromlichtbogen gezogen wird, der bei 0 verlöscht. Durch diesen Lichtbogen aber wird die Luftstrecke ionisiert und eine Neuzündung des Lichtbogens würde auftreten. Derartige Schalter mit mehrfacher, meist doppelter Unterbrechung und kurzen Schaltwegen können aber mit Vorteil bei normalen Hebelschaltern angewendet werden; es gibt auch viele Konstruktionen von kleineren Luftschützen (Abb. 50), die von diesem Prinzip Gebrauch machen.

Bei Luftschaltern, die bei größerer Schalthäufigkeit auch für Wechselstrom gebraucht werden, ist die elektrische Anfangsfestigkeit geringer als bei Öl, man muß daher, um die Abstände nicht zu groß wählen zu müssen, die sonst etwa zweimal so groß sein müßten wie bei Öl, künstliche Kühlungsmittel, wie sie bereits bei der Behandlung der Gleichstromabschaltung besprochen wurden, verwenden. Für größere

[1]) $I_1/I_2 = \left[2 \frac{2{,}2/100 + 0{,}4 \cdot 100 \cdot 0{,}022^2}{2{,}2/100 + 0{,}2 \cdot 100 \cdot 0{,}022^2}\right]^{5/3} = 4{,}8$

[2]) Höpp: Werkstoffsparende Gestaltung im Schaltgerätebau ETZ 1939 S. 923.

Geräte (über 25 Amp.) empfiehlt sich die Verwendung von Blasspulen. Die Wirkung einer konphasen Blasspule ist deshalb hier nicht so groß wie bei Gleichstrom, weil wohl im Strommaximum auch die größte Blaswirkung Hi vorliegt (beste Kühlung), dagegen gerade während der stromlosen Pause keine Magnetwirkung eintritt. Es nützt jedoch oft wenig, die Blasspule 90° gegen den Lichtbogenstrom zu verschieben, weil der Bogen bei mehrerer Halbwellen Dauer mit höherer als Netzfrequenz hin und her schwingt. Außerdem sollen die Kontakthörner und andere Kühlungsmittel, die auch nicht teuer sind, auch bei Wechselstrom verwandt werden. Evtl. kann durch doppelte Kontaktunterbrechung die Löschstrecke vergrößert werden. Insbesondere soll man enge Kamine, die den Lichtbogen unterteilen und aus denen der Lichtbogen nicht entweichen kann, anbringen. Werden diese Vorsichtsmaßnahmen getroffen, dann braucht man mit nicht viel geringerer Festigkeit als bei Ölschaltern zu rechnen. Diesem System sind jedoch Grenzen gesetzt, daher ist es für große Leistungen, wie sie bei Hochspannungsschaltern in Wechselstromanlagen vorkommen, meist nicht

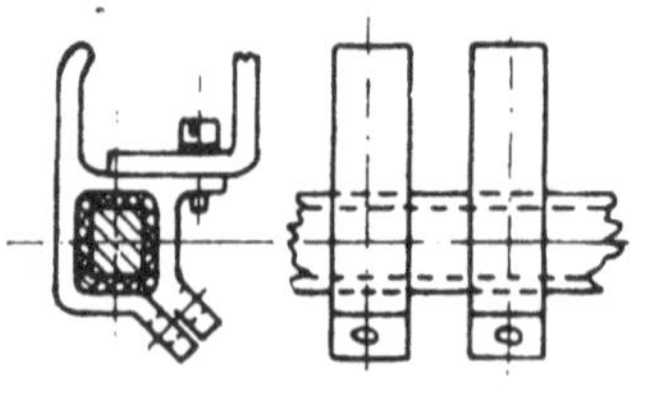

Abb. 84

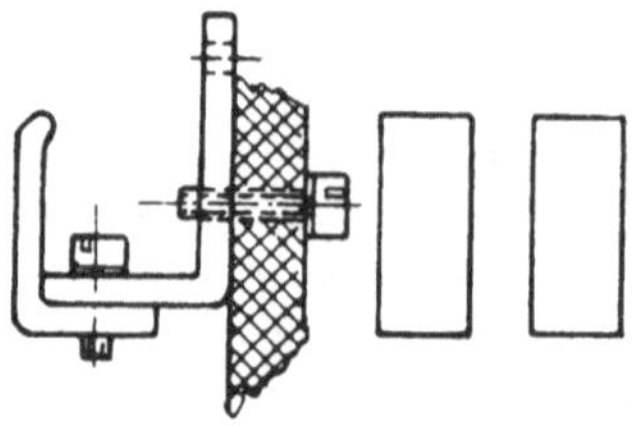

Abb. 85

verwertbar. Es ist stets darauf zu achten, daß durch den Lichtbogen entstehende Kohle- oder Oxydteilchen sich nicht in der Nähe der Kontakte ablagern können, da sich sonst leicht Kriechströme[1]) oder Überschläge von Pol zu Pol oder von Pol zur Erde entwickeln können. Daher darf man niemals mehrere Kontakte, wie in Fig. 84 (falsch) angegeben, sondern nur wie in Fig. 85 (richtig) oder ähnlich anbringen.

Schalter, die zum Abschalten von Kurzschluß dienen, müssen geringe Schaltmasse haben, daher müssen Schützmagnete so ausgebildet sein, daß das Gewicht des beweglichen Ankers im Verhältnis zum Gesamt-Magnetgewicht möglichst klein ist und daß die beweglichen Massen möglichst aus Blech oder Bakelit und nicht aus Guß bestehen. Schütze, die zum Ausschalten von Kurzschluß dienen, sind auch vielfach mit einer Klinke versehen worden, und zwar in der Weise, daß entweder der feste oder bewegliche Kontakt durch eine Klinke festgehalten wird. Bei Auftreten eines Kurzschlusses wird unmittelbar vom Kurzschlußauslöser die Klinke bewegt. Derartige Schalter haben aber den Nachteil, daß bei großer Schalthäufigkeit Abnutzungen an der Klinke auftreten können, so daß sie für Schütze, die Millionen

[1]) s. S. 202.

von Schaltungen machen müssen, nur nach sehr sorgfältigen Versuchen angewendet werden dürfen. Es ist zweckmäßiger, bei stark beanspruchten Schützen, eine derartige Konstruktion zu vermeiden. (Näheres darüber siehe Abschnitt 4.)

Nach Versuchen von Beermann läßt man den Lichtbogen zwischen zwei parallel laufenden, 56 mm (oder ein Vielfaches davon) langen, metallenen Stücken ausblasen. Der Abstand der beiden Metallplatten ist gering. Es soll in diesem Falle eine günstige Abschaltmöglichkeit bestehen. Bei Schaltern verwendet die Firma Siemens, sofern es sich nicht um zu große Kurzschlußleistungen handelt, Düsenlichtbogenkammern (Abb. 86). Bei diesen Kammern wird das Prinzip der Abkühlung des Bogens durch Wände weitestgehend gewahrt. Die Kammern sind an dem oberen Ende fast geschlossen, sie haben nur düsenförmige Öffnungen. An den Wänden wird der Lichtbogen gekühlt, und es entsteht eine starke Zugwirkung. Vorher wird der Lichtbogen durch eine Anzahl metallene Platten zerteilt (Näheres darüber siehe S. 94, Deionprinzip). Diese Kammern sind so ausgebildet, daß eine keramische Kammer über drei Pole hinweggeht, und die magnetische Blasung ist weggelassen. Bei Abschaltleistungen über 5000 Amp. bei 380/500 Volt wird diese Kammer nicht vorgesehen, sondern es werden Blasspulen verwendet.

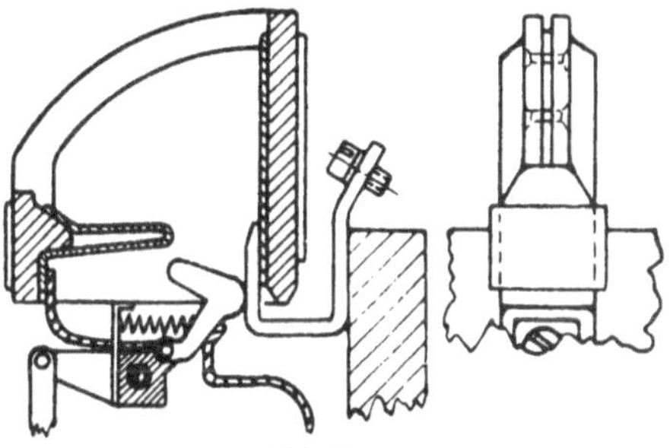

Abb. 86

Für Abschaltung großer Kurzschlußströme ist der auch für Hochspannung verwendbare, von Slepian erfundene Deionschalter zweckmäßig. Der Bogen wird in der sogenannten „Deionisierungskammer" in viele kleine Bögen zerteilt. Die Fußpunkte der Bögen werden mit großer Geschwindigkeit über die Metallplatten getrieben. Beim Nulldurchgang ist der Bogen „deionisiert". Hierbei wird von der Erscheinung Gebrauch gemacht, daß zur Wiederzündung des Bogens die Zündspannung der Glimmentladung benötigt wird. Diese beträgt für Kupfer ≃ 300 Volt, für Eisen ≃ 240 Volt, für Zinn ≃ 200 Volt. Der Abstand von Kupferplatten wird wegen der ungleichmäßigen Spannungsverteilung so gewählt, daß auch bei einer Scheitelspannung von 250 Volt keine Zündung stattfindet, also ungefähr 1,5 mm Entfernung der Platten bei einer Plattenstärke von 1,5 mm. Dann kehrt nach dem Nulldurchgang die Spannung langsamer wieder als die elektrische Festigkeit. Das Prinzip und die zweckmäßige Ausführung zeigt Fig. 87[1]).

Eine gewöhnliche Blasspule treibt den Bogen in die Deionisierungskammer. Bei größeren Schaltern kann man sich mit einer Windung begnügen, bei der der Licht-

[1]) Elect. Eng. 1937 S. 645.

bogen selbst ein Teil des Stromkreises ist (s. Abb. 87). Die Deionisierungskammer besteht nun aus einer Anzahl Kupferplatten, die von Eisenplatten umgeben sind. Eine V-förmige Öffnung wird in den Eisenplatten gelassen, innerhalb der sich der Kontakt bewegt. Auch die Eisenplatten dienen dazu, den Lichtbogen in die Kammer zu ziehen. Die Platten sind aufeinandergestapelt und durch Asbest isoliert, nur ein ringförmiger Pfad ist freigelassen, in dem der Lichtbogen kreist. Flache Spulen,

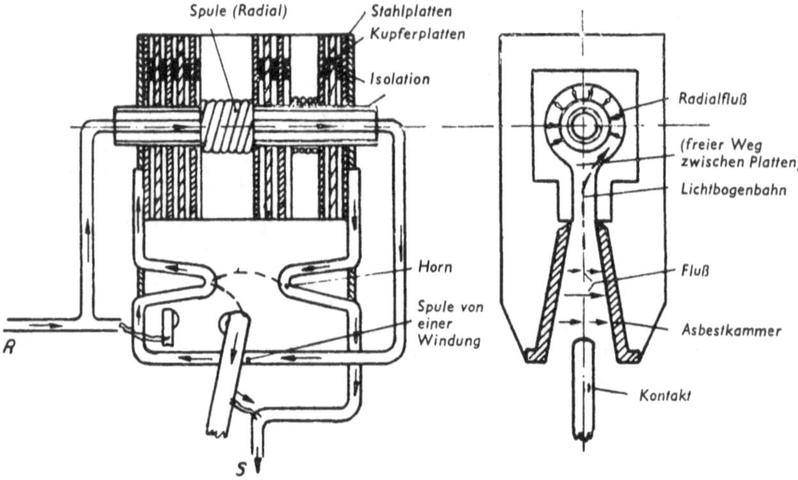

Abb. 87

die an zwei Kupferplatten befestigt sind, die in Serie mit den Teilbögen liegen, sind in geringen Abständen um einen Eisenkern gewickelt und erzeugen starke Radialfelder, die ihrerseits wieder den Bogen treiben. Gut ausgebildete Hörner unterstützen die günstige Wirkung der Kammer. Oberhalb der Platten wird der evtl. verbleibende Restbogen in enge Schlote geführt, so daß die ganze Abschaltung innerhalb der Kammer stattfindet. Mit solchen Schaltern wurden auch bereits Ströme von 20000 Amp. bei 600 Volt Wechselspannung abgeschaltet.

Eine Verbilligung besteht darin, daß man Ganzstahlplatten ohne Kupfer verwendet. Die Kontakte werden in der in Abb. 88 dargestellten Weise ausgeführt. Es entsteht ein Feld, durch das der Bogen in die Entionisierungskammer getrieben wird, da der Kontakt sich in V-förmigen Schlitzen bewegt. Durch die Eisenplatten wird ein zweites Magnetfeld erzeugt [s. Abb. 88[1]), schraffiert gezeichnet]. Oberhalb der Deionisierungskammer befinden sich die Platten, durch die ein Restbogen zerteilt wird (kariert gezeichnet).

[1]) Elect. Eng. 1938 S. 657.

Versuche haben ergeben, daß die Kontakte solcher Schalter am zweckmäßigsten aus Kupfer mit einem Wolfram-Silberlegierungsbelag bestehen. Als Deionisierungsplatten werden auch Zinnplatten verwendet, wenn sich auch Kupfer oder Eisenplatten bisher als günstiger erwiesen haben.

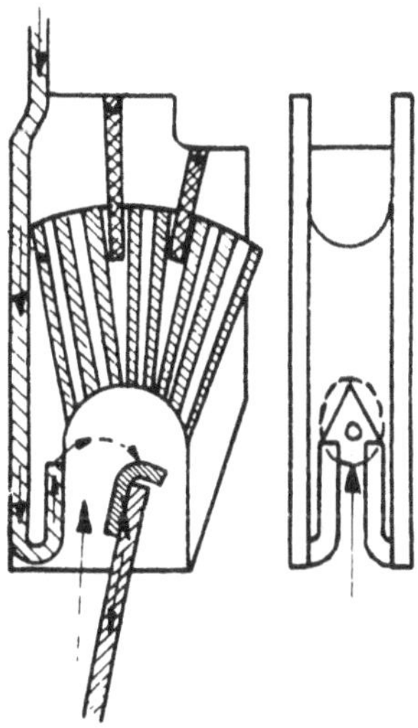

Abb. 88 [1])

Durch die schnelle Wanderung der Lichtbogenfußpunkte wird es auf jeden Fall vermieden, daß ein Neuzünden des Bogens durch thermische Emission entsteht.

Das System ist, wie aus der Beschreibung hervorgeht, auch für Gleichstrom verwendbar.

[1]) Die Blasrichtung ist durch einen Pfeil angedeutet.

Widerstände

Allgemeines

Widerstandsmaterial ist Graphit, Silit usw. und vor allem Metall. Flüssigkeitsanlasser, deren Widerstandsmaterial Sodalösungen von verschiedener Konzentration sind, haben jetzt nur noch eine so geringe praktische Bedeutung, daß von ihrer Behandlung abgesehen werden kann. In einigen Fällen ist es möglich, den Widerstand in der Weise auszubilden, daß Graphitscheiben oder Ringe von etwa 0,3 mm Dicke, die sich in einem isolierten Rohr befinden, unter Druck gesetzt werden (z. B. durch Drehung eines Handrades, das über ein Gewinde auf die Graphitscheiben drückt). Durch einen Druckweg von wenigen Millimetern wird der Widerstand stark variiert. Die Widerstandsregulierung ist dann stetig, dagegen ist der negative Temperaturkoeffizient von Nachteil. Die Kohlewiderstände sind daher nicht dort verwendbar, wo es auf genaue Einhaltung eines bestimmten Widerstandswertes ankommt, z. B. Verdunklungswiderstände. Es können auch von einer Schraube über eine große Scheibe mehrere Säulen gedrückt werden. Der spez. Widerstand eines Kohleplättchens beträgt 40--45 Ω mm²/m bei 20° C in einer Säule[1]). Die Säulen werden 100 bis 800 mm lang gewählt. Die zu vernichtende Leistung hängt von der Oberfläche ab. (Bestimmung siehe darüber Widerstandsrollen.)

Hauptsächlich werden jedoch als Widerstandsmaterial Legierungen von Kupfer, Nickel und Mangan, deren Widerstand sich mit der Temperatur wenig ändert, gewählt. Solche Legierungen sind unter verschiedenen Namen bekannt, besonders große Verwendung findet Konstantan. Dort, wo es auf die genaue Einhaltung bestimmter Widerstandswerte nicht ankommt, wird insbesondere bei größeren Strömen auch Eisen mit hohem Siliziumgehalt verwendet. Der spez. Widerstand von Konstantan beträgt etwa 0,5 Ohm mm²/m, der von Siliziumeisen 0,75 Ohm mm²/m. Daneben wird für Wärmezwecke eisenfreies oder eisenhaltiges Chromnickel (WM 100) mit einem spez. Widerstand von 1,12 Ohm mm²/m verwendet, da dieses höher belastbar ist[2]). Andere Legierungen sind Neusilber (WM 30), Nickelin usw.

Abb. 89a zeigt die Abhängigkeit des Widerstandes und des Hubes vom Druck zweier hintereinandergeschalteter Kohledruckwiderstände von je 120 Plättchen von 0,35 mm Dicke und 11 mm Durchmesser.

[1]) System Allan Bradley.

[2]) Höchstzulässige Temperaturen sind für Isabellin etwa 400° C, Konstantan 600° C, eisenfreier Chromnickel 1100° C, eisenhaltiger Chromnickel 850° C.

Abb. 89b und 89c die Kennlinien über die Abhängigkeit des Kohledruckwiderstandes von der Spannung bei konstantem Druck[1]).

Der Widerstand von Siliziumeisen steigt um ca. 1% je 10° C, der Widerstand von Konstantan und Isabellin ist praktisch temperaturunabhängig. Konstantan wird entweder in freitragenden Locken aus Band oder Draht oder auf Porzellanreitern in Band- oder Drahtform oder auf Porzellanrollen spiralenförmig gewickelt. Die freitragenden Spiralen werden heute kaum noch verwendet, da sie nicht erschütterungssicher sind und mit der Zeit leicht zusammensinken. Reiterelemente sind besonders geeignet für Widerstände, die lange eingeschaltet sind, also besonders für Regler. Reiter sind kleine Porzellanträger, die auf einem Widerstandsrahmen aufgekittet werden und auf denen der Draht oder das Band dann schraubenförmig aufgekittet ist. Band hat den Vorteil der größeren abkühlenden Oberfläche, Draht den der leichteren Anschlußmöglichkeit. Je größer der Porzellankörper ist, desto länger braucht der Draht, um seine Endtemperatur zu erreichen, da der Porzellankörper mit erwärmt werden muß, desto höher aber wird seine Endtemperatur bei gleicher Belastung sein. Ist der Porzellankörper ebenfalls auf seine Endtemperatur gebracht, so hindert er seinerseits den Draht an der Abkühlung, daher ist die Endtemperatur des Drahtes (die gleich der des Porzellans ist) für solche Anordnungen wesentlich höher als für freitragende Locken. Für Anlasser und andere verhältnismäßig kurz

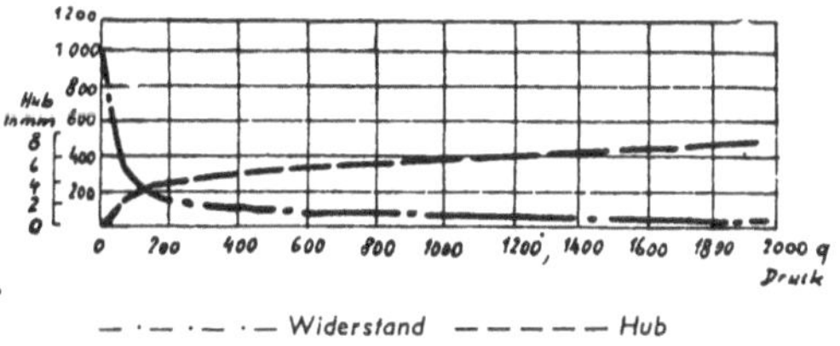

Abb. 89 a

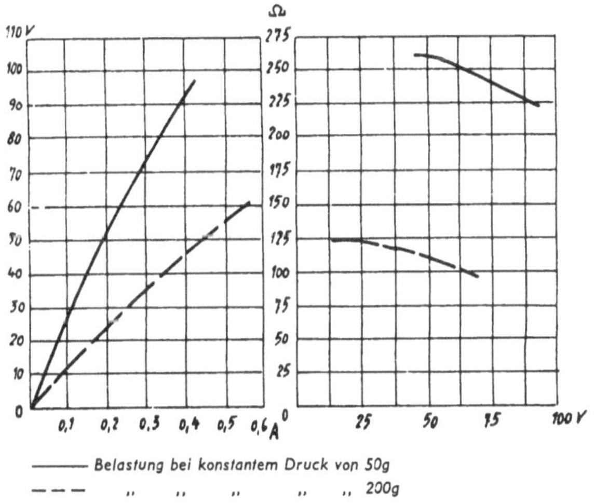

Abb. 89 b

Abb. 89 c

[1]) ETZ 1937, S. 1111, über Kohledruckwiderstände, von Hoffmann.

eingeschaltete Widerstände wird daher der Draht zweckmäßigerweise auf Porzellanrollen aufgewickelt. Eine solche Porzellanrolle zeigt Abb. 90. Die Rillung wird je nach der Drahtstärke verschieden stark sein.

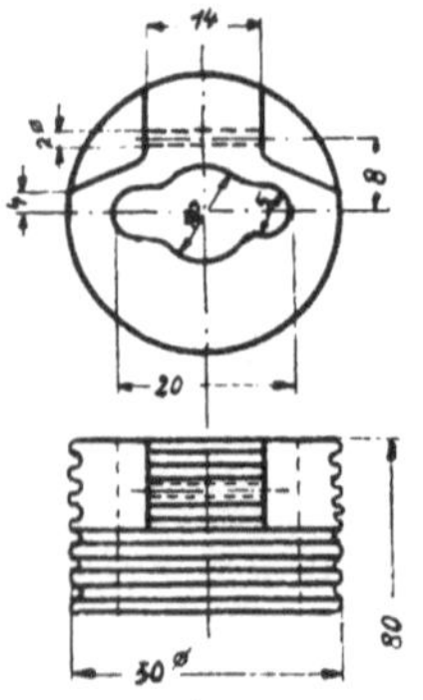

Abb. 90

Die theoretische Behandlung der Erwärmungsvorgänge an derartigen Körpern ist bisher noch nicht möglich gewesen. Die Anwendung der Grenzschichttheorie, die bei der Behandlung von frei ausgespannten Drähten recht gute Dienste leistete, ermöglicht hier nur qualitative Voraussagen, da Draht und Porzellankörper sich dauernd berühren. Durch die fortgesetzte Störung des Wärmefilms ist daher die Drahttemperatur zu gleicher Zeit nicht an jeder Stelle gleich. An dem Träger breitet sich die Temperatur langsam aus, dies bringt während des Erwärmungsvorganges weitere Ungleichheiten in der Drahttemperatur hervor. Um die Vorgänge zu erfassen, muß daher eine Methode, die in der Verallgemeinerung von Versuchsergebnissen besteht, gewählt werden. Man muß nur eine solche Methode wählen, bei der möglichst wenig Versuche nötig sind, um allgemeine Schlüsse ziehen zu können. Man führt zu diesem Zweck wieder den Begriff des Zeitfaktors ein. Als Zeitfaktor bezeichnet man, wie in Kap. 1 dargelegt, den dritten Teil derjenigen Zeit, die der

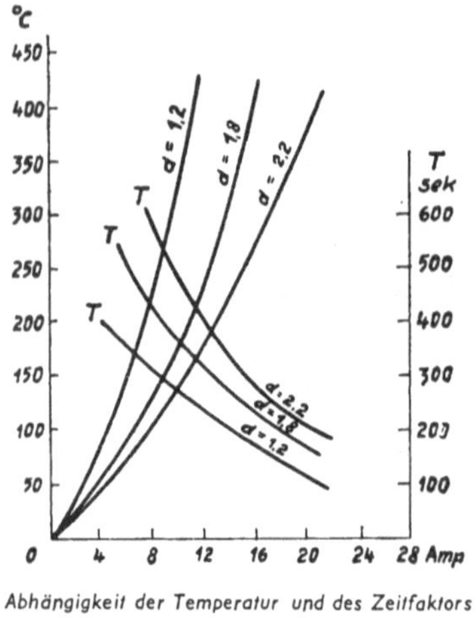

Abhängigkeit der Temperatur und des Zeitfaktors von der Stromstärke auf einer Rolle nach Abb. 90 bei verschiedenen Drahtstärken in freier Luft

Abb. 91 a

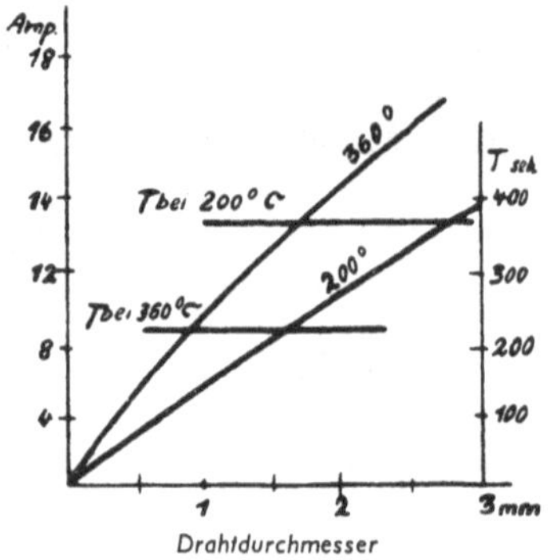

Abb. 91 b

Körper erwärmt werden muß, um 95% der Endtemperatur zu erreichen. Aus Versuchen ergaben sich für die in Abb. 90 dargestellte Rolle die in Abb. 91a dargestellten Werte für die Abhängigkeit des Zeitfaktors T und der Endtemperatur dreier verschiedener Drähte auf dieser Rolle von der Stromstärke bei gleicher Drahtlänge. Aus diesen Kurven lassen sich nun leicht die Kurven der Abb. 91b ableiten, die für eine bestimmte Endtemperatur in freier Luft diejenige Stromstärke angeben, mit der ein Draht dauernd belastet werden kann. Gleichzeitig wird auch der für eine bestimmte Endtemperatur vorhandene Zeitfaktor angegeben. Wie man sieht, ist man also schon nach wenigen Versuchen in der Lage, für den Fall der Dauerbelastung die zulässigen Belastungen anzugeben.

Man kann davon ausgehen, daß man einen Draht oder ein Band etwa bis zu 360° C (dann bleibt die abstreichende Lufttemperatur in zulässigen Grenzen)[1]) belasten kann und im Grubenbetrieb bis zu etwa 200° C.

Die dreifache Zeit des Zeitfaktors gibt nun an, nach welcher Zeit man diese Temperaturen erreicht. (5% Sicherheit kalkuliert man hierbei ein, was bei der Unsicherheit von Erwärmungsmessungen angebracht ist.) Von dieser Zeit ab bleibt die Temperatur konstant. Diese Zeit ist bei Rollen unabhängig vom Drahtdurchmesser, sie ist einzig eine Funktion der Endtemperatur und der Rollenabmessungen. Bezeichnet man in einem Diagramm, in dem die Belastungen als Funktion der Zeit für eine bestimmte Temperatur des Drahtes für verschiedene Drahtdurchmesser eingezeichnet sind, die Belastung, die jedem Draht unendlich lang (≦ dreimal Zeitfaktor) zugemutet werden kann, als Grenzbelastbarkeit (Abb. 92), so ist diese bei Rollen (nicht bei freitragenden Spiralen oder Reitern!) eine parallel zur Stromachse laufende Gerade. Nun führt man noch einige kurzzeitige Versuche aus, d. h. man bestimmt die Zeit, bei der die gewünschte Temperatur bei verschiedenen Drahtdurchmessern und Belastungen erreicht wird (wobei die Temperatur an der heißesten Stelle der Rolle zu bestimmen ist, d. i. für länger dauernde Belastung an einer Stelle guter Berührung zwischen Draht und Porzellankörper, die weit oben liegt, gemessen mittels Pyrometer; für kürzere Belastungen an einer Stelle, wo der Draht das Porzellan nicht berührt). Aus diesen Versuchen kann man nun ein Belastbarkeitsdiagramm zeichnen. Auch für nicht gemessene Drahtstärken lassen sich jetzt leicht

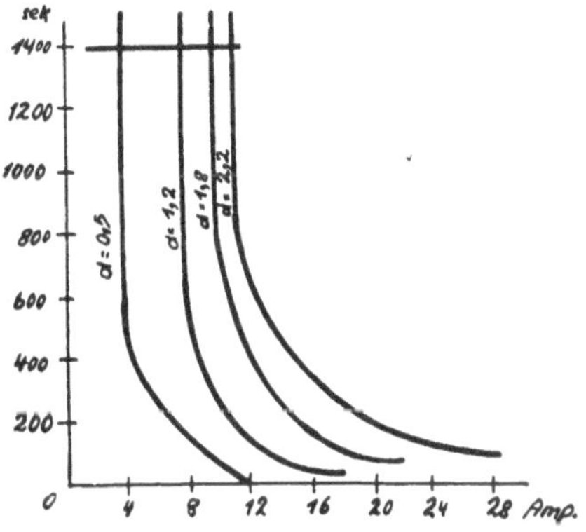

Abb. 92[2])

[1]) Die Temperatur der abstreichenden Luft beträgt 235° C Übertemperatur bei ≦ 35° C Raumtemperatur bei Aussetzbetrieb und 175° C bei Dauerbelastung.

[2]) Grenzbelastbarkeitsdiagramm für 200° C Drahtwärme. Die Belastungszeit ist in Abhängigkeit von der Stromstärke für verschiedene Drahtdurchmesser angegeben.

Belastbarkeitskurven aus den gemessenen Werten in Verbindung mit der aus Abb. 91 bekannten Endtemperatur abschätzen. Ein solches Kurvenbild zeigt Abb. 92, jedoch nicht für eine Rolle in freier Luft, sondern für eine, die in einem oben und unten abgedeckten Kasten, an dessen Seiten sich gelochtes Blech befindet, befestigt ist. Nach den Versuchen ergibt sich angenähert für die Dauerstromstärke, die auf dem Draht einer Rolle abhängig vom Durchmesser des Drahtes, jedoch bei gleicher Drahtlänge die gleiche Temperatur hervorbringt:

$$I_d^2 = k\,(d + d^2). \qquad (168)$$

Man kann auf einer bestimmten Rolle durch Veränderung des Rillenabstandes von dünnem Draht mehr Draht unterbringen als von dickem. Wickelt man eine Porzellanrolle so voll wie möglich, so kann man, wie Versuche gezeigt haben, davon ausgehen, daß auf einer Rolle stets die gleiche Leistung dauernd vernichtet werden kann. Diese Annahme ist ziemlich roh und man ist in vielen Fällen gezwungen, Anordnungen, die auf Grund dieser Annahme gewählt sind, nach Versuchen zu ändern, aber sie reichen in den meisten Fällen für die Berechnung aus.

Für eine Endtemperatur des Drahtes von 380° C (Raumtemperatur 20° C) ist dies beispielsweise bei der Rolle nach Abb. 90 75 Watt. Man wählt beim Einbau mit Rücksicht auf die schlechteren Kühlungsverhältnisse etwa 50 Watt. Bei sehr engem Einbau muß man etwas weniger, bei sehr weitem Einbau kann man etwas höher belasten.

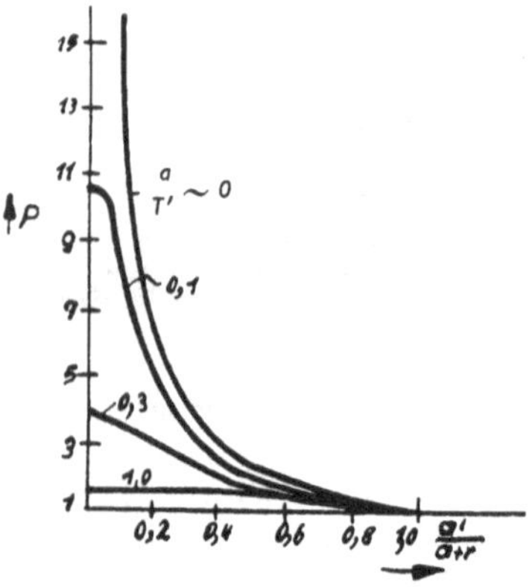

Abb. 93

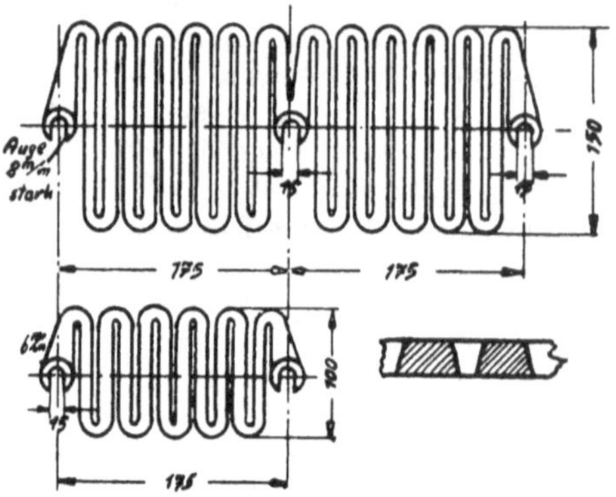

Abb. 94

Bei Eisenblech- oder Gußelementen kann man mit einer Belastung von etwa 40—50 Watt/dcm² wärmeabgebender Oberfläche bei etwa 3,5 bis 4 mm Wandstärke bzw. mit einer Stromdichte von 1,5 bis 2,3 Amp/mm² Querschnitt rechnen. Man wählt daher Formen mit möglichst großer Oberfläche, z. B. nach Abb. 94.

Die Bestimmung der Erwärmung bei aussetzendem oder kurzzeitigem Betrieb stößt auf Schwierigkeiten, man ist auch hier gezwungen, viele Versuche zu machen. Es werden daher im folgenden in jedem Fall die für Rollen oder Gußelemente zweckmäßige Überlastbarkeit, wie sie sich aus Erfahrung nach Versuchen ergeben haben, mit angegeben.

Bei Gültigkeit einer Zeitkonstanten sind von Ölschläger Methoden angegeben worden, nach denen man den Überlastbarkeitsfaktor berechnen kann:

$$p = \frac{\text{Belastbarkeit bei aussetzendem Betrieb}}{\text{Belastbarkeit bei Dauerbetrieb}}$$

$$p = \frac{1 - e^{-\frac{a+r}{T'}}}{1 - e^{-\frac{a}{T'}}} \quad (169)$$ [1]

und für kurzzeitigen Betrieb:

$$p = \frac{a + r}{a}, \quad (170)$$

wobei a die Arbeitszeit und r die Ruhezeit in sek ist. Die grafische Darstellung der Gleichung 169 zeigt Abb. 93 (Überlastbarkeitsdiagramm). Man kann aber die Formel nur als Anhaltspunkt verwenden. Der Zeitfaktor kleiner Anlasser liegt bei etwa 500 bis 1200 sek, der großer Widerstände bei etwa 1200--2500 sek.

Allgemeines über Anlasser

Für die Festlegung der Größe der Anlasser sind folgende Größen maßgebend:

1. Anlaßzahl, d. i. die Zahl der Anläufe, die bis zum Erreichen der Endtemperatur unter Berücksichtigung einer Pause von der doppelten Länge der Anlaßzeit t_a ausgeführt werden können.

2. Anlaßhäufigkeit, d. i. die Zahl der zulässigen Anläufe je Stunde.

Wenn keine besonderen Vorschriften ergangen sind, gilt folgendes:

z = Anlaßzahl	2	2	3	3	3	4	4
t_a = Anlaßzeit;	24	18	14	11	9	7	6 sek
N = Motorleistung	100	50	25	12,5	6,2	3,1	1,5 kW
Anlaßhäufigkeit	3	4	5	6	7	8	10

$t_a \simeq 4 + 2\sqrt{N}$ sek, worin N die Motorleistung ist.

Die Überlastbarkeit bei normal beanspruchten Anlassern beträgt:

$$p_{Anl} \simeq 15. \quad (171)$$

Lange Anlaßzeiten werden insbesondere für Zentrifugen und Transmissionen gebraucht. Bei einer Anlaßhäufigkeit von 2 Anläufen je Std. gilt:

t_a	60	90	120	180	240	300 (Zentr.)	45 (Transm.) sek.
p	8	7	6	5	4	3,8	12

3. Anlaßstrom. Für die Bestimmung des Anlaßstromes I_2 gilt:

$$\frac{I_2}{I_1} = \sqrt{\frac{N_{Anl}}{N_{Mot}}} \quad (172)$$

[1]) Ölschläger, ETZ 1900 S. 1058 und S. 19.

Hierbei ist N_{Anl} = Anlaßleistung und I_1 = Motorstrom.

Die Anlaßleistung bestimmt sich nach folgenden Richtlinien:

a) Schwerlastanlauf:
$$N_{Anl} = 1{,}8 \text{ bis } 2{,}5\ N_{Mot}; \tag{173}$$
dies gilt z. B. für; Scheren, Schwungräder, Kolbenpumpen, Kompressoren mit Anlauf gegen den Druck, Stanzen, Zentrifugen, Katz- und Kranfahrwerke, Rollgänge, Wipptische, Abweiser, Kantvorrichtungen, Hubwerke für Greiferkräne, Drehscheiben, Spills, Kalanderantriebe usw.

b) Vollastanlauf:
$$N_{Anl} = 1{,}3 \text{ bis } 1{,}5\ N_{Mot}; \tag{174}$$
dies gilt z. B. für; Druckerpressen, schnellaufende Kreiselpumpen, Transmissionen, Transportbänder, Werkzeugmaschinen (bis auf Stanzen und Rollgänge), Spinnerei- und Webereimaschinen, kleine Katzfahrwerke, Aufzüge, Becherwerke usw.

c) Halblastanlauf:
$$N_{Anl} = 0{,}75\ N_{Mot}; \tag{175}$$
dies gilt z. B. für: entlastet anlaufende Kolbenpumpen und Kleinkompressoren, langsam laufende Kreiselpumpen, Ventilatoren usw.

Man wähle die Anlaßleistung stets um etwa 15 % größer, wenn langsames Anfahren erwünscht ist. Dies gilt insbesondere für Gießerei-Montage-Nietkrane, Hubwerke, Katzfahrwerke, Drehscheiben, Schiebebühnen, Spills, Haspeln, Transmissionen, Aufzüge, Schwungräder, Spinnmaschinen, Scheren.

Bei Anlassern in Öl (nicht solchen mit langen Anlaufzeiten) kann mit einer Leistungssteigerung der Anlaßleistung von etwa 33 % gegenüber solchen in Luft bei gleicher Dimensionierung (Rollenzahl) gerechnet werden. Hierbei soll mit einem Zeitfaktor von etwa
$$T_{Öl} = 120 \frac{V}{F} \text{ sek} \tag{176}$$
gerechnet werden, wobei V das Ölvolumen in Litern und F die wirksame Oberfläche des Ölkastens ist (m^2). Als dauernd kann man damit rechnen, daß von einem Ölkasten abgegeben werden kann:
$$W = 9 \text{ bis } 10 \text{ Watt/dcm}^2 \text{ (Oberfläche für etwa } 60° \text{ Erwärmung)}$$
$$\left(\sim \frac{60 \cdot 16}{100}\right) \text{ (s. Kap. 1 S. 28).} \tag{177}$$
Mit den Formeln 176, 177, 169 oder 170 kann die Belastbarkeit von Ölanlassern und Ölreglern abgeschätzt werden.

Allgemeines über Regler

Regler müssen meist für 100 % Einschaltdauer (ED) ausgelegt werden, es sei denn, daß erleichternde Vorschriften gegeben sind, so insbesondere für Hebezeuge. Für aussetzenden Betrieb gelten folgende Bedingungen:

Reihe	ED	h_a/Std.	t_a	s	h_r/Std.	t_r	Abstände d. Regelungen
	Anlassen:				Regeln:		
	%		sek	sek		sek	min
I	12,5	82	4	35	6	20	10
II	20	105	4	23,8	10	30	6
III	40	285	4	7,5	10	30	6

h_a = Anlaßhäufigkeit, h_r = Regelhäufigkeit, t_a = Anlaßzeit, s = stromlose Pause, t_r = Regelzeit, $ED = 1/3600\ (100\ h_a t_a + 100\ h_r t_r)$, Kleinkrafthebezeuge werden im allgemeinen nach Reihe I bemessen, Katz- und Kranfahrwerke nach Reihe II, Aufzüge nach Reihe III, ebenfalls Hubwerke, Aufzüge zum Teil auch mit 28 % ED. Als Überlastungsfaktor bei Vollastanlauf kann näherungsweise festgelegt werden:

ED	%	100	60	40	28	20	12,5	5
p		1	1,8	2,8	4	6	9	20

5 % ED wird bei Fördermaschinen für die Seilrevisionsfahrt verwendet, hierbei ist:

$$M_{Seilr} = 0{,}2\ M_{norm},\quad I_{Seilr} = \sqrt{0{,}2}\ I_{norm}. \tag{178}$$

Dieser Widerstand wird zusätzlich eingeführt. Regler in Öl werden so viel wie möglich vermieden, da sie sehr teuer sind, nur für Betriebe, für die starke Korrosionsgefahr besteht, müssen Ölregler verwendet werden. Ebenfalls wie bei Ölanlassern sieht man darauf, daß das Öl eine bestimmte Temperatur (meist 80° C) nicht überschreitet.

Rollenwiderstände werden in der Weise gebaut, daß die Rollen auf Stäben aufgereiht werden, die in Rahmen befestigt sind. Vielfach werden mehrere Wicklungen auf einer Rolle parallel geschaltet.

Blech- oder Gußwiderstände müssen auf dem Rahmen isoliert aufgebracht werden. Als Isoliermaterial kommt Glimmer oder ein keramischer Werkstoff in Frage. Eine konstruktive Ausbildung der Befestigung von Gußelementen zeigt Abb. 95[1]).

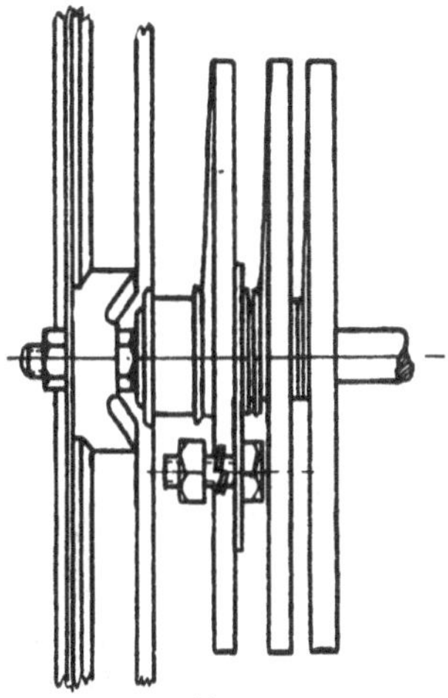

Abb. 95

Bei Flachbahngeräten wird der Widerstand unmittelbar an die Flachbahnplatte angeschlossen. Die Kontakte sind bereits in Kapitel 1 dargestellt.

Vielfach werden Anlasser mit Unterspannungsauslösung ausgeführt, d. h. bei Unterschreiten

[1]) Die Widerstandselemente werden durch Federn zusammengedrückt und durch Scheiben aus Glimmer oder Steatit voneinander isoliert. Hierbei ist darauf zu achten, daß das Isolationsmaterial zerbrechen kann, ohne daß die Isolation dadurch aufgehoben wird.

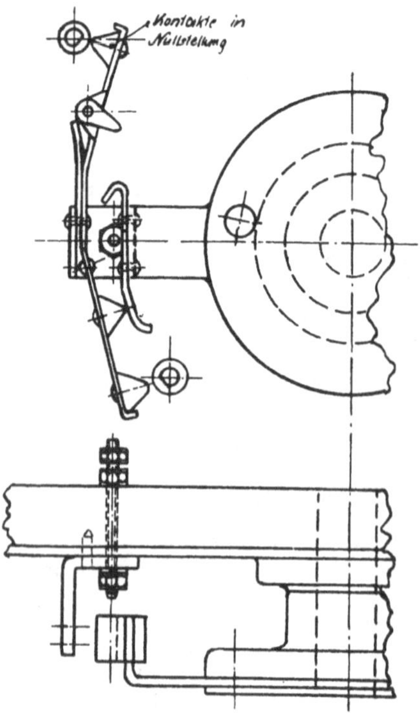

Abb. 96

einer bestimmten Spannung wird der Motor abgeschaltet und die Anlaßkurbel geht in die Ausgangsstellung zurück. Es wird die Kurbel dann mit einer Rückgangsfeder (meist Drehfeder) ausgestattet, und der Unterspannungsmagnet wird durch eine Klinke so lange festgehalten, wie die volle Spannung herrscht (näheres darüber s. Kap. 4), Rotoranlasser werden oft mit einem Verriegelungskontakt ausgeführt, d. h. beim Einschalten des Anlassers wird der Motor durch einen Hilfskontakt eingeschaltet, der sich auf der Kontaktplatte oder bei Schaltwalzenanlassern auf der Walzenbahn befindet und ein Schütz bedient. Dieser Kontakt muß so ausgebildet sein, daß das Schütz nur nach Rückschalten auf die Nullstellung eingeschaltet wird, d. h. er muß infolgedessen eine Feder besitzen, die auf eine Klinke, die vom Kontakt isoliert ist, wirkt. Beim Rückgang in die Nullstellung wird die Feder gespannt. Bei der Einschaltung des Anlassers wird durch den Kontakt die Klinke bewegt. Für Flachbahnanlasser zeigt Abb. 96 einen solchen Verriegelungskontakt, für Walzen Abb. 97.

Bei der Projektion von Reglern rechnet man etwa 20% mehr, als sich aus der errechneten Größe ergibt, weil die Drähte nicht stets voll ausgenutzt werden können und man viele Rollen geringer belasten muß als zulässig, da sonst die Schaltung zu kompliziert würde, weil es vorkommen könnte, daß auf einer Rolle mehrere Parallel-

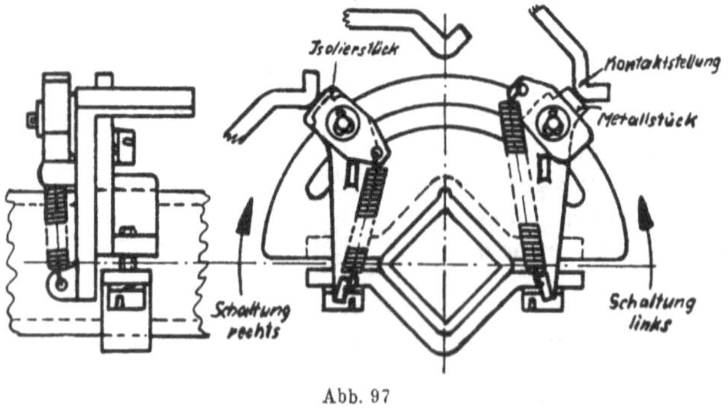

Abb. 97

schaltungen vorkommen. Unsere Widerstände können nur bestimmte Widerstandswerte, die durch die Größe der Elemente bestimmt sind, annehmen.

Für den Bau von Widerständen gibt es die Möglichkeit, zu jedem Einzelfall bestimmte Widerstände zu bauen oder normalisierte Widerstände zu verwenden und diese dazu für einen bestimmten Fall zusammenzusetzen. Bei der ersten Methode wird das Widerstandsmaterial besser ausgenützt, bei der zweiten wird Serienherstellung von Widerständen erzielt.

Anlasser und Ankerregler für Gleichstromnebenschlußmotore

Alle Anlasser und Ankerregler für Nebenschlußmotor werden nach Abb. 98 geschaltet. Beachtet muß werden, daß man das Feld nur über einen Widerstand, der kurzzeitig oder dauernd eingeschaltet ist, abschalten darf, da sonst durch die beim Ausschalten entstehende Selbstinduktionsspannung Überschläge am Kollektor entstehen können. Über die Größe getrennter Feldschutzwiderstände s. S. 177.

Bei gewöhnlichen Anlassern und Reglern ist jedoch gleich der Anlaßwiderstand als Feldschutzwiderstand verwandt, und zwar entweder mit einer Feldschiene über dem ganzen Regelbereich (nicht in der „Aus"-Stellung) oder nur einem Schienenstück in der Endstellung[1]), das notfalls auch wegfallen kann, wenn das Magnetspulenende mit dem Widerstandsanfang verbunden bleibt. Die durchgehende Feldschiene hat den Vorteil, daß stets das volle Feld ungeschwächt eingeschaltet ist. Wenn nur ein Schienenstück verwandt wird, ist wenigstens in der Endstellung das Feld ungeschwächt, während bei direkter Verbindung mit dem Anlaßwiderstand ohne jedes Schienenstuck gerade in der Endstellung durch den Anlaßwiderstand die größte Feldschwächung eintritt. Andererseits ist der Anlaßwiderstand klein gegen den der Feldwicklung, so daß die Schaltung mit Feldschienenstück ausreichend ist. Hierbei ist zu beachten, daß die Kurbel selbst nicht stromführend sein darf. Ist der Widerstand des Ankers selbst nicht bekannt, so errechnet er sich aus der Formel:

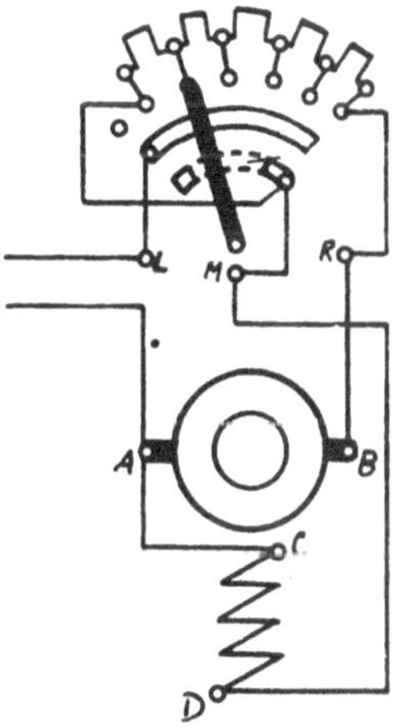

Abb. 98

$$R_a = \frac{U}{I} q, \tag{179}$$

wobei I der Motornennstrom, U die Netzspannung und q der Ankerverlustfaktor ist, der beträgt:

Ankerverlustfaktor	0,05	0,03	0,02	0,015
Motorleistung kW bis	3	10	100	über 100 kW

[1]) Gestrichelt gezeichnet.

Der Gesamtwiderstand des Anlassers muß so groß sein, daß die elektromotorische Kraft des Motors im Einschaltmoment = 0, also:

$$R_{ges} = R_v + R_a = \frac{U}{I_2}, \tag{180}$$

hierbei ist R_v der Regel- oder Anlaßwiderstand, I_2 der Anlaßstrom, dessen Größe auf Seite 98 festgelegt wurde[1]).

Der Anlasser wird in der Weise gestuft, daß der Stromsprung in jeder Stufe gleich ist. Bei einer bestimmten Minimalstromstärke, die für jede Stufe die gleiche ist, wird ein Teil des Vorwiderstandes abgeschaltet. Dieser bleibt so lange eingeschaltet, bis wieder die Minimalstromstärke erreicht ist. Der Strom sinkt, da die Motordrehzahl steigt, es entsteht eine dieser Drehzahl proportional elektromotorische Kraft, die der Netzspannung entgegengesetzt gerichtet ist. Diese gleichartige Schwankung bleibt bestehen, wenn der Widerstand sich nach einer geometrischen Reihe ändert, d. h.

$$R_1 + R_a = sR_a; \; R_2 + R_1 + R_a = s^2R_a \; \ldots\ldots \; R_{ges} = s^mR_a, \tag{181}$$

wobei m die Stufenzahl und $s = \frac{\text{Maximalstrom}}{\text{Minimalstrom}}$ in jeder Schaltstellung ist. Je größer die Stufenzahl, desto geringer ist die Schwankung.

Die grafische Darstellung dieser Verhältnisse zeigt Abb. 100b. Die ideale Charakteristik des Nebenschlußmotors ist eine Gerade, die parallel zur I-Achse läuft. In der Entfernung IR_a = konst. $(n_{id} - n)$, von dieser ideellen Charakteristik zeichnet man die Gerade, die die wirkliche Charakteristik darstellt, man verbindet den Schnittpunkt der idealen Charakteristik mit der Spannungsachse (oder Geschwindigkeitsachse), d. h. mit dem Punkt, bei dem im Diagramm die Geschwindigkeit (Spannung) = 0 für den Anlaßmaximalstrom ist, die Tangente stellt den Widerstand R_{ges} dar. Nun steigt die EMK des Motors, der Strom fällt, da der Motor sich in Bewegung setzt, bei Erreichen des Anlaßminimalstromes, d. h. beim Schnittpunkt der Geschwindigkeitsgeraden, mit diesem Strom schaltet man um, d. h. unter Beibehaltung der Geschwindigkeit wird durch Verminderung des Widerstandes wieder auf den Anlaßmaximalstrom geschaltet, d. h. man zieht eine Parallele zur Stromachse bis zum Punkt I_{max}. Die Entfernung dieser parallelen Geraden von der Stromachse gibt den Widerstandswert der ersten Anlaßstufe an. Es muß entweder die Stufenzahl oder der Anlaßmaximal- und -minimalstrom gegeben sein, um eine exakte Stufung durchführen zu können.

Im allgemeinen wählt man folgende Stufung:

Motorleistung	3,1	6,2	12,5	25	50	100 kW
Stufenzahl	4	6	7	8	9	10

Für größere Anlasser werden, um den Stromstoß zu verringern, noch Vorstufen vorgesehen, für diese ist $I_2' < I_2$ (etwa 0,5 I_2), der Motor läuft aber nicht an, bis die erste Vollstufe eingeschaltet ist.

[1]) Man beachte, daß, wenn $I_2 < I_{norm}$ (Normalstrom), der Endkontakt auf der Kontaktplatte stets für den vollen Normalstrom ausgelegt sein muß.

Regler für gleichbleibendes Drehmoment

Bei Nebenschlußmotoren ist bekanntlich das Moment an der Motorwelle proportional dem Strom, den der Motor aufnimmt. Außerdem ist die Geschwindigkeit des Motors proportional der EMK. Die M/n (Moment-Drehzahlcharakteristik) ist, vom Maßstab abgesehen, gleich der I/E-Charakteristik, das Diagramm sieht also gleich aus wie das für Anlasser (Abb. 100). Es gilt also:

$$E = kn \quad (k = \text{Konstante}),\ n = \text{Drehzahl} \tag{182}$$

$$U_n = kn_{id} \quad (U_n = \text{Netzspannung}),\ n_{id} = \text{ideale Drehzahl} \tag{183}$$

$$R_{ges} = \frac{U_n}{I_a}\left(1 - \frac{n_{min}}{n_{id}}\right) \quad I_a = \text{Ankerstrom } (= \text{prop. Moment}) \tag{184}$$

$$E = U_n - I_a R \quad (R = \text{jeweils eingeschalteter Widerstand}). \tag{185}$$

Die ideale Geschwindigkeit errechnet sich wie folgt:

$$\frac{U_n}{U - I_a R_a} = \frac{n_{id}}{n_{max}}, \tag{186}$$

Die Größe des Reglers bestimmt sich nach der zu vernichtenden Leistung (V in Watt)

$$V_{ges} = I_a U_n \left(\frac{U_n - E}{U_n}\right) - I_a^2 R_a = I_a U_n \left(1 - \frac{n_{min}}{n_{id}}\right) - I_a^2 R \text{ (Abb. 99a)}. \tag{187}$$

Wenn die Geschwindigkeit nicht um 100 % reguliert werden muß, müssen selbstverständlich noch die bis zum Erreichen der Mindestdrehzahl notwendigen Anlaßstufen kurzzeitig eingeschaltet werden. Die meisten Maschinen ändern ihr Drehmoment mit der Drehzahl nicht.

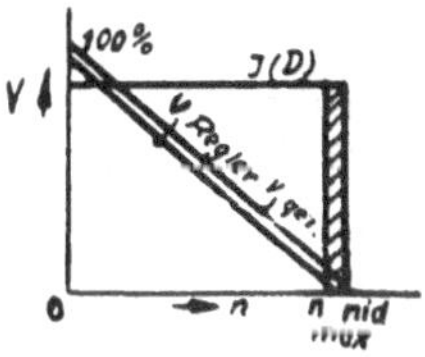

Abb. 99a

$I_a^2 R_a$ = Verlust im Anker

V Regl. = V gesamt — V Anker

Die wichtigsten Ausnahmen sollen im folgenden behandelt werden.

Regler für mit der Drehzahl quadratisch abnehmendes Drehmoment

Dieser Drehmomentenverlauf tritt auf bei Ventilatoren, Zentrifugen (selten), Kreiselpumpen.

Bekannt ist in diesem Fall das bei höchster Geschwindigkeit auftretende Moment (Strom) = M_{norm} = prop. I_{norm}.

Es gilt:

$$M = M'_{norm} \frac{n^2}{n^2_{id}} \tag{188}$$

$$M'_{norm} = M_{norm} \frac{n^2_{id}}{n^2_{max}} \tag{189}$$

dementsprechend gilt also:

$$I_a = I'_{norm} \frac{n^2}{n^2_{id}} \qquad I'_{norm} = I_{norm} \frac{n^2_{id}}{n^2_{max}} \tag{190}$$

Für die EMK gelten ebenfalls die Gleichungen 182 und 183,

$$E = U_n \frac{n}{n_{id}} \tag{191}$$

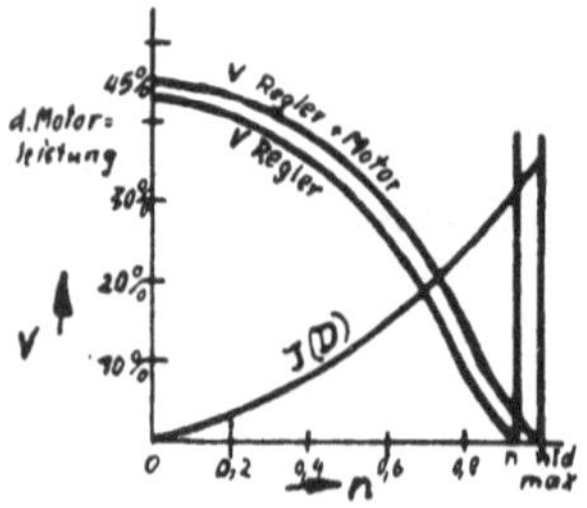

Abb. 99b

und der Gesamtwiderstand errechnet sich wieder nach Formel 184, jedoch diesmal in Verbindung mit Formel 190, und es ergibt sich:

$$R_{ges} = \frac{U_n}{I'_{norm}} \left(1 - \frac{n_{min}}{n_{id}}\right) \frac{n^2_{id}}{n^2_{min}} \tag{192}$$

Die Größe des Reglers bestimmt man am zweckmäßigsten auf folgende Weise (Abb. 99b). Man teilt die Gesamtstufenzahl so ein, daß bis zur Mindestgeschwindigkeit für jede Stufe der gleiche Geschwindigkeitsabfall vorzusehen ist (Anlaßstufen darf man bei der Berechnung nicht übersehen).

Bei 10 Stufen gilt folgendes:

Verminderung der Drehzahl (in %)	$\frac{R}{U_n} I_{norm}$	$\frac{I}{I_{norm}}$	$\frac{R_{Diff}}{U_n/I_{norm}}$	$\frac{I^2}{I^2_{norm}}$	$\frac{N_{Stufe}}{N_{Motor}}$	$\frac{N_{Gesamt}}{N_{Motor}}$
10	0,1/0,81 = 0,12	0,81	0,12	0,65	0,078	0,078
20	0,2/0,64 = 0,31	0,64	0,19	0,41	0,078	0,156
30	0,3/0,49 = 0,61	0,49	0,30	0,24	0,072	0,228
40	0,4/0,36 = 1,11	0,36	0,50	0,13	0,065	0,293
50	0,5/0,25 = 2,0	0,25	0,89	0,062	0,053	0,346
60	0,6/0,16 = 3,71	0,16	1,75	0,025	0,043	0,389
70	0,7/0,09 = 7,8	0,09	4,05	0,008	0,033	0,423
80	0,8/0,04 = 20	0,04	12,2	0,0016	0,020	0,443
90	0,9/0,01 = 90	0,01	70	0,0001	0,007	0,450

Diese Abstufung des Widerstandes ist die übliche, da man eine sehr einfache Schaltung erhält und nur jede einzelne Widerstandsstufe hintereinander zu schalten hat, da die kleinsten Widerstände für den größten Strom ausgelegt sind.

Bei großen Reglern kann durch mehrfache Anwendungen der Parallelschaltungen an Material gespart werden, allerdings entstehen nun höhere Lohnkosten. Der Verlust im Regler bestimmt sich nach folgender Formel, wie sich aus den Formeln 190—192 ableiten läßt:

$$V_n = U_n\, I'_{norm} \left(\frac{n^2}{n^2_{id}} - \frac{n^3}{n^3_{id}} \right) - I^2_a\, R_a. \tag{193}$$

Der Maximalwert errechnet sich bei $\frac{n}{n_{id}} = \frac{2}{3}$ zu 14,8 % der Motorleistung.

Um aber durch mehrfache Parallelschaltungen an Widerstandsmaterial sparen zu können, die an den einzelnen Schaltstellungen wieder aufgelöst werden müssen, müssen die Schaltwalzen[1]) sehr viel mehr Finger erhalten als bei der ersten Schaltung, während die Bürsten- und Kontaktanordnung von Flachbahnanlassern eine derartige Schaltung meist nicht zulassen.

Regler für mit der Drehzahl abnehmendes Drehmoment

Bei Druckerpressen nimmt das erforderliche Drehmoment vielfach gleichmäßig auf die Hälfte ab (Abb. 99c). Es werden die Verluste in Prozenten der Motorleistung abhängig von der Drehzahl dargestellt (gestrichelt gezeichnet).

Es gilt für das Moment (bzw. den Strom) folgende Gleichung:

$$I = I_n - I_{n/2}\, \frac{n_{max} - n}{n_{max} - n_{min}} \tag{194}$$

$$R_{ges} = \frac{U_n (1 - n/n_{id})}{I} \tag{195}$$

$$V = \frac{3\, I_n}{4}\, U_n (1 - n/n_{id}) - I^2 R_a. \tag{196}$$

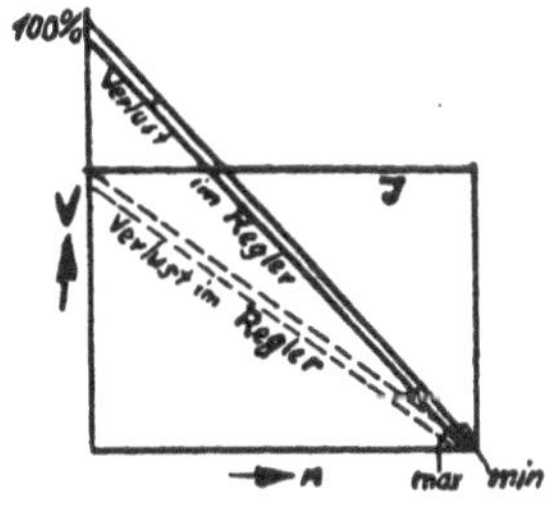

Abb. 99c

Zweckmäßiger ist es jedoch, den Regler so zu berechnen, daß bei vollem Moment (gleichbleibend) bis auf die Endgeschwindigkeit geregelt wird und diese außerdem noch bei halbem Drehmoment erreicht werden kann (normal gezeichnet). Dann gilt:

$$R_{ges} = \frac{2\, U_n}{I_{norm}} (1 - n_{min}/n_{id}) \tag{197}$$

$$V = \frac{3}{2}\, U_n\, I_{norm} (1 - n_{min}/n_{id}) - I^2 R_a \tag{198}$$

$$v = I^2_n\, R_1 + I_n \frac{I_n}{2} (R_{ges} - R_1) - I^2 R_a$$

R_1 = Widerstand bei Regelung mit vollem Moment bis zur Endgeschwindigkeit.

[1]) s. S. 232.

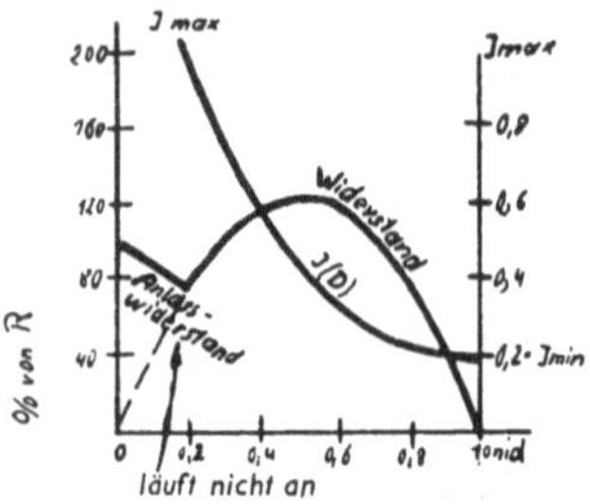

Abb. 99d

Regler für Maschinen mit gleichbleibender Leistung

Diese Regler kommen in erster Linie für Umroller in Frage (Abb. 99d). Bekannt müssen sein I_{max}, I_{min}, n_{max}, n_{min}. Danach bestimmt man den Verlauf des Widerstandes für jede Stellung grafisch, wie dies z. B. in Abb. 99d geschehen ist. Die ersten Anlaßstufen sind bis zum Erreichen der Mindestdrehzahl nur Vorstufen, wenn der Umroller bei voller Last angelassen wird. Man läßt mit dem Maximalstrom, der der Minimaldrehzahl entspricht, an.

Der Widerstand ist dargestellt in % wie R_A bei I_{max} ($U/I_{max} = R_A$) für den Fall, daß $I_{max} \cdot 0{,}2\, n_{id} =$ konst.

Anlassen mittels Schlupfwiderständen

Direkt können nur Gleichstrommotoren bis zu etwa $^1/_2$ PS eingeschaltet werden. Dagegen können Schlupfwiderstände, die dem Motor dauernd vorgeschaltet werden, zum Begrenzen des Einschaltspitzenstromes dienen. Hierbei ist also $p = 1$ (bzw. bei intermittierendem Betrieb = der der entsprechenden ED).

Bei Motoren begrenzt man den Einschaltstrom auf die vierfache Spitze. Begrenzt man den Einschaltstrom auf die k-fache Spitze, so ist;

$$R_{Schl} = U_n/k\, I \tag{199}$$

$$n \text{ (gleichbleib. Moment)} = n_{id}\left(1 - \frac{1}{k}\right)$$

und die Leistung im Widerstand beträgt: $I^2 R_{Schl.}$ Der Verlust im Widerstand beträgt ebensoviel wie in einem Regler. Es gilt auch hier Formel 187.

Regelung durch Ankerparallelwiderstände

Ankerparallelwiderstände werden hauptsächlich bei Haupt- und Doppelschlußmotoren gebraucht. Da für Doppelschlußmotoren auch deren Wirksamkeit bei einer vom Hauptstrom nicht durchflossenen Feldwicklung zu kennen notwendig ist, soll hier auch auf diese Regelart eingegangen werden. Es gilt gemäß der Abb. 103:

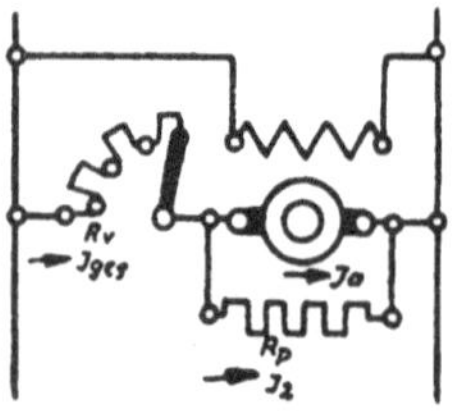

Abb. 103

$$I_2 R_p = U' \tag{200}$$

$$kn = E = U' - I_a R_a \qquad k = U_n/n_{id} \tag{201}$$

$$U_n = U' + I_{ges} R_v \tag{202}$$

$$I_2 = \frac{U_n}{R_v} - \frac{n}{n_{id}}\,\frac{U_n}{R_v} - I_a + \frac{I_a R_a}{R_v} \tag{203}$$

Es wird für ein bestimmtes Drehmoment eine bestimmte Geschwindigkeit vorgeschrieben, daraus mit Gleichung 203 I_2 und danach mit Hilfe von Gleichung 201 U′ und dann mit Gleichung 200 R_p bestimmt.

Durch einen Parallelwiderstand bleibt das Nebenschlußverhalten erhalten. Sie dienen zur kurzzeitigen starken Drehzahlverminderung, z. B. Feinsteuerung von Aufzügen p = 15 (wenn nichts besonderes bekannt ist).

Berechnung von Bremswiderständen

a) Kurzschlußbremsung (Abb. 100c), Schaltung Abb. 101.

Zur Bremsung dient meist der Anlaßwiderstand. Der Motor wird vom Netz abgeschaltet und arbeitet als Generator, wobei die elektrische Energie im Widerstand vernichtet wird.

$$E = I\,(R_a + R_v) = \frac{U_n n}{n_{id}} = kn \tag{204}$$

$$R_{ges} = \frac{U_n}{I_{Brems}} \,. \tag{205}$$

Die Abstufung erfolgt wieder nach einer geometrischen Reihe. Eine Bremsung bei vollem Moment bis zum Stillstand (rein elektrisch) ist wegen des Ankerwiderstandes nicht möglich. Die Überlastbarkeit eines Anlaß- und Bremswiderstandes, wenn regelmäßig gebremst wird, kann mit ungefähr p = 15 geschätzt werden.

b) Gegenstrombremsung (Abb. 100a), Schaltung Abb. 102.

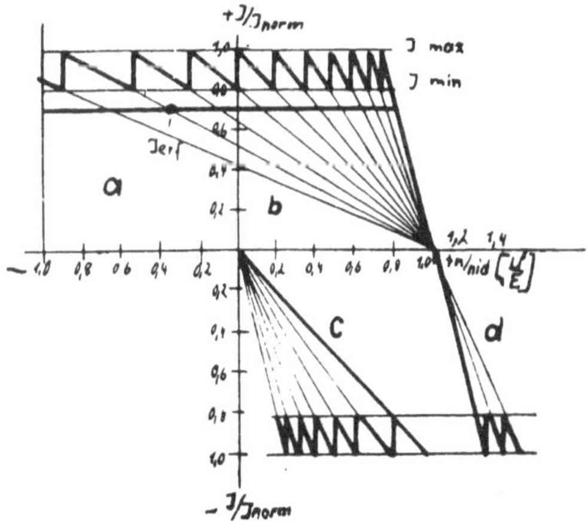

a) Gegenstrombremsung (läßt sich nur bei Beispiel auf 0,08 n/n_{id} abbremsen ist enger zu stufen)
b) Anlasser
c) Kurzschlußbremsung
d) Übersynchron (Generator)-bremsung

Abb. 100

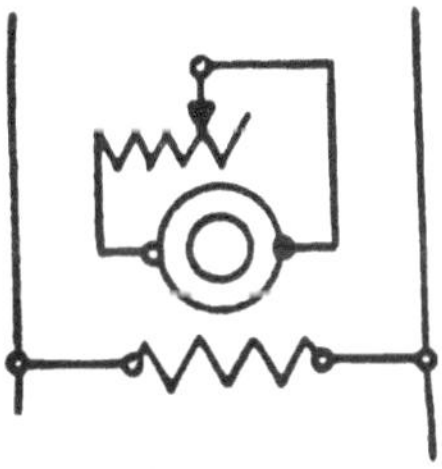

Abb. 101

St 1

St 2

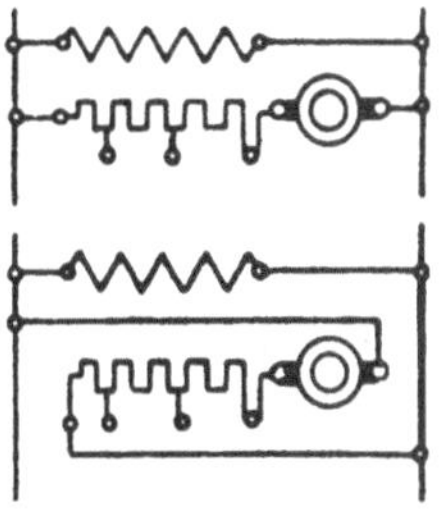

Abb. 102

Der Motor wird entgegen seiner Drehrichtung ans Netz geschaltet, und zwar an einen Widerstand von der doppelten Größe.

$$R_{ges.\,Gegst} = \frac{2\,U_n}{I_{Brems}}\,. \tag{206}$$

Zwischen dem reinen Anlaßwiderstand und dem Gegenstromwiderstand wird wieder geometrisch der Widerstand abgestuft, jedoch wird man die Abstufung zweckmäßigerweise feiner wählen, damit man der Geschwindigkeit 0 möglichst nahekommt. Bei der in der Zeichnung angegebenen Unterteilung wird für den erforderlichen Bremsstrom (J_{erf}) bei keiner Stufe die 0-Achse erreicht. Soll auch bei sehr kleinen Momenten noch gebremst werden können, so muß der Widerstand noch größer als nach Formel 206 gewählt werden, wie aus Abb. 100a hervorgeht

($p = 30$ bis 40, für Anlassen und Bremsen).

c) Generatorbremsung (Abb. 100d).

Sobald die Motorgeschwindigkeit die ideale Geschwindigkeit übersteigt, z. B. beim Senken einer Last, wird der Motor zum Generator, der das Netz speist. Je größer der Vorwiderstand ist, um so größer wird die stationäre Geschwindigkeit.

$$n = n_{id} + \frac{I\,(R_A + R_v)}{U_n}\,n_{id}\,. \tag{207}$$

Anlassen, Ankerregelung und Bremsung von Hauptstrommotoren

Die Schaltung von Anlassern bei Hauptstrommotoren gibt Abb. 104 an. Es ist zu beachten daß ein Feldschutzwiderstand vorhanden sein muß. Abb. 105 gibt die

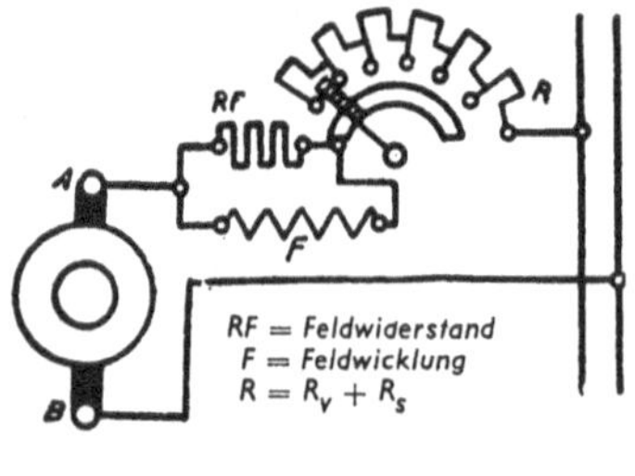

Abb. 104

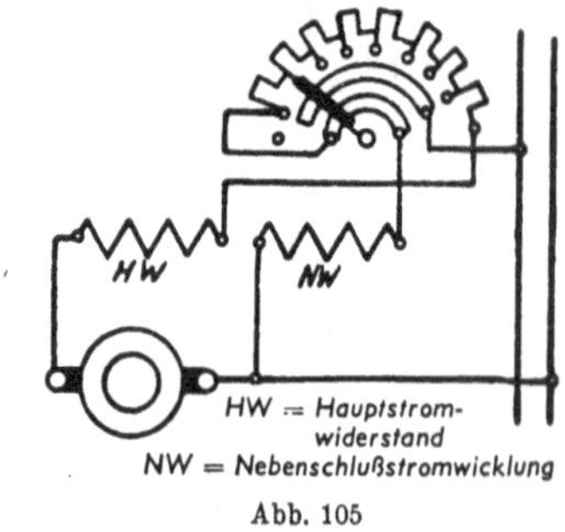

Abb. 105

Anlaßschaltung eines Doppelschlußmotors an. Für die Nebenschlußwicklung ist eine volle Schiene vorgesehen. Die Nebenschlußwicklung dient gleichzeitig als Feldschutzwiderstand. Stets ist Kompensationswicklung und Wendepolwicklung in Reihe mit dem Anker geschaltet. Bei Umpolen von Hauptstrommotoren ist stets darauf zu achten, daß die Feldwicklung nicht mit umgepolt werden darf.

Es gilt für Hauptstrommotoren:

$$R_a + R_s = q \frac{U}{I} \tag{208}$$

R_s = Spulenwiderstand

R_a = Ankerwiderstand (+ Kompensationswicklung + Wendepolwicklung)

q ergibt insgesamt:

	10 %	9 %	6 %	5 %	$3^1/_2$ %	$2^1/_2$ %
N	1	3	10	20	100	über 100 kW.

Für den Gesamtwiderstand gilt auch hier die Formel 180.

Eine genaue Stufung des Anlassers ist nur möglich, wenn die Charakteristik U bzw. (n) = f (I) des Motors gegeben ist. Man konstruiere dann zur wirklichen Charakteristik die ideale Charakteristik, die der Motor haben würde, wenn er keinen inneren Widerstand hätte, und schreibe Maximal- und Minimalanlaßstrom vor. Ersetzt man nun zwischen den beiden Punkten die ideale und die wirkliche Charakteristik durch je eine Gerade, so schneiden diese sich in einem Punkt (Abb. 106). Die Konstruktion der wirklichen und ideellen Charakteristik aus der Leerlaufkennlinie, die bei einer beliebigen Drehzahl n_0 aufgenommen wurde, erkennt man aus Abb. 110.[1])

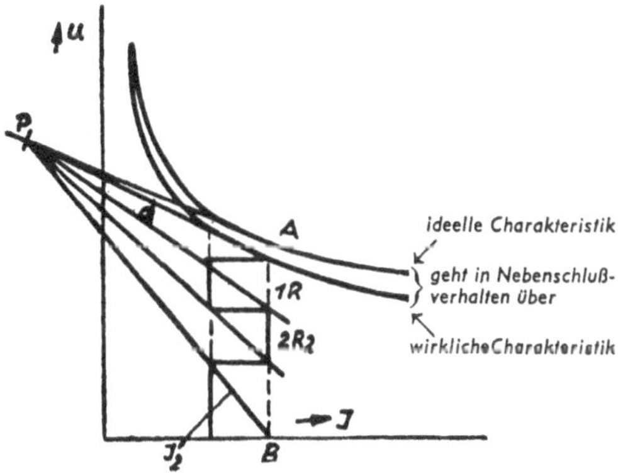

Abb. 106

In dieser ist die wirkliche Charakteristik n = f (I) konstruiert, die ideelle ergibt sich daraus, wenn man an Stelle der veränderlichen Strecke LK die unveränderliche Strecke KM einführt (s. S. 112).

Es gilt jetzt:

$$\frac{n_1}{n_{id}} = \frac{U_n - I(R_a + R_s)}{U_n}, \text{ daraus } n_{id}. \tag{209}$$

Nachdem nun zwischen Anlaßmaximal- und -minimalstrom die Geraden die Charakteristiken angenähert ersetzen, gilt:

$$\frac{n_2}{n_1} = \frac{n_3}{n_2} \dots = \frac{U_n - I(R_a + R_1 + R_s)}{U_n - I(R_a + R_s)} = \frac{U_n - I(R_a + R_s + R_1 + R_2)}{U_n - I(R_a + R_s + R_1)}. \tag{210}$$

[1]) s. S. 112.

wobei R_1, R_2, R_3 ..... die Widerstandsvergrößerungen je Stufe sind. Auf Grund der Gleichungen 209 und 210 kann der Widerstand an der Linie AB $= R_{ges}$ gemessen werden, wobei R_{ges} dazu dient, den Maßstab festzustellen.

Ist die Charakteristik nicht gegeben, so muß man den Widerstand wie einen Widerstand für Nebenschlußmotoren abstufen, damit wird die Stufenzahl größer und die Spitzenströme variieren etwas in der Größe. Für hohe Ströme geht ohnedies die Charakteristik in die Nebenschlußcharakteristik über, da sich dann Φ mit I wenig verändert.

Regler für gleichbleibendes Moment

Die Stufung geschieht hier in gleicher Weise wie bei Anlassern, die Geschwindigkeit beim vorgesehenen Moment beträgt:

$$n = n_{id} \frac{U_n - IR}{U_n} \text{ bzw. } R_{ges} = \frac{U_n}{I_{norm}} (1 - n/n_{id}) \tag{211}$$

Regler für mit der Drehzahl quadratisch abnehmendes Drehmoment

Für Maschinen mit quadratisch mit der Drehzahl abnehmenden Drehmomentenverlauf ist es kaum üblich, Hauptstrommotoren zu verwenden. Im Hinblick darauf, daß Doppelschlußmotoren manchmal zum Antrieb dieser Maschinen Verwendung finden, soll jedoch auch hier darauf eingegangen werden.

Allgemein gilt für jeden Hauptstrommotor:

$$E = cn\Phi \qquad c = \frac{U_n}{n_{id}\Phi_{norm}} \tag{212}$$

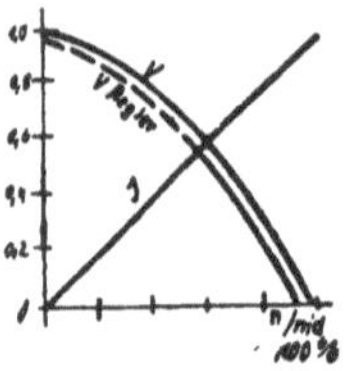

Abb. 107

Für schwachgesättigte Maschinen gilt:

$$\Phi = c'I \tag{213}$$

$$M = \text{konst}\,\Phi I \qquad M = \text{konst}'I^2 \tag{214}$$

$$E = c''n\,I \qquad E = c^{IV} n^2$$

$$I = c'' \cdot n \qquad R_{ges} = \frac{U_n}{I_n}\left[\left(1 - \frac{n}{n_{id}}\right)^2\right]\frac{h}{n_{id}}. \tag{215}$$

Für vollständig gesättigte Maschinen kann man mit den gleichen Formeln wie für Nebenschlußmaschinen rechnen.

Wenn nichts bekannt ist, soll man lieber die Formeln 213 und 214 anwenden, als die für Nebenschlußmotoren.

Bei quadratischem, mit der Geschwindigkeit abnehmendem Momentenverlauf, muß man den Regler in gleicher Weise wie bei Nebenschlußreglern bestimmen (Abb. 107).

Unter Beachtung der Formeln 213 bis 215 ergibt sich also folgendes Bild:

$n/n_{max} = i/I_{norm}$	$R/\frac{U_n}{I_n}$	Differenz	$I^2 R/N_{mot}$ Stufe	$I^2 R_{Gesamt}/N_{mot}$
0,9	0,22	0,22	0,19	0,19
0,8	0,45	0,23	0,14	0,33
0,7	0,73	0,28	0,13	0,46
0,6	1,07	0,34	0,12	0,58
0,5	1,50	0,43	0,11	0,69
0,4	2,10	0,60	0,10	0,79
0,3	3,03	0,93	0,08	0,87
0,2	4,80	1,77	0,07	0,94
0,1	9,90	5,10	0,05	0,99

Als allgemeine Formel gilt hier

$$\text{zugeführte Leistung: } U_n I_n \left(\frac{n}{n_{id}}\right) \tag{216}$$

$$\text{abgegebene Leistung: } U_n I_n \frac{n^3}{n^3_{id}} - J^2_n R_e \tag{217}$$

Der theoretische Maximalverlust im Regler tritt auf bei $n/n_{id} = 0{,}58$, er beträgt $V = 39\,\%$ der Motorleistung. Die Formeln 216 und 217 haben jedoch keine praktische Bedeutung, da die Stufung stets nach der Tabelle erfolgt, sonst wird die Schaltung zu kompliziert.

Ankerparallelwiderstände

Um auch bei kleinen Lasten niedrige Drehzahlen zu erzielen, müssen dem Rotor (+ Kompensation- und Hilfspolen) Widerstände parallel geschaltet werden (Abb. 108). Hierdurch wird erreicht, daß $I_{err} > I_{mot}$ ist.

Die Größe der Erregerwiderstände bestimme man auf folgende Weise; Man wähle den Erregerstrom, bei dem für ein bestimmtes Moment (oder nach Formel 214 den Strom I_a) eine gewünschte Geschwindigkeit erzielt werden soll, dann ist I_{err}, I_a, n bekannt. Jeder Motor hat nun abhängig von der Erregung eine E/n Charakteristik. Diese bestimme man wie folgt (Abb. 110). Durch Aufnahme der Leerlaufkennlinie bei einer bestimmten Tourenzahl n_0 berechnet man die Tourenzahl n abhängig von dem Erregerstrom bei einer bestimmten konstanten Netzspannung. Durch Abzug des Spannungsverlustes $J_a (R_a + R_s)$ von U_n erhält man die Größe der EMK E bei Belastung. Will man diese genau bestimmen, so muß man an Stelle der Geraden ML die Hypothenuse des Dreiecks MOL von U_n abziehen und die E-Gerade durch den Punkt 0 legen. Die Strecke OL ist der Ankerrückwirkung proportional (Abb. 110a).

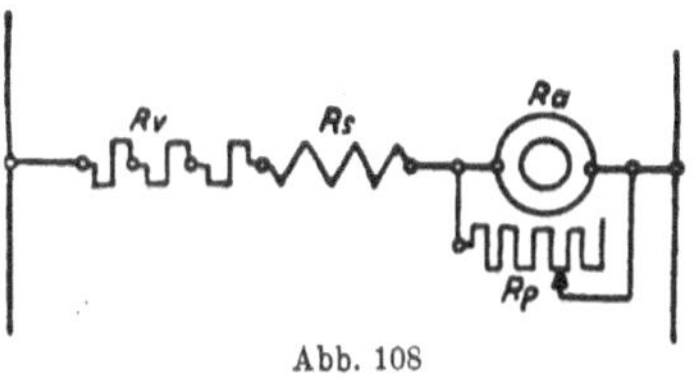

Abb. 108

Dieser Wert kann meist vernachlässigt werden. Er ist auch der Schalterfirma meist unbekannt.

Man verbinde N mit P (Abb. 110). Der Schnittpunkt mit der gestrichelten Gerade n_0 (bei der die Leerlaufkennlinie aufgenommen ist) ist T. Bei der Erregung I_n herrscht also eine Leerlauf-EMK $E_0 = \overline{NK}$ und eine tatsächliche EMK $E = \overline{LK}$. Es verhält sich $E_0/E = \overline{NK}/\overline{LK} = n_0/n$. Der Punkt U ist also die zu I_n gehörige Geschwindigkeit n. Die Geschwindigkeit n ist also VK. Auf diese Weise konstruiert man die Drehzahlcharakteristik, aus dieser dann durch Berechnung die $E/n = \frac{LK}{VK} =$ Kennlinie. Man beachte ferner, daß bei Ankerparallelwiderständen $I_a \neq I_{err}$. Die Strecke ML ist nicht I_{err}, sondern I_a proportional.

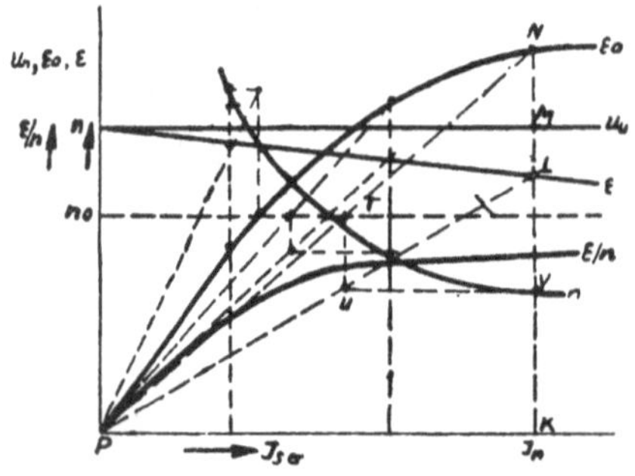

Abb. 110

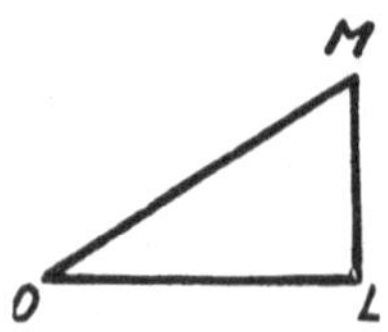

Abb. 110a

Der Widerstand der Erregerspule muß durch den Motorlieferanten bekannt gemacht werden, wenn nicht, ist er mit etwa 50 % von $(R_a + R_s)$ anzunehmen. Nunmehr ist R_p und I_p leicht zu bestimmen. Es gelten folgende 3 Gleichungen, in denen die unterstrichenen Größen unbekannt sind;

$$I_{err} = I_p + I_a \tag{218}$$

$$I_{err} (R_v + R_s) + I_p R_p = U_n \tag{219}$$

$$I_p R_p = E + I_a R_a \text{ (Man beachte, daß jetzt } M = K' I_a I_{err}) \tag{220}$$

Will man eine vollständige I/n-Charakteristik aufstellen, so bestimme man mit den Widerständen R_v und R_p für verschiedene I_a die EMK und dann aus der E/n-Charakteristik zu den nunmehr errechneten Erregerströmen die Drehzahl.

Ankerparallelwiderstände dienen in erster Linie zur kurzen starken Drehzahlverminderung bei kleinem Moment. Man wähle etwa p = 10—15, wenn nichts Besonderes über die Belastungsdauer bekannt ist.

Bremsung von Hauptstrommotoren

Gegenstrombremsung (Abb. 109 und 111).

Man schalte ebenso wie beim Nebenschlußmotor den Motor entgegen seinem eigenen Drehmoment ans Netz. Hierbei bleibt die Stromrichtung im Feld erhalten, um keine Entmagnetisierung des Feldes herbeizuführen. Man setzt jetzt die Widerstandsstufung nach Abb. 106 für negative Drehzahlen fort bis zum 2- oder 3-fachen Anlaßwiderstand, jedoch mit feinerer Unterteilung, damit man möglichst nahe der

Drehzahl 0 bei vielen Drehmomenten kommt. Die Geraden ersetzen die Charakteristiken natürlich nur in der Nähe des Nennstromes bzw. des Anlaßstromes, sonst müssen die ganzen Charakteristiken gezeichnet werden (bei niedrigen Strömen gelten die Formeln 214—216). Ist die Charakteristik nicht bekannt, so stufe man ähnlich wie bei Nebenschlußmaschinen ab, man erhält

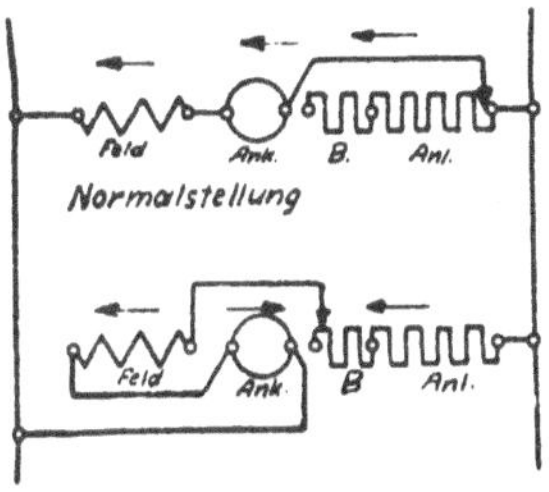

Abb. 109[1]

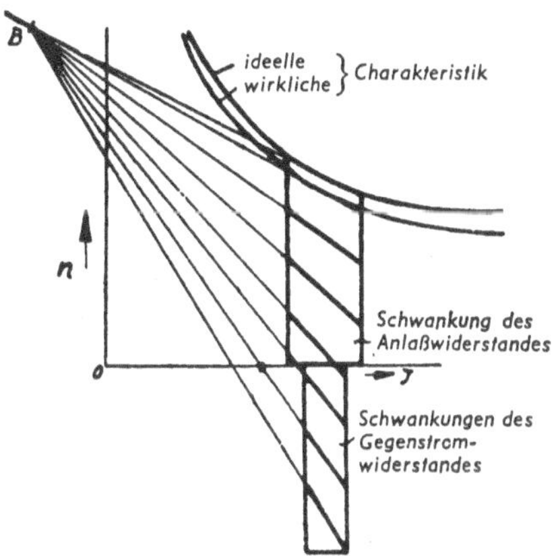

Abb. 111

dann etwas zu viel Stufen, da auch der Gegenstromwiderstand feiner als der Anlaßwiderstand unterteilt werden muß. Über die Überlastbarkeit gilt das gleiche wie für Nebenschlußregler.

Die Bestimmung der Kennlinien und Widerstände für die Kurzschlußbremsung (Abb. 113) ergibt sich aus der Erkenntnis, daß der kurz geschlossene Hauptstromgenerator dieselben Kennlinien wie der leerlaufende Nebenschlußgenerator hat. Ist die Kennlinie des Hauptstromgenerators bei einer bestimmten Drehzahl aufgenommen, so können beliebige andere Kennlinien für andere Drehzahlen bestimmt werden, da E = prop. n ist wegen der Gleichung

$$E = n\,c\,\Phi = c\,n\,f\,(I) \tag{221}$$

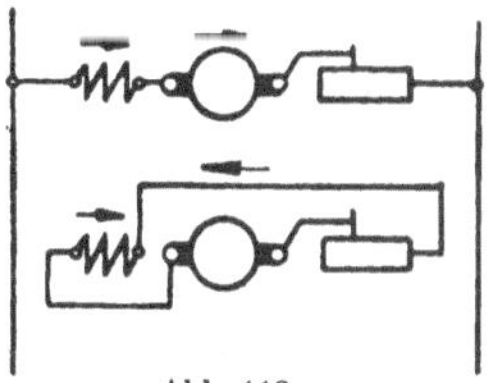

Abb. 113

Der Funktionswert f (I) ist aber durch die aufgenommene Charakteristik bekannt. Gleichzeitig ist aus den Motordaten bekannt, bei welcher normalen Drehzahl und welchem normalen Belastungsstrom die Netzspannung U_n herrscht. Man bestimmt die hierzu gehörige ideelle Geschwindigkeit

$$\frac{U_n}{U_n + I_a\,(R_a + R_s)} = \frac{n_{normal}}{n_{id}} \tag{222}$$

[1]) B = Bremswiderstand, An = Anlaßwiderstand

Man berechne jetzt die Kennlinie für n_{id}. In dem Punkt $E = U_n + I_{norm} R_A$ wird die Spannung $I_{norm} (Ra + Rv_{ges}) = AB$ (Abb. 112a) vernichtet. Daraus kann man Rv_{ges} berechnen, und zwar Rv_{ges}, bei dem bei Normalstrom auf n_{id} gebremst wird.

Auf dieser Strecke AB kann jetzt für jeden Widerstandswert $Ra + Rv$ die Geschwindigkeit abgelesen werden, da $AB = n_{id} = Ra + Rv = Rv_{ges}$ ist. Die Abhängigkeit der Geschwindigkeit vom Strom bei verschiedenen Widerständen zeigt Abb. 112b. Für anderen als den Normalstrom kann die Geschwindigkeit in der Weise abgelesen werden, daß die Schnittpunkte der Strecken OB, OB_1, OB_2 für

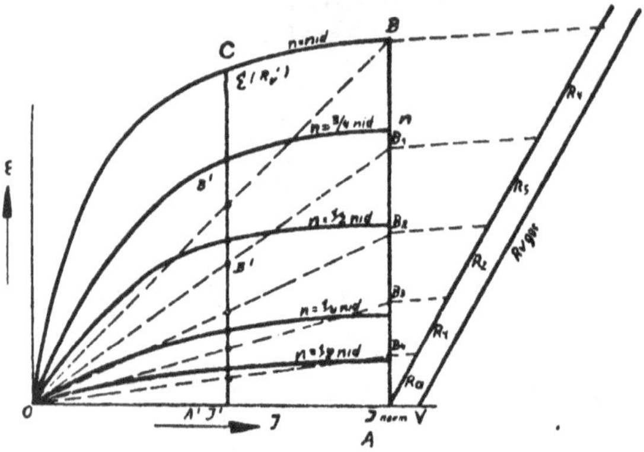

Abb. 112 a

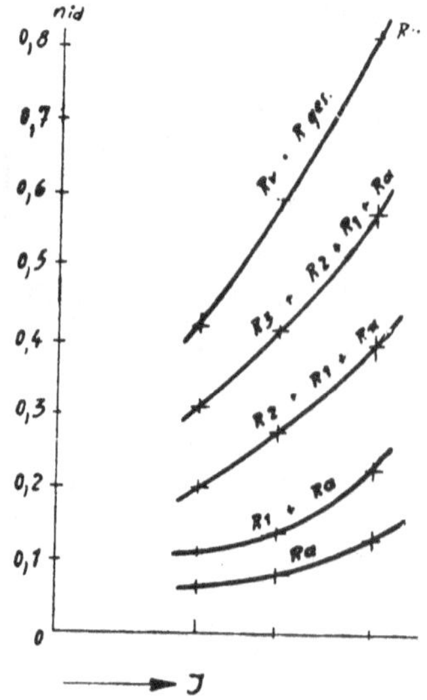

Abb. 112b

andere Ströme mit einer anderen Charakteristik angeben, für welche Geschwindigkeit diese aufgenommen wurde. Es gilt für den Strom I′

$$\frac{n}{n_{id}} = \frac{I' R_V}{E'} = \frac{I' R_v}{I' R'_v} = \frac{A' B'}{A' C} \tag{222b}$$

Aus diesen Punkten ist die nI-Kennlinie und daraus unter Anwendung der Formel

$$M = c' If(I) \tag{223}$$

die Mn-Charakteristik zu konstruieren.

Ist dem Widerstandsfabrikanten die Charakteristik nicht bekannt, muß er eine Charakteristik annehmen. Die Verwendung derartiger Schaltungen kommt fast ausschließlich bei Hebezeugen vor. Damit die Tourenzahl in möglichst weiten Grenzen regelbar ist, arbeitet man normalerweise mit nicht zu hohen Induktionen. Man kann annehmen, daß die Anfangsgerade der Charakteristik in einem Punkt enden würde, der ca. 30% über dem Arbeitspunkt bei normaler Spannung liegt.

Regelungen im Feld von Motoren

Durch Vorschalten von Widerständen oder bei Hauptstrommotoren durch Parallelschalten wird der Feldstrom geschwächt, die Tourenzahl erhöht. Das Feld darf nicht abgeschaltet werden, daher wird für Nebenschlußmotoren stets Schaltung Abb. 116 verwandt. Die Erregerleistung von Gleichstrommotoren beträgt ungefähr

bis 1 kW	5—10%	der Motorleistung
bis 3 kW	4%	„ „
bis 10 kW	3%	„ „
bis 20 kW	2%	„ „
bis 100 kW	1,5%	„ „
über 100 kW	1%	„ „

$$I_{err} = \frac{N_{err}}{U_n} \qquad (224)$$

$$r - W = \frac{U_n}{I_{err}} = \text{Widerstand der Feldwicklung} + \text{Vorwiderst.} \qquad (225)$$

Für Drehzahlsteigerungen läßt sich folgende empirische Tabelle aufstellen:

Drehzahlsteigerung: in %	15	30	50	75	100	150	200
$I_{err}/I_{norm \cdot err}$:	0,81	0,68	0,55	0,42	0.35	0,25	0,18
$\frac{r_{\text{Vorschaltwiderst.}}}{W_{\text{Wicklungswiderst.}}}$:	0,25	0,45	0,8	1,35	1,85	3,10	4,60

(Abb. 115)

Die Reglergröße bestimmt man aus der Summierung der einzelnen Stufen (Abb. 116). Regler für Drehzahlsteigerung sind stufenreicher als für Drehzahl-

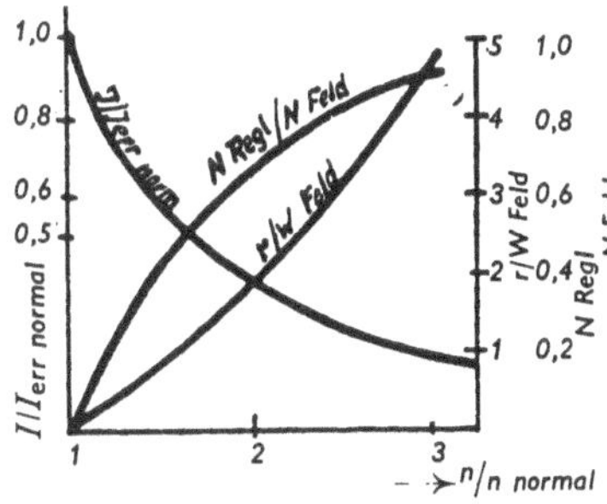

Abb. 115

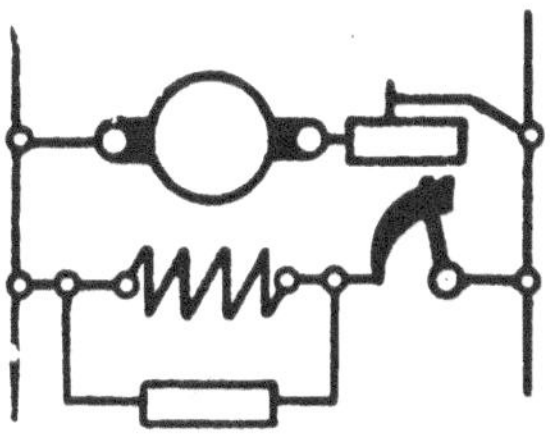

Abb. 116

abfall, sie werden nach einer arithmetischen Reihe abgestuft. Die Stufenzahl kann bei größeren Leistungen auch bis zu 100 Stufen gesteigert werden.

Für Hauptstrommotore ist sowohl Schaltung nach Abb. 117 als auch 118 möglich. Schaltung 117 ist die üblichere.

In beiden Fällen bestimmt man den Widerstand wie folgt;

Bekannt ist Ia (durch M). Man wählt den Erregerstrom, bei dem die gewünschte Maximalgeschwindigkeit erzielt werden soll. Hieraus wird r_{wid} bestimmt, und zwar bei einem Regler nach Abb. 117,

$$I_{err} = I_a - I_{wid} \tag{226}$$

$$\frac{I_a\, r_{wid}}{r_{wid} + r_{err}} = I_{err} \qquad r_{wid} = \frac{I_{err}\, r_{err}}{I_a - I_{err}} \tag{227}$$

während man bei Schaltung nach Abb. 118 noch die Leitfähigkeiten ausrechnen muß:

$$r_{wid} = \frac{1}{G} \qquad G = g_1 + g_2 + g_3 + \cdots \tag{228}$$

Für beide Schaltungen gilt:

$$E = U_n - I_a R_a - I_{err}\, r_{err} = cn\,\Phi \sim c'n\, J_{err} \tag{229}$$

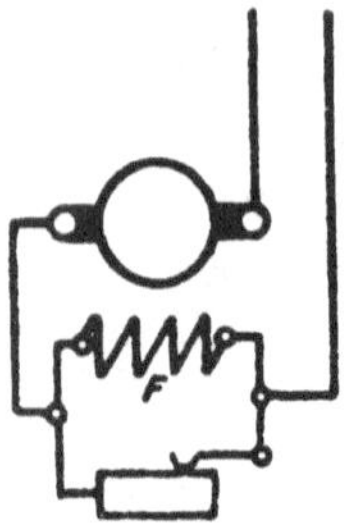

Abb. 117

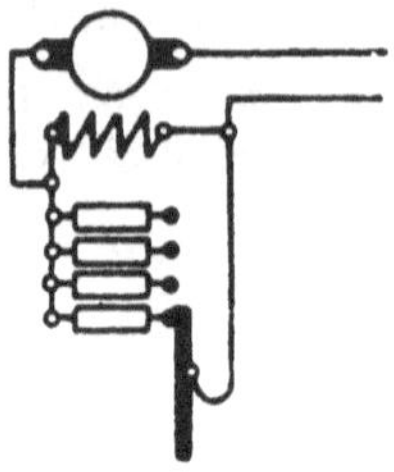

Abb. 118

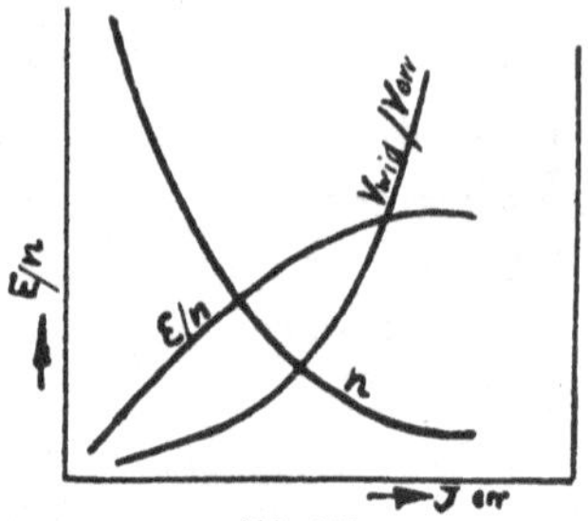

Abb. 119

Jetzt kann man aus der E/n-Charakteristik n bestimmen. (Wenn die E/n Charakteristik nicht bekannt ist, muß man sie nach den Darlegungen auf Seite 112 bestimmen.)

Variiert man jetzt r_{wid}, so variiert man damit I_{err}, E und n, man stuft den Regler so ab, daß n nach einer arithmetischen oder geometrischen Reihe verläuft. (Abb. 119).

Feldschutzwiderstände

Feldschutzwiderstände können kurzzeitig eingeschaltet sein (Fig. 114). Hierbei ist darauf zu achten, daß stets erst der Feldschutzwiderstand eingeschaltet und dann der Schalter ausgeschaltet wird. Die Überlastbarkeit $p = 30$—40. Die im Feldschutzwiderstand zu vernichtende Energie beträgt bekanntlich: $\int_0^\infty E_s\, i\, dt = \int_0^\infty i^2\, R\, dt$. Die Feldschutzwiderstände können aber auch dauernd mit dem Motor eingeschaltet werden (Abb. 116). Ihre Überlastbarkeit entspricht dann der Einschaltdauer des Motors. Die zweckmäßige Größe kann nur aus Versuchen bestimmt werden. Es wurden folgende Werte ermittelt:

N_{motor}	110—150 Volt		220—300 Volt		440—500 Volt	
	I	R	I	R	I	R
KW	A	Ohm	A	Ohm	A	Ohm
0,5	0,2	1100	0,3	3300	0,3	8800
1	0,3	550	0,3	1650	0,3	6600
1,5	0,3	550	0,3	1650	0,3	3300
3	0,5	420	0,3	1100	0,3	3300
5	0,7	220	0,48	660	0,3	2200
7,5	1,04	185	0,68	440	0,47	1300
10	1,04	185	0,68	440	0,47	1300
15	1,35	105	0,68	440	0,47	1300
20	1 87	85	1,08	280	0,85	680
30	1,87	85	1,08	280	0,85	680

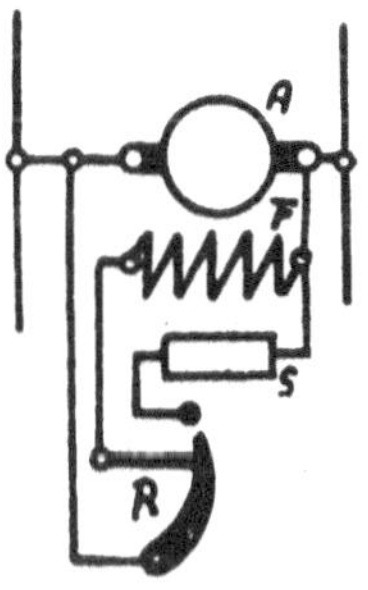

Abb. 114 [2])

Feldregelung bei Generatoren

Für die Konstanthaltung der Spannung von Generatoren müssen Regler verwendet werden (Abb. 120) [1]). Bekannt ist der Widerstand der Erregerwicklung im kalten und warmen Zustand, außerdem die zur Konstant-

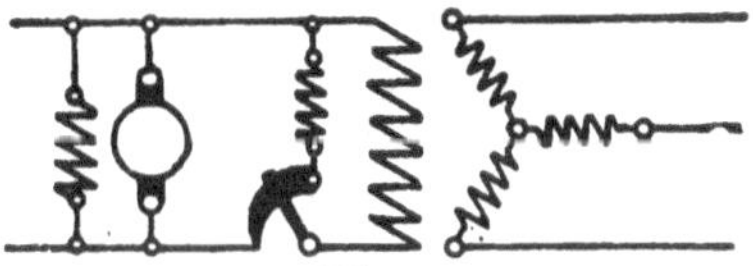

Abb. 120

haltung nötige maximale und minimale Erregerstromstärke. Dann ergibt sich:

$$R_{fest} = \frac{E}{I_{err\ max}} - R_{warm} \tag{230}$$

$$R_{verän} = \frac{E}{I_{err\ min}} - R_{kalt} \tag{231}$$

$$\frac{R_{warm}}{R_{kalt}} = 1{,}2 \quad \text{(geschätzt)}$$

Man wählt den maximalen zum minimalen Reglerwiderstand ungefähr im Verhältnis 2 : 1 und den Reglerwiderstand zu ca. $1{,}2 \frac{E_{max}}{I_{max}}\ \Omega$

[1]) Die Feldleistung ist auf S. 115 angegeben.
[2]) A = Anker, F = Feld, R = Regler, S = Schutzwiderstand

Wenn $R_{fest} = 0$ sein kann, ist $J_{err\ max} = \frac{E}{R_{warm}}$

Die Stufenzahl solcher Regler ist hoch. Sie beträgt bei größeren Maschinen 100 bis 200 Stufen, bei kleineren genügen auch Stufenzahlen von 20—30. Eine exakte Stufung mit stets gleichen Spannungsschwankungen je Stufe läßt sich nur durch Einzeichnung einer Charakteristik für jede Stufe durchführen. Dieses Verfahren ist zu kompliziert, man teilt daher den veränderlichen Widerstand in eine geometrische oder arithmetische oder am zweckmäßigsten in eine gemischt arithmetische und geometrische Reihe ein, indem man ihn erst in Gruppen geometrisch und dann jede Gruppe in sich wieder arithmetisch unterteilt.

$$R_{ver} = s^m (R_{fest} + R_{warm}) \qquad (232)$$

m = Anzahl der Gruppen (man unterteile dann jede Gruppe in 2—10 Stufen), s = der Widerstandssprung je Gruppe (ca. 1,1). Die Größe des Widerstandes muß wieder tabellarisch festgestellt werden

R_{Diff} $\quad$ I $\quad$ $I^2 R_{Diff}$

Der Verlust im Regler beträgt:

$$V = I_{err\ max}\, I_{err\ min}\, R_{ver} + I^2_{err\ max}\, R_{fest} \text{ (Watt)} \qquad (233)$$

Bei Lademaschinen ist die Spannung zu variieren, wobei zu beachten ist, daß bei höchster Spannung auch der höchste Erregerstrom herrschen muß.

E_{max} herrscht bei der Endladung der größten Zellenzahl,

E_{min} herrscht bei der Anfangsladung der niedrigsten Zellenzahl,

$$R_{verän} = \frac{E_{min}}{I_{err\ min}} - R_{err\ kalt} \qquad (234)$$

d. h. er muß so groß sein, daß bei minimaler Spannung und kleinster Stromstärke mit der Ladung begonnen werden kann. Der Maximalstrom errechnet sich zu:

$$I_{max} = \frac{E_{max}}{R_{err\ warm}} \qquad (235)$$

Ein fester Vorschaltwiderstand ist meist nicht vorhanden, es sei denn, daß $I_{err\ max}$ vorgeschrieben ist, dann ergibt sich:

$$R_{fest} = \frac{E_{max}}{I_{err\ max}} - R_{warm} \qquad (236)$$

Die Größe des Widerstandes ergibt sich zu $R_v\, I_{err\ min}\, I_{err\ max}\, (+\, I^2_{err\ max}\, R_{fest})$. Die Stufung wird nach einer arithmetischen Reihe vorgenommen und man nimmt an, daß sich I zwischen $I_{err\ max}$ und $I_{err\ min}$ proportional mit R ändert und stellt dann eine Tabelle gleich wie für Maschinen für konstante Spannung auf. Diese Annahme ist zwar nicht streng richtig, aber vereinfacht die Rechnung sehr stark, da sonst die genauen Charakteristiken gezeichnet werden müßten. Durch die große Stufenzahl wird aber die Ungenauigkeit ausgeglichen.

Für Zusatzmaschinen gelten die gleichen Grundsätze, nur daß der Unterschied zwischen E_{max} und E_{min} hier sehr groß ist (ca. 5 bis 10fach). Mit Rücksicht darauf, daß sehr dünner Draht schlecht gewickelt werden kann, wird oft trotz sehr kleinem minimalen Erregerstrom der Regler nicht klein. Bei den praktisch vorkommenden Konstruktionen ist mit einem kleineren Strom als 0,2 Amp. nicht die Reglergröße zu projektieren. Die tatsächliche Widerstandsstufung hat aber stets nach den wirklichen Erregerströmen zu geschehen. Die Stufung von Magnetreglern für Leonard- oder Zu- und Gegenschaltung (Abb. 123 und 124) soll eine gleiche Veränderung der Geschwindigkeit des Motors, also gleiche Veränderungen der Spannung des Generators erzielen. Man stuft Fördermaschinen am zweckmäßigsten nach einer geometrischen, Werkzeugmaschinen nach einer arithmetischen Veränderung der Spannung ab. Ist die Vollastcharakteristik gegeben, so teilt man die Differenz zwischen der maximalen und minimalen Spannung arithmetisch (Fig. 121) oder geometrisch (Fig. 122) in m (Stufenzahl) Teile und errechnet sich dann zu jeder Stufe den Widerstand und den Erregerstrom und addiert dann die Leistungen, der Gesamtverlust errechnet sich dann wieder zu $R_v\ I_{err\,max}\ I_{err\,min}$. Ist die Charakteristik nicht bekannt, so muß man eine solche schätzen, die Abstufung wird natürlich wesentlich ungenauer. Die Feldleistung von Generatoren kann man ebenso hoch wie die von Motoren annehmen.

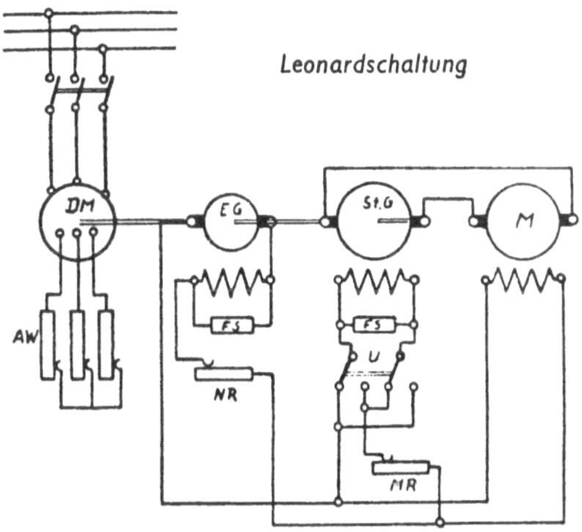

M = Arbeitsmotor · *NR = Nebenschlußregler*
DM = Drehstrommotor · *MR = Motorregler*
EG = Erregermaschine · *FS = Feldschutzwiderstand*
StG = Steuergenerator · *AS = Anlaßwiderstand*
U = Umschalter für Drehrichtungswechsel von M

Bei Gleichstrom wird an Stelle von DM und EG ein Gleichstrommotor vom Netz gespeist.

Abb. 123

Eine andere Feldregelung, die insbesondere bei Leonardmaschinen auch häufig angewandt wird, ist die nach Fig. 119a durch Spannungsteiler. In diesem Falle liegt die Feldwicklung parallel zu einem Widerstand, der im allgemeinen zu etwa dem vierfachen Widerstand der kalten Feldwicklung ausgelegt wird.

Es gelten jetzt folgende Gleichungen:

$$i/I_1 + n\, r_v\, I/I_1 = 1 \qquad (r_v = R_v/R) \qquad (237a)$$

denn

$$i r_{sw} + R_v I = U = I_1 r_{sw}$$

$$n = \frac{R}{r_{sw}} \qquad (r_p = R_s/R) \qquad (237b)$$

$$r_p + r_v = 1 \qquad (238a)$$

$$r_p \frac{I - i}{I_1} = \frac{1}{n}\, i/I_1 \qquad (238b)$$

$$U = I_1\, r_{sw} \qquad (238c)$$

wobei r_{sw} der Widerstand der warmen Feldwicklung beträgt.

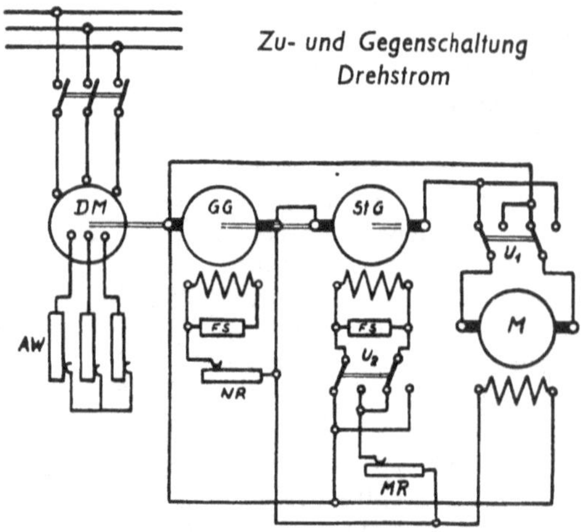

M = Arbeitsmotor GG = Gleichstromgenerator
DM = Drehstrommotor StG = Steuergenerator
AW = Anlaßwiderstand MR = Motorregler
NR = Netzregler FS = Feldschutzwiderstand
U_1 = Umschalter für Drehrichtungswechsel von M
U_2 = Umschalter für Geschwindigkeitsregelung von M

Bei Gleichstrom wird an Stelle von DM und GG ein Gleichstrommotor vom Netz gespeist. Der Steuergenerator StG wirkt auf das gleiche Netz. Die Spannung von StG wird durch U_2 dem Netz entgegen (M steht still) oder zugeschaltet (M läuft mit voller Drehzahl). Durch MR wird die Spannung von StG und damit die Drehzahl M geregelt.

Abb. 124

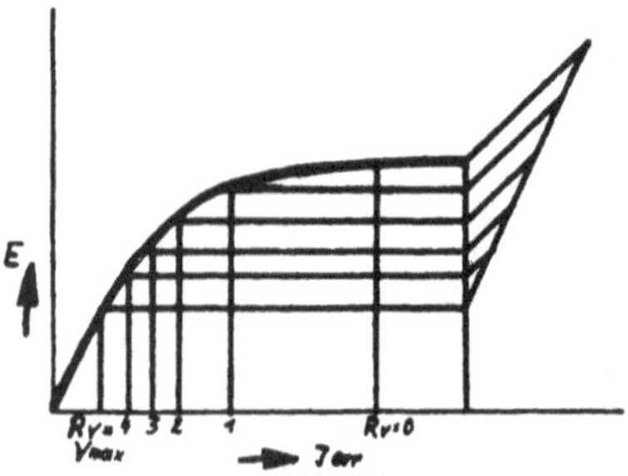

Abb. 121

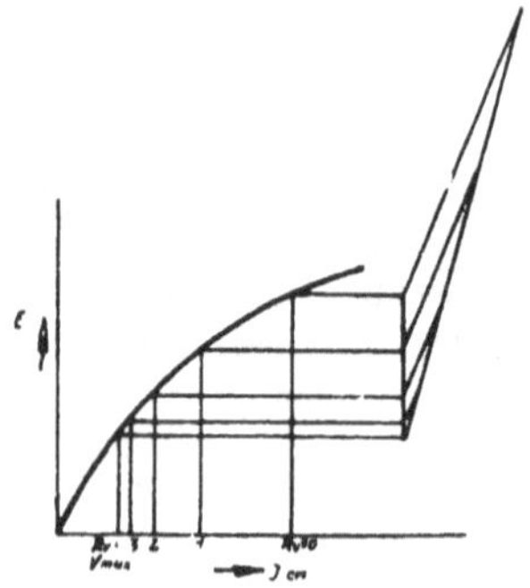

Abb. 122

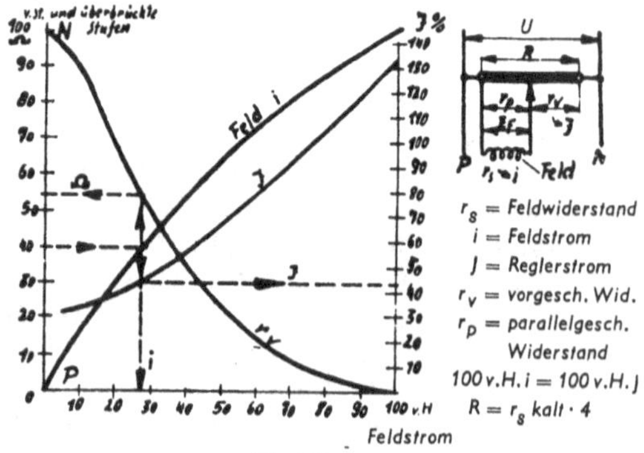

Abb. 119 a

Die Stufung des Reglers kann zweckmäßigerweise so erfolgen wie dies in Ohmprozenten von r_v ist. Mit Hilfe der Gleichungen 237a—238c läßt sich auch ein Diagramm für ein anderes Verhältnis von $\frac{R}{r_{s\,kalt}}$ als 4 aufzeichnen.

Durch die Spannungsteilerschaltung ist insbesondere eine Feldstärke-Regelung bis auf $i = 0$ möglich.

Durch Magnetregler soll die Erregerleistung, wenn nicht besondere Angaben gemacht werden, vermindert werden bei Gleich- und Drehstromgeneratoren um 50—66²/₃% (Konstanthaltung d. Spannung), Lademaschinen um 66²/₃—80%, Generatoren mit Fremderregung um 80% (Konstanthaltung der Spannung), Zusatz- und Leonarddynamomaschinen 94%.

Hauptstromfeldregler bei Generatoren

Die Feldregelung bei Hauptstrommaschinen nach Abb. 117 und 118 ist wenig gebräuchlich, da diese für eine konstante Spannung nicht verwendet werden. Besonders bei Abb. 118 macht sich der Übergangswiderstand störend bemerkbar. Den Parallelwiderstand (maximal und minimal) berechnet man wie folgt und teilt ihn dann arithmetisch, geometrisch oder am zweckmäßigsten gemischt ein (siehe Nebenschlußmaschine)

$$I_1 = I_p + I_{err} \qquad G_s = \text{Leitwert der Erregerspule} \tag{239a}$$

$$G_{max} = G_{p\,max} + G_{s\,kalt} \qquad G_{min} = G_{p\,min} + G_{s\,warm} \tag{239b}$$

$$I_a = I_{err\,min} + I_{p\,max} \qquad I_a = I_{err\,max} + I_{p\,min} \tag{240a}$$

$$E_{s\,min}\, G_{p\,max} = I_a - I_{err\,min} \qquad E_{s\,max}\, G_{p\,min} = I_a - I_{err\,max} \tag{240b}$$

$$G_{p\,max} = \frac{I_a - I_{err\,min}}{E_{s\,min}} \qquad G_{p\,min} = \frac{I_a - I_{err\,max}}{E_{s\,max}} \tag{241}$$

$$G_{p\,max} = \frac{I_a - I_{err\,min}}{I_{err\,min}\, r_{s\,kalt}} \qquad G_{p\,min} = \frac{I_a - I_{err\,max}}{I_{err\,max}\, r_{s\,warm}} \tag{242}$$

Schaltung 117:

Teile G zwischen G_{max} und G_{min}

Schaltung 118:

Teile zwischen $R_{min} = \frac{1}{G_{max}}$ und $R_{max} = \frac{1}{G_{min}}$

Die üblichen Stufenzahlen von Reglern sind

Vernichtung im Regler Watt:	225	1000	1500	2400	4000
Stufenzahl ca.:	15—20	30—50	40—80	50—120	60—150

Anlaßgeräte für Drehstrommotoren

Ständeranlasser: Ständeranlasser werden entweder mit 6 Klemmen (Schaltung 125b) oder mit 3 Klemmen (Schaltung 125a) ausgeführt. Der Zweck der Ständeranlasser besteht darin, daß der Anlaßspitzenstrom ermäßigt wird durch Herabsetzen der Spannung. Der Nachteil besteht darin, daß durch den Ständeranlasser das Einschaltmoment erheblich herabgedrückt wird. Ständeranlasser eignen sich daher nur zum Einschalten von Maschinen mit Halblastanlauf. Der Joulesche Verlust je Phase des Ständers beträgt:

$$R_{Ph} = q_1 \frac{N}{3} / I^2_1 \text{ (induktiver Widerstand vernachlässigt)} \qquad (243)$$

Abb. 125 a

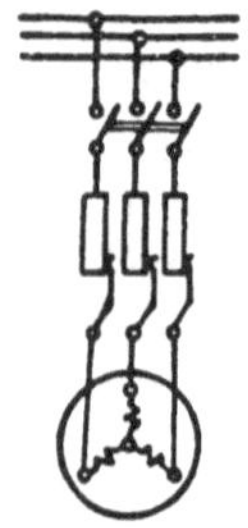

Abb. 125 b

$q_1 = 4\%$, $I_1 =$ Ständerstrom je Phase, $N =$ Leistung des Motors (kW). Bezeichnet man mit U_1 die Ständerphasenspannung, mit I_1 den Ständerphasenstrom und mit aI_1 den Anlaßphasenstrom, dann ergibt sich der Widerstand je Phase zu:

$$R_{ges} = \frac{U_1}{a\, I_1} \qquad (244)$$

a wählt man meist zu ca. 2,5.

$$R_{ges} = s^m R_{Ph} \qquad (245)$$

Die Stufung ist die gleiche wie bei Gleichstromanlassern, große Motoren werden nicht mit Ständeranlassern eingeschaltet. Man kann $s \approx 1{,}1$ annehmen. Bei kleinen Motoren wird meist folgendermaßen abgestuft:

Motorleistung:	1,5	4	5,5	7,5	11	15 kW
Stufenzahl:	4	8	9	9	10	10

Die Primärspannung sinkt und damit sinkt das Moment und zwar quadratisch, denn sowohl der Kreisdurchmesser des Heilanddiagramms als auch der Fluß fällt mit der Primärspannung.

Läuferanlasser und Regler

Bei einem Drehstrommotor, der sich in fast synchronem Lauf befindet, sind induzierte EMK und Läuferstrom fast in Phase. Ist dagegen der Schlupf sehr groß, besteht eine sehr große Phasenverschiebung: die Periodenzahl der Läufer- und Ständerströme ist fast gleich. Die Streuinduktivität ist groß, das entwickelte Moment ist klein. Um nun das Anfangsmoment zu verbessern, muß der Phasenverschiebungswinkel zwischen der Läufer-EMK und dem Läuferstrom durch Einschalten von Widerständen verbessert werden. Die Größe der Widerstände ist aber begrenzt, denn der Widerstand verkleinert auch den Läuferstrom, der ebenfalls maßgebend für das Moment ist: denn für das Drehmoment eines Asynchronomotors gilt;

$$M = \text{konst}\; I_{Läuf}\, \Phi \sin (\Phi, I_L) \qquad (246$$

Der physikalische Vorgang des Anlaufes beim Asynchronmotor ist also anders als beim Gleichstrommotor. Das vom Ständer auf den Läufer übertragene Moment ist unabhängig von der Geschwindigkeit des Läufers. Soll also der Rotor die Leistung aufnehmen können, so muß er durch Widerstände belastet sein. Ein völlig widerstandsloser Läufer würde nicht anlaufen können. Kurzschlußankermotoren haben, da ihr Läuferwiderstand klein ist, ein geringes Anlaufmoment bzw. einen sehr hohen Anlaufstrom. Er beträgt ca. 6—8 I_{norm}. Zur Verbesserung der Anlaufverhältnisse wird ein Stromverdrängungsläufer verwandt, der entweder aus mehreren Käfigen oder aus einem Käfig mit sehr hohen schmalen Nuten besteht. Bei geringem Schlupf, also hoher Läuferdrehzahl verteilt sich der Strom gleichmäßig über den Querschnitt, während beim Stillstand (hohe Läuferperiodenzahl) der Strom an den Zahnkopf bzw. den Außenkäfig verdrängt wird, hierdurch steigt der Widerstand (s. Kap. 1, S. 3 und S. 84) und der Anlaufstrom vermindert sich auf den drei- bis vierfachen Wert.

Der Schlupf ist nun bekanntlich prop. den Sekundärverlusten. Daher kann die Drehzahl durch Sekundärwiderstände herabgesetzt werden, wobei die Drehfeldleistung konstant, die abgegebene Leistung prop. der Drehzahl ist, die Differenz muß im Widerstand vernichtet werden. Die I/n-Charakteristik des Asynchronmotors sieht in dem praktisch benutzten ersten Teil ungefähr genau so aus wie die des Gleichstromnebenschlußmotors, nur sind die physikalischen Vorgänge beim Anlaßvorgang andere[1]).

Aus diesen Darlegungen ergeben sich nun folgende Gleichungen;

$$n_{id} = \frac{f\,p}{60} \qquad (247)$$

p = Polpaarzahl, f = Frequenz

$$s = \frac{n_{id} - n}{n_{id}} = \frac{V}{N_2} = \frac{I^2_{2u} R_u + R_v I^2_{2v} + R_w I^2_{2w}}{U_2 (I_{2u} + I_{2v} + I_{2w})} = \text{Schlupf} \qquad (248)$$

Hierbei ist die Summe der Verluste im Laufer und in den Läuferwiderständen. I_{2u}, R_{2u} .... sind die Ströme und Widerstände in den einzelnen Phasen, W_2 die Sekundärleistung. Bei gleichmäßiger Belastung gilt:

$$s = \frac{I_2 \sqrt{R^2_2 + (2\pi f L)^2}}{U_2} \cong \frac{I_2 R_2}{U_2} \qquad (249) \qquad U_2 = \frac{E_2}{\sqrt{3}} \text{ (Sternsch.)} \qquad (250)$$

E_2 = verkettete Läuferspannung.

Am üblichsten ist es, den Läufer in Stern zu schalten, es gilt dann: (Abb. 126a)

$$R_{ges\,ph} \simeq \frac{E_2}{\sqrt{3}\, I_2} \qquad (251)$$

$$R_{a\,ph} = q_2 \frac{N}{3 I^2_2} \qquad q_2 = 0{,}04 \qquad (252)^{2)}$$

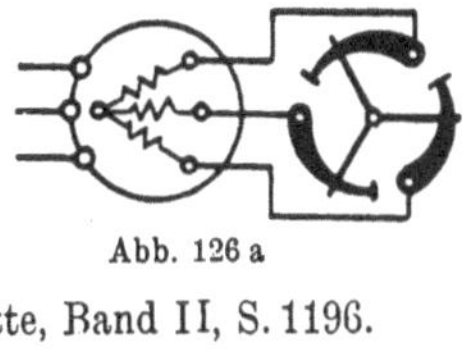

Abb. 126 a

[1]) Genaue Charakteristik des Asynchronmotors siehe z. B. Hütte, Band II, S. 1196.

[2]) $R_{a\,ph}$ = Widerstand des Läufers je Phase.

Unüblich ist es, den Läufer in Dreieck zu schalten, da hierdurch stärkere Leitungen nötig wären:

$$R_{ges\,ph} \simeq \frac{E_2}{I_2} \qquad (253) \qquad R_{a\,ph} = q_2 \frac{N}{3\,I^2_2} \qquad q_2 \sim 0{,}04 \qquad (254)$$

Um die Zahl der Kontakte zu sparen, ist es vielfach üblich, den Läufer zweiphasig zu schalten (Abb. 126b), der Nachteil besteht dann darin, daß das Drehmoment M nicht gleichmäßig ist, was nur dann der Fall ist, wenn alle drei Phasen gleich belastet werden.

$$R_{ges\,ph} = \frac{E}{I^2_2} \qquad (255)$$

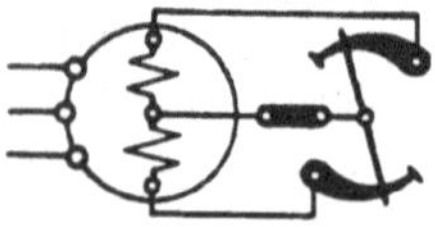
Abb. 126b

$$R_{a\,ph} = q_2 \frac{N}{2\,I^2_2} \qquad q_3 \sim 0{,}05 \qquad (256)$$

Bei dieser Schaltung darf nicht übersehen werden, daß ein Strang, in dem die Widerstände nicht geschaltet werden, $\sqrt{2}\,I_2$ führt. Alle diese Anlaßsysteme werden genau so abgestuft, wie Gleichstromnebenschlußmotore. Es gilt also auch hier;

$$s^m = \frac{R_{ges\,ph}}{R_{a\,ph}} \qquad (257)$$

Eine andere Möglichkeit, auf Kosten der gleichmäßigen Belastung in den Phasen an der Kontaktzahl zu sparen, besteht darin, den Läuferanlasser nach Fig. 126c zu schalten. Man beachte, daß bei dieser Schaltung die Kontaktbürste die Breite von 3 Kontakten haben muß, um immer jede Phase zu belasten.

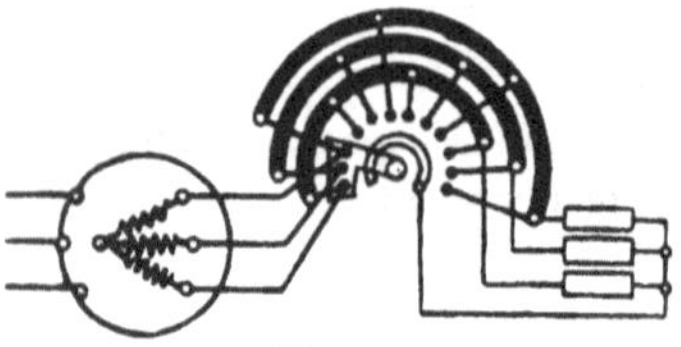
Abb. 126c

Bei der Festlegung der Stufung bei dieser Schaltung gibt es zweierlei Möglichkeiten:

Man bestimme den Gesamtwiderstand für jede Phase nach 251, addiere die drei Gesamtwiderstände und man erhält nun:

$$R_{Ges} = 3\,R_{ges\,ph} \qquad (258)$$

$$R_{Ges} = S^m\,R_{a\,ph} \qquad (259)$$

S und m ist die Stufenzahl und das Stromverhältnis oder aber man bestimmt für jede Phase nach 251 den Gesamtwiderstand. Man rechnet nun so als ob die Gesamtstufenzahl S in jeder Phase vorherrschen würde und macht aber jeden Sprung dreifach:

Letzte Stufe Widerstand $= 3\,S\,R_a$
vorletzte Stufe $= 3\,S^2\,R_a$
1. Stufe $= 3\,S^m\,R_a$

Bei Abstufung nach der zweiten Methode muß im Anfang der Widerstand ermäßigt und um die gleichen Werte später erhöht werden, um einen Abfall der Drehzahl des Motors in den ersten Stellungen zu vermeiden. Die Drehzahl ergibt sich nach Formel 248.

Wird ein großer Motor in sehr wenigen Stufen bei großer Schalthäufigkeit geschaltet, z. B. bei Walzwerksantrieben, so muß stets ein Schlupfwiderstand von ca. 5—10% eingeschaltet bleiben, um ein starkes Abfallen des Motors beim Umschalten von einer Stufe auf die andere zu verhindern.

Für Bremsung und Geschwindigkeitsregelung gelten die gleichen Diagramme wie für den Gleichstromnebenschlußmotor. Man beachte aber bei Abstufung mit zweiphasigem Läufer oder bei der Kahlenbergschaltung Gleichung 248. Kurzschlußbremsung ist nicht möglich, wohl aber übersynchrone Generatorbremsung. Die Kurzschlußbremsung ist möglich, wenn der Ständer mit Gleichstrom gespeist wird. (Fig. 127.) (Näheres s. S. 140.) Bei Drehstrom würde der Motor stromlos, jetzt aber wird ein Bremsfeld erzeugt. Sind außer dem Gleichrichter noch Widerstände in den Ankerkreis geschaltet, so gilt für die M/n-Charakteristik Fig. 148c. Normalerweise wird diese Schaltung zur Bremsung von Werkzeugmaschinen verwendet, wenn es unter allen Umständen vermieden werden soll, daß auch nur der geringste Rücklauf stattfindet, also Gegenstrombremsung nicht in Frage kommt. In diesem Fall werden Widerstände meist nicht vorgeschaltet, dagegen muß beachtet werden, daß zwischen Ausschaltung des Gleichstrommotors und Einschaltung des Gleichrichters eine Pause von ca. 1 sek. liegen muß, damit der Gleichrichter durch Rückströme keinesfalls durchgeschlagen wird. Die Bemessung des Gleichrichters kann mit ca. 10% der Maschinenleistung bei 5% ED angenommen werden. Als Belastungswiderstand dient je nach der Ständerschaltung die Summe oder ein Bruchteil der Summe der Phasenwicklungen. Es gibt auch andere untersynchrone Bremsschaltungen für Schleifringankermotoren[1]), die vor allem im Kranbetrieb Verwendung finden.

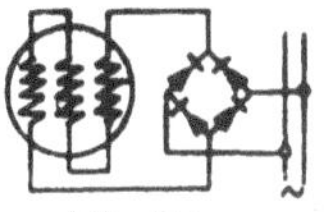

Abb. 127

Einschalten und Regeln von Einphasenmotoren

Der Einphasenasynchronmotor kann nicht ohne Hilfsschaltung anlaufen, da im Stillstand sein Drehmoment = 0 ist, und bekanntlich ein Wechselfeld den Motor nicht in Bewegung setzen kann. Man erzeugt daher zum Anlauf einen Zweiphasenstrom, indem man in dem Motor eine Hilfswicklung anbringt, die um 90° räumlich verschoben angeordnet ist, außerdem muß noch eine zeitliche Verschiebung gegenüber der Hauptwicklung erzeugt werden. Bei kleinen Motoren geschieht dies durch einen

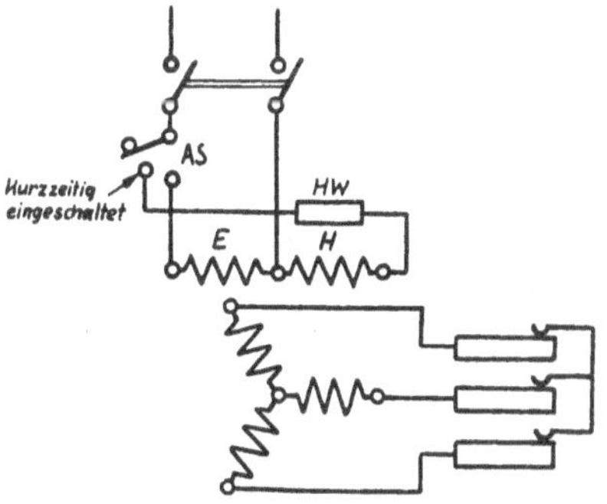

AS = Anlaßschalter
E = Einphasenwicklung
H = Hilfswicklung (um eine doppelte Polteilung von E entfernt)
HW = Hilfswiderstand (ev. Spule oder Kondensator)

Einphaseninduktionsmotor

Abb. 128

[1]) S. S. 137

Widerstand (Fig. 128), bei größeren durch einen Kondensator oder eine Drosselspule. Das entstehende Drehfeld ist in jedem Fall unsymmetrisch, daher ist das Anlaufdrehmoment klein. Sobald der Motor angelaufen ist, wird die Hilfswicklung abgeschaltet. Der Einschaltstrom ist in der Regel hoch, so daß man rechnen muß, daß durch die Hilfswicklung ein Strom von 5—8 I_{norm} kurzzeitig fließt. Den Hilfswiderstand bestimmt man etwa zu:

$$R = \frac{N_{mot}}{\frac{I^2\,\text{Einsch.}}{4}} \cdot \text{Überlastungsfaktor } p \div 50 \qquad (260)$$

Anlassen von Schleifringankermotoren ist nicht unter Last möglich, denn das Drehmoment ist ebenfalls vom Sekundärwiderstand abhängig, denn je größer der Läuferwiderstand ist, um so kleiner werden die Ströme zweifacher Periodenzahl und um so mehr macht sich das bremsende inverse Drehfeld bemerkbar. Drehzahlregelung mittels Widerstand im Läufer ist kaum üblich, da besonders das Kippmoment des Motors bei großen Widerständen sehr sinkt, man kann notfalls bis ca. 10—20% Drehzahlabfall regeln. Bei ca. 10fachem Läuferwiderstand ist das Kippmoment ca. halb so groß wie ohne Läuferwiderstand. Man ist daher gezwungen, wenn die Geschwindigkeit geregelt werden soll, große Motoren zu wählen. Die Abstufung des Widerstandes kann in ähnlicher Weise wie bei Drehstromasynchronmotoren erfolgen. Wenn Drehzahlregelung bei Einphasenwechselstrom notwendig ist, wählt man Kommutatormaschinen. Die Schaltung eines einphasigen Wechselstrommotors zeigt Abb. 128.

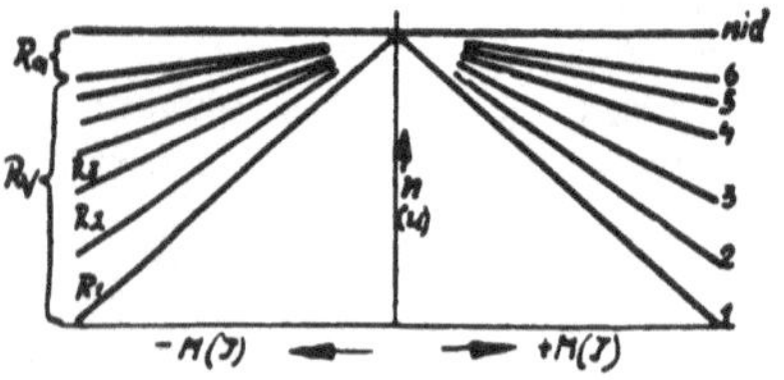

Abb. 129 a

Anwendung der Berechnungsformeln für Hebezeuge

Fast alle Arten der Regelung von Motoren sind für Hebezeuge notwendig, man studiert daher die Wirkung der verschiedenen vorher besprochenen Schaltungen am besten bei Kranschaltungen, da fast alle sonst vorkommenden Fälle der Verwendung von Widerständen für Maschinenantriebe sich leicht aus dem Studium der Kranschaltungen ableiten lassen.

Die einfachste Schaltung ist die sogenannte Fahrschaltung, wie sie normalerweise für Katz- und Kranfahrwerke gewählt wird. Für Nebenschlußmotoren wird

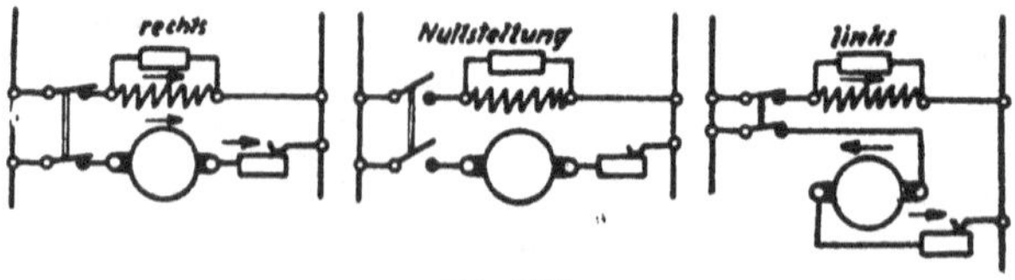

Abb. 129 b

der Motor zur Änderung der Drehrichtung umgepolt, und dann wird der Widerstand nach Formel 181 abgestuft (wenn das Drehmoment eine bestimmte Funktion der Geschwindigkeit ist, also nicht im Kranbetrieb, sind die entsprechenden Formeln angegeben), dann ergeben sich nach Schaltung 129b die unter Abb. 129a gezeichneten Kennlinien zwischen der Geschwindigkeit und dem Moment (das dem Strom prop. ist).

Abb. 130 zeigt eine Umkehrsteuerwalze für eine Gleichstromnebenschlußmaschine, bei der jedoch noch das Feld des Motors geschwächt werden kann. Die Feldschwächung setzt erst ein, wenn der ganze Regelvorschaltwiderstand ausgeschaltet ist, da sonst unnötige Verluste auftreten. Bei Gleichstrommaschinen ist stets eine Blasung für die Kontakte der Steuerwalze erforderlich (s. Kap. 3 und 1).

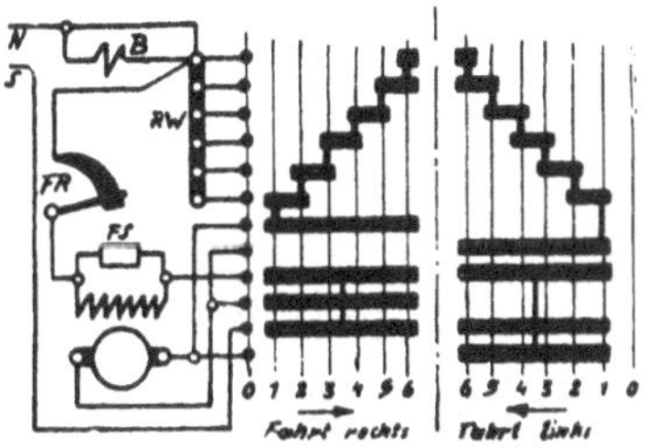

FS = Feldschutzwiderstand
FR = Feldregelwiderstand
RW = Regelwiderstand
B = Blasspule

Abb. 130

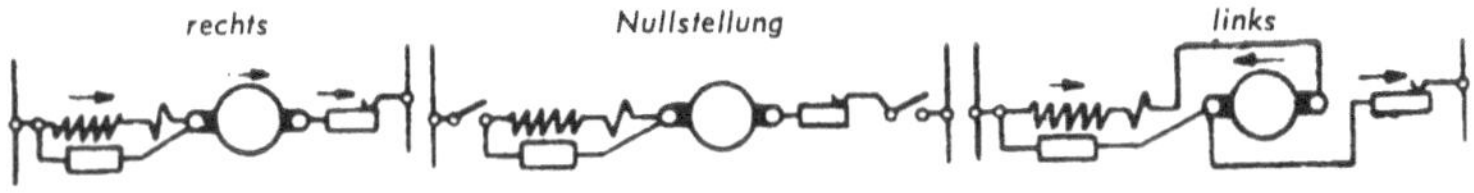

Abb. 131

Abb. 131 zeigt eine Fahrschaltung für Hauptstrommotoren, die besonders wichtig für den Hebezeugbetrieb ist. Die Feldrichtung bleibt erhalten. Die Charakteristiken bei verschiedenen Widerständen zeigen Abb. 132 und 133. Die Widerstandsstufung ist bei den Hauptstrommotoren beschrieben, entweder nach Formel 181 oder bei Bekanntsein der Charakteristik nach

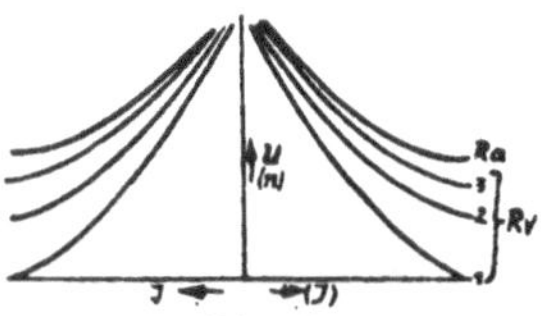

Abb. 132

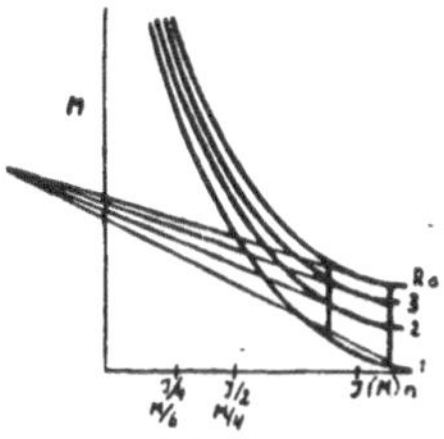

Abb. 133

Formel 210 in Verbindung mit Abb. 106. Für einen schwach gesättigten Motor ist die I/n- und M/n-Charakteristik gemäß Formel 214 und 215 darstellbar. Bei allen Schaltungen für Katzfahr- und Hubmotoren, insbesondere bei allen Feinsteuerungen (z. B. auch untersynchrone Bremsschaltung bei Drehstrommotoren) wird gern in den Hubstellungen und Katzfahrstellungen stets dafür gesorgt, daß ein kleiner Schlupfwiderstand von 4–5 % der Motorleistung eingeschaltet ist, um sanften Anlauf auch bei geringer Last zu erzielen.

Fahrbremsschaltung

Bei schnellfahrenden (über 0,5 m/sek) Katz-, Kran- und selbstsperrenden Hubwerken ist die Fahrbremsschaltung üblich. Eine ähnliche Schaltung wird auch für

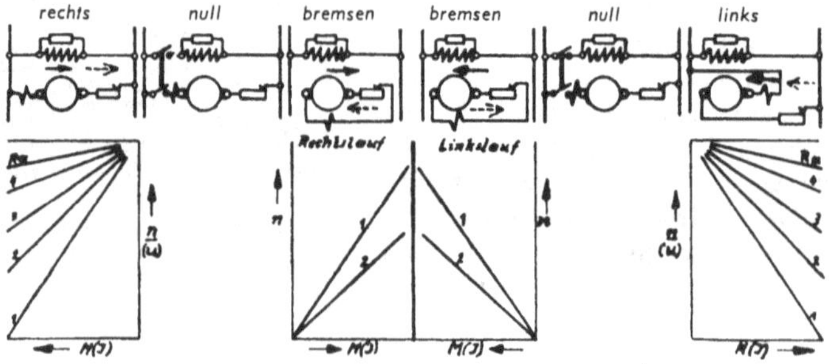

Abb. 134[1])

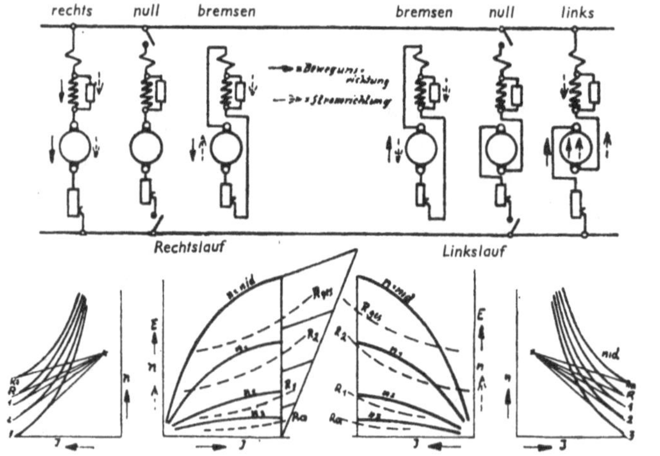

Abb. 135

Gleichstromantriebe von Werkzeugmaschinen oft verwendet. Hierbei wird von der Gleichstromkurzschlußbremsung Gebrauch gemacht. Sowohl beim Rechts- als auch beim Linksfahren sind jenseits der Nullstellung einige Bremsstellungen. Die schärfste

[1]) Ausgezogener Pfeil = Bewegungsrichtung, gestrichelter Pfeil = Stromrichtung

Bremsung, d. h. der kleinste Bremswiderstand, befindet sich in der größten Entfernung von der Nullstellung. Abb. 134 zeigt eine solche Schaltung für Nebenschlußmotore, die zu bestimmen ist nach Abb. 100.

Abb. 135 zeigt dieselbe Schaltung für Hauptstrommotore, wobei die Geschwindigkeit nach Formel 211 in Verbindung mit Formel 181 oder besser nach Abb. 106 und die Bremscharakteristiken nach den Formeln 221—223 in Verbindung mit den Abb. 109—113 festzulegen sind. Daraus ist für schwachgesättigte Maschinen die M/n-Charakteristik ableitbar (S. 114). Für Gießereikrane und bei allen anderen

Ergänzung für Gießereikrane

Mit kleinen Geschwindigkeiten und kleinen Strömen soll auch gefahren werden können

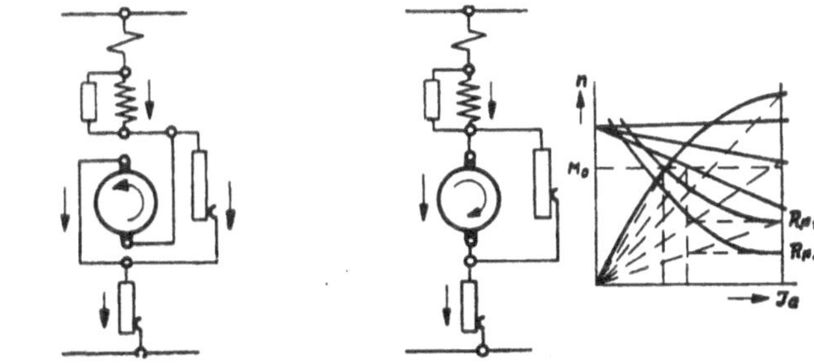

Ankerparallelwiderstand in den ersten Fahrstellungen

Ankerparallelwiderstand $Rp_1 > Rp_2$ angenommen

(man regelt den Ankerparallelwiderstand bei vollem Vorschaltwiderstand)

Abb. 136a und b

Maschinen, für die ein Nebenschlußmotor aus Gründen des schlechteren Anzugsmomentes nicht gewählt werden kann, kann in den ersten Stellungen ein Ankerparallelwiderstand eingeschaltet werden (Abb. 136). Dieser wird eingeschaltet bei vollem Vorwiderstand, und zwar von der Nullstellung ab immer vergrößert (meist nur ein bis zwei Stellungen mit Ankerparallelwiderständen). Die Bestimmung geschieht unter Annahme von verschiedenen Parallelwiderständen nach den Formeln 218—220, wobei jetzt I_{err}, I_p und E unbekannt sind. Aus der $E/n = f(I_{err})$ läßt sich dann n als Funktion von I_p bestimmen, wenn man die Rechnung für verschiedene I_a durchführt. Die Größe des Widerstandes ergibt sich aus der Bestimmung:

$$V_{Par} = I^2_{pmax} R_{pmax} \qquad (261)$$

Der Überlastungsfaktor entspricht dem des Motors.

Senkbremsschaltungen

Die Senkbremsschaltungen dienen in erster Linie zur Verwendung für Hubwerke, bei denen es nicht so sehr auf schnelles Arbeiten ankommt und an denen geschultes Bedienungspersonal arbeitet. Wenn diese Schaltung auch für Nebenschlußmotore kaum vorkommt, so sei sie doch der Vollständigkeit und der Doppelschlußmotoren wegen hier besprochen. Schaltung und I (M)/n-Diagramm ist in Abb. 137a und b abgebildet. Bezeichnet man mit x den Getriebewirkungsgrad, so verhält sich beim Heben das Moment am Kranhaken zu dem an der Motorwelle wie 1 : x, und beim Senken wie x : 1 so daß sich an der Motorwelle das Moment bei gleicher Last am Kranhaken beim Heben zu dem beim Senken wie $1/x^2$ verhält.

Die Hubschaltung ist dieselbe wie die gewöhnliche Fahrschaltung (s. daselbst). Die Hubcharakteristik ist in Abb. 137a, rechter positiver Quadrant, dargestellt. Für die Senkstellung gilt der untere Teil des Diagramms Abb. 137a. Der Motor wird durch die Last angetrieben und arbeitet als Bremse (Generator-, Nachlauf- oder Kurzschlußbremsung). Für ganz kleine Lasten, d. h. wenn das Reibungsmoment größer ist als das Lastmoment, arbeitet der Motor als Motor mit Abwärtsdrehmoment, zunächst mit großem Widerstand, der immer kleiner wird. Die Berechnung geschieht wie bei der Fahrschaltung. (Man beachte, daß beim Senken negatives I motorische und positives I generatorische Wirkung bedeutet.) Hauptsächlich wird jedoch die Senkbremsschaltung in Verbindung mit Hauptstrommotoren angewendet. Das Schaltbild und das Diagramm zeigen Abb. 138.

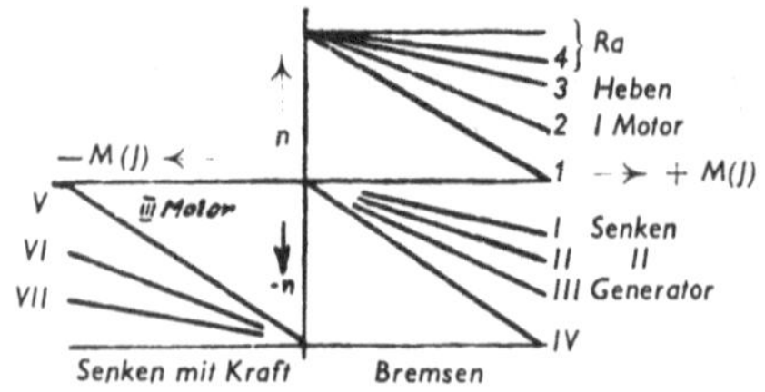

Abb. 137a

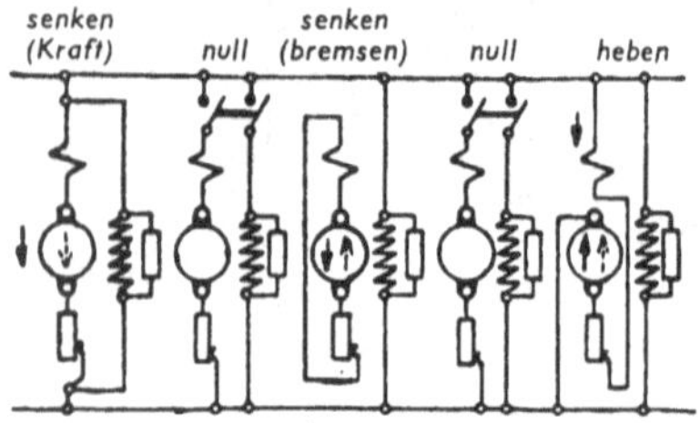

Abb. 137b

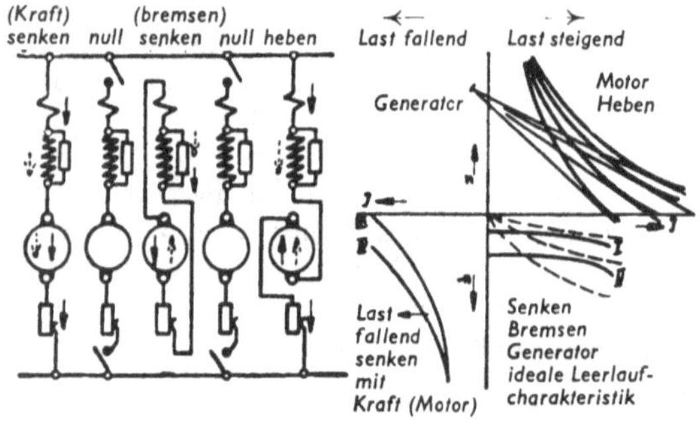

Abb. 138

Man achte darauf, daß hier die Feldrichtung nur dann erhalten bleibt, wenn zwischen Heben und Senkbremsen nicht umgepolt wird, da durch die eintretende Kurzschlußbremsung (Generatorwirkung) die Stromrichtung bei der Änderung der Drehrichtung des Motors erhalten bleibt.

Diese Schaltung hat jedoch in der in Abb. 138 gezeigten Form einen Nachteil. Der Motor muß erst eine gewisse Geschwindigkeit haben, ehe die Feldstärke genügend groß ist, um ausreichende Bremswirkung zu erzielen, so daß auf der ersten Senkstellung leicht ein ruckartiges Arbeiten erfolgt. Deswegen muß man, abgesehen von

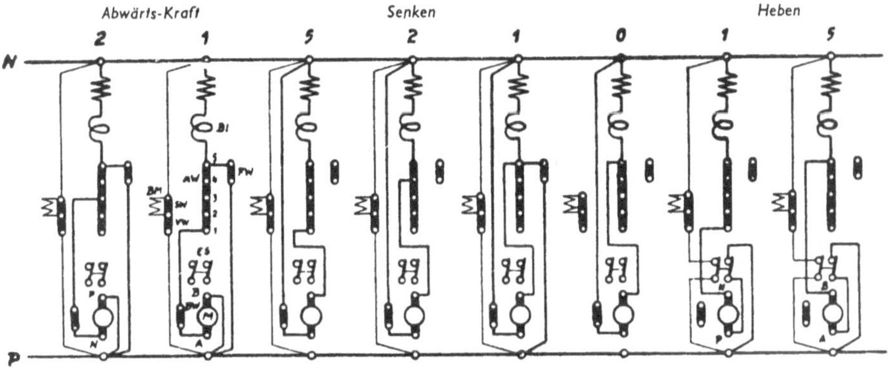

AW = Anlaß-Widerstand
BM = Bremslüft-Magnet
Bl = Blasspule
BW = Brems-Widerstand
ES = Endschalter
FW = Fremderreger-Widerstand
M = Hauptstrom-Motor
SW = Schutz-Widerstand
VW = Vorschalt-Widerstand

Abb. 139 a

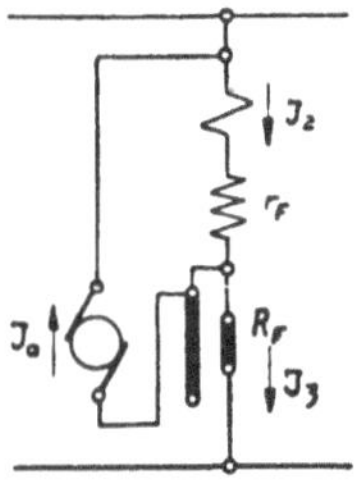

Abb. 139

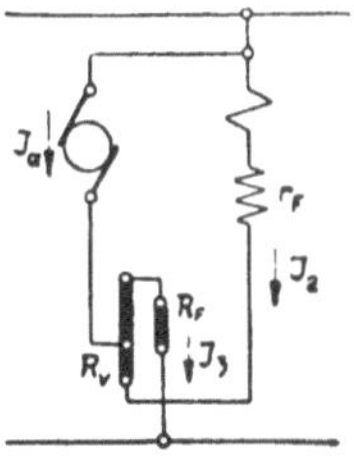

Abb. 140

Schneckenwinden oder von den Fällen, in denen ausschließlich sehr grobe Gegenstände gehoben werden, in der ersten Senkstellung dem Feld direkt über einen Widerstand Strom zuführen. Als ein solcher Fremderregungswiderstand dient entweder ein besonderer Widerstand R_F (Schaltung 139) oder der Anlaßwiderstand (Schaltung 140).

Die Größe des Fremdwiderstandes bzw. die Charakteristik mit dem Fremdwiderstand bestimmt man folgendermaßen:

Schaltung 139: Bekannt sind I_a, R_a, R_v, r_F.

Dann gelten folgende Gleichungen:

$$U - I_2 r_F - I_3 R_F = 0 \tag{262}$$

$$I_3 = I_2 - I_a \tag{263}$$

$$E - I_a R_a - r_F I_2 = 0 \tag{264}$$

$$E = \frac{U_n n}{n_{id}} \frac{f(I_2)}{f(I_a)} \tag{265}$$

r_F = Feldwicklungswiderstand

R_F = Fremderregungswiderstand

U_n = Normalspannung (Netzspannung)

n_{id} = Normalgeschwindigkeit

$\frac{f(I_2)}{f(I_a)}$ = Verhältnis der Kraftflüsse bei den Strömen I_2 und I_a

Hierbei muß man sich wählen, welche Geschwindigkeit bei Normalstrom der Motor haben soll, man kann sie etwa zu $^1/_3$ der normalen annehmen. Im übrigen muß man aus der Erregercharakteristik oder einer geschätzten Charakteristik so lange E variieren, bis die Gleichung 262—264 den richtigen Fremderregungswiderstand ergeben. Bei Schaltung Abb. 140 ist der Fremdwiderstand als ein Teil des Anlaßwiderstandes gegeben (man kann natürlich auch von einem gewählten Geschwindigkeitsverhältnis n/n_{id} ausgehen). Es gilt

$$E - I_a R_a - I_2 (R_v + r_F) = 0 \quad I_3 = I_2 - I_a \tag{266}$$

$$U - I_2 (R_v + r_F) + I_3 R_F = 0 \tag{267}$$

und Gleichung 265.

Die Leitungen werden als widerstandslos angenommen. Wenn ein Fremderregungswiderstand vorhanden ist, wird dieser vielfach auch in den „Abwärtskraft"-Stellungen parallel zum Vorwiderstand und Motor geschaltet. Die Berechnung der Senklinien erfolgt nach den Formeln 218—220 und der E/n-Charakteristik, wobei jetzt bekannt sind; R_v, R_p, I_a, R_a, U_n, R_{err} und I_{err}, I_p und E.

Vielfach wird auch anstatt des normalen Regulierwiderstandes in der Stellung, wo der Fremderregungswiderstand vorgeschaltet ist, ein besonderer Vorwiderstand vor den Anker geschaltet, damit in dieser Stellung eine besonders gewünschte Charakteristik erzielt werden kann.

Senkkraftschaltungen

Will man in allen Stellungen die Geschwindigkeit des Motors nach Belieben regeln, außerdem den Kran schnell und durch ungeschultes Personal bedienen können, so wie es besonders in der Gießerei oder für Montagezwecke notwendig ist, so muß man eine Senkkraftschaltung wählen. Hierbei muß in jeder Stellung Strom aus dem Netz entnommen werden, was naturgemäß einen größeren Stromverbrauch verursacht, als eine Senkbremsschaltung. Außerdem werden die Walzen erheblich komplizierter, also auch erheblich teurer als Senkbremswalzen. Die einfachste Schaltung ist die nach Abb. 141.

Die Hubschaltung ist die gewöhnliche Anlaßschaltung eines Hauptstrommotors, nur in der ersten Hubstellung wird ein Parallelwiderstand vorgeschaltet, um kleine Lasten auch langsam heben zu können. Die Berechnung eines solchen Parallelwiderstandes befindet sich bei der Fahrbremsschaltung. Man kann auch für einen bestimmten Strom eine bestimmte Geschwindigkeit vorschreiben, dann sind I_{err}, I_p, R_p unbekannt, während sich E durch mehrfaches Probieren, bis der richtige Erregerstrom I_{err} errechnet ist, aus der E/n-Charakteristik ergibt. Für die Bestimmung der Senkcharakteristiken gibt es zweierlei Methoden:

Man geht von den Widerständen der einzelnen Stufen, die für das Heben errechnet sind, aus und bestimmt nun für die einzelnen Stufen bei der Senkschaltung die Charakteristik. Dafür gelten gemäß der Abb. 141 folgende Gleichungen:

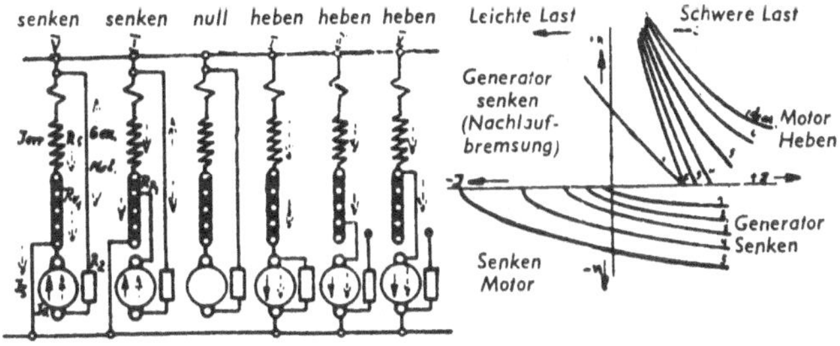

Abb. 141

Man beachte immer beim Motor U > E, beim Generator E > U. Beim Senken ändert sich das Vorzeichen von I_a.

$$I_3 = -I_a + I_{err} \tag{268}$$

$$(R_s + R_{p1})\, I_{err} = E - I_a R_a - I_a R_2 \tag{269}$$

Die Berechnungen sind ermittelt für generatorischen Teil der Senkcharakteristik gültig, für den motorischen Teil gilt $I_3 = I_{err} + I_a$, $(R_s + R_{p1})\, I_{err} = I_a (R_2 + R_a) + E$; R_2 kann auch in den Senkstellungen wegfallen.

$$(R_s + R_{p1})\, I_{err} + (I_a + I_{err})\, R_{v1} = U_n \tag{270}$$

Unbekannt sind in diesen Gleichungen I_{err}, E, I_3. Aus der Abb. 116 oder aus der bekannten $E/n = f(I_{err})$ Charakteristik oder in grober Annäherung, besonders für kleinere Ankerströme mit der Gleichung:

$$n = \frac{n_{id}\, I_{norm}\, E}{I_a\, U_n} \tag{271}$$

kann für verschiedene Ankerströme und Widerstandsstufen n errechnet und daraus die Charakteristiken konstruiert werden.

Die zweite Methode besteht darin, je zwei Punkte der Senkcharakteristiken vorzuschreiben und danach dann die Senkvor- und Parallelwiderstände zu bestimmen. Die Hubwiderstandsabstufung richtet sich dann nach den Senkwiderständen, wobei nicht übersehen werden darf, die erste Hubstellung mit vollem Anlaßwiderstand zu versehen. Um zweckmäßige Senkcharakteristiken zu erhalten, wählt man die Stufung und die zwei vorzuschreibenden Punkte üblicherweise wie folgt:

		I	II	III	IV	V
	Stufe	I	II	III	IV	V
	M/M_{norm}	1,00	1,00	1,00	1,00	1,00
1)	I_{a1}/I_{norm}	1,00	1,00	1,00	1,00	1,00
	n/n_{id}	0,33	0,60	0,80	1,00	1,20
	M/M_{norm}	0,50	0,50	0,50	0,50	0,50
2)	I_{a2}/I_{norm}	0,71	0,71	0,71	0,71	0,71
	n/n_{id}	0,20	0,45	0,70	0,90	1,10

Nun gelten gemäß Abb. 141 folgende Gleichungen:

$(R_s + R_{p1})\,I_{err1} = E_1 - I_{a1}\,R_a - I_{a1}\,R_2$ R_2 kann bekanntlich auch wegfallen

$$(R_s + R_{p1})\,I_{err1} + (-I_{a1} + I_{err1})\,R_{v1} = U_n \tag{272}$$

$(R_s + R_{p1})\,I_{err2} = E_2 - I_{a2}\,R_a - I_{a2}\,R_2$

$(R_s + R_{p1})\,I_{err2} + (-I_{a2} + I_{err2})\,R_{v1} = U_n$

In diesen vier Gleichungen sind unbekannt I_{err1}, I_{err2}, R_{p1}, R_{v1}, während man E_1 und E_2 aus der Gleichung 213 evtl. in Verbindung mit 214 bestimmen kann.

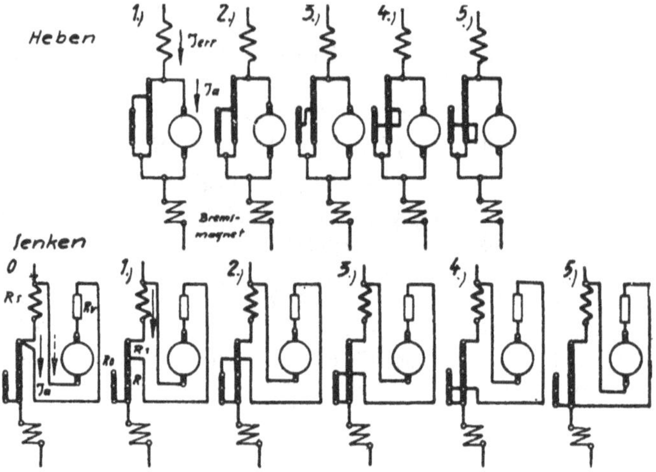

Abb. 142

Für motorische Wirkung wird I_a negativ: wenn R_2 noch bestimmt werden soll, muß noch ein dritter Punkt der Charakteristik gegeben sein. Die weiteren Punkte der Charakteristiken müssen dann wie bei der ersten Methode bestimmt werden.

Eine weitere Senkkraftschaltung zeigt Abb. 142 (Kennlinien s. Abb. 143). Der Vorteil dieser Senkkraftschaltung besteht in der guten Einstellbarkeit der Geschwindigkeit beim Heben. Man kann als weitere Ergänzung noch in den letzten Hubstellungen reines Hauptstromverhalten durch Lösung der Verbindung zum Parallelwiderstand erzielen. Bei der Berechnung der Schaltung geht man wieder von zwei Punkten aus, wie sie sich zweckmäßigerweise aus der oben angeführten Tabelle ergeben, wobei I_{err}, I_a und E, je nachdem von welchem Punkt man ausgeht, Index 1 oder 2 erhalten.

Es gelten also folgende Beziehungen:

$$I_{err} (R_s + R_1) + (I_{err} - I_a) (R - R_1) = U_n - R_B I_{err} \qquad (273)$$

$$I_{err} (R_{sr} + R_1) + (R_v + R_a) I_a = E \qquad (274)$$

Diese Gleichungen sind für den generatorischen Teil gültig, für den motorischen ist I_a negativ. R_B ist der Widerstand des Hauptstrommagneten.

Man kann auch die Hubschaltung wählen, wie es in Abb. 142 für Heben 1 angegeben ist, natürlich muß für die Senkschaltung der Motor wie in den Senkstellungen geklemmt sein. Dann ist $R_v = 0$.

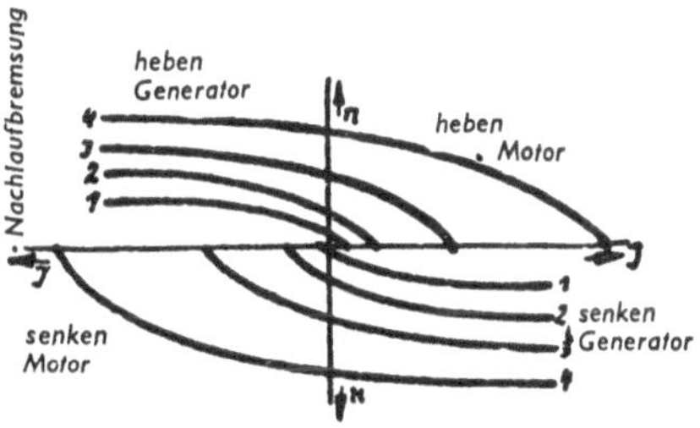

Abb. 143

Bei dieser Schaltung gelten an Stelle der Gleichungen 273/274 für Hebenstellung 1

$$I_{err} R_s + I_a R_a = U_n - E - R_B I_{err} \qquad (273a)$$

$$E_1 + I_{err1} (R_1 + R_4) - I_{a1} (R_1 + R_4 + R_a) = 0 \qquad (274a)$$

In den Gleichungen 273, 274 sind I_{err1}, I_{err2}, R_1, R_v unbekannt, in den Gleichungen

273a, 274a sind es I_{err1}, I_{err2}, R_1, $R_4 = \dfrac{(R - R_1) Rp}{Rp + (R - R_1)}$

Die Kombination ist natürlich nicht immer notwendig. Man kann auch in dem Ankerstromkreis den festen Widerstand R_v beim Senken weglassen. Der Nachteil besteht darin, daß man bei den Senkcharakteristiken noch einen Punkt weniger in der Charakteristik bei einer Stufe vorschreiben kann. Man wählt, wenn R_v vorgesehen wird, beispielsweise für Stufe V für $M/M_{norm} = 0$, $n/n_{id} = 0{,}90$ (bei einer feineren Stufenunterteilung kann dies evtl. eine andere Stufe sein) und erhält bei dieser Stufe noch zwei Bestimmungsgleichungen für I_{err3} und R_v entweder nach den Gleichungen 273, 274 oder 273a, 274a. Ein weiterer Vorteil dieses Widerstandes besteht darin, daß man beim Heben die I/n-Charakteristiken gegenüber dem Senken nach oben verschiebt.

Bei Senkkraftschaltungen wird nach Abb. 141 zum Bremsen ein Nebenschlußmagnet verwandt, bei der Schaltung 142 kann entweder ein Nebenschlußmagnet an der vollen Spannung oder ein Hauptstrommagnet im Ankerkreis geschaltet werden. Dann darf natürlich die Verbindung A-B nicht gelöst werden. Man arbeitet nunmehr motorisch, es wird in jeder Stufe und Stellung aus dem Netz Strom entnommen. Die Senkcharakteristik wird weiter nach links, die Hubcharakteristik weiter nach rechts damit verschoben. Bei der Festlegung der Charakteristik durch zwei Punkte muß jetzt motorisches Verhalten vorgesehen werden. (Werte wie in der Tabelle auf Seite 134, jedoch die Stromwerte bei den dort angegebenen Drehzahlen um etwa 50—100 % höher und so, daß bei etwa 20 % des Normalstromes die doppelte Geschwindigkeit in der schnellsten Stellung erreicht wird). Dann fällt automatisch der Hauptstrommagnet ab, d. h. schneller kann der Kran nicht fahren, und es wird verhindert, daß bei schweren Lasten, vor allem, wenn der Kranführer nicht aufpaßt, der Motor zu schnell läuft. Der Nachteil besteht in einer weiteren Erhöhung des Stromverbrauchs. In den Charakteristiken fällt dann natürlich der generatorische Teil ebenso wie der motorische Teil $I_a < 0{,}2\ I_{norm}$ weg.

Fahrschaltung eines Drehstrommotors

Schaltung 144 gibt die Fahrschaltung eines Drehstrommotors an, es kann entweder Kahlenberg oder normale oder zweiphasige Läuferschaltung gewählt werden. Über die Berechnung der Charakteristiken s. S. 123. Die M/n Charakteristiken sind in Wirklichkeit keine Geraden, für die Praxis genügt es, diese als Gerade in dem benutzten Bereich anzunehmen.

Für Spille, Rangierwinden, Seilwinden, Drehscheiben usw., bei denen es besonders auf ein gleichmäßiges Drehmoment ankommt, muß stets der Läufer symmetrisch geschaltet werden. Außerdem sollen solche Maschinen, bei denen es ja besonders auf sanften Anlauf ankommt, stets über einige Vorstufen eingeschaltet werden ($I = 0{,}5\ I_{norm}$).

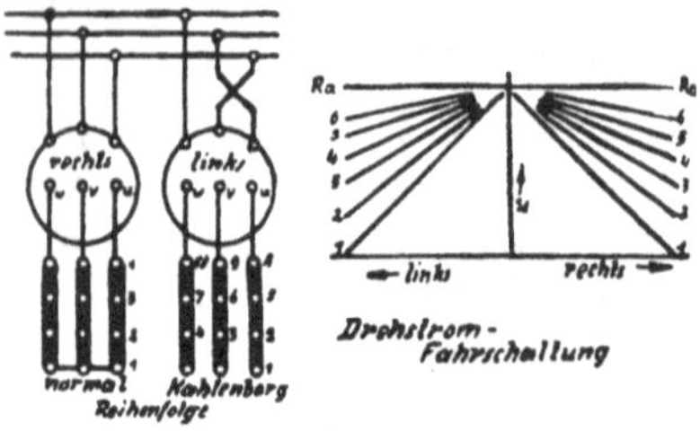

Abb. 144

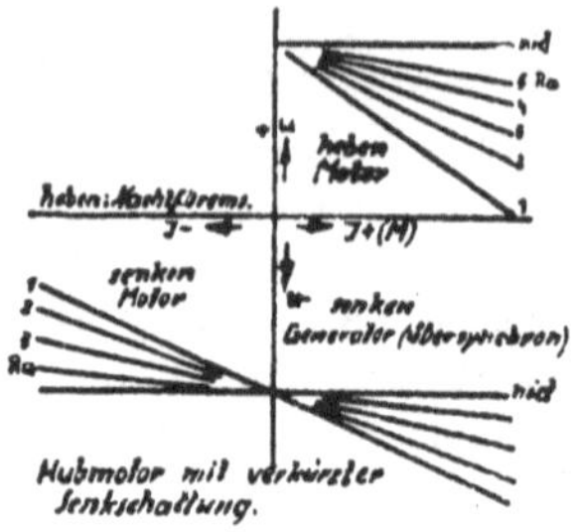

Abb. 145

Verkürzte Senkschaltung

Aufwärts wird entweder nach Kahlenberg oder symmetrisch geschaltet, abwärts unter Kurzschließung der ersten Stufen, am zweckmäßigsten symmetrisch (aber nicht unbedingt notwendig). Auf der Senkseite wird nur ein verkürzter Teil des Widerstandes benötigt. Die Charakteristik zeigt Abb. 145. Es kann nur übersynchron gebremst werden. Das Fahren mit zu großer Geschwindigkeit wird durch den Wegfall der Stufen mit großem Widerstand verhindert. Wenn aufwärts nach Kahlenberg und abwärts symmetrisch geschaltet wird, wird die Walze sehr einfach, da alle Finger sowohl aufwärts als abwärts benutzt werden können.

Gegenstrombremsung

Die gebräuchlichste Bremsanordnung für Werkzeugmaschinensteuerungen ist die Gegenstrombremsung (Schaltung 146a). Für Kransteuerungen ist sie wenig geeignet. Ihr hauptsächlichster Nachteil besteht darin, daß, wenn nicht sehr sorgfältig beim Fahren aufgepaßt wird, der Motor, wie das Diagramm zeigt, unter Umständen in die entgegengesetzte Richtung läuft. Man wählt zum Senken (oder zum Bremsen) den Widerstand doppelt, ja unter Umständen auch drei- bis vierfach so groß als

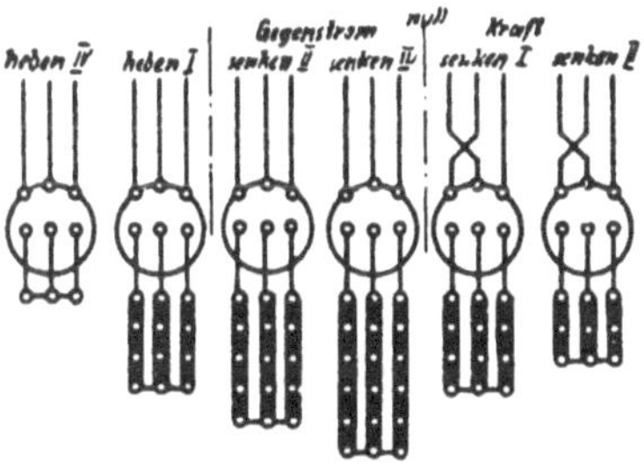

Abb. 146 a

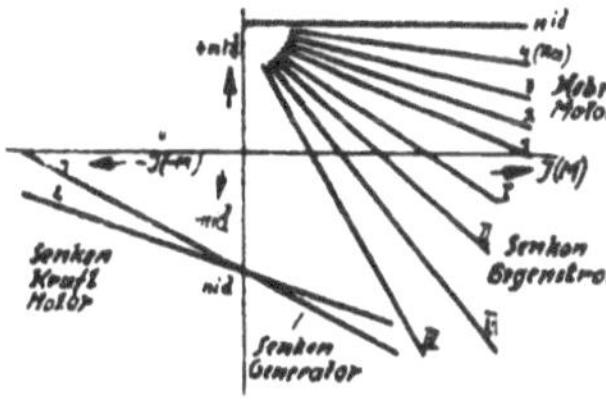

Abb. 146 b

den Anlaßwiderstand. Man schaltet beim Senken den Motor auf Heben ein, in den ersten Stellungen mit kleinem Widerstand (große Last), der etwas größer als der Anlaßwiderstand sein möge (beim Senken ganz schwerer Last kann sogar auf Heben [Widerstand < Anlaßwiderstand] eingeschaltet werden). Je kleiner die Last ist, um so mehr Widerstand muß vorgeschaltet werden. Bei noch kleineren Lasten muß wieder mit Kraft gesenkt werden, um das Reibungsmoment zu überwinden. Erst mit großem Anlaßwiderstand, dann mit etwas kleinerem Widerstand (Diagramm 146b).

Sonderbremsschaltungen

Um auch bei größeren Lasten mit geringerer Geschwindigkeit fahren zu können, sind verschiedene Schaltungen entwickelt worden. Die bisher besprochenen Bremsschaltungen haben entweder den Nachteil, daß kleine Geschwindigkeiten beim Senken nicht erzielt werden können, oder daß der Kran bei kleinen Lasten plötzlich hebt anstatt senkt. Man hat daher Wege suchen müssen, um zu jeder Last jede beliebige Geschwindigkeit erzielen zu können.

a) Die Zweimotorenschaltung. Zwei gleich große Motoren arbeiten auf ein Ausgleichsgetriebe und treiben gemeinsam die Winde an. Im Hubsinne sind beide Motore gleichsinnig, im Senksinne gegensinnig geschaltet. Die Widerstandsstufung ist jedoch bei beiden Motoren ungleich. Ein solches Ausgleichsgetriebe ist in Abb. 147a dargestellt.

Es gilt

$$n_3 = c_1 (n_1 - n_2) \tag{275}$$

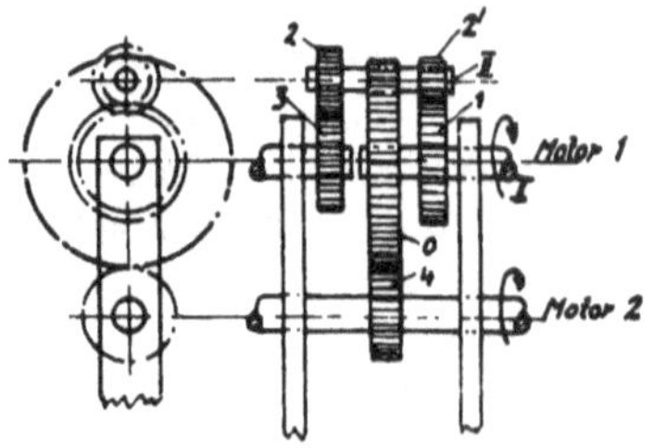

Abb. 147a

Hierbei kann c_1 aus der Getriebegleichung bestimmt werden. Das Getriebe arbeitet wie folgt: durch den Motor 2 wird das Zahnrad 4 angetrieben und dieses treibt das auf der Welle I lose gelagerte Zahnrad 0. Auf dem Zahnrad 0 ist die Achse II befestigt. Mit den Zahnrädern 2 und 2' gleichzeitig treibt der Motor 1 die Welle I und damit das Zahnrad 1, das auf dieser lose befestigt ist. Für die Übersetzung von 1 auf das lose auf der Welle I gelagerte Zahnrad 3 gilt Gleichung

$$v = \frac{d'_2\, d_3}{d_2 \cdot d_1} \tag{276}$$

Für die gesamte Übersetzung gilt

$$n_3 = \left(1 - \frac{1}{v}\right) \cdot (n_1 - n_2) \frac{d_4}{d_0} \tag{277}$$

$$= c_1 (n_1 - n_2) \tag{278}$$

In dieser Gleichung bedeutet $\frac{d_4}{d_0}$ die Übersetzung von der Welle II auf 0.

d sind die Durchmesser der Zahnräder.

Die Drehrichtung des Motors I wird verändert, die des Motors 2 bleibt außer in den Senkkraftstellungen, die nur für die Senkung des leeren Hakens bestimmt sind, bestehen. Der Motor 1 bleibt in allen Senkbremsstellungen kurz geschlossen. Der Widerstand ist daher nach folgender Formel zu bemessen:

$$R_{ph} = \frac{U_2}{\sqrt{3}\, I_2\, 1{,}5} \tag{279}$$

Dieser Widerstand ist für Vollastanlauf bestimmt. Wird er auch zum Regulieren gebraucht, so ist er zu vergrößern auf den Wert $R = U/\sqrt{3}\, I$.

Der Widerstand für den Motor 2 wird variiert. Da er zur Gegenstrombremsung Verwendung findet, muß er sehr groß gewählt werden, etwa bis zu

$$R_{II} = \frac{U_2 4}{\sqrt{3} I_2} \tag{280}$$

Die Abbildung 147b gibt die verschiedenen Schaltungsmöglichkeiten an.

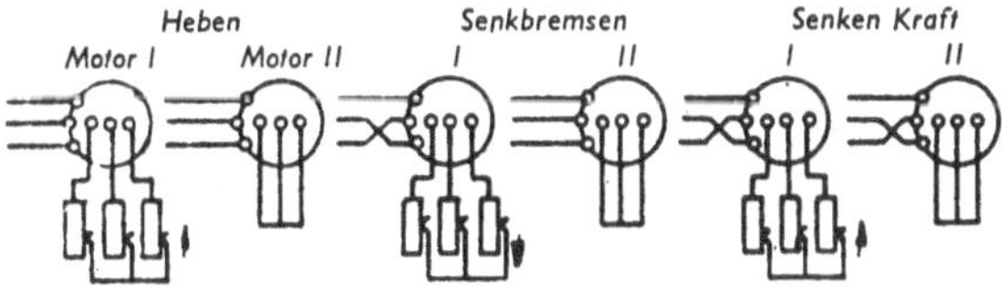

Abb. 147b

Ein Widerstand des Motors 2 wird manchmal auch für Anfahrstellungen verwendet. In diesen ist die Bremse noch nicht gelüftet und der Motor darf nicht anlaufen. Zum langsamen Heben des leeren Hakens kann in den ersten Hubstellungen auch der Motor 2 mit einem Widerstand im Senksinne eingeschaltet werden. Die Bestimmung der M/n-Charakteristik ergibt sich wie folgt:

Die M/n-Kennlinie ist eine Gerade. Es gilt also für verschiedene Punkte

$$\frac{M_a}{n_a} = \frac{M_b}{n_b} = \frac{M_c}{n_c} \tag{281}$$

Andererseits gilt wie eben abgeleitet

$$n_1 - n_2 = c \cdot n_3$$

und die Leistungsgleichung

$$M_1 n_1 + M_2 n_2 = Mn_3 \tag{282}$$

Man wähle für jede Widerstandsstufe so lange verschiedene Geschwindigkeiten n_1, n_2 mit den dazugehörigen Drehmomenten M_1, M_2 und bestimme daraus M, bis für eine Anzahl (mindestens 3) Punkte a, b, c die Gleichung $\frac{M_a}{n_a} = \frac{M_b}{n_b} = \frac{M_c}{n_c}$ erfüllt ist. Liegen die Punkte a, b, c auf einer Geraden, so ist diese die richtige M/n-Charakteristik. Der Beweis dafür, daß diese Charakteristik eine Gerade ist, ergibt sich aus folgender Überlegung. Neben den Gleichungen 278 und 282 besteht noch die Gleichung

$$\begin{aligned} M_1 &= An_1 + B \\ M_2 &= Cn_2 + D \end{aligned} \tag{283}$$

Andererseits wird das Moment ebenfalls auf die beiden Wellen in der Weise verteilt, daß die Gleichung

$$\begin{aligned} M_1 &= KM \\ M_2 &= LM \end{aligned} \tag{284}$$

gilt, wobei K und L Konstante sind, die sich aus den Radien der Zahnräder ergeben. Unter Verwendung der Gleichungen 278, 282, 283 und 284 ergibt sich die Gesamtgleichung

$$M = En_3 + F \tag{285}$$

b) Eine zweite Möglichkeit zur Erzielung einer flachen Bremscharakteristik besteht darin, die Ständerwicklung des Motors mit Gleichstrom zu speisen. Man muß jedoch darauf achten, daß zwischen Einschaltung des Gleichstromes und Ausschalten des Wechselstromes eine kurze Pause eingeführt wird und bei einem solchen als Synchrongenerator laufenden Asynchronmotor in die Läuferwicklung Widerstände einschalten, wie dies in Abb. 127a dargestellt ist. Die Kennlinien sind die gleichen

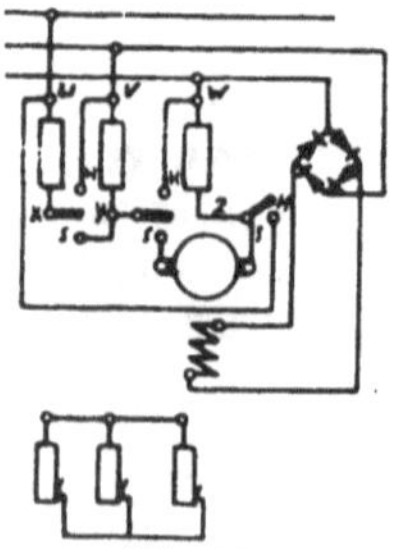
Abb. 148a

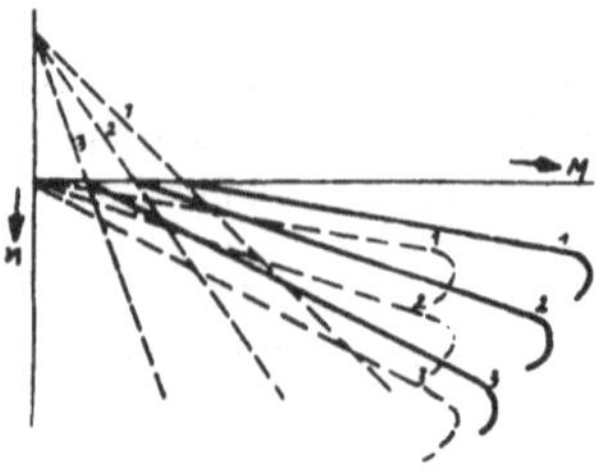
Abb. 148b

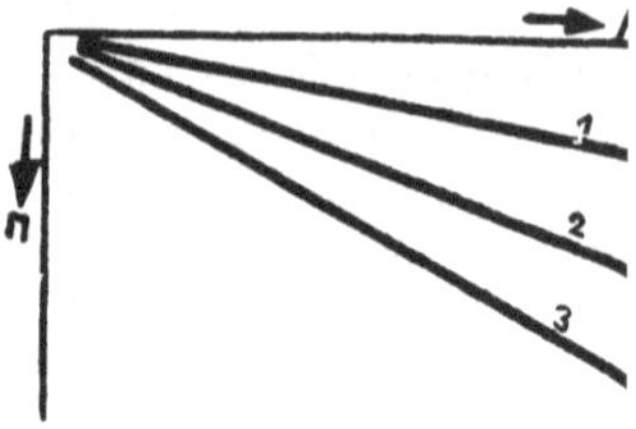
Abb. 148c

wie bei der Kurzschlußbremsung des Nebenschlußmotors und dieselben Gleichungen sind auch gültig. Von Abb. 148c wird nur der geradlinie Teil der Charakteristik verwendet.

c) Man kann auch die Schaltung 148a wählen[1]), bei der Gleich- und Wechselstrom sich überlagern. Der Stator wird in Stern geschaltet und durch einen Generator von 2—3 % Motorleistung wird ein zusätzliches Feld erzeugt. Der Motor wird im Hubsinne, also im Gegenstrom eingeschaltet. Der Gleichstrom ist in den 3 Wicklungen des Stators nicht gleichmäßig verteilt, und zwar ist in 2 Wicklungen 50 % des Stromes gegenüber desjenigen, der in der 3. Wicklung herrscht. Die Bestimmung der Belastung des Gleichstromgliedes erfolgt noch aus den Ohmschen Widerständen der Ständerwicklung. Die Charakteristik wird aus der Superponierung der Charakteristiken des Synchrongenerators und den Gegenstromkennlinien gefunden. Bei Übergang auf die Senkkraftschaltung muß so geschaltet werden, daß niemals der Gleichstrom unterbrochen wird, und zwar in der Weise, daß nicht gleichzeitig zwei Phasen, sondern hintereinander je eine Phase abgeschaltet werden. Die Kennlinien für die Schaltung 148a zeigt Abb. 148b.

[1]) ETZ 142 S. 535 Fleischmann.

d) Neben der oben angegebenen Anwendung zweier Asynchronmaschinen gibt es andere Mehrmaschinensteuerungen, durch die günstige Charakteristiken erzeugt werden können, insbesondere die Leonardsteuerung.

e) Zur Erzielung einer flachen Senkcharakteristik sind auch Sicherheits-Senkbremsschaltungen mit untersynchroner Bremsung entwickelt worden, bei denen der Ständer dadurch, daß 2 Phasen parallel geschaltet werden, an Einphasenstrom gelegt und hierbei durch Zusammenwirken von Läufer und Ständerdrehfeld eine Bremswirkung erzielt wird. Die Bremswirkung kann nur erzielt werden, wenn ein entsprechend großer Läuferwiderstand vorgesehen wird.

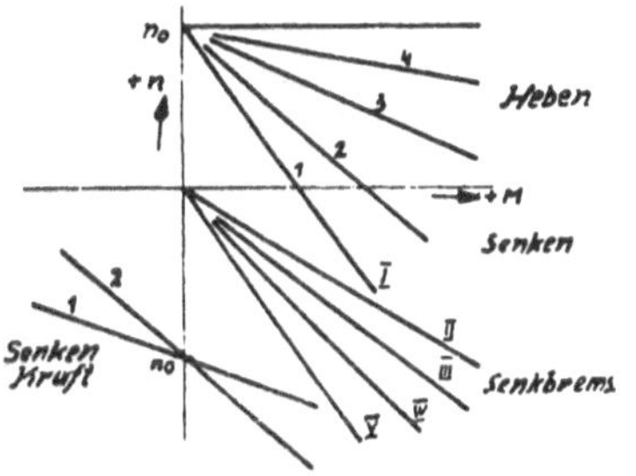

Abb. 148d

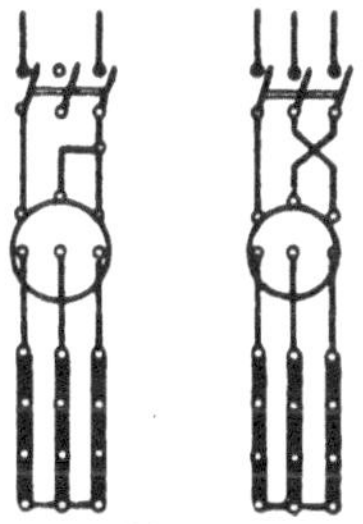

Abb. 148e

Bei dieser Schaltung kann bis zum Stillstand gebremst werden, jedoch ist die Bremswirkung schwächer als bei einer Zweimotorensenkschaltung oder bei einer Bremsung mittels Gleichstrom oder gemischtem Gleich- und Wechselstrom. Sie beträgt etwa $^1/_3$ des Kippmomentes des Motors. Ein Schaltbild zeigt Abb. 148e[2]. Die Charakteristiken haben das gleiche Aussehen wie nach Abb. 148d[1].

Die erste Senkstellung bei einer derartigen untersynchronen Steuerung ist gegewöhnlich eine Gegenstrombremsstellung. Bei der untersynchronen Bremsschaltung stuft man in den Senkstellungen die Widerstände genau so ab wie bei der normalen Hubschaltung. Beim Übergang von der Gegenstrombremsung in die 1. Stellung der untersynchronen Bremsung wird häufig eine Zwischenstellung angebracht, in der ein Teil des Widerstandes kurzgeschlossen ist. Diese Zwischenschaltstellung ist nicht gerastet. Bei versehentlichem Benutzen der Zwischenstellung tritt keine unzulässige Senkgeschwindigkeit ein, da der Motor mit entsprechend kleinem Läuferwiderstand einphasig am Netz liegt. Das Wesen der untersynchronen Senkbremsschaltung beruht darauf, daß der Motor, wenn eine Ständerphase in Reihe mit den beiden anderen, die parallel geschaltet sind, an einer Netzphase liegt, ein Kraftdrehmoment nicht entwickeln kann. Erst wenn der Läufer angetrieben wird, z. B. durch eine senkende Kraft, entsteht durch das Zusammenwirken von Ständer und Läuferfeld ein Bremsmoment.

[1]) S. Schuißky, Arch. Elektrotechnik 1936 S. 552.

[2]) SSW DRP 431, 273.

Die Läuferdrehzahl steigt soweit, bis zwischen Motordrehmoment und Lastdrehmoment Gleichgewicht herrscht[1]).

Stets muß ein Schlupfwinkelwiderstand im Läuferkreis bestehen bleiben in Höhe von etwa 5 % der Leistung. Dies gilt ganz allgemein für Katzfahren und Heben, um beim Anlaufen mit geringer Last einen sanften Anlauf zu erzielen.

Eine andere Möglichkeit zur Erzielung von Untersynchronenbremsen wird dadurch erzielt, daß beim Absenken der Last das Feld des Motors durch Abschalten von der Ständerwicklung geschwächt wird und diese Wicklung ganz oder teilweise über Widerstände kurzgeschlossen wird. Abb. 148f zeigt die Anordnung für den dreieckgeschalteten Ständer,

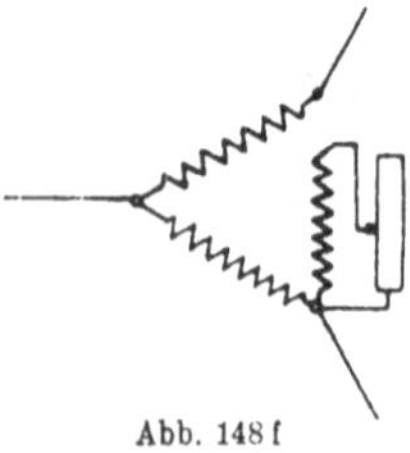

Abb. 148 f

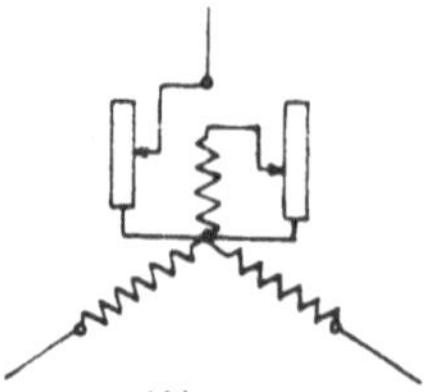

Abb. 148 g

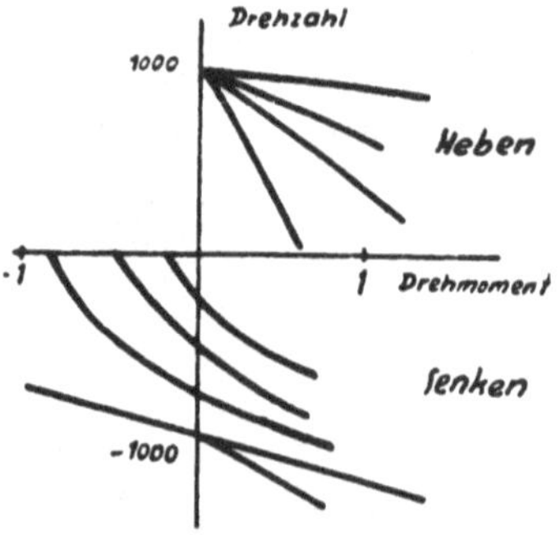

Abb. 148 h

Abb. 148g für den sterngeschalteten Ständer. Die Drehzahlkennlinien zeigen 148h.

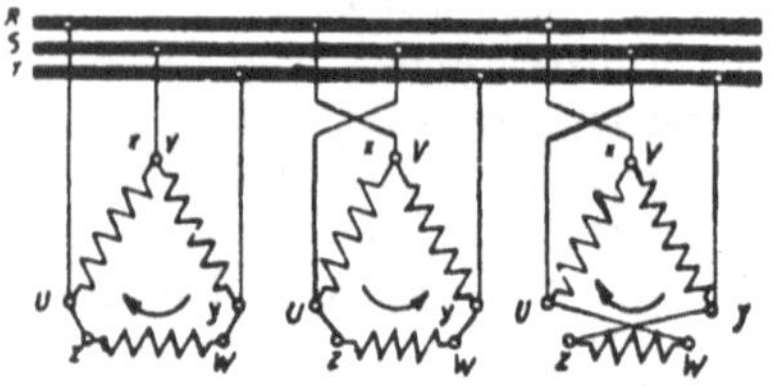

Abb. 148 i

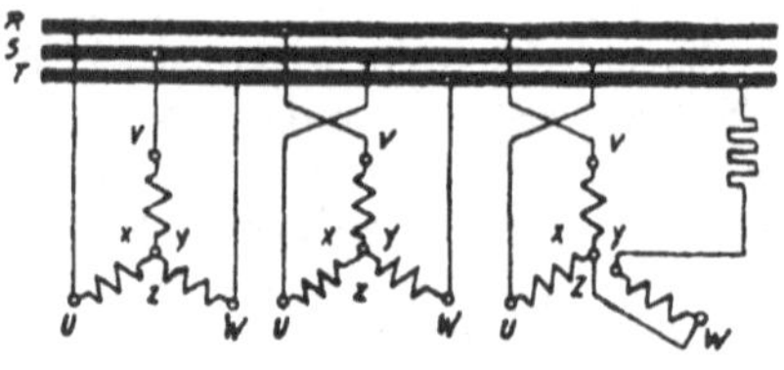

Abb. 148 k

Auch hier ist die Bremswirkung schwächer als bei der Verwendung einer Gleichstrombremsung[2]).

Zur Erzielung einer Bremswirkung sind Läuferwiderstände erforderlich.

Auf ähnlichen Gedankengängen, aber etwas verändertem Prinzip, beruht die Schaltung nach Abb. 148 i und k.

148i gibt die Schaltung des dreieckgewickelten Ständers für untersynchrones Senkbremsen,

[1]) s. Weiler: Fahr- und Hubwerkschaltung für Hebezeuge.

[2]) Franken DRP. 431, 273.

148k diejenige des sterngewickelten Ständers für untersynchrones Bremsen[1]).

Das Wesen beruht darin, daß beim Umschalten von Motorbetrieb auf untersynchrones Bremsen die Stromrichtung einer einzigen Ständerphase umgekehrt wird und außerdem, daß während der Umschaltung alle Netzanschlüsse geschlossen bleiben und die umzukehrende Ständerphase mit Hilfe des Steuergeräts von den Eckpunkten des Dreiecks gelöst, umgeschaltet und neu angeschlossen wird, so daß während der Umschaltung bis zum Neuanschluß des Motors das magnetische Feld erhalten bleibt. Beim sterngeschalteten Ständer muß der Umschalter so ausgebildet werden, daß während der Umschaltung nur die umzukehrende Ständerphasenwicklung vom Netz und vom Sternpunkt getrennt werden, daß aber infolge des dauernden Anschlusses der beiden anderen Ständerphasenwicklungen an die zugehörigen Netzleiter ein magnetisches Feld im Ständer erhalten bleibt, bis der für die Bremsschaltung charakteristische dreiphasige Schaltungszustand erreicht ist. Das Auftreten von unsymmetrischen Netzströmen nach erfolgter Umschaltung auf Bremsschaltung wird durch Vorschalten eines einphasigen Widerstandes vor die Ständerphase, die den höchsten Strom aufnehmen würde, vermieden.

Gleichlaufschaltung

Sollen z. B. beim Brückenkran zwei weit voneinander entfernt liegende Türme immer gleichlaufen und ist die Entfernung zu groß, um sie mechanisch zu kuppeln, so werden sie durch eine sogenannte elektrische Welle gekuppelt, d. h. sie laufen synchron.

Wenn zwei ungekuppelte Motore stets synchron laufen sollen, so kann man diese von einer Steuerwalze mit einem Läuferbelag aus dann bedienen wenn die Läuferdaten gleich sind. Sind im Augenblick des Einschaltens die beiden Läuferspannungen nicht in völlig gleicher Phase, so entsteht eine Spannungsdifferenz. Diese erzeugt über die Schleifringverbindungen einen Ausgleichstrom, der mit dem Drehfeld ein Drehmoment bildet und den schneller laufenden Läufer zu drehen sucht, wodurch Stromlosigkeit wieder eintritt. Daraus geht hervor, daß beim Einschalten die beiden Läufer ruckartig in die gleiche Lage kommen, dann aber in Ruhe verharren. Wird jetzt der gemeinsame Anlaßwiderstand kurz geschlossen, so ziehen die Läufer an und beide beginnen sich zu drehen, wobei sie gleiche Phasenlage beibehalten. In der Nähe der synchronen Drehzahl wird die Läuferspannung immer kleiner und die Ausgleichspannungen reichen nicht hin, um einen größeren Ausgleichstrom zu erzeugen, der gleiche Phasenlage erzwingt. Der synchrone Lauf der beiden Motoren würde aufgehoben werden. Man schaltet daher stets einen Schlupfwiderstand vor, der dafür sorgt, daß immer eine genügend hohe Läuferspannung vorhanden ist, um durch einen Ausgleichstrom synchronen Lauf zu erzielen. Dieser Schlupfwiderstand beträgt etwa 20–25 % der Motornennleistung.

Zweimotorenschaltungen von 2 asynchronen Motoren werden auch vielfach mit starrer Kupplung ausgeführt. Die Summe der Leistungen beider Motoren muß so

[1]) BBC., DRP. 644, 977.

groß sein wie die erforderliche Gesamtleistung. Zum Senken werden die beiden Motoren gegensinnig eingeschaltet. Bei größeren Senkgeschwindigkeiten und den Stellungen „Senken mit Kraft“ wird der zweite Motor, der im Hubsinne arbeitet, ausgeschaltet oder ebenfalls in Senkrichtung eingeschaltet (s. Abb. 147d).

An dem im Senksinn eingeschalteten Motor muß die Last ständig hängen, damit keine Freifallstellungen auftreten. Die Schaltung der beiden Motore ist vollständig

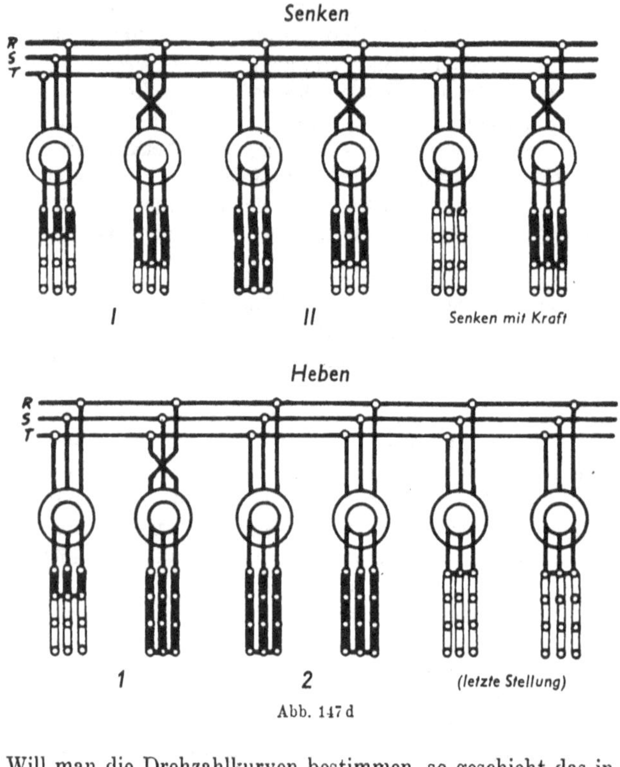

Abb. 147 d

getrennt. Will man die Drehzahlkurven bestimmen, so geschieht das in der Weise, daß man gemäß Abb. 147e die Drehzahlcharakteristik der beiden Motore, von denen einer im Senk-, der andere im Hubsinne eingeschaltet ist, aufzeichnet.

In jedem Falle darf der eingeschaltete Läuferwiderstand des Senkmotors wohl etwas kleiner oder gleich groß sein, wie der des Hubmotors, jedoch niemals so groß, daß der Hubmotor das Reibungsmoment der Ruhe überwindet und den leeren Kranhaken hebt. Sind beide Motoren starr gekuppelt und ist eine Last zu senken, so wird die am Kranhaken hängende Last ein Drehmoment, vermindert um das Reibungsmoment, im Senksinne ausüben, das sich zum Drehmoment des Senkmotors addiert. Bekanntlich verhält sich, wenn man den Getriebewirkungsgrad mit x bezeichnet, das Drehmoment, das vom Hubmotor aufgebracht werden muß, bei gleicher Last am Kranhaken zu demjenigen, das an der Motorwelle beim Senken auftritt, wie $1 : x^2$. Ist der Getriebewirkungsgrad z. B. 0,7, so wird der Motor bei Vollast $\sim 50\,\%$ des zum Heben erforderlichen Drehmoments an der gemeinsamen Welle beim Senken ausführen. An den Schnittpunkten der beiden Drehmomentcharakteristiken des Hubmotors I_H und des Senkmotors I_S herrscht Momentengleichheit bei einem Getriebewirkungsgrad von $x = 1$. Nachdem aber $x \neq 1$ ist, herrscht Gleichgewicht erst an dem Punkte, an dem das Drehmoment so groß ist wie das Lastdrehmoment abzüglich des Reibungsmoments, im obigen Falle also $\sim 50\,\%$ (Abb. 147e). Dies ist im Punkt C der Fall. Gleichgewicht und damit Drehzahlbeharrung tritt ein, wenn $BC = 100\,\%$ des gesamten Lastmoments, d. h. $50\,\%$ des Drehmoments eines jeden Motors ist. Der anzuwendende Drehmomentenmaßstab ist zur Aufstellung der Drehzahlkurven der Einzelmotoren auf $100\,\%$ des Motorendrehmoments und auf $50\,\%$ des Gesamtdrehmoments jeweils zu beziehen. Die Schaltung zeigt Abb. 147d, die Regelkurven, von denen sich die Hublinien als Summe von 2 Hubmotoren ergeben, zeigen Abb. 147f.

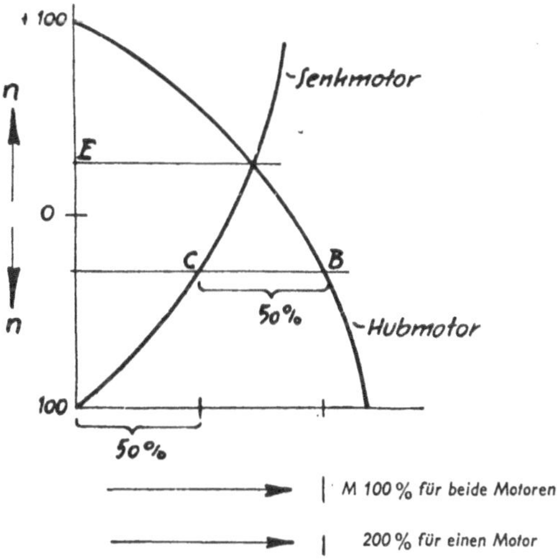

Abb. 147e

Die Schaltung wird meistens so ausgeführt, daß beide Motoren von einer Walze gesteuert werden.

Vielfach werden auch bei Mehrmotorensteuerungen feste Schlupfwiderstände von etwa $20\,\%$ der Nennleistung zwischen die beiden Läufer gelegt, um eine gleichmäßige Verteilung der Last auf beide Motore zu gewährleisten. Diese Ausführung ist besonders wichtig in Verbindung mit Greiferwinden[1]). (Eine Steuerung, die mit 2 Trommeln arbeitet und 2 Seilen gemäß Abb. 147g, einem Halteseil und einem Schließseil). Der Greifer wird durch die Relativbewegung der beiden Trommeln geöffnet. Beim Heben darf keine solche Relativbewegung eintreten. Die beiden Trommeln werden daher beim Heben durch eine Kupplung, die durch einen Bremsmagneten betätigt wird, miteinander verbunden.

[1]) Lehmann, Elektrotechnik u. die elektromot. Antriebe.

Eine weitere Möglichkeit, um flache n-M-Charakteristiken zu erzielen, bei der allerdings von der Verwendung von Widerständen nur in geringem Maße Gebrauch gemacht wird, besteht darin, den Drehstrom-Reihenschlußmotor als Kranhubmotor zu gebrauchen[1]). Die Regelung erfolgt dann hier durch ein Gestänge, das vom Führerstand aus bedient wird durch Bürstenverstellung. Er kann also nur dort verwendet werden, wo der Kranführer seinen Stand in Motornähe hat. Im Ständer und Läufer kreisen zwei Drehfelder, deren gegenseitige Lage durch die Bürstenstellung bedingt ist. Die Richtung des resultierenden Moments (Abb. 147i) ist nur von der Bürstenstellung und nicht von der Übereinstimmung der Richtungen der beiden Drehfelder abhängig. Lediglich wegen der Kommutierung wird die Ständerdrehfeldrichtung bei Änderung der Fahrtrichtung umgekehrt,

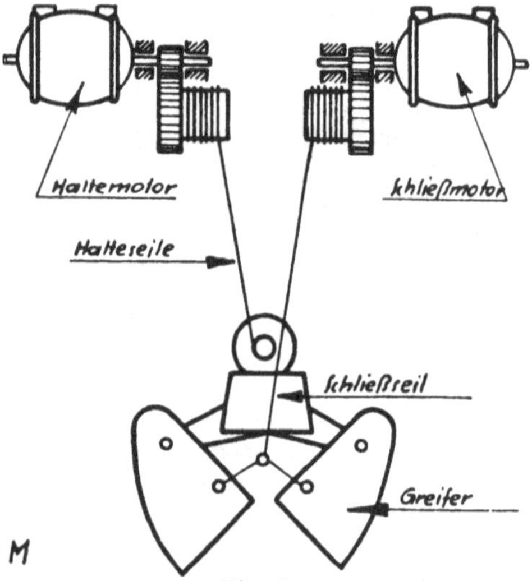

Abb. 147 g

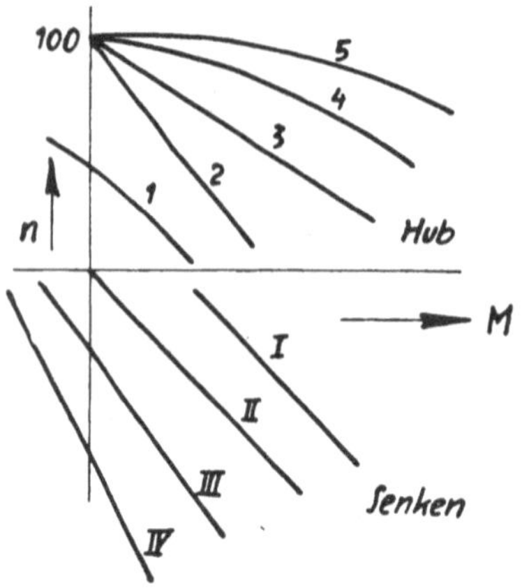

Abb. 147 i

daher werden mit dem Hebel, der die Bürsten bewegt, jeweils durch eine vom Hebel betätigte Meisterwalze Ständerschütze mit eingeschaltet. Der Bremsmagnet darf nicht im Ständerkreis liegen (Selbsterregen des Motors).

Schließt man in der Nullstellung des Motors die Bürsten kurz oder schaltet man parallel zu ihnen einen Widerstand (für ca. 10—15 % Schlupf), so entsteht ein Motordrehmoment in der Nullstellung, dessen Richtung von der Ständerdrehfeldrichtung bestimmt wird. Durch Bürstenverschiebung wird dieses Drehmoment verstärkt oder geschwächt. So ist Bremsung möglich. Um Selbsterregung beim Bremsen unmöglich zu machen und Strom- und

[1]) Weiler, Fahr- und Hubwerkschaltungen für Hebezeuge.

Drehmomentstöße zu dämpfen, bleibt ein Dämpfungswiderstand von 5 % Leistungsverlust parallel zur Sekundärwicklung des Transformators, durch den der Läufer gespeist wird, ständig eingeschaltet.

Zum Heben wird der Teil CB der Charakteristik (Abb. 147) gewählt, zum Senken der Teil ECF benötigt, wobei von der Nullstellung aus mit wachsender Steuerhebelauslage das Motordrehmoment fallen muß. Vor Umschaltung Heben—Senken müssen daher die Bürsten kreisläufig um 120 elektrische Grade vertauscht werden (= 360/P mechanische Grade, P = Polpaarzahl), um die Steuerhebelauslage und Lastbewegung in Übereinstimmung zu bringen (147k).

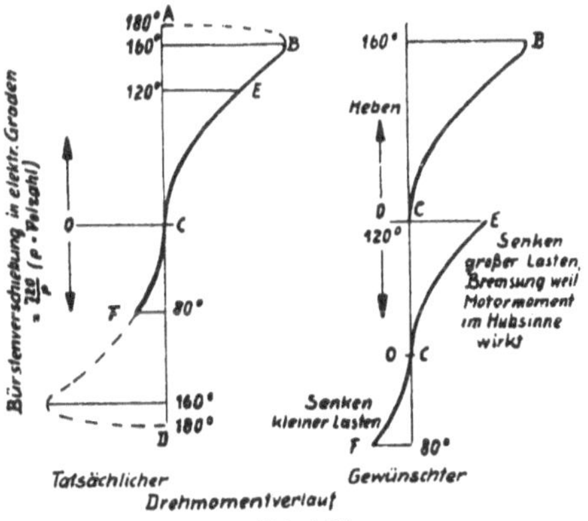

Abb. 147i

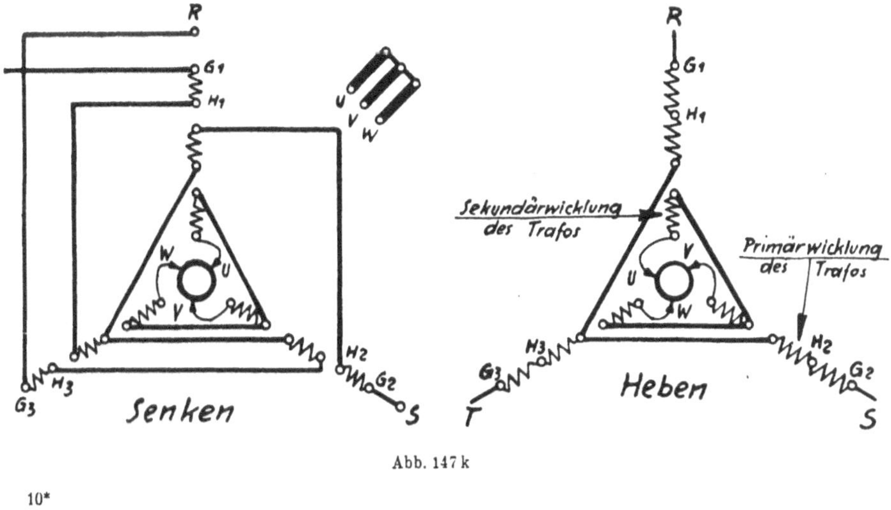

Abb. 147k

Widerstände für andere Zwecke als für Verwendung an Motoren und Generatoren

Einschalten von Kondensatoren

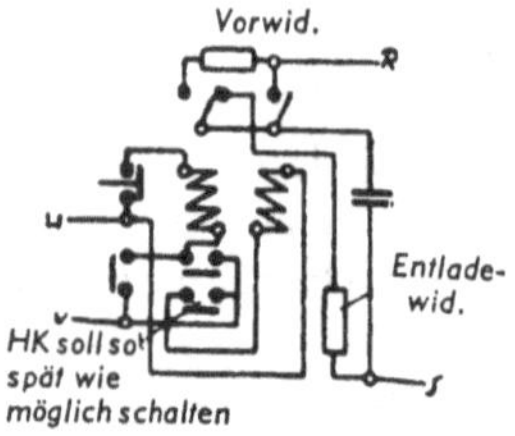

Abb. 149 [1])

Die Schaltung des Vor- und Entladewiderstandes zeigt für eine Phase Fig. 149.

Die Schaltreihenfolge ergibt sich wie folgt:
Entladewiderstand ausschalten.
Kondensator über Vorwiderstand an Netz schalten.
Vorwiderstand kurzschließen.
Entladewiderstand einschalten.
Netz abschalten.

Den Entladewiderstand wählt man wie folgt:
Die Entladung eines Kondensators über einen Widerstand vollzieht sich gemäß folgender Gleichung:

$$i = \frac{U_c}{R} e^{-t/RC} \qquad (286)$$

Man geht bei der Berechnung der Ausgleichsvorgänge am Kondensator (vgl. Kap. 1 S. 82 ff. für induktive Stromkreise) von der Gleichung $U = Ri + q/C$ aus, wobei q die Ladung und C die Kapazität ist. Für den Ausgleich gilt $Ri_A + q_A/C = 0$ und es ergibt sich, wenn man $i_A = \frac{d\,q_A}{dt}$ setzt $q_A = q_{A(t=0)}\, e^{-t/RC}$, woraus man mit der Anfangsbedingung $q_{A(t=0)} = U_c C$ die Gleichung 286 erhält. Man wählt nun den Entladestrom so, daß der Strom nach ungefähr 1 sek. abgeklungen ist, also $T' = {}^1/_3$ sek, daraus folgt, wenn die Blindleistung des Kondensators gegeben ist:

$$R_E = T'/C = \frac{T' U^2_n\, 2\pi f}{N_{BL}} \qquad (287)$$

Hierbei ist N_{BL} die Blindleistung des Kondensators, U_n = die Netzspannung, f = Frequenz, U_c = Kondensatorspannung im Moment der Abschaltung, die maximal $U_n\sqrt{2}$ beträgt.

Der für die Erwärmung maßgebende Entladestrom ergibt sich wie folgt;

Die elektrische Energie im Kondensator muß so groß wie die im Entladewiderstand sein, also

$$1/2\, U^2_c C = \int_0^\infty i^2 R\, dt \qquad (288)$$

Findet nun, wie angenommen, die Entladung praktisch in ungefähr einer Sekunde statt, so gilt:

[1]) HK = Hilfskontakt.

$\int_0^\infty i^2\,dt = I^2_E\,1 = I^2_E\,3\,T'$, wenn man I_E als den durchschnittlichen äquivalenten Entladestrom ansieht. Nun folgt aus 288:

$$1/2\,U^2_c C = N_{BL}/2\pi f = \frac{1}{N_{BL}}(3\,T'\,{}^2U^2_n\,2\,\pi\,f\,I^2_E) \qquad (289)$$

Bei der Formel 288 ist davon ausgegangen, daß bei $U_c = \sqrt{2}\,U_n$ ausgeschaltet wurde, da in diesem Fall der höchste Entladestrom auftritt, außerdem gilt für $T' = {}^1/_3$ sek, daß nach 1 sek der Entladestrom nur noch $0{,}05\,U_c/R \sim 0$ ist.

Aus der Gleichung 289 errechnet sich der Entladestrom zu

$$I_E = \frac{N_{BL}}{2\,\pi\,f\,U_n\sqrt{3}\,T'} = (\text{für } T' = {}^1/_3 \text{ sek})\ \frac{N_{BL}\sqrt{3}}{U_n\,2\,\pi\,f} = \frac{\sqrt{3}}{2\,\pi\,f}\,I_{norm}. \qquad (290)$$

In der Praxis wählt man den Leistungsverbrauch im Widerstand zu 0,3—0,7% (im Durchschnitt etwa 0,005), so daß

$$I_E = (0{,}003 \text{ bis } 0{,}007)\,\frac{N_{BL}}{\sqrt{3}\,U_n} \qquad (290\,a)$$

$$R_{ph} = U_n/\sqrt{3}\,I_n$$

Bei der kurzzeitigen Einschaltdauer kann mit einer Überlastbarkeit $p = 200$ bei seltenem Einschalten gerechnet werden.

Für die Bestimmung des Vorwiderstandes[1]) geht man von folgender Betrachtung aus:

Wird der Kondensator an eine Wechselspannung $U = U_{max}\cos(\omega t + \psi)$ gelegt, so gilt für den stationären Strom

$$i_D = I_{max}\cos(\omega t + \varphi + \psi)$$

und für die stationäre Ladung gilt $q_D = q_{max}\sin(\omega t + \varphi + \psi)$ wobei $q_{max} = I_{max}/\omega$.

Die vorübergehende Ladung errechnet man aus der Gleichung

$$R i_A + q_A/C = 0, \qquad i_A = \frac{d\,q_A}{d\,t}, \qquad \frac{d\,q_A}{q_A} = -\,d\,t/RC \text{ und}$$

$$q_A = q_A\,(t = 0)\,e^{-t/RC}$$

wobei $q_A\,(t = 0)$ so groß ist wie $-\,q_D\,(t = 0)$, also ist

$$-\,q_A\,(t = 0) = q_{max}\sin(\psi + \varphi)$$

und es gilt

$$q_A = -\,q_{max}\sin(\psi + \varphi)\,e^{-t/RC}, \text{ daraus folgt}$$

$$i_A = \frac{d\,q_A}{d\,t} = \frac{q_{max}}{RC}\sin(\psi + \varphi)\,e^{-t/RC} = \frac{I_{max}}{RC\,\omega}\sin(\psi + \varphi)\,e^{-t/RC}$$

$$\text{und } i = i_D + i_A = I_{max}\cos(\omega t + \psi + \varphi) + \frac{I_{max}}{\omega\,RC}\sin(\psi + \varphi)\,e^{-t/RC} \qquad (291)$$

[1]) S. a. Fränckel, Theorie der Wechselströme.

Im Einschaltaugenblick t = 0 ist also $i(_0) = I_{max} \cos(\psi + \varphi) + \frac{\sin(\psi + \varphi)}{\omega R C} = I_{max} \frac{\cos \psi}{\cos \varphi}$, da $\operatorname{tg} \varphi = \frac{1}{\omega R C}$.

Geht man davon aus, daß der Kondensator allein eingeschaltet ist, dann gilt für das Verhältnis des maximalen Ladestromes im Einschaltmoment ($\psi = 0$) zur Amplitude des maximalen Dauerstromes:

$$\frac{I_{max\,Ein}}{I_{max\,Dauer}} = \sqrt{1 + \frac{1}{(R \omega C)^2}} = \frac{1}{\cos \varphi} \tag{292}$$

$$i(_0) = I_m / \cos \varphi$$

Wird eine Einschaltspitze vom sechsfachen Daueramplitudenstrom zugelassen, dann ergibt dies für R:

$$R_V = \frac{1}{\sqrt{35}\, C \omega} \approx \frac{1}{6 \omega C} \tag{293}$$

Der Vorschaltwiderstand braucht, da ja der Strom sehr schnell auf den Dauerstrom eingeschwungen ist, nur ganz kurzzeitig eingeschaltet werden, es genügt bei einer Einschaltung mit Schützen die Eigenzeit des Schützes.

Will man den äquivalenten Dauerstrom berechnen und geht man davon aus, daß der Vorschaltwiderstand etwa $^1/_5$ sek eingeschaltet bleibt, so gilt:

$$I_{äquiv}{}^2 = {}^1/_5 \int_0^{1/5\,sek} i^2 \, dt \tag{294}$$

Eine exakte Berechnung der im Vorschaltwiderstand vernichteten Leistung ist aber bei der Kleinheit des Vorschaltwiderstandes nicht notwendig, man kann mit einer Überlastbarkeit von p = 200 bei seltenem Einschalten rechnen, dann kann man den als äquivalenten Einschaltstrom ruhig den doppelten Dauerstrom annehmen. Die Zeitkonstante des freien Stromes beträgt:

$$T' = RC = {}^1/_6\, \omega = 1/1900 \text{ sek} \tag{295}$$

so daß mit einer hohen Sicherheit gerechnet ist.

Besteht der Stromkreis außer aus dem Kondensator noch aus einer Induktivität und einem Widerstand, die ja oft noch mit der Belastung stark variieren, so sind die Einschaltverhältnisse komplizierter, aber im allgemeinen Fall soll man R_V und R_E wie hier angegeben beibehalten. In Anlagen wird der cos $\varphi = 1$ oft angestrebt, in diesem Fall entsteht beim Einschwingen überhaupt kein Überstrom, so daß sich höchstens diese Vorsichtsmaßnahme überflüssig gemacht hat.

Vor- und Zuschaltwiderstand von Spulen

Gleichstromspulen werden oft nur für eine Spannung gewickelt, während für höhere Spannungen ein Vorschaltwiderstand vorgeschaltet wird. Dies geschieht häufig deswegen, weil für höhere Spannungen der Spulendraht besonders dünn ist, und daher ein besonders großer Wicklungsraum[1]) benötigt würde. Außerdem werden bei Schützen die Geräte im Anzug an die nötigen Anzugsamperewindungen gelegt, während zum Halten nur der niedrige Haltestrom verwendet wird. Die Spannungsdifferenz wird durch einen Zuschaltwiderstand (Abb. 150) abgedrosselt. Es gelten nunmehr folgende Gleichungen;

$$R_v = \frac{U}{I_{Anz}} - R_{Sp}. \qquad (296)$$

$$N_v = I^2_{Halt}\, R_v \qquad (297)$$

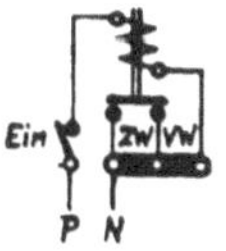

Abb. 150[2])

$I_{Halt} = I_{Anz}$, wenn kein Zuschaltwiderstand vorhanden ist. Gleichung 297 gilt praktisch bis zu 120 Schaltungen pro Stunde, dann macht sich der höhere Einschaltstrom bemerkbar und man steigert die vernichtbare Wattzahl um (durchschnittliche Steigerung des Stromes[3]) N_v:

bei	um
240 Sch/Std	25%
600 ,,	100%
1000 ,,	300%

Der Zuschlag, um den der Vorschaltwiderstand bei der Berechnung zu erhöhen ist, richtet sich nach der Einschaltdauer.

$$R_{ZW} = \frac{U}{I_{Halt}} - \frac{U}{I_{Anz}} \qquad (298)$$

$$N_{ZW} = I^2_{Halt}\, R_{ZW} \qquad (299)$$

Hier bleibt die Leistung unabhängig von der Schaltzahl/Std. gleich, nur die Überlastbarkeit variiert mit der Einschaltdauer.

Widerstände zum Laden von Akkumulatorenbatterien

Um die Spannung bei Laden von Batterien zu variieren, werden abschaltbare Widerstände den Batterien vorgeschaltet (Fig. 151). Bezeichnet man mit;

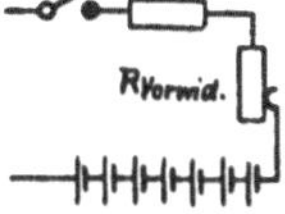

Abb. 151[4])

z_{max} = maximal anschließbare Zellenzahl,
z_{min} = minimal anschließbare Zellenzahl,
U_e = Entladespannung einer Zelle,

[1]) s. Kap. 3. Die Stärke der Isolationsschicht eines dünnen Drahtes ist fast ebenso groß wie die eines starken Drahtes.
[2]) ZW = Zuschaltwiderstand, VW = Vorschaltwiderstand.
[3]) s. Seite 169.
[4]) Die Zellen sind meist unabschaltbar.

U_1 = Maximalspannung einer Zelle,
U_R = im Widerstand vernichtete Spannung,
also $U_{R\,max} = U_n - z_{min}\,U_e$ und
$U_{R\,min} = U_n - z_{max}\,U_1$, dann gilt

$$R_{min} = \frac{U_n - U_1\,z_{max}}{I_{max}} \tag{300}$$

$$R_{max} = \frac{U_n - z_{min}\,U_e}{I_{min}} \tag{301}$$

Die gesamte im festen Widerstand vernichtete Leistung beträgt also:

$$I^2_{max}\,R_{min}$$

Die regelbare hinzukommende Leistung: $I_{max}\,I_{min}\,(R_{max} - R_{min})$.

Die Stufung der Widerstände geschieht in der Weise, daß der Strom mit jeder Stufe um denselben Wert steigt, die Spannung = U_R aber immer um den gleichen Wert je Stufe sinkt, es gilt also:

Stromsteigerung je Stufe: $\dfrac{I_{max} - I_{min}}{m}$

Spannungsminderung je Stufe: $\dfrac{U_{R\,max} - U_{R\,min}}{m}$

Für Bleiakkumulatoren ist $U_e = 1{,}75$ Volt, $U_1 = 2{,}75$ Volt, für Edisonakkumulatoren sind die entsprechenden Werte 1,0 und 1,8 Volt.

Heiz-, Badstrom-Verdunklungsregler

Abb. 152 zeigt einen Heizregler, im Heizwiderstand R wird entweder $N_{max} = U^2_n/R$ vernichtet oder aber eine geringere Leistung, dann muß der Rest im Regelwiderstand r vernichtet werden. Ist noch die minimale Leistung, die im Heizwiderstand vernichtet werden muß, gegeben, so ergibt sich:

Abb. 152

$$I_{max} = U_n/R \quad I_{min} = I_{max}\sqrt{\frac{N_{min}}{N_{max}}} \tag{302}$$

N = Leistung pro Phase.

Der maximale Regelwiderstand r ergibt sich aus der Gleichung:

$$I_{min} = \frac{U_n}{r + R} \tag{303}$$

Die im Regler pro Phase zu vernichtende Leistung beträgt wieder:

$$I_{max}\,I_{min}\,r$$

Die Stufung findet wieder so statt, daß pro Stufe sich der Strom steigert um:

$$\frac{I_{max} - I_{min}}{m} \quad (\text{Stufenzahl} = m)$$

Überlastbarkeit richtet sich nach der ED.

Badstromregler für galvanische Bäder werden in gleicher Weise wie Heizstromregler abgestuft. Bekannt ist I_{min} und I_{max}. Durch die Stufung wird der Strom gesteigert nach:

$$\frac{I_{max} - I_{min}}{m}$$

Außerdem muß die Netzspannung U_n und die Größe des Widerstandes des galvanischen Bades bekannt sein.

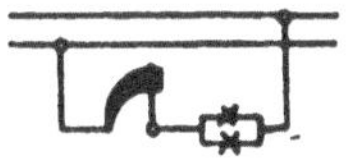

Abb. 153

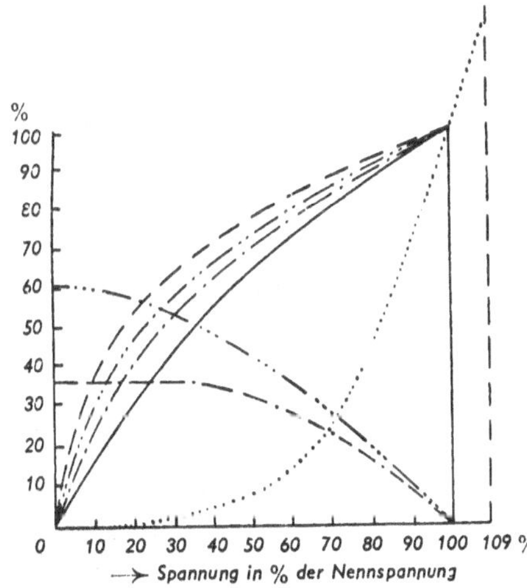

Verlauf von Stromstärke, Widerstand und Lichtstärke einer Glühlampe, theoretischer und wirklicher Verlauf (ohne Parallelschaltung) der Leistung, die im Regler vernichtet wird.

Abb. 154

Abb. 153 zeigt das Schaltbild eines Verdunklungsreglers, Abb. 154 zeigt die Abhängigkeit der Lichtstärke, der Stromstärke und des Widerstandes von gasgefüllten Lampen, außerdem die Stromstärke und den Widerstand in Abhängigkeit von der Spannung von luftleeren Lampen.

Es zeigt sich, daß praktisch bei 75% des Spannungsverlustes Lampen nur noch eine so geringe Lichtstärke haben, daß sie ohne weiteres abschaltbar sind. Bei $7^1/_2$% der Nennspannung verlischt der Glühfaden überhaupt. Man baut erfahrungsgemäß die Regler so, daß man sie in drei Gruppen abschaltet, und zwar nach Abschaltstufen, Vorstufen und Licht-Wertstufen. Die Abschaltstufen reichen von 0—$7^1/_2$% der Normal-Spannung und bis 25% der Lampen-Ampere. Je Stufe sind bei Gleichstrom etwa 150 Watt bei Wechselstrom 300 Watt abzuschalten. In den Vorstufen, die zwischen $7^1/_2$—40% der Lampenspannung und zwischen 25—62% der Lampen-Ampere liegen, werden 110 Watt je Stufe abgeschaltet. In den Lichtwertstufen, die bei 40% der Lampenspannung und 62% der Lampen-Ampere anfangen, muß eine sehr feine Unterteilung stattfinden, um eine stetige Verdunklung zu erzielen. Man schaltet nach dem Lichtwert ab und darf höchstens 3,8% des Lichtwertes je Stufe abschalten, so daß die Mindeststufenzahl 25 beträgt.

Auch die Leistung soll in keinem Falle je Stufe 100 Watt überschreiten. Grundsätzlich wird also der Regler eingeteilt in die Abschaltstufen, in denen 25% der Lampenleistung, in die Vorstufen, in denen 37%, und in die Lichtwertstufen, in denen 38% vernichtet werden. Im allgemeinen kann man allerdings die Regler etwas kleiner bauen, und es ergibt sich durch Integration nach Errechnung des Vorwiderstandes (Spannungsverlust geteilt durch jeweilige Stromstärke) für jede einzelne Stufe die im Regler zu vernichtende Leistung. Dies ergibt die Kurven für die theoretische Minimalleistung des Reglers. Um Parallelschaltungen zu vermeiden, baut man jedoch den Regler lieber nach der Kurve, die normal abgestuft ist, als nach der theoretischen Minimalleistung. Aber auch nach dieser wird der Widerstand noch zu klein. Im allgemeinen muß man beachten, daß man bei geringen Stromstärken die Drähte nicht beliebig dünn wählen kann. Das ergibt sich aus Normalisierungsrücksichten und auch deswegen, weil die Schaltung sonst zu kompliziert wird und man auch nicht von einzelnen Rollen oder Reitern eine zu große Anzahl von Abzweigen wählen kann. Dies gilt nicht nur für Verdunklungswiderstände, sondern für alle Widerstände schlechthin und man muß daher bei der Projektion die Widerstände immer größer wählen als es sich nach der Rechnung ergibt. Nach allgemeinen Erfahrungen muß man etwa eine Zugabe von 20% vorsehen. Verdunklungsregler projektiert man meist sogar so, daß man die volle Lampenleistung als im Regler vernichtet ansieht und bei Abschaltung bei 25% der Lampenspannung ihn dann für 75% der Lampenleistung auslegt. Der Widerstand wird entweder für Dauerlast mit jeder Verdunklungsmöglichkeit ($p = 1$) berechnet oder aber durch kurzzeitigen Betrieb mit einer allmählichen Gesamtverdunklung für 45 Sek. Verdunklungszeit, die am üblichsten ist, kann $p = 3$ angenommen werden.

Berechnung von Magneten

Gleichstrom-Magnete

Bei der Berechnung von Magneten handelt es sich zumeist darum, die für die erforderliche Hubarbeit benötigten Dimensionen des Magneten festzustellen. Dies gilt insbesondere bei der Anwendung der Magnete als Bremslüftmagnete. Diese werden nach Schalthäufigkeit (Zahl der Schaltungen pro Std.), Einschaltdauer in % und der in cmkg zu messenden Hubarbeit bestimmt. Meist werden die Magnetspulen an eine vorgeschriebene Spannung, seltener an einen bestimmten Strom gelegt. Die gleichen Probleme tauchen bei der Festlegung der Dimensionen von Schützmagneten sowie von Überstrom- und Nullspannungsmagneten auf.

Bei der Berechnung von Schützen muß man darauf achten, daß die Kraft, die im Anfang benötigt wird, wesentlich geringer ist, als am Ende des Einschaltvorganges. Der Kraftverlauf erfolgt dann gemäß Fig. 155. Hierbei ist der Punkt a derjenige, an dem die Kontakte einander berühren. Die Kraft steigt nun stark an, bis die erforderliche Kontaktkraft erreicht ist. Im Anfang ist nur das Gewicht der beweglichen Teile zu heben und evtl. die Kraft der Rückdruckfeder zu überwinden. Man beachte bei dem Kraftverlauf ferner, daß bei Ölschützen noch Kraft erforderlich ist, um das Öl wegzudrücken.

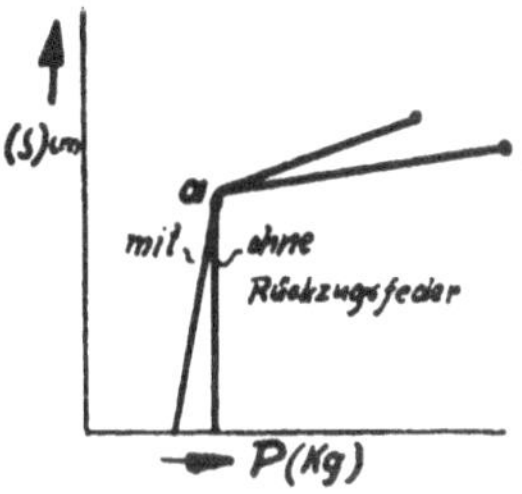

Abb. 155

Betrachtet man das Kraftlinienbild eines Magneten, so sieht man, daß das des Luft-Magneten, der aus einem Eisenkern und einem Luftspalt besteht, im Eisen einfach, im Luftspalt dagegen sehr kompliziert ist. Eine genaue Berechnung des Kraftlinienverlaufes ist für die meisten Magnetformen überhaupt nicht möglich, für einige Formen nur unter Zuhilfenahme der Berechnung mit konformen Abbildungen. Für die praktische Berechnung ist die genaue Kenntnis des Kraftlinienverlaufes meist nicht erforderlich. Praktisch nie werden im Apparatebau Magnetspulen ohne Eisenschluß nach Fig. 156 verwendet. Im allgemeinen bildet der Magnet im angezogenen Zustand stets einen fest geschlossenen Eisenkreis, in dem nur Luftspalte benötigt werden, um entweder den Magnet gleiten zu lassen oder um das Kleben des Magneten zu verhindern. Zu diesem Zweck wird eine Anzahl

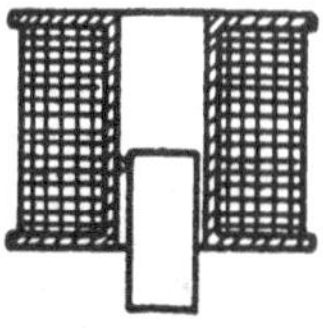
Abb. 156

Klebstifte aus Messing oder einem anderen harten und unmagnetischen Material in den feststehenden Teil des Magneten eingeschlagen. Magnetformen sind in den Figuren 157a—e angegeben.

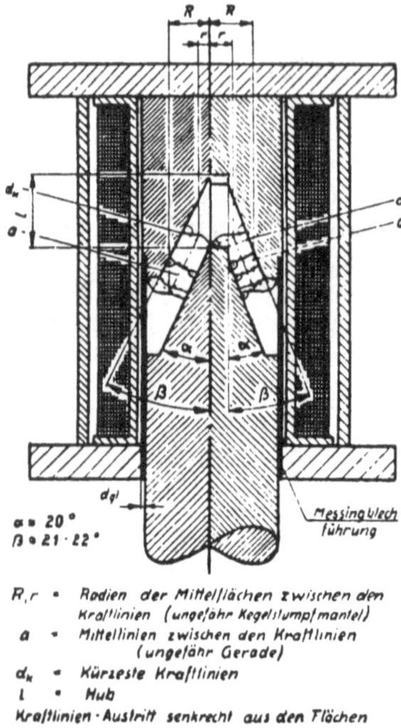

Abb. 157 a

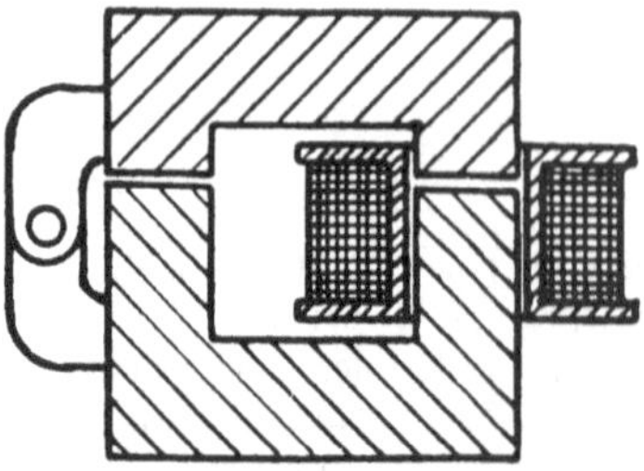
Abb. 157 c

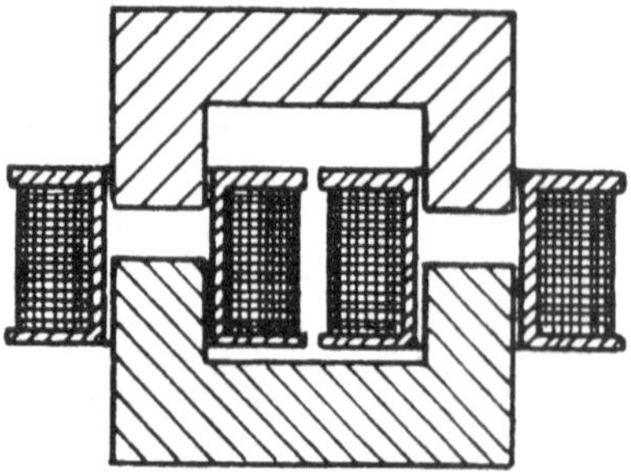
Abb. 157 d

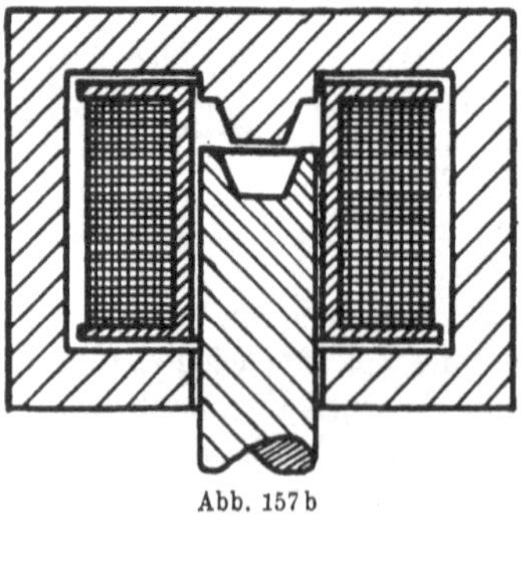
Abb. 157 b

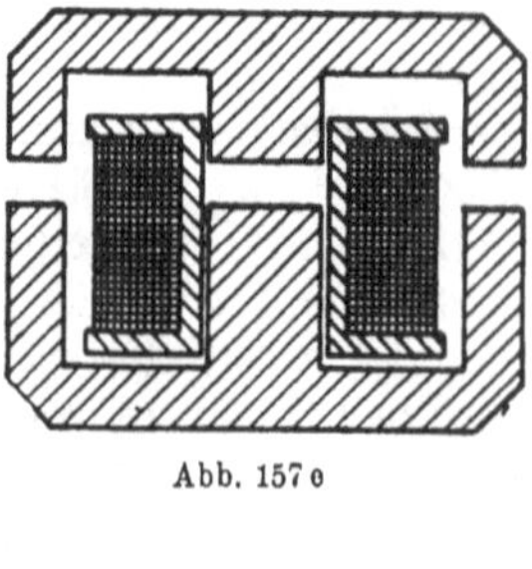
Abb. 157 e

Ein angenähertes Kraftlinienbild eines offenen Magneten mit konischem Kerne zeigt Abb. 158.

Eine weitere Schwierigkeit bei der Berechnung von Magneten besteht noch darin, daß es keine einfache Möglichkeit gibt, die Mapnetisierungskurve des Eisens formelmäßig zu erfassen.

Bekanntlich wird durch eine Spule, in die Strom geschickt wird, ein magnetisches Feld erzeugt. Die Feldstärke hängt von der Ampere-Windungszahl der Spule ab.

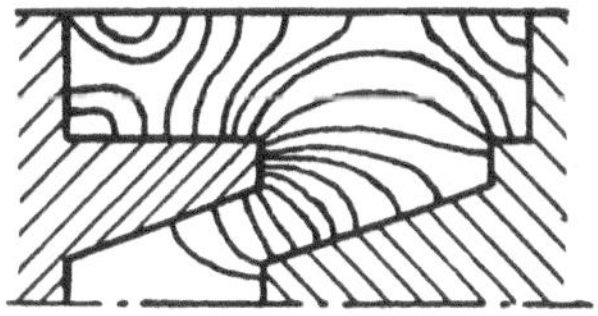
Abb. 158

In Luft besteht die folgende Gleichung:

$$0{,}4\,\pi\,In = \oint H_x\,dx \qquad (304)$$

Hierin bedeutet H die Feldstärke in Gauß

x den Luftspalt in cm,

In die Ampere-Windungen.

Fügt man in diesen Luftkreis Eisen ein, so wird dieses induziert und es gilt die Gleichung:

$$B = \mu H\,[1] \qquad (305)$$

hierbei ist μ die Permeabilität und B die Induktion.

Fig. 159a und b zeigen die Magnetisierungskurven des Eisens.

In Luft und Öl und in den meisten anderen Isolatoren ist $\mu \simeq 1$.

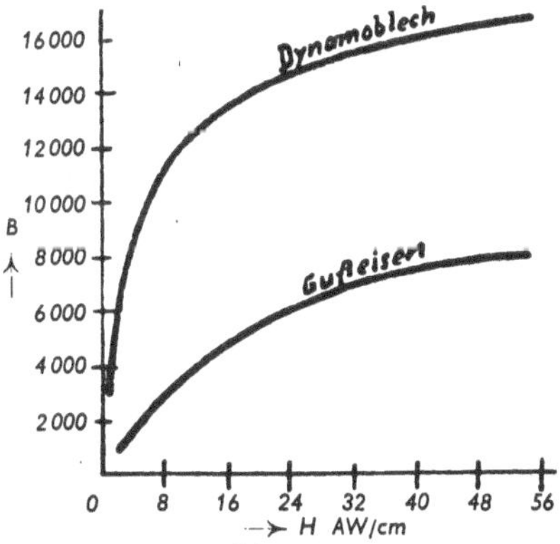

Abb. 159 a

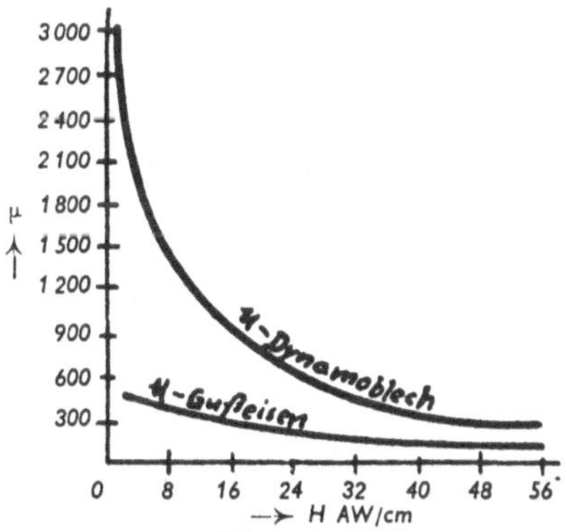

Abb. 159 b

Die Größe μ ist wie man sieht im Eisen sehr groß und in Fig. 159b ist sie abhängig von den Ampere-Windungszahlen dargestellt. Die Permeabilität ist praktisch außer im Eisen nur noch im Nickel und Kobalt veränderlich und in Legierungen dieser Metalle, in allen anderen Stoffen ist sie unabhängig von der Feldstärke.

[1]) Mißt man H im Oerstedt, dann muß es $\mu \cdot \mu_0$ statt μ heißen (s. S. 4).

Außerdem gilt nach der Maxwellschen Formel die Gleichung

$$E = -\frac{d\Phi}{dt} \cdot 10^{-8} \qquad (306)$$

Hierin ist Φ der Kraftfluß in Maxwell und E die Spannung zwischen den beiden Spulenenden. Für den Kraftfluß gilt stets die Gleichung:

$$BF = \Phi \qquad (307)$$

wobei F die Fläche in cm^2 ist, die senkrecht zu den Kraftlinien steht und durch die die Kraftlinien hindurchgehen. Die in einem magnetischen System enthaltene Energie ist

$$\int E\, I dt = \oint d\Phi\, I\, 10^{-8} \qquad (380)$$

Dieser Kraftfluß ist, wie aus den vorhergehenden Gleichungen hervorgeht, abhängig von der Stromstärke I und außerdem von einer Größe, die durch die geometrischen Abmessungen der Anordnung bedingt ist. In Luft ist diese, da μ konstant ist, für eine bestimmte geometrische Anordnung eine Konstante und diese Konstante bezeichnet man als Selbstinduktion L, die man in Henry mißt. Im Luftspalt gilt also

$$\int EIdt = \int ILdI = \oint Id\Phi = {}^1\!/_2\, LI^2 = W \text{ (magnetische Energie)} \qquad (309)$$

Will man nun die Kraft annähernd bestimmen, mit der der Magnet im Luftspalt angezogen wird, so muß man diese magnetische Energie, die dann genau so groß ist wie die mechanische, mit der ein Eisenstück angezogen wird, nach dem Kraftlinienweg differentieren. Unter der Voraussetzung der Geradlinigkeit der Kraftlinienwege gilt also jetzt für die Anzugskraft P″ die Gleichung

$$P'' = \frac{dW}{dx} = \frac{H\, dx\, BF}{0{,}8\,\pi\, dx} = \frac{HB^2F}{0{,}8\,\pi} = \frac{H_L{}^2F}{0{,}8\,\pi}\ ^{1)} \qquad (310)$$

Hierin ist H_L die Feldstärke im Luftspalt.

Diese Formel ist noch in kg auszudrücken, und es ergibt sich

$$P'' = \frac{H_L{}^2F}{0{,}8\,\pi\ 9{,}81\ 1000000} \qquad (311)$$

dies ergibt ungefähr:

$$P''_{(kg)} \cong \frac{H_L{}^2F}{25 \cdot 10^6} \qquad (312)$$

Man beachte bei dieser Formel, daß die Zahl der tragenden Flächen je nach der Anordnung des Magneten verschieden ist. Bei Fig. 157 a, b ist die Zahl der tragenden Fläche f = 1. Bei Fig. 157 c, d handelt es sich um zwei tragende Flächen. f = 2, bei Fig. 157e handelt es sich ebenfalls um zwei tragende Flächen, und zwar deswegen, da jeder der beiden äußeren Schenkel nur die Hälfte der gesamten Kraft-

[1]) H und B wird in Gauß gemessen $\mu_0 = 1$

linien durchsetzt, weil der Querschnitt der beiden äußeren Schenkel gleich dem des mittleren Schenkels ist.

Es ergibt sich unter Vernachlässigung der Streuung für den Luftspalt in einem Magnetsystem, in dem H von x unabhängig ist, gemäß Gleichung 304

$$\frac{Hx}{0{,}4\,\pi} = In = \vartheta$$

Für die Überwindung des magnetischen Widerstandes des Eisens sind $\frac{B}{\mu} L_{fe}$ Amperewindungen erforderlich. Hierbei ist L_{fe} die Länge der Kraftlinien im Eisen in cm. Auch hier ist zu beachten, daß bei Fig. 157e die Länge von L_{fe} nur durch 2 Schenkel bestimmt wird, da über die beiden äußeren Schenkel nur je der halbe Magnetfluß verteilt wird. Da μ im allgemeinen einen sehr großen Wert hat, können in vielen Fällen die für die Überwindung des magnetischen Widerstandes des Eisens erforderlichen Ampere-Windungszahlen vernachlässigt werden und für den Luftspalt allein gilt dann näherungsweise die Formel

$$P'' \,(\mathrm{kg}) = \frac{(0{,}4\,\pi)^2\,\vartheta^2\,F}{d^2\,0{,}8\,\pi\,9{,}81 \cdot 10^6} \tag{313}$$

Hierbei ist d die Größe des Luftspaltes, in cm. Da im allgemeinen aus den mechanischen Bedingungen die gewünschte Kraft gegeben ist, so ergeben sich beim Anzug eines Magneten für die Ampere-Windungszahl angenähert die folgende Gleichung:

$$\vartheta = \frac{d \cdot 5000}{0{,}4\,\pi} \sqrt{P''/F} \tag{313a}$$

Dieser Wert berücksichtigt noch nicht die Streuung und auch noch nicht den sogenannten Solenoid-Effekt[1]). Dieser besteht in folgendem:

Bei einer gegebenen Zahl von Ampere-Windungen ist die Felddichte um so größer, je kürzer die Spulenhöhe L_s ist, in der das Feld erzeugt wird. Andererseits hängt sie vom Querschnitt des Eisenkernes ab, durch den die Kraftlinien hindurchgehen. Wie Versuche ergeben haben, ist die Anzugskraft größer als P″, und zwar um eine Kraft P‴, die dem Querschnitt umgekehrt proportional ist.

$$P''' = \frac{K\,\vartheta\,F}{L_s} \tag{314}$$

Hierin ist K eine experimentell gefundene Konstante, deren Größe, wenn man die Größen L_s und F in cm bzw. cm^2 und P‴ in kg mißt, variiert zwischen den Werten 0,0023 und 0,0038. Zur Sicherheit rechne man stets mit dem geringeren Werte von K. Die Gesamtzugkraft P unter Vernachlässigung der Streuung ist

$$P = P''' + P'' \tag{315}$$

[1]) Electrical magnets and windings, Electr. Eng. 1941 S. 334.

Wie verhält sich nun die Größe H_L zu B?

Von den Kraftlinien führt nur ein Teil durch den Luftspalt d, während der Rest der Kraftlinien andere Wege geht. Es müssen aber soviel Ampere-Windungen auf die Schenkel aufgebracht werden, daß genügend Kraftlinien erzeugt werden, die direkt durch den Luftspalt gehen. Welche Wege die Kraftlinien alle haben können, zeigt z. B. Fig. 160. Es ist, wie schon dargelegt, nicht möglich, hierfür Formeln aufzustellen. Auch über den Eisenquerschnitt ist die Induktion sicher nicht gleichmäßig verteilt. Die Streuung ist dann am größten, wenn der Luftspalt im Verhältnis zum Querschnitt groß ist. Sie wird kleiner sein, wenn sich der Luftspalt am Spuleninneren befindet.

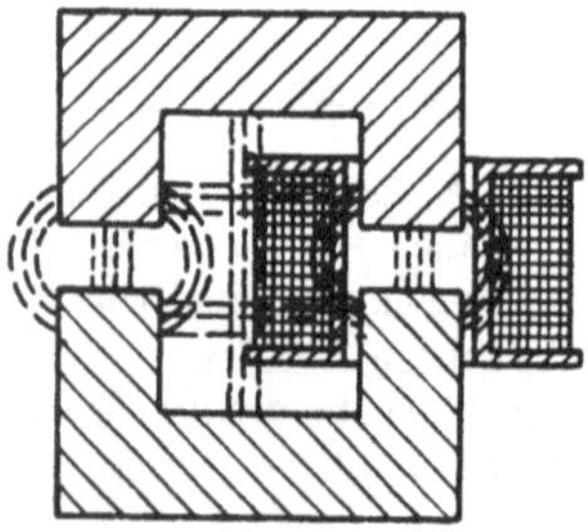

Abb. 160

Das Verhältnis der Amperewindungen, die tatsächlich nötig sind, um eine bestimmte Anzugskraft bei einem gegebenen Magnetmodell zu erzielen im Verhältnis zu der Zahl der Amperewindungen, die sich aus der Berechnung nach Formel 315 ergibt, nennt man den Streuungskoeffizienten. Dieser Streuungskoeffizient kann nur abgeschätzt werden. In einigen Fällen sind zwar schon mit Hilfe konformer Abbildungen exakte Feldberechnungen durchgeführt worden. Dies ist aber nur für idealisierte Fälle bisher möglich gewesen. Die Rechnungen sind für praktische Zwecke zu kompliziert. Umfangreiche Versuche haben ergeben, daß man mit großer Näherung die Streuung vom Verhältnis F/d abhängig machen kann. Der Streuungskoeffizient σ ist für die drei wichtigsten Fälle nach Tabelle 316 zu bestimmen. Er beträgt für:

1. Magnete, mit Luftspalt außerhalb der Spulen,
2. Magnete, mit Luftspalt innerhalb der Spulen,
3. Magnete mit konischem Kernwinkel zwischen 40—60°.

F/d	Fall 1	2	3
1	1,46	1,53	1,37
3	1,25	1,30	1,19
6	1,17	1,19	1,13
10	1,13	1,13	1,07
20	1,07	1,07	1,07

(316)

Führt man diesen Wert ein, so ergibt sich für die Ampere-Windungszahl die folgende Gleichung (Gleichung 315 nach ϑ aufgelöst):

$$\vartheta = (\sigma)\left[-\frac{Kd^2}{2\,L_s}\left(\frac{5000}{0{,}4\,\pi}\right)^2 + \sqrt{\frac{K^2 d^4}{4\,L_s^2}\left(\frac{5000}{0{,}4\,\pi}\right)^4 + \frac{Pd^2}{F}\left(\frac{5000}{0{,}4\,\pi}\right)^2}\,\right] \qquad (317)$$

In vielen Fällen genügt es auch, unter Vernachlässigung des Solenoideffektes, mit der Formel:

$$\vartheta = \sigma \, d \frac{5000}{0,4\,\pi} \sqrt{P/F} \tag{318}$$

zu rechnen.

Wie aus der Tabelle S. 160 hervorgeht, ist der Streuungskoeffizient geringer bei Anwendung von konischen Kernen (Abb. 157b). Bezeichnet man bei einem konischen Kern den Neigungswinkel mit α und führt man die nach obiger Tabelle angegebenen Bezeichnungen ein, so ergibt sich für die wirksame Fläche (Abb. 157 a):

$$P^* = P/\sin\alpha \qquad F = (R + r)\,\pi\, a \qquad \vartheta \approx d_k \frac{5000}{0,4} \sqrt{P^*/F} \tag{319/320}$$

Hierin ist F die Mittelfläche zwischen den Kraftlinien, d_k der kürzeste Luftspalt, $d > d_k$ ist der Hub des Magneten. Durch diese vereinfachte Darstellung des Kraftlinienbildes nach Abb. 157 b ist die Berechnung der Zugkraft und Amperewindungszahl schnell durchführbar [1]). Man sieht, daß die Amperewindungszahl durch die Anwendung eines konischen Magneten sich, abgesehen von der Streuung, stark verändert. Andererseits ist, wie aus der vorgenannten Tabelle hervorgeht, die Streuung um so geringer, je größer das Verhältnis $\frac{F}{d}$ ist. Bei einem Konus von 60° aber ist für den gleichen Hub des Magneten das Verhältnis viermal so günstig als bei geradem Anker. Hinzukommt, daß, wie aus dem Kraftlinienbild Abb. 158 hervorgeht, durch die Schrägstellungen eine Konzentrierung der Kraftlinien an bestimmten Stellen des Kernes hervorgerufen wird. Dort erhöht sich die Anzugskraft. Dies gilt ganz besonders bei stark geöffneten Magneten. Auf diese Weise wird eine Verteilung des Kraftflusses erzielt, die einen besonders sicheren Anzug gewährt. Eingehende systematische Untersuchungen, welcher Winkel der zweckmäßigste ist, haben bisher noch nicht stattgefunden. Man kann aber grundsätzlich einen Neigungswinkel zwischen 40—65° als zweckmäßig ansehen, um ein günstiges Kraftlinienbild zu erhalten.

Die Anzugskraft von Schützen errechnet sich wie folgt:

Bezeichnet man mit P_1 die Summe aller Kontaktkräfte einschl. der Kontaktkräfte an den Hilfskontakten, bezogen, unter Berücksichtigung der Hebelwirkung, auf die Magnetfläche an der Anzugsstelle, wobei man die Kontaktkräfte nach Seite 47 berechnen kann, mit P_2 die Kraft der Rückzugsfeder, deren Größe etwa 0,1—0,2 P_1 ist und die hauptsächlich bei Klappankern vorkommt und mit P_3 das Gewicht des beweglichen Magnetteils in Richtung der Anzugsbewegung, so ergibt sich

$$P' = P_1 + P_2 + P_3 \tag{321}$$

Die Kraft P ist beim Anzug noch etwas größer, da dann mechanische Widerstände zu überwinden sind. Man rechnet bei Magneten ohne Dämpfung und ohne Scharnier

[1]) Diese Methode stammt von Vetter.

für den Anzug P = 1,08 P′, für das Halten P = P′, Magneten mit Dämpfung und ohne Scharnier oder Magneten ohne Dämpfung mit Scharnier für den Anzug P = 1,12 P′, Magneten mit Dämpfung und mit Scharnier für den Anzug P = 1,15 P′.

Bei einem bestimmten Magnetmodell kann bei geringerer Einschaltdauer mehr geleistet werden als bei höherer. Man wählt die Feldstärke im Luftspalt H_L bei Magneten aus Stahl bei 100% Einschaltdauer und ca. 15—150 Schaltungen je Stunde zu ca. 3000 Gauß. Hierbei ist zu beachten, daß im allgemeinen die Streuung infolge der Lunkerbildung und der Porösität im Guß bei Graugußmagneten etwa 10—15% höher ist als bei Magneten aus Stahl. Die auf Seite 160 angegebenen Werte für σ beziehen sich auf Magnete von Stahl. Dabei ist es auch zweckmäßig, den Gußquer- schnitt größer zu wählen als den Stahlquerschnitt. Die Feldstärke H_L ist abhängig von Einschaltdauer und Schalthäufigkeit.

ED%	100	70	40	25	15
H_L Gauß	2800	3200	3900	4500	5600

Diese Werte sind für 15—150 Schaltungen pro Stunde, für 600 Schaltungen pro Stunde wird H_L etwa 30% kleiner gewählt, für 2000 Schaltungen pro Stunde H_L etwa halb so groß. Diese Zahlen sind niedriger als im Elektromaschinenbau. Bei Gleichstrommagneten wird im allgemeinen die Induktion deshalb nicht höher angenommen, weil der Magnet sonst zum Anzuge soviel Ampere-Windungen nötig hätte, daß sie nicht auf zweckmäßige Weise untergebracht werden könnten. Bei Gleichstrommagneten mit Sparschaltung (Näheres darüber siehe S. 168) kann man etwa doppelt bis dreifach so hohe Induktionen annehmen. Eine besondere Form von Gleichstrommagneten sind die Langhubmagnete[1]). Bei diesen wird der Anker in Form einer Röhre mit trichterförmiger Erweiterung an der Außenseite der Spule ausgebildet. Die Polflächengröße kann jetzt beliebig gesteigert werden. Der bewegliche Teil wird in Form einer Röhre ausgebildet. Man kann mit diesem Gerät besonders leicht einen großen Arbeitshub erzielen. Da der Luftspalt im Verhältnis zum Arbeitshub hierbei klein gewählt werden kann, ist die Verwendung von magnetisch günstigem Eisen von großer Wichtigkeit. Der Winkel des Konus soll hier auch etwa zwischen 30—50° betragen.

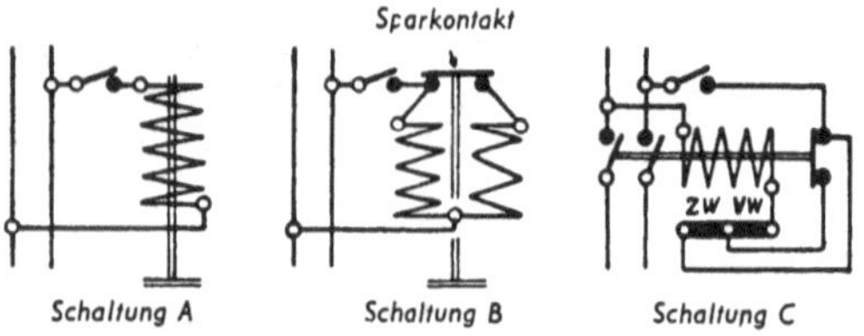

Abb. 161

Hat man die erforderliche Ampere-Windungszahl festgelegt, so ist der Querschnitt und die Windungszahl der Wicklung zu bestimmen. Bei Gleichstrom ist der Aufnahmestrom bei gegebener Netzspannung nur durch den Ohmschen Widerstand

[1]) ETZ 1938 S. 1326.

bestimmt. Grundsätzlich gibt es drei verschiedene Schaltungsmöglichkeiten. Der Magnet wird entweder unmittelbar an die Spannung gelegt oder es werden ein Sparwiderstand oder zwei Spulen verwandt (Abb. 161).

Die erforderlichen Halte-Ampere-Windungen sind, wie aus den vorhergehenden Formeln hervorgeht, kleiner als die Anzugs-Ampere-Windungen. Man schaltet daher häufig sobald der Magnet angezogen hat, einen Widerstand vor. Dadurch wird der Haltestrom der Spule wesentlich niedriger als der Anzugsstrom. Die Größe dieses Widerstandes ist auf Seite 151 berechnet. Diese Anordnung läßt sich bei Schützen im allgemeinen leicht anbringen, da die Konstruktion so ausgewählt ist, daß die Hilfskontakte zur Schaltung des Sparwiderstandes Verwendung finden können. Bei Bremsmagneten ist ein besonderer Sparschalter vorgesehen.

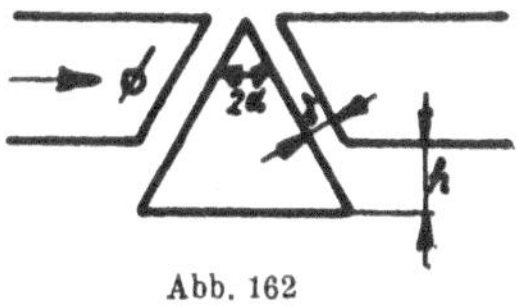

Abb. 162

Eine andere Möglichkeit besteht darin, an den Magneten zwei Wicklungen anzubringen und zwar eine Halte- und eine Anzugswicklung. Diese Schaltung findet selten Anwendung, höchstens bei Magneten mit großer Einschaltdauer und geringer Schalthäufigkeit.

Die Berechnung der Ansprechzeit t_a für einen Magneten nach Abb. 162 wurde von Blankenburg durchgeführt[1]). Die Induktivität eines solchen Magneten beträgt:

$$L = 0{,}625 \cdot 10^{-8}\, n^2 \frac{F}{h \sin\alpha \cos\alpha} \tag{322}$$

Hierin ist F der Luftspaltquerschnitt in cm^2.

Die Ampere Windungen, um den Magneten anzuziehen, betragen;

$$\vartheta \cong \frac{2\, h \sin\alpha\, B}{0{,}4\, \pi} \tag{323}$$

und die Zeitkonstante

$$T' = L/R = 0{,}2 \frac{A}{I^2 R} \qquad A = \int^{h} P\, d\, h \tag{324}$$

Hierin ist A die Hubleistung in cmkg, P die Magnetkraft, h der Hub in cm.

Nach einer Zeit gleich der dreifachen Zeitkonstanten hat bekanntlich der Strom zu 95 % seinen Maximalwert erreicht und die Ansprechzeit t_a ist ungefähr:

$$t_a \cong 0{,}6 \frac{A}{I^2 R} .$$

In vielen Fällen will man die Ansprechzeit herabsetzen. Dies kann durch Kunstschaltungen geschehen. Blankenburg gibt hierfür verschiedene Schaltungen

[1]) Schaltanordnung für Schenkelmagnete. ETZ 1940.

an, z. B. Abb. 163. Wesentlich für alle Kunstschaltungen ist, daß ein Kondensator verwendet wird. Ist M der Arbeitsmagnet und R der Strombegrenzungswiderstand, dem der Kondensator K parallel geschaltet ist, so gelten die folgenden Gleichungen, wobei $i_1 + i_2 = i$ ist.

$$L \frac{di}{dt} + ir + Ri_2 = U \tag{325}$$

$$L \frac{di}{dt} + ir + \frac{Q}{C} = U$$

Aus diesen Gleichungen kann man den maximalen Einschaltstrom und die Ansprechzeit bestimmen. Die Lösung erhält man durch den Ansatz

$$i_A = I_{max}\, e^{\alpha t}$$

Hierin ist

$$\alpha_{1,2} = -A/2 \pm A'$$

$$A' = \sqrt{\left(\frac{A}{2}\right)^2 - B} \qquad B = \frac{R + r}{LRC} \qquad A = \frac{1}{RC} + \frac{r}{L}$$

wobei r der Dämpfungswiderstand und i_A der veränderliche Magnetstrom ist.

$$i_A = I_{max}\left[D e^{-\alpha_1 t} + E e^{-\alpha_2 t}\right] + F$$

D, E, F sind Konstante, die man mittels der Bedingung für $t = 0$ und $t = \infty$ bestimmt, $I_{A\,max}$ erhält man durch Differentation der Gleichung für i

$$I_{A\,max} = I_{max}\, D\, \frac{\alpha_2 - \alpha_1}{\alpha_2}\, e^{-\alpha_1 t_{a\,max}} + F \tag{326a}$$

und die dazugehörige Ansprechezit

$$t_{a\,max} = \frac{1}{\alpha_1 - \alpha_2}\, l_n \frac{\alpha_2 E}{\alpha_1 D} \tag{326b}$$

Den Verlauf des Einschaltvorganges zeigt Abb. 164.

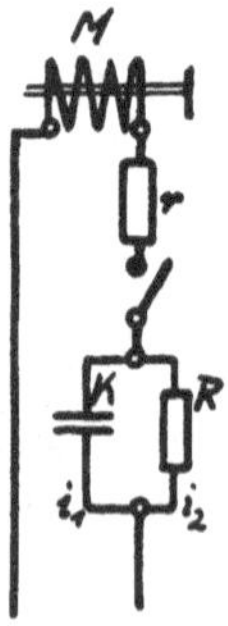

Abb. 163

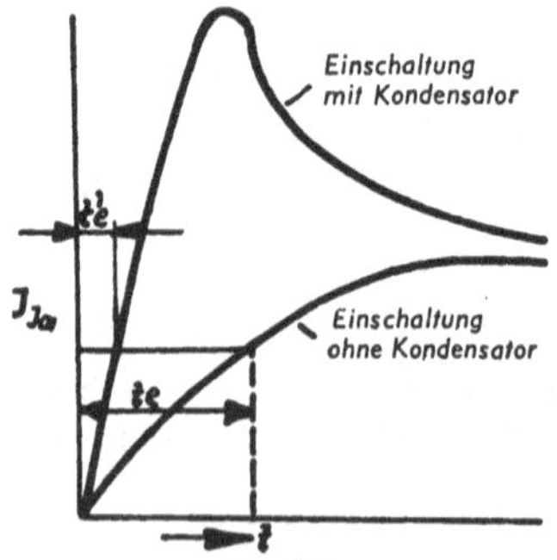

Abb. 164

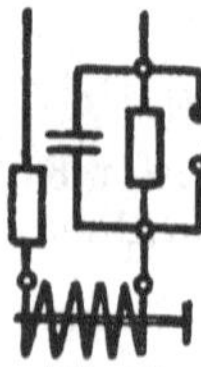
Abb. 165

Ein Ruhestrommagnet kann nach Abb. 165 geschaltet werden, wodurch eine Schnellabschaltung des Haltemagneten erzielt wird. Derartige Anordnungen finden aber im normalen Schaltapparatebau nur sehr selten Anwendung, da die Kosten für solche Fälle zu hoch sind.

Der Drahtquerschnitt und die Windungszahl einer Magnetspule wird wie folgt bestimmt; man schätze zunächst die Größe der Spule. Solche Spulen werden entweder mit oder ohne Papierzwischenlagen gewickelt (Abb. 166). Papierzwischenlagen werden im allgemeinen dann vorgesehen, wenn Lackdraht verwendet wird und die Spulen nicht mit Compound getränkt werden. Als Isolation genügt bei Magneten bis zu 20 cmkg und bei Schützen bis zu etwa 100 Amp. Transparentdraht. Darüber hinaus ist eine bessere Isolation vorzusehen. Bei großen Schalthäufigkeiten soll man stets zweimal Baumwolle oder Zellwolle oder einmal Papier und einmal Baumwolle oder zumindest Doppellackdraht vorsehen. Insbesondere soll man bei niedrigen Spulenspannungen eine kräftige Isolation wählen, und zwar aus dem Grunde, weil auch in der Wicklung Kräfte wirksam sind. Diese Kräfte entstehen durch die in den Windungen fließenden Ströme, wodurch nebeneinander liegende Windungen sich anziehen. Diese Kräfte heben sich zwar an den meisten Stellen gegeneinander auf, aber an der Innen- und Außenschicht der Wicklung sowie am oberen und unteren Ende ist dies nicht der Fall. Da die Kräfte mit dem Spulenstrom wachsen, können sie bei höheren Spulenströmen zu einer Zerstörung der Isolation führen. Außerdem fließt der Spulenstrom auch im Streufeld des Magneten. Diese Streuung bildet in Verbindung mit dem Stromfluß im Gegensatz zum Hauptfeld einen Winkel, wodurch auch Kräfte entstehen, die die Wicklung zerstören können. Eine genaue Berechnung dieser Kräfte ist nicht möglich, da hierzu eine genaue Kenntnis des Streufeldes erforderlich wäre. Aber auch sie sind um so größer, je größer der Spulenstrom ist: denn es gilt die Gleichung

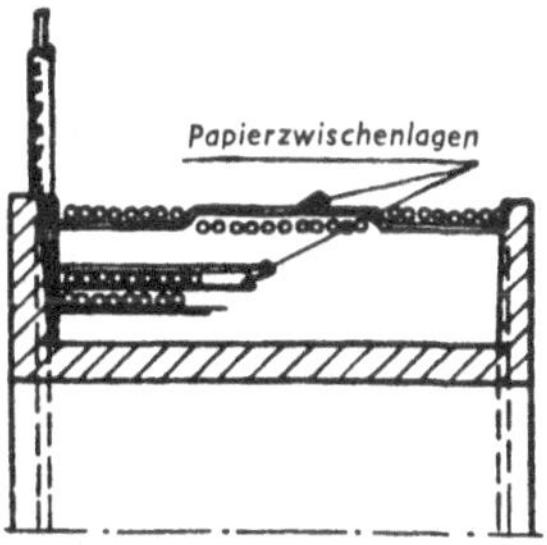

Abb. 166

$$P = \int s\, B_{str} \sin \varphi \, dV \quad {}^{1)}$$

Hierbei ist s die Stromdichte, B die Induktion des Streufeldes, φ der jeweils von der Lage abhängige Winkel zwischen Strom und Streufeldrichtung im Spulenraum, P die durch das Streufeld erzeugte Kraft, V der Raum in dem der Vorgang betrachtet wird. Da man, wie später bei der Betrachtung der Wechselstrommagnete gezeigt werden soll, die Induktion von Magneten in Öl höher wählt als von Gleichstrommagneten in Luft, sind die hierin auftretenden Kräfte auch bei Ölschützen und Ölmagneten größer als bei solchen in Luft. Aus diesem Grunde werden bei größeren

[1]) Siehe auch Jasse, Elektromagnete.

Magneten die Spulen vielfach im Vakuumofen getrocknet und es wird Masse eingefüllt, um eine gegenseitige Bewegung zu verhindern. Außerdem muß die Abstützung der Spulen, je größer der Strom ist, um so besser sein. Bei kleinen Magneten verwendet man heute meist Spulenkörper aus Preßstoff (Type 31) etwa nach Abb. 167. Bei größeren Magneten lohnt sich meist die Anfertigung eines derartigen Spulenkörpers nicht, da die Stückzahlen nicht groß genug sind. Man verwendet dann geklebte Spulenkörper

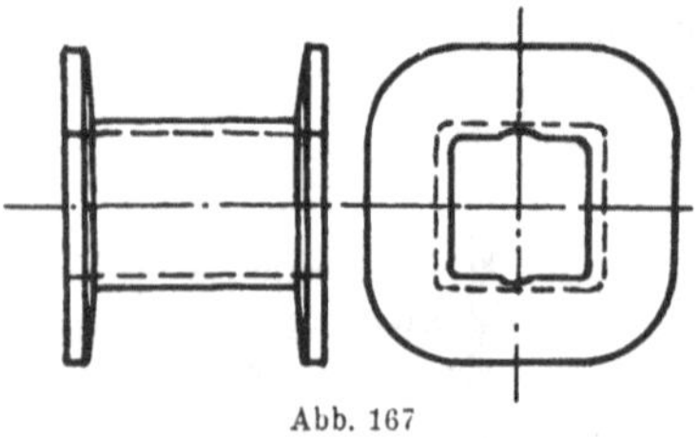

Abb. 167

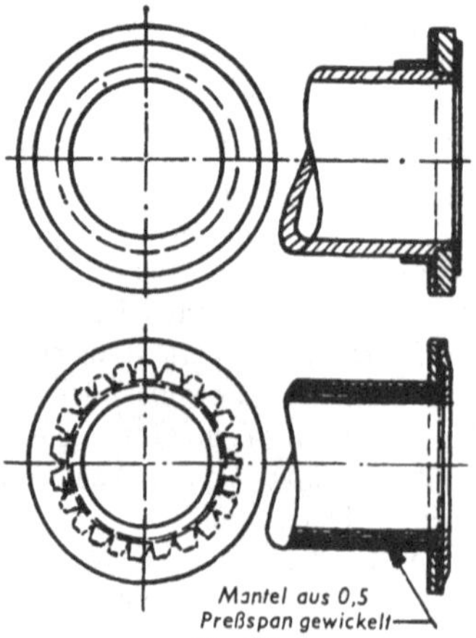

Abb. 168

(Abb. 168). Die Spulenhalter werden aus Nichteisenmetall (Messing) hergestellt.

Die Abmessungen genormter Spulendrähte ergeben sich aus folgender Tabelle

d	b_1 L	b_1 BB	b_1 LB	b_1 KK
0,1	0,015			—
0,2	0,02	0,16	0,12	
0,3	0,025		0,125	0,09
0,4	0,03		0,15	
0,5	0,035		0,155	
0,6	0,04		0,16	0,11
0,7				
0,8		0,22		
0,9	0,05		0,17	
1,0				
1,2				0,12
1,4	0,06		0,18	
1,6				—
2,0			0,21	—
2,5	0,08	0,26	—	—
3,0	—		—	—
4,0	—	0,3	—	—
5,0	—		—	—
6,0	—	0,6	—	—

d_1 = Durchmesser des isolierten Drahtes
d = Drahtdurchmesser
b_1 = Stärke der Isolationsschicht
d = d + b_1

L = Transparentdraht

BB = Isol. 2 × Baumwolle
2 × Zellwolle
2 × Papier
1 × Papier + 1 × Zellwolle

LB = Isol.
1 × Lack + 1 × Baumwolle
1 × Lack + 1 × Papier
1 × Lack + 1 × Zellwolle

KK = Isol. 2 × Kupferseide
2 × Kunstseide

Bezeichnet man mit

d_1 den Durchmesser des isolierten Drahtes
q den Drahtquerschnitt in qmm
d den Drahtdurchmesser in mm
L_m die mittlere Windungslänge in m
I_1 den Anzugstrom bei Sparschaltung
I_2 den Haltestrom
M die wärmeabgebende Fläche der Spule in m²
α die Wärmeabgabeziffer, deren Größe abhängig von der Temperatur bestimmt worden ist, in Watt/° C/m²
t_2 die Einschaltdauer in einem Schaltzyklus in Sek.
t_3 die Gesamtschaltdauer eines Schaltzyklus in Sek.
t_1 die Ansprechzeit, d. h. die Zeit bis zum Einschalten des Sparwiderstandes
t_h die Arbeitszeit zur Überwindung des Arbeitshubes

so gilt folgendes:

Für den Spulenquerschnitt S gilt folgende Gleichung:

$$S = d_1^2 n, \tag{327}$$

bei zwei Wicklungen

$$S = d'^2_1 n_1 + d''^2_1 n_2 \tag{327a}$$

Hat man Papierzwischenlagen, so ist S größer als $d'^2_1 n$.

Der Unterschied liegt je nach der Drahtstärke, Papierstärke und der Zahl der Zwischenlagen zwischen 10 und 50%.

Nach dem Ohmschen Gesetz gilt Gleichung:

$$q = \frac{L_m\, n\, I\, \rho}{U} = \frac{L_m\, \rho\, \vartheta}{U} \tag{328}$$

Bei Verwendung von zwei Wicklungen gelten die Gleichungen:

$$q_1 = \frac{\rho\, L_{m1}\, \vartheta_1}{U} \qquad q_2 = \frac{\rho\, L_{m2}\, \vartheta_2}{U} \tag{328a}$$

Man wähle einen diesem Querschnitt möglichst naheliegenden genormten Drahtquerschnitt, woraus man aus der Tabelle den Draht- und Isolationsdurchmesser bestimmen kann, und vergrößere oder verkleinere L_m entsprechend der Veränderung von q. Danach bestimme man n aus der Gleichung 327 bzw. 327a. Nun prüfe man, ob die geschätzten Spulenabmessungen richtig waren, und zwar in der Weise, ob die Spule die zulässige Temperatur nicht überschreitet, diese aber auch ungefähr erreicht.

Hat man nur eine Spule, so gilt Gleichung:

$$I = \vartheta / n \tag{329}$$

Bei Sparschaltung mit zwei Wicklungen gilt Gleichung:

$$I_1 = \vartheta_{off} / n_{off} \qquad I_2 = \vartheta_{geschl} / n_{geschl} \tag{330}$$

Bei einer Schaltung mit zusätzlichem Widerstand gilt die Gleichung:

$$I_1 = \vartheta / n \qquad I_2 = \frac{U\, q}{\rho\, L_m\, n + R_{zus} \cdot q} \tag{330a}$$

Die Bestimmung der Erwärmung geschieht jetzt in der gleichen Weise, wie dies bei Widerstandsrollen geschehen ist. Man müßte auch wieder genaue Versuche durchführen und dort dieselben Grenzerwärmungskurven aufnehmen, wie dies für die Widerstandselemente durchgeführt worden ist.

So wird man auch nach einer Schätzung bei Magneten verfahren, die man in Serien bauen will. Für Schätzungen oder für Vorausberechnungen einzelner Magnete genügt folgendes Verfahren;

In allen bei intermittierendem Betrieb vorkommenden Fällen ist der Zeitfaktor wesentlich größer als die Einschaltdauer. Bei Annahme einer Zeitkonstanten T' gilt also jetzt folgende Gleichung:

$$I_d^2 = I^2 \frac{t_2}{t_3}, \text{ denn } \frac{t_2}{T'} \sim 0 \tag{331}$$

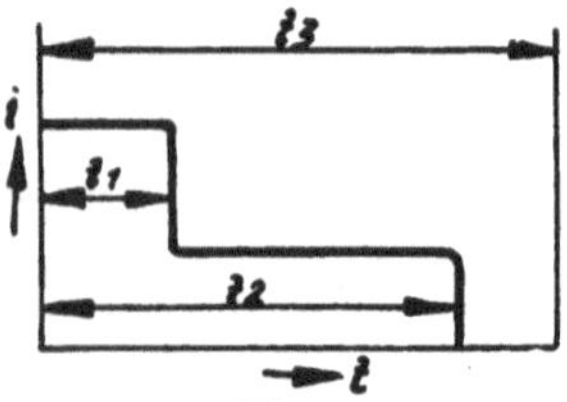

Abb. 169

wobei I_d der Dauerstrom ist, der die gleiche Erwärmung hervorbringt, wie der kurzzeitige oder in bestimmten Abschnitten eingeschaltete Strom I[1]).

Den Verlauf der Stromkurve beim Einschalten des Gleichstrommagneten in Sparschaltung zeigt Abb. 169.

Für den äquivalenten Dauerstrom gilt die Gleichung

$$I_{1d}^2 = \left[I_1^2 t_1 + I_2^2 (t_2 - t_1) \right] \frac{1}{t_3} \tag{332}$$

Die Dauer von t_1 beträgt etwa 0,1 sek: bei gedämpften Magneten ist t_1 einstellbar. Die Abhängigkeit des Hubweges in cm von der Hubzeit bei durch eine Pumpe gedämpften Magneten zeigt Abb. 170[2]).

Bezeichnet man das Verhältnis des Anzugsstromes zum Haltestrom mit I_1/I_2, so ergeben sich für die wichtigen Fälle folgende äquivalente Dauerströme:

ED	Schaltungen pro Stunde	t_3 sek	t_2 sek	Normale Schaltg. I_d^2/I^2 $I_1/I_2 = 1$	Sparschaltung (Widerstand) bei $t_1 = 0,1$ sek., wenn $I_1/I_2 =$ 3	5	10	15 = I_d^2/I_2^2
15%	45	80	12	0,15	0,16	0,18	0,27	0,42
25%	60	60	15	0,25	0,27	0,29	0,42	0,62
40%	120	30	12	0,4	0,43	0,48	0,73	1,15
25%	120	30	7,5	0,25	0,28	0,33	0,58	1,00
40%	180	20	8	0,4	0,44	0,52	0,90	1,53
40%	240	15	6	0,4	0,46	0,57	1,07	1,89
40%	600	6	2,4	0,4	0,53	0,80	2,05	4,13

[1]) Vergl. hierzu Kap. 1, S. 30.

[2]) Vgl. ETZ 1932 S. 384.

Die Erwärmungszeit bis zu 95 % der Endtemperatur beträgt bei großen Magneten mehrere Stunden, bei kleineren sinkt diese Zeit sehr stark ab. Nimmt man den Zeitfaktor zu $^1/_3$ dieser Zeit an, so ist bei kleineren Magneten der Zeitfaktor T ungefähr 10 min. Es ist also z. B. für 30 Schaltungen pro Stunde bei 100% ED t_2/T' ungefähr 0,2 [1]). Andererseits wurde bereits bei Widerständen dargelegt, daß die wirkliche Erwärmung bei verhältnismäßig kurzer Erwärmungszeit geringer ist als es sich bei einem Verlauf nach der Exponentialkurve erwarten ließ. In einer Vorausberechnung der äquivalenten Dauerstromstärke nach Formel 331 bzw. 332 wird gewöhnlich noch ein Sicherheitsfaktor berücksichtigt. Um nun die Maximaltemperatur zu bestimmen, so gilt auch hier wieder Gleichung (s. darüber auch Kap. 1 S. 17)

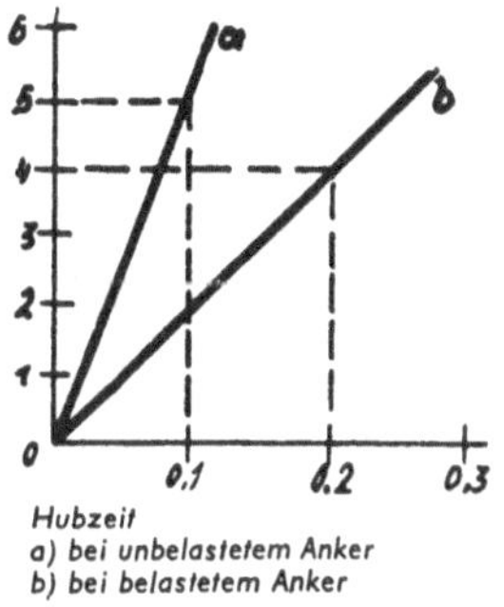

Abb. 170

$$\tau_{max} = I_d^2 R/M\alpha \qquad R = L_m \rho\, n/q \qquad (333)$$

Die zulässige Maximaltemperatur ergibt sich aus den VDE-Vorschriften[2]), und zwar gelten hierfür je nach der Drahtisolation folgende Werte[3]):

	Bestandteil oder Werkstoff	Grenztemperatur °C	Grenzerwärmung °C
Wicklungen	Blank	100	65
	Isoliert mit ungetränkter Baumwolle, Seide, Jute, Sterlingleinen	85	50
	Isoliert mit getränkter Baumwolle, Seide, Jute, Sterlingleinen oder getränktem Papier	95	60
	Lackdraht	90	55

Die Größe der Wärmeabgabeziffer α hängt von der Kapslung und von der zulässigen Endtemperatur ab. Nachdem τ_{max} ungefähr 60° beträgt, kann man für α folgende Werte annehmen:

in dichter Kapslung .... 9—11 Watt/° C m²
in normaler Blechkapslung .... 11—12 „
in freier Luft ohne jede Kapslung .... 13—16 „

[1]) Vgl. Kap. 2.

[2]) VDE 1939 S. 967.

[3]) Nach von Moses und Torok im Electrical Engineering 1946 veröffentlichten Versuchen kann man Spulen aus mit Glaswolle und mit durch Glaswollfasern gebundenen Glimmer isoliertem Draht, der mit silikathaltigem (70%) Lack ohne organische Bestandteile im Vakuum getränkt wird, bis zu 200° C erwärmen.

Für die wärmeabgebende Spulenoberfläche M gelten die Beziehungen

$$M = (D_1 + D_2)\, h\, \pi + \frac{\pi}{2}\,(D_1^2 - D_2^2)$$

für runde Spulen[1]).

In Öl gelten dieselben Beziehungen wie für Widerstände (siehe darüber Kap. 2 S. 98).

Hierbei ist als Wärmequelle stets die Spule zu betrachten.

Wird das gleiche Magnetmodell für verschiedene Spannungen U_1, U_2 verwandt, so muß Leistung und Ampere-Windungszahl konstant bleiben. Dies ist nur möglich, wenn

$$\frac{n_1}{n_2} = \frac{U_1}{U_2} \tag{334}$$

ist.

Bei hohen Spannungen werden die Windungszahlen groß, und es wird wegen des verhältnismäßig großen Raumes, den die Isolation beansprucht, häufig so eingerichtet, daß der Wicklungsraum für Spulen nur für Spannungen bis 220 Volt ausreichend gebaut wird. Bei höheren Spannungen wird ein Vorwiderstand eingeschaltet.

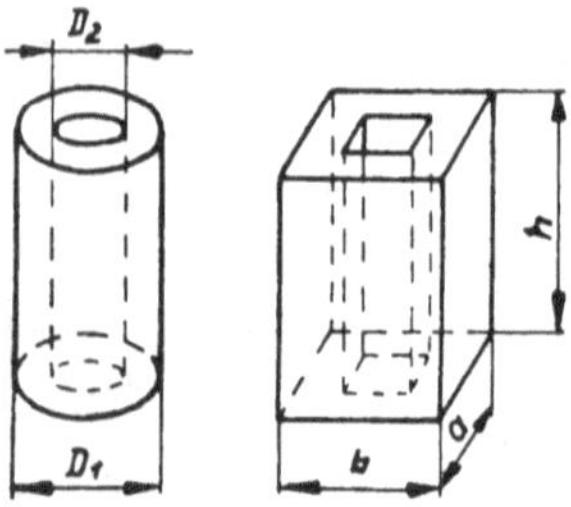

Abb. 171

Zur Bestimmung einer günstigen Spulenabmessung muß man beachten, daß, je größer die wärmeabgebende Fläche, desto geringer das Kupfergewicht ist. Aus diesem Grunde ist es auch wichtig, daß man für gute Lüftung sorgen muß, damit die Größe α einen hohen Wert annimmt. Als Anhaltspunkt für die Berechnung einer günstigen Wicklung gilt folgendes:

Diejenige Spule ist die günstigste, bei der ein Maximum an Kupfer untergebracht werden kann, unter der Voraussetzung, daß alle sonstigen Erwärmungsbedingungen erfüllt sind, d. h. bei gegebener Spannung, Spulenleistung und Ampere-Windungszahl muß $d_1^2\, n$ ein Maximum sein.

Es gelten folgende Gleichungen (für eine Spule ohne Papierzwischenlagen):

$$\pi/4\; d_1^2\, n = 1/2\,(D_1 - D_2)\, h$$

$$\tau = \frac{I^2 R}{M \alpha}$$

$$O = \frac{U \vartheta}{\tau n \alpha}\left[(D_1 + D_2)\, h\, \pi + \frac{\pi}{2}\,(D_1^2 - D_2^2)\right] \cdot 10^{-6} \approx \varkappa\, D_1\, h\, \pi \cdot 10^{-6}$$

[1]) Die wärmeabgebende Fläche von Gleichstromspulen ist die Summe sämtlicher Spulenoberflächen. Bei Wechselstromspulen wird die dem Eisen zugekehrte Spulenoberfläche wegen der Erwärmung des Eisens bei der Errechnung von O nicht mitgezählt.

$$R = \frac{D_1 + D_2}{2q} \rho \pi n 10^{-3}$$

$$U = IR = (D_1 + D_2) \cdot 10^{-3} \cdot \frac{\vartheta \rho \pi}{2q} = (D_1 + D_2) \cdot 10^{-3} \frac{\vartheta \rho 2}{(d_1 - b)^2}$$

$$n = \frac{U \vartheta^2 \rho 10^3}{\varkappa 2 q h \tau \alpha U - \vartheta \rho D_2 h \pi \tau \alpha \varkappa \cdot 10^{-3}}$$

$$L = U \vartheta^2 \rho 10^3$$

$$K = 2 \tau \alpha U \varkappa$$

$$N = \varkappa \vartheta \rho D_2 \pi \tau \alpha 10^{-3}$$

d_1 = Durchmesser des isolierten Drahtes (mm)

b = doppelte Isolationsdicke (mm)

n = Spulenhöhe (mm)

ρ = Spez. Widerstand in $\Omega \frac{mm^2}{m}$

D_1 = Außendurchmesser der Spule (mm)

D_2 = Innendurchmesser der Spule (mm)

O = wärmeabgebende Oberfläche in m^2

q = Drahtquerschnitt in qmm

$$d_1^2 n = \frac{L d_1^2}{(d_1 - b)^2 h K \frac{\pi}{4} + h N} \tag{335}$$

Für verschiedene Spulenhöhen h ergibt sich die in Abb. 172 dargestellte Abhängigkeit des Spulenraumes vom Drahtdurchmesser.

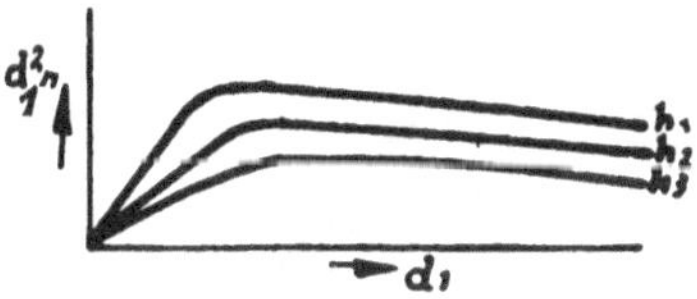

Abb. 172

Eingehende Untersuchungen über Magnete haben gezeigt, daß bei der Verwendung von verschiedenen Drahtisolationen folgende Veränderung der Magnetleistung beim gleichen Magnetmodell stattfindet:

Draht-Isolation:	Lackdraht	zweimal Seide	zweimal Baumwolle
Magnetleistung in cmkg,	100	90	60 [1])

bei gleicher ED und Schalthäufigkeit. Der Grund liegt darin, daß die Stärke der Isolationsschicht für die verschiedenen Isoliermaterialien verschieden ist. Beim gleichen Wickelraum ist der Wicklungsfaktor, d. h. das Verhältnis zwischen dem vom Leitungsmaterial zum gesamten von der Spule eingenommenen Raum, verschieden.

Je nach dem Material des Leiters ergeben sich bei gleichen Magnet- und Spulenkörperabmessungen die folgenden Verhältnisse der Arbeitsleistung des Magneten.

Werkstoff	Kupfer	Aluminium	Zink	Eisen
Isolation	Lack	Lack	Lack	2× Baumwolle
Magnetleistung	100	50	30	11,5 %

[1]) Untersuchungen von Vetter, Prüffeld der Fa. Rheostat, Dresden.

Für die Leistung eines Magneten, dessen zulässige Leistungsaufnahme abhängig von der Einschaltdauer und der Schalthäufigkeit ist, haben experimentelle Untersuchungen bis zu 150 Schaltungen je Stunde, folgendes Ergebnis gezeigt (Abb. 173). Die Abb. 173 gibt an, welche Leistung man bei verschiedener Einschaltdauer dem gleichen Magnetmodell entnehmen kann.

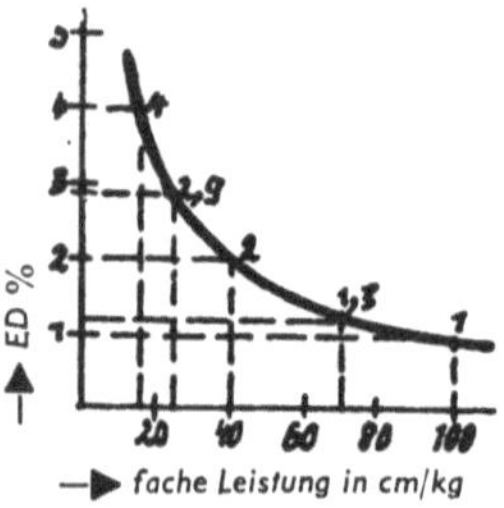

Abb. 173

Bei der Berechnung von Magneten ist allgemein darauf zu achten, daß ein Magnet bei 10% Spannungsabfall noch anziehen muß und die Spule bei einer Zunahme der Spannung um 10% nicht verbrennen darf. Es ist also für die Bestimmung der Anzugs-Ampere-Windungen von vornherein eine um 10% unter der Nennspannung liegende Spannung anzunehmen, für die Erwärmungsberechnung jedoch eine um 10% über der Nennspannung liegende zugrunde zu legen. Es ist ferner darauf zu achten, daß Schützmagnete bei 35% oder besser bei etwa 50% der Netzspannung unter allen Umständen abfallen und daß sie bei Erreichen einer bestimmten Spannung (mindestens 85—90% der Netzspannung im warmen Zustand oder 70% im kalten Zustand) anziehen, unter dieser Spannung aber in der Ruhelage verbleiben. Ein unsicherer oder schwacher Anzug und insbesondere dann eine unsichere oder schwache Kontaktgabe ist unter allen Umständen zu vermeiden. Um diese Schaltbedingungen zu erreichen, sind für jede Type Versuche durchzuführen. Geräte, die auf Schiffen Verwendung finden sollen, müssen bei Schiffsschwankungen, d. h. auch bei 30° Schräglage, sicher ein- und ausschalten. Für Schütze muß von vornherein vor allem die Wirkung des Gewichtes des Ankers auf den Magneten bei 30° Schräglage in der Rechnung vorgesehen werden. Magnete für den Schiffsbetrieb haben größeren Luftspalt im angezogenen Zustand und müssen daher für dieselbe Halteleistung breiter sein. Die Induktion wird herabgesetzt. Mit Topfmagneten ist es schwer, die für den Bordbetrieb erforderlichen Bedingungen zu erreichen. Nach Versuchen zeigte es sich, daß Kerne aus Dynamoblech (Papierzwischenlagen sind nicht erforderlich) geeignet sind.

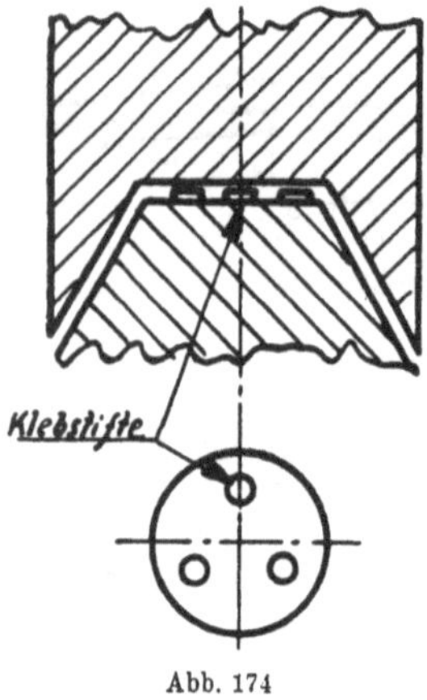

Abb. 174

Gleichstrommagnete haben infolge des remanenten Magnetismus die Eigenschaft, nach Abschalten des Spulenstromes haften zu bleiben. Man sieht infolgedessen im angezogenen Zustand stets einen kleinen Luftspalt vor (etwa 0,2—0,4 mm). Dieser wird durch kleine Klebstifte oder dünne Klebbleche aus nicht magnetischem

Material (meist Messing) erzielt (vgl. Abb. 174). Diese werden in den Kern geschlagen oder genietet.

Bremslüftmagnete für Gleichstrom sollen nicht aus Gußeisen, sondern aus Stahl aufgebaut werden, und hierbei ist für gute Lüftung der Spule Sorge zu tragen. Versuche haben ergeben, daß ein Bremsmagnet aus Gußeisen bei einer Leistung von 30 cmkg und 25% ED ein Gesamtgewicht von 15 kg und ein Gesamtkupfergewicht von 5,4 kg, während ein Magnet aus Stahlrohr bei 25% Einschaltdauer und 60 cmkg Leistung nur ein Gesamtgewicht von 12 kg und ein Kupfergewicht von 3,0 kg hatte. Bremslüftmagnete dürfen auch nicht zu groß gewählt werden, da der Schlag infolge des schnellen Anzugs zu groß ist. Es entstehen hierdurch mechanische Zerstörungen, außerdem wird die Wicklung stärker beansprucht. Ganz besonders gilt dies für Wechselstrommagnete.

Hauptstrommagnete

In einer Anzahl Fällen werden Magnete nicht an eine bestimmte Spannung, sondern nur an einen bestimmten Strom gelegt. Überstrommagnete müssen bei Erreichen einer bestimmten Stromstärke anziehen. Es gibt aber auch Schaltungen für Bremsmagnete, die bei Unterschreiten einer bestimmten Stromstärke abfallen müssen. Z. B. werden solche Bremsmagnete in Verbindung mit der Senkkraft-Schaltung gemäß Abb. 142 verwendet. Die Ampere-Windungszahl bestimmt man auch hier nach Gleichung 319. Die Stromstärke, bei der der Magnet anziehen soll, ist bekannt, die Windungszahl bestimmt man nach Gleichung 329. Die Stromstärke, bei der der Magnet abfällt, ist geringer als die Anzugsstromstärke. Den genauen Wert kann man meist nur durch Versuche ermitteln. Der Wert liegt etwa bei 70—75% der Anzugsstromstärke. Die Berechnung des Drahtquerschnittes derartiger Spulen geschieht in gleicher Weise und nach den gleichen Formeln wie für Magnetspulen, die an konstanter Spannung liegen. Hauptstrommagnete kommen als Überstrom-, Bremslüft- und Blasmagnete vor. Die Blasspulen werden gewöhnlich von einem hohen Strom durchflossen, während die Überstromspulen nur eine kurze Zeit vom Überstrom und dauernd nur vom Nennstrom durchflossen werden. Für reine Überstrommagnete wähle man für den Überstrom als Zuschlag zusätzlich zu der sich aus der Erwärmungsberechnung bei Nennstrom ergebenden Drahtabmessungen noch mit einem Wert von

$$p \cong 200 \qquad (336)$$

und lege diese für den Kurzschlußstrom aus, bei dem sie anziehen soll. Eingehende Versuche sind stets notwendig.[1])

Eine Spulenwicklung für reine Überstromspulen stellt z. B. Abb. 175 a dar. Es handelt sich hierbei um eine Spule, die bei 120 Amp. anziehen soll. Man beachte

[1]) S. S. 97. Die Überstromspulen können etwa zweihundertmal so hoch belastet werden als es sich nach Formel 333 ergibt, sofern sie die zulässige Temperatur durch den Dauerstrom nicht überschreiten und der Überstrom nicht häufig vorkommt.

hierbei die konstruktive Ausbildung der Spulenenden, die gewöhnlich mehr Schwierigkeiten macht, als wenn es sich nur um dünndrähtige Spannungsspulen handelt. Hauptstromspulen für hohe Stromstärken werden vielfach aus Flachkupfer gewickelt, wie dies in Abb. 175b dargestellt ist. Der Überlastungsfaktor richtet sich dann nach der Einschaltdauer des Gerätes. Die Wirkung der Blasmagneten besteht darin, daß der Lichtbogen durch die Magnetkraft nach außen getrieben wird. Die linke Handregel kommt hierbei zur Anwendung. Es muß daher beachtet werden, daß die Blasspule so angeordnet wird, daß der Lichtbogen einen Impuls in der gewünschten Richtung erhält[1]. Wie schon in Kap. 1 S. 77 dargelegt wurde, wird die Blaswirkung durch die hörnerförmige Ausbildung der Kontakte verstärkt.

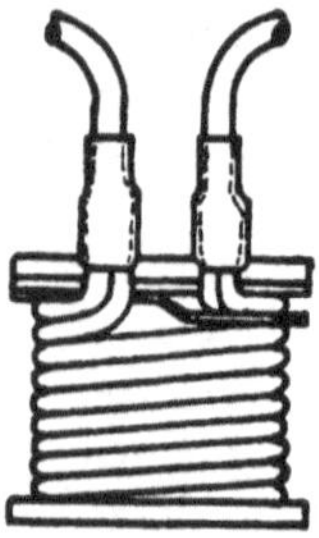

Abb. 175a

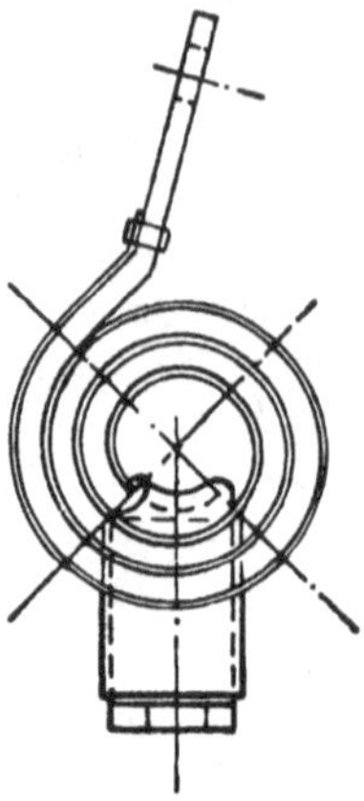

Abb. 175b

Für die Schaltzeit gilt Gleichung:

$$t = L \int_{I}^{i} \frac{di}{U - iR - U_b} \tag{337}$$

i = veränderlicher Strom, I = Gleichstrom (vgl. darüber auch S. 75).

Vor der Abschaltung gilt

$$U = IR; \; i = I \tag{338}$$

nach der Abschaltung gilt dagegen i = 0.

Man multipliziert daher den Zähler mit U und den Nenner mit Ir. Es ergibt sich dann als Schaltzeit-Gleichung

$$T_s \,(\text{Schaltzeit}) = L/R \int_{i=I}^{i=0} \frac{U}{(U - iR - U_b)} \frac{di}{I}$$

$$A = \int_{0}^{T_s} U_b \, i \, dt = \int_{i=I}^{i=0} \frac{U_b \, i \, di}{U - iR - U_b} = \text{Schaltarbeit} \tag{339}$$

Man erkennt hieraus, daß die Schaltzeit und damit auch die Schaltarbeit mit der Induktion zunimmt. Andererseits ist die Blaskraft nach Gleichung 312 abhängig von der Induktion.

[1]) Näheres darüber s. Kap. 1 S. 75.

Wählt man eine hohe Induktion der Blasspule, so wirkt sich dies ungünstig auf die Gesamtinduktion des abzuschaltenden Kreises aus. Andererseits wird aber die Wirkung des Blasmagneten hierdurch verstärkt. Der jeweils günstigste Wert würde abhängig sein von der Gesamtinduktion des abzuschaltenden Kreises. Diese ist aber der Firma, die die Schalter baut, meist unbekannt. Dazu kommt, daß man auch solche Blasspulen serienmäßig auslegen muß und nicht dem einzelnen Fall experimentell anpassen kann. Dieser Wert würde auch variieren, abhängig von dem Kurzschlußstrom, der gerade auftritt, so daß genaue technische Untersuchungen wenig Wert hätten. Die anderen Faktoren, für die eine möglichst

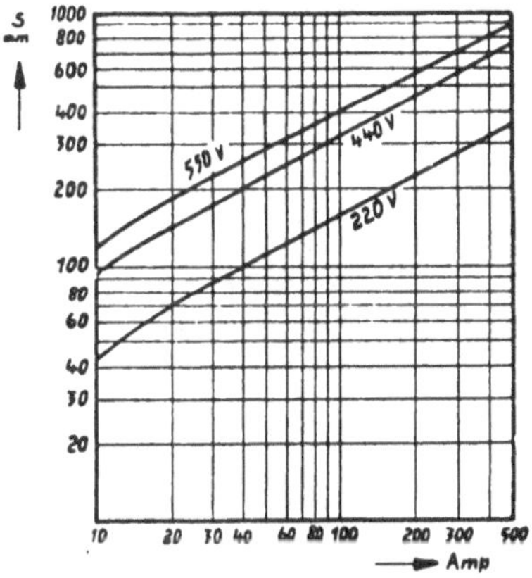

Ausschaltweg S bei Gleichstrom

Abb. 176a

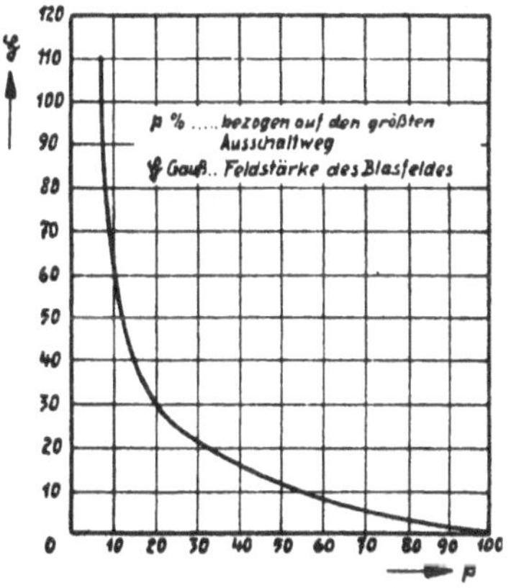

Verkürzung des Ausschaltweges durch das magnetische Blasfeld

Abb. 176b

günstige Abschaltung maßgebend ist, sind entscheidender als eine kleine Veränderung der gewählten Induktion.

Abb. 176a und b[1]) zeigen, wie durch die Blasung der Lichtbogen verkürzt wird. Abb. 176a ergibt die Kontaktabstände ohne Blasung, Abb. 176b die Verkürzung der Kontaktabstände durch die Blasung in % des Schaltweges. Man darf hierbei nicht übersehen, daß die Feldstärke im Luftspalt wesentlich kleiner ist als im Eisen, und daß die Werte hier für die Feldstärke im Luftspalt angegeben sind. Der Luftspalt ist groß und die Streuung ebenfalls. Man kann je nach der Anordnung des Blasmagneten annehmen, daß man mit der zwei- bis dreifachen Induktion im Eisen rechnen muß. Nachdem die Blaswirkung bei hoher Induktion sich nur wenig mit dieser, infolgedessen auch mit der Stromstärke, ändert, kann die gleiche Blasspule für einen großen Strombereich gewählt werden.

[1]) Elektrische Bahnen 1927 Dr. Ing. Philippi.

Nullspannungs-, Rückstrom- und Fernschaltermagnete

Nullspannungsmagnete oder besser Spannungs-Rückgangsmagnete sollen einen verklinkten Schalter bei Unterschreiten einer bestimmten Spannung (nicht unter 65 % der Nennspannung) zur Auslösung bringen.

Während des Einschaltvorganges (bei höchstens 70 % der Nennspannung) kommt der Magnet zum Anzug und sperrt hierdurch eine Klinke, die die Freiauslösung oder Sperre (s. darüber S. 294) an der Auslösung verhindern soll. Sobald die Spannung einen bestimmten Wert überschreitet, fällt der Magnet ab, und es wird abgeschaltet. Die Einschaltdauer der Magnete richtet sich nach der des Schaltgerätes. Rückstromschalter haben zwei Spulen, eine Spannungsspule und eine Stromspule, die einander im normalen Betrieb entgegenwirken. Sobald der Gleichstrom seine Richtung wechselt, wird die gegenseitige Wirkung aufgehoben, es wird abgeschaltet. Dieser Schalter wirkt besser als ein Nullstromschalter. Es ist wohl richtig, daß der Strom, bevor er seine Richtung wechselt, durch 0 hindurchgehen muß, aber die Trägheit eines Magneten kann es unter Umständen doch verhindern, daß eine rechtzeitige Abschaltung erfolgt. Dies kann insbesondere dann geschehen, wenn der Rückstrom sehr schnell steigt. Zur Sicherheit ist daher zum Schutze von Akkumulatorenbatterien stets ein Rückstromschalter vorzusehen.

Magnete für Fernschalter müssen nur eine große Anzugskraft haben, um ein Schaltschloß zum Anzug zu bringen. Danach hält sich das Schloß selbst. Es genügt daher, eine verhältnismäßig kleine Einschaltdauer vorzusehen. Dieselbe Berechnungsgrundlage ist auch anzuwenden, wenn nicht das Schaltschloß direkt zur Einschaltung kommt, sondern erst eine Feder zu spannen ist, durch die ihrerseits wieder der Schalter zur Einschaltung kommt. Ist der Fernschalter-Magnet gleichzeitig als Nullspannungsmagnet gedacht, so verwende man in jedem Falle die Sparschaltung und bringe zwei Wicklungen auf dem Magnet an, da die Haltekraft, durch die nur die Schaltklinke zu halten ist, wesentlich kleiner als die Anzugskraft ist. Hinzu kommt noch, daß bei Magneten für Ferneinschaltung auch der Schaltweg ein verhältnismäßig großer ist, es sei denn, die Bewegung des Schaltschlosses wird durch eine Feder vorgenommen.

Überstromschalter und Unterspannungsschalter haben vielfach verzögerte Ausschaltung. Zeitschalter, bei denen die Einschaltung oder Ausschaltung oder beides eines Magneten erst innerhalb bestimmter Zeitabstände eine Kontaktgabe hervorrufen oder aufheben soll, werden zweckmäßigerweise so ausgebildet (s. darüber S. 339), daß der Magnet sofort ein- oder ausschaltet und eine Feder hierbei spannt, die die gewünschte Wirkung hervorbringt. Es gibt aber auch Konstruktionen, bei denen der Magnet langsam abfällt oder anzieht. In diesem Falle ist darauf zu achten, daß eine entsprechende Einschaltdauer bei der Erwärmungsberechnung zugrunde gelegt wird.

Wechselstrommagnete

Wechselstrommagnete haben im allgemeinen wesentlich ungünstigere Eigenschaften als Gleichstrommagnete. Dies hat seine Ursachen darin, daß im Eisen Wirbelstrom- und Hysteresisverluste auftreten und infolgedessen die Magnete aus einzelnen Blechen zusammengenietet werden müssen.

Weiterhin ist für die Abhängigkeit des Stromes von der Spannung nicht nur der Ohmsche Widerstand, sondern die Impedanz der Spule maßgebend. Ferner möchte der Magnet jeweils bei dem Nulldurchgang abfallen, was man nur durch Anbringung einer entgegengesetzt wirkenden Hilfswicklung (Kurzschlußring) beseitigen kann. Für größere Leistungen verwendet man daher nicht gern Wechselstrom.

a) Hysteresisverluste

Durch die Ummagnetisierung im Eisen entstehen Verluste, da beim Wachsen der Feldstärke und der Induktion von H_1 auf H_2 bzw. B_1 auf B_2 mehr Arbeit geleistet wird als beim Rückgang von B_2 auf B_1. Die restliche Arbeit wird in Wärme verwandelt, sie entspricht

$$A_{hyst} = \oint H dB \text{ Joule/cm}^3 \qquad (341)$$

(Siehe Abb. 177).

Für die Hysteresisverluste ist von Steinmetz folgende empirische Formel angegeben worden:

$$V_{hyst} = \frac{f\, B_{max}^{1,6}\, v\, \sigma}{10^2\; 1000^{1,6}} \text{ Watt} \qquad (342)$$

Hierbei ist V_{hyst} = Hysteresisverluste
f = Frequenz
v = Eisenvolumen (dm^3)
B = Induktion (Gauß)
σ = Hysteresisverlustkoeffizient = 0,6 bis 0,9 für Dynamoblech.

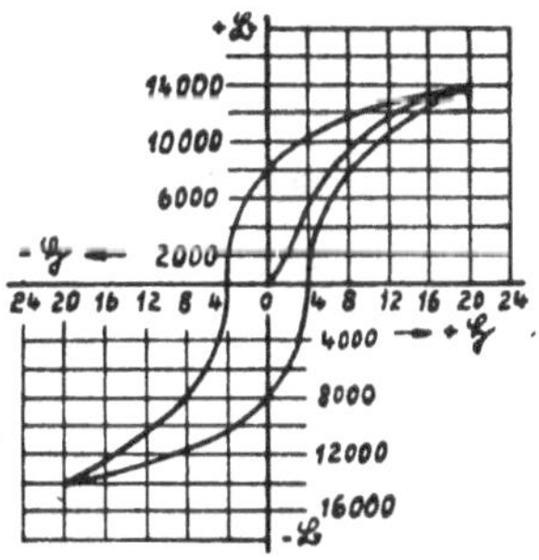

Abb. 177

b) Wirbelstromverluste[1])

Durch die Ummagnetisierung werden im Eisen Ströme induziert, die das Eisen erhitzen. Die exakte Berechnung dieser Wirbelstromverluste soll hier unterbleiben, das heißt, die Stromverdrängung, wiederum hervorgerufen durch die Wirbelströme an dem Rand des Bleches, wie sie bei massiven Leitern auftritt, soll vernachlässigt werden. Diese macht sich nur bei hohen Frequenzen, die in der Starkstromtechnik nicht vorkommen, und bei starken Blechen bemerkbar.

[1]) Fränkel, Theorie der Wechselströme.

Starke Bleche werden aber bei Wechselstrom nicht verwandt, da hier zu große Verluste auftreten. Abb. 178 stellt den Querschnitt durch ein Blech mit der Blechdicke b dar. Nimmt man an, daß die Stromfäden über den ganzen Querschnitt gleichmäßig verteilt sind, dann tritt durch ein Rechteck von der Länge l und der Breite 2x, das symmetrisch zur Mittellinie angenommen werden kann, da die Verdrängung an den Rand vernachlässigt wird, ein maximaler Induktionsfluß $= B_{max} 2x = \psi_{max}$. Bei der Ummagnetisierung ändert sich in einer halben Periode der Fluß von $+\psi_{max}$ auf $-\psi_{max}$.

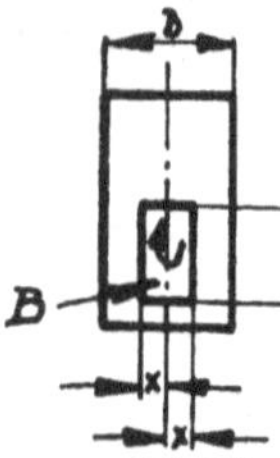

Abb. 178

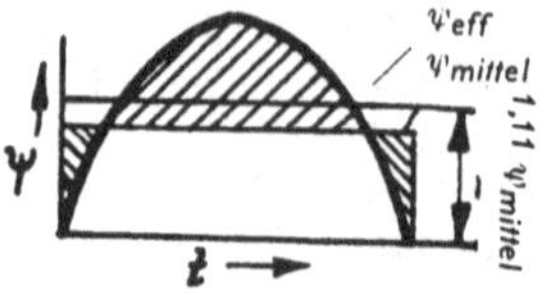

Abb. 178a

Der Mittelwert des Flusses ist derjenige Wert, der in einer Halbperiode auftreten würde, wenn das Integral der Wechselstromkurve von 0 bis π so groß wie die Fläche eines Rechteckes mit der Basis $\frac{T}{2}$ (T = Periodendauer) wäre (Abb. 178a), er ist bekanntlich bei einer sin-Kurve $\frac{2}{\pi}\psi_{max}$

$$\psi_{mittel} = \frac{2}{\pi}\psi_{max} \qquad \frac{2\,\psi_{max}}{\frac{T}{2}} = 4f\,\psi_{max} = 4f\,B_{max}\,2x \tag{343}$$

f = Frequenz.

Der Effektivwert unterscheidet sich vom Mittelwert durch den Formfaktor. Dieser beträgt bei einwelligen Wechselströmen $= 1{,}11 = \frac{\pi}{2\sqrt{2}}$, da der Effektivwert =

$$\psi_{eff} = \frac{\psi_{max}}{\sqrt{2}}, \quad \psi_{eff} = 1{,}11\ \psi_{mittel} \tag{344}$$

Da $e = -\frac{d\varphi}{dt}$ kann man den Effektivwert der EMK bestimmen zu

$$E_{ff} = \frac{4f\pi}{\sqrt{2}} B_{max} \cdot x = 4f\,1{,}11\ B_{max}\,2x \tag{345}$$

In einem Streifen von der Breite dx entsteht nun eine Spannung nach Gleichung 306, wenn man die kleine Länge 2dx gegenüber 2 vernachlässigt, von $J(1+1)\rho$, wobei ρ der spezifische Widerstand des Eisens und J die Stromdichte im Eisenquerschnitt ist.

Es gilt also:

$$J\rho = 4\,f\,1{,}11\;B_{max}\,x \tag{346}$$

Die Stromwärme in einem solchen Streifen von der Seitenlänge und Blechtiefe 1 ist:

$$dV = J^2\rho\,dx = \frac{(4f\,1{,}11\;B_{max})^2 x^2 dx}{\rho} \tag{347}$$

$$V = \int_{-1/2 b}^{+1/2 b} J^2\rho\,dx = \int_{-1/2 b}^{+1/2 b} \frac{(4\cdot 1{,}11\;B_{max})^2 x^2 dx}{\rho}$$

daraus ergeben sich die Stromwärmeverluste pro ccm

$$\frac{V}{1\cdot 1\cdot b} = \frac{(4\,f\,1{,}11\cdot B_{max}\,b)^2}{4\cdot 3\rho} \tag{348}$$

umgerechnet in Watt ergibt sich nun

$$V_{Wirbelst} = \frac{4\,(1{,}11)^2}{3\rho}\,10^{-5}\,(b\,f\,B_{max}\,10^{-5})^2\,v \text{ Watt} \tag{349}$$

v = Volumen (dm^3), b = Blechbreite (mm), f = Frequenz (Hertz).

Daraus kann man erkennen, daß Wechselstrommagnete aus möglichst dünnen Blechen zusammengestellt werden müssen, da sich die Wirbelstromverluste mit b^2 ändern.

c) Verlustziffer

Die Hysteresisverluste und die Wirbelstromverluste werden meist in einer Kennziffer für Dynamobleche zusammengefaßt, die angibt, wie groß die Verluste des Eisens pro kg bei einer Induktion von 10 000 Gauß und 50 Hz für die betreffende Sorte Eisen sind. Man bezeichnet dies mit V_{10}.

Für andere Induktionen gilt

$$V_{Fe} = \frac{B^2}{(10\,000)^2}\,V_{10} \tag{350}$$

Als Blech wählt man für kleinere Geräte eines mit der Verlustziffer

$$V_{10} = 3{,}6\,\frac{\text{Watt}}{\text{kg}} \tag{351}$$

für größere Lasthebemagnete und bei größeren Schalthäufigkeiten 2,3 Watt/kg (etwa über 40 % ED, 100 cmkg Hubarbeit oder Schalthäufigkeiten über 600/Std.).

Bleche mit noch niedrigeren Verlustziffern werden im Magnetbau selten verwendet, da man mit der Induktion hier nicht so hoch geht, wie im Elektromaschinen- und Transformatorenbau. Hochlegierte Bleche haben den Nachteil großer Spröde, so daß sie sich wesentlich schlechter bearbeiten lassen. Dynamobleche haben großen spezifischen Widerstand (etwa 0,535 Ω m/mm²). Sie enthalten viel Silicium (etwa 3,5 %), im übrigen C (0,03 %), Mg. (0,3 %), Phosphor und S in geringen Mengen.

Die tatsächlichen Verluste sind meist etwas höher als es gemäß der Verlustziffer erscheint. Dies rührt daher, daß zusätzlich Wirbelströme vorkommen, da an der

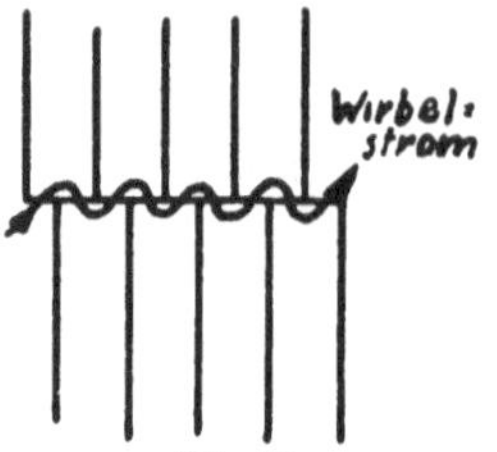

Abb. 179 a

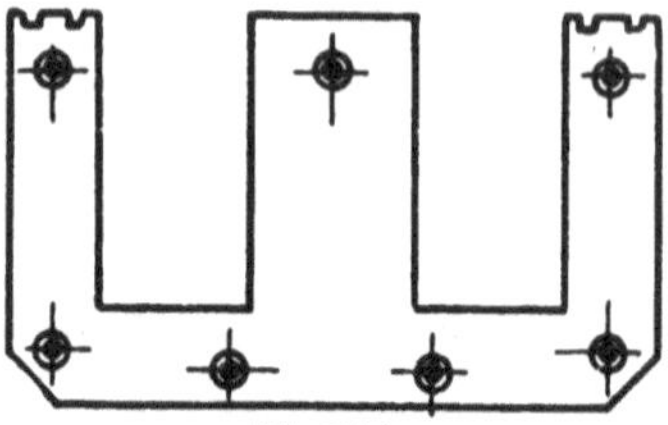
Abb. 179 b

Übergangsstelle am Magneten die Papierzwischenlagen nicht unmittelbar aufeinanderliegen (Abb. 179a). Ferner kommt es vor, daß durch die Nieten erhöhte Eisenverluste auftreten. Die Nietung (Abb. 179b) der Bleche wird meist durch Hohlnieten aus Eisen vorgenommen. Für Dynamobleche von 0,5 mm Stärke, 3,5 Watt/kg bei 10 000 Gauß treten praktisch Verluste gemäß Abb. 179c auf. Bei anderer Blechstärke verändert sich der Verlust entsprechend. Abb. 180 stellt die Abhängigkeit des Eisenverlustes in % gegenüber 0,5 mm starkem Blech dar.

Bei der Bestimmung des Eisenquerschnittes und der Wicklungsabmessung muß man zunächst eine bestimmte Induktion auswählen. Die maximale Induktion wählt man erfahrungsgemäß nach Abb. 181. Bei Magneten in Öl wählt man die Induktion 15% höher. Diese Werte gelten für Bleche mit ca. 5 Watt/kg Verlust. Man

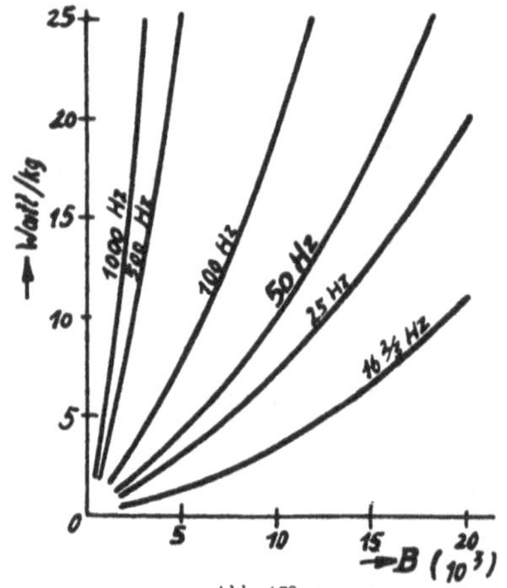

Abb. 179 c

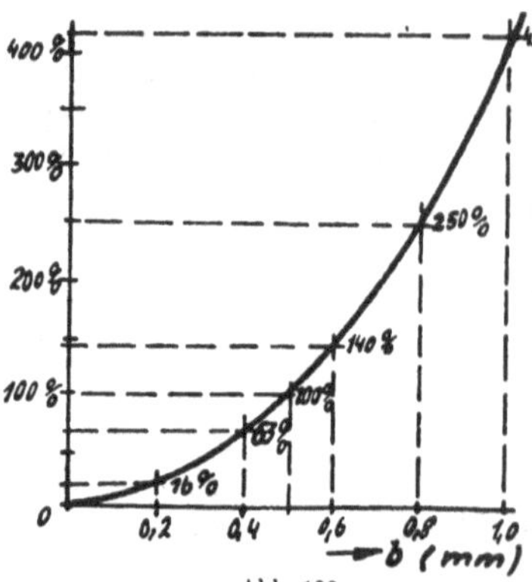

Abb. 180

erkennt auch hieraus, daß man für Wechselstrom bei großer Schalthäufigkeit (s. Abb. 181) eine niedrige Induktion wählen muß, da bei einer sehr hohen Induktion die mechanischen Ansprüche steigen. Der Magnet wird leicht zerschlagen, überdies aber wird die Wicklung stark beansprucht. Der Spulenstrom ist im Einschaltmoment besonders groß; denn es gilt die Gleichung

$$U_{max} \sin(\omega t + \psi) = n \frac{d\Phi}{dt} + Ri \tag{352}$$

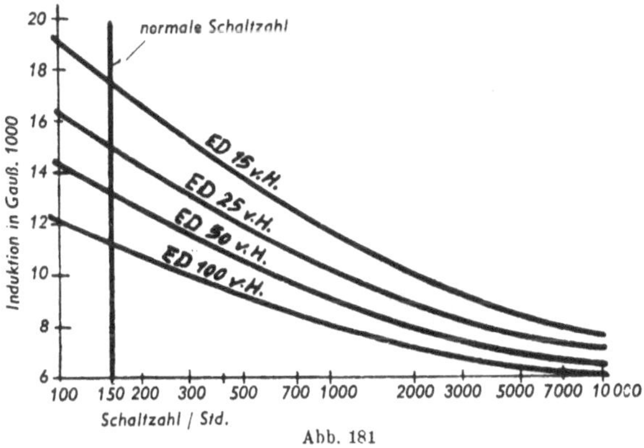

Abb. 181

Ist der Widerstand der Wicklung R ungefähr = 0, i der Strom im Einschaltaugenblick, ψ der Phasenverschiebungswinkel des Netzstromes, Φ_r der durch den remanenten Magnetismus im Einschaltmoment vorhandene Fluß, so gilt Gleichung

$$\Phi = \Phi_r - \frac{U_{max}}{\omega n} \cos(\omega t + \psi) + \frac{U_{max}}{\omega n} \cos\psi \tag{353}$$

Dieser Fluß schwingt, da ja nur das zweite Glied auf der rechten Seite in Gleichung 353 ein schwingendes Glied ist, nicht um 0, sondern um den Wert

$$\Phi_r + \frac{U_{max}}{\omega n} \cos\psi$$

Der Wert des Flusses kann dann auf $\Phi_r + \frac{2\,U_{max}}{\omega n}$ für $\cos(\psi + \omega t) = 1$ steigen.

Da wir aus den Gleichungen 304 und 305 wissen, daß i prop. B ist und damit auch prop. Φ, kann der Strom bei einer hohen Induktion sehr hohe Werte annehmen und es können daher große mechanische Kräfte auftreten (vgl. darüber S. 168).

Die Einschwingung auf den normalen Wechselstrom wird durch den Ohmschen Widerstand verursacht.

Wechselstrommagnete werden aus einzelnen Blechen zusammengenietet und Papierzwischenlagen darauf geklebt. Die Stärke der Bleche beträgt im allgemeinen

0,5 mm. Für kleine Magnete kommt man vielfach auch mit 1 mm starkem Blech aus (vg. hierüber Abb. 182). Die Werkstattarbeit muß stets sehr sorgfältig ausgeführt werden. Die Magnete sind stets unter gleichem Nietdruck zusammenzupressen. Meist werden Bolzen und bei kleineren Magneten Hohlnieten verwandt.

Der Wechselstrom geht bei jeder Periode durch 0, und es hat daher der Magnet das Bestreben abzufallen. Um dies zu vermeiden, wird ein zweites Feld erzeugt, das dem Hauptfeld nacheilt, so daß der Magnet nicht abfallen kann. Es wird im Nulldurchgang des Stromes eine Kraft erzeugt. Dies erreicht man in der Weise, daß

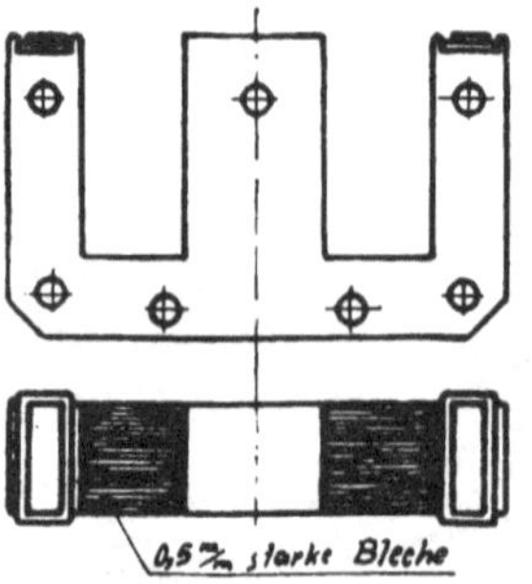

Abb. 182

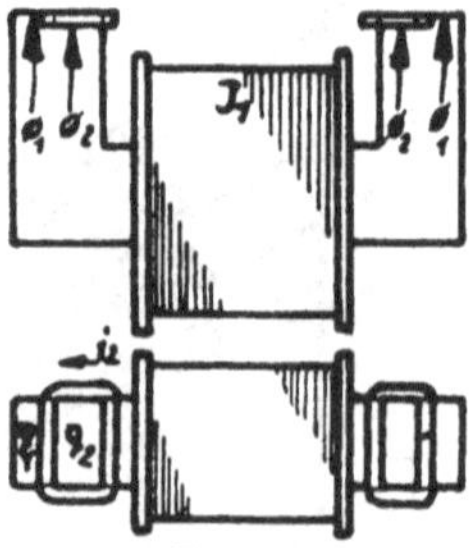

Abb. 183a

eine Wicklung in den Magnetkern eingebaut wird. Es entsteht also ein Transformator mit einer kurzgeschlossenen Sekundärwicklung. Die Zugkraft insgesamt wird hierdurch vermindert. Eine genaue Berechnung der Kurzschlußwicklung macht schon deswegen Schwierigkeiten, weil die Magnetisierungskurve des Eisens mathematisch nicht einfach erfaßt werden kann. Nach Abb. 183a ergeben sich folgende Gleichungen[1]).

Bei alleiniger Berücksichtigung des Luftspaltes d in cm gilt:

$$\Phi_1 = \frac{0{,}4\,\pi\, n_1 I_1 \sin(\omega t + \varphi_1)\, q_1}{2\,d} \tag{354}$$

$$\Phi_2 = \frac{0{,}4\,\pi\, n_1 I_1 \sin(\omega t + \varphi_1)\, q_2}{2\,d} + \frac{0{,}4\,\pi\, n_2 I_2 \sin(\omega t + \varphi_2)\, q_2}{d} \tag{355}$$

$$n_1 \Phi = \left(\frac{1}{2} L_1 i_1 + M i_2\right) 10^8 = n_1 [\Phi_1 + \Phi_2] \tag{356}$$

$$n_2 \Phi_2 = \left(L_2 i_2 + \frac{1}{2} M i_1\right) 10^8 \tag{357}$$

Dies sind dieselben Gleichungen wie die eines kurzgeschlossenen Transformators, nur sind Primär- und Sekundärfluß nicht gleich.

[1]) Diese Ableitung stammt von Jasse aus Jasse, Elektromagnete,

Es gilt also Gleichung

$$i_1 r_1 + n_1 \frac{d\Phi_1 10^{-8}}{dt} = U_{max} \sin \omega t \qquad i_1 = I_1 \sin(\omega t + \varphi_1)$$

$$i_2 r_2 + n_2 \frac{d\Phi_2 10^{-8}}{dt} = 0 \qquad i_2 = I_2 \sin(\omega t + \varphi_2) \tag{358}$$

Hierin ist

Φ_1 bzw. Φ_2 der magnetische Fluß
r_1 Ohmscher Widerstand der Magnetwicklung
r_2 ,, ,, ,, Kurzschlußwicklung
L_1 bzw. L_2 deren Induktionen, M = gegenseitige Induktion in Henry
n_1 bzw. n_2 deren Windungszahlen
q_1 bzw. q_2 die Querschnitte nach Abb. 183 in cm^2.

Die Lösung der Gleichung 358 unter Verwendung der Gleichungen 356 und 357 lautet wie folgt:

$$L_1 = 0{,}4\,\pi\, n_1^2 \frac{q_1 + q_2}{d} 10^{-8}$$

$$M = 0{,}4\,\pi\, n_1 n_2 \frac{q_2}{d} 10^{-8}$$

$$L_2 = 0{,}4\,\pi\, n_2^2 \frac{q_2}{d} 10^{-8}$$

Der Streufaktor ist also $1 - \frac{M^2}{L_1 L_2} = k^2$

Für den Verlustwinkel im Sekundärkreis gilt

$$\operatorname{tg} \varepsilon = \frac{r_2}{\omega L_2}$$

Bezeichnet man mit $P_0 = \frac{1}{8\pi} \frac{L_1^2 I_1^2}{n_1^2 (q_1 + q_2)} \frac{1}{9{,}81 \cdot 10^5}$ (359)

und mit $P_{mittel} = \frac{B^2 (q_1 + q_2)}{25 \cdot 10^6}$ (360)

den Mittelwert der effektiven Kraft ohne Berücksichtigung der Streuung und des Kurzschlußringes, so ergibt sich unter Berücksichtigung der Kurzschlußwindung die Gleichung

$$P = \frac{1}{8\pi}\left(\frac{(\Phi - \Phi_2)^2}{q_1} + \frac{\Phi_2^2}{q_2}\right) \frac{1}{9{,}81 \cdot 10^5} \cong \frac{1}{25 \cdot 10^6}\left(\frac{\Phi_1^2}{q_1} + \frac{\Phi_2^2}{q_2}\right) \tag{361}$$

woraus sich folgendes Verhältnis zwischen der Kraft des Magneten mit und ohne Kurzschlußwindung ergibt:

$$\frac{P}{P_0} = \frac{q_1 + q_2 \sin^2 \varepsilon}{q_1 + q_2} - \frac{q_1 \cos 2(\omega t + \varphi_1)}{q_1 + q_2} + \frac{q_2 \sin^2 \varepsilon \cos 2(\omega t + \varphi_2)}{q_1 + q_2} \tag{362}$$

hierin ist ε der Verlustwinkel im Sekundärkreis gegenüber dem Primärkreis $\varphi_1 = \varphi_2 - \varepsilon - \pi$.

Diese Gleichung kann zerlegt werden in ein festes und ein veränderliches Kraftverhältnis.

Für den festen Teil gilt Gleichung

$$\frac{P_m}{P_o} = \frac{q_1 + q_2 \sin^2 \varepsilon}{q_1 + q_2} \tag{363}$$

Für die Amplitude des veränderlichen Teils gilt:

$$\frac{P_a}{P_o} = \frac{1}{q_1 + q_2} \sqrt{q_1^2 + (q_2 \sin^2 \varepsilon)^2 - 2 q_1 q_2 \sin^2 \varepsilon \cos 2(\varphi_2 - \varphi_1)} \tag{364}$$

$$= \frac{1}{q_1 + q_2} \sqrt{q_1^2 + (q_2^2 + 4 q_1 q_2) \sin^4 \varepsilon - 2 q_1 q_2 \sin^2 \varepsilon}$$

Die Zugkraft schwankt daher um den Wert P_m bis zu dem Wert

$$\frac{P_m - P_a}{P_o}$$

Man muß nun untersuchen, wie groß ε sein muß, damit $\frac{Pm}{Po}$ ein Maximum wird. In diesem Falle gilt

$$\sin^2 \varepsilon = \frac{2 q_1}{4 q_1 + q_2}, \text{ daraus ergibt sich } \operatorname{tg} \varepsilon = \frac{r_2}{\omega L_2} = \sqrt{\frac{2 q_1}{2 q_1 + q_2}} \tag{365}$$

Für diesen Verlustwinkel ε ergibt sich:

$$\left(\frac{P_m - P_a}{P_o}\right)_{Max} = \frac{q_1}{q_1 + q_2} \frac{2 q_2}{4 q_1 + q_2} \tag{366}$$

Dieser Wert wird ein Maximum, wenn

$$q_2 = \frac{2}{3}(q_1 + q_2) \tag{367}$$

Es gilt in diesem Falle $\frac{P_m}{P_o} = \frac{5}{9}$.

Die Ergebnisse dieser Rechnung gelten nur angenähert, insbesondere ist die Wirkung des Eisens ganz außer acht gelassen. Diese ist bei kleinem Luftspalt nicht mehr zu vernachlässigen. Ganz besonders ist aber die Wirkung der Streuung um den Kupferring eine so bedeutende, daß das Ergebnis insgesamt oft nicht so ungünstig ist, als es die Rechnung erscheinen läßt. Grundsätzlich gilt zwar auch für Wechselstrom die Zugkraftformel, aber die Wirkung der Selbstinduktion und die Wirkung der Streuung ist so groß, daß für die praktische Berechnung von Magneten in dieser einfachen Form die Formel nicht angewendet werden kann. Auch die Gleichung 367 ist nicht ohne weiteres anwendbar, und die Versuche haben gezeigt, daß im allgemeinen der günstigste Wert nicht ganz $^2/_3$ von $q_1 + q_2$ ist, sondern zwischen 40—48 % schwankt. Man wählt meist eine Kurzschlußwindung. Hierfür wird gemäß Abb. 183 ein kleines Teil ausgestanzt. Der endgültige Querschnitt kann nur nach eingehenden Versuchen ermittelt werden. Man mißt die Verluste der Spule bei verschiedenen Kurzschlußringen, wobei man beachtet, daß der Magnet die erforderliche Last noch ruhig und ohne zu flattern anziehen und halten muß. Er soll möglichst wenig „brummen". Die endgültige Größe der Kurzschlußwindung wird bestimmt, wenn das Schütz oder der Bremsmagnet konstruktiv bereits fertiggestellt ist. Im allgemeinen wird aus Gründen der einfacheren Bauart nur eine Kurzschlußwindung in den Kern eingebaut, und für den Widerstand gilt dann näherungsweise die Gleichung

Abb. 183

$$r_2 \cong 4\,\pi\, q_2 \frac{2\,\pi\, f\, 10^{-9}}{\sqrt{2}\, d} \qquad (368)$$

Da der Kernquerschnitt des Eisens meist bekannt ist, so kann man den Querschnitt der Kurzschlußwindung, für die meist Kupfer vorgesehen wird, näherungsweise bestimmen.

Man hat auch Versuche gemacht, um die Schwankung der Zugkraft noch mehr zu vermindern; z. B. wird in jeden Schenkel ein Kurzschlußring, der sich etwa über $^2/_3$ der Fläche ausdehnt, angebracht, so daß sich $^1/_3$ der Flächen überschneiden. Die Wirkung ist in Abb. 184 dargestellt. Für die Zugkraftminderung gilt für die Fläche 1 die Gleichung

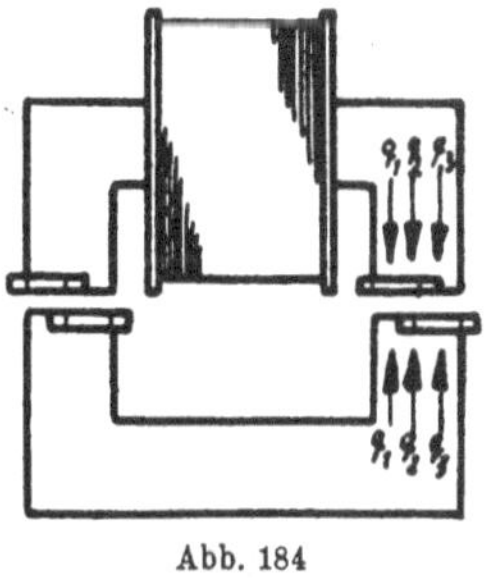

Abb. 184

$$P_1/P_0 = \frac{q_1}{q_1 + q_2}\left[1 - \cos\left(2\,\omega\, t + \varphi_1\right)\right] \qquad (369)$$

für die Fläche 2

$$P_2/P_0 = q_2 \sin^2 \varepsilon\, (1 + \cos 2\,(\omega\, t + \varphi_2)) \qquad (370)$$

Setzt man die Werte ein, so erkennt man, daß eine noch gleichmäßigere Verteilung der Zugkräfte bzw. eine geringere Schwankung entsteht als bei Anwendung nur eines Kurzschlußringes.

Abb. 185a zeigt einen Kräfteverlauf mit nur einem Kurzschlußring, Abb. 185b mit zwei Kurzschlußringen, Abb. 185c eine im Vergleich zum Kräfteverlauf für alle drei Fälle.

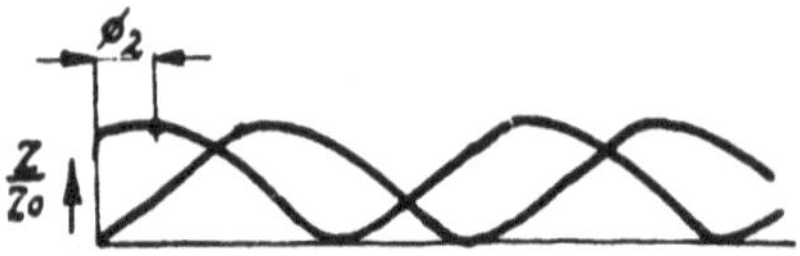

Abb. 185 a

Man sieht, daß die Schwankung bei der Anwendung von zwei Kurzschlußringen etwas vermindert wird, jedoch ist die Wirkung nur gering, wohingegen in Kauf genommen werden muß, daß die Zugkraftminderung noch größer ist als bei Anwendung von einem Kurzschlußring.

Bei dem sinusförmigen Wechselstrom gilt allgemein für den verketteten Fluß ψ die folgende Gleichung:

$$\psi = \psi_{max} \sin \omega t \tag{371}$$

Hierin ist $\psi = n \Phi$.
Der Fluß $\Phi = BF\,(cm^2)$.

Die EMK ergibt sich durch Differentation von φ nach der Zeit und man erhält die Gleichungen

$$E = 2\,\pi\, f\, n\, \Phi_{max} \cos 2\,\pi\, ft\, 10^{-8} \tag{372}$$

$$E_{eff} = 4{,}44\, n\, \Phi_{max}\, 10^{-8}\, f \sim U \tag{373}$$

woraus man die Wicklungszahl errechnet

$$n = \frac{E \cdot 10^8}{\frac{2\,\pi\, f\, \Phi_{max}}{\sqrt{2}}} \sim \frac{U \cdot 10^8}{\frac{2\,\pi\, f\, \Phi_{max}}{\sqrt{2}}} \tag{374}$$

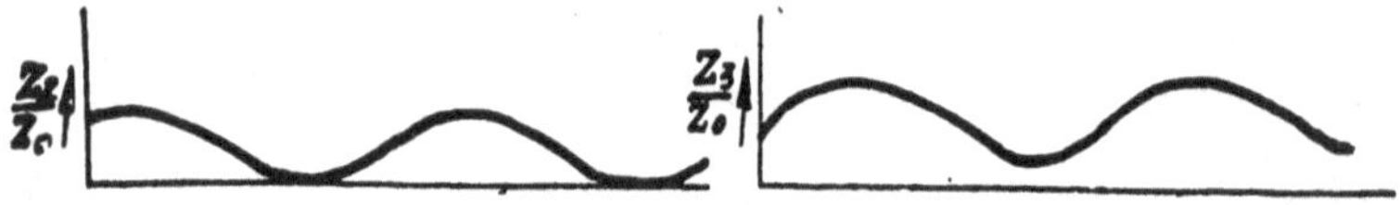

Abb. 185 b

Dies ist die normale Transformatorgleichung. Es ergibt sich für ein bestimmtes Magnetmodell die Gleichung

$$\frac{E_1}{E_2} = \frac{n_1}{n_2} = \frac{f_2}{f_1} \tag{375}$$

Diese Gleichung ist wichtig für die Umrechnung der Windungszahl von einem gegebenen Magnetmodell für andere Spannungen und verschiedene Frequenzen. Der Magnetstrom ergibt sich aus Gleichung:

$$I = \frac{E}{\sqrt{R^2 + (\omega L)^2}} \sim \frac{E}{\omega L} \tag{376}$$

Die maximale Induktion wird je nach der Blechqualität bei Wechselstrommagneten nach Abb. 181 ausgewählt. Diese ist dargestellt für Bleche von etwa 5 Watt/kg Verlust. Für Bleche von etwa 3,6 Watt/kg Verlust können die Werte um 5%, für Bleche von etwa 2,3 Watt/kg Verlust um etwa 10% erhöht werden. Allerdings kann zur Bestimmung des Querschnittes nicht ohne weiteres die Maxwellsche Zugkraftformel Anwendung finden, da die Selbstinduktion stark von der Streuung abhängig ist. Außerdem treten durch die Kurzschlußwindung starke Gegenkräfte auf, so daß der tatsächlich zur Wirkung kommende Fluß im Luftspalt wesentlich niedriger ist, als es sich aus der Induktion und dem Eisenquerschnitt ergibt.

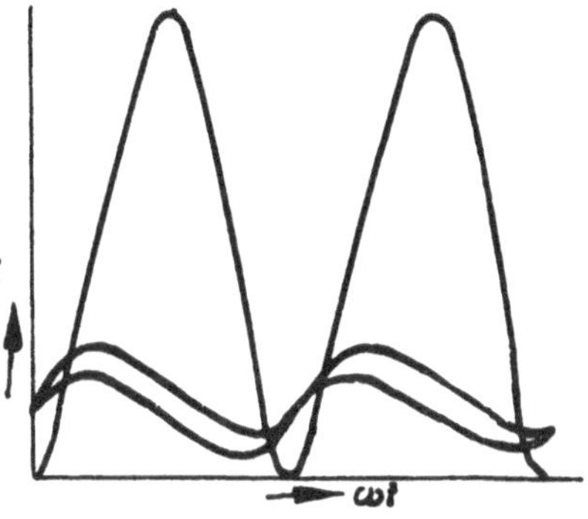

Abb. 185c [1])

Es gilt also die Formel

$$P \cong \frac{B'^2_{max}\, F(cm^2)}{25 \cdot 10^6} \quad (P \sim 1{,}15\, P')^{2)} \qquad (377)$$

Hierin ist P die am Magneten angreifende Kraft. Wir können hier B'_{max} einsetzen, da zwei tragende Flächen vorhanden sind, also eigentlich

$$1{,}15\, P' \sim P \sim \frac{B'^2_{eff}\, 2\, F}{25 \cdot 10^6}$$

Die Größe von B'/B kann nur experimentell bestimmt werden, da jede Anordnung andere Streuverhältnisse hat. B'/B ist das Verhältnis der wirksamen zur angenommenen Induktivitat. B wird ohne Berücksichtigung der Streuung und des Kurzschlußringes angenommen.

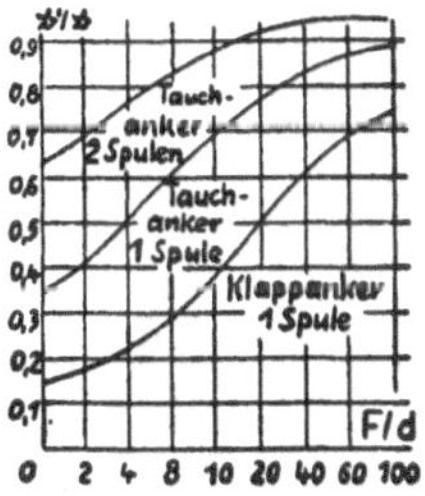

Abb. 186a

Als Anhaltspunkt kann das Schaubild 186a bei günstig bestimmtem Kurzschlußring gewählt werden, das auf Grund einer größeren Anzahl von Versuchen aufgenommen worden ist, es gilt für Einphasenmagnete.

Eine nachträgliche experimentelle Kontrolle ist erforderlich. Für die Selbstinduktion von Spulen gilt die folgende Gleichung

$$L = \frac{n\,\Phi}{I}\, 10^{-8} \qquad (378)$$

Hierin ist $\Phi = M\lambda$, worin λ die magnetische Leitfähigkeit ist.

[1]) Die mittlere Kurve gibt die Schwankung der Zugkraft bei Einbau einer Kurzschlußwindung, die untere bei Einbau zweier Kurzschlußwindungen, die obere ohne Kurzschlußwindungen an. [2]) P' s. S. 1(2.

Für die magnetische Spannung M gilt die Formel

$$M = 0{,}4\,\pi\,I\,n \tag{379}$$

Hieraus ergibt sich für die Selbstinduktion L die folgende experimentell zu bestimmende Gleichung

$$L' = \lambda'\,n^2\,0{,}4\,\pi\,10^{-8} \tag{380}$$

Die wirkliche Induktion $L = L'/b$ ist größer, es gilt:

$$\lambda = \lambda'/b\,^{2)} \tag{381}$$

L', λ', w' sind die Selbstinduktion, magnetische Leitfähigkeit und magnetischer Widerstand unter Vernachlässigung des Einflusses der Streuung und des Kurzschlußringes, L, λ, w die wirklichen Größen.

Die Bestimmung der magnetischen Leitfähigkeit λ bereitet Schwierigkeiten; man berechnet daher:

$$\lambda' = \frac{1}{w'} \tag{382}$$

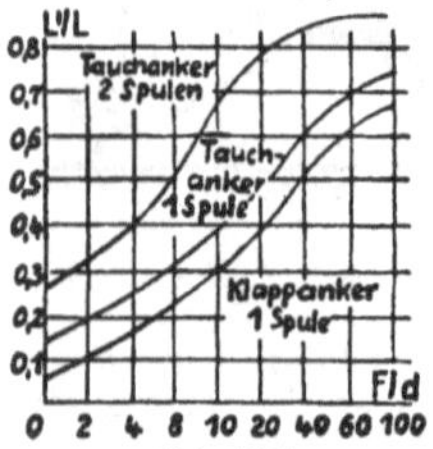

Abb. 186b

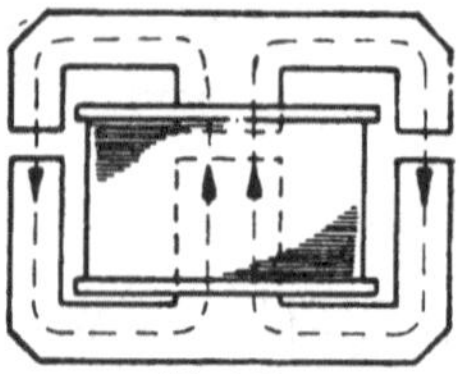
Abb. 187

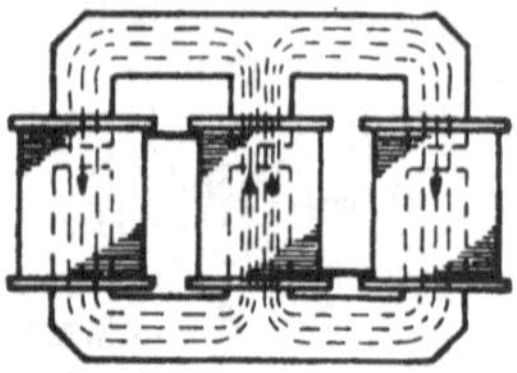
Abb. 187b

Durch die Berücksichtigung der Streuung und der gegenseitigen Induktion durch mehrere nebeneinander liegende Spulen und die Kurzschlußwindung ergibt sich als Anhaltspunkt ein Verhältnis L'/L gemäß Abb. 186b.

Man beachte, daß gemäß Abb. 187a als magnetischer Widerstand gilt:

$$w' = \frac{2\,d}{F_{mit}} + \frac{L_e}{\mu F} \tag{383}$$

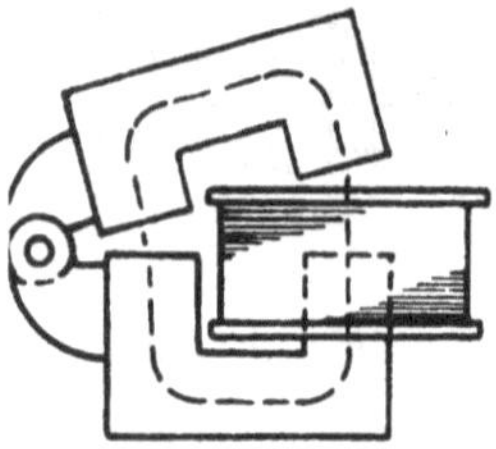
Abb. 187c [1])

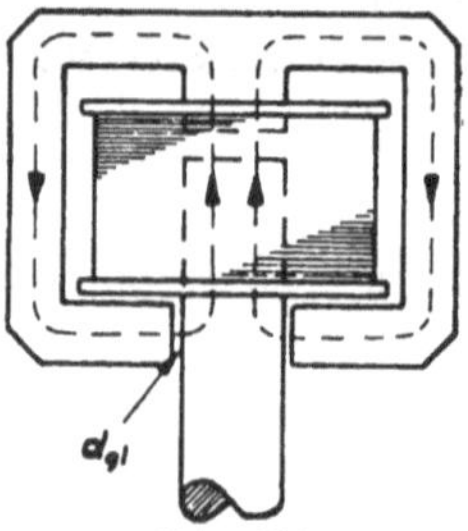

Abb. 187d

Im Falle der Abb. 187d:

$$w' = \frac{d + dgl}{F} + \frac{L_e}{\mu F} \tag{384}$$

bei Abb. 187b (wenn alle 3 Spulen in Reihe geschaltet sind):

$$w' = \frac{2\,d}{F} + \frac{L_e}{\mu F} \tag{385}$$

bei Abb. 187c:

$$w' = \frac{d_1 + d_2}{F} + \frac{L_e}{\mu F} \tag{386}$$

[1]) d_1 und d_2 sind die beiden mittleren Luftspalte.

[2]) b kann aus den Kurven L'/L abgelesen werden.

Hierin ist d_{gl} der Gleitluftspalt, L_e der Eisenweg in cm. Man beachte, daß auch in Abb. 187a und 187c stets mehrere tragende Flächen vorhanden sind.

Das Verhältnis von B'/B und das Verhältnis von L'/L hängt in hohem Maße von der Art der Werkstattarbeit ab. Sind die Magnetflächen ungleichmäßig vernietet, kann hierdurch eine starke Veränderung der Selbstinduktion eintreten. Man muß daher bei der Herstellung von geschichteten Magneten auf gleichmäßigen Nietdruck für alle Magnete achten. Auch die Verluste und Veränderungen der Selbstinduktion durch die Kurzschlußwindung sind von großem Einfluß auf das Verhältnis B/B' und L/L', und man hat am Muttermodell nicht nur die Veränderung der Zugkraft bei Annahme von verschiedenen Kurzschlußwindungen, sondern auch den Wattverlust der Spule bei verschiedenen Kurzschlußwindungsmaterialien und bei verschiedenen Eisenquerschnitten, die durch die Kurzschlußwindung eingeschlossen werden, zu bestimmen. Wenn das „Brummen" des Magneten genügend klein ist, muß man die Kurzschlußwindung wählen, bei der die geringsten Jouleschen Verluste in der Spule auftreten. Die Magnetspule (Abb. 187a und b) am mittleren Schenkel soll nicht mehr als $^2/_3$ des freien Raumes einnehmen, wird sie größer, so gehen durch die äußeren Schenkel so viele Nebenflüsse, daß eine Erhöhung der Leistung der Magnete nicht eintritt.

Schützmagnete müssen bei 50% der Netzspannung bis zur Ruhelage abfallen, ohne sich vorher aus der Anzugsstellung zu bewegen und bei 85% anziehen. Diese Schaltbedingungen werden am einfachsten dann erreicht, wenn der Kern nicht in die Spule eintaucht (Klappankersystem). Die Werte von L/L' und B/B' werden dann ungünstiger als nach Abb. 186a und 186b. Beim Tauchankersystem hat der Magnet in offenem Zustand wenig Streuung. Die erforderliche Anzugskraft wird schon bei einer niedrigen Spannung erreicht. Er bringt im geschlossenen Zustand daher nicht die erforderliche Haltekraft auf. Dimensioniert man ihn so, daß er trotzdem genügend Kraft im geschlossenen Zustand aufbringt, so fällt er bei einer Spannungserniedrigung tief unter 50% soweit ab, daß die Kontakte sich lose berühren, während der Klappankermagnet sofort ganz abfällt. Bei einem Luftspalt von mehr als 3—4 cm werden Klappankermagnete nicht verwandt. Überstrommagnete sind Tauchankermagnete, häufig, trotz schwierigerer Herstellung, mit schrägem Anker. Das Verhältnis von B/B' und L/L' wird hierdurch günstiger. Sie sind nur kurzzeitig eingeschaltet und können daher ein wenig Geräusch machen. Es kommt nicht so darauf an, daß die Übergangsflächen nicht völlig konform geschliffen sind.

Der Magnetstrom ergibt sich aus der bekannten Formel

$$I = \frac{U}{\sqrt{(\omega L)^2 + R^2}} \sim \frac{U}{\omega L} \tag{387}$$

$$I_{geschl} \doteq \frac{U}{\omega L_{geschl}} \qquad I_{off} \doteq \frac{U}{\omega L_{off}} \tag{388}$$

Der Ohmsche Widerstand kann vernachlässigt werden.

Für die Festlegung des Stromes ist im offenen Zustand meist der magnetische Widerstand im Eisen zu vernachlässigen. Für die Bestimmung des Haltestromes muß folgendes beachtet werden: Bei Abb. 187a und 187d entspricht L_e der gestrichelten Linie im Eisen. Der Querschnitt der äußeren Schenkel braucht nur halb so groß gewählt zu werden als der des mittleren. Bei dreischenkeligen Magneten läßt man im mittleren Schenkel in angezogenem Zustand etwa 0,1 bis 0,2 mm Luftspalt, damit der Magnet nicht kantet und nicht klebt. Hat man einmal für eine bestimmte Anordnung die Zugkraft und den Haltestrom bestimmt, so kann nach Formel

$$\frac{U_1}{U_2} = \frac{n_1}{n_2} \qquad (389)$$

für jede andere Spannung der Haltestrom und Anzugsstrom und die Windungszahl festgelegt werden. Mit großer Annäherung kann man im Rahmen der Starkstromtechnik die Formel

$$\frac{n_1}{n_2} = \frac{f_1}{f_2} \qquad (390)$$

auch bei Veränderung der Frequenz anwenden, so daß Spulenwicklungen für bis zu etwa 100 Perioden auf Grund dieser Formel umgerechnet werden können. Bei noch höheren Periodenzahlen macht sich die Frequenzabhängigkeit der Eisenverluste bemerkbar.

Der Kupferquerschnitt wird auch hier wie bei Gleichstrom auf Grund einer Erwärmungsberechnung bestimmt. Grundsätzlich gilt hier stets, daß der Anzugsstrom höher ist als der Haltestrom. Daneben aber muß die Erwärmung der Spule durch das Eisen beachtet werden. Auch der Eisenquerschnitt muß auf Erwärmung hin geprüft werden, da die Papierzwischenlagen keine höhere Temperatur als 80 Grad haben dürfen. Man muß bei der Wicklung die erzeugte Wärme, verursacht durch die Kupferverluste, gemäß Gleichung

$$I_d^2 R = I_d^2 n \rho \, lm/q \text{ [1]} \qquad (391)$$

wobei I_d der äquivalente Dauerstrom gemäß Seite 168 ist, bestimmen.

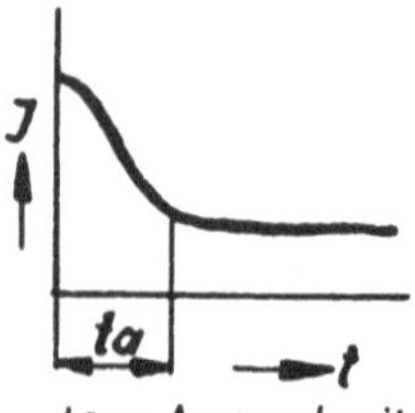

ta = Ansprechzeit

Abb. 188

Für den Stromverlauf gilt Abb. 188.

Näherungsweise kann folgende Betrachtung angestellt werden. Vernachlässigt man die Geschwindigkeitsveränderung beim Anzug, was bei Wechselstrom mit Rücksicht auf die Wirbelstrom-Bremswirkung des Wechselstromes und bei großen Magneten mit Rücksicht auf die Wirkung der Dämpfung, die dort stets angebracht wird, geschehen darf, so kann man mit einer linearen Abnahme des Luftspaltes abhängig von der Zeit rechnen. Die Kurve 188 wird durch eine Gerade ersetzt. Man wähle für Wechselstrommagnete größerer Leistung besonders bei vier-

[1]) Symbole s. S. 167.

eckigen Spulen stets baumwollisolierten Draht, da lackisolierter vor allen bei niedrigen Spannungen[1]), d. h. bei hohen Strömen, durchscheuern würde. Auf gute Abstützung der Spulen ist zu achten. Spulen für größere Schalthäufigkeiten aus dünnem Lackdraht erhalten eine Unterlage und eine Decklage aus starkem Draht.

Es bleibt noch zu prüfen, ob die Wärmewirkung des Stromes beim Anzug infolge des Einschwingvorganges noch größer ist als nach der Formel $J = U/\omega L_{off}$ und ob der Einschwingvorgang auf die Bestimmung des Kupferquerschnittes bzw. auf die Erwärmung praktisch keinen Einfluß hat. Berücksichtigt man nur den Luftspalt, so gilt Gleichung

$$n\,d\Phi = L\,di \tag{392}$$

Hierin ist Φ in Voltsek. gemessen. Es lautet die Lösung der Gleichung

$$Ri + L\frac{di}{dt} = U_{max}\sin(\omega t + \psi) \tag{393}$$

wenn $\operatorname{tg}\varphi = \frac{\omega L}{R}$ ist.

$$i = U_{max}/\omega L_{off}\left[\sin(\omega t + \psi - \varphi) + \sin(\varphi - \psi)\,e^{-\frac{R}{L}t}\right] \tag{394}$$

Bei Magneten gilt größenordnungsmäßig etwa

$$\frac{\omega L}{R} \doteq 3 \quad R/L \approx 100, \sin\varphi \doteq 0{,}9 \tag{395}$$

Diese Werte setzt man in das aperiodische Glied ein und erkennt daraus, daß bereits nach zwei Perioden der Wert nur noch 0,016 beträgt. Man kann daher den Einschwingstrom bei der Wärmebestimmung vernachlässigen.

Mit großer Näherung ist daher für den Anzugsstrom die Wärmewirkung proportional, wenn t_1 die Anzugszeit ist.

$$I^2_{d\,Anz} \simeq \frac{1}{t_1}\int_0^{t_1}\left(I_{Anz} - \frac{I_{Anz} - I_{Halte}}{t_1}t\right)^2 dt = \frac{1}{3}\left[I^2_{Anz} + I^2_{Halte} + I_{Anz}\,I_{Halte}\right] \tag{396a}$$

Für t_1 gilt auch hier wieder Abb. 169. Für die Bestimmung des äquivalenten Dauerstromes gilt die Gleichung

$$I_d^2 = \frac{1}{3}\,I^2_{Anz} + I^2_{Halte} + I_{Anz}\,I_{Halte}\,t_1 \tag{396b}$$

Für die meisten Fälle für die Bestimmung des äquivalenten Dauerstromes gilt die Tabelle auf Seite 167.

[1]) s. S. 165.

Die Kupferverluste betragen $I_d^2 R$.

Außer den Kupferverlusten müssen die Eisenverluste bestimmt werden, sowohl um die Gesamterwärmung des Gerätes festzulegen, als auch um die Temperatur der Spule zu bestimmen. Die Gesamterwärmung des Gerätes ergibt sich durch Addition der Kupferverluste sowie der Eisenverluste, die man nach den Schaubildern 179 und 180 bestimmen kann.

Hat man die Gesamtverluste festgelegt, so bedarf es nur noch der Kenntnis der gesamten wärmeabgebenden Oberfläche, um näherungsweise die Temperatur zu bestimmen. Es gilt hier die Formel

$$\tau = \frac{I_d^2 R + V_{ED} \cdot G}{M \alpha} \tag{397}$$

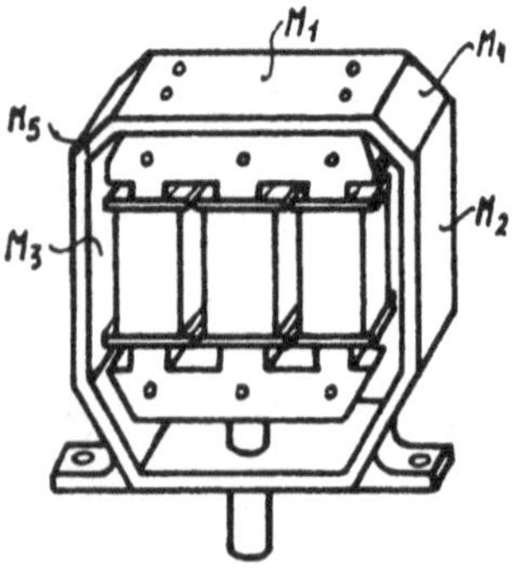

Abb. 189

α = Wärmeübergangszahl
G = Gewicht des Magneten in kg
$M = M_1 + M_2 + M_3 + M_4 + M_5$ (Abb. 189).
(Oberfläche)

Auch die Eisenverluste hat man hierbei natürlich auf die äquivalenten Dauerverluste umzurechnen, wobei man die Formel

$$V_{ED} = V_E \frac{t_1 + t_2}{t_3} = V_{ED} \cdot G \tag{398}$$

anwenden kann.

V_E = Eisenverluste während der Einschaltdauer
V_{ED} = durchschnittliche Eisenverluste.

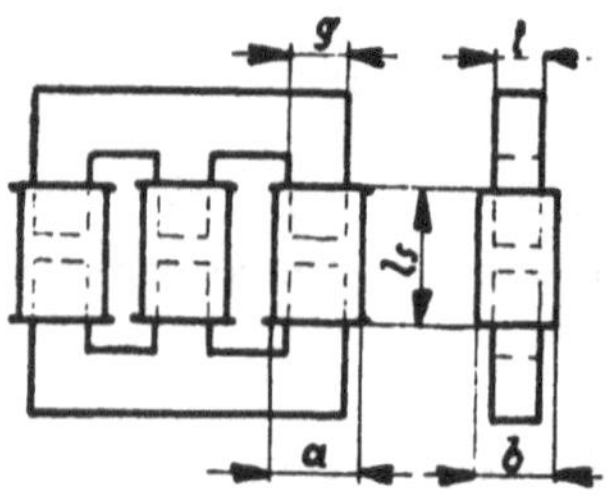

Abb. 190

Die Bestimmung der Spulentemperatur ist außer durch die Kupferverluste noch durch die Eisenverluste bedingt.

In gut gekühlten Magneten ist, wie im Kapitel 1 dargelegt wurde, die Grenzschichtdicke (vgl. S. 26) sehr gering. Die Temperatur der Spule wird daher nur wenig von den Eisenteilen beeinflußt werden, die sich nicht unmittelbar in der Spule befinden. Man rechnet daher aus, wie groß die Eisenverluste des Teils des Magneten, der sich in der Spule befindet, betragen und erhält als Gesamtverluste dann den folgenden Wert

$$\tau = \frac{(I_d^2 R + V_{ED} L_s \gamma F) 3}{M \alpha} \tag{399}$$

L_s = Spulenkörperlänge in m $\quad M = 6 L_s a + 2 L_s b + 6 ab - 6 gt$
F = Eisenquerschnitt in m^2
γ spez. Gewicht des Eisens in kg/m^3 (7,8) (Abb. 190).

In schlecht gelüfteten Magneten ist der so errechnete Wert von τ im allgemeinen etwas zu niedrig, da die Umgebungstemperatur der Spule durch das Magneteisen, das sich nicht in der Spule befindet, ebenfalls erhöht wird. Man kann also die Temperaturerhöhung um etwa 5—10% höher schätzen als sie sich nach dieser Rechnung ergeben würde. Der Wert von α ist wieder abhängig von der Temperatur und von der Lüftung (vgl. darüber S. 26). Für alle Ölmagnete und Ölschütze beachte man, daß sowohl das Eisen als auch die Spule den Ölkessel erwärmen. Als wärmeabgebende Fläche ist die gesamte wärmeabgebende Fläche des Ölkastens zu wählen, für α ist, nachdem diese Geräte sich meist in einem gut gelüfteten Raum befinden, der Wert 20 einzusetzen, während aber für die Erwärmungsberechnung nunmehr die gesamten Verluste des Magneten einzusetzen sind.

Mehrschenkel- und Mehrphasen-Magnete[1])

Der Dreiphasen-Magnet. Den Dreiphasenmagneten kann man sich gemäß Abb. 191a aus drei Einphasenmagneten zusammengestellt denken. Die Zusammenstellung ergibt sich aus Abb. 191a. Die Summe der drei Ströme ist immer null, so

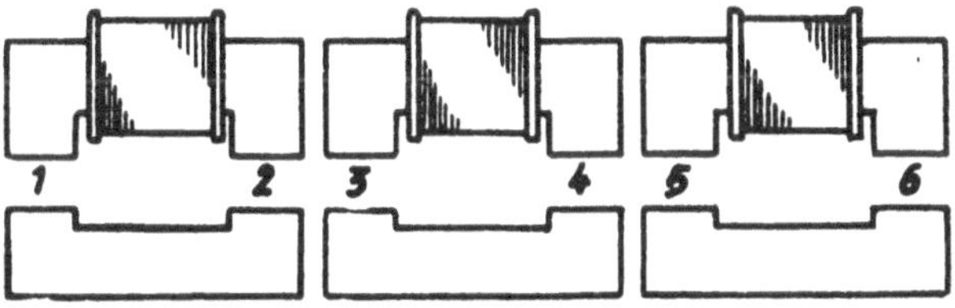

Abb. 191a

daß der Dreiphasenmagnet im Gegensatz zum Einphasenmagnet nicht die Tendenz hat zu brummen.

Es ist also beim Dreiphasenmagneten eine Kurzschlußwindung nicht erforderlich. Schon aus diesem Grunde leistet ein Dreiphasenmagnet bei gleichem Kupfer- und Eisengewicht immer mehr als ein Einphasenmagnet. Nach Abb. 191b ergibt sich für jeden Magnetteil die Kraft wie folgt:

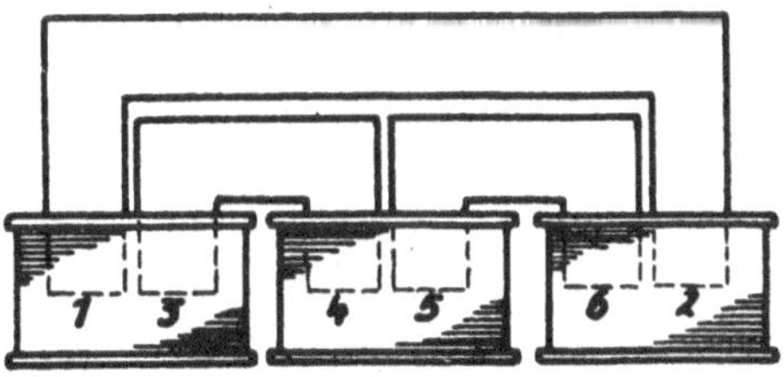

Abb. 191b

$$P/3 \sim \frac{B'^2_{eff}\, F}{25 \cdot 10^6} = \frac{B'^2_{max}\, F}{2 \cdot 25 \cdot 10^6}\ \text{kg} \qquad (400)$$

Hier gibt es im Gegensatz zum Einphasenmagnet nur eine tragende Fläche pro Phase.

[1]) Mehrschenklige Magnete haben immer an einem Schenkel einen kleinen Luftspalt im angezogenem Zustand, da sie nicht auf allen Schenkeln aufliegen können.

Die Gesamtkraft des Magneten ergibt sich also

$$P \cong 3/2 \frac{B'^2_{max} F}{25 \cdot 10^6} \text{ kg}$$

und für die Windungszahl gilt, weil der gesamte Fluß erzeugt werden muß, die Gleichung

$$n = \frac{U_{sp} 10^8}{f\, 4{,}44\; F \cdot B_{max}} \tag{401}$$

Man beachte, daß die Spulenspannung bei Sternschaltung der Spulen $U_{ph}/\sqrt{3}$, bei Dreieckschaltung die Spannung so groß wie die Phasenspannung ist.

Phasenspannung U_{ph}	Spulenspannung U_{sp}
660	380
380	220
220	127
125	77
110	64

Für das Verhältnis B/B gilt Abb. 191c, deren Werte auch etwas günstiger sind als bei Einphasenmagneten. Den Spulenstrom kann man nach der Formel

$$I = U_{sp}/\omega L \qquad L = \frac{L'}{L'/L} \qquad L' = \lambda'\, 0{,}4\, \pi\, n^2 \cdot 10^8 \tag{402}$$

$$\lambda' = \frac{1}{w'} \qquad w' = \frac{d}{F} + \frac{L_E}{\mu F}\ ^{1)}$$

(L′/L ergibt sich aus der experimentell aufgenommenen Kurve 191d) schätzen[2]).

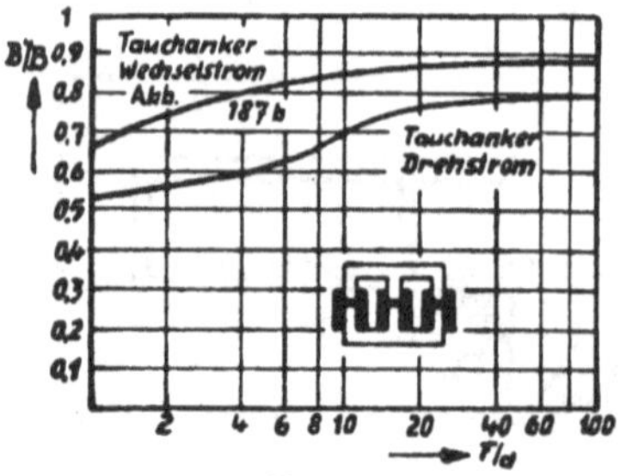

Abb. 191c

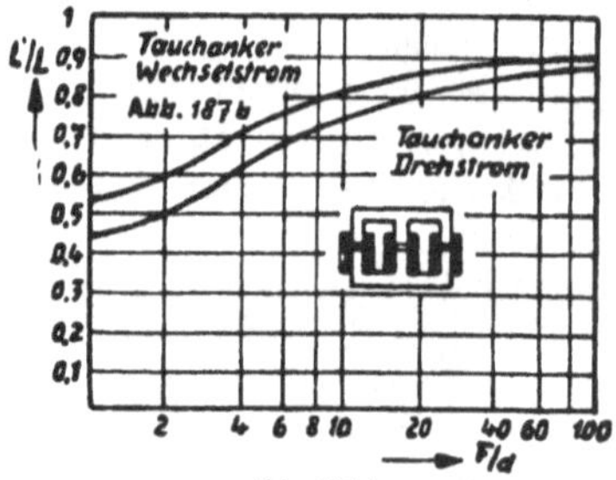

Abb. 191d

Die Leistung eines Dreiphasenmagneten bei gleichem Hub und gleichem Eisenquerschnitt ist etwas mehr als 50% größer als die eines Einphasenmagneten von

[1]) S. S. 188.

[2]) Die Kurven gelten für Klappankermagnete. Für Tauchankermagnete sind die Werte ca. 10% im angezogenen Zustand günstiger.

gleichen Eisenabmessungen. Werden drei Spulen hintereinander an eine Phase gelegt, so entwickelt der gleiche Magnet nur die folgende Kraft:

$$P = \frac{B'^2{}_{max}\ F}{25 \cdot 10^6}\ \text{kg} \tag{403}$$

Hierbei gilt für B'/B das Schaubild 186a, B wird in Gauß gemessen.

Die Windungszahl errechnet sich dann für jede einzelne Spule wie folgt:

$$n = \frac{U}{3} \cdot \frac{10^8}{f\ 4.44\ F\ B_{max}}\ ; \quad L' = 9 \cdot 0{,}4\,\pi\, n^2\ \frac{F}{2d} \tag{404}$$

woraus sich der Spulenstrom $I = \frac{U}{\omega L}$ ergibt, $L = \frac{L'}{L'/L}$ (L'/L s. Abb. 186b).

Der Zweiphasenmagnet, der an zwei Schenkeln liegt, läßt sich in gleicher Weise aus zwei Einphasenmagneten zusammenstellen wie der Dreiphasenmagnet aus drei. Man wählt dann die folgende Schaltung:

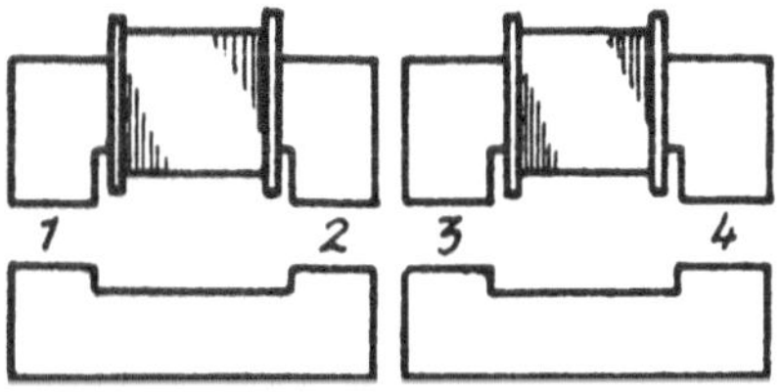

Abb. 191 e

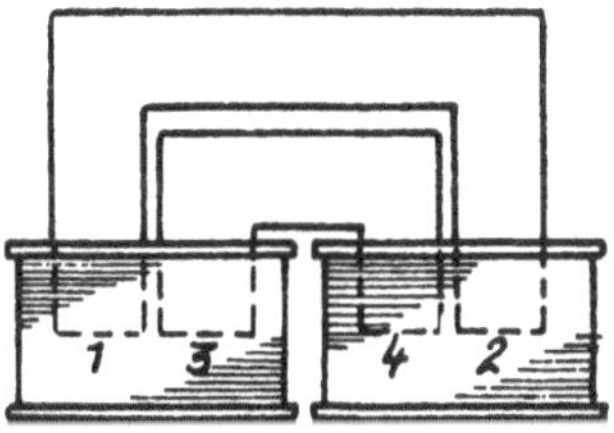

Abb. 191 f

Man denkt sich den Magnet gemäß Abb. 191 e und 191 f zusammengestellt. Für die Anzugskraft gilt jetzt Gleichung

$$P/2 = \frac{B'_{eff}{}^2\ F}{25 \cdot 10^6} \qquad P \sim \frac{B'_{max}{}^2\ F}{25 \cdot 10^6} \tag{405}$$

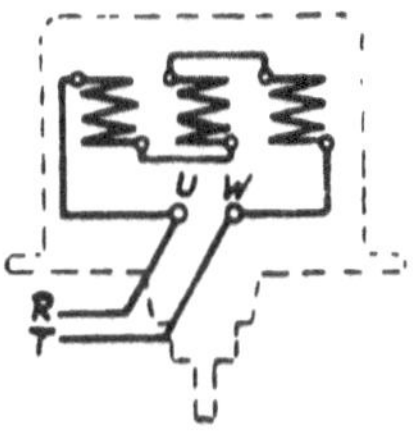

Abb. 192 a

Auch die Summe der Ströme des Zweiphasenmagneten ist immer 0, so daß auch dieser einer Kurzschlußwindung nicht bedarf. Man kann zur Schätzung von B/B' und L/L' die Abb. 191 d—e heranziehen.

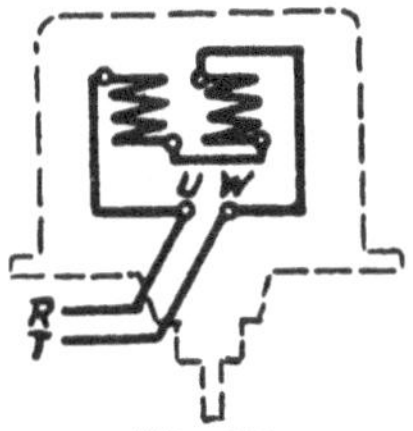

Abb. 192 b

Der Einphasenmagnet unter Verwendung eines dreischenkligen Magneten wird nach Abb. 192 a geschaltet. Untersucht man einen Einphasenmagnet unter Verwendung von zwei Schenkeln und zwei Spulen, so muß man auch hier bei der Schaltung beachten, daß sich die Flüsse in den Schenkeln gegenseitig verstärken. Man hat ihn gemäß Abb. 192b anzuschließen. Wenn man zwei Spulen verwendet, so gilt für jede Spule die Gleichung

$$n = U/2 \frac{10^8}{4{,}44\, f\, B_{max}\, F} \tag{406}$$

während für die Anzugskraft dieselbe Gleichung wie für Magnete mit einer Spule Gültigkeit hat (B′/B und L′/L s. Abb. 186a und b). Für die Untersuchung des p-Schenkelmagneten beim p-Phasenstrom gilt dann allgemein die Gleichung

$$P\,kg = \frac{p\, B'^2_{eff}\, F}{25 \cdot 10^6} \tag{407}$$

und

$$n = \frac{U_{sp} \cdot 10^8}{4{,}44\, f\, B_{max}\, F} \tag{408}$$

da der p-Schenkelmagnet, der in p-Phasen gespeist wird, in gleicher Weise zusammengesetzt darzustellen ist wie der Zwei- und Dreiphasenmagnet.

Für Sternschaltung gilt in jedem Falle die Gleichung

$$U_{ph} = 2\, U_{sp} \sin \frac{\pi}{p} \tag{409}$$

und für Ringschaltung die Gleichung

$$I_{Zuleitung} = 2\, J_{ph} \sin \frac{\pi}{p} \qquad I_{sp} = I_{ph} \tag{410}$$

Untersucht man den Zweiphasenmagneten an drei Schenkeln, so wählt man die Schaltung nach Abb. 193.

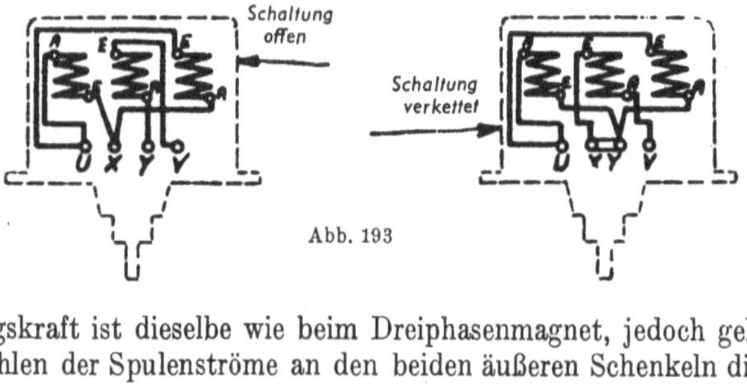

Abb. 193

Die Anzugskraft ist dieselbe wie beim Dreiphasenmagnet, jedoch gelten für die Windungszahlen der Spulenströme an den beiden äußeren Schenkeln die folgenden Bedingungen

$$n_{1,3} = \frac{U_{Sp}\, 10^8 \sqrt{2}}{4{,}44\, B_{max}\, F\, f} \tag{411}$$

während an dem mittleren Schenkel Gleichung

$$n_2 = U_{Sp} \frac{10^8}{4{,}44\, B_{max}\, F\, f} \tag{412}$$

Geltung hat. Die Leistung eines Dreischenkelmagneten, der durch zwei Phasen gespeist wird, ist ungefähr so groß wie die eines Dreiphasenmagneten, nur läßt sich manchmal der Wicklungsraum nicht so voll ausnützen, da die Windungszahlen an allen drei Schenkeln nicht die gleichen sind. Im allgemeinen ist aber dieser Unterschied vernachlässigbar gering[1]).

Die Bestimmung des Verhältnisses von U/I kann bei angezogenen Magneten mit Hilfe des Vektordiagrammes erfolgen. Aber auch auf diese Weise kann nur eine Schätzung erfolgen, und man ist auch bei Anwendung des Vektordiagrammes gezwungen, noch nachträglich experimentell die richtigen Werte festzustellen. Im angezogenen Zustande bestimmt man den Magnetisierungsblindstrom nach Formel

$$I_m = \frac{L_E}{\mu} B_{max}/0{,}4\, \pi\, n \sqrt{2} \tag{413}$$

während der Magnetisierungswirkstrom aus den Eisenverlusten errechnet wird nach Formel

$$I_R = V_{FE}/Eg \tag{414}$$

Eg = Effektivwert der EMK.

Durch geometrische Addition dieser beiden Größen erhält man den Magnetisierungsstrom. Die elektromotorische Kraft, die der Klemmenspannung entgegenwirkt, verursacht durch den magnetischen Fluß, errechnet man gemäß der Formel

$$Eg = 4{,}44\, f\, B_{max}\, F\, n\, 10^{-8} \tag{415}$$

es gilt dann Gleichung

$$\omega L = K = 0{,}8\, \pi^2\, f\, F \frac{\mu}{L_E} n^2\, 10^{-8} = Eg/I_m \tag{416}$$

Die durch die Streuung verursachte elektromotorische Kraft E_σ ergibt sich aus Gleichung

$$E_\sigma = K_\sigma\, I \tag{417}$$

wobei für die Streu-Reaktanz die folgende empirische Formel anzugeben ist[2]).

$$K_\sigma = (5 \text{ bis } 6)\, f n^2 \frac{L_m}{2\, h} \Delta\, 10^{-8} \tag{418}$$

[1]) Man beachte, daß Bremslüftmagnete stets an allen Schenkeln einen Luftspalt im angezogenen Zustand von etwa 0,2 mm haben müssen, damit sie auch bei geringerer als Nennlast sicher abfallen.

[2]) Starkstromtechnik I 1922, S. 302. - Arnold & Le Cour, Die Transformatoren 1910 S. 22ff.

Hierin ist L_m die mittlere Windungslänge und
Δ der Querschnitt durch die Spule und
h die Spulenhöhe (in cm).

Wie wir gesehen haben, ist mit großer Annäherung der Ohmsche Widerstand der Spule vernachlässigbar. Das Vektor-Diagramm kann daher wie folgt konstruiert werden (Abb. 194):

Die EMK Eg steht senkrecht auf dem Magnetisierungsblindstrom Im, die elektromotorische Streukraft $E\sigma$ senkrecht auf dem Magnetisierungsstrom. Man schlägt nun um den Punkt A einen Kreis mit der Klemmenspannung U. Die Senkrechte auf dem Magnetisierungsstrom durch C, die im Punkte B den Kreis um A mit U schneidet, gibt die Richtung der elektromotorischen Streukraft an, deren Größe B C ist. Diese ist proportional dem Strom I.

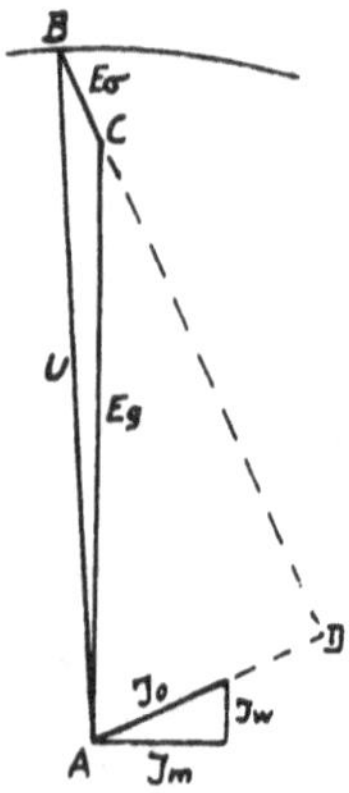

Abb. 194

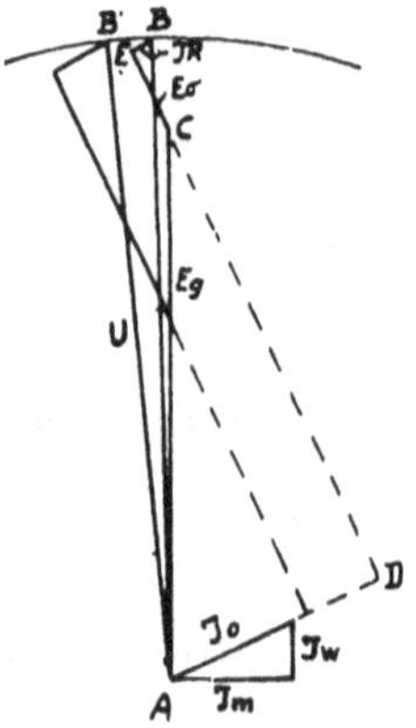

Abb. 195

Der Proportionalitätsfaktor ist $K\sigma$. Will man noch den Ohmschen Widerstand berücksichtigen, so kann man dies wie folgt tun (Abb. 195): IR steht senkrecht auf $E\sigma$, zwischen den beiden Strecken besteht das Verhältnis $\frac{R}{K\sigma}$.

Der Punkt B wandert auf dem Kreis um A mit dem Radius U. Man errichtet auf CE ein Lot, das den Kreis um A mit Radius U schneidet, in dem Punkt, in dem CE zur Strecke EB im Verhältnis $\frac{K\sigma}{R}$ steht. Dann ist die Strecke EC wieder $E\sigma$, woraus man nach Gleichung 417 wieder I errechnen kann. Das Vektorschaubild eines Einphasenmagneten ist das eines kurzgeschlossenen Transformators, da die Kurzschlußwindung nichts anderes ist als ein kurzgeschlossener Sekundärkreis. Die elektromagnetische Gegenkraft der Sekundärwicklung Eg_2 kann man nach Gleichung

$$E_{g2} = 4{,}44\, f\, n_2\, \Phi_{2max}\, 10^{-8} \qquad (419)$$

bestimmen, wobei n_2 meist nur 1 und F_2 die von der Kurzschlußwindung eingeschlossene Eisenfläche ist.

Die Sekundärspannung ist 0. Für die Streu-Reaktanz im Sekundärkreis gilt die Formel

$$K\sigma_2\,(5 \text{ bis } 6)\, f\, \frac{L}{b}\, \frac{a}{2}\, 10^{-8} \qquad (420)$$

b = Höhe der Kurzschlußwindung
a = Stärke der „
L = Länge der „

Im Primärkreis erhalten jetzt alle Werte den Index 1, im Sekundärkreis den Index 2. So kann man das Vektordiagramm wie folgt konstruieren:

Die Strecke KA verhält sich zur Strecke KH wie R_2 zu K_2. AK steht senkrecht auf HK. Hieraus kann man I_2 bestimmen und hieraus I_1, für das angenähert die Gleichung

$$I_1/I_2 \cong 1/n_1 \qquad (421)$$

gilt.

Das Vektor-Diagramm des Einphasenmagneten kann man nach Abb. 197 konstruieren.

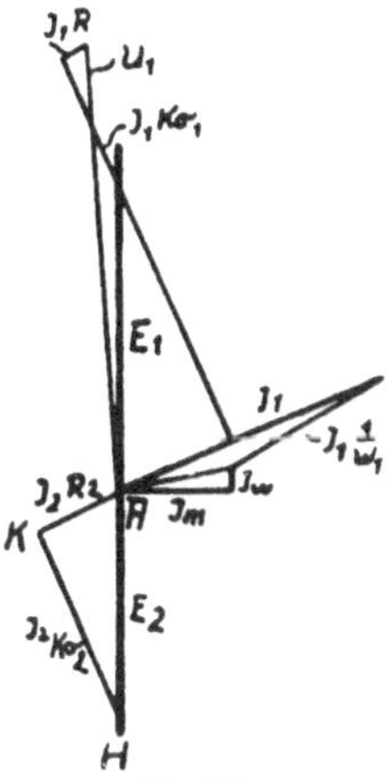

Abb. 197

Ferraris-Laufwerke

In einigen Fällen werden auch im Apparatebau Ferrarislaufwerke verwandt. Dies geschieht z. B. zum verzögerten Einschalten (s. S. 340) an Stelle von Hemmwerken. Auch als Fortschaltwerke, z. B. zur Bedienung von Waschmaschinen, deren Motoren in bestimmtem Rhythmus die Drehrichtung ändern sollen (normalerweise 13 Sek. Lauf und 3,3 Sek. Ruhe), finden sie Verwendung. Diese Ferraris-Laufwerke haben den Vorteil einfacher Bauart, den Nachteil der verhältnismäßig großen Temperaturabhängigkeit des Drehmomentes sowie den, daß man mit ihnen im allgemeinen nur kleine Drehmomente erzielen kann. Die Ferraris-Laufwerke finden ihre hauptsächliche Anwendung in der Meßtechnik, und hier insbesondere im Zählerbau. Bei diesem wird heute ein Zählwerk oder eine Anzeigenadel für Strom-, Spannungs- oder Leistungsmessung durch die Scheibe bedient, so daß nur ein geringes Drehmoment erforderlich ist. Anzeigeinstrumente mit einer Ferraris-Scheibe kommen heute nur selten vor. Das Drehmoment kann entweder erzeugt werden durch 2 Elektromagnete, von denen die eine Spule im Stromkreis, die andere im Spannungskreis liegt. Die beiden Elektromagnete sind um 90° gegeneinander versetzt und die Felder der beiden Magnete durchsetzen die Scheibe. Auf die Scheibe wird ein Drehmoment dadurch ausgeübt, daß das Feld Φ_U, das von der Spannungsspule herrührt, im Bereich des vom Strom herrührenden Feldes Φ_I in der Scheibe Wirbelströme induziert, d. h., daß die Wirbelströme, die vom Feld Φ_U herrühren im Bereiche des Feldes Φ_I verlaufen und umgekehrt. Das mittlere Drehmoment ist dann dem Wert $\Phi_U \cdot \Phi_I \cdot \sin\alpha$ proportional, wobei α der Winkel ist, den die beiden Kraftflüsse miteinander bilden.

Im Schaltapparatebau wird an Stelle der vom Strom durchflossenen Spule mit den zweiten Magneten nur ein Magnet verwandt, der aber einen Kurzschlußring besitzt (Abb. 196a). Dieser Kurzschlußring umfaßt einen Teil der Polfläche des Magneten. Das Feld Φ_U erzeugt nun in ihm und in der Scheibe Wirbelströme. Diese Wirbelströme haben in der Scheibe und in dem Kurzschlußring unter den unbedeckten Polflächen gleiche Richtung und Phase. Die Scheibe wird daher durch den Kurzschlußring angezogen. Hierdurch kommt ein Drehmoment zustande. Im Zählerbau kommt es genau darauf an, die Geschwindigkeit der Scheibe von der Leistung abhängig zu machen. Hierbei ist es erforderlich, dafür zu sorgen, daß Φ_U und Φ_I in Phase sind, wenn die Verschiebung α im Verbraucherstromkreis 90° beträgt. Dies wird durch eine sogenannte 90°-Verschiebung erzielt. Hierfür gibt es im Zählerbau verschiedene Kunstgriffe, die in der Literatur über Zähler beschrieben sind, die aber nicht im Rahmen dieses Buches besprochen werden müssen, da sie im Schalterbau keine Anwendung finden, z. B. wird ein

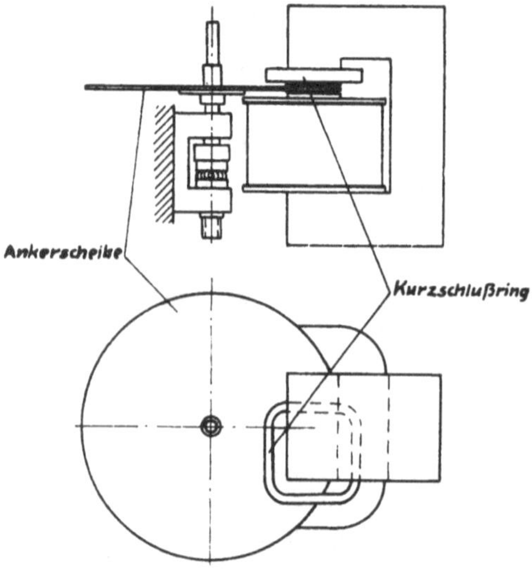

Abb. 196 a

magnetischer Nebenschluß in dem von der Spannungsspule erregten magnetischen Kreis eingebaut (Abb. 196b). Die Bremsung der Scheibe erfolgt im Zählerbau durch einen Dauermagneten, in dessen Maulöffnung sich die Scheibe dreht. Der Bremsmagnet erzeugt in der Scheibe Wirbelströme und daher ein der Drehzahl proportionales Bremsmoment. Da die Drehzahl der Scheibe so lange steigt, bis das Bremsmoment so groß ist wie das erzeugende Drehmoment, so wird die Geschwindigkeit der Scheibe proportional der Triebkraft und somit auch der Leistung. Der zurück-

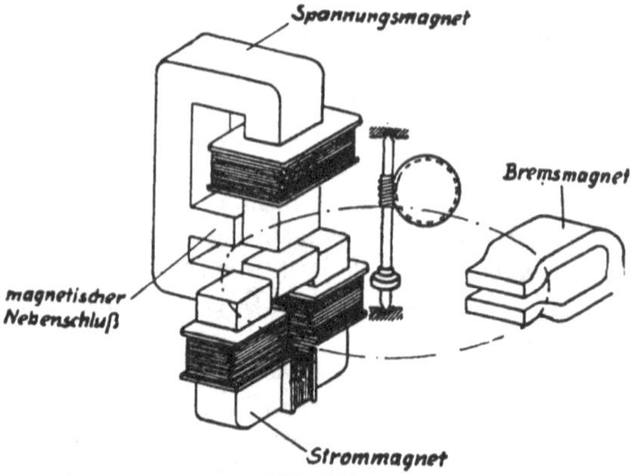

Abb. 196 b

gelegte Weg der Scheibe ist also ein Maß für die elektrische Arbeit. Es müssen daher die Umdrehungen der Scheibe gemessen werden, um die geleistete elektrische Arbeit zu bestimmen. Im Niederspannungsapparatebau werden im allgemeinen solche Forderungen an das Ferraris-Laufwerk vor allem hinsichtlich der Genauigkeit, Einhaltung der Drehzahl usw. nicht gestellt. Die Scheibe wird durch die mechanische Last gebremst, die durch Reibung an den Lagern und durch Reibung der Finger auf der von der Ferraris-Scheibe angetriebenen Schaltwalze erzielt wird. Das erzeugte Drehmoment beträgt im allgemeinen nur wenige cmg, so daß ohnedies für eine sehr gute Lagerung gesorgt werden muß. Es muß weiter darauf geachtet werden, daß der Luftspalt, in dem sich die Scheibe dreht, so gering als möglich ist. Die Stärke der Scheibe ist aus mechanischen Gründen meist festgelegt. Hinzu kommt, daß die in ihr erzeugten Wirbelströme eine nicht zu große Erwärmung hervorrufen dürfen. Im allgemeinen wird eine solche Scheibe aus Kupfer (evtl. auch Aluminium) etwa $1^1/_2$ mm stark und der Gesamtluftspalt beträgt dann etwa $2-2^1/_2$ mm. Der Spalt zwischen dem Kurzschlußring und der Scheibe soll auch nicht mehr betragen als der zwischen der Polfläche und der Scheibe, also etwa 0,3–0,4 mm, da sonst auf die Scheibe ein zu starkes Moment senkrecht zur Drehbewegung ausgeübt wird. Der Kurzschlußring selbst muß ganz anders entwickelt werden als dort, wo er zur Erzielung von „Brummfreiheit“ bei Wechselstrommagneten verwandt wird. Er muß etwa das gleiche Kupfergewicht haben wie die Scheibe selbst, da ja in ihm dieselben Ströme erzeugt werden. Er ragt an drei Seiten über die Polfläche des den Fluß erzeugenden Magneten heraus, während er an der 4. Seite innerhalb der Polfläche liegt. Er schließt im allgemeinen etwas mehr als die halbe Fläche des Magneten ein. Die genaue Berechnung der Bremsmomente ist bei derartigen Hemmwerken nicht üblich, sondern man legt Windungszahl und Abmessungen des Kurzschlußringes experimentell fest. Z. B. beträgt der Eisenquerschnitt eines im Apparatebau gebauten Ferraris-Laufwerkes $\sim 3\ cm^2$ bei einer Induktion B_{eff} von etwa 7000 Gauß, bei dem angenommenen Luftspalt von 2,4 mm, die Amperwindungszahl etwa 700. Bei 220 Volt wurde eine Windungszahl von 3400 bestimmt.

Hätte man festgestellt, daß die Erwärmung der Spule noch nicht das zulässige Maß erreicht hat, so hätte man bei dem gleichen Magnet die Induktion steigern und damit das erzeugende Drehmoment vergrößern können. Die Wellen von derartigen Laufwerken werden stets in einem Kugellager gelagert. Eine Lagerung zeigt z. B. Abb. 196a. Für gute Schmierung ist Sorge zu tragen.

Durch die Erwärmung wird insbesondere der Widerstand der in den Kurzschlußbahnen induzierten Ströme erhöht und um diesen Betrag vermindern sich dann die Kurzschlußströme und das Drehmoment. Man muß daher Messungen im warmen Zustande durchführen. Es gibt Konstruktionen, bei denen die Walze und insbesondere die Scheibe teilweise im Ölbad laufen. Es ist hierbei dann zu beachten, daß die mechanischen Widerstände des Öles im warmen Zustande wesentlich geringer sind und daß die Zähigkeit des Öles mit der Temperatur sich ändert, so daß auch die Drehzahl der Scheibe stark abhängig ist von der Raumtemperatur und von der Einschaltzeit.

Mechanik der Schaltgeräte

Kriechwege und Luftabstände

Das Problem der Isolierung bei Niederspannungsgeräten ist im allgemeinen einfach, es besteht kaum eine Durchschlags- und Überschlagsgefahr, wenn die für Kriechstrecken und Luftstrecken vorgeschriebenen Entfernungen eingehalten werden.

Die VDE-Vorschriften schreiben vor:

	bis 440 V Gleichstrom bis 380 V Wechselstrom				bis 500 V				bis 750 V	
	Ia	Ib	IIa	IIb	Ia	Ib	IIa	IIb	IIa	IIb
Kriechstrecke	3	4	4	6	4	6	6	10	10	14
Luftstrecke	3	3	4	4	4	4	6	6	8	8

I = Installationsmaterial
II = Schalt- und Steuergeräte (ausgenommen auf Bahnen und in explosions- bzw. schlagwettergefährdeten Räumen)
a = Keramisches Material, Bakelit gerippt angeordnet
b = Hartpapiere, Bakelite ungerippt angeordnet.

Vor dem Kriege galten in Deutschland wie auch in den meisten anderen Ländern die folgenden Werte: Wechselstrom

	bis 380 V				bis 500 V				bis 750 V			
	Ia	Ib	IIa	IIb	Ia	Ib	IIa	IIb	Ia	Ib	IIa	IIb
Kriechstrecke in mm	4	10	6	10	6	12	10	12	20			
Luftstrecke in mm	3	7	6	7	4	10	10	10	20			

I = Pol zu Pol
II = Pol/Erde
a = Geräte bis 25 Amp. Nennstrom
b = Geräte über 25 Amp. Nennstrom.

Technisch genügen jedoch die Werte gemäß der ersten Tabelle vollauf.

Durchschläge werden im allgemeinen schon vermieden, wenn die Isoliermaterialien die aus mechanischen Gründen notwendigen Abmessungen haben. Die Spannungsprüfung hat mit 2000 Volt (lt. B. S. I. für 550 Volt mit 2500 und für 750 Volt mit 3000 Volt) zwischen Erde und unter Spannung stehenden Teilen zu geschehen.

Unter Kriechstrom wird ein Strom verstanden, der sich an der Oberfläche oder an den oberen Schichten eines im trockenen sauberen Zustand gut isolierenden Stoffes zwischen Teilen verschiedenen Potentials ausbildet, wenn auf die Oberfläche des Isolierstoffes äußere Einflüsse, wie Anlagerung von Fremdkörpern, Feuchtigkeit u. dgl., einwirken (VDE. S. 303/VII. 40). Wie leicht sich ein Kriechstrom ausbildet, hängt vom Isolationsmaterial und von der Form ab. Es gibt Material, das durch Funken leicht verkohlt und hierdurch eine Kriechspur hinterläßt, die zu Kurzschluß führen kann (z. B. Preßstoffe mit organischen Füllmitteln). Besonders kriechstromfest ist keramisches Material. Die Strecken, an denen Kriechströme auftreten können, sind möglichst senkrecht anzubringen, damit sich Staub- und Flüssigkeitsteilchen nicht ablagern können, dies gilt ganz besonders von Teilen, die in der Nähe des Lichtbogens liegen. Man beachte daher Abb. 84 und 85 in Kapitel 1. Man soll versuchen, die Stellen, an denen sich Kriechströme bilden, vom Lichtbogen entfernt zu halten. Werden Litzen unterhalb der Kontakte angebracht und durch eine Hartpapierlage gestützt, so entstehen Kriechströme zwischen den Litzen durch Ablagerung von Oxid auf dem Hartpapier. Man läßt daher die Litzen nach oben abgehen (Abb. 198). Dies ist besonders wichtig wenn die Kontakte sehr nah nebeneinander liegen, damit nicht über das Hartpapier nach längerer Zeit ein Überschlag stattfinden kann.

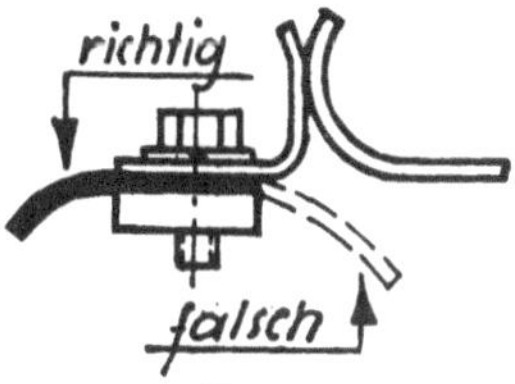

Abb. 198

Abb. 199 [1])

Da man mit Rücksicht auf Material- und Raumersparnis stets anstreben soll, so klein als möglich zu bauen (dies gilt ganz besonders für Geräte, die in Werkzeugmaschinen eingebaut werden sollen), vergrößert man die Kriechstrecken nach Abb. 199.

Isolierstoffe

In der Niederspannungstechnik interessieren in erster Linie folgende Faktoren:

1. Die Genauigkeit, die bei der Bearbeitung erzielt werden kann.

2. Eignung für Massen- oder Einzelfabrikation, also insbesondere, ob die Materialien warm oder kalt gepreßt oder gestanzt werden können und ob Bearbeitungsmöglichkeiten mit schneidenden Werkzeugen bestehen.

3. Hitzebeständigkeit. In der Nähe des Lichtbogens treten Temperaturen von der Größenordnung von 1000° C, in der Nähe von Wärmeauslösern von etwa 150 bis 200° C, in der Nähe von Widerständen solche von 300 bis 400° C auf, während sich die zulässige Temperatur von Wicklungen meist nach der gewählten Isolation richtet.

4. Preis und Einrichtungskosten.

[1]) Einfach schraffiert: Kontaktschiene; gekreuzt schraffiert: Isoliermaterial.

5. Hygroskopie. Werkstoffe, die stark wasseranziehend sind, verlieren mit der Zeit ihr Isolationsvermögen.

6. Empfindlichkeit gegen Öl, Säuren und Laugen.

7. Schlagbiegefestigkeit und Kerbzähigkeit. Diese Größen sind ja bekanntlich ein Maß für die Beanspruchungsfähigkeit gegen Stoß, im minderen Maße interessieren noch Zug- und Druckfestigkeit und die Biegefestigkeit.

Alle Isolierstoffe zu besprechen, würde hier zu weit führen, im wesentlichen werden jedoch folgende verwendet:

1. Hartpapiere. Hiervon kommen in der Hauptsache zwei Qualitäten in Frage:

a) normale Qualität. Es handelt sich um ein geschichtetes Papier in Phenolkunstharz getränkt, das in Stäben, Rohren, Platten usw. verwendet wird. Senkrecht zur Schichtung kann es mit allen Schneidwerkzeugen bearbeitet werden. Die Herstellung von besonderen Formstücken ist möglich, jedoch ist das Material, abgesehen von einfachen Stanzstücken für Massenfabrikation nur beschränkt geeignet. Schlagbiegefestigkeit (s) etwa 15 kgcm/cm², Wasseraufnahme maximal 8%, höchstzul. Temperatur (T) etwa 130° C dauernd, Biegefestigkeit (b) etwa 1000 kg/cm² ölbeständig. Diese Qualität wird im Inneren von Apparaten verwendet, für Grundplatten, Traversen, Sammelschienenträger, kleine Teile usw. In Räumen mit großer Feuchtigkeitsgefahr ist es wegen seiner großen Feuchtigkeitsaufnahme nicht verwendbar.

b) Tropenqualität ist termitensicher und kann auch in feuchteren Räumen verwendet werden, unter Umständen auch in der Nähe (jedoch nicht unmittelbar benachbart) wärmerer Teile. Es muß vor allem in allen Apparaten verwendet werden, die nach heißen Gegenden geliefert werden. Der Preis ist um etwa 50% höher als von Normalqualität. s = 8 kgcm/cm², T = 150° C dauernde Wasseraufnahme maximal 1,5%, es ist ölbeständig, b = 700 kg/cm².

2. Hartgewebe. Diese kommen in gleichen Formen wie Hartpapiere vor. Sie sind geschichtete Kunstharzstoffe, enthalten jedoch an Stelle des Papieres Gewebebahnen. Sie sind etwa um 150—200% teurer als gewöhnliche Hartpapiere und werden wegen ihrer größeren mechanischen Widerstandsfähigkeit (s = etwa 30 kgcm/cm², b = etwa 1000 kg/cm²) hauptsächlich für solche Teile verwendet, die mechanischer Beanspruchung unterliegen, z. B. Lagerteilen, Zahnräder, Teilen an magnetischen Schnellauslösungen, Kontaktteilen, die nur in einer Richtung Kontakt geben sollen (s. Kapitel 1).

Wegen ihrer hohen Feuchtigkeitsaufnahme sind Hartpapiere und -gewebe als Träger von stromführenden und sonst nicht isolierten Teilen wie Klemmen in verschiedenen Ländern nicht zugelassen oder zumindest nicht approbationsfähig.

3. Schiefer und Marmor. Unbewegte Isolierteile werden zweckmäßiger als aus Hartpapier aus Schiefer oder Marmor hergestellt, insbesondere größere Platten. Beide Materialien sind wesentlich weniger wasseraufnahmefähig, die Wasserauf-

nahmefähigkeit beträgt bei Schiefer ungefähr 0,5%, bei Marmor ungefähr 0,3%. Sie sind wohl schwieriger zu bearbeiten und vor allem Marmor ist teurer. Beide Materialien lassen sich nicht stanzen, ihre Schlagbiegefestigkeit ist wesentlich geringer, dagegen ist vor allem Marmor ein ausgezeichnetes Isoliermaterial. Bis zu etwa 380 Volt verwendet man für Flachbahn-Anlasser meistens Schieferplatten, darüber hinaus, da sich in Schiefer oft kleine Metalläderchen befinden, ebenso wie vielfach bei Schalttafeln, Marmor.

4. Preßspan. Es wird hauptsächlich als Zwischenglied zwischen Metall und Isoliermaterial verwendet, um Unebenheiten auszugleichen. Es ist leicht bearbeitbar mit allen Schneidwerkzeugen, allerdings ölaufsaugend.

5. Asbestschiefer. Es ist ein faserförmiges Mineral, das wegen seiner großen Hitzebeständigkeit hauptsächlich als Material für Lichtbogenkammern oder Lichtbogenfächer verwendet wird. Eine exakte Bearbeitung der Platten ist nicht möglich, da die Asbestpappe (bestehend aus Bindemittel wie z. B. Kaolin und kurzen Asbestfasern) zum Zerbröckeln neigt.

6. Glimmer. Es ist ein ebenfalls sehr wärmebeständiges Material, das jedoch nicht in Öl verwendet werden darf. Es wird wegen seines hohen Preises in erster Linie in dünnen Platten gebraucht, z. B. als Isolation im Widerstandsbau. Es gibt verschiedene Glimmerpräparate, die unter den Namen Micanit, Mikapapier usw. bekannt sind. Infolge seiner außerordentlich hohen Durchschlagsfestigkeit kann es vielfach in Plättchen von etwa 0,1 mm Stärke verwandt werden (Durchschlagsfestigkeit etwa 40 kV/mm). In Ölanlassern wird an Stelle von Glimmer Porzellan oder Hartpapier verwendet.

Die bisher aufgeführten Isolierstoffe werden kaum formgepreßt. Soweit es sich nicht um kleine Stanzteile oder Plättchen handelt (Glimmer, Hartpapier, Hartgewebe, Preßspan), werden sie für Geräte, die in größeren Serien hergestellt werden, nicht verwendet. Hierfür zieht man Isoliermaterialien vor, die sich in bestimmten Formen pressen lassen.

7. Porzellan. Es ist das billigste und verbreiteteste Isoliermaterial, ist nicht hygroskopisch, hat geringe Temperaturempfindlichkeit, hohe Druckfestigkeit (7000 kg/cm²), niedrige Zugfestigkeit (etwa 3000 kg/cm²), die Drehfestigkeit und vor allem die Schlagbiegefestigkeit (etwa 1,5 kgcm/cm²) sind gering. Durch die starke Schrumpfung nach dem Brennen läßt sich nur eine Genauigkeit von etwa 5 % mit Sicherheit voraussagen. Manche sehr gut eingerichteten Fabriken liefern Porzellan, für das sie eine erhöhte Genauigkeit garantieren. Es ist bei größeren Auflageflächen nötig, eine weiche Unterlage zwischen Porzellan und Metallteil zu verwenden. Die Genauigkeit genügt aber in viel mehr Fällen, als man anzunehmen geneigt ist. Man kann daher Porzellan oft gebrauchen, wo z. Zt. viel teure Werkstoffe verwandt werden. Hauptverwendungsgebiete sind: Grundplatten, Schaltersockel, Sicherungen, Traversen,

Widerstandsrollen usw. Auch die Preßformen sind verhältnismäßig billig. Ungeeignet ist es für Formen mit Spitzen und Kanten. Ein Nachteil ist das hohe spezifische Gewicht (2,3 g/cm³). Eine wesentliche Eigenschaft liegt in der Drehbarkeit in weichem Zustande, wodurch alle Kegel-, Zylinder-, Kugelformen ohne Werkzeugkosten billig hergestellt werden können.

8. Steatit. Es hat noch bessere elektrische und thermische Eigenschaften, es kann bis zu etwa 3 % Genauigkeit garantiert werden. Die Druckfestigkeit ist etwa die gleiche wie von Porzellan, die Schlagbiegefestigkeit ist etwa 2,2 kgcm/cm². Diesen Vorteilen steht gegenüber, daß das spezifische Gewicht noch höher als von Porzellan ist (2,8 kg/dm³). Der Preis ist etwa 100—150 % höher und die Formkosten ebenfalls $1^1/_2$—2mal so hoch als von Porzellanpreßformen. Steatitähnliche Produkte finden auch als Lichtbogenkammern Verwendung, jedoch genügt hier oft ein Schamotteprodukt.

9. Formpreßstoff Typ 31. Billige Isolationsteile von großer Genauigkeit (unter 1 %) (Materialkosten etwa 50—75 % über Porzellan, Formkosten etwa 100 % höher) lassen sich aus Phenolharz mit Holzmehl als Füllstoff (Formpreßstoff Klasse S — neue Bezeichnung Typ 31) herstellen. Die Schlagbiegefestigkeit beträgt 6 kgcm/cm², das spezifische Gewicht 1,4 g/cm³, Biegefestigkeit etwa 700 kg/cm², dauernd maximal auf 100° C erwärmbar, kurzzeitig auf 125° C. Ein Nachteil besteht darin, daß es nicht völlig unhygroskopisch ist, daher werden in verschiedenen Ländern Kontakt- und Klemmenträger aus Formpreßstoff Typ 31 nicht zugelassen. Da jedoch die Wasseraufnahme sehr langsam vor sich geht und auch nicht hoch ist, scheint diese Forderung nicht berechtigt, vielleicht von der Verwendung in ganz besonders feuchten Betrieben abgesehen. Wenn dieser Formpreßstoff dauernd großer Nässe ausgesetzt ist, so beträgt die Wasseraufnahme etwa 4 % in vier Monaten und maximal etwa 12 % in zwei Jahren.

10. Formpreßstoff Typ 11. Phenolharz mit anorganischem Füllstoff ist nur um 10 % teurer als Typ 31 (gleiche Formkosten). Die Schlagbiegefestigkeit beträgt allerdings nur 3,5 kgcm/cm², Biegefestigkeit 500 kg/cm², dafür kann es dauernd 150° C und vorübergehend 215° C aushalten. Man kann dieses Material daher in der Nähe von Wärmerelaisteilen verwenden. Die Genauigkeit ist nur unbedeutend geringer als von Typ 31. Die Feuchtigkeitsaufnahme ist viel geringer als von Bakelit mit Holzmehlfüllung; sie beträgt maximal 2 % in zwei Jahren und 1 % in sechs Monaten. Für Klemmen und zur Isolation dienende stromführende Teile ist es geeigneter als Bakelit Typ 31.

11. Formpreßstoff Typ 71. Phenolharz mit Textilfaser als Füllstoff ist etwa doppelt so teuer wie solcher mit Holzmehlfüllung (Formkosten sind etwas höher) und wird für Teile mit starker mechanischer Beanspruchung und lieber als Typ 31 für Gehäuse verwandt. Schlagbiegefestigkeit 12 kgcm/cm², die maximale Dauertemperatur, der es ausgesetzt sein darf, beträgt kurzzeitig und dauernd 100° C.

Die Feuchtigkeitsaufnahme ist in geringem Maße höher als die von Typ 31. Die Genauigkeit der Preßteile ist gleich.

Ein großer Vorteil aller dieser Formpreßstoffe besteht darin, daß Metallteile eingepreßt werden können, was bei der Konstruktion kleiner und billiger Apparate oft von großem Vorteil ist.

Es gibt noch eine Menge anderer Isolierpreßstoffe, deren Bedeutung aber gering ist. Bei der Verwendung von Formpreßstoffen oder keramischem Material sind folgende Gesichtspunkte zu beachten:

Bei Formpreßteilen sind große Abrundungen, wie sie in der Gießereitechnik üblich sind, nicht nötig, da die Werkzeugkosten dadurch oft sehr hoch werden. Während man bei Formpreßstoffen, insbesondere Typ 31, scharfe Kanten vorsehen kann, sind aus brenntechnischen Rücksichten bei keramischem Material schwache Abrundungen vorzusehen. Soweit es irgend möglich ist, soll man Werkzeuge mit Seitenschiebern vermeiden, d. h. man muß darauf achten, daß man stets mit einer Preßrichtung auskommt. Man bildet also z. B. ein Werkstück nicht nach Abb. 200a[1]), sondern nach Abb. 200b aus.

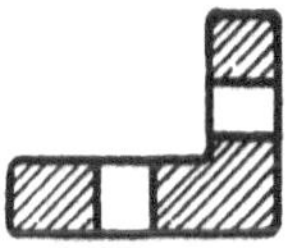

Abb. 200 a

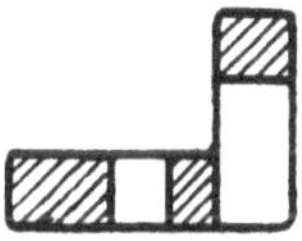

Abb. 200 b

Aufliegende Flächen schleift man nach, um eine größere Genauigkeit zu erzielen. Man vermeide dann aber große Flächen und bringe besser eine Anzahl kleiner Warzen an, an denen die Geräte aufliegen, also nicht gemäß Abb. 201a, sondern besser nach Abb. 201b.

Abb. 201 a

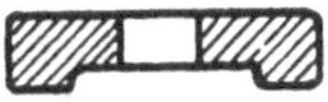

Abb. 201 b

Bei Preßstoffteilen versuche man zu erreichen, daß die Wandstärken in allen Teilen des Preßstückes möglichst gleich sind. Schwache hohe Wände soll man bei keramischem Material grundsätzlich vermeiden, insbesondere schroffe Querschnittübergänge.

Abb. 202 a

Abb. 202 b

Während man bei Formpreßstoffen maßhaltige Löcher ohne weiteres erzielen kann, soll man bei keramischem Material versuchen, möglichst in Grobtoleranz zu arbeiten. Man wird daher lieber Langlöcher nach Abb. 202b verwenden, an Stelle von runden nach Abb. 202a, damit Ungenauigkeiten ausgeglichen werden können. Man achte stets darauf, daß noch genügend Masse zwischen dem Rand des Preßteils und dem Loche bleibt. Für gegossene Werkstücke in keramischem Werkstoff gelten ähnliche Gedankengänge wie für Metallguß. In vielen Fällen kann man die Teile mehrteilig gießen und dann die gegossenen Teile durch die Glasur zusammenfügen. Die Befestigung von keramischen Preßteilen mittels vorspringender Augen ist

[1]) Die Beispiele sind einem von der Hescho (Hermsdorf-Schomburger Porzellanfabrik) herausgegebenen Buche entnommen.

grundsätzlich zu vermeiden, man arbeite also nicht nach Abb. 203a, sondern nach Abb. 203b, da sonst der Ausschuß zu groß wird.

In Formpreßstoffe kann man Metallteile einpressen. Dies geht bei keramischen Werkstoffen nicht. Man unterscheidet bei keramischen Teilen im allgemeinen Grob-, Mittel- und Feintoleranz. Grobtoleranzen entstehen durch Gießen und Drehen, Mitteltoleranzen kann man im allgemeinen bei Preßerzeugnissen erzielen. Feintoleranzen lassen sich nur durch Nachbearbeitung, insbesondere durch Schleifen, erreichen. Porzellan ist für die Erzielung von Feintoleranzen ungeeignet.

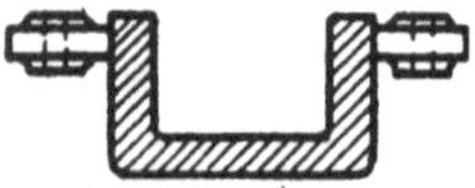

Abb. 203 a

Abb. 203 b

Die Werte für Grob- oder Mitteltoleranzen zeigt nebenstehende Tabelle.

Für Feintoleranzen gelten besondere Vereinbarungen. Wo

Grob- und Mitteltoleranzen ohne Nachbearbeitung

Durchmesser oder Längenbereich	Grobtoleranz ± Abmaße	Grobtoleranz einseitige Abmaße nach oben oder unten	Mitteltoleranz ± Abmaße	Mitteltoleranz einseitige Abmaße nach oben oder unten
bis 2	0,2	0,4	0,1	0,2
über 8—10	0,8	1,6	0,3	0,6
„ 16—20	1,2	2,4	0,45	0,9
„ 45—50	2,5	5	0,8	1,6
„ 60—70	3	6	1,3	2,4
„ 90—100	4,5	9	1,8	3,6
„ 155—170	7	14	3	6
„ 185—200	8	16	3,8	7,6
„ 250—300	10	20	—	—
„ 450—500	14	28	—	—

Typ alt	Typ neu	Zusammensetzung	Mechanische Eigenschaften: Biegefestigkeit mind. kg/cm²	Schlagbiegefestigkeit mind. cmkg/cm²	Kerbzähigkeit mind. cmkg/cm²	Thermische Eigenschaften: Wärmefestigkeit nach Martens mind. °C	Zulässige Höchsttemperat. bei dauernder Wärmebeanspruch. °C	bei kurzzeitiger Wärmebeanspruchung und Berücksichtigung der Biegefestigkeit —10% °C	Schlagbiegefestigk. —10% °C	Schrumpfung 0,6% °C	Glutfestigkeit mind. Gütegrad	Elektr. Eigsch.: Oberflächenwiderstand mind. Vergleichszahl	Verarbeitungsart Pressung
1_1	11	Phenolharz mit anorganischem Füllstoff	500	3,5	1,0	150	150	215	215	200	4	3	warm
M	16		700	15,0	15,0								
O		Phenolharz mit Holzmehl als Füllstoff	600	5,0	2,0	100	100	135	130	130	2	3	warm
S	31		700	6,0	1,5	125					3		
T_1	71	Phenolharz mit Textilfaser als Füllstoff	600	6,0	6,0	125	100	100	125	165	2	3	warm
T_2	74		600	12,0	12,0								
Z_1	51	Phenolharz mit Zellstoff als Füllstoff	600	5,0	5,5	125	100	135	115	130	3	3	warm
Z_2	54		800	8,0	5,5								
2		Kunstharz m. Asbest und anderem anorg. Füllstoff[5])	350	2,0	—	150	150	—	—	—	4	3	kalt
3			200	1,4	—								
4		natürl. od. künstl. Bitumen m. Asb. u. and. anorg. Füllst.	150	1,2	—	150	150	—	—	—	4	3	kalt
Y		Bleiborat m. Glimmer[5])	1000	5,0	—	400	400	—	—	—	5	4	warm

der Konstrukteur Feintoleranzen vorsehen will, muß er dies besonders kennzeichnen. Formpreßstoffe lassen ohne weiteres Feintoleranzen zu. Die nebenstehende Tabelle (208 unten) gibt eine Übersicht[1]) über die wesentlichen Eigenschaften von Kunstharzpreßstoffen.

Füll- und Löschmittel

Compound-Masse. Spulen, die großen mechanischen Beanspruchungen ausgesetzt sind (z. B. bei hohen Spulenströmen und großer Schalthäufigkeit), werden erst im Vakuum getrocknet und dann mit Compoundmasse getränkt, ebenso werden gern Löcher, z. B. von keramischen Grundplatten, durch Compound verstopft und Kabelendverschlüsse damit gefüllt, um die Abstände zu verringern. Nach neuesten deutschen Vorschriften müssen trotz Verwendung von Compoundmasse die für Luftstrecken vorgeschriebenen Abstände gewahrt bleiben. Es gibt — allerdings meist in Hochspannungsanlagen — Fälle, daß Compound in gekapselten Schaltanlagen an Stelle von Luftisolation gewählt wird (Rey-Rolle-System), wodurch erheblich an Raum gespart wird. Es handelt sich hierbei um Bitumen, das bei 120° C flüssig gegossen wird und bei Zimmertemperatur um etwa $6\,^1/_2\,\%$ sich zusammenzieht und fest wird. Ein anderes Compoundprodukt wird bei etwa 67° C gegossen und wird bei Zimmertemperatur plastisch. Dies findet allerdings ausschließlich in der Hochspannungstechnik Anwendung. Man muß jedoch stets etwas Platz lassen, da Bitumen Feuchtigkeit anzieht, besonders wenn es mit der Luft in Berührung kommt.

Kitte sind Bindemittel, die in der Niederspannungstechnik seltener Anwendung finden. Sie dienen zur festen Verbindung eines keramischen Teils mit einem Metallteil (z. B. in Stöpselsicherungen). Es gibt verschiedene Kitte, die sich je nach ihrem Zweck unterscheiden, deren Vor- und Nachteile aus nachstehender Tabelle ersehen werden können[2]).

Kitt	Bleiglätte-Glycerin	Marmor-Zement	Portland-Zement	Magnesia-Kitt
treibt	wenig	nicht	stark	sehr stark
schwindet	nicht	nicht	nicht	nicht
ölfest	wenig	mittel	nicht	sehr
Anrührzeit	2—5 Min.	5—10 Min.	5—10 Min.	5—8 Min.
Abbindezeit	3 Tage	8—14 Tage	3—4 Wochen	8—14 Tage
Vergleichspreis	6	1	1,25	9
Erstarrungszeit	10 Min.	20—25 Min.	12—16 Min.	12—16 Std.

Innenkittungen sind möglichst zu vermeiden. Für solche kann nur Marmorzement verwandt werden.

[1]) Normblatt DIN 7701.

[2]) Kelling, Erfahrungen mit Kitten in der elektrotechn. Industrie 1934.

Alle Kitte sind hygroskopisch. Die miteinander zu verkittenden Stellen sind stets rauh zu halten, die Kittschicht hat etwa 2—4 mm zu betragen. Vor dem Kitten sind die Kittstellen mit Benzin zu reinigen.

Marmorzement wird mit $33^1/_3$ % reinem Leitungswasser angerührt und kann 30 Minuten lagern. Portlandzement wird im Verhältnis 74: 26 mit Wasser angerührt und kann bis zu 30 Minuten lagern. Magnesiakitt rührt man mit 70—90 % Magnesium-Chloridlösung an, und es kann etwa $^1/_2$ Stunde lagern. Meist findet Bleiglätte-Glycerin Verwendung, wobei Bleiglätte (Bleioxyd) in Pulverform (nicht allzu fein gekörnt) mit Glycerin (etwa 80 % Lösung) zu Paste verrührt und sogleich verwendet wird. Wenn es über 10 Minuten lagert, besteht Gefahr, daß sich das Blei mit der Kohlensäure in der Luft zu Bleikarbonat verbindet, das nicht kittet. Bleiglätte ist giftig. Das richtige Mischen und Kitten erfordert große Erfahrung. Bevor der Kitt nicht trocken ist, darf die gekittete Stelle keinerlei mechanischer Beanspruchung unterworfen werden.

Quarzsand findet häufig als Löschmittel in Sicherungen Verwendung, er muß möglichst feinkörniges Pulver sein und keine kohlenstoffhaltigen Bestandteile enthalten.

Als Lösch- und Isolationsmittel ist vor allem Schalteröl sehr wichtig.

Die vorgeschriebenen Eigenschaften des Schalteröls:

	B. S. I.	VDE-Vorschriften
Flammpunkt	über 145° C	über 145° C
Stockpunkt		unter — 15° C (Engler) im Freien verwendete Öle niedriger

Viskosität bei 20° C unter 200 (Redwood) bzw. unter 8 (E). Hierzu kommen Vorschriften über spezifisches Gewicht, Ausdehnungskoeffizient, Dielektrizitätskonstante, die jedoch für Niederspannungsapparate nicht interessieren. Beachtet muß stets werden, daß bei Aufstellung im Freien, selbst bei tiefen Temperaturen, das spezifische Gewicht des Öls niedriger sein muß als das des Wassers, damit stets Wasser oder Eis nach unten sinkt. Das Öl muß säurefrei und rein sein.

Sicherungen

Das einfachste Schaltgerät ist die Sicherung. Sie dient in erster Linie zum Leitungsschutz. Sie muß an jeder Stelle angebracht werden, an der der Leitungsquerschnitt sich ändert. Weiterhin dient sie als Kurzschlußschutz, zum Schutz von elektrischen Leuchten und einer Anzahl von Geräten, sie ist jedoch infolge ihrer geringen Trägheit nicht geeignet für den Überlastungsschutz von Motoren. Die Auslösekennlinien haben entweder träge oder flinke Charakteristiken. Besonders träge muß die Charakteristik für eine Sicherung sein, die als Maschen-Schutzpatrone dient (Abb. 204).

Im Laufe der letzten Jahrzehnte wurde für Großstädte und kleinere Ortschaften der Drehstrommaschennetzbetrieb aufgenommen, d. h. die Stromversorgung der einzelnen Hausanschlüsse erfolgt nicht strahlenförmig von bestimmten Punkten aus, sondern verschiedene Transformatorenstationen sind niederspannungsseitig verbunden und die Stromabnehmer werden von mehreren Transformatorenstationen gespeist. Jede Stelle, an der nun zwei oder mehrere Leitungen zusammenkommen, nennt man einen Knotenpunkt im vermaschten Netz. Tritt jetzt ein Kurzschluß auf, so wird die Kurzschlußstelle von zwei Seiten gespeist. Die Verteilung des gesamten Kurzschlußstromes auf die beiden Teile des Leitungsstranges richtet sich je nach der Lage der Fehlerstelle. Diese kann in der Mitte zwischen den beiden Knotenpunkten liegen, dann sind die Kurzschlußströme gleich, sie kann aber auch am Ende liegen, hierdurch sind die beiden auftretenden Kurzschlußströme ganz verschieden. Man hat nun zuletzt versucht, den Schutz derartiger Maschennetze durch sehr träge Sicherungspatronen durchzuführen mit einer Charakteristik, wie sie in Abb. 204 als Maschennetzcharakteristik angegeben wurde. Eine solche träge Charakteristik hat den Vorteil der hohen Selektivität, so daß man annehmen könnte, daß der Leitungsstrang, der unmittelbar zur Kurzschlußstelle führt und der den höchsten Kurzschlußstrom hat, zuerst abgeschaltet wird, so daß die Sicherung, die zwischen Kurzschlußstelle und nächstem Knotenpunkt liegt, zuerst und dann die vom entfernter liegenden Knotenpunkt, die ja nun den gesamten Kurzschlußstrom führen muß, als zweite Sicherung abschaltet. Durch die Trägheit wurde erreicht, daß die Sicherungen, die zu anderen Leitungsströmen führen, in denen ja auch durch den Kurzschluß die Stromhöhe beeinflußt wird, nicht ansprechen. Diese Form der Sicherung hatte aber zwei Nachteile:

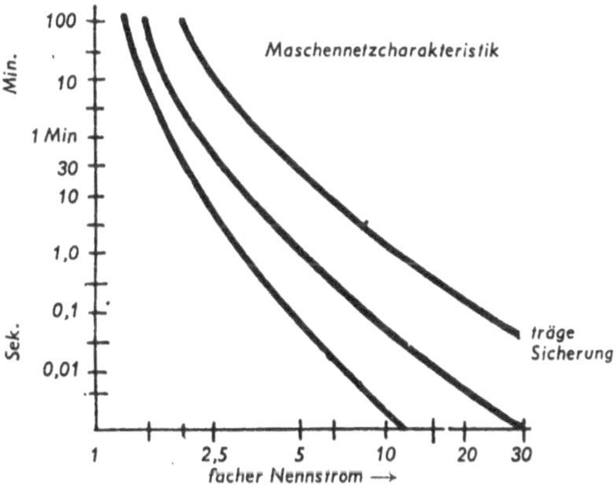

Kennlinien für flinke, träge und Maschennetzsicherungen

Abb. 204

Es wurde nämlich durch die Trägheit der Sicherung die Zeit vom Auftreten des Kurzschlusses bis zum Ausschalten so lang, daß in vielen Fällen hochspannungsseitig entweder die Hochspannungssicherung früher angesprochen hat oder der Hochspannungsschalter früher ausgelöst wurde.

Außerdem wurde aber nicht beachtet, daß maßgebend für die Größe der Kurzschlußströme auch die Leiterquerschnitte des Kabels sind. Beachtet man dies aber nicht, so kann es vorkommen, daß bei Netzteilen mit dünnem Kabelquerschnitt das Kabel eher ausbrennt, bevor die Sicherung anspricht. Bei ganz großen Kurzschlußströmen aber kann ebenfalls nur eine der beiden Sicherungen, die die Fehlerstelle schützen sollen, durchbrennen, da ganz große Kurzschlußströme nur in der Nähe der Netzstationen auftreten. Das Kabel, das unmittelbar von der Netzstation zur Fehlerstelle führt, trägt nun den Hauptanteil des gesamten Kurzschlußstromes. Die Erfahrung hat ergeben, daß mit derartigen Maschennetzsicherungen auch nur ein Teil der Kurzschlüsse abgeschaltet wird, während ein bedeutender Teil durch Ausbrennen des Stranges abgeschaltet wurde. Es ist nun versucht worden[1]), eine Sicherung zu entwickeln, die zwei Schmelzstellen hat, und zwar eine vom Querschnitt der abzusichernden Leitung abhängige Stelle zum Schutze gegen Überstrom, die durch verschiedene Bemessungen der Stärke des Schmelzleiters erfolgt, und eine Kurzschlußschmelzstelle, durch die erreicht wird, daß bei allen Sicherungen der gleiche Verlauf im Kurzschlußbereich liegt, unabhängig vom Querschnitt des Kabels. Die Sicherung wird in geschlossener Patrone ausgeführt. In der Strom-Zeitcharaktersistik der Sicherung ist selbstverständlich ein kleiner Knick vorhanden, nämlich an der Stelle, an der die Kurzschlußschmelzstelle die Abschaltung übernimmt.

Der Vorteil einer Sicherung besteht in der schnellen Auslösung bei Kurzschluß (meist schneller als die von Schaltern) und in ihrer außerordentlichen Billigkeit, ihr Nachteil in dem beim Auswechseln der Sicherungspatrone entstehenden Zeitverlust und der schlechten Selektivität. Letzteres hat zur Ursache, daß bei allen Vorgängen, bei denen Aus- und Einschaltüberströme auftreten, die Sicherung nur für einen hohen Kurzschlußstrom eingestellt werden darf, da sie sonst bei normalen Ein- und Ausschaltströmen ansprechen würde. Dies hat aber zur Folge, daß Sicherungen bei geringen Überströmen (z. B. in der Abb. 204 unter etwa 1,4fachem Nennstrom für flinke Sicherungen), auch wenn sie von längerer Dauer sind (gewöhnliche Überlastungen, Ausbleiben einer Phase bei Mehrphasen-Motoren), nicht oder zu spät ansprechen. Die ideale Sicherung wäre eine solche, die gerade die Leitungsstromzeit-Charakteristik für eine konstante Temperatur nachahmen würde, d. h. bei der zu jeder Zeit die Schmelztemperatur erreicht würde, sobald die Leitung eine unzulässige Temperatur annehme. Innerhalb einer bestimmten Toleranz kann dies erreicht werden. Bei Motoren entsteht aber die Schwierigkeit, daß durch hohen Einschaltstromstoß, bei dem die Sicherung nicht ansprechen darf, die Nennstromstärke der Sicherung so groß ausgewählt werden muß, daß die Leitungsstärke viel zu groß gewählt werden müßte. Zum Schutz von Leitungen, die zu Motoren führen, werden stets träge Sicherungen vorgesehen. Als Geräteschutz von Motoren sind aber auch träge Sicherungen allein zu flink, man wählt hierzu Motorschutzschalter bei denen entweder die träge Sicherung die Kurzschlußabschaltung vornimmt, oder die

[1]) ETZ 1939, S. 1389 Denzel

Kurzschlußabschaltung wird durch die Schnellauslösung vorgenommen, sofern die Kurzschlußausschaltleistung des Schalters ausreichend ist. Auch bei solchen Schaltern kann ein sehr großer Ausschaltstrom durch eine Sicherung abgeschaltet werden, wenn die Eigenzeit des Schalters größer ist als die Abschmelzzeit der Sicherungen. Abb. 207 zeigt die Verhältnisse.

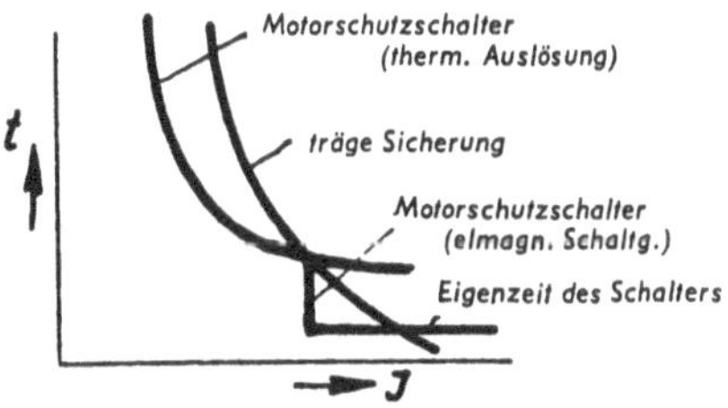

Abb. 207

Die thermische Auslösung ist bis zum Schnittpunkt der Motorschutzschaltercharakteristik mit der Sicherungscharakteristik, die elektromagnetische bis zum ersten Knick der Motorschutzschaltercharakteristik wirksam, darüber hinaus die träge Sicherung. Johann hat versucht, die Charakteristik aus wenigen Versuchen vorauszubestimmen, gibt aber selbst an, daß das Verfahren nur rohe Näherungswerte gibt[1]). Er geht von folgenden Voraussetzungen aus:

Für kurze Schmelzzeiten $t \rightarrow 0$ wird alle Wärme zur Erhöhung der Drahttemperatur verwendet, und es ergibt sich, daß t dem Werte $\frac{F^2}{I^2}$ k zustrebt, wobei F der Querschnitt des Drahtes und k in $\frac{A^2\,s}{qmm^2}$ der Kurzschlußfaktor ist. Da die Betrachtung für jeden Querschnitt gilt, gilt für $t \rightarrow 0$ $I^2t \rightarrow a$ (Kurzschlußträgheit). Für $t = \infty$ gilt nach Johann $I \rightarrow I_g$. I_g ist der Grenzstrom, unterhalb dessen die Sicherung nicht mehr anspricht, die Kurzschlußträgheit ist ein der Sicherung eigentümlicher Grenzwert.

Für die Abschätzung der Charakteristik ist noch ein dritter Wert nötig, und zwar ist die gemäß den Experimenten von Johann aufgespeicherte Wärme proportional $bt^{1/3}$, b bezeichnet Johann als Überlastungsträgheit. Als Formel für die Kennlinie wird angegeben:

$$I = I_g + \left(\frac{a + bt^{1/3}}{t}\right)^{1/2}$$

Mit dieser empirischen Formel kann man a, b, I_g aus drei beliebig gemessenen Punkten bestimmen und damit die Stromzeitlinie der Sicherung. Zweckmäßiger ist es jedoch, die Charakteristik experimentell festzulegen.

Vorgeschrieben ist stets, daß die Sicherungen den Mindestprüfstrom 1 Stunde aushalten und den höchsten Prüfstrom innerhalb einer Stunde abschalten müssen[2]).

Die minimale Ansprechzeit einer Sicherung ist ein Maß für die Leistungsfähigkeit, sie ist sehr gering und beträgt etwa minimal bei Patronensicherungen etwa 0,002 sec.

[1]) ETZ 1937 S. 684.

[2]) VDE 0635/I 47.

Die einfachste Form der Sicherung ist die Streifensicherung, sie hat vor allem in England Bedeutung. Ein Draht wird zwischen zwei Kontakten gespannt. Durch einen Griff, in dem der Draht befestigt ist, kann die Verbindung jederzeit gelöst werden. Nach Durchschmelzen des Drahtes kann derselbe jederzeit leicht ausgewechselt werden.

Der Vorteil dieser Sicherung besteht vor allem darin, daß nach deren Durchschmelzen nur der Draht ausgewechselt werden muß, der Nachteil, daß beim Durchschmelzen eine offenes Feuer entsteht, außerdem ist, da kein Löschmittel vorhanden ist, die Leistungsfähigkeit und Löschgeschwindigkeit viel geringer als von Patronensicherungen. Gegen das Entstehen eines offenen Feuers kann man sich schützen, wenn man den Sicherungsdraht in ein Asbeströhrchen legt. Die Stärke des Sicherungsdrahtes einer offenen Sicherung ist berechenbar nach der Formel:

$$\frac{I_1^2}{I_2^2} = \frac{d_1^2 \ln \frac{b_2}{d_2}}{d_2^2 \ln b_1/d_1} \quad ^{1)}$$

Für dünne Drähte sind jedoch noch nicht genügend Versuche durchgeführt worden, um die Größe b definitiv zu bestimmen. Für dünne Drähte aus Platin ist B = 0,17 cm in freier Luft (s. S. 24 Kap. 1). Man wählt in offenen Sicherungen meist Kupferstreifen. Offene Sicherungen werden am Kontinent nur in Fabriken, Prüffeldern und Laboratorien verwendet, Laien ist es nicht erlaubt, Drähte auszuwechseln.

Weit üblicher ist es, Patronensicherungen zu wählen. Eine mit Quarzsand gefüllte Patrone (Abb. 205 u. 206), in der sich zwei Drähte befinden, wird in ein Porzellan-

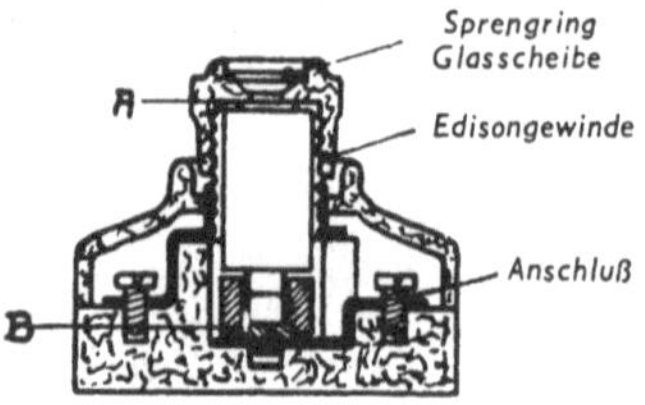

Abb. 205

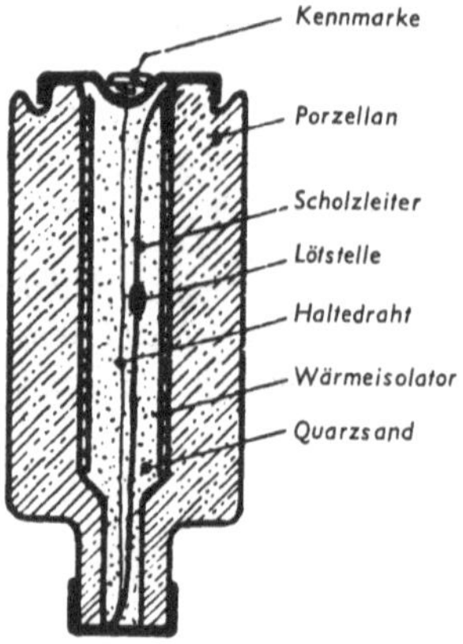

Abb. 206

gehäuse gesteckt. Durch das Festschrauben wird an den Stellen A und B je ein Druckkontakt gebildet. Parallel zu dem Schmelzdraht liegt ein dünner Draht, der mit einer Kennmarke verbunden ist, gegen die eine kleine Feder drückt. Sobald dieser Draht schmilzt, was sofort nach dem Durchschmelzen des Schmelz-

[1]) Formel 74, Kap. 1.

drahtes geschieht, wird die Marke von der Feder weggestoßen, wodurch angezeigt wird, daß die Sicherung ausgeschaltet ist. Diese Sicherung ist eine sogenannte flinke Sicherung. Die Formel 74 ist hier nicht anzuwenden. Man muß Versuche unternehmen und anschließend daran Grenzbelastbarkeitskurven aufnehmen (s. Kap. 2, S. 95). Als Material wird für den Schmelzdraht in erster Linie Silber oder Bimetall (Abb. 213) verwandt. Material mit einem niedrigen Schmelzpunkt hat meist den Nachteil hohen spezifischen Widerstandes, wodurch mehr Raum für den Schmelzdraht benötigt wird. Die durch den hohen Schmelzpunkt (etwa 950° C) des Silbers bedingten hohen Temperaturen im Inneren der Patrone können vermindert werden, wenn man z. B. eine Lötstelle, die bei etwa 230° C schmilzt, im Silberdraht anbringt.

Abb. 213

Bimetallsicherungen (Abb. 213) werden gern für träge Sicherungen verwendet. Ein Kupferdraht oder -streifen wird mit einem Mantel von Blei oder einer Legierung von niedrigem Schmelzpunkt bedeckt. Im Falle eines Überstromes schmilzt zuerst das Material mit dem niedrigen Schmelzpunkt, wodurch das eingeschlossene Kupfer nicht mehr gekühlt wird. Die Folge ist, daß ein sofortiges Unterbrechen des Stromkreises stattfindet. Bei einer solchen Sicherung ist der Sicherungsfaktor, das ist das Verhältnis des minimalen Schmelzstromes zum Normalstrom, der ohne Materialveränderung, verursacht durch Überhitzung und Oxydation, dauernd ertragen wird, etwa 1,25, während bei Kurzschlußsicherungen der Sicherungsfaktor etwa 1,6 bis 2,0 beträgt. Mit dem Bimetall ist der Silberdraht in Reihe geschaltet; die Abschaltung bei Kurzschlüssen übernimmt der Silberdraht. Für träge Patronen wird weiterhin von folgender, im Kap. 2 besprochener Eigenschaft Gebrauch gemacht: Durch Vergrößerung der Masse wird der Zeitfaktor der Erwärmungskurve vergrößert. Man kann auch an Stelle der Bimetallstreifen gut abgedichtete Patronen verwenden, durch die die Wärme schlecht abfließen kann (Abb. 206). Dies bedingt eine größere Masse der Streifen, wodurch bei kurzzeitigen Überströmen die Sicherung nicht anspricht (s. Abb. 204 = träge Charakteristik). Bei Kurzschlußsicherungen kann man die umgekehrte Tendenz verfolgen, man vermindert in der Nähe der Lötstelle den Querschnitt, indem man dort ein Loch im Sicherungsstreifen anbringt. Bei langandauernden kleinen Überströmen verteilt sich die Wärme über den ganzen Streifen, bei kurzzeitigen hohen Überströmen ist dies jedoch nicht möglich, und der Streifen schmilzt durch.

Die bisher besprochenen Stöpselsicherungen werden am europäischen Kontinent bis zu etwa 200 Amp. gebaut. Darüber hinaus, und stets in Großbritannien, werden Messersicherungen gebaut, bei denen man eine bessere Kontrolle der Kontaktgabe hat. Außerdem sind sie für die Abschaltung großer Leistungen besser geeignet, weil mehr Raum für Kühlmittel vorhanden ist. Als Kühlmittel kommen ebenfalls Quarzsand, daneben auch Silikate, Kalkpulver, Glimmerpulver, Marmor usw. in Betracht. Die Charakteristik der Sicherung hängt von der Wärmeleitfähigkeit des

Löschmittels ab und muß experimentell jeweils festgelegt werden. Man soll die Patronen so ausbilden, daß sie leicht mittels eines aufsteckbaren Handgriffes ausgewechselt werden können (Abb. 208). Die Sicherung wird ausgewechselt, nachdem das Abhebestück in den Handgriff geschoben wurde. Um die hohen Beanspruchungen bei Abschaltung schwerer Kurzschlüsse zu vermindern, werden Bimetalldrähte verwendet mit Silber an Stelle von Kupfer, da wegen der besseren Leitfähigkeit die Elementenmasse geringer ist. Um den auftretenden hohen Überdrücken gewachsen zu sein, werden entweder dicke Porzellanwände gewählt oder aber es müssen Vorrichtungen geschaffen werden, durch die ein Überdruck sich ausgleichen kann. Hierfür genügen meist Fugen zwischen Metallkappe und Porzellanrohr oder Puffer oder Löcher in der Klappe, die gegen eine starke Feder bei großen Überdrücken sich öffnen; zweckmäßiger sind Puffer. Für den Löschvorgang in körnigem Medium gibt es zwei Theorien. Nach der Theorie von Lohausen beruht der Löschvorgang darauf, daß nach Verdampfen des Sicherungsdrahtes eine Schmelzraupe entsteht, die man wegen ihrer Flüssigkeit als Leiter zweiter Klasse bezeichnen kann. Allmählich kühlt sich die Schmelzraupe ab, wodurch die Isolation wiederhergestellt wird.

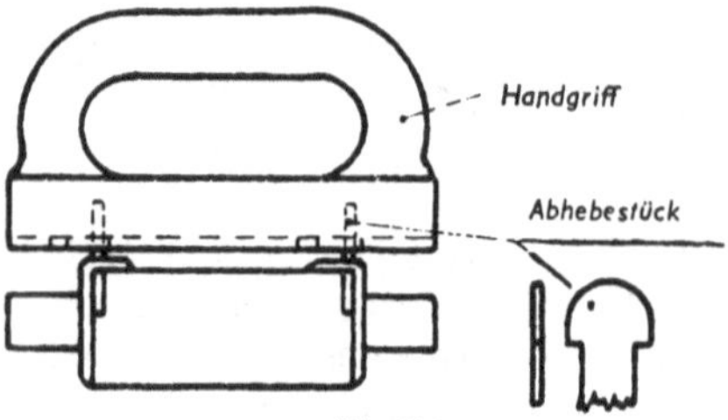

Abb. 208

Der Löschvorgang[1]) nach der anderen Theorie stellt sich wie folgt dar. Bei kleinen Strömen beginnt die Unterbrechung an einzelnen Stellen, bei größeren zerfällt der Leiter in eine größere Anzahl Tropfen, er schmilzt aber ganz durch, nachdem sich die Tropfen gebildet haben. Erst dann tritt die Verdampfung ein. Bei großen Stromstärken ist zur Tropfenbildung (10^{-3} sek) keine Zeit (über 10 000 Amp./mm²) und er verdampft sofort in seiner ganzen Länge. Hierbei können infolge der schnellen Abschaltung leicht Überspannungen auftreten (Abb. 211). Man kann die Überspannungsspitzen vermindern, indem man den Sicherungsdraht teilweise verstärkt, wodurch der Draht nicht sofort in seiner ganzen Länge verdampft und eine Abschaltung in Stufen eintritt (Abb. 212a und 212b). Ein anderes Mittel zur stufenweisen Abschaltung besteht in der Anbringung mehrerer dünner paralleler Drähte, wobei die parallel geführten Lichtbögen nacheinander erlöschen[2]).

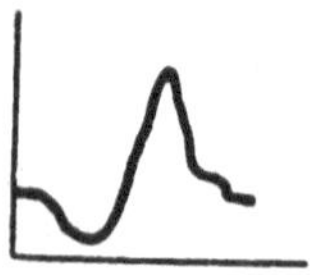
Abb. 211

[1]) ETZ 1937 S. 426.
[2]) ETZ 1942 S. 191.

Versuche haben gezeigt, daß ein großer Unterschied zwischen Quarz (das kein Gas abgibt) und Marmorgrieß (das Kohlensäure abgibt) in der Löschwirkung nicht besteht. Infolge des schnellen Abschaltvorganges ist jedoch die Leistung sehr gering und die Überspannungen erreichen in Niederspannungsnetzen kaum gefährliche Höhen, so daß hier Stufenabschaltung nicht nötig ist. Der entstehende Lichtbogen breitet sich in den Hohlräumen aus und wird durch das körnige Medium intensiv gekühlt. Der Überdruck wird durch Puffer aufgefangen.

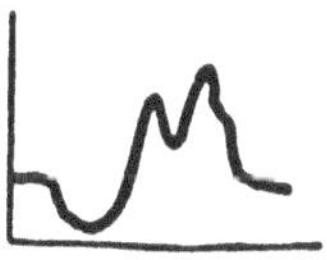
Abb. 212 a

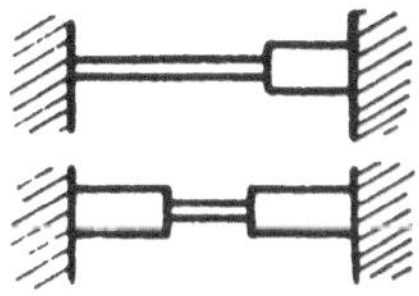
Abb. 212 b

Eine einfache Sicherung zeigt Abb. 209[1]). Der Zylinder 1 wird durch die Kappen 2 abgeschlossen, wobei die Fugen 2a gelassen sind. Durch die Kappen sind die Messer 3 gesteckt, die in Kontaktfedern, wie sie in Abb. 36 Kap. 1 dargestellt sind, gehalten werden. Die Messer sind an einer Isolierleiste 4 über die Klemmstücke 6 und 7 befestigt. An den gleichen Schrauben ist auch der Schmelzstreifen oder Draht 9 befestigt. Der ganze Mechanismus ist mittels des Bolzens 8 an der Kappe 2 festgeschraubt, während die andere Kappe durch die Schraube 10 festgehalten wird. Auch bei solchen Sicherungen wird zweckmäßigerweise eine Anzeigevorrichtung angebracht, wobei auch wieder ein dünner Draht parallel zum Schmelzdraht läuft, aber diesmal in einer besonderen Röhre, die eine Öffnung hat. Der Draht färbt entweder ein Papier oder bedient eine Vorrichtung, wie sie z. B. in Abb. 210 dargestellt

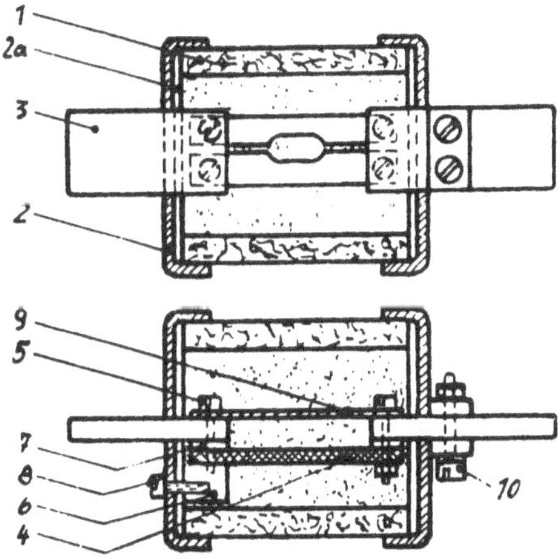

Abb. 209

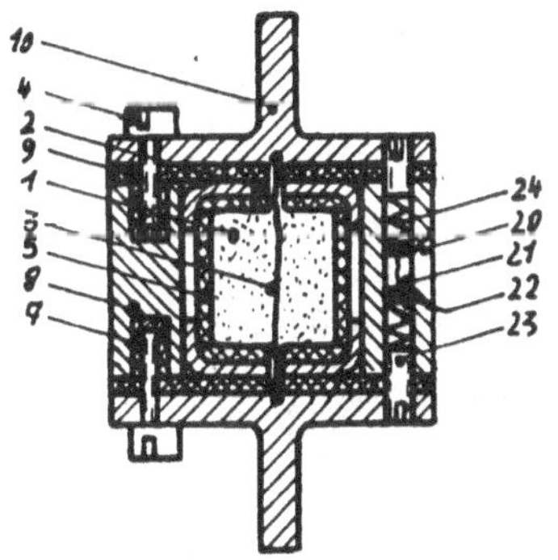

Abb. 210

[1]) Hazemeyer, Hengelo (1).

ist. In der gleichen Abbildung ist eine Mittelleistungsröhre mit auswechselbarem Innenteil dargestellt. Das Isolierrohr 8 aus Bakelit ist an beiden Enden durch Asbestplatten 9 abgeschlossen. Mit dem Körper 1 sind durch Schrauben 4 die Messing-Gußteile 10 verbunden. Diese Teile 10 dienen gleichzeitig als Kontaktmesser. Das Isolierrohr 8 ist mit dem Asbestrohr 7 ausgefüllt, da ja Bakelit nicht genügend hitzebeständig ist. In dem Hohlraum befindet sich die auswechselbare Patrone, die aus dem Schmelzdraht 3 besteht, der an Teil 10 gelötet ist und der sich in dem mit Sand gefüllten Asbestzylinder befindet. Dieser Zylinder wird durch Asbestplatten 5 abgedeckt und durch die Kappen 2 gehalten.

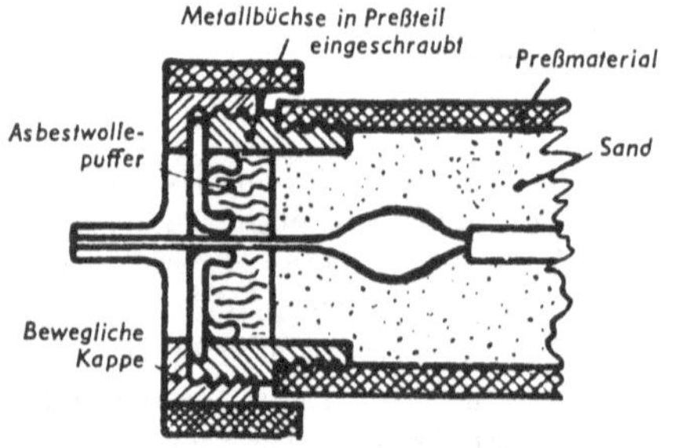

Abb. 214

Die Anzeigevorrichtung besteht aus einer Glaspatrone 1, die man durch das Loch 20 beobachten kann. Die Patrone befindet sich in dem gesonderten Kanal 23 und ruht mit Kontakten 22 gegen die Federn 24, die ihrerseits wieder durch die Platten 10 zusammengedrückt werden. Schmilzt Draht 3 durch, dann schmilzt auch der in der Glaspatrone 21 befindliche Draht. Nach Auswechseln des Asbestzylinders muß auch eine neue Patrone 21 in den Kanal 23 gesteckt werden. Eine gute Pufferung für die Drücke, die bei Unterbrechung großer Leistungen entstehen, ist lose Asbestwollepackung zwischen der Kappe und dem Löschmittel (Abb. 214)[1]).

Der in Abb. 205 dargestellte Sockel kann auch für spezielle Zwecke ausgebildet werden. Besonders viele Sicherungen werden in Schaltanlagen gebraucht. Man kann aber dann die Sicherung auf den Sammelschienen direkt befestigen, wodurch erheblich an Schaltarbeit und Raum gespart werden kann. Eine Ausführung für flache Sammelschienen zeigt Abb. 215, für runde Sammelschienen Abb. 216.

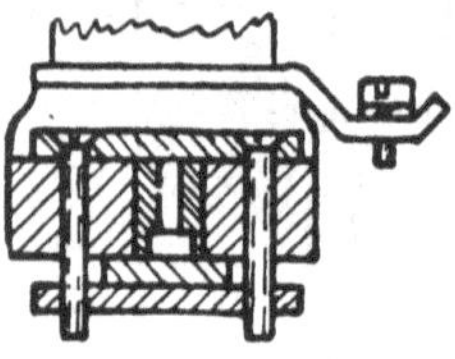
Abb. 215

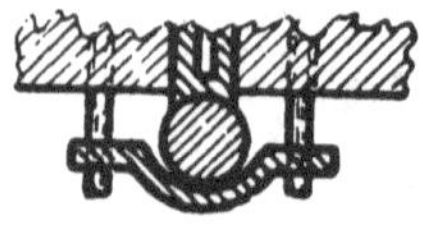
Abb. 216

Man unterscheidet bei Patronensicherungen Schalttafelsicherungen, die allseits abgedeckt sein müssen, und Einbausicherungen, die besonders klein sind. Sie bestehen aus einem Sockel, der Patrone, der Paßschraube und dem Stöpselkopf.

[1]) The Switschgear Handbook 1931, Pitman S. 6.

Sicherungspatronen, in denen ein keramischer Kern, der mit vielen parallel geschalteten dünnen Drähten umwickelt ist, sich befindet, werden fast ausschließlich als Hochleistungspatronen in der Hochspannungstechnik verwendet.

Schalter ohne Zwischenglieder

Schalter, die nur so lange Kontakt geben, als man sie betätigt, werden meist ohne Rastung ausgeführt. Der Bewegungsrichtung durch den Bedienenden oder durch das Bedienungselement muß eine Feder entgegenstehen, die die ursprüngliche Lage wiederherstellt. Für Bedienung mit dem Finger werden zum Einschalten von Schützen oder Fernschaltern Hilfsstromdruckknopftaster verwandt. Es ist zweckmäßig, diese so zu konstruieren, daß als Tastersockel ein keramisches oder ein Preßteil (Typ 31 oder Typ 11) verwendet werden kann, sowohl für die Betätigung „Ein"-„Aus" und „Aus"-„Ein". Die Druckknöpfe für die Betätigung werden aus Formpreßstoff (Typ 31) hergestellt, man beachte, daß die Entfernung zwischen 2 Knöpfen nicht zu gering ist, damit genügend Platz für Betätigung vorhanden ist. Da die Knöpfe meist durch den Daumen betätigt werden, müssen sie ausreichend dimensioniert sein. Die einfachste Konstruktion ist eine solche, bei der Knöpfe direkt eine Kontaktbrücke bewegen und nach dem Loslassen wieder in ihre ursprüngliche Lage zurückschnellen[1]) (Abb. 217). Die gleichen Sockel sind sowohl für Ein- als auch für Ausschaltung zu verwenden. Es ist zweckmäßig, in gleicher Größe einen Lampensockel zu konstruieren, da Druckknöpfe und Anzeigelampen oft im gleichen Gehäuse untergebracht werden müssen. Firmen, die Geräte für Aufzüge liefern, sollen auch einen „Schlüsselkontakt" und Umstellschalter in gleicher Größe bauen. Der Schlüsselkontakt besteht im wesentlichen aus den Kontakten und einer drehbaren Kontaktbrücke mit aufgesetzter Schaltscheibe, die unter dem Einfluß einer Rückzugsfeder steht. Die Schaltscheibe ist so ausgebildet, daß sie nur mit einem dazu passen-

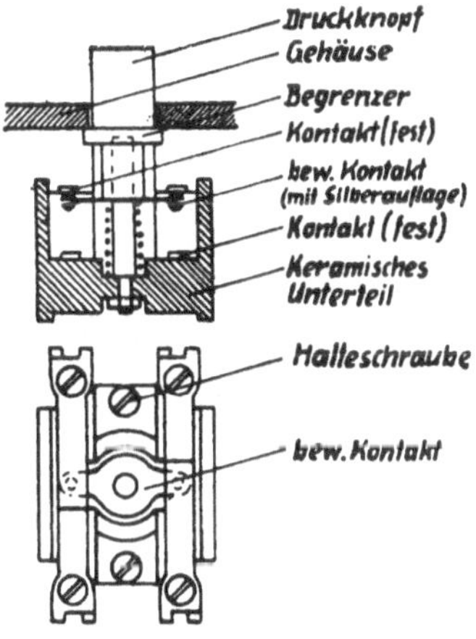

Leichter Druckknopf
(Knopf im Grundriss fortgelassen)
Abb. 217

[1]) Rheostat, Dresden.

den Schlüssel bewegt werden kann. Ein Hilfskontakt wird geschlossen, wenn die Scheibe in Drehung versetzt wird und öffnet sich wieder, wenn der Schlüssel abgezogen wird. Die Kontaktbrücke geht also durch die Rückzugsfeder wieder in ihre Ursprungslage zurück. Durch Verwendung eines Schlüsselkontaktes wird erreicht, daß nicht jeder Unberufene den Aufzug bedienen kann, sondern nur solche Personen, die im Besitze des Schlüssels sind.

Umstellschalter haben den Zweck, einen Aufzug entweder durch Druckknöpfe von innen oder von außen zu bedienen[1]).

Die Knöpfe gemäß Abb. 217 reichen meist nicht aus, wenn große Elektromagneten (z. B. Schützen über 350 Amp.) bedient werden sollen, man kann jedoch mit ihnen dann ein Hilfsschütz und mit dem Hilfsschütz das Hauptschütz schalten. Sie sollen auch nicht für Betriebe verwendet werden, bei denen häufig (über 240 Schaltungen pro Stunde) oder mit dem Handballen (Walzwerke) oder gar mit dem Fuße geschaltet wird. In allen diesen Fällen muß der Knopf eine gute Führung haben, z. B. in einer Messing- oder Preßstoffbüchse. Bei der Betätigung durch den Handballen oder Füße dürfen unter keinen Umständen die Kontaktfedern irgendwelchen von der Kraft des Bedienenden abhängigen mechanischen Beanspruchungen unterliegen. Für diese Schalter kann man die Türkontakte mit Handballen versehen.

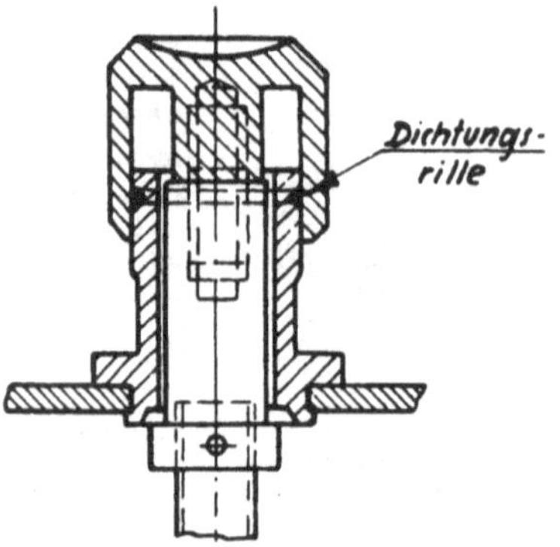

Abb. 218

Eine gewisse Schwierigkeit macht das Abdichten von Druckknöpfen, da Druckknöpfe nach Abb. 217 nicht straff geführt werden können wie Wellen. Bei wasserdichter Ausführung wird über die Druckknöpfe eine Gummiplatte gelegt und auf diese durch einen zweiten Druckknopf gedrückt. Man kann auch die Druckknöpfe durch einen Scharnierdeckel abdecken, der nur während des Schaltens geöffnet wird. Eine gute spritz- und schwallwasserdichte Konstruktion ist z. B. auch die nach Abb. 218. Infolge der notwendigen Dreharbeiten ist sie aber nicht billig.

In gleicher Weise, d. h. mit langsamer Einschaltung und Rückschaltung durch Druckfeder, werden auch Türkontakte zum Ein- oder Ausschalten von Schützen usw. verwendet. Die Ausführung kann ein- und mehrpolig sein (Abb. 219)[2]). Für Türkontakte mit hoher mechanischer Beanspruchung gilt dasselbe wie für Druckknopftaster, man verwende eine kräftige Welle mit langer Führung. Bei Betätigung

[1]) s. S. 253 Aufzugsteuerungen.

[2]) Weyer u. Zander, Köln.

durch eine Kurve in zum Schalter paralleler Richtung wird ein Hilfsstromendschalter verwandt, der dieselben Merkmale wie ein Türkontakt, jedoch ein Bedienungselement gemäß Abb. 220a aufweist. Auch der Bolzen des gewöhnlichen Türkontaktes kann an seinem Ende eine Rolle haben (Abb. 220). An Stelle der Rolle kann auch bei häufiger Betätigung (Walzwerke) der Druckbolzen in Pilzform ausgebildet werden.

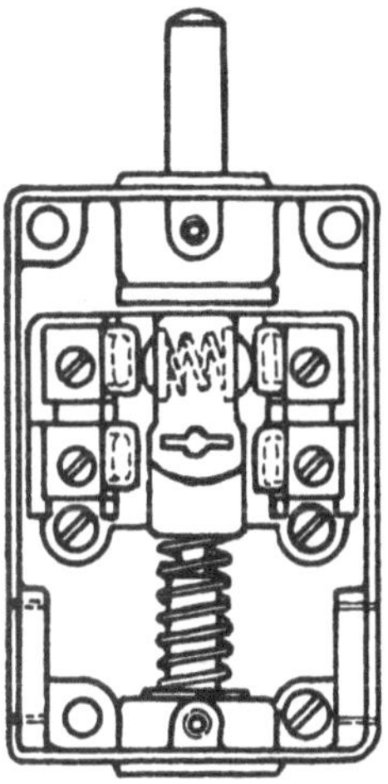

Türkontakt

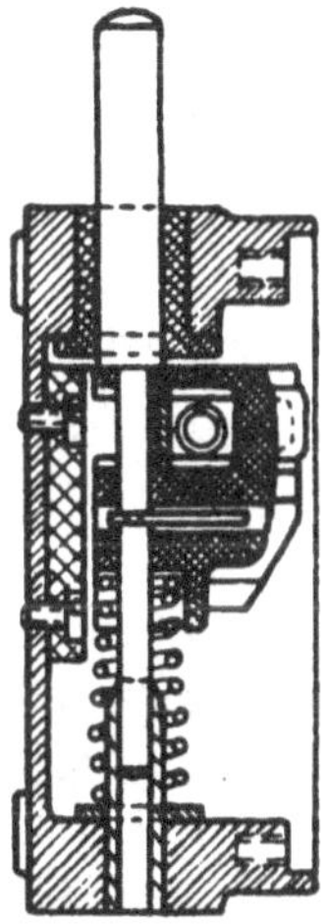

Abb. 219

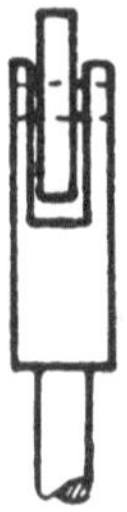

Abb. 220

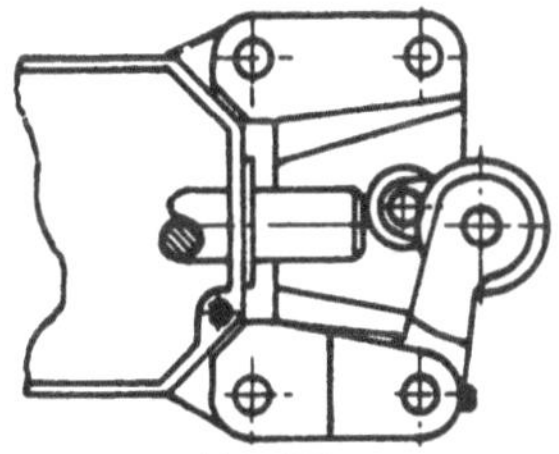

Abb. 220 a

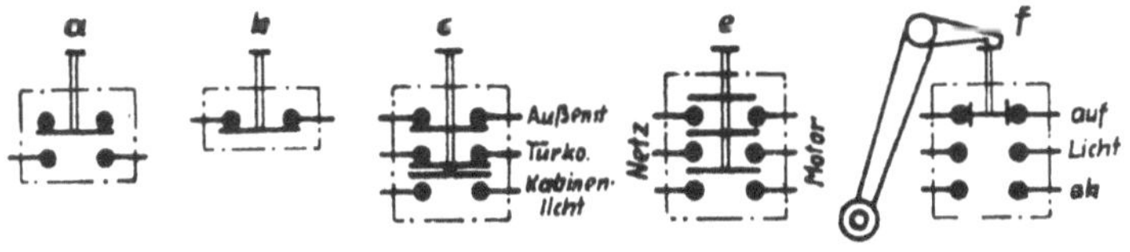

Abb. 221

Türkontakte müssen für verschiedene Schaltungen (Abb. 221) eingerichtet werden können:

a) „Ein"schaltung,

b) „Aus"schaltung,

c) dreipolige Schaltung mit und ohne Rückgang der Feder als Fußbodenkontakt für Aufzüge, durch die erreicht wird, daß beim Eintritt in die Kabine das Licht eingeschaltet, die Außenrufknöpfe unwirksam gemacht werden und die unbesetzte Kabine von außen herangeholt werden kann. Der Kabinentürkontakt, durch den erreicht wird, daß der Aufzug nur mit geschlossenen Türen fahren kann, wird bei unbesetzter Kabine überbrückt.

d) „Aus"-„Ein"schaltung. Hierbei müssen jedoch verschiedene zeitliche Folgen und Überdeckungen möglich gemacht werden können, wie erst „Aus", dann „Ein" oder erst „Ein", dann „Aus", zweimal „Aus", zweimal „Ein". Die Kontaktstücke müssen so ausgebildet werden, daß alle Variationen ohne große Änderungen durchführbar sind.

e) Einschalter für kleine Motoren, abhängig von einer mechanischen Stellung der Maschine, also dreipolig „Ein".

f) Schalter als Stockwerkschalter (s. S. 266).
In der Mittelstellung ist das Kabinenstandslicht eingeschaltet, während die oberen und unteren Kontakte durch die Stellkurven betätigt werden.

Es muß stets beachtet werden, daß Türkontakte für Aufzüge nur so breit sein sollen, daß sie zwischen den Schenkeln eines Normal-U-Profil U 8 untergebracht werden können.

Walzenschalter und Schalter mit Rastung

An Stelle des Druckknopfes kann auch eine Betätigung durch Handgriff vorgenommen werden. Hierbei ist in jedem Fall eine Rückzugsfeder vorzusehen. Für größere Ströme (über etwa 5 Amp.) baut man Schalter mit Rastung. Es gibt Druckknopfschalter, Paketschalter, Hebelschalter und Walzenschalter. Für Schalter mit mehreren Stellungen kommen Paketschalter und Walzenschalter in Frage.

Für die Ausführung der Walze von Walzenschaltern gibt es verschiedene Möglichkeiten. Die Walze kann aus Formpreßstoff, Steatit oder bei geringer mechanischer Beanspruchung aus Porzellan hergestellt werden. Die Walzenteile werden dann mit auf- oder eingesetzten Kupfersegmenten versehen und auf eine Vierkantwelle aufgeschoben. Sie müssen hierbei so ausgebildet werden, daß möglichst eine große Vielzahl von Verbindungsmöglichkeiten bestehen. Es gibt auch Konstruktionen, bei denen die Kupfersegmente aufgeschraubt werden, jedoch ist dies in Verbindung mit Walzen aus Formpreßstoff, Steatit oder Porzellan nicht zu empfehlen. Eine andere Möglichkeit besteht darin, eine Vierkantwelle mit Hartpapier zu überziehen und dann Teile aus Bronze- oder Messingguß oder warm oder kalt gepreßte Kontaktteile auf die Walze aufzuschrauben. Die Form ergibt sich jeweils aus der Schaltung. (Näheres darüber siehe S. 232ff.) Die Welle kann entweder in einem Rahmen oder direkt im Gehäuse gelagert werden. Bei kleinen Schaltern soll die Welle immer in einem Rahmen, der als Lagerbock dient und aus Spritzguß oder Stahlblech von mindestens 2 mm Stärke besteht, gelagert werden. Als Lager dienen auf die Vierkantwelle aufgeschobene Messingrohre (Abb. 222). Der Schalter wird dann auf den Rahmen montiert und dieser Rahmen kann ohne Veränderung des Einsatzteiles in einem Gehäuse aus Guß, Blech oder Isoliermaterial eingebaut werden (Aufbauschalter), oder an der Frontplatte (Abb. 223) (Einbauschalter) oder auch hinter einer vorhandenen Wand als Einsatzschalter befestigt werden.

Auf diese Weise wird eine vielseitige Verwendung desselben Einsatzteiles erzielt. Wird der Schalter dagegen direkt im Gehäuse gelagert, d. h. es dienen die Seitenwände des Gehäuses als Lagerbock und nicht in einem besonderen Rahmen, so ist er nur in Verbindung mit dem betreffenden Gehäuse verwendbar. Diese Ausführung

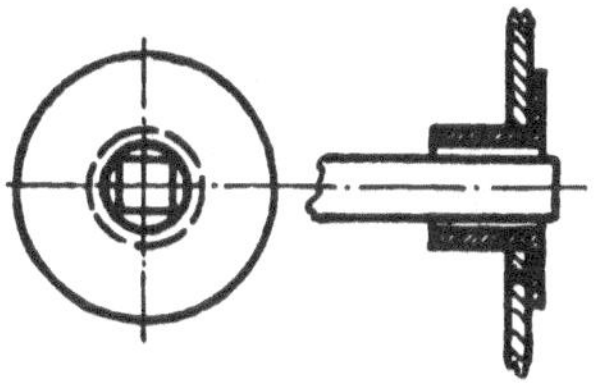

Abb. 222

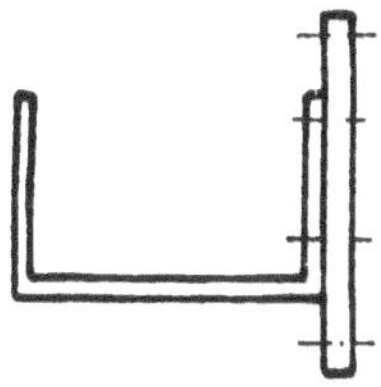

Abb. 223

gewährleistet daher eine nicht so große Massenfabrikation, wie die Ausführung im besonderen Rahmen, die daher heute meist vorgezogen wird. Wenn sie auch den Nachteil hat, daß die Ausführung um die Blechdicke des Rahmens länger wird als im anderen Falle, und daß auch bei Aufbauschaltern genügend Raum vorhanden sein muß, um beim Einlegen des Schalters ins Gehäuse die Welle unterzubringen. Die Vierkantwelle muß über den Rahmen hinausragen, damit an ihr der Griff befestigt werden kann. Alle die Schalter in jeder Form können mit und ohne Sicherungen verwendet werden. Auch werden Schalter vielfach mit Rückzugsfedern versehen, damit nur so lange ein bestimmter Schaltzustand hergestellt wird, wie der Bedienende den Schalter festhält. Danach wird automatisch wieder die Nullstellung, also Spannungslosigkeit, erzielt. Dies geschieht durch Rückzugsfedern, die meist als Drehfedern ausgebildet sind und mit einem Ende auf der Welle und mit dem anderen am Rahmen oder Gehäuse befestigt sind.

Große Schalter werden meist in Schaltwalzenform ausgebildet. Hierbei wird ein Lagerzapfen an beiden Seiten der Welle abgedreht. Die Welle läuft in Bronzegleitlagern (Kugellager sind überflüssig, da die Geschwindigkeit klein ist), die von Zeit zu Zeit einzufetten sind. Vor allem bei motorisch angetriebenen Walzen und Kontrollern muß die Schmierung durch Staufferbüchsen erfolgen.

Als Anhaltspunkt für die Stärke der Schaltwelle gilt folgendes:

bis	400 mm	Länge	14	mm ⌀
,,	700 mm	,,	16	,, ,,
,,	1000 mm	,,	20	,, ,,
,,	1300 mm	,,	25	,, ,,

Bei Steuerwalzen wird, wenn sie nicht gußgekapselt sind, meist oben und unten je ein Gußdeckel angebracht, in dem die Welle gelagert ist. Die beiden Gußdeckel werden durch Distanzstücke in der jeweils durch die Anzahl der Finger festgelegten Länge miteinander verbunden. Außerdem werden die Fingerleisten (Abb. 46 Kap. 1) an den Deckeln befestigt. Ein dazugehöriges Rückenblech ist mit den nötigen Panzerrohrgewinden versehen, um die notwendigen Verbindungen einführen zu können. Eine spritz- und schwallwasserdichte Ausführung wird durch Einbau der Walzen im Gußgehäuse ermöglicht. Es gibt auch blechgekapselte Ausführungen mit Panzerrohrgewinde.

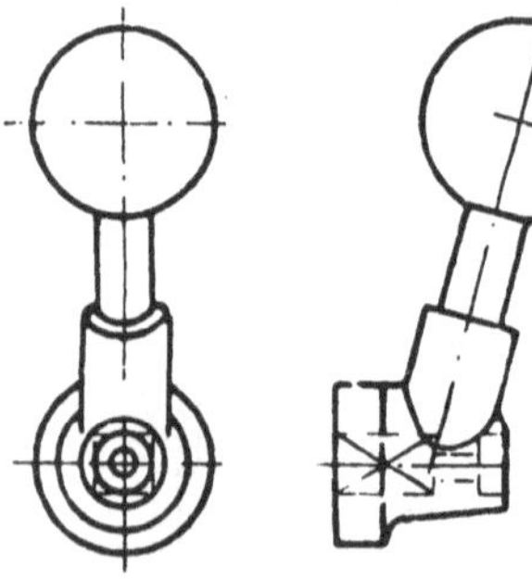

Abb. 224

Als Bedienungselement kommen für Walzenschalter und Kontroller ein gewöhnlicher Handgriff aus Gußeisen oder Isolierpreßstoff (Typ 31), für kleine Schalter für Werkzeugmaschinen auch ein Kugelgriff (Abb. 224), für Kontroller ein schwerer Handgriff, ein Handrad oder Hebel in Frage. Ein Seilrad (Abb. 225) mit Rückzugfeder erfordert einen Kontroller liegender Ausführung für die Bedienung vom Fußboden aus. Bei Bedienung und stehendem Kontroller in senkrechter oder waagerechter Richtung wird

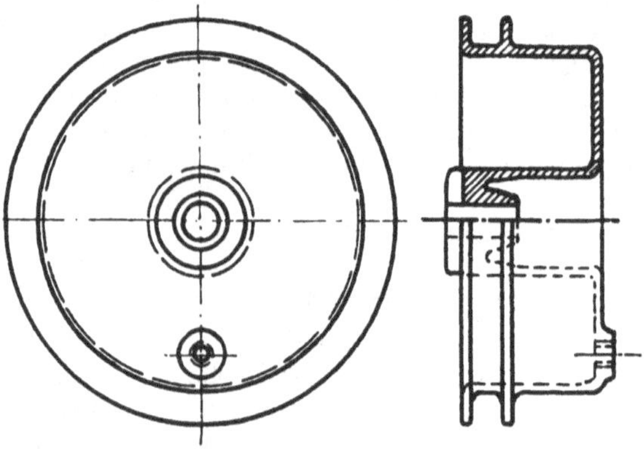

Abb. 225

die Welle durch eine Schnecke angetrieben (Abb. 226). Werden mehrere Walzen von einer Kurbel bedient, wird eine sogenannte Verbundsteuerung verwendet. Es handelt sich stets darum, über eine Zahnradübertragung zwei Walzen des Handgriffhebels gleichzeitig zu drehen.

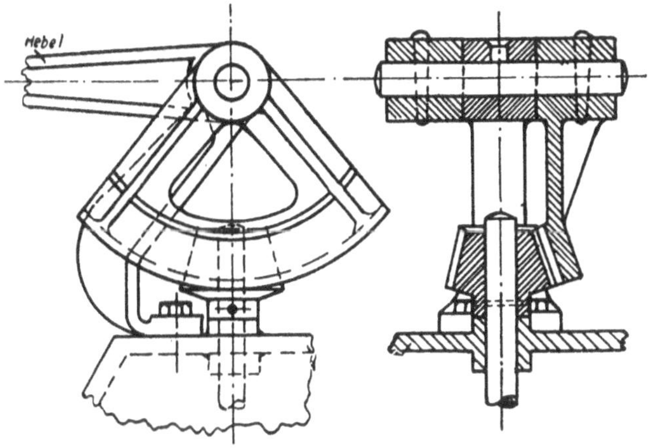

Abb. 226

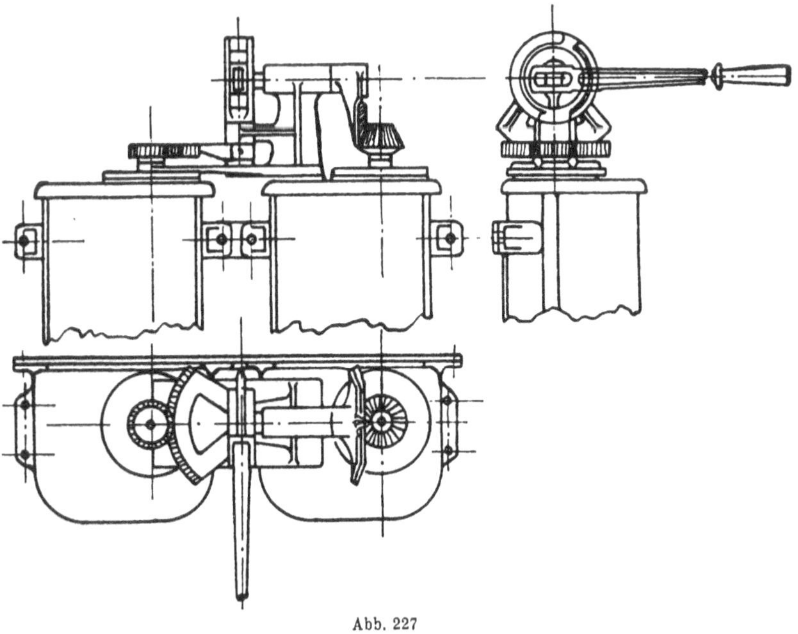

Abb. 227

Abb. 227[1]) zeigt die schematische Darstellung einer Verbundsteuerung, bei der beide Walzen durch Zahnradübertragung angetrieben werden. Schaltwalzen und Kontroller können auch von unten bei hochgestellter Steuerwalze, wie es oft bei Haspelantrieb vorkommt, bedient werden. Dann wird die Welle über das untere Ende verlängert und ein Hebel über ein Kegelrad und eine Schnecke, ähnlich wie bei Abb. 226, angebracht, jedoch muß die Bewegungsrichtung des Hebels umgekehrt werden. Man kann auch eine Bedienung von vorn wählen, dann muß ebenfalls ein Kegelradgetriebe zwischen den Wellen angebracht werden.

Vielfach werden Anlaßwalzen durch Motoren angetrieben. In diesem Falle muß die Geschwindigkeit (Abb. 228) stark vermindert werden. Die Walze macht eine

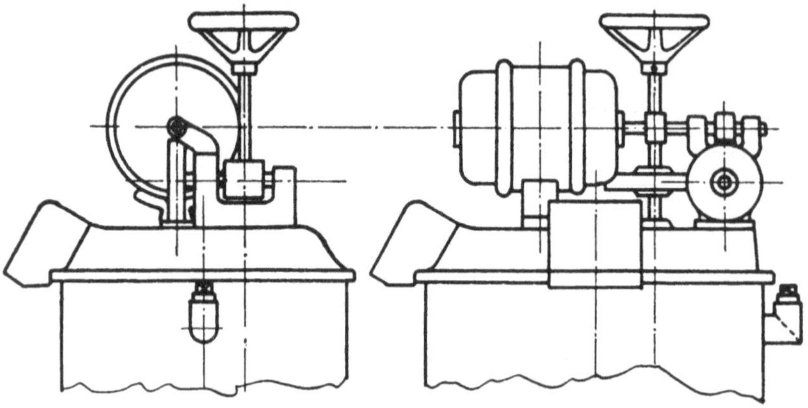

Abb. 228

ganze Umdrehung, ehe sie wieder in die Anfangsstellung zurückkommt. Ein Zurückschalten findet nicht statt. Der Motor macht meist etwa 1500 Umdrehungen pro Minute. Die Umdrehungszeit der Walze ergibt sich aus der Anlaßzeit (s. Kap. 2, S. 97). Sie kann durch Verändern eines Parallelwiderstandes PW (Abb. 229) variiert werden. Hierbei ist zu beachten, daß die Gesamtumdrehungszeit länger ist als die Anlaßzeit, und zwar um die Zeit, die die Walze braucht, um von der letzten Stellung in die Ausgangsstellung zurückzukehren. Das Übersetzungsverhältnis beim Zahnradgetriebe ist bekanntlich r_2/r_1. Beim Schneckengetriebe hängt das Übersetzungsverhältnis einer Schnecke außerdem noch vom Schrägungswinkel der Zähne ab. Es ergibt sich bei einem Kreuzungswinkel von 90° ein Übersetzungsverhältnis

$$i = (r_2/r_1) \operatorname{tg} \beta_1 = (r_2/r_1) \operatorname{ctg} \beta_2,$$

wobei r_2 der Radius des Teilkreises der Schnecke, r_1 der des Teilkreises des Zahn-

[1]) Rheostat, Dresden.

rades ist, β_2 bzw. β_1 sind die entsprechenden Schrägungswinkel der Zähne. Die Zähnezahl der Schnecke beträgt höchstens 6, meist sind 2—4 üblich. Die mechanischen Beanspruchungen sind jedoch im allgemeinen unbedeutend, so daß ausführliche Berechnungen der Zahnräder hier unterbleiben können. Näheres darüber findet sich in den meisten techn. Handbüchern, z. B. Hütte Bd. 2. Die Welle kann auch mit einem Handrad versehen werden, durch das die Walze auch mit der Hand im Notfalle bedient werden kann. Schaltung wird nach Abb. 229 ausgeführt. Steht

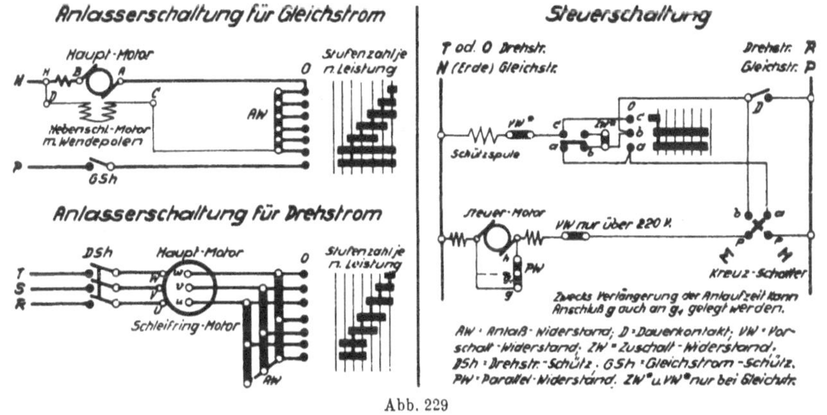

Abb. 229

die Schaltwalze auf „Aus“, läuft der Hilfsmotor durch den Stromimpuls des Hilfsschalters D an. Hierdurch wird das Netzschütz eingeschaltet und die Widerstandsstufen werden allmählich abgeschaltet. Steht die Schaltwalze nicht in der „Aus“-Stellung, wird über einen Hilfskontakt am ausgeschalteten Netzschütz der Hilfsmotor anlaufen und die Walze zuerst in die Ausschaltstellung drehen. Dauert der Stromimpuls weiter an, wird die Schaltwalze weiter gedreht, wobei ein Hilfskontakt auf der Walze die Einschaltung des Netzschützes bewirkt. Gleichzeitig übernimmt ein Kontakt an der Schaltwalze die weitere Einschaltung des Hilfsmotors. Ist der Widerstand kurz geschlossen, wird der Motor selbsttätig stillgesetzt. Beim Ausschalten des Netzschützes wird durch einen Hilfskontakt der Stromkreis des Hilfsmotors geschlossen, ein neuerlicher Anlaßvorgang wird vorbereitet. Bei Wegbleiben der Spannung schaltet das Netzschütz aus, bei deren Wiederkehr dreht der Hilfsmotor bei abgeschaltetem Netzschütz die Schaltwalze weiter bis nach Überschreitung der Nullstellung das Netzschütz eingeschaltet wird. Ist der Hilfsschalter nicht in Ordnung, wird der Kreuzschalter in Stellung H (Handbetrieb) gebracht, worauf der Hilfskontakt der Schaltwalze auch das Netzschütz steuert. Zur Abschaltung des Hauptantriebmotors ist der Kreuzschalter wieder in Stellung M zu drehen, wodurch der Steuerstrom des Netzschützes unterbrochen wird.

Die einzelnen Stellungen eines Walzenschalters oder Kontrollers werden durch Rastungen bestimmt. Für die Rastung gibt es verschiedene Möglichkeiten:

Die einfachste Rastung für geringe Schalthäufigkeit, die allerdings nur bei kleinen Walzenschaltern verwendet werden darf, ist ein auf der Walzenwelle aufgepreßtes im Einsatzverfahren gehärtetes Vierkant, welches zwischen zwei gegenüberliegenden Blattfedern gedreht wird. Diese Art der Rastung arbeitet nicht exakt, sie ist nur für Drehstromschalter kleiner Leistungen geeignet und auch hier nicht sehr zu empfehlen, trotzdem sie die billigste ist. Eine andere stark verbreitete Konstruktion ist die Rastung mittels Rollen oder Kugeln, die in Einfach- oder Doppelhebeln gelagert

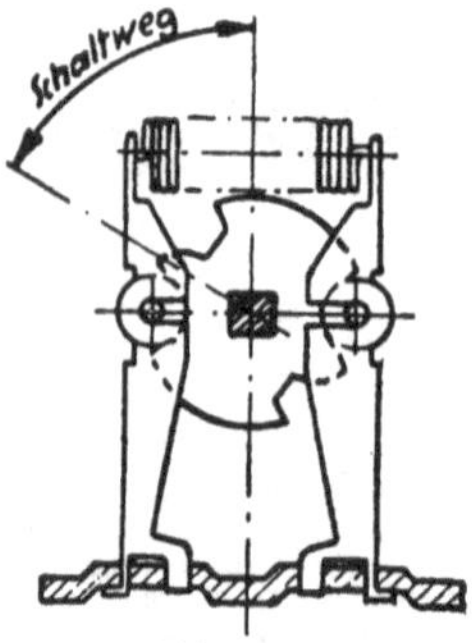

Abb. 230

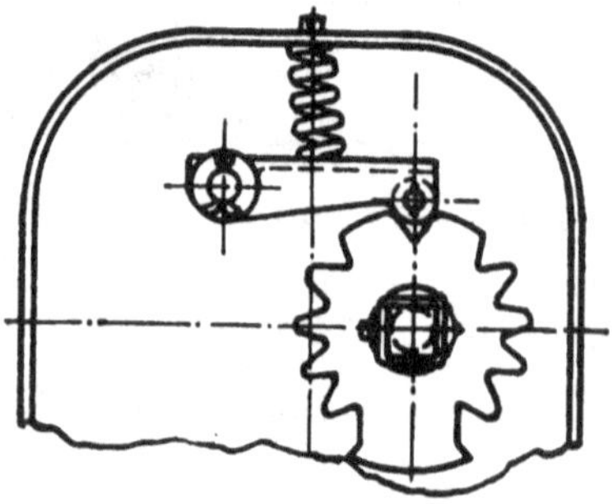

Abb. 231

sind, und in die Aussparungen einer Scheibe eingreifen (Abb. 230). Die Rollen werden durch eine Feder, die über oder unter der Achse angebracht ist, an die Scheibe gedrückt.

Für größere Schalter, Kontroller und Schalter mit vielen Stellungen werden stets Rastenscheiben verwandt, in die Rollen, die durch kräftige Federn bewegt werden, drücken (Abb. 231).

Die B. S. I. schreiben vor, daß alle Schalter für größere Leistungen als 0,5 PS eine Nullspannungsauslösung haben. Soweit die Nullspannungsauslösung nicht durch ein Schütz in Verbindung mit einem Verriegelungskontakt ausgeführt wird, wird der Schalter mit Rückzugsfeder ausgeführt und geht in die Nullstellung, sobald die Nullspannungsspule spannungslos wird. Die Einschaltung der Nullspannungsspule wird in der ersten Stellung vorgenommen. Am Kontinent ist eine solche Ausführung nicht üblich, da Nullspannungsauslösung fast nur in Verbindung mit Überstrom- und Freiauslösung dort vorkommt.

Die gleiche Anordnung der Rastenscheibe wie bei Walzenschaltern wird auch bei Paketschaltern verwandt. Das Wesen dieser Schalter im Gegensatz zu den Walzenschaltern beruht in der Anordnung der Kontakte in einzelnen Paketen. Einzelne Kammern aus keramischem Isoliermaterial oder Formpreßstoff werden auf einer isolierten Vierkantwelle aufgeschichtet. Zwischen diesen Isolierwänden befinden sich die beweglichen Schaltzungen. Diese Schaltzungen werden abwechselnd mit den Isolierscheiben angeordnet und mit der Vierkantachse gedreht (Abb. 232).

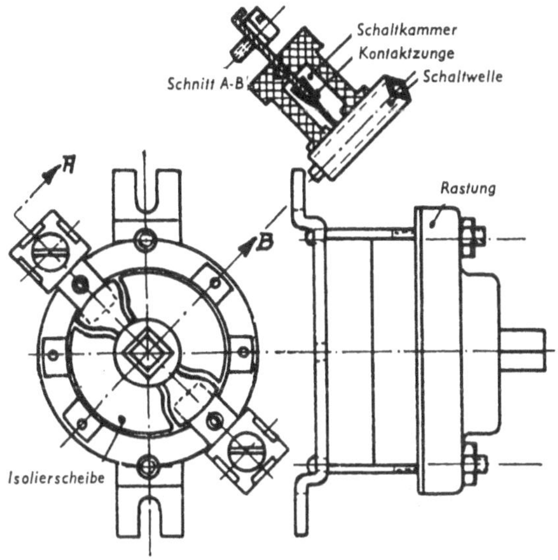

Abb. 232

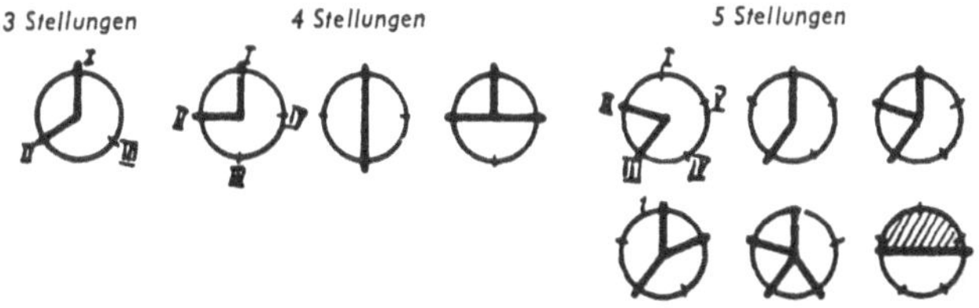

Abb. 233 a

Die Schaltzungen können verschiedene Kontakte gleichzeitig verbinden. Es sind hierbei verschiedene Schaltzungenformen möglich, je nachdem, wieviel Rastenstellungen das Schaltwerk hat (s. Abb. 233 a).

An Stelle der Anordnung nach Abb. 232 können auch die festen Kontakte federnd und die beweglichen auf Isolierscheiben angebracht sein. Die festen Kontakte sind an

Isolierringen befestigt und liegen je nach der Stellungszahl 180°, 90°, 45° usf. auseinander. Die Anschlüsse befinden sich außerhalb der Ringe, während Kontaktfedern mit Abbrennstücken nach hinten auf die die beweglichen Kontakte tragenden Scheiben drücken. Die Paketschalter haben gegenüber den Walzenschaltern meist den Vorteil des geringeren Platzbedarfes, d.h. infolge der besseren Trennung der Kontakte höhere Schaltleistung bei gleichem Rauminhalt. Dagegen steht, daß sie nur für eine geringere Schaltzahl verwendet werden können und daß sie vielfach komplizierter und daher teurer als Walzenschalter sind, und daß die Kontakte schwerer ausgewechselt werden können. Die Schalter werden mit Sprungschaltung für Gleichstrom oder mit Rastenschaltung für Drehstrom ausgeführt. Ein Schaltmechanismus für Paketschalter mit Sprungschaltung zeigt Abb. 233 c.

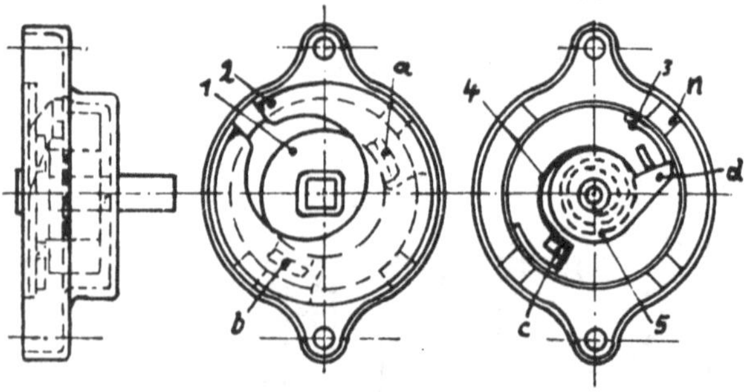

Abb. 233 b

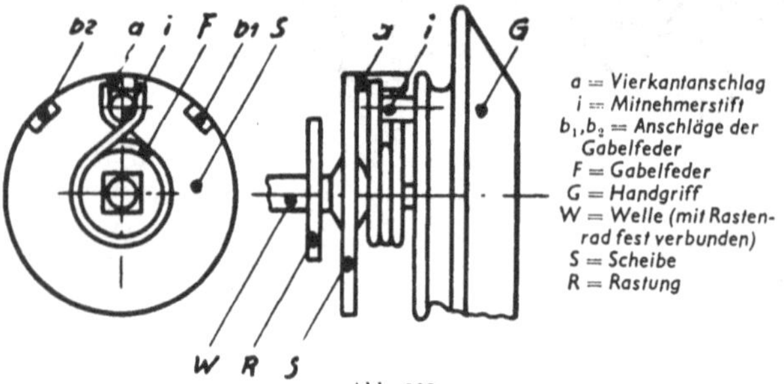

Abb. 233 c

Vor dem Rastenrad S befindet sich noch eine Scheibe mit dem Anschlag a auf einer Vierkantwelle W. Gegen den Anschlag a lehnt sich rechts und links eine gewundene Hebelfeder (Omegafeder) F. Beim Drehen des Handgriffes G, der mit der Welle nicht fest verbunden ist, dreht sich i, bis die Spannung der Feder F ausreicht, über den Stift die Vierkantwellen mitzunehmen. (Näheres s. Edler, Paketschalter, Archiv für Elektrotechnik 1935 S. 531.) Eine andere Form der Sprungschaltung für Paketschalter zeigt Abb. 233b[1]). Die Rastenscheibe 1 wird auf die Schalterwelle gesetzt. Auf sie wird eine Blattfeder 2 aus etwa 1 mm starker Bronze genietet. Die Rastenscheibe hat die Anschläge a und b. Mit dem Schaltgriff ist das Formstück 3 fest verbunden.

[1]) Stotz, Mannheim

In diesem befindet sich eine Feder 4, von der ein Ende gegen den Anschlag c geht und deren anderes Ende in Schlitzen eines auf die Schalterwelle gepreßten Formstückes 5 befestigt ist. Ein Ende des Formstückes 5 ist so umgebogen, daß es gleichzeitig als Federführung mit seinem Ende d Verwendung finden kann. Im Gehäuse, das aus Spritzguß hergestellt ist, befinden sich je nach der Zahl der erforderlichen Schaltstellungen verschiedene Schaltbegrenzungsstücke H in Form von kleinen Vorsprüngen im Spritzgußteil. Wird nun durch den Handgriff das Formstück 3 gedreht, wird durch die Vorsprünge a und b an der Rastenscheibe gleichzeitig die Schwungfeder 4 gespannt, und zwar so lange, bis die auf der Rastenscheibe aufgenietete Schaltfeder sprungartig von einem Schaltbegrenzungsstück zum nächsten sich bewegt. Hierdurch wird gleichzeitig die Schaltwelle von einer Stellung in die andere gedreht.

Auf ähnlichem Prinzip wird der Steuer-Quittungsschalter gebaut. Dieser Schalter wird in Blindschaltbildern verwandt. Das Blindschaltbild dient zur Überwachung von Betriebsvorgängen, insbesondere bei Kraftzentralen. Auf einem Pult aufgezeichneten Schaltbild soll jeweils eine Lampe aufleuchten oder blinken und gleichzeitig eine Hupe ertönen, sobald eine Störung auftritt. Zu diesem Zweck werden Leistungsschalter über Steuer-Quittungsschalter ein- und ausgeschaltet. Stimmt die Ein- oder Ausschaltstellung des Leistungsschalters nicht mit der Stellung des Steuerquittungsschalters überein, z. B. deswegen, weil ein Leistungsschalter infolge eingetretenen Kurzschlusses angesprochen hat, so leuchtet eine Lampe am Steuer-

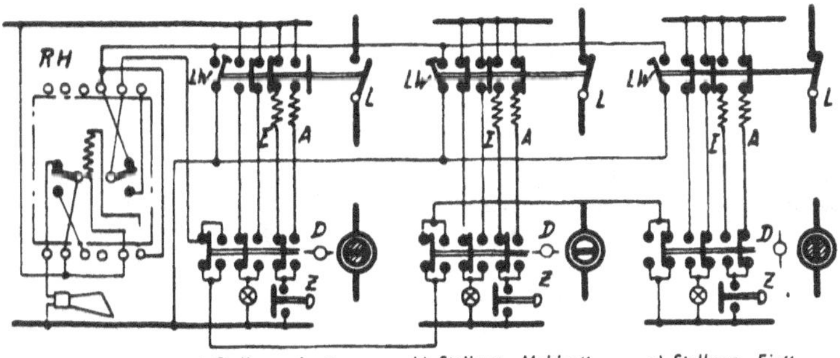

a) Stellung „Aus" b) Stellung „Melden" c) Stellung „Ein"

Abb. 234

quittungsschalter auf, und zwar so lange, bis der das Schaltpult Bedienende das Aufleuchten des Schalters „quittiert" und den Schalter in Übereinstimmung mit dem Leistungsschalter bringt. Auf diese Weise erkennt er sofort, ob eine Störung eingetreten ist. Diese Kenntnisnahme quittiert er am Steuerquittungsschalter. Ein Schaltbild des Steuerquittungsschalters zeigt die Abb. 234[1]). Mit dem Steuerquittungs-

[1]) Ausführung AEG.

schalter selbst wird der automatische Antrieb der Leistungsschalter entweder direkt oder über Schaltschütze geschaltet. Die zur Quittung dienende Lampe wird bei den üblichen Ausführungen heute in den Schaltgriff eingebaut, und eine am Schaltgriff angebrachte Scheibe dient zur Schaltung der Schaltwelle. Man wählt für Steuerquittungsschalter meist Paketschalteranordnung, da sich diese wegen ihrer geringen Größe besonders gut und einfach im Schaltpult einbauen läßt.

Walzenschalter-Schaltungen

Bei den Walzenschaltern ist die Bestimmung der Fingerzahl und der Walzenbeläge für die Konstruktion von ausschlaggebender Bedeutung. Grundsätzlich gibt es Walzenschalter in Schaltwalzenform, bei der alle Finger sich auf einer Reihe befinden, oder solche mit zwei Fingerreihen. Die ersteren haben den Nachteil, daß die Geräte länger werden und dadurch teurer. Dafür spricht aber, daß die Abschaltleistung höher liegt, da die Kontaktöffnung beim Ablaufen von den Fingern größer gehalten werden kann.

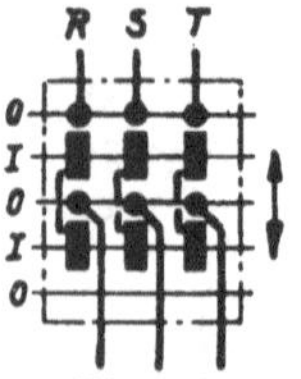

Abb. 236a

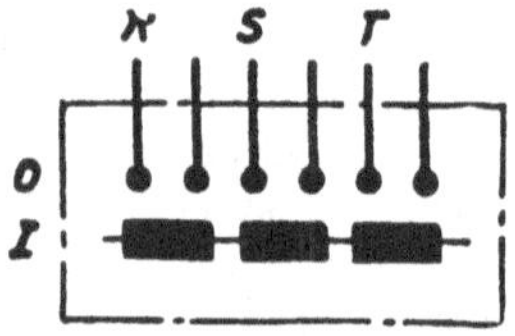

Abb. 236b

Abb. 236c

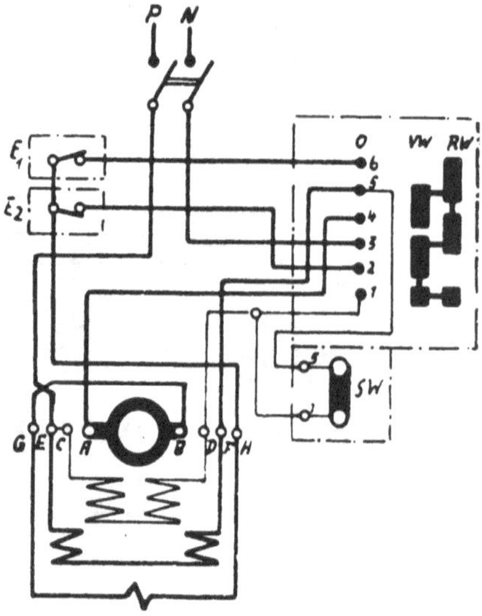

Abb. 237 [1])

Der einfache Ein- und Ausschalter kann für Dreh- bzw. Gleichstrom auf folgende Weise hergestellt werden: die Abb. 236b ergibt sich, wenn alle Finger in einer Reihe angeordnet sind, die Abb. 236a zeigt denselben Schalter mit zweimal drei gegenüberliegenden Fingern. Bei dem einfachen Umkehrschalter gibt es verschiedene Möglichkeiten, z. B. nach den Abb. 236c für Drehstrom, und 237 für Gleichstrom. Eine Fahrschaltung mit zweiseitiger Endschaltung und Umkehrung der Drehrichtung zeigt Abb. 238 (zweipolige Steuerwalze).

[1]) Umschalter für Verbundmotor mit Wendepolen. E_1, E_2 = Endschalter, SW = Schutzwiderstand.

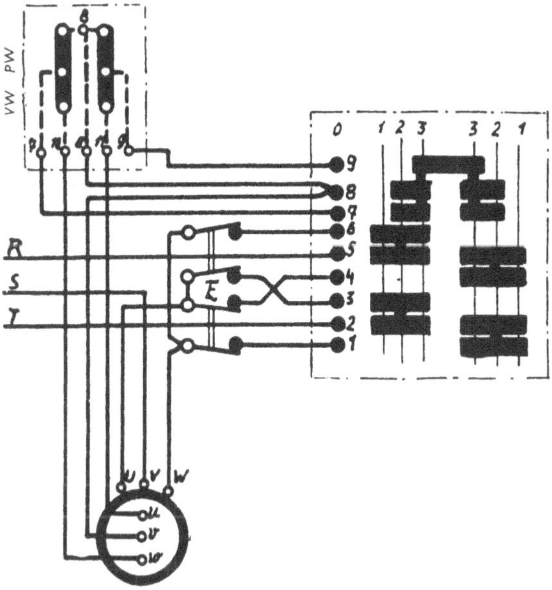

Abb. 238 [1])

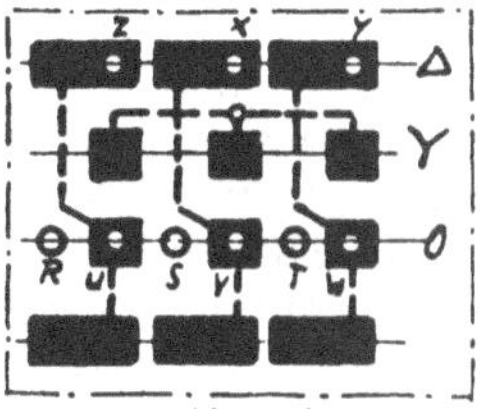

Abb. 239 b

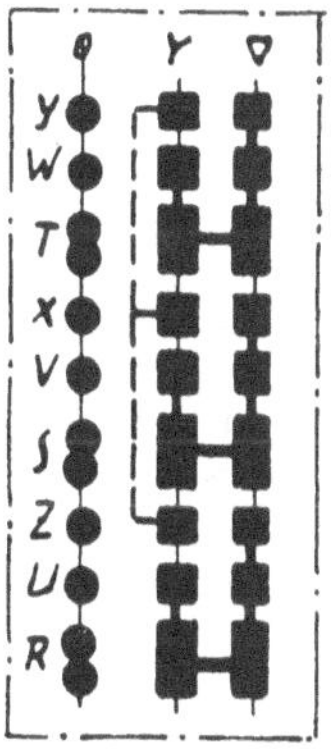

Abb. 239 c

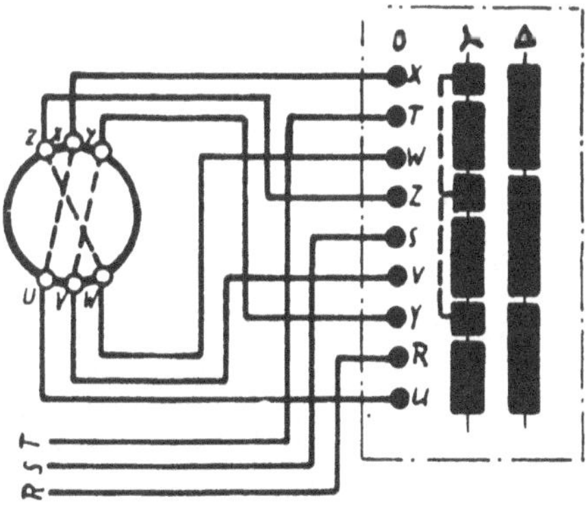

Abb. 239 a

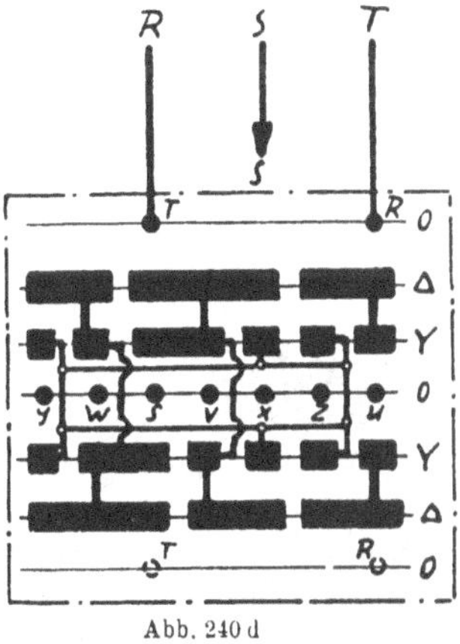

Abb. 240 d

[1]) AW = Anlaßwiderstand, VW = Vorschaltwiderstand, E = Endschalter.

Lösungen für den Sterndreieckschalter, für den jeweils 9 Finger benötigt werden, zeigen die Abb. 239a und b bei einem Schaltwinkel von 120°. Bei Abb. 239b ist der Walzenbelag ähnlich wie in Abb. 45a (Kap. 1) auf die Walzenkörper gepreßt oder gesteckt.

Große Sterndreieckschalter werden in Schaltwalzenform gebaut mit 9 Fingern auf einer Reihe. Ein Beispiel zeigt Abb. 239c.

Der Umkehrsterndreieckschalter erfordert 5 Stellungen, und der Walzendurchmesser muß, wenn die Schaltwege und damit die Schaltleistung nicht gering sein sollen, ausreichend groß gewählt werden. Ein noch kleinerer Walzendurchmesser als 32 mm ist im allgemeinen für Schalter mit 3 Stellungen und 50 mm für Schalter mit 5 Stellungen nicht anzuraten.

Die günstigste Form der Umkehrsterndreieckschalter hat auch 9 Finger, wovon allerdings zwei auf der einen und 7 auf der anderen Seite sich befinden. Ein Schaltbild für einen solchen Schalter mit Walzenbelag zeigt Abb. 240d, bei ihm sind die Walzenteile aus Preßmessing, Gußmessing oder gezogenem Kupfer aufgeschraubt oder vernietet.

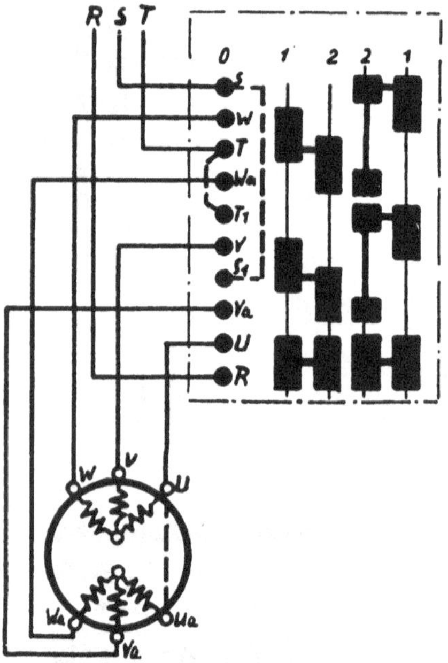

Abb. 240 a [1]

Umkehrsterndreieckschalter für größere Nennstromstärken als 60 A sind verhältnismäßig selten, da erfahrungsgemäß dann ein Schützenschaltgerät verwendet wird. Man kann aber natürlich auch an Stelle des Umkehrsterndreieckschalters zwei Schalter verwenden, den ersten für die Umkehrung der Drehrichtung, den zweiten für die Sterndreieckschaltung. Sehr viel verbreitet sind auch die verschiedenen Polumschalter. Die gebräuchlichsten Motorschaltungen zeigen die Abb. 240a, 240b, 240c, 240e, 240f, 240g, 240h, 240k, 240l.

Man beachte, daß der Polumschalter sich häufig aus ähnlichen oder gleichen Walzenteilen entwickeln läßt wie der Sterndreieckschalter. Der Polumschalter ist bei gleichen Schaltwegen im allgemeinen nicht für eine ebenso hohe Schaltleistung zu gebrauchen wie der Sterndreieckschalter, da die Einschaltstromspitzen bei einem polumschaltbaren Motor wesentlich höher sind. Man beachte ferner beim Sterndreieckschalter, vor allen Dingen für größere

[1]) Umkehr-Polumschalter für Motore mit zwei getrennten Wicklungen.

Leistungen, daß beim Umschalten von Stern auf Dreieck die Umschaltung nicht zu schnell vor sich geht, da der Lichtbogen von der Sternabschaltung erst erloschen sein muß, bevor auf Dreieck geschaltet wird. Außerdem müssen die Bedienenden darauf aufmerksam gemacht werden, daß zwischen dem Schalten von Stern auf Dreieck genügend Zeit gelassen wird, bis die Einschaltstromspitze abgeklungen ist.

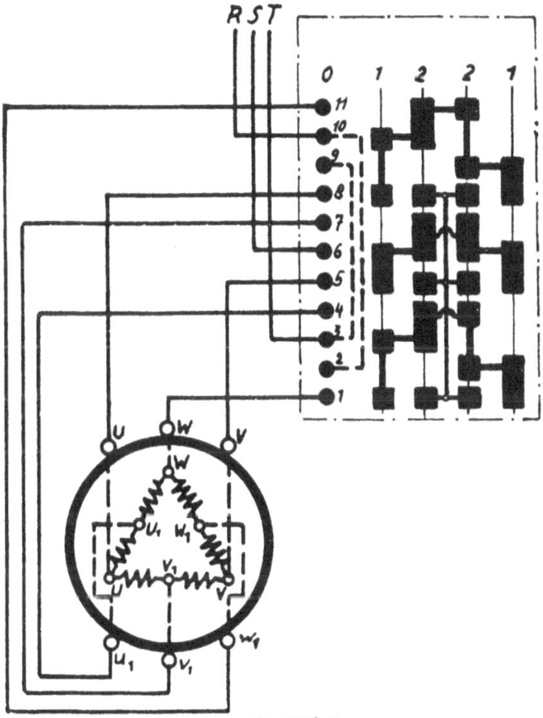

Abb. 240 b [1])

Die Entwicklung von Schaltbildern über alle möglichen Schaltbedingungen erfordert viel Übung. Es ist diese Frage theoretisch von Edler untersucht worden, der eine Theorie ausgearbeitet hat, für komplizierte Schaltungen möglichst günstige Walzen oder Paketschalter aus den Schaltbedingungen zu erhalten[2]), jedoch wendet man diese Theorie nicht immer an; man versucht am Zeichenbrett eine günstige Walzenabwicklung zu erreichen, wobei man bestrebt sein muß, möglichst viele vorhandene Walzenteile zu verwenden.

[1]) Umkehrpolumschalter in Dahlanderschaltung.
[2]) Schalttheorie von Edler.

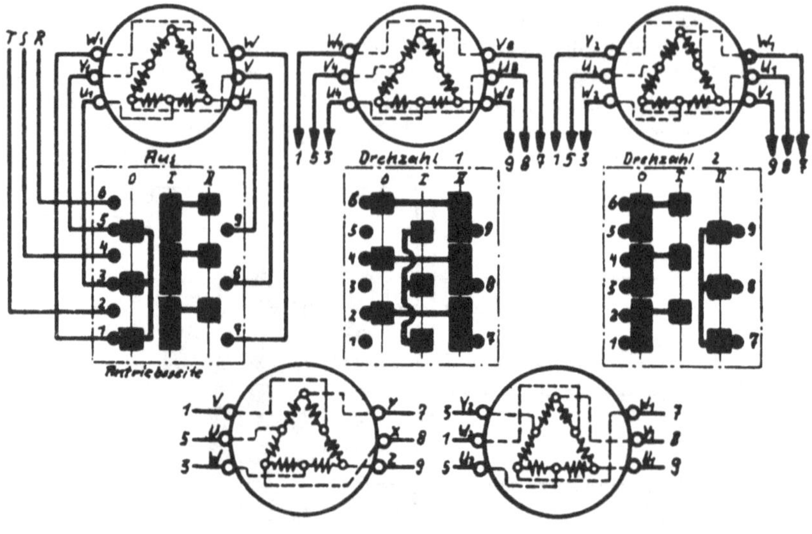

Polumschalter, Dahlanderschaltung

Abb. 240e

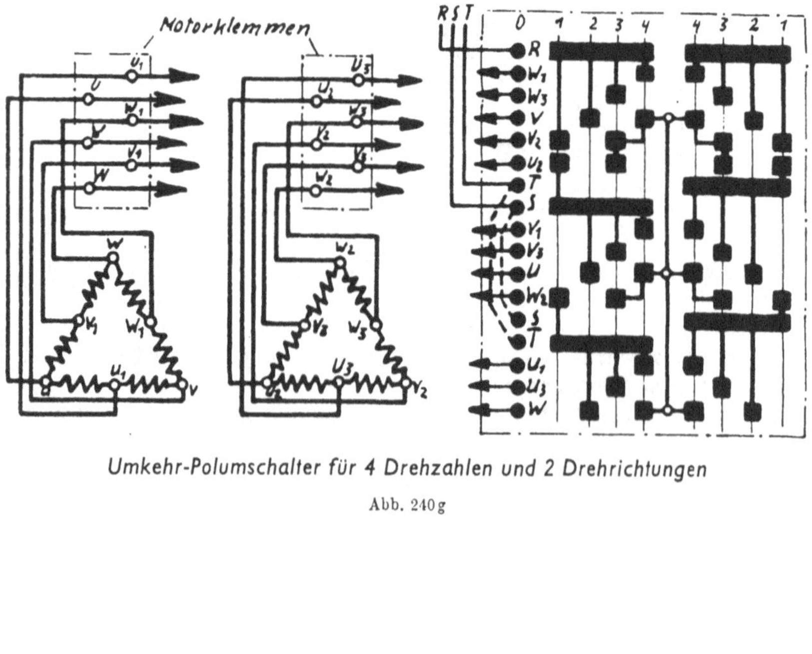

Umkehr-Polumschalter für 4 Drehzahlen und 2 Drehrichtungen

Abb. 240g

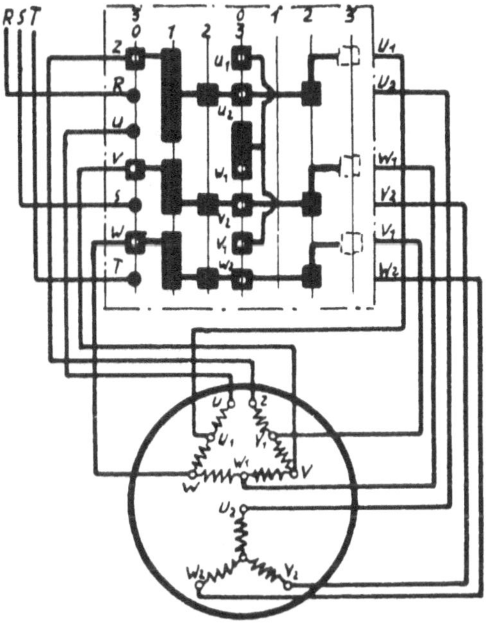

Polumschalter

Abb. 240 e

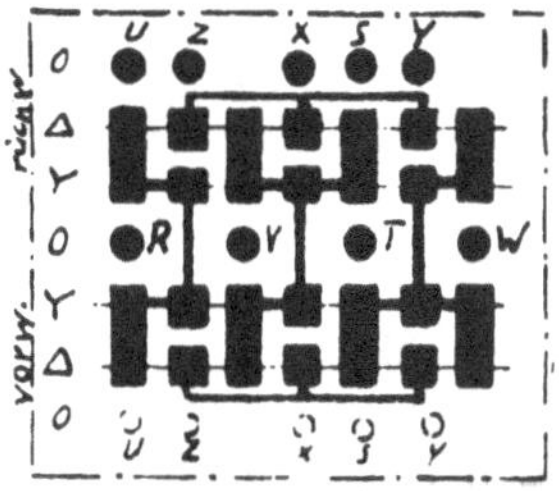

Umkehr-Y△-Schalter

Abb. 240 i

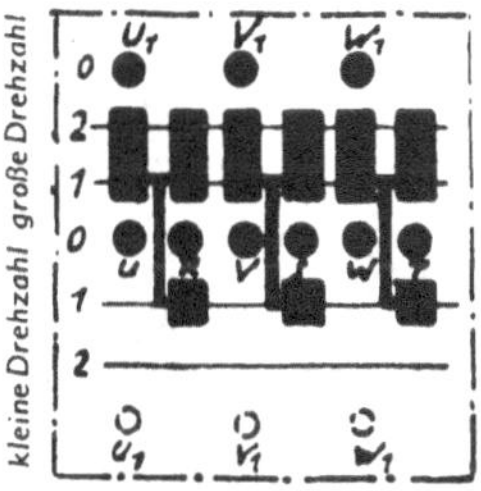

Polzahl-Schalter

2 getrennte Wicklungen

Abb. 240 k

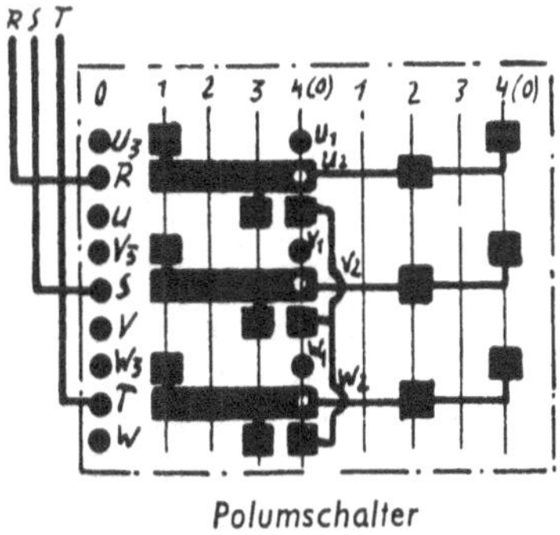

Polumschalter

4 Drehzahlen, 2 Drehrichtungen

Abb. 240 h

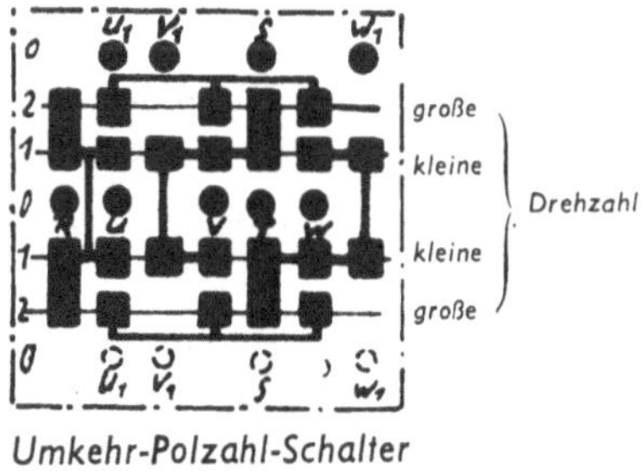

Umkehr-Polzahl-Schalter

(Dahlander)

Abb. 240 l

Die Schalttheorie von Edler sei an dem Beispiel eines Kontrollers kurz erläutert. Um einen möglichst zweckmäßigen Kontroller zu bauen, ist es in jedem Falle notwendig zunächst sämtliche Schaltstellungen ihrer Reihenfolge nach im Strichschema aufzuzeichnen. Dann bezeichnet man jede einzelne Klemme und schreibt sämtliche Klemmenverbindungen in jeder einzelnen Stellung auf. Diejenigen Klemmenverbindungen, die in jeder Stellung vorkommen, bilden die festen Verbindungen, die dauernd hergestellt werden und die nicht über die Schaltwalze geführt werden müssen. Danach schreibt man die verbleibenden Klemmenverbindungen wieder tabellarisch nieder. Diese Verbindungen müssen mit dem Kontroller hergestellt werden. Mit jeweils gleichen Farben ordnet man die in jeder Stellung miteinander verbundenen Klemmen an. So viele Farben gebraucht werden, so viele voneinander isolierte Kontroller-Walzenteile erhält die Schaltwalze. Sollen Drahtverbindungen auf der Schaltwalze vermieden werden, so ist es unvermeidlich, einige Kontaktfinger mehrfach anzubringen. Dies bedeutet natürlich eine Vergrößerung der Bauhöhe.

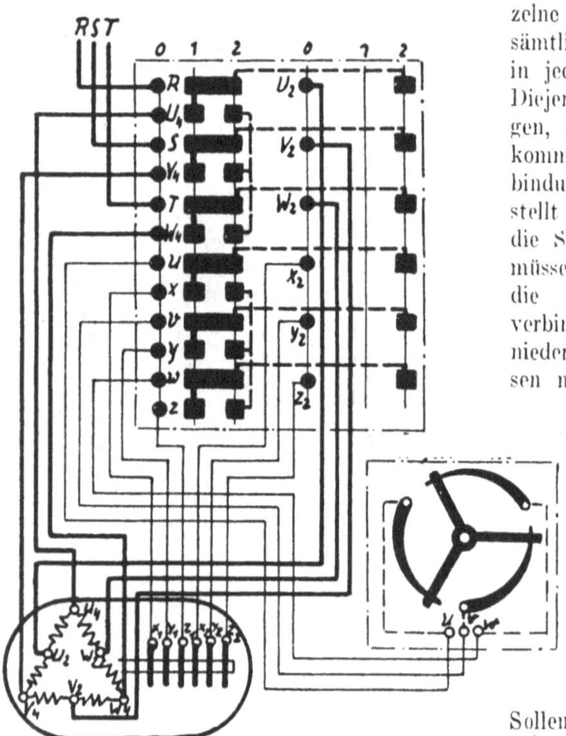

Steuerwalze für polumschaltbaren Schleifringankermotor

Abb. 240 f

Aus der letzten Tabelle ist zu erkennen, wie viele Kontrollerfinger benötigt werden, wenn man Drahtverbindungen vermeiden will, und zwar muß je Farbe und je Klemme ein Kontrollerfinger gewählt werden. Kommt also eine Klemme in mehreren Farben vor, d. h. in mehreren Ringen, so muß man denselben Kontrollerfinger mehrfach wählen. Ein Beispiel soll dies näher erläutern:

Heben	I	6	L1a - bl2 - L1c - de - dm - nl2
		5	L1a - bl2 - L1c - de - fm - nl2
		4	L1a - bl2 - L1c - de - gm - nl2
		3	L1a - bl2 - L1c - de - hm - nl2
		2	L1a - bl2 - L1c - de - im - nl2
		1	L1a - bl2 - L1c - de - km - nl2
Aus	II	0	L1a - L1c - de -
		0	L1a - L1c - de -
Bremse	III	Br.	L1a - L1c - de - dm - nc
Senken	IV	1	L1a - bl2 - L1c - de - fm - nc
		2	L1a - bl2 - L1c - de - gm - nc
		3	L1a - bl2 - L1c - de - hm - nc
		4	L1a - bl2 - L1c - de - im - nc
		5	L1a - bl2 - L1c - de - km - nc
	V	0	L1a - bl2 - L1c - de
		0	L1a - bl2 - L1c - de
	VI	1	L1a - bl2 - L1c - de - kn - ml2

Tabelle 1

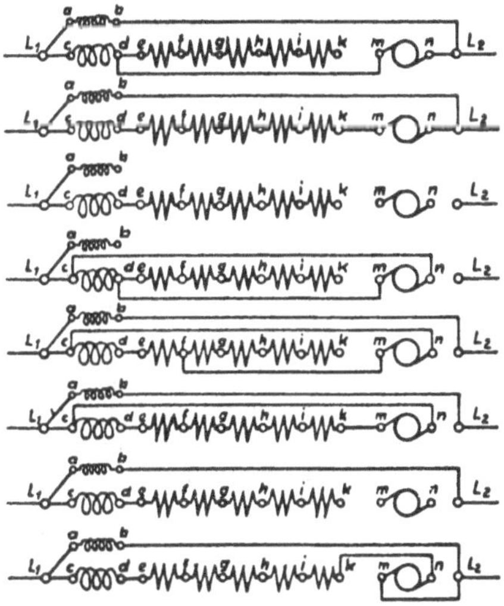

Abb. 241 a

Heben	I	6	bl2 - nl2 - dm
		5	bl2 nl2 - fm
		4	bl2 nl2 - gm
		3	bl2 nl2 - hm
		2	bl2 nl2 - im
		1	bl2 nl2 - km
Aus	II	–	– – – – –
		–	– – – – –
Bremse	III	Br.	– – nc – dm
Senken	IV	1	bl2 – nc – fm
		2	bl2 – nc – gm
		3	bl2 – nc – hm
		4	bl2 – nc – im
		5	bl2 – nc – km
	V	0	,bl2 – – – –
		0	bl2 – – – –
	VI	1	bl2 – nk – l2m

Tabelle 2

Heben	I	6	x b		xx d						x l2	xx m	x n
		5	x b			xx f					x l2	xx m	x n
		4	x b				xx g				x l2	xx m	x n
		3	x b					xx h			x l2	xx m	x n
		2	x b						xx i		x l2	xx m	x n
		1	x b							xx k	x l2	xx m	x n
Aus	II	0											
		0											
Bremse	III	Br.		o c	xx d							xx m	o n
Senken	IV	1	x b	o c		xx f					x l2	xx m	o n
		2	x b	o c			xx g				x l2	xx m	o n
		3	x b	o c				xx h			x l2	xx m	o n
		4	x b	o c					xx i		x l2	xx m	o n
		5	x b	o c						xx k	x l2	xx m	o n
	V	0	x b								x l2		
		0	x b								x l2		
	VI	1	x b							o k	x l2	x m	o n

Tabelle 3

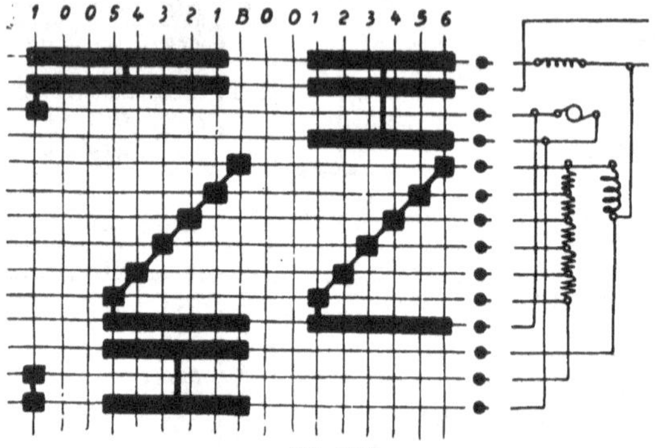

Abb. 241 b

Es soll eine Walze für den Hubmotor eines Kranes nach den Schaltbedingungen der Abb. 241 a hergestellt werden[1]).

Tabellarisch ergibt sich für die verschiedenen Schaltungen das vorstehende Bild (Tabelle 1).

Die Verbindungen L_1a und L_1c und de sind feste Verbindungen, die dauernd hergestellt und nicht über die Kontrollerwalze geführt werden müssen. Ohne diese Verbindungen ergibt sich die vorstehende tabellarische Darstellung (Tabelle 2).

Man zeichnet die zusammengehörigen Klemmen in jeder Stellung in gleicher Farbe (hier aus technischen Gründen mit den Zeichen x, xx und o) auf, dann ergibt sich für die Kontrollerwalze die obenstehende Anordnung der einzelnen Finger (Tabelle 3).

Man erkennt, daß hier drei verschiedene Zeichen (Farben) vorkommen. Die Walze wird also drei voneinander isolierte Schaltwalzenteile haben. Ordnet man diese übereinander an, so ergibt sich folgende Tabelle (4).

Als Schaltwalze dargestellt, ergibt sich die folgende Walzenabwicklung (Abb. 241 b).

[1]) S. Edler, Schaltlehre II, S. 300.

Die Finger m, n und k kommen zweifach vor. Will man an Bauhöhe sparen, so kann man auch versuchen, mit einer Schaltwalze auszukommen, in der nicht mehr Finger als Klemmen vorhanden sind. Dadurch wird die Schaltwalze natürlich komplizierter, da man dann Walzenteile isoliert auf die Ringe aufsetzen muß. Dies kann man zunächst in der Weise tabellarisch festlegen, daß man die Reihe 3 nach 11, 14 nach 4 und 13 nach 10 verschiebt, dort ein Walzenteil auf den Ringen isoliert aufbringt und es dann mit dem Ringteil verbindet, von dem das Walzenteil aus der betreffenden Tabelle verschoben worden ist. Man erkennt, daß 13–14 von III nach II bzw. I verschoben wurde und 3 von I nach II. Dies gibt man auf der Tabelle an und man erhält für den vorstehenden Kontroller die nachstehende Tabelle (5).

Gruppe			I				II							III		
Kontakte			b	l2	m	n	d	f	g	h	i	k	m	c	k	n
Heben	I	6	b	l2		n	d						m			
		5	b	l2		n		f					m			
		4	b	l2		n			g				m			
		3	b	l2		n				h			m			
		2	b	l2		n					i		m			
		1	b	l2		n						k	m			
Aus	II	0														
		0														
Bremse	III	Br.					d						m	c		n
Senken	IV	1	b	l2				f					m	c		n
		2	b	l2					g				m	c		n
		3	b	l2						h			m	c		n
		4	b	l2							i		m	c		n
		5	b	l2								k	m	c		n
	V	0	b	l2												
		0	b	l2												
	VI	1	b	l2	m										k	n
Vertikalreihe			1	2	3	4	5	6	7	8	9	10	11	12	13	14

Tabelle 4

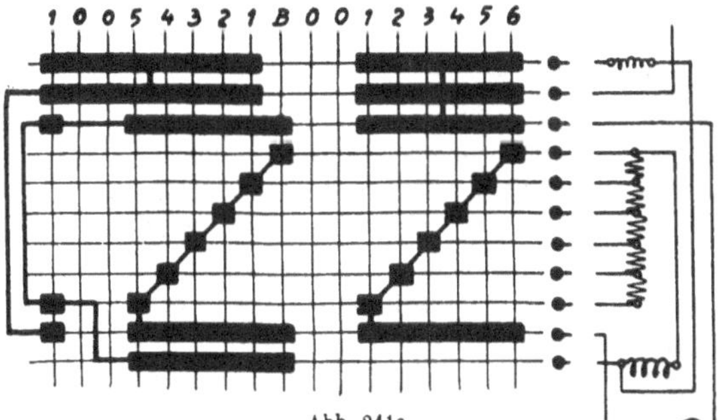

Abb. 241c

Dies gibt als Schaltwalze die folgende Walzenabwicklung (Abb. 241c):

Die Verschiebungen von einem Ring auf einen anderen sind willkürlich, man wählt sie aber so, daß möglichst kurze Verbindungsstücke von einem Ring auf den nächsten für die isoliert aufgebrachten Kontaktsegmente erforderlich sind. Walzen mit vielen isoliert aufgebrachten Kontaktsegmenten werden am zweckmäßigsten in Form einer Rohrwalze oder in Form der Walze nach Abb. 45c (Kap. 1) ausgeführt. Im allgemeinen aber ist es billiger, wenn man einfache Walzenabwicklungen wählt und mehr Finger verwendet.

Gruppe		I			II							III
Kontakte		b	l2	n	d	f	g	h	i	k	m	c
Heben I	6	b	l2	n	d						m	
	5	b	l2	n		f					m	
	4	b	l2	n			g				m	
	3	b	l2	n				h			m	
	2	b	l2	n					i		m	
	1	b	l2	n						k	m	
Aus II	0											
	0											
Bremse III	Br.				d						m	c
Senken IV V VI	1	b	l2			f						c
	2	b	l2				g					c
	3	b	l2					h				c
	4	b	l2						i			c
	5	b	l2							k	m	c
	0	b	l2									
	0	b	l2									
	1	b	l2									
Kolonne		1	2	4	5	6	7	8	9	10	11	12
Verbindungszeichen		–	–	III III	–	–	–	–	–	III	I	–

Tabelle 5

Bei der Wahl von Schaltwalzen, insbesondere für Gleichstrom, werden für Leistungen bis zu etwa 50 kW normale Kontroller verwendet. Darüber hinaus und insbesondere bei allen Spannungen über 440 Volt werden Nockenschalter verwendet. Die Kontakte der Nockenschalter sind in Abbildung 70 dargestellt. Auch bei einer Spannung bis 440 V für Gleichstrom muß man bei normalen Kontrollern darauf achten, daß starke Schaltfunken auch bei einer guten Blasung nach Abb. 69 auftreten können[1]. Man schaltet daher meist mehrere Finger dort hintereinander, wo die volle Leistung abgeschaltet wird. Dies ist natürlich nicht notwendig, wenn einzelne Widerstandsstufen abgeschaltet werden. Der Nachteil solcher Anordnungen mit normalen Kontrollen besteht darin, daß sie bei größeren Leistungen mit vielen Schaltstellungen sehr groß werden und die Bedienung schwierig wird. Auf einem Kran wird die Unterbringung ungünstig. Aber auch Nockenschalter wendet man für Motore über 100 kW aus diesem Grunde im Kranbetrieb nicht mehr an, während bei Fahrzeugen, insbesondere Straßenbahnen und Lokomotiven, der Nockenschalter auch bei höchster Leistung Verwendung findet. Für den Kranantrieb geht man dann zu Schützensteuerungen über (s. S. 247 ff). Die Schaltwalze dient als Meisterwalze, ist auf dem Kran untergebracht und hat kleine Abmessungen, da ja mit ihr die Hilfsströme geschaltet werden[1]). Sie dient dazu, die einzelnen Schütze zu schalten. Jedes einzelne Schütz übernimmt dann die Funktion eines Kontaktes am Kontroller. Die Schützen werden auf einem gemeinsamen Rahmen oder auf Tafeln untergebracht und können an beliebiger Stelle aufgestellt werden. Der Vorteil einer solchen Schaltung besteht auch noch darin, daß die Steuerung halbautomatisch eingerichtet werden kann, d. h. nur ein Teil der Widerstandsstufen wird durch den Kontroller abgeschaltet. In der letzten Kontrollerstellung sind noch Widerstände mit eingeschaltet, dann setzt die Automatik ein, d. h. die letzten Widerstandsstufen werden selbsttätig abgeschaltet. Dies geschieht entweder dadurch, daß in der letzten Schaltstellung des Kontrollers auch ein zeitabhängiges Relais mit eingeschaltet wird durch das die letzten Stufen des Widerstandes in kurzer Zeit abgeschaltet werden oder ein Relais, das von der gegenelektromotorischen Kraft des Ankers abhängig schaltet. Bei fast voller Geschwindigkeit des Motors ist der gesamte Widerstand abgeschaltet.

[1]) Bei dieser Blasung wird der Lichtbogen aus der Kammer nicht herausgeblasen, sondern nur an die Kammerwände und dort wird er gekühlt.

Schalter mit Momentschaltung

Bei allen bisher besprochenen Schaltern, abgesehen von einigen Paketschaltern, war die Ausschaltgeschwindigkeit abhängig von der Schnelligkeit, mit der der Bedienende oder das Bedienungselement arbeitet. Bei Schaltern für höhere Schaltleistungen oder bei Gleichstromschaltern, selbst wenn deren zu bewältigende Schaltleistung nicht groß ist, muß zumindest die Ausschaltung sprungartig erfolgen. Die Ausschaltung erfolgt dann durch Rückdruckfedern.

Man kann als Druckknopfschalter einen Walzenschalter verwenden, dessen Achse durch einen Hebel bewegt wird. Dieser Hebel wird durch einen Druckknopf betätigt. Die gleiche Einrichtung besteht für den Ein- und Ausschaltmechanismus. Eine solche Anordnung ist meist teurer und größer als ein Knopfschalter mit Tastkontakten, bei dem eine Isolierbrücke, der eine Druckfeder entgegenwirkt, durch den Einschaltdruckknopf nach den festen Kontakten hin bewegt wird. In der „Ein"-Stellung wird die Brücke durch eine Sperrklinke festgehalten. Durch Drücken des Ausschaltdruckknopfes wird die Sperrklinke bewegt, worauf die Isolierbrücke mit den federnden Kontakten von den feststehenden Gegenkontakten in die Ausstellung springt. An Stelle einer Sperrklinke kann auch ein selbstsperrendes Kniegelenk, das etwas über den Totpunkt geschaltet ist, die Isolierbrücke bewegen (Abb. 235). Der Brücke wird durch eine Führung die Bewegungsrichtung vorgeschrieben. Das Kniegelenk hat einen festen und einen beweglichen Drehpunkt. (Z. B. ist in Fig. 235 der feste Punkt bei A, der bewegliche bei B.) Der bewegliche Drehpunkt wird über einen Hebel vom Druckknopf aus bewegt, wodurch der Punkt B aus der Totpunktlage kommt und die Kontakte zurückspringen. Die Ausschaltung kann auch in der Weise vorgenommen werden, daß die Lage des festen Punktes A des Kniegelenkes verändert wird[1]).

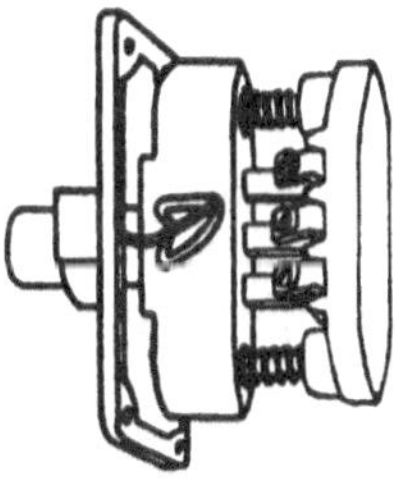

Abb. 235a

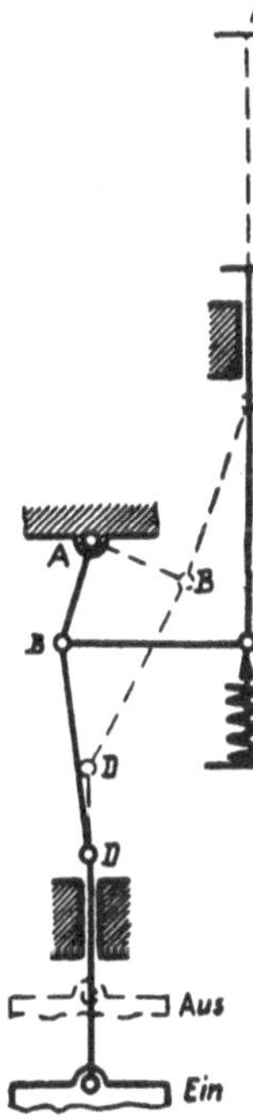

Abb. 235

An Stelle der Bedienung durch zwei Druckknöpfe wird von manchen Firmen die Bedienung durch einen Druckknopf vorgezogen, insbesondere dann, wenn dasselbe Schaltorgan als Fußschalter verwendet werden soll. Beim ersten Drücken wird eingeschaltet, beim wiederholten Drücken wird ausgeschaltet und der Knopf geht wieder in die Ursprungslage zurück. Hierbei besteht keine Momentausschaltung. Das Prinzip beruht darauf, daß eine Feder nach Zurücklegen des Schaltweges in

[1]) Siehe Fig. 288a — Motorschutzschalter.

eine Rastung einschnappt, die Rastung aber durch ein weiteres Drücken wieder aufgehoben wird. Dies kann z. B. durch eine herzförmige Rille, in die eine Feder eingreift und die sich in einem mit dem Knopf starr verbundenem Stück befindet, geschehen, wenn in den beiden Spitzen Erhöhungen, die zum Rasten dienen, angebracht sind (Abb. 23[illegible]a). Eine andere Möglichkeit besteht darin, einen Schaltknopf mit Messern zu versehen, die in Kontaktfedern eingreifen und sich gegen die Ausschaltfedern in ihnen durch Reibung halten; durch Herausziehen des Knopfes wird ausgeschaltet.

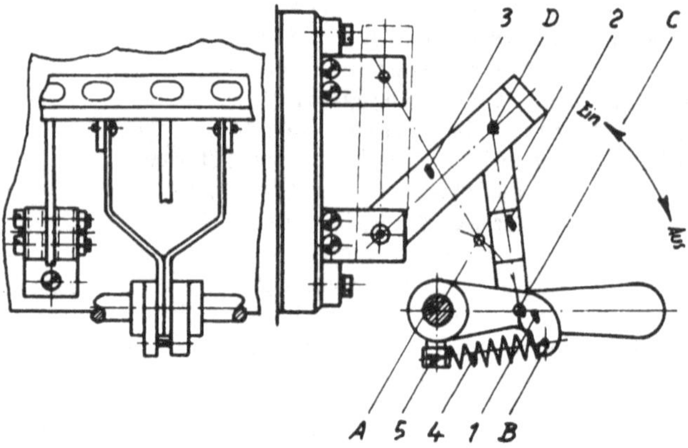

Abb. 242a

Eine weit verbreitete Anordnung mit Schnellausschaltung ist der gewöhnliche Hebelschalter. Das Prinzip eines solchen Mechanismus zeigt Abb. 242a.

Der gußeiserne Hebel 1 mit dem Lager A und dem Federaufhängeloch B sitzt lose auf der Schaltwelle. Er wird in der Einstellung über das Hebelsystem 2/3 mit dem Lager C durch die Reibung in den Kontaktfedern so lange gehalten, bis die Federkraft der Feder 4, die an einer in der Schaltwelle befestigten Stiftschraube 5 aufgehängt ist, durch Drehung der Schaltwelle die Reibungskraft in den Kontakten überwindet und den Schalter in die Ausstellung reißt. (Einstellung punktiert gezeichnet.) Der Hebel 1 hat für die Stiftschraube 5 eine große Aussparung, um genügend Platz für die sprungweise Schaltung des Hebels 1 zu sichern. Der Hebel 3 ist über eine Leiste aus Formpreßstoff oder Hartpapier mit den Kontaktmessern verbunden, deren Drehpunkt in D liegt.

Momenteinschaltung und Momentausschaltung ist in all den Fällen notwendig, bei denen in Abhängigkeit von einem langsam arbeitenden Bedienungselement ein rasches, sicheres Schalten erforderlich ist bzw. wenn bei nur geringer rückläufiger Bewegung des Bedienungselementes noch kein Schaltvorgang stattfinden darf.

Solche Momentausschaltung und Momenteinschaltung kann einstellbar oder fest sein, je nachdem, ob die Einstellung im Schalter oder Bedienungselement erfolgt. Schalter mit fester Momentschaltung sind u. a. Schwimmer- oder Rollenhebelendschalter, mit einstellbarer Momentschaltung sind Thermostate, Druckschalter, Kopierwerke, Spindelnotschalter.

Der Schwimmerschalter dient dazu, eine Pumpe in Abhängigkeit vom Wasserstand ein- und auszuschalten. Ein Schwimmer aus Zink, Kupfer oder Porzellan wird an einem Seil das über zwei Führungsrollen zu einem Gegengewicht führt, aufgehängt. Ist der Wasserstand hoch, so schaltet der untere Anschlag auf dem Seil den Schalter aus, bei zu niedrigem Wasserstand schaltet der obere Anschlag den Schalter ein und die Pumpe läuft an (Abb. 242b). An Stelle

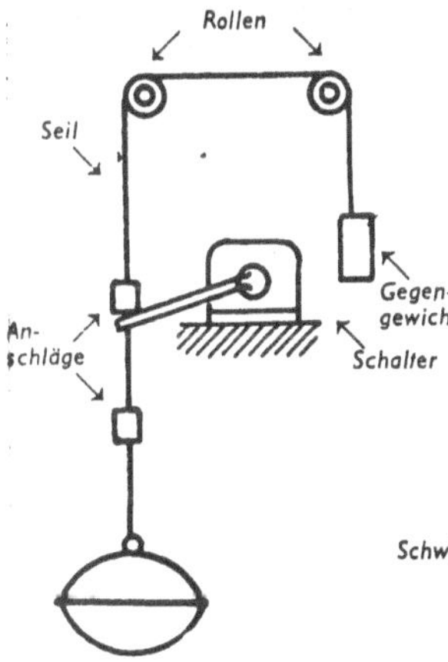

Abb. 242b

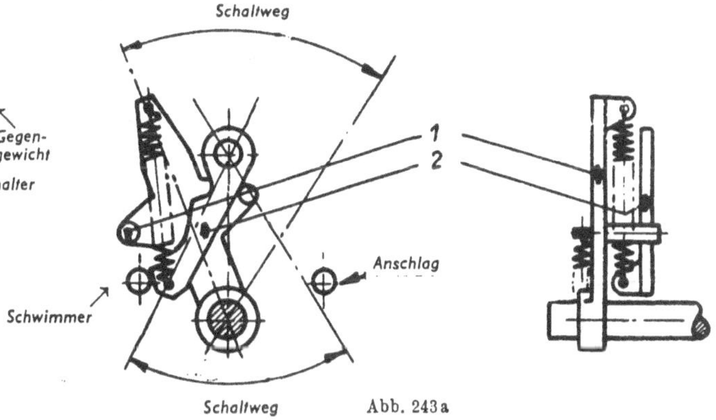

Abb. 243a

der Bedienung durch ein Seil kann auch ein geführter Stab den Schalter ein- und ausschalten.

Der Rollenhebelendschalter wird durch eine langsam sich bewegende Kurve bedient, z. B. bei Werkzeugmaschinen, Kranen und Aufzügen.

Das Wesen einer Moment-aus-und-einschaltung beruht auf dem Kipphebelprinzip. An einem durch das Bedienungselement bewegten Hebel ist eine Feder befestigt (Abb. 243a). Diese Feder ist andererseits an einem mit der Schaltwelle verbundenen Hebel befestigt. Durch Schwingung um einen Punkt wird einmal die Schaltwelle in die Aus- und ein andermal in die Einstellung gerissen. Die Vorsprünge am Hebel 1 dienen zum Bewegen des Hebels 2 in die Totpunktlage und zur Begrenzung des Schaltweges. Durch entsprechende Ausbildung ist der Nachlauf[1]) gesichert. Die Schaltstellungen werden durch besondere Anschläge festgelegt. Das Kipphebelprinzip wird auch gern dort verwandt, wo insbesondere bei Gleichstrom auf

[1]) s. S. 55

kleinem Raum verhältnismäßig große Ein- und Ausschaltleistungen gefordert sind, jedoch findet es fast ausschließlich bei kleinen Schaltern Verwendung (Abb. 243b).

Der Handgriff 1 ist um die Welle 2 gelagert, mit ihm fest verbunden ist das Stück 2a. Die Lage dieses Stückes bestimmt eine Federhülse 3, die ihrerseits durch den Federteller 5 geführt ist. Die Feder drückt auf die Rolle 6, welche als beweglicher Kontakt dient. Die gezeichnete Stellung ist die „Aus“-Stellung. Durch Drehen des Kipphebels wird die Feder zusammengedrückt. Bei Überschreiten der Totpunktlage wird der Rollenkontakt in die „Ein“-Stellung gegen den festen Kontakt 7 getrieben.

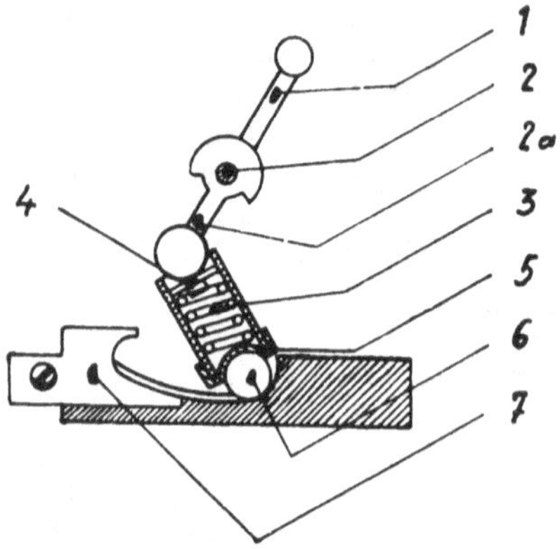

Abb. 243b

Die Sprungschaltung findet auch bei Schaltern zum automatischen Abschalten von Stufen bei Stufentransformatoren Anwendung, die sowohl im Hoch- als auch im Niederspannungs-Schaltapparatebau verwendet werden. Besonders werden derartige Regelschalterwerke zur

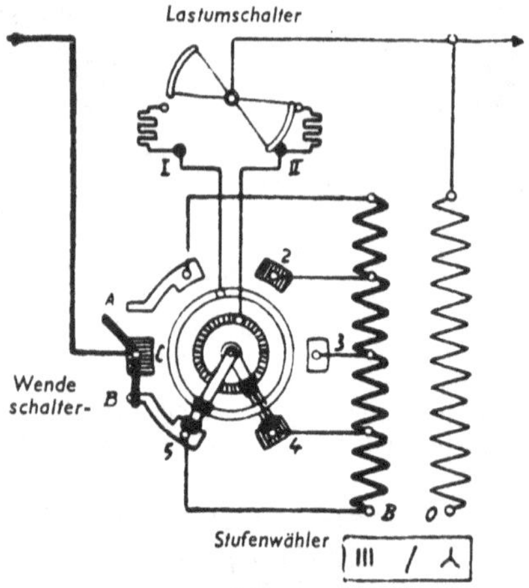

Abb. 244

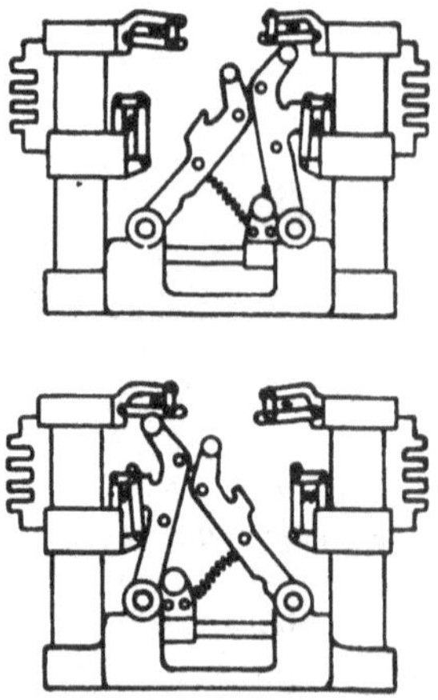
Abb. 244a

Konstanthaltung der Spannung benötigt. Das Wesen derartiger Lastumschalter besteht darin, daß die einzelnen Wicklungsstufen eines Transformators wegen der dabei auftretenden hohen Induktionsspannung nicht kurzgeschlossen werden dürfen, so daß also jede Schaltung über einen Widerstand erfolgen muß. Andererseits muß die Umschaltung sehr schnell erfolgen. Eingeführt hat sich hierfür insbesondere der Schalter nach Dr. Jansen[1]). Das Schaltbild dieses Schalters zeigt Abb. 244.

Im Stufenwähler werden die Anzapfungen der Wicklung 2/4 bzw. 1/3/5 zu je einer räumlich übereinanderliegenden Kontaktgruppe vereinigt. Die stromlos schaltenden Kontaktarme stellen die Verbindung zwischen den einzelnen Kontakten und den ringförmigen Sammelschienen I und II her. Die Schnellumschaltung erfolgt über einen Federkraftspeicher mittels des Lastschalters über die Widerstände zwischen den beiden Sammelschienen I und II. Durch den Antrieb werden die Kontaktarme des Stufenschalters bewegt und über eine Scheibenkupplung der Lastumschalter. Die beiden Kontaktgruppen werden abwechselnd um je eine Stufe weiter geschaltet. Das Konstruktionsprinzip des Lastumschalters zeigt Abb. 244a. Zwei in der Grundplatte des Schalters gelagerte Schalthebel sind gelenkig miteinander verbunden. Auf jeden Hebel greift eine Feder an, deren Aufhängepunkt durch einen Schlitten verlagert wird. Unter Einwirkung des Schlittens geht der Schalter von der Stellung 1 (obere Darstellung) in die Stellung 2 (untere Darstellung) über. Hierbei wird im ersten Teil die Überbrückung des links gezeichneten Widerstandes II aufgehoben, im zweiten Teil der rechts gezeichnete Widerstand eingeschaltet und zuletzt dieser Widerstand überbrückt. Die erste und letzte Stellung ist aufgezeichnet.

Selbsttätige Steuerungen

Bei der Entwicklung eines Schaltschemas für selbsttätige Steuergeräte ist es genau so wie bei handbetätigten erforderlich, sich zunächst die einzelnen Schaltbedingungen aufzuschreiben und aus diesen dann günstige Schaltbilder zu entwickeln. Der Aufbau derartiger selbsttätiger Schaltungen erfordert sehr viel Übung und eine gute Kenntnis mechanischer Zusammenhänge. Im Zusammenhang mit dem Bau von Schützen seien hier nur einige Grundschaltungen erörtert.

Abb. 245a zeigt die Einschaltung des Schützes mittels Dauerkontakt[2]) oder Doppeldruckknopftaster, Abb. 245b ein Wendeschütz mit gegenseitiger elektrischer Verriegelung, Selbsthaltung und Endschaltung. (Dies kommt häufig vor in Fällen, wie z. B. bei vielen Werkzeugmaschinen, in denen ein sich fortbewegender Gegenstand bei Erreichen einer bestimmten Endlage stehenbleiben soll.) Abb. 245c zeigt selbsttätige Sterndreieckschaltung. Hierbei kann man grundsätzlich unterscheiden entweder eine Schaltung unter Verwendung von 2 Schützen, wobei das zweite Schütz mit Rückkontakten ausgestattet ist (Abb. 245d), oder Verwendung von 3 Schützen (Abb. 245c). Um Kurzschluß zu vermeiden, wird bei der Umschaltung von Stern auf Dreieck bei getrennten Schützen eine Zwischenzeit vorgesehen, entweder durch Einstellung der Hilfskontakte oder bei großen Leistungen durch Zwischenschaltung eines Hilfs-

[1]) Sachsenwerk-Sonderdruck 166/1937.
[2]) Druckschalter. Schwimmerschalter, Thermostaten usw.

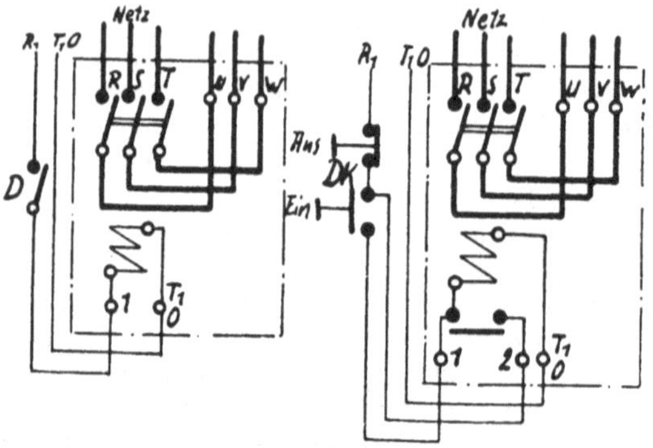

Drehstrom-Schütz[1])

Abb. 245 a

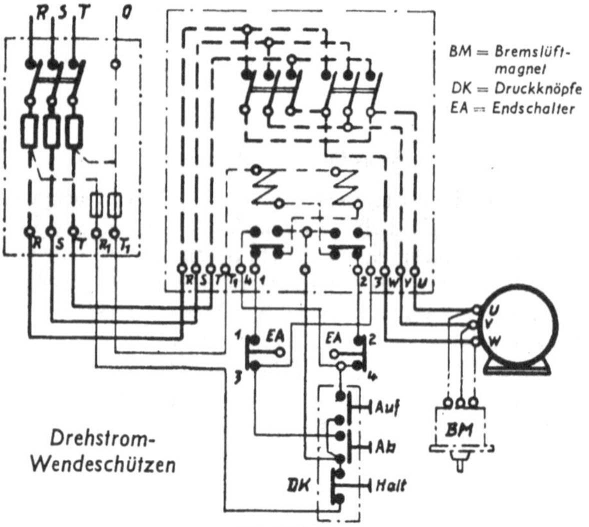

Drehstrom-Wendeschützen

Abb. 245 b

schützes, d. h. einer sogenannten Lichtbogensperrung, das ist ein Hilfsschütz, das die Einschaltung des Dreieckschützes erst dann zuläßt, wenn der Lichtbogen am Sternschütz erloschen ist.

[1]) D = Dauerkontakt, DK = Druckknopf

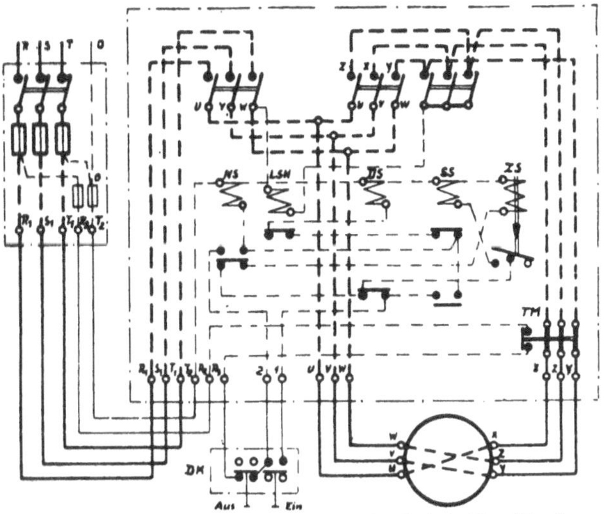

NS = Netzschütz LSH = Lichtbogensperrhilfsschütz DS = Dreieckschütz SS = Sternschütz
ZS = Zeitschalter TM = Thermischer Motorschütz DK = Druckknöpfe

Selbsttätiger Schützen-Stern-Dreieck-Schalter mit Lichtbogensperrhilfsschütz

Abb. 245 c

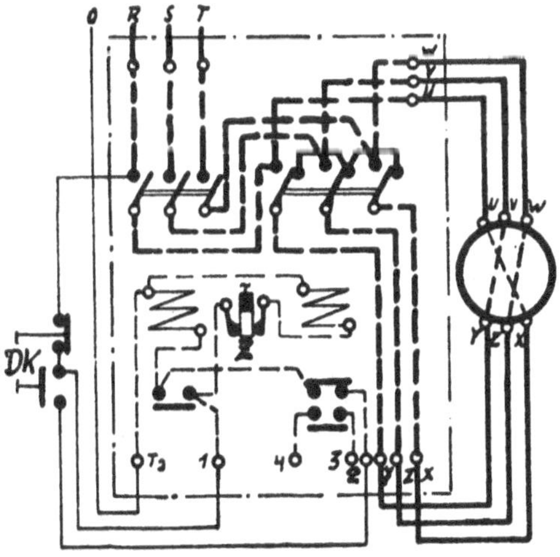

Selbsttätiger Schützen-Stern-Dreieck-Schalter

Abb. 245 d [1])

[1]) Z = Zeitschalter, DK = Druckknopf

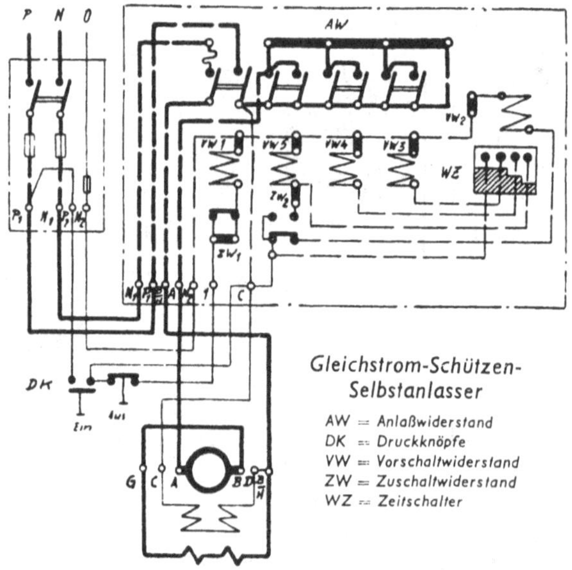

Abb. 245e

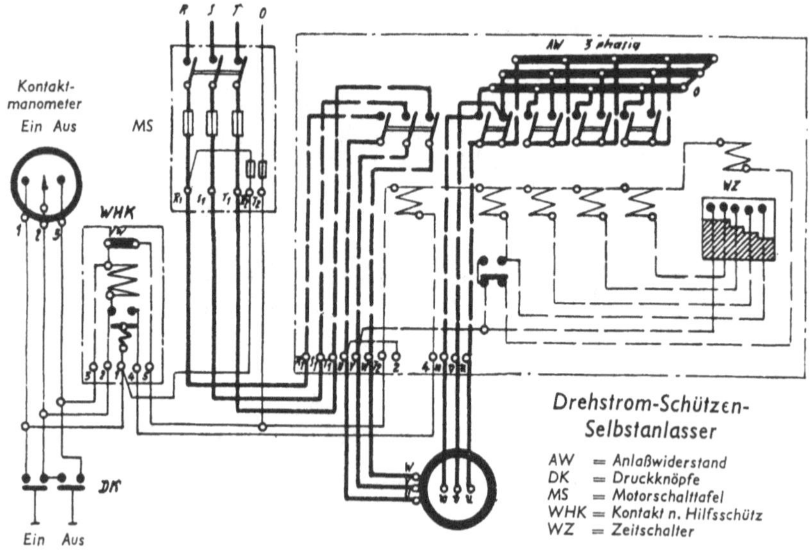

Abb. 245f

Abb. 245h zeigt Umkehrschützen mit Polzahlschaltung für zwei Geschwindigkeiten nach Dahlanderschaltung. Wie Abb. 245h zeigt, wird die Umkehrung der Drehrichtung durch ein zusätzliches Umkehrschütz erzielt. Selbsttätige Anlasser für Gleichstrommotore (Abb. 245e) oder Schleifringankermotore erhalten entweder

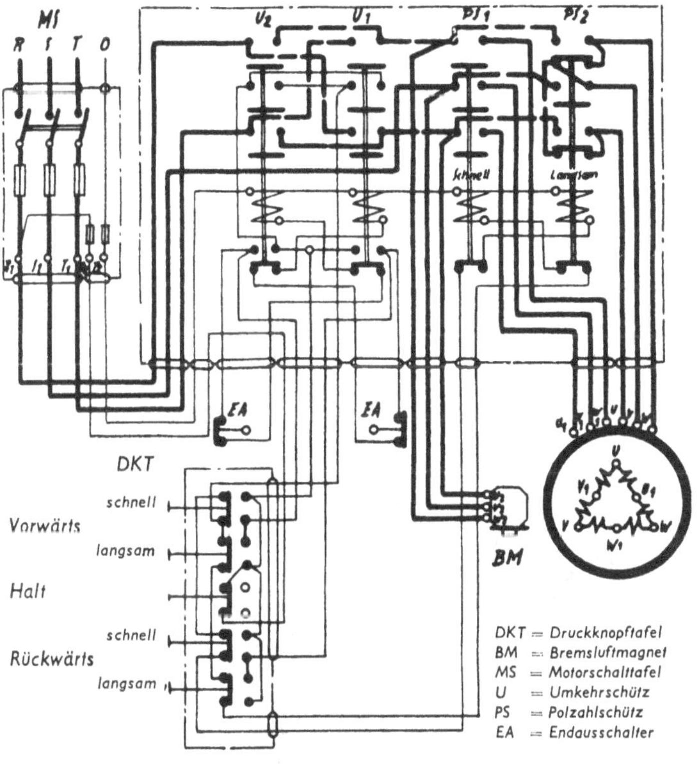

Drehstromumkehrschützen, Polzahlschalter

Abb. 245h

motorisch angetriebene Walzen (Abb. 245g) oder Schützenschalter, bei denen ein Verzögerungswerk mehrere Schützen in bestimmten Zeitabständen einschaltet (Abb. 245f). (Näheres darüber siehe Seite 343.)

Auch alle Bremsschaltungen von Motoren kann man automatisieren. Bei der Behandlung dieser Fragen ist es ebenfalls wichtig, alle einzelnen Vorgänge in ihrer zeitlichen Folge nacheinander aufzuschreiben, in einer zweiten Tabelle die gegenseitigen Abhängigkeiten ebenfalls in zeitlicher Folge festzulegen und dann daran anschließend die Schaltbilder zu entwickeln. Bei komplizierteren Schaltvorgängen wird sich häufig eine große Anzahl von Hilfskontakten an den Schützen erforderlich machen. Ist die Zahl so groß, daß sie sich konstruktiv an dem Schütz nicht mehr

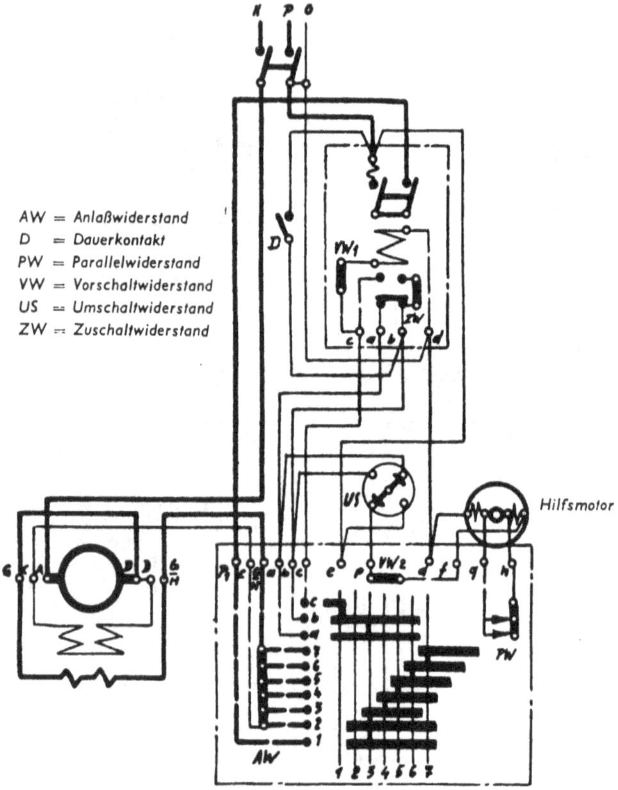

Gleichstromschaltwalzenanlasser

Abb. 245g

anbringen lassen, so wird parallel zum Hauptschütz ein zweites nur mit Steuerstromkontakten versehenes Schütz (Hilfsschütz) durch die Druckknöpfe mit ein- und ausgeschaltet. Die Hilfskontakte müssen ohne weiteres als Schließ- oder Öffnungskontakte in der Zeitfolge veränderlich ausgeführt werden können, so daß durch einfaches Verstellen der Hilfskontakte Überdeckungen von Schaltvorgängen und zeitiges oder spätes Öffnen und Schließen damit vorgenommen werden kann.

Aufzugsgeräte

Man kann verschiedene Regelsysteme für Aufzüge wählen, z. B. neben gewöhnlichen Motoren die Drehzahlregelung durch polumschaltbaren Motor. Dieser wird im Aufzugsbau meist mit zwei getrennten Wicklungen ausgeführt. Der Aufzug fährt nach dem Drücken des Druckknopfes mit der kleinen Geschwindigkeit an, schaltet selbsttätig auf die große Geschwindigkeit um, und kurz vor der Haltestelle wird wieder auf die kleine Geschwindigkeit umgeschaltet. In vielen Fällen genügt es auch, mit der großen Geschwindigkeit sofort anzufahren und mit der kleinen Geschwindigkeit in die Haltestelle einzufahren. Besonders bei Feinsteuerungen, bei denen die Kabine bündig mit dem Fußboden beim Halten schließen soll, ist es erforderlich, daß polumschaltbare Motoren verwandt werden. Große Aufzugsanlagen, insbesondere für Hochhäuser mit Geschwindigkeiten von über etwa 2 m/sek erhalten meist Leonardsteuerungen (siehe S. 119). Der Vorteil der Leonardsteuerung besteht darin, daß eine besondere Feineinstellung nicht erforderlich ist und daß der Hauptstrom nicht geschaltet wird. Bei Gleichstromsteuerungen mit Hauptschlußmotoren wird die Drehzahl des Motors durch Vorschalten von Widerständen in weiten Grenzen geregelt. Die Regelung geschieht durch Meisterwalze. Unter einer Meisterwalze versteht man eine Schaltwalze, die nur Kontaktfinger zum Schalten von Hilfsströmen hat. Bei Regelung durch Gleichstromnebenschlußmotoren wird eine automatische Schützensteuerung zum Anlassen verwandt. Der Kabinenhebelschalter erhält eine zweite Kontaktstelle, auf welche über einen Zeitschalter, nach dem vollständigen Anlassen zwecks Erhöhung der Geschwindigkeit, ein Feldwiderstand vorgeschaltet wird. Bei Gleichstrom-Feinsteuerungen wird im allgemeinen die Drehzahl beim Einfahren durch einen zum Anker parallelgeschalteten Widerstand stark ermäßigt.

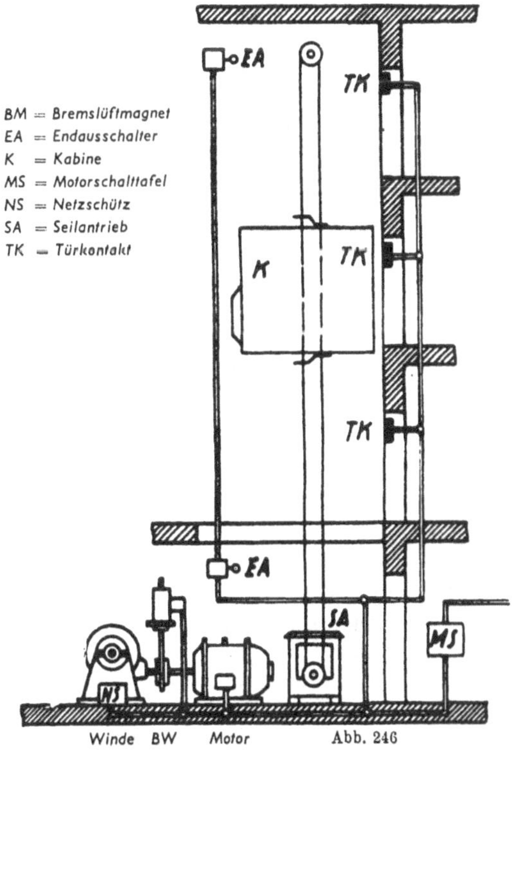

Abb. 246

Man unterscheidet verschiedene Steuerungsarten. Die einfachste ist die Seilsteuerung (Abb. 246). Bei dieser läuft ein Steuerseil durch den ganzen Schacht und durch die Kabine. Der Führer bedient mit Hilfe dieses Seiles den Umschalter. Abb. 247 zeigt das Schaltbild.

Der Umschalter soll in Steuerwalzenform mit Seilrad ausgebildet sein, da er starken mechanischen Beanspruchungen ausgesetzt ist. Für Gleichstrom wird der Umschalter mit einem Schlupfwiderstand versehen. Für größere Leistungen wurden

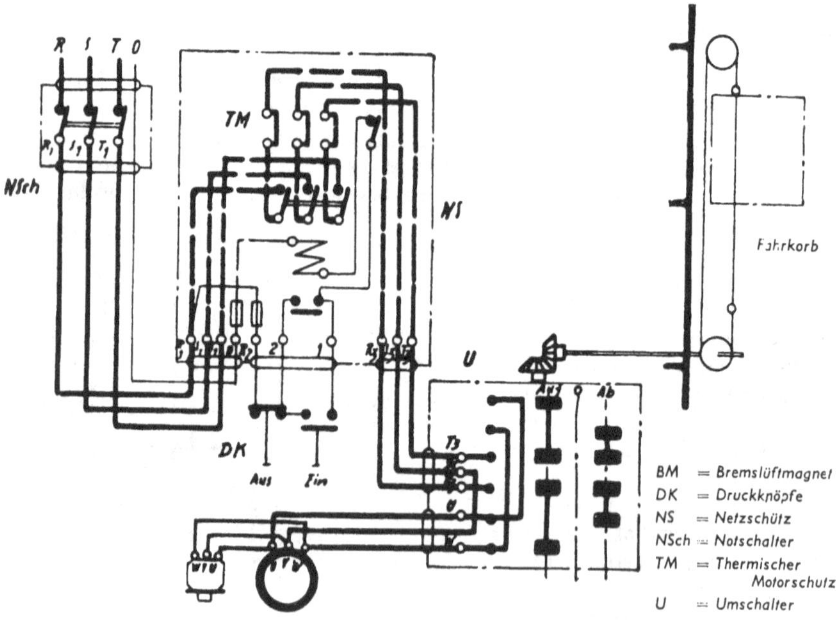

Drehstrom-Seilsteuerung

Abb. 247

früher meistens Seilaufzuganlasser verwendet, bei denen der Anlasser selbst mit der Walze verbunden war, die vom Seil aus bedient wurde. Die Zahl der Seilsteuerungen ist so zurückgegangen, daß sich derartige Spezialausführungen für die Schaltapparatefabriken nicht lohnen. Man verwendet den Umschalter bei Gleichstromsteuerungen lieber mit einem Hilfskontakt, der dann eine selbsttätige Schützensteuerung in Bewegung setzt, durch die die einzelnen Anlaßstufen abgeschaltet werden. Durch die Betätigung des Umschalters wird vielfach die mechanische Bremse gelüftet. Es wird dann der Umschalter mit einem zweiten Wellenende versehen, auf das eine Nockenscheibe zur Bedienung der Bremse aufgesetzt wird.

Einfacher ist die elektrische Betätigung der Bremse, wie dies in Abb. 247 dargestellt wird.

Für die meisten Aufzüge ist Türverriegelung vorgeschrieben. Diese wird in der Weise ausgeführt, daß nur dann, wenn sämtliche Türen geschlossen sind, der Hilfsstromkreis geschlossen ist. Bei Seilaufzugsanlassern ist sie zu empfehlen. Der Aufzug bleibt sofort stehen, sobald eine Türe geöffnet wird. Bei größeren Anlagen muß auf dem Umschalter ein Verriegelungskontakt angebracht werden, der bewirkt, daß der Motor nur dann in Gang gesetzt werden kann, wenn der Umschalter sich in der Nullstellung befindet.

In Reihe mit den Türkontakten liegen die Hilfsstromendschalter, die von einer auf der Kabine angebrachten Kurve geschaltet werden. Sobald die Kabine die Endstellungen oben und unten erreicht, wird der Stromkreis unterbrochen und der Motor abgeschaltet. Derartige Hilfsstromendschalter sehen meist genau so aus wie die Türkontakte und haben als Bedienungselement eine Rolle.

Bei allen Aufzugseinrichtungen sind noch als Sicherungsmaßnahme Notschalter vorgeschrieben. Diese Notschalter dienen dazu, unabhängig von der betriebsmäßigen Endausschaltung den Hauptstrom zwangsweise zu unterbrechen, sobald der Aufzug über die Endstellung hinausfahren möchte. Es besteht die Vorschrift, daß die Notschalter nicht automatisch wieder einschalten dürfen, sobald sie angesprochen haben. Ein Rückfahren der Kabine darf auch nicht möglich sein. Das Bedienungspersonal muß gezwungen sein, nach Ansprechen des Notschalters im Maschinenraum die Ursache des Überfahrens der Haltestelle zu beseitigen und dann den Schalter wieder von Hand einzulegen, nachdem der Aufzug mit der Hand zurückgedreht wurde. Grundsätzlich werden zwei Formen von Notschaltern verwendet, der sogenannte Notschalter mit Rollenhebel und der Spindelnotschalter. Bei dem Notschalter mit Rollenhebel ruht die Rolle des Rollenhebels in einem Ausschnitt einer unrunden Scheibe an der Winde. In den Endstellungen wird die Scheibe jeweils so weit verdreht, bis sie den Rollenhebel um den Ausschaltwinkel gedreht hat. Der Schalter wird hierdurch zwangsweise ausgelöst. Die Schaltung darf unter keinen Umständen schleichend sein, es ist also für eine kräftige Momentschaltung Sorge zu tragen.

Als Momentschaltung kann beispielsweise die nach Abb. 243 gewählt werden, wie diese auch für Schwimmerschalter Anwendung findet. Nach Ausschaltung des Rollenhebelschalters dreht sich die unrunde Scheibe gewöhnlich noch etwas weiter, und der Rollenhebelschalter muß daher so ausgebildet sein, daß noch ein kleiner Nachlauf möglich ist. Es genügt etwa $^1/_3$ soviel Grad als der Schaltweg, d. h. nach Erreichen der Ausschaltstellung soll sich die Scheibe noch ein Stück weiter bewegen können, ohne daß an den Kontakten selbst noch irgendeine Bewegung auftreten darf. Man beachte daher bei der Ausbildung des Hebels 1 nach Abb. 243, der mit der Rolle fest verbunden ist, daß er sich immer noch ein Stück nach Erreichen der Schaltstellung weiter bewegen kann, ohne daß nach erfolgter Ausschaltung die Anschläge die die Sprungfeder bedienende Welle berühren (Nachlauf).

Derartige Rollenhebelendschalter sind auch im Kranbau vorgeschrieben. Hierbei ist allerdings zu beachten, daß ein Kran nicht von Hand zurückgeführt werden kann. Es wird daher der Kran mit einer Kurve versehen, die den Rollenhebelendschalter in den Endstellungen bedient. Die Kurve muß so ausgebildet werden, daß beim Rückgang der Endschalter wieder zur Einschaltung kommt. Es sind meistens zwei Endschalter erforderlich, die sich an den beiden Endstellungen des Kranes befinden und von der Stellkurve am Bedienungsstand bedient werden. Man beachte, daß auch bei diesen Rollenhebelendschaltern für genügend Nachlauf gesorgt sein muß, damit der Schalter keinen Schaden leidet.

Bei dem Hauptstromspindelendschalter und Spindelnotschalter bedarf es keiner Kurvenscheibe, vielmehr wird die Abhängigkeit des Schaltzustandes von der Stellung der Trommelwelle in den Schalter verlegt. Der Spindelnotschalter hat eine Spindel, die durch den Schalter hindurchgeführt ist; das freie Wellenende wird über ein Kettenrad mit der Welle der Winde verbunden. Auf dieser Spindel befindet sich eine Wandermutter. Die Stellung dieser Wandermutter ist abhängig von der Stellung der Spindel. Sie hat an ihren beiden Enden Anschläge. Die Anschläge müssen in weiten Grenzen verstellbar sein. Durch die Wandermutter werden die Anschläge bewegt. Die Verstellbarkeit ist erforderlich, da die Abhängigkeit von der Umdrehungszahl der Welle der Winde für jeden Aufzug eine andere ist. Es ist wichtig, daß der Schalter möglichst fein einstellbar ist. Die Einstellung kann immer nur von einem Windungsgang zum anderen erfolgen. Dies spräche dafür, die Spindel des Schalters mit Feingewinde zu versehen. Die mechanischen Beanspruchungen, vor allen Dingen bei Spindelendschaltern im Kranbetrieb, erfordern jedoch für die Spindel Flachgewinde oder zumindest Normalgewinde. Man muß dann dort, wo außergewöhnliche Ansprüche hinsichtlich der Genauigkeit der Einstellung gestellt werden, an den Anschlägen noch besondere Vorrichtungen zur Feineinstellung anbringen. Auch diese sind aber meist nicht sehr zweckmäßig, weil derartige Feineinstellungen im allgemeinen nicht in robuster Form zu bauen sind. Man legt daher bei großen Schaltern am zweckmäßigsten die Spindelwelle in Öl, während für Aufzüge und kleine Krane die Spindelwelle in Luft belassen wird. Auf die Welle wird dann in jedem Falle Flach- oder Normalgewinde geschnitten.

Abb. 248[1]) zeigt eine Ausführungsform eines solchen Spindelnotschalters.

Auf der Spindel 1 befindet sich die Wandermutter 2 (Abb. 248b) und ebenfalls die verstellbaren Anschläge 3 (Abb. 248c). Die Wandermutter wird in den Stegen 4 geführt, die an den Formstücken 5a und 5b befestigt sind. An einem Ende der Welle befindet sich eine Drehfeder (Omegafeder) 6, deren beide Enden gegen den Stift 7 drücken und gegen die Isolierbrücke 8, auf der die Kontaktfinger befestigt sind. Diese Feder ist mit Vorspannung eingesetzt, und so gewickelt, daß sie die Absicht hat, sich zusammenzuziehen. Am anderen Ende der Spindel befindet sich die Rastenscheibe 9 mit der Rastenfeder 10 und dem Rastenhebel 11. In die

[1]) Rheostat, Dresden.

Rastenscheibe 9 ist ein Loch gebohrt, in dem sich ein Stift befindet, der einerseits durch die Scheibe 5b und andererseits einen an der Gehäusewand angebrachten

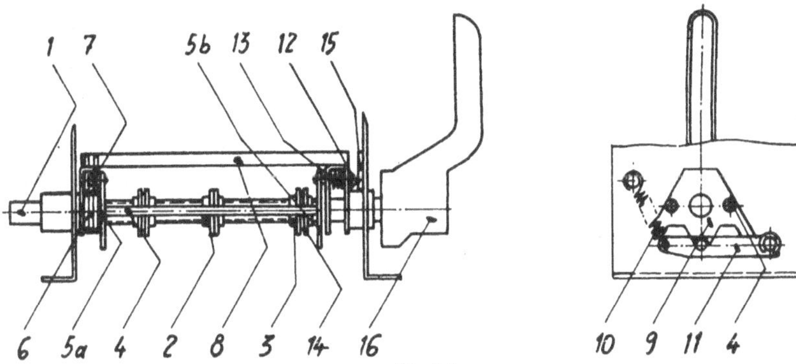

Abb. 248

Vorsprung 15 gehalten wird. Dieser Stift wird gegen die Gehäusewand durch eine Feder 13 gedrückt und hat die gleiche Wirkung wie eine Kugelrastung. Durch die Umdrehung der Spindelachse wird die Wandermutter an den Enden gegen die Anschläge geführt, und durch auf ihnen angebrachte Nasen wird der gesamte Mechanismus, einschließlich der Scheiben 5a und 5b, gedreht (Abb. 248a).

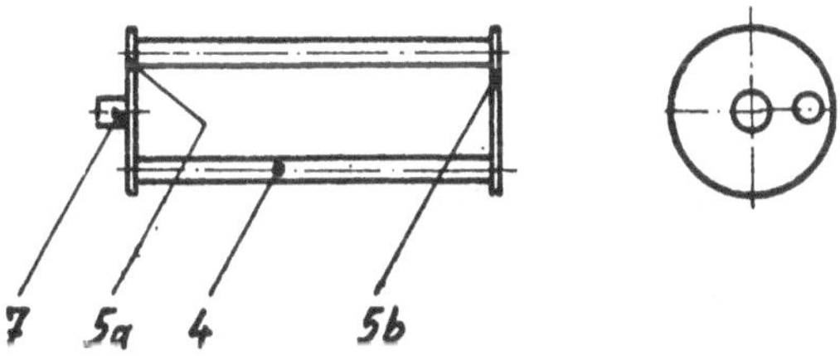

Abb. 248a

Durch die Feder 6 wird nun die Isolierbrücke 8 aus der Ruhelage gebracht und in die Ausschaltstellung bewegt.

Durch die Ausbildung der Rastenscheibe 9 wird für eine gute Momentausschaltung gesorgt. Der Schalter darf nur von Hand wieder eingelegt werden können, deshalb kann der Handgriff 16 auf der Spindel 1 nur dann eingelegt werden, wenn der Aufzug aus der Überfahrtstellung von Hand zurückgebracht ist. Zu diesem Zwecke muß

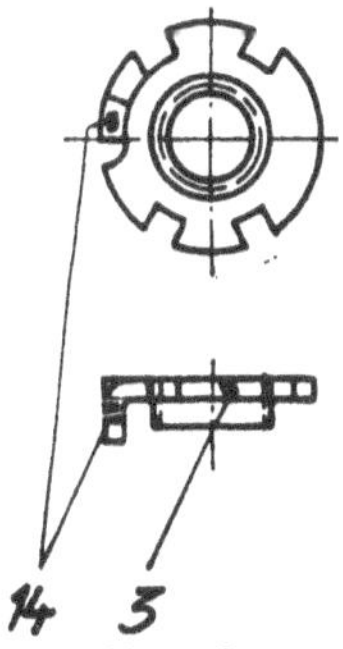

Abb. 248b

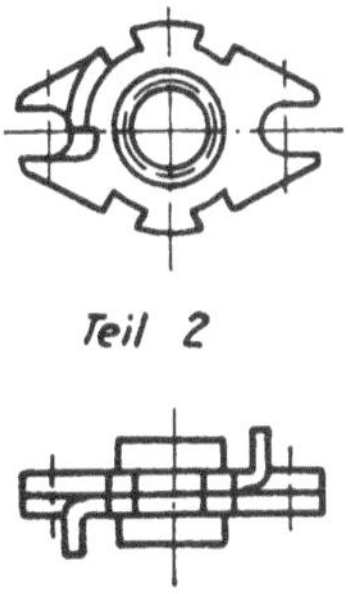

Abb. 248c

der unter dem Druck der Feder 13 stehende Stift 12 in das Loch der Scheibe 5b ragen können. Dadurch kann die Rastenscheibe 9 gedreht und der Schalter in die „Ein"-Stellung gebracht werden. Die Handeinschaltung ist nur dann möglich, wenn die Ursache des Überfahrens behoben und die Spindel so weit zurückgedreht worden ist, bis die Wandermutter den betreffenden Anschlag wieder freigegeben hat. Auch dieser Schalter muß wieder genügenden Nachlauf haben. Dieser wird dadurch erzielt, daß die Feder 6 ohne Schaden etwa eine Umdrehung überdreht werden kann. Der Vorsprung 15 dient ebenfalls zur Erzeugung des Nachlaufes, da nur dann der Schalter eingeschaltet werden kann, wenn der Stift 12 auf dem Vorsprung 15 sitzt. Die Kontakte können ähnlich wie bei einer Schaltwalze oder einem Kontroller angebracht werden. Da die mechanische Beanspruchung sehr groß ist, soll man alle Lager mit Staufferbüchsen versehen.

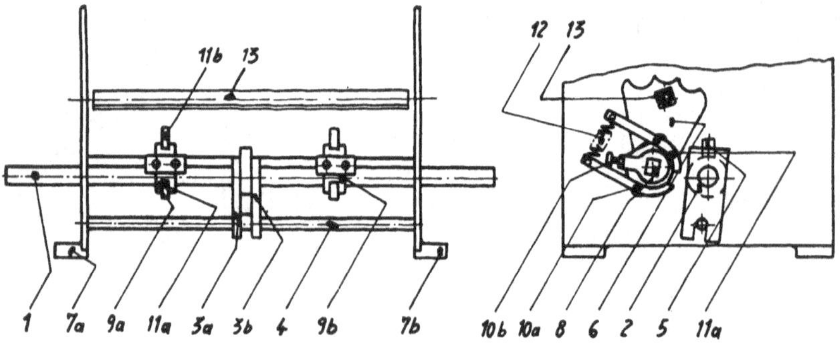

Abb. 249

Beim Spindelendschalter für Kranbetrieb ist darauf zu achten, daß die Einschaltung nicht von Hand erfolgt, sondern automatisch, auch kann das Triebwerk beim Überfahren der Endstellungen durch den Kran nicht von Hand zurückgedreht werden. Den Mechanismus für einen Spindelendschalter für Kranbetrieb zeigt Abb. 249.

Auf der Spindel 1 befindet sich die Wandermutter 2, welche die beiden Stege 3a und 3b in den Rundsteg 4 führt.

Die Wandermutter hat eine Nase 5. Fest verbunden mit der Rastenscheibe 6 ist eine in den Gehäusewänden 7a und 7b gelagerte Achse 8. Auf dieser befinden sich, verschiebbar angeordnet, zwei Böcke 9a und 9b, auf denen in den Lagern 10a und 10b zwei Kurvenstücke 11a und 11b sitzen, die durch eine Feder 12 miteinander verbunden sind. Festverbunden mit der Rastenscheibe 6 ist die Welle 13, auf der die Schaltwalzensegmente befestigt sind. Die Spindel 1 dreht sich so lange, bis die Nase 5 auf die Kurvenstücke 11a und 11b kommt. Diese drückt nun bei Fahrt in einer Richtung das Kurvenstück 11a nach oben und dreht dadurch die Kontrollerwalze über die Rastenscheibe in die Aus-Stellung. Bei der Rückfahrt wird das Kurvenstück 11b nach unten bewegt und schaltet dadurch über die Rastenscheibe die Kontrollerwalze wieder ein. Durch Verschiebung der beiden Böcke 9a und 9b wird die Zahl der Spindelumdrehungen, zwischen denen der Kran, ohne den Endschalter in Tätigkeit zu bringen, fahren kann, eingestellt. Nach Überfahren der Endstellung muß noch genügend Platz für den Nachlauf der Spindel vorhanden sein, da der Kran nicht unmittelbar durch Betätigung des Schalters zum Stillstand kommt. Der Spindelendschalter wird mit Kontrollerfingern ausgestattet. Auch dieser Apparat muß robust gebaut werden, da er dauernden großen mechanischen Beanspruchungen ausgesetzt ist. Als Schaltung ist hier auch die gewöhnliche Ein- und Ausschaltung gemäß Abb. 236b möglich oder eine Umschaltung nach Abb. 252.

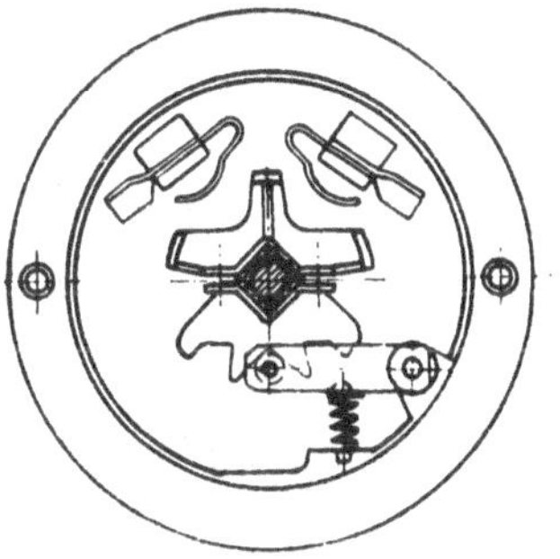

Abb. 250

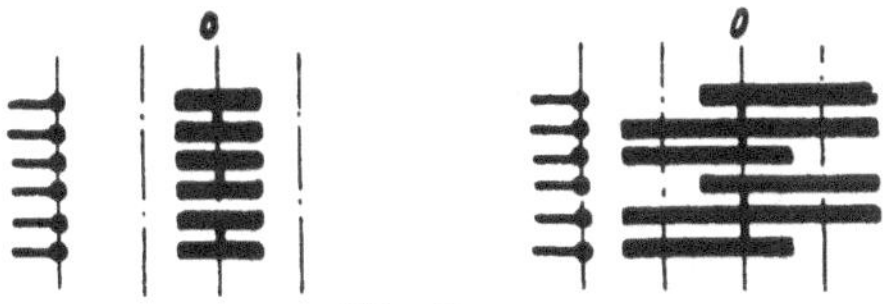

Abb. 252

Wesentlich verbreiteter als die Seilsteuerung ist die Kabinensteuerung, die hauptsächlich für viel benutzte Personenaufzüge gewählt wird, in denen ein stets geschulter Führer mitfährt. Durch Betätigung des Kabinenhebelschalters wird der Aufzug entweder in Auf- oder Abwärtsrichtung in Gang gesetzt. Durch den Kabinenhebelschalter werden die Umkehrschützen bzw. bei größeren Aufzügen die Umkehrschützen-Selbstanlasser eingeschaltet, und an beliebiger Stelle kann durch Ausschaltung gehalten werden. Einen Kabinenhebelschalter zeigt Abb. 250.

Er hat eine nach hinten durchgeführte Welle, die über die Fahrkorbwand hinausreicht. An dieser befindet sich ein Hebel mit einer Rolle. Wenn durch Unachtsamkeit des Fahrstuhlführers der Aufzug bis an die Endlagen gefahren ist, wird durch eine Anschlagleiste auf diesen Hebel gedrückt und hierdurch der Kabinenhebelschalter zwangsläufig in die Aus-Stellung gebracht. Der Handhebel wird hierbei dem Fahrstuhlführer aus der Hand geschlagen. Eine Feder sorgt dafür, daß stets die Schaltwelle nach Loslassen des Handhebels in die Null-Lage gebracht wird. Wesentlich bei diesem Schalter ist ebenfalls eine gute Rastung und eine stabile Ausführung, da beim Überfahren der Endstellen große mechanische Beanspruchungen auftreten können. Der Schalter soll so flach als möglich gebaut werden.

Abb. 251 zeigt das Schaltbild einer Kabinenhebelsteuerung für einen polumschaltbaren Motor.

Diese Hebelsteuerung hat zwei Geschwindigkeiten. Der Kabinenhebelschalter muß daher für diese Schaltung beiderseitig zweipolig ausgeführt werden. Auch bei dieser Steuerung muß durch Türkontakte dafür Sorge getragen werden, daß nur bei geschlossenen Türen gefahren werden kann.

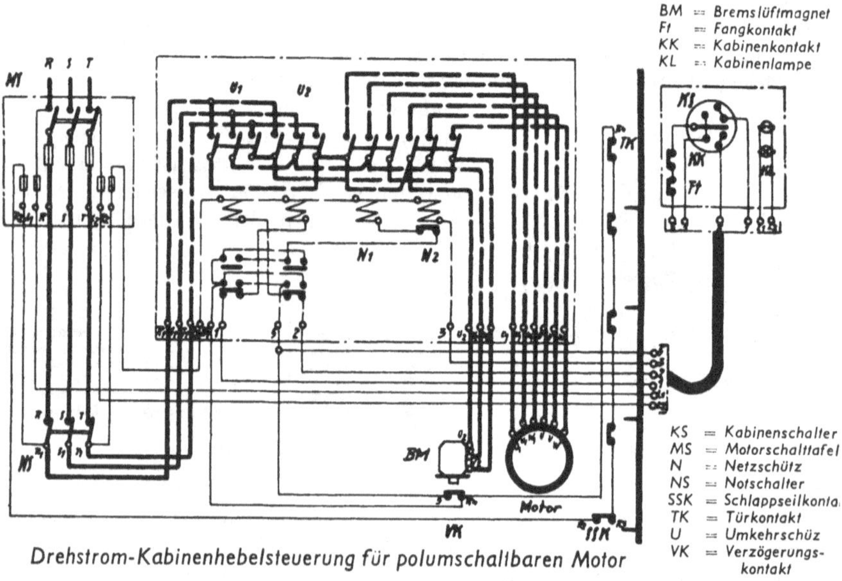

Drehstrom-Kabinenhebelsteuerung für polumschaltbaren Motor

Abb. 251

Abb. 253 zeigt die schematische Darstellung einer Kabinenhebelsteuerung. Eine andere Kabinenhebelsteuerung mit Selbstabstellung, bei der das Halten von der Geschicklichkeit des Fahrers unabhängig ist, stellt eine Schaltung gemäß Abb. 254 dar[1]). Der Kabinenhebelschalter wird kurz vor dem Einfahren in die gewünschte Haltestelle je nach Fahrtrichtung in die Stellung c oder c′ gebracht. Die Schützen bleiben in dieser Stellung durch die Selbsthaltung noch eingeschaltet, was durch Überdeckung der Kontakte c und a bzw. c′ und a′ ermöglicht wird. An der Haltestelle wird durch den Türkontakt abgeschaltet. Während der Fahrt ist der Schalter in den Stellungen a bzw. a′.

Mit dem Einschalten des Motors wird gleichzeitig die Bremse gelüftet. Bremsmagneten werden im Aufzugsbau in Luft und Öl ausgeführt. Die Berechnungen der

[1]) SSW.

Magnete wurden im Kapitel 3 durchgeführt. Ölmagnete werden verwendet, wenn man die Geräuschbildung durch die Betätigung des Bremslüfters vermindern will. Die Ölmagnete werden in einem gußeisernen Ölkessel untergebracht, da Bleche den Schlag nicht dämpfen würden. Der gußeiserne Ölkessel muß wegen der Porösität des Gusses emailliert werden. Gleichzeitig ist stets eine Dämpfungspumpe vorzusehen, die möglichst von außen eingestellt werden kann[1]).

Im Aufzugsbau werden vielfach schlaggedämpfte Schütze verwendet. Wie schon im Kapitel 1 dargelegt, müssen sie mit verstellbaren Kohlekontakten ausgestattet werden, und sie müssen eine Luft- oder Ölpumpe zur Dämpfung des Schlages haben. Die Einstellung des Magneten muß sehr sorgfältig geschehen[2]).

Ölschützen sind im allgemeinen im Aufzugsbau nicht üblich. Um die Geräuschbildung zu ermäßigen, ist es vielfach üblich, über einen Trocken-Gleichrichter die Hilfsstromkreise und die Magnete durch Gleichstrom zu speisen. In diesem Falle sind Ölmagnete nicht erforderlich, da Gleichstrom-Magnete nicht „brummen“. Auch die schlaggedämpften Luftschützen brummen nicht. Demgegenüber steht, daß durch die Verwendung von Gleichstrom als Steuerstrom eine wesentliche Verteuerung eintritt und außerdem ein weiteres Element verwendet wird, das Störungen verursachen kann.

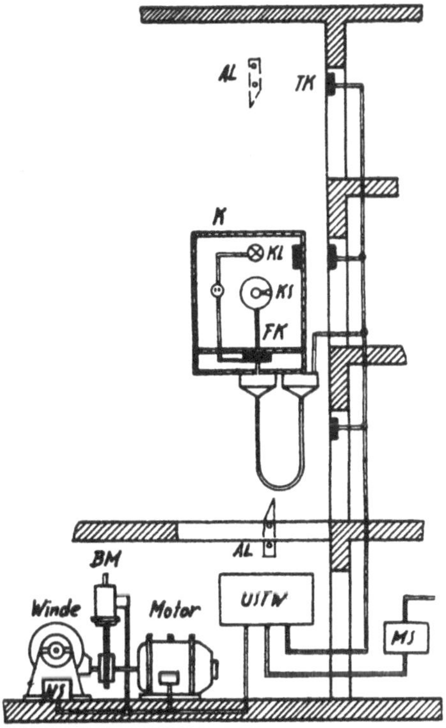

AL = Anschlagleiste
BM = Bremslüftmagnet
FK = Fußbodenkontakt
K = Kabine
KL = Kabinenlampe
KS = Kabinenschalter
MS = Motorschalttafel
NS = Netzschütz
TK = Türkontakt
USTW = Umkehrsteuerung mit Anlaßwiderstand

Abb. 253

Der Zentraltürkontakt wird durch den Riegelmagneten gemäß Schaltbild 255 bedient. Der Zentraltürkontakt dient dazu, daß bei geöffneter Tür nicht gefahren

[1]) Über die Ausbildung von Dämpfungspumpen siehe S. 336.

[2]) Näheres siehe S. 288.

werden kann. Dies geschieht dadurch, daß im Spulenkreis des Aufwärts- und in dem des Abwärts-Schützes ein vom Riegelmagneten betätigtes Kontaktpaar sich schließt. Der Riegelmagnet betätigt durch ein Gestänge sämtliche Türverschlüsse, er kann im Schacht oder auf der Kabine sitzen. Zentralverriegelung durch Riegelmagnet und Zentraltürkontakt ist unbedingt nötig, wenn eine Betätigung von außerhalb der

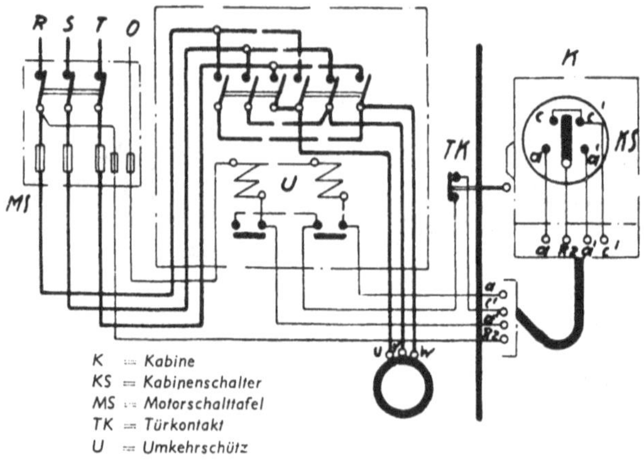

Abb. 254

Kabine möglich ist, da während der Fahrt der Riegelmagnet ein Gestänge betätigt, durch das die Türen geschlossen gehalten werden. Bei Feinsteuerungen wird bei geöffneter Tür, also nicht angezogenem Riegelmagneten und ausgeschaltetem Zentraltürkontakt, „bündig" bei kleiner Geschwindigkeit eingefahren. Durch Betätigung der Druckknöpfe oder des Kabinenhebelschalters wird zunächst das Riegelschütz eingeschaltet und damit die Türverriegelung durch den Riegelmagneten erzielt. Der Spulenkreis der Umkehrschütze und der Hilfsschütze wird durch den Zentraltürkontakt geschlossen. Der Riegelmagnet hat meist 60—120 cmkg Hubarbeit. Auch der Zentraltürkontakt hat neben seiner elektrischen starke mechanische Beanspruchungen auszuhalten und ist daher sehr kräftig auszuführen. Elektrisch ist er ein doppelpoliger Ein- und Ausschalter, an dessen Ende an Stelle des Handgriffes ein Hebel vorgesehen ist, der durch den Riegelmagnet bedient wird.

Der Rollenhebelnotschalter kann auch als Schlaffseilschalter ausgebildet werden, der dazu dient, den Motor im Hauptstromkreis abzuschalten, sobald das Fahrkorbseil aus irgendeinem Grunde schlaff wird. Im allgemeinen genügt jedoch für diesen Fall auch eine Betätigung eines Kontaktes, der nur den Steuerstromkreis ausschaltet. Wird der Notschalter als Schlaffseilschalter mitbenutzt, so erfolgt die Betätigung durch eine Wippe mit einer Leitrolle, welche durch das straff gespannte Fahrkorbseil entgegen einer Federkraft in bestimmter Lage gehalten wird. Diese Feder sucht den Schalter auszuschalten. Im Hilfsstromkreis verwendet man als Schlaffseilschalter einen Schlaffseilkontakt. Als solcher genügt ein Türkontakt, auf den mittels einer Rolle so lange gedrückt wird, so lange das Fahrkorbseil gespannt ist.

Bei Treibscheibenaufzügen muß beim Festsitzen der Kabine durch die Fangvorrichtung der Antriebsmotor durch einen Türkontakt ausgeschaltet werden, welcher von der Fangvorrichtung betätigt wird.

Beim Eintritt in die Kabine soll vielfach ein Lichtstromkreis automatisch eingeschaltet werden. Zu diesem Zwecke wird unter dem Fußboden, der beweglich ist, ein Türkontakt angebracht.

Die Bremsen werden automatisch gelüftet, sobald der Motor in Betrieb kommt. Die Größen der Bremsmagnete ergeben sich nach nachstehender Tabelle:

Motorleistung	Hubarbeit
5 kW	40 cmkg
10 kW	60 cmkg
20 kW	120—200 cmkg
50 kW	325 cmkg

Man kann hier Öl- oder Luftmagnete verwenden.

Ein Verzögerungskontakt muß bewirken, daß, falls der Aufzug in einer Richtung gefahren ist, nicht unmittelbar nach dem Halten in der anderen Richtung weiter gefahren werden darf, entweder bei der Kabinenhebelschalter-Steuerung dadurch, daß der Fahrstuhlführer beim Zurückdrehen des Kabinenhebelschalters zu weit dreht und dadurch den Aufzug in entgegengesetzter Fahrtrichtung fahren läßt, oder bei der Druckknopfsteuerung, daß der Fahrkorb unmittelbar nach Anhalten an einem Stockwerk vor Öffnen der Schachttür von einer anderen Stelle aus wieder in Gang gesetzt werden kann. Der Verzögerungskontakt wird vom Bremslüftmagneten betätigt. Beim Lüften der Bremse wird mittels Kettenzug der im Steuerstromkreis liegende Kontakt geöffnet. Nach Abschalten des Bremslüftmagneten schließt sich der Kontakt wieder mit einer einstellbaren Verzögerungsmöglichkeit meist von etwa 2—10 Sek. Auch dieser Kontakt muß, da er von einem Bremslüftmagneten betätigt wird, kräftig ausgeführt sein[1]).

Weiter unterscheidet man Druckknopfaußen-, Druckknopfinnen- und Druckknopfumstell-Steuerungen. Bei den Druckknopfsteuerungen wird der Aufzug von ungeschultem Personal bedient. Diese Steuerungen können als normale und als Feinsteuerungen ausgebildet werden. Das Wesen der Feinsteuerung ebenso wie bei der Kabinensteuerung besteht darin, daß der Aufzug mit geschlossenen Türen und großer Geschwindigkeit bis in die Haltestelle fährt und dort durch einen Feinsteuerschalter in engen Grenzen sich so lange bei geöffneter Türe und kleiner Geschwindigkeit auf- und abwärts bewegt, bis die Kabine bündig mit der Etage stehen bleibt. Abb. 255 zeigt eine Feinsteuerung für Drehstrom mit polumschaltbaren Motoren mit zwei

[1]) Über die Ausbildung von Verzögerungselementen siehe S. 334.

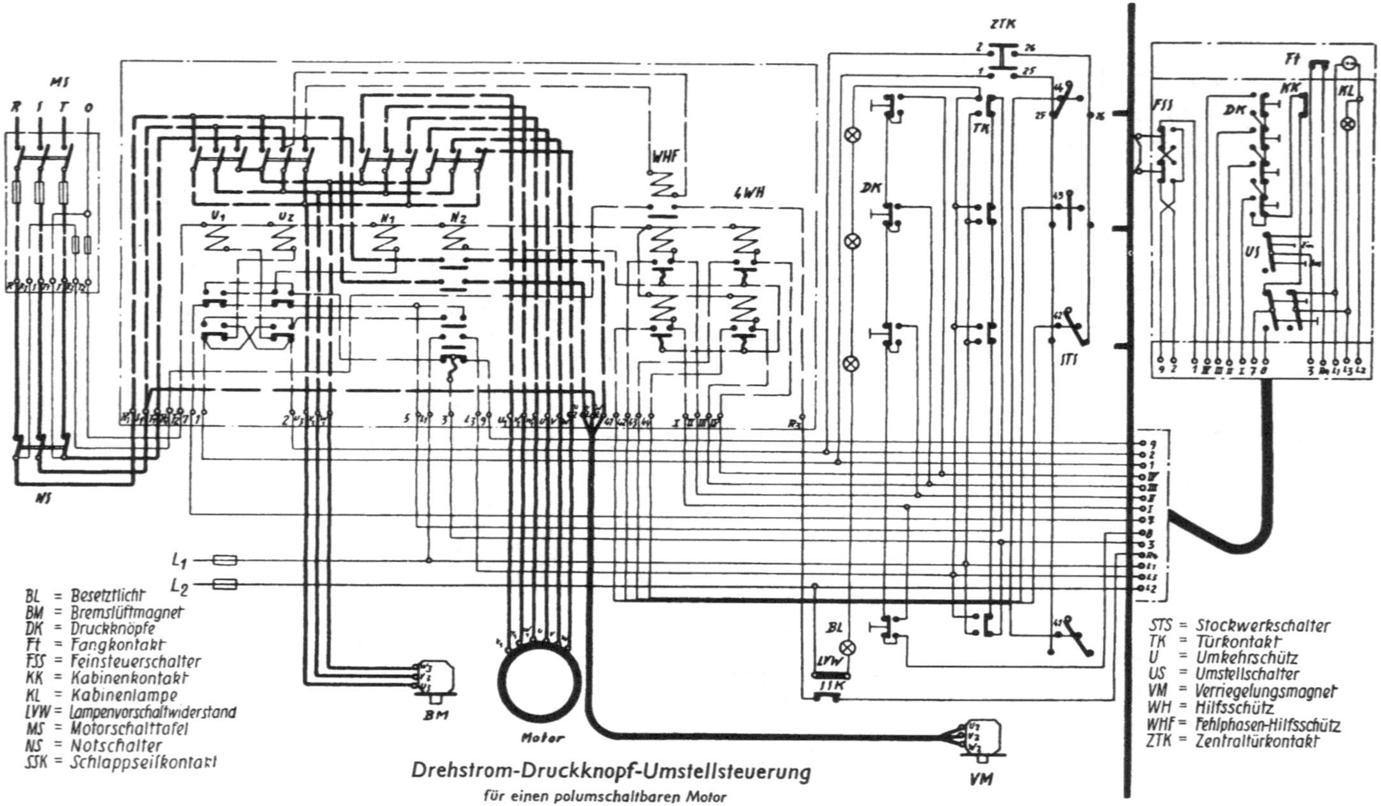

BL = Besetztlicht
BM = Bremslüftmagnet
DK = Druckknöpfe
Ft = Fangkontakt
FSS = Feinsteuerschalter
KK = Kabinenkontakt
KL = Kabinenlampe
LVW = Lampenvorschaltwiderstand
MS = Motorschalttafel
NS = Notschalter
SSK = Schlappseilkontakt

STS = Stockwerkschalter
TK = Türkontakt
U = Umkehrschütz
US = Umstellschalter
VM = Verriegelungsmagnet
WH = Hilfsschütz
WHF = Fehlphasen-Hilfsschütz
ZTK = Zentraltürkontakt

Drehstrom-Druckknopf-Umstellsteuerung

für einen polumschaltbaren Motor

Abb. 255

getrennten Wicklungen. An dem Schaltbild sieht man fast alle wesentlichen Merkmale einer Druckknopfsteuerung.

Die Hauptsteuerung besteht aus einem Umkehrschütz und 2 Einzelschützen mit je 3 Hauptkontakten für die Umschaltung von einer Drehzahl auf die andere und 2 Hauptstromarbeitskontakten für den Verriegelungsmagneten. Bei allen Aufzugsschützensteuerungen, bei denen ein polumschaltbarer Motor mit zwei getrennten Wicklungen verwendet wird, muß darauf geachtet werden, daß bei der Schaltung von der kleinen Drehzahl auf die große ein Verzögerungselement vorgesehen werden muß, da sonst der Stoß zu hart wird und außerdem Kurzschlußgefahr besteht. Man muß daher als Polumschaltschütze stets Schütze, die verzögert einschalten, wählen oder ein Verzögerungselement in den Steuerstromkreis der beiden Schütze vorsehen, durch das erreicht wird, daß etwa 0,5 Sek. nach Ausschalten des einen Schützes das andere zum Einschalten kommt. Bei Gleichstromfeinsteuerungen wird die kleine Geschwindigkeit durch einen Ankerparallel-Widerstand erzeugt (s. S. 166).

Durch Betätigung eines der Druckknöpfe, von denen für jede Etage einer vorhanden ist, wird der Riegelmagnet angezogen. Durch den Riegelmagneten wird der Zentraltürkontakt betätigt und der Stromkreis 1/25 2/26 geschlossen. Über den Stockwerkschalter wird nun je nachdem, ob der Aufzug oberhalb oder unterhalb der Etage sich befindet, in welche man fahren will, entweder das Schütz U1 oder das Schütz U2 eingeschaltet.

Der Stockwerkschalter wird durch eine Kurve, die sich an der Kabine befindet, betätigt. Er ist so ausgebildet, daß er gerade in der Etage, in der sich die Kabine befindet, in ausgeschaltetem Zustande steht, während er, sobald die Kabine sich oberhalb dieser Etage befindet, einen Stromkreis schließt. Befindet er sich unterhalb dieser Etage, schließt er den anderen. Durch den Druckknopf wird gleichzeitig ein Hilfsschütz eingeschaltet, und zwar müssen so viel Hilfsschütze vorhanden sein, als der Aufzug Haltestellen hat. Durch den Kontakt dieses Hilfsschützes wird das eingeschaltete Auf- oder Abwärtsschütz im eingeschalteten Zustande so lange gehalten, bis der zugehörige Stockwerkschalter in die Aus-Stellung gebracht wird. Dadurch wird erreicht, daß nur derjenige Stockwerkschalter eine Ausschaltung des Hauptschützes verursacht, durch den die entsprechende Hilfsschützspule an Spannung liegt. Schaltet der Stockwerkschalter ab, so tritt der Feinsteuerschalter so lange in Wirksamkeit, bis der Aufzug bündig steht. Es wird dann abwechselnd das eine und das andere Wendeschütz eingeschaltet.

Das Fehlphasenhilfsschütz ist aus Sicherheitsgründen bei jeder Druckknopfsteuerung vorhanden. Es dient dazu, den Steuerstromkreis zu unterbrechen, wenn die Spannung zwischen den beiden anderen Phasen, an denen der Steuerstromkreis nicht liegt, wegbleibt. Bei Gleichstrom ist ein Fehlpolschütz nur bei Anlagen über 250 Volt erforderlich.

Fußbodenkontakt, Fangkontakt, Kabinentürkontakt und der Haltekontakt, durch den der Aufzug in der Kabine notfalls von Hand jeweils zum Stehen gebracht werden kann sowie der Schlaffseilkontakt und die Schachttürkontakte sind in Reihe geschaltet, bei deren Ausschaltung der Aufzug sofort zum Stehen kommt. Sobald der Aufzug in Fahrt oder wenn bei der kleinen Geschwindigkeit eine Schachttüre offen ist, leuchtet entweder über L 3 und einem Hilfskontakt am Riegelschütz oder über L 3 und L 1 die Besetztlampe. Sobald die Kabine betreten wird, wird über den Fußbodenkontakt die Kabinenlampe an Spannung gelegt.

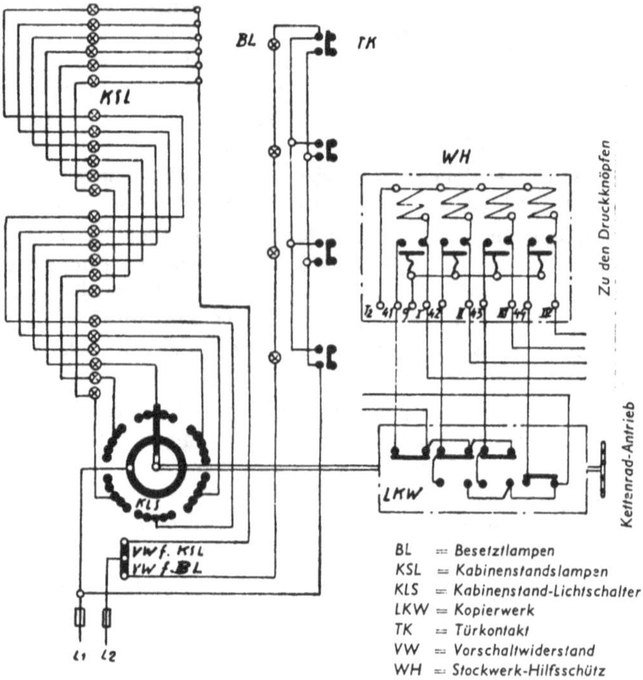

Abb. 256

An Stelle der Stockwerkschalter wird bei Aufzügen von mehreren Etagen ein Kopierwerk verwendet. Das Kopierwerk ist mit der Aufzugswinde verbunden, und die Kontakte werden je nach der Stellung der Kabine in die Ein-Stellung entweder in die eine oder andere Richtung oder in die Aus-Stellung geschaltet. Die Schaltung ist genau dieselbe wie die der Stockwerkschalter. Auch die Verbindung mit dem Stockwerkhilfsschütz ist die gleiche. Mechanisch verbunden mit dem Kopierwerk ist der Kabinenstands-Lichtschalter, durch den in jeder Etage der jeweilige Stand der Kabine angezeigt wird. Abb. 256 zeigt die Schaltung eines Kabinenstands-Lichtschalters in Verbindung mit einem Kopierwerk.

Der Stockwerkschalter wird vielfach auch mit Kontakten in der Nullstellung ausgestattet. In diesem Falle wird dann der Lichtstromkreis, wenn der Aufzug hält, geschlossen. Die konstruktive Durchbildung von Stockwerkschaltern und Feinsteuerschaltern ist meist ähnlich, da der Feinsteuerschalter nichts anderes ist als zwei eng aneinandergebrachte Stockwerkschalter. Das wichtigste Merkmal dieser Schalter besteht in einer kräftigen Ausführung, da die Schalter großen mechanischen

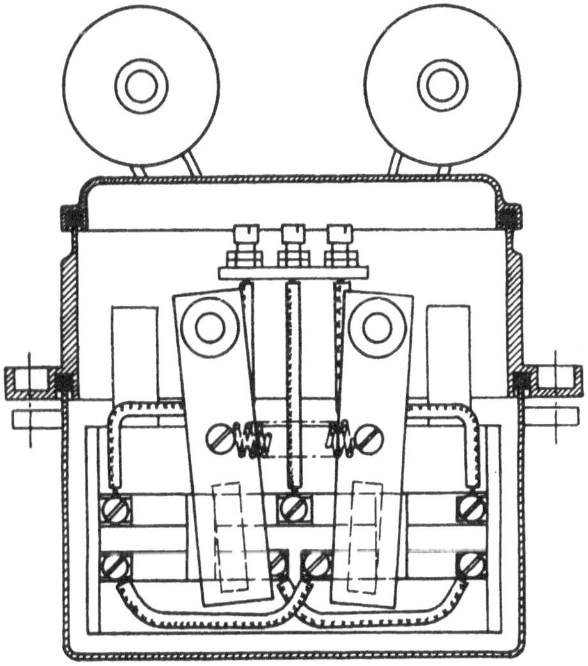

Abb. 257

Beanspruchungen ausgesetzt sind. Die Betätigung geschieht durch einen Hebel mit einer Rolle bei dem Stockwerkschalter und durch zwei Hebel mit zwei Rollen beim Feinsteuerschalter. Man kann z. B. einen Türkontakt nach Schaltbild 221 durch einen Hebel, der mit einer Rolle versehen ist, bedienen lassen. Durch eine Kugelrastung kann dafür gesorgt werden, daß der Schalter in jeder Stellung sicher rastet. Die Anordnung von zwei Stockwerkschaltern kann beim Feinsteuerschalter auch in einem Apparate erfolgen, z. B. nach Abb. 257[1]).

[1]) Rheostat, Dresden.

Ein Ausführungsbeispiel für ein Kopierwerk zeigt Abb. 258a und b. Die Welle 1 wird von der Winde angetrieben, um über eine Zahnradübersetzung 2 und Schaltnocken 4 das Kontaktsystem zu betätigen. Es sind doppelt so viele Schaltnocken als Haltestellen vorhanden. Die Schaltnocken 4 sind lose auf der Welle befestigte drehbare Gußstücke. Zwischen diesen Nocken befinden sich die mit der Welle fest verbundenen Formstücke 5. Auf diesen sind die Schrauben 6 befestigt, die durch die Blattfedern 7 in dem jeweils eingestellten Zustand gehalten werden. Auf der Welle 8 sind die beweglichen Kontakte 9, die zweckmäßig in Form von Rollen ausgebildet sind, drehbar gelagert. Diese Kontakte sind mit den aus Gußeisen bestehenden

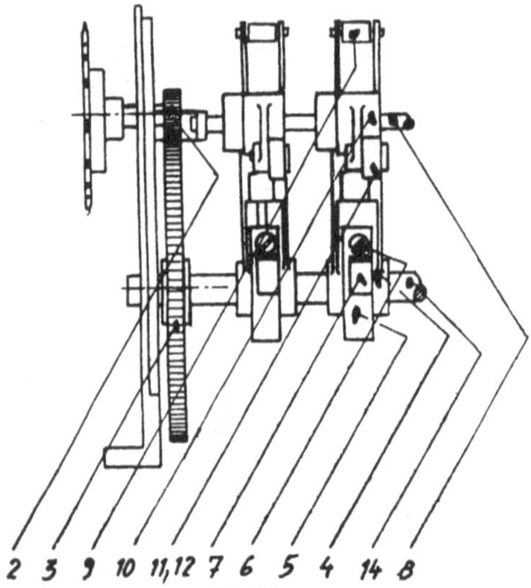

Abb. 258a

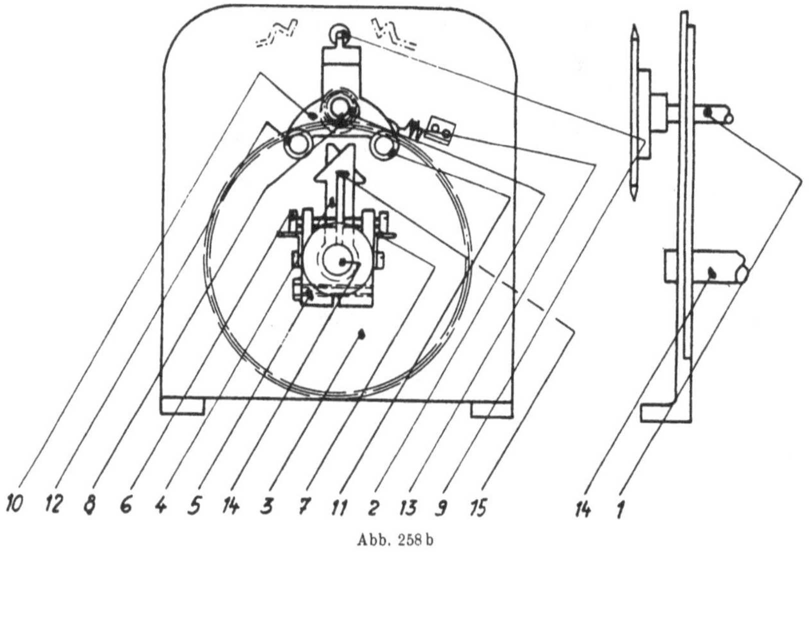

Abb. 258b

Stücken 10 fest verbunden, und diese tragen die Rollen 11 und 12. Durch die Feder 13, die in der gezeichneten Nullstellung entspannt ist, wird der bewegliche Kontakt sprungartig ausgeschaltet. Die Einschaltung geschieht dann durch Überbrückung von zwei nebeneinanderliegenden Kontaktfingern. Dreht sich die Welle 14 mit ihren Formstücken im Uhrzeigersinn, so wird durch den einen Nocken 4b die Rolle 11 und durch den anderen Nocken 4a die Rolle 12 bewegt, und zwar durch 4b von der Nullstellung in die andere Ein-Stellung und durch 4a von der Ein- in die Nullstellung. Bei der Rückwärtsbewegung wird durch den Fortsatz 15 an den Nocken 4b wieder die andere Ein-Stellung erzielt. Auf diese Weise werden durch die zwei Nocken 4a und 4b und das Formstück 10 die Stockwerkschalterbewegungen nachgeahmt. Durch die beiden Schrauben 6 werden die jeweiligen Wege des Nocken begrenzt. Man kann nun beliebig viele Kontaktpaare aneinanderreihen, wie aus Schaltbild 255 hervorgeht, je nachdem, wieviel Stockwerke man hat. Die Welle 14 kann man über das Kopierwerk hinausführen und, wie dies in Schaltbild 255 angegeben, auf einer Flachbahnplatte eine größere Anzahl Kontakte anbringen, während man, mit der Welle selbst fest verbunden, einen Überbrückungskontakt zwischen der Schiene und den Flachbahnkontakten anbringt, wodurch dann jeweils die richtigen Lampen eingeschaltet sind. Dieser Kabinenstands-Lichtschalter muß im Verhältnis zur Aufzugswinde verschieden einstellbar sein. Diese Kontakte werden beliebig verbunden und die Nullstellungen an Ort und Stelle festgelegt.

Vielfach sollen Aufzüge nicht durch Unbefugte bedient werden können. An Stelle der Druckknöpfe wählt man dann sogenannte Schlüsselkontakte, die nur mit einem Spezialschlüssel bedient werden können, als Betätigungsorgane. Es ist zweckmäßig so zu konstruieren, daß die Schlüsselkontakte und die Druckknöpfe in demselben Gehäuse untergebracht werden können.

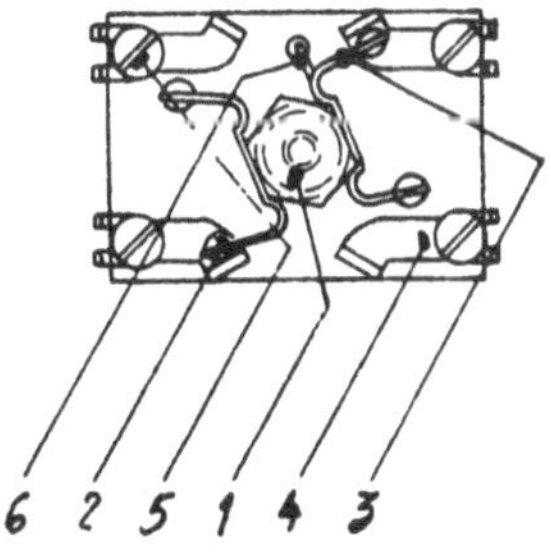

Abb. 259

Das Beispiel eines solchen Schlüsselkontaktes zeigt Abb. 259. Die Brücke 1 wird durch einen Spezialschlüssel gedreht, wodurch die Kontaktfedern 2 und 3 mit den Anschlußstücken 4 und 5 in Berührung kommen. Durch die Rückzugsfeder 6 wird der Schlüsselkontakt in die ursprüngliche Lage zurückbewegt.

Aufzüge können auch nach Wahl von innen und außen bedient werden. Dies wird dann, wenn der Aufzug sowohl für Lasten- als auch für Personenbeförderung geeignet sein soll, gefordert, ebenso in Geschäftshäusern, in denen sonst für Personen die Benutzung des Aufzuges ohne Führer nicht gestattet ist. Diese Steuerung ist genau die gleiche wie die gewöhnliche Druckknopfsteuerung, nur wird in der Kabine noch ein Umstellschalter eingebaut. Dieser ist nichts anderes als ein einpoliger Umschalter, durch den erreicht wird, daß bei der Innensteuerung die Außensteuerung nicht betätigt werden kann. Ein Schaltbild für eine Innen- und Außensteuerung zeigt Abb. 260. Auch der Umstellschalter wird in die Druckknopftafel eingebaut. Man kann hierfür auch einen Paketschalter verwenden.

In Betrieben, wo großer Verkehr herrscht, werden auch vielfach Paternosteraufzüge verwandt. Bei diesen laufen die Kabinen ständig in einer Richtung und das Ein- und Aussteigen erfolgt während der Fahrt.

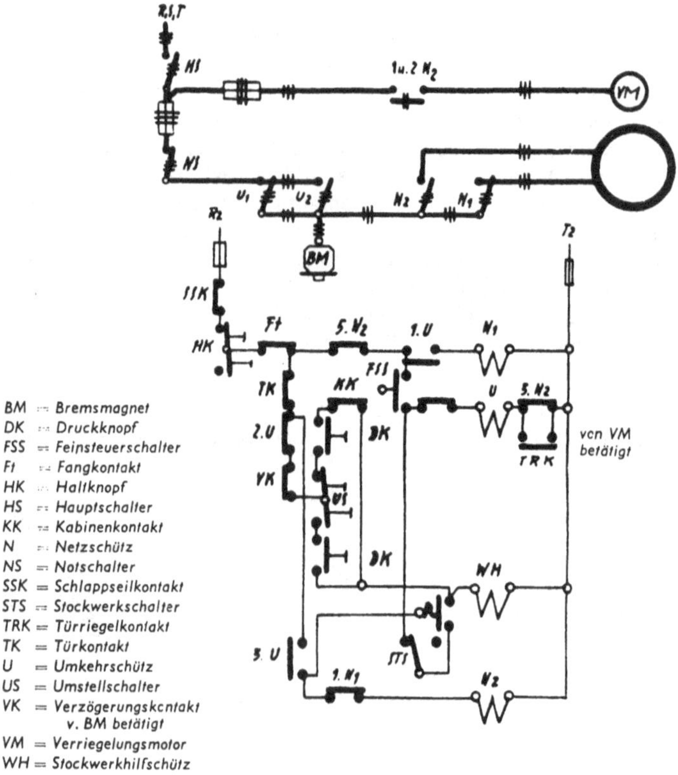

Abb. 260

Die Geschwindigkeit soll 0,3 bis höchstens 0,4 m/sek nicht überschreiten. Das Umsetzen der Fahrkörbe oben und unten erfolgt durch parallele Verschiebung. Die Inbetriebsetzung des Aufzuges erfolgt durch einen Schlüsselkontakt. An jeder Schachtöffnung sitzt ein Halteknopf, durch den im Notfall der Aufzug sofort zum Stehen gebracht werden kann. Der Bremslüftmagnet muß für Dauereinschaltung bemessen sein. Der Aufzug darf sich nur in einer Drehrichtung bewegen. Er muß daher sofort bei Ausbleiben der Spannung abgebremst werden.

Das Anzugsmoment von Aufzügen und Schrägaufzügen ist im allgemeinen das 1½fache Nennmoment.

Steuergeräte für Werkzeug- und Waschmaschinen

Für Werkzeugmaschinensteuerungen kommen, um verschiedene Abhängigkeitsschaltungen erzielen zu können, verschiedene Begrenzungsschalter vor. Die Schaltungsmöglichkeiten sind bereits in Abb. 221 angegeben worden. Die Bremsung erfolgt

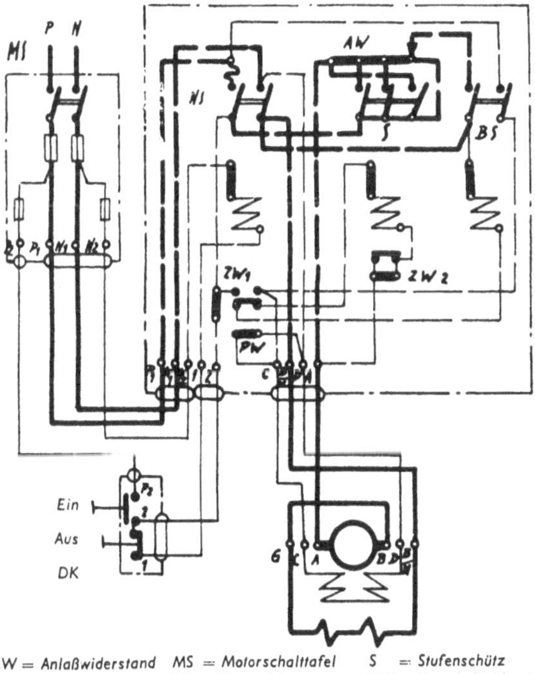

AW = Anlaßwiderstand MS = Motorschalttafel S = Stufenschütz
BS = Bremsschütz NS = Netzschütz VW = Vorschaltwiderstand
DK = Druckknöpfe PW = Parallelwiderstand ZW = Zuschaltwiderstand

Abb. 261

bei Gleichstromnebenschlußmaschinen, die für Gleichstrom im Werkzeugmaschinenbau fast ausschließlich verwendet werden, durch Ankerkurzschlußbremsung[1]).

[1]) Kennlinien darüber siehe Kapitel 2.

Ein Schaltbild über eine Ausführung mit automatischer Ankerkurzschlußbremsung bei Bedienung des Haltknopfes zeigt Abb. 261. Für Drehstrom genügt in vielen Fällen die Anwendung der Gegenstrombremsung. Bei Bedienung eines Knopfes „Bremse“ wird die Gegenstrombremsung eingeschaltet (Abb. 262). Die Gefahr besteht aber darin, daß dann der Motor in entgegengesetzter Richtung zum Anlaufen kommt, wodurch unter Umständen der Werkzeugstahl brechen kann. Man muß dafür sorgen, daß der Motor rechtzeitig abgeschaltet wird. Dies kann durch einen Zeitschalter erfolgen, bei dem die Bremswirkung zeitabhängig ist. Besser ist es aber, die Abschaltung durch einen Zentrifugalschalter vorzunehmen. Unter einem Zentrifugalschalter versteht man ein Gerät, bei dem abhängig von der Motorumdrehungszahl irgendeine Schaltwirkung erzielt wird. Für Bremszwecke hat sich z. B. der von der AEG entwickelte Alnicoschalter, dessen Verwendung in Abb. 262 dargestellt ist, bewährt[1]). Dieser besteht aus einem Aluminiumgehäuse, das am Lagerschild des Motors befestigt wird. In dem Gehäuse ist ein Kurzschlußkäfig drehbar gelagert, in dem sich ein mit der Welle fest verbundener Anker aus einer Legierung von Aluminium, Nickel und Kobalt dreht. Der Anker ist als Dauermagnet ausgebildet. Sobald der Anker nach dem Anlauf des Motors eine genügende Drehzahl erreicht hat, wird der Käfig durch das magnetische Kraftfeld mitgenommen. Ein Nocken auf der Achse des Käfigs wird hierdurch um einige Grade nach rechts oder links, je nach der Drehrichtung, bewegt und betätigt hierbei auf Blattfedern angeordnete Kontakte. Geht die Drehzahl wieder zurück, so hört die Mitnahme des Käfigs durch den Anker auf und die Blattfedern bringen den Nocken in seine An-

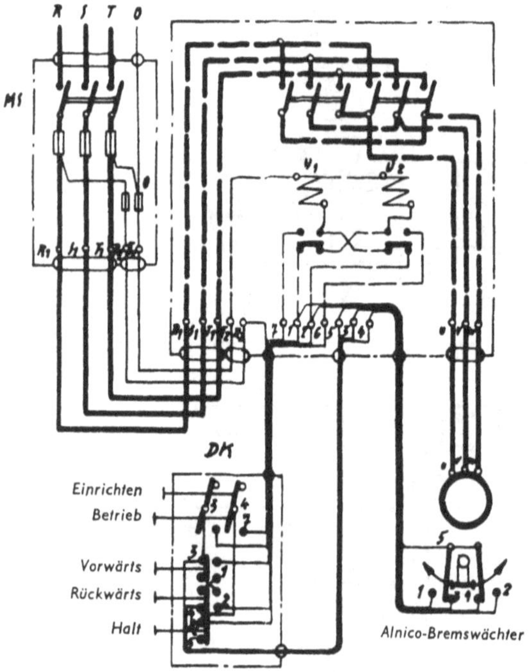

DK = Druckknöpfe MS = Motorschalttafel U = Umkehrschütz

Abb. 262

[1]) VDE Band 82 Nr. 7, S. 173.

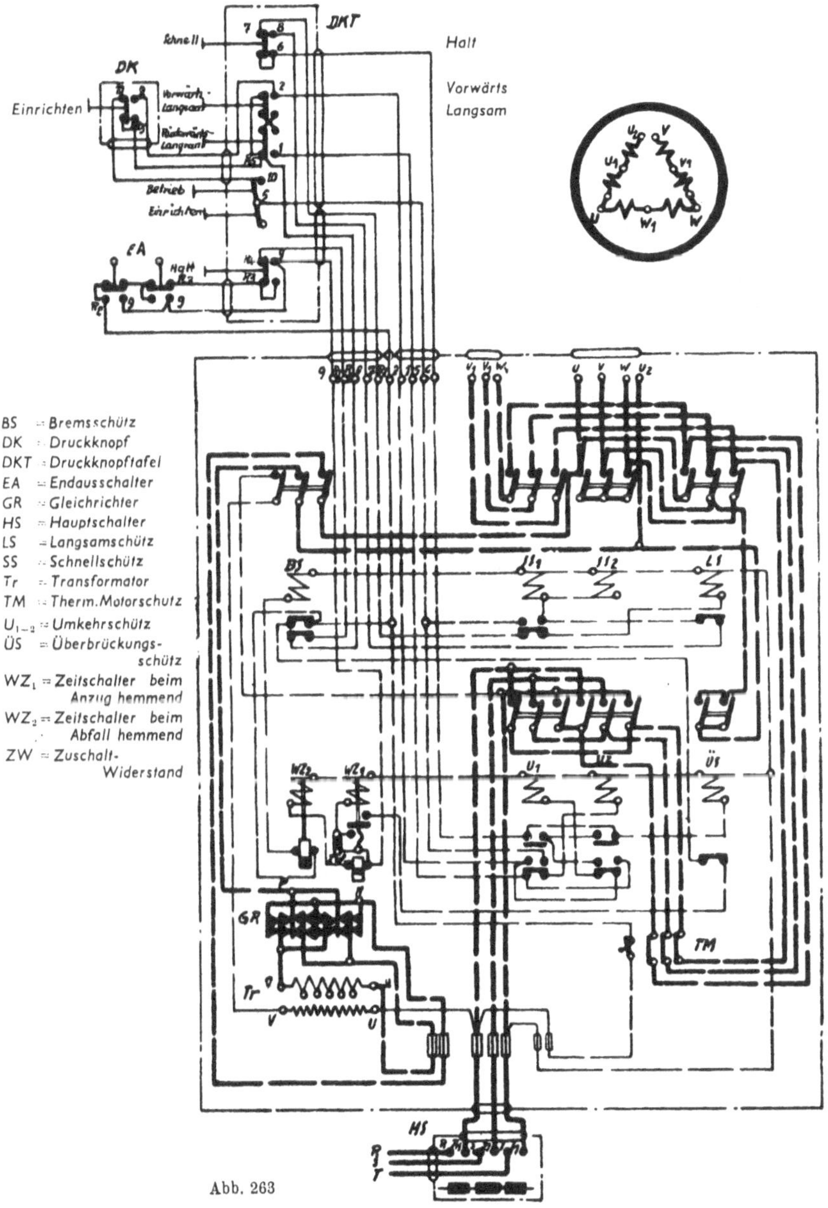
DKT
Schnell
Halt
DK
Einrichten
Vorwärts-Langsam
Rückwärts-Langsam
Vorwärts
Langsam
Betrieb
Einrichten
EA
Halt
BS = Bremsschütz
DK = Druckknopf
DKT = Druckknopftafel
EA = Endausschalter
GR = Gleichrichter
HS = Hauptschalter
LS = Langsamschütz
SS = Schnellschütz
Tr = Transformator
TM = Therm. Motorschutz
U_{1-2} = Umkehrschütz
ÜS = Überbrückungsschütz
WZ_1 = Zeitschalter beim Anzug hemmend
WZ_2 = Zeitschalter beim Abfall hemmend
ZW = Zuschalt-Widerstand
BS
GR
Tr
TM
HS

Abb. 263

fangslage zurück, wobei die Kontakte in der Ruhelage schließen. Es ist zweckmäßig, einen Zeitschalter vorzusehen, durch den beim Einschalten der Kontakt 3 oder 4 überbrückt wird. Dieser Alnicoschalter hat den Vorteil gegenüber normalen Zentrifugalschaltern, daß erst bei einer ganz geringen Geschwindigkeit der Motor zum Abschalten kommt (weniger als 200 Umdrehungen/min). Will man jedoch bis zur Nullstellung bremsen, so empfiehlt sich die Gleichstrombremsung (Näheres darüber s. S. 125). Ein Schaltbild über die Wirkung derselben bei einem Bohrwerk in Verbindung mit polumschaltbaren Motoren zeigt Abb. 263. Die Abschaltung des Gegenstromes mit einem von der Läuferspannung abhängigen Schütz ist nicht möglich, weil die Schützspule im Moment des Einschaltens an der etwa doppelten Läuferstillstandsspannung (falls von der vollen Drehzahl aus gebremst wird), bei etwa doppelter Periodenzahl liegt. In der Nähe des Stillstandes ist die Frequenz der Läuferspannung etwa Netzperiodenzahl und es herrscht die einfache Läuferstillstandsspannung, da der Magnetisierungsstrom proportional der Spannung und umgekehrt proportional der Periodenzahl ist. Die Anfangs- und Endbedingungen, die für Abfall und Anzug gerade verschieden sein müßten, sind gleich. Die Ursache liegt darin, daß die Drehrichtung des Drehfeldes der Rotationsrichtung des Läufers entgegengesetzt ist.

Bei Verwendung von Schleifringankermotoren ist es auch möglich, eine Bremsung dadurch zu erzielen, daß man die Ständerwicklung an eine Phase legt und hierbei 2 Phasen der Ständerwicklung parallel schaltet (s. Kap. 2, S. 141). Hierbei ist darauf zu achten, daß ein Schlupfwiderstand kurzzeitig eingeschaltet wird, dessen Widerstandswert man etwa doppelt so hoch wählt wie den Anlaßwiderstand. Diese Bremsung wirkt aber nur mit einem entsprechenden Schlupfwiderstand und ihre Bremswirkung ist schwächer als die Gleichstrom- oder Gegenstrombremsung. Sie zeichnet sich aber durch große Einfachheit aus und entsteht durch das Zusammenwirken von Läufer- und Ständerdrehfeld. Sie wird auch im Kranbau verwandt, insbesondere für Senkschaltungen. Eine Bremsung bis in den Nullstand ist möglich. Andere Bremsschaltungen mit einphasig gespeistem Stator für den Bremsvorgang sind in Kap. 2 angeführt. Vielfach will man auch im Werkzeugmaschinenbau mit einem kleinen Bremsmagneten bremsen. Dieser wird dann zweckmäßig als Einphasenmagnet ausgebildet. Die erforderliche Bremsleistung ist meist gering. Es kann sich allerdings unter Umständen eine große Schalthäufigkeit erforderlich machen.

Ein weiterer automatischer Bremsschalter, der auf Anwendung des Bremsmagnetsystems beruht, ist der von Allan Bradley erzeugte Bremsschalter in Verbindung mit der Gegenstrombremsung (Abb. 265). Mit der Motorwelle 1 wird das Reibrad gekuppelt, und gleichzeitig mit dem Ausschalten des Schützes wird der kleine Bremsmagnet 2 ausgeschaltet. Durch Einwirkung der Feder 3 senkt sich der Reibungsarm 4 auf das Reibrad, das durch seine Drehung den Reibarm in Drehrichtung mitnimmt. Die bewegliche Scheibe 5 schaltet den Kontakt 6 ein und mit diesem das Gegenstromschütz. Sobald der Motor beginnt, in der entgegengesetzten Drehrichtung zu laufen, bewegt sich das Reibrad ein kleines Stückchen im Gegenuhrzeigersinn und der Reibarm wird in die in Abb. 265c gezeichnete Lage gebracht. Die Scheibe 5 bewegt sich wieder zurück und das Gegenstromschütz schaltet aus. Bei Drehung

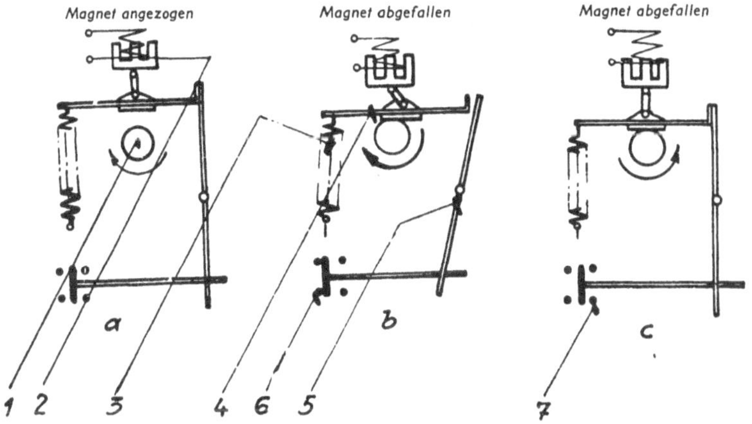

Abb. 265

des Reibrades im Gegenuhrzeigersinn wird der Kontakt 7 durch die Scheibe 5 in gleicher Weise geschlossen wie der Kontakt 6 bei der Bewegung im Uhrzeigersinn. Bei der Konstruktion muß man darauf achten, daß die Motorwelle, die in den Schalter eingeführt wird, gut gelagert sein muß.

Anlassen von Motoren erfolgt auch vielfach nicht durch Hand oder zeitabhängige automatische Anlasser, sondern durch Zentrifugalanlasser, die unmittelbar an der Motorwelle befestigt werden. Die Abschaltung der einzelnen Widerstandsstufen erfolgt dann in Abhängigkeit von der Geschwindigkeit des Motors. Die Gefahr bei Anlassen mittels Zentrifugalschalters besteht darin, daß der im Motor eingebaute, meist nicht kontrollierbare Zentrifugalschalter leicht hängenbleiben kann. In diesem Fall aber brennt der nicht auf Dauereinschaltung berechnete Anlasser durch.

Waschmaschinen sollen in kurzen Zeitabständen periodisch ihre Drehrichtung ändern. Dies geschieht entweder durch einen Motor, der ständig in einer Richtung dreht, aber ein Getriebe betätigt, das sich automatisch fortwährend umsteuert, oder durch ein Steuergerät, das die Drehrichtung des Motors automatisch stetig wechselnd schaltet. Man verwendet für Drehstrom am besten ein Ferrarislaufwerk. Dieses besteht aus einer Scheibe aus einem gut leitendem Nichteisenmetall und einem Elektromagneten, der eine Kurzschlußwindung hat (s. Kap. 3). Die Scheibe treibt über ein Zahnradgetriebe eine kleine Schaltwalze an. Bei größeren Leistungen wird der Motor nicht direkt von der Schaltwalze, sondern durch ein Umkehrschütz geschaltet. Ein Schaltbild hierfür zeigt Abb. 264. Der auf dem Schaltbild angegebene Deckelverriegelungskontakt soll das Anlaufen der Waschmaschine unmöglich machen, bevor der Waschkessel nicht geschlossen ist. Durch verschiedene Übersetzung zwischen Ritzel und Zahnrad kann man die Lauf- und Ruhezeiten variieren. Man macht im allgemeinen etwa 220 Umsteuerungen je Stunde mit je 13 Sekunden Laufzeit und 3,3 Sekunden Ruhezeit. Bei Gleichstrom muß man eine kleine motorisch betriebene Walze verwenden.

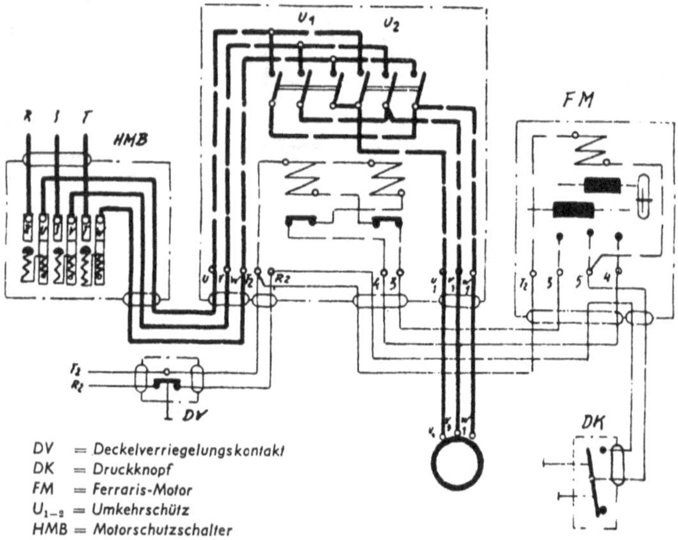

Abb. 264

Man kann auch Waschmaschinensteuerungen in der Weise ausbilden, daß von der Trommel der Waschmaschine über eine Zahnradübersetzung zwei Schubtaster (Türkontakte) abwechselnd den Motor in der einen oder anderen Richtung über Schütze einschalten. Die Ruhezeit kann durch ein Zeitverzögerungselement, z. B. einen einfachen Bimetallstreifen, jeweils erzielt werden. Dies findet insbesondere bei Gleichstrom Anwendung.

Geräte für Pumpen und Kompressoren

Druckschalter werden zum automatischen Ein- und Ausschalten von Pumpen in Abhängigkeit vom Windkesseldruck verwendet. (Über Schwimmerschalter s. Abb. 242.) Die Schalter werden an der Luft oder an der Wasserseite des Kessels angeschlossen. Der Anschluß an der Wasserseite ist vorteilhafter, damit keine Luft entweichen kann. Bei allen Druckschaltern wird das Prinzip einer einstellbaren Momentschaltung angewandt. Sie werden durch einen Rohrstutzen (meist $1/2''$) angeschraubt. Das Wasser drückt gegen eine Gummimembrane, der eine einstellbare Feder entgegendrückt. Die einfachste und zweckmäßigste Ausführung ist, die Feder unmittelbar über einen Teller gegen die Membrane drücken zu lassen, z. B. nach Abb. 266[1]) und 268[2]).

Die Gummimembrane ist bei fast allen auf dem Markt befindlichen Schaltern zu stark. Man beachte, daß die Biegebeanspruchung für Gummi etwa 200 kg/cm² ist. Der Federdurchmesser errechnet sich bekanntlich nach der Formel:

$$f = \frac{8 P D^3 i}{G d^4}$$

$$p\,(\text{Druck}) = \text{wenig größer als } \frac{4 P}{D^2 \pi}$$

(i = Anzahl der federnden Windungen, G = Schubmodul = 8000 kg/mm², D = Federdurchmesser (mm), d = Drahtdurchmesser, f = Federung (mm). Man beachte weiter Formel 119 (Kapitel 1).

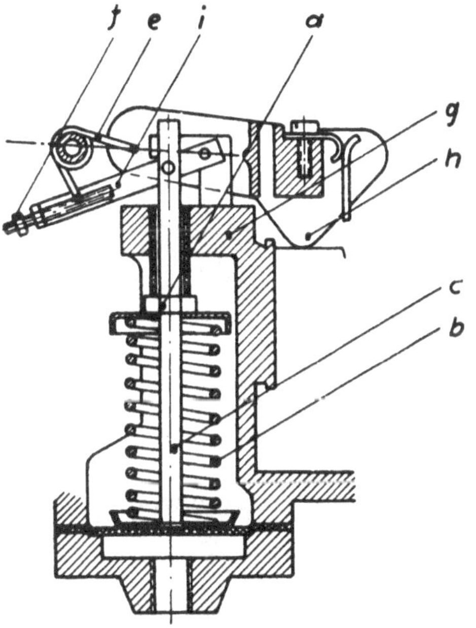

Abb. 266

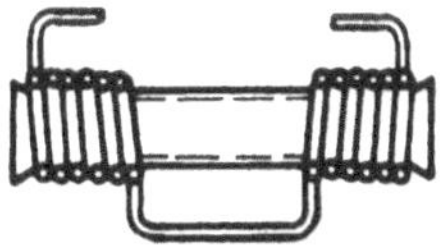

Abb. 266a

Durch Vergrößerung des Durchmessers steigt P im Verhältnis zu D²; es werden weniger Windungen nötig, um einen bestimmten Federweg zu ermöglichen. Da aber durch Wahl eines großen Federdurchmessers die Grundplattendimensionen groß werden, muß man einen geeigneten Mittelweg suchen. Bei älteren Konstruktionen wurden — auch im Hinblick auf die schlechteren Stahlqualitäten — meist

[1]) SSW.

[2]) Rheostat, Dresden.

größere Federdurchmesser als heute gewählt. Die Bauweise mit kleinerem Durchmesser ist etwas billiger. Es empfiehlt sich bei direkter Kraftübertragung zu wählen:

bis etwa	4,5 atü	D · 20—25 mm ⌀	d · 3,5 mm ⌀	n = 6—8 Wdg.
„ „	8 „	D · 28—35 „ ⌀	d · 4,5—5 „ ⌀	n = 6—8 „
„ „	16 „	D · 35—40 „ ⌀	d · 5,5—6 „ ⌀	n = 6—8 „

Endgültig kann man, ohne Versuche ausgeführt zu haben, die Federabmessung nicht festlegen.

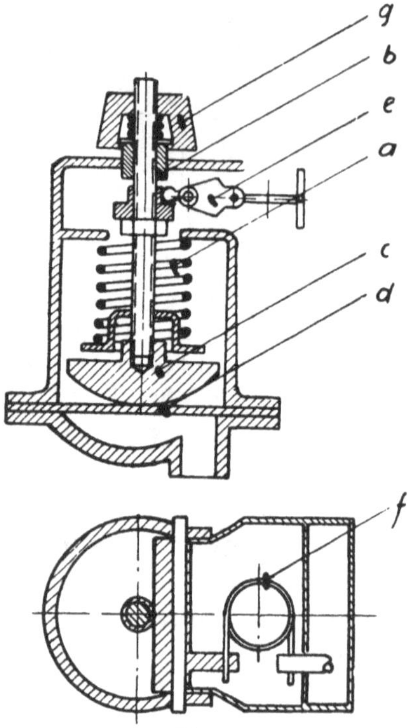

Abb. 267

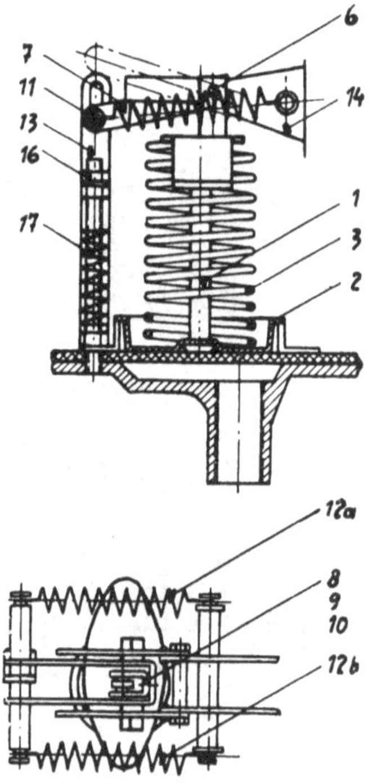

Abb. 268

Der dem Ausschaltdruck entsprechende Wiedereinschaltdruck muß durch eine weitere Einstellung gefunden werden. Die Druckdifferenz soll möglichst klein sein, bei gewöhnlichen Druckschaltern bis etwa 5 atü ist die geringste einstellbare Druckdifferenz 1 at. Für noch kleinere Druckdifferenzeinstellungen sind Kontaktmanometer zu wählen. Die Einstellung der Druckdifferenz geschieht entweder durch Änderung der Stellung der Schnappfeder (Abb. 266a) oder durch eine Änderung der

Vorbelastung der Schnappfeder (Abb. 268) oder durch Verstellung eines Anschlages, welcher auf den Hebel wirkt, der die Schnappfeder trägt (Abb. 267)[1]).

Die Wirkungsweise eines Mechanismus gemäß Abb. 266 ist folgende: Auf die Membrane wirkt die Druckstange c, die unter der Kraft der Druckfeder b und der Schnappfeder e steht. Steigt der Druck, so wird der Schwenkhebel i, welcher in 1 gelagert ist, durch die Druckstange gehoben, bis die Feder e am Hebel i die gestrichelt gezeichnete Verlängerung der Mittellinie der Schaltbrücke g geschnitten hat. In diesem Moment erfolgt die Ausschaltung durch die Feder e, deren Kraftrichtung sich ändert. Der Ausschaltdruck, d. h. der Druck der Feder b, wird durch die Mutter a, die im Lagerbock g sitzt, verstellt. Die Einstellung der Druckdifferenz erfolgt durch Änderung der Lage der Schaltfeder e, die durch die Stiftschraube f bewegt werden kann. Die Einschaltbewegung wird durch eine Nase an der Schaltbrücke h begrenzt. Bei einer Ausführung nach Abb. 267 drehen sich die Kontakte um den gleichen Stift wie der die Schaltfeder tragende Hebel. Auch hier muß sich die Kraftrichtung der Feder im Laufe der Bewegung umkehren. Die Feder ist mit Vorspannung eingesetzt, die beiden Enden wollen auseinander.

Die Wirkungsweise des Druckschalters besteht darin, daß die Feder a, die durch die Schraube b durch das Formstück c gespannt wird, gegen die Membrane d drückt. Durch die Bewegung des Kipphebels e wird, wenn über die Totpunktlage geschaltet wird, der Schalter schlagartig durch die Feder f umgeschaltet. Man beachte, daß bei allen Konstruktionen schon im Hinblick auf einen vorhandenen Reibungswinkel eine Stelle existiert, an der keine Momentschaltung stattfindet. Das Wesen einer guten Konstruktion besteht aber darin, diese möglichst klein zu machen.

Ein Druckschalter nach Abb. 268 arbeitet wie folgt:

Ein Kolben 1, der mit einem Teller 2 fest vernietet ist, steht unter dem Einfluß einer Druckfeder 3. Diese Druckfeder 3 wird durch den durch Muttern verstellbaren Halter in eine bestimmte Vorspannung gesetzt. Je höher der Ausschaltdruck des Schalters ist, um so größer ist die Vorspannung. Der Kolben 1 wird unter der Einwirkung des Druckes gehoben. Hierdurch wird der in dem Lager 6 befindliche Hebel 7, der mit dem U-Stück 8 durch die Schraube 9 verbunden ist, gedreht, und zwar dadurch, daß der Stift 10, um den sich das U-Stück 8 drehen kann, durch den Kolben 1 mitgehoben wird. Hierdurch wird der Stift 11, an dem sich die Schaltfedern 12a 12b befinden, im Führungsstück 13 gehoben, und zwar so lange, bis die Schaltfedern 12a und 12b über die Totpunktlage gekommen sind. Hierbei wird die Welle 10, die mit dem Hebel 14, der die beweglichen Kontakte trägt, um das Lager 6 gedreht, und die beweglichen Kontakte schalten nach oben aus. Die Einstellung des Einschaltdruckes, d. h. der Druckdifferenz zwischen Einschalt- und Ausschaltdruck, erfolgt durch die Mutter 16, durch die die Feder 17 beeinflußt wird. Das Führungsstück 13 wird durch die Schaltfeder mitgehoben und steht unter der Einwirkung der Feder 17. Die Druckdifferenz wird durch die Vorspannung dieser Feder variiert.

[1]) Condor, Westkirchen.

Druckschalter werden meist zwei- oder dreipolig ausgeführt. Für Gleichstrom werden Druckschalter häufig in Verbindung mit dem Kleinselbstanlasser, Abb. 270, verwendet. Diese Selbstanlasser sind nur für Halblastanlauf verwendbar. Es wird über den einpoligen Druck- oder Schwimmerschalter ein Vorwiderstand eingeschaltet. Die Drehzahl beginnt zu steigen. Bei etwa 0,5facher Drehzahl wird der Widerstand abgeschaltet. Schaltet dieser Kleinselbstanlasser in mehreren Stufen, so ist es so einzurichten, daß die erste Stufe etwa bei 0,33facher und die zweite bei etwa 0,66facher Drehzahl abschaltet. Die Abschaltung erfolgt dadurch, daß bei Erreichung einer bestimmten Drehzahl die gegenelektromotorische Kraft des Motors so weit gestiegen ist, daß der Magnet des Kleinselbstanlassers anzieht: also z. B. für einen Motor von 110 Volt erfolgt der Anzug bei etwa 55 Volt. Man beachte ferner, daß die Spule so ausgelegt sein muß, daß sie dauernd an der vollen Spannung liegen kann.

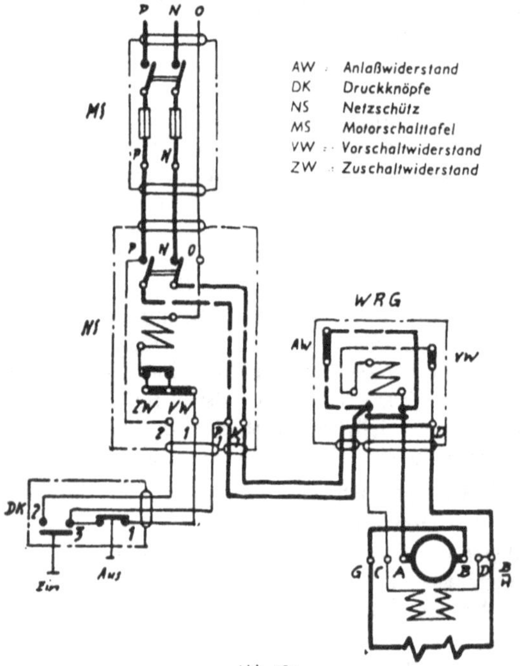

Abb. 270

Ein solcher Kleinselbstanlasser ist auch in Fällen, wo Motoren kleiner Leistung bis zu etwa 2 PS bei leichtem Anlauf verwendet werden, brauchbar.

Bei Druckschaltern muß an Stelle einer Gummimembrane eine Stahlmembrane dort verwendet werden, wo statt des Wassers Basen oder Säuren oder deren Dämpfe auf den Druckschalter wirken (Abb. 272) [1]).

Die gleichen Druckschalter werden auch für Kleinkompressoren bis zu etwa 16 atü und 2,5 PS verwendet, jedoch ist hierbei noch ein Entlastungsventil nötig, das dazu dient, die im Zylinder und Vorreiniger des Kompressors befindliche Luft beim Ausschalten des Motors ins Freie zu führen. Das Ventil wird durch ein Gestänge betätigt, das sich konform den Kontakten bewegt. Das Ventil ist mit dem Windkessel und mit

[1]) Näheres darüber s. S. 284.

der Entlastungsvorrichtung des Kompressors durch eine Druckluftleitung von $^3/_4''$ verbunden, die von der Leitung zwischen Vorreiniger und Rückschlagventil abgezweigt ist. Die in dieser Leitung vorhandene Luft wird nun beim Ausschalten des Motors ins Freie geführt, und zwar durch Löcher z. B. zwei Löcher von 2,5 mm Durchmesser. Die Austrittsöffnungen müssen so liegen, daß die in der komprimierten Luft vorhandenen Rückstände (Öl usw.) nicht durch die Entlastungsvorrichtung in den Druckschalter geschleudert werden. Andererseits soll durch das Entlastungsventil Motor und Kompressor die Möglichkeit haben, die Geschwindigkeit zu steigern, bevor noch der Kompressor die volle Last zu übernehmen hat. Abb. 269b zeigt das Prinzip einer Kompressoranlage mit einem Druckschalter und Entlastungsventil. Die im Kompressor erzeugte Druckluft wird in den Vorkessel und von dort über ein Rückschlagventil in den Hauptkessel geführt. Der Hauptkessel ist mit dem Verbraucher (z. B. eine Hebebühne) verbunden. Sobald im Hauptkessel ein bestimmter Druck überschritten wird, wird der Kompressormotor abgeschaltet, wodurch die Druckluftzufuhr unterbrochen wird. Dies geschieht dadurch, daß ein Druckschalter mit dem Hauptkessel in Verbindung steht, der bei Unterschreiten eines bestimmten Druckes (Minimaldruck) einschaltet, beim Überschreiten des Höchstdruckes ausschaltet. Der Kompressor muß entlastet anlaufen. Dies wird dadurch erzielt, daß beim Ausschalten des Druckschalters gleichzeitig ein Entlastungsventil am Druckschalter geöffnet wird, wodurch der Überdruck im Vorkessel beseitigt wird. Komprimierte Luft bläst ins Freie. Ein Entlastungsventil zeigt Abb. 269a.

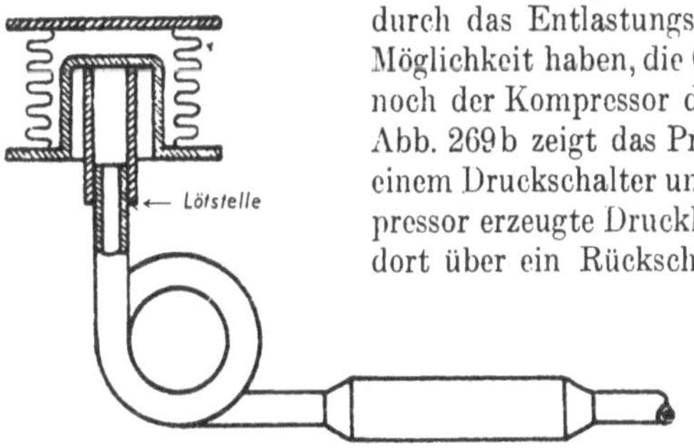

Abb. 272

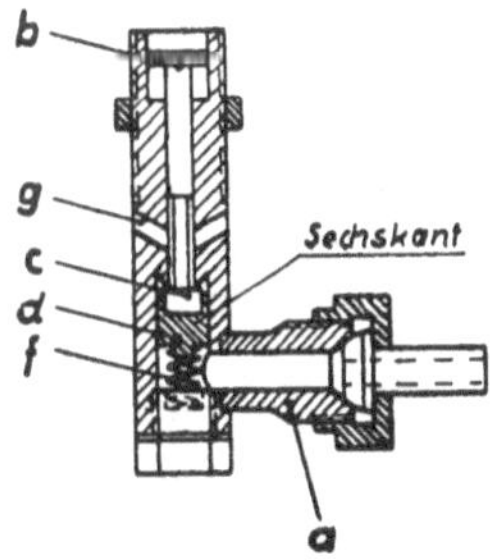

Abb. 269 a

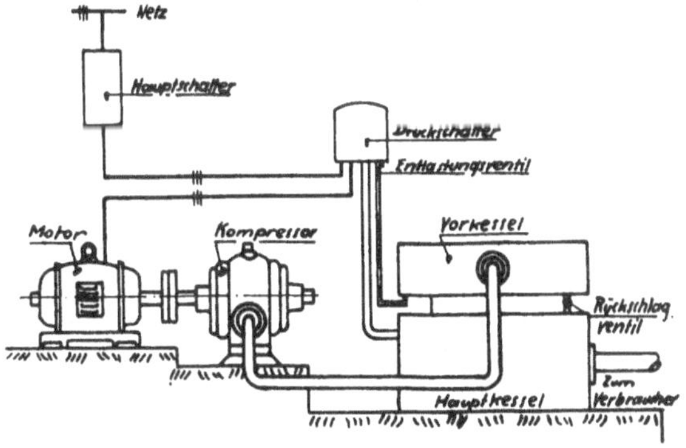

Abb. 269 b

Durch den Rohrstutzen a, der außen 1/4"-Gewinde trägt in Verbindung mit einer Überwurfmutter und einem Mundstück, wird das Ventil durch eine dünne Rohrleitung mit dem Vorkessel verbunden. Der Kolben b wird durch ein Gestänge, das sich mit dem Schaltmechanismus des Druckschalters bewegt, bedient, und durch die Dichtung c ist das Ventil im ausgeschalteten Zustand geschlossen. Beim Ausschalten bewegt sich der Kolben b nach unten, und damit die Dichtung c und das Formstück d, das unter der Einwirkung der Feder f steht. Das Formstück ist sechskantig ausgebildet, so daß im ausgeschalteten Zustand die Luft an ihm vorbeiströmen kann. Sie bläst am Kolben entlang, der etwa 2 mm stark ist und der sich in einem Loch von etwa 3 mm Stärke bewegt. Durch die beiden Löcher g wird sie ins Freie geführt.

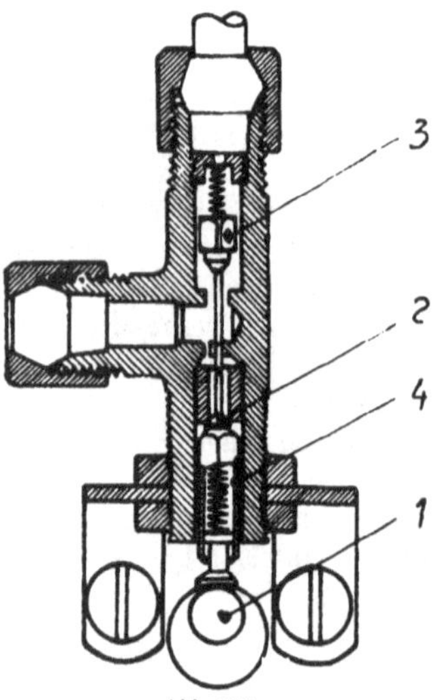

Abb. 269 c

Es besteht auch die Möglichkeit, Entlastungsventil und Rückschlagventil zu vereinigen. In diesem Falle muß man ein Dreiweg-Ventil benutzen. Den Mechanismus hiervon zeigt Abb. 269c[1]). Der Mechanismus 1, der mit dem Schaltmechanismus verbunden ist, öffnet beim Schließen des Druckschalters das Ventil 3 (Rückschlagventil) und die Luft fließt vom Vorkessel des Kompressors zum Hauptkessel. Sobald der Schalter öffnet, wird das Ventil 2 geöffnet und das Ventil 3 geschlossen. Auf diese Weise kann alle Druckluft vom Vorkessel des Kompressors ins Freie entlang dem Kolben 4 geführt werden und der Kompressor kann wieder entlastet anlaufen.

Ein Druckschalter mit Wiedereinschaltmöglichkeit mittels Handgriff bei Unterschreiten des Ausschaltdruckes, bevor die automatische Wiedereinschaltung erfolgt, ist der Überdrucksicherheitsschalter zur Sicherung des Kondensators gegen Überdruck in einer Kompressoranlage. Da beim Ausbleiben des Kühlwassers der Kondensatorüberdruck steigt, ist ein Kühlwassersicherheitsschalter überflüssig, wenn ein Überdrucksicherheitsschalter verwendet wird. Die übliche Einstellung des Ausschaltdruckes beträgt bei Kompressoren mit Chlormethyl etwa 7 atü, mit Schwefeldioxyd etwa 5 atü und mit Chloräthyl etwa 1,2 atü. Die Membrane ist aus Bronze oder Tombak, meist in Form eines Wellenrohres oder eines Faltenbalges. Die Handeinschaltung erfolgt z. B. durch einen Druckknopf, der direkt auf die Ausschaltkontakte wirkt.

Kühlwassersicherheitsschalter werden in die Kühlwasserleitungen von Kompressoren eingebaut, sie dienen zur Überwachung der Kühlwasserzufuhr und schalten

[1]) Pen, Electric Switch Company.

ab, sobald zu wenig Kühlwasser fließt, d. h. der Druck in der Kühlwasserleitung zu niedrig wird. Sie sind ähnlich gebaut wie Druckschalter, jedoch mit umgekehrter Schaltfunktion. Die auftretenden Drücke sind meist niedriger, sie arbeiten zweckmäßigerweise schon von einem Ausschaltdruck von 0,2 atü an. Für so kleine Drücke und Druckdifferenzen zwischen Ein- und Ausschaltdruck wird der Auslösehebel in einer Schneide (Konstruktionsprinzip s. Kühlwasserregler) gelagert. Auch die Maximaldrücke sind niedriger als bei Druckschaltern, ca. 2—2,5 atü Maximaleinschaltdruck und entsprechend niedrigeren Ausschaltdruck. Für große Anlagen kann dasselbe Gerät wie der Druckschalter, nur mit umgekehrt angeordneten Kontakten, gewählt werden.

Die Vereinigung des Kühlwasserüberwachungsschalters und des noch später zu besprechenden Kühlwasserventils ist der Kühlwasserregler (Prinzipzeichnung Abb. 271[1]). Auch hier ist der Auslösehebel in einer Schneide gelagert. Steigt der Druck des Kältemittels, so wird der Winkelhebel a im Gegenuhrzeigersinn gedreht, die Ventilklappe b geöffnet, die Kühlwasserzufuhr steigt entsprechend. Unterbleibt die Kühlwasserzufuhr, so steigt der Druck weiter, der verstellbare Anschlag c schaltet den Kontakt durch die Sprungfeder d über das Hebelsystem k aus. Mit Hilfe des Druckknopfes f wird der Apparat von Hand ausgeschaltet oder selbsttätig durch den Anschlag c, der ebenfalls auf i verstellt werden kann. Durch c und g wird die Druckdifferenz verstellt, die Federkraft h ist ebenfalls variabel.

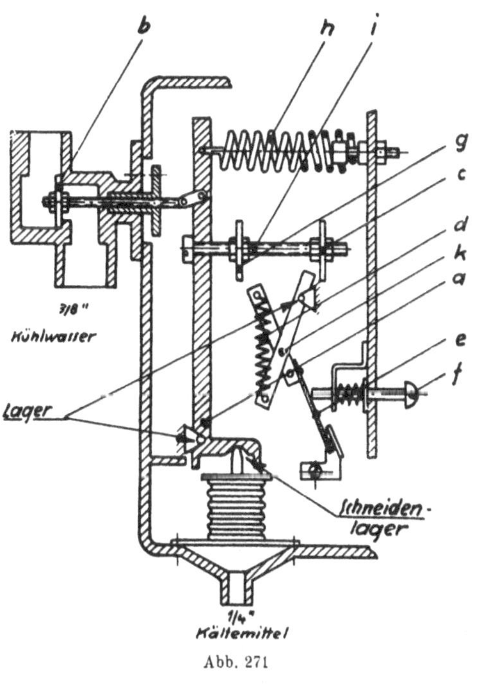

Abb. 271

Man kann auch einen einfachen Kühlwasserregler ohne selbsttätige Ausschaltung bauen, bei dem nur die Kühlwasserzufuhr in Abhängigkeit vom Druck gesteuert wird, während die Ausschaltung der Anlage der Pressostat übernimmt.

Das Prinzip der verstellbaren Momentaus- und -einschaltung findet auch bei Pressostaten und häufig bei Thermostaten Anwendung. Man unterscheidet Bi-

[1]) Metzenauer & Jung.

Metall-Thermostaten und Thermostaten mit Flüssigkeitsausdehnung. Die Bi-Metall-Thermostaten bestehen aus einem 15 bis 20 mm breiten und 0,5 mm starken Bi-Metallstreifen[1]), der in mehreren Windungen spiralig um eine Achse gelegt wird. Die Windungen müssen untereinander einen so großen Abstand haben, daß die Streifen ungehindert arbeiten können. Das äußere Ende des Bi-Metallstreifens ist etwa 80 mm von der Achsenmitte entfernt und hat eine Silberniete, die in der Einschaltstellung von einem kleinen Magneten an seinen Gegenkontakt gezogen wird. Die Einstellung erfolgt durch Drehen der Achse. Bisher ist es nicht gelungen, Bi-Metall-Thermostaten, die für geringe Temperaturdifferenzen geeignet sind, herzustellen. Daher finden bei Kältemaschinen hauptsächlich Thermostaten mit Flüssigkeitsausdehnungen Anwendung. Von diesen unterscheidet man Stab-Thermostaten und Kapillar-Thermostaten. Die ersteren werden für große Kühleinrichtungen gebaut. Sie besitzen einen Fühlkörper aus Messingrohr von etwa 15 mm Durchmesser und 50 cm Länge. Im Inneren des Rohres befindet sich ein Wellenrohr, in dem die Ausdehnungsflüssigkeit ist. Die Wellenrohrmembrane drückt auf einen kleinen Bolzen von etwa 5—6 mm Durchmesser, der in das Schaltergehäuse hineinragt und hier einen Quecksilberschalter (oder einen Silberkontakt) betätigt. Die kleine Membrane kann nur geringe Kräfte abgeben. Der Fühlkörper eines Solethermostaten muß in seiner ganzen Länge in die Sole eintauchen. Man unterscheidet in Abhängigkeit von der Raumverdampfer- oder Soletemperatur verschiedene Sorten von Thermostaten, während der Pressostat in Abhängigkeit vom Verdampferdruck einer Kälteerzeugungsanlage schaltet. Der Verdampferdruck ist bekanntlich auch eine Funktion der Verdampfertemperatur. Eine Metallmembrane wird entweder durch den Druck des Kältemittels selbst (Pressostat) oder durch eine in einem Fühlrohr befindliche Flüssigkeit, die durch den Dampfdruck auf den Schaltmechanismus wirkt, bewegt (Thermostat). Für Kleinkälteanlage verwendet man Kapillarrohrthermostaten. Die Ausbildung der Membrane mit Faltenbalg, Fühlrohr und Kapillarrohr zeigt Abb. 272. Der Schaltmechanismus ist ähnlich wie bei dem in Abb. 271 dargestellten Kühlwasserregler, nur fällt das Ventil weg. Der ganze Apparat ist viel kleiner als ein Druckschalter. Auch bei den Thermo- und Pressostaten kann Handeinschaltung mit Rückschaltung durch Rückzugsfeder vorgesehen werden, wodurch die Automatik vorübergehend ausgeschaltet wird. Diese Geräte dienen fast ausschließlich zur Schaltung von Hilfsströmen oder niedrigen Hauptströmen. Es genügt daher ein ganz einfacher Kontakt für die Handschaltung. Die Feder h wird bei diesen Schaltern gern neben und nicht über die Metallmembrane gesetzt. Die Einstellung erfolgt dann von oben oder unten. Die Membrane ist ein dünnwandiger, hochempfindlicher Faltenbalg aus Bronze oder Tombak von ca. 30—40 mm Außendurchmesser bei ungefähr 8—12 Windungen. Z. B. ist eine Membrane von 12 Windungen, 31,5 mm Außendurchmesser, 24 mm Höhe bei ca. 0,25 mm Materialstärke bis 0,7 atü maximal belastbar. Der Faltenbalg ist ein Messingrohr von ungefähr 10 mm Durchmesser und 70 mm Länge. Für Sole- und Raumthermostaten sind die Abmessungen etwa 20% größer. In das Fühl-

[1]) Näheres über Bimetall s. S. 317.

rohr wird das Kapillarrohr eingelötet, das ein Kupferrohr mit einer lichten Weite von 0,3 mm ist. Es ist für Verdampferthermostaten etwa 75 cm lang, für Raum- und Solethermostaten etwa 1,50 m lang. Fühlpatrone, Kapillar- und Wellenrohr bilden einen in sich abgeschlossenen dichten Raum. Die Ausdehnungsflüssigkeit CH_3Cl wird aus einer Stahlflasche in das Kapillarrohr gefüllt, nachdem die Luft aus dem Hohlkörper abgesaugt ist. Nach der Füllung wird der Einfüllstutzen mit einer Zange zugedrückt und das Einfüllrohr verlötet. Der Pressostat wird durch die Membrane mit dem Verdampferinnern verbunden. Er hat zu diesem Zweck einen Einschraubstutzen von 1/4″ Außendurchmesser. Der Pressostat muß noch eine Druckfeder erhalten, da es vorkommt, daß der Verdampferdruck unter den atmosphärischen Druck absinkt. Das Fühlrohr dient für einen Temperaturbereich von etwa — 30 bis + 5° bei einem Druckbereich von 0,78 bis 1 8 at. Wird es mit Schwefeldioxyd gefüllt, so ist beim gleichen Druckbereich ein Temperaturbereich von etwa — 18 bis + 18° vorhanden.

Im allgemeinen kann man aber diesen Temperaturbereich nicht ganz ausnützen, so daß man bei einer Kühlung bis etwa — 20° bei Chlormethyl mit etwa 1,2 ata und bei SO_2 mit ca. 0,65 ata rechnen soll. Raumthermostaten haben allgemein einen

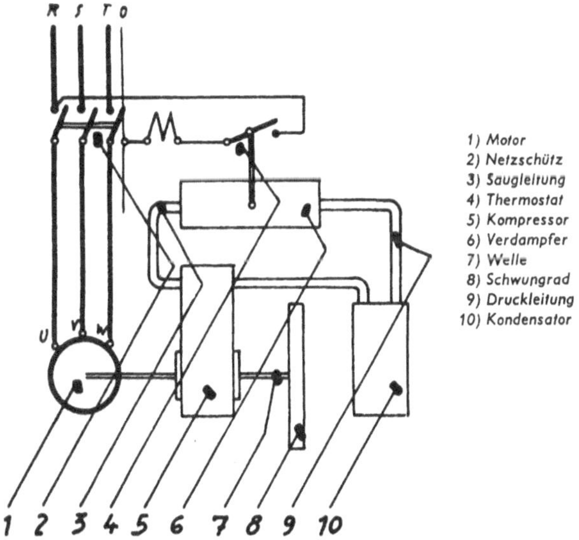

Abb. 273

höheren Temperaturbereich, etwa zwischen — 5 und + 15°. Es eignet sich auch hier als Kühlflüssigkeit Chlormethylchlorid, jedoch mit einer höheren Vorspannung, also ein Druckbereich von etwa 1,1—4,1 at.

Beachtet muß werden, daß, wenn Ammoniak als Kühlflüssigkeit verwendet wird, Nichteisenmetalle als Membrane nicht verwendet werden können, da diese durch Ammoniak stark angegriffen werden. Die Membrane muß aus ammoniak- und ölbeständigem Gummi hergestellt werden, und das Ventil wird nicht direkt auf das Membrangehäuse gesetzt, damit nicht der Ammoniak den Rotguß angreift. Eisenteile können verwendet werden.

Andere wichtige Geräte für Kompressoranlagen sind die magnetgesteuerte Leeranlaufvorrichtung und das magnetgesteuerte Kühlwasserventil. Eine vollständige luftgekühlte Kompressoranlage[1]) zeigt Abb. 273. In der Abbildung ist ein Verdampferthermostat vorgesehen, an dessen Stelle kann natürlich ebensogut ein Solethermostat im Kondensator 10 oder ein Raumthermostat im Kühlraum selbst vorgesehen werden. Eine Anlage mit Kühlwasserleitung, magnetgesteuertem Kühlwasserventil und Pressostat (an dessen Stelle auch ein Thermostat verwendet werden kann) zeigt Abb. 274.

Das magnetgesteuerte Kühlwasserventil besteht aus einem Hubmagneten für Einphasen- oder Gleichstrom, ausgelegt für 100% ED bei sehr kleiner Hubarbeit, ca. 2—3 cmkg, der ein Absperrventil für $^1/_2''$ oder $^3/_4''$ betätigt. Das Ventil öffnet gleichzeitig mit dem Motor die Kühlwasserleitung.

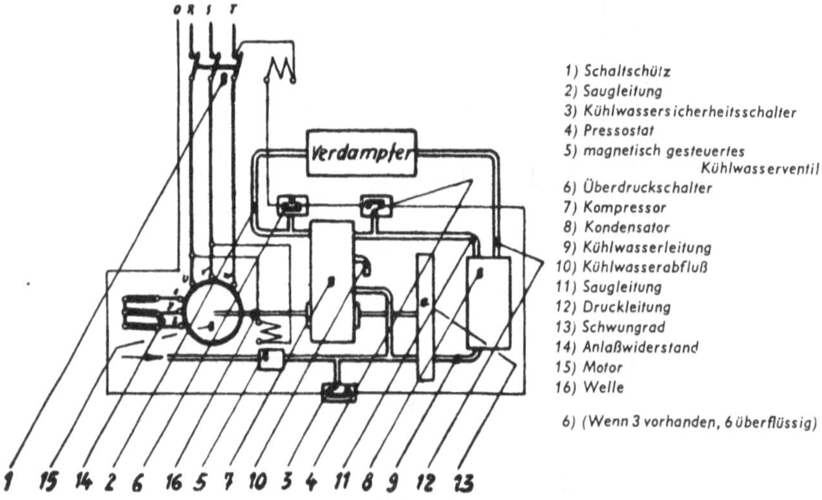

Abb. 274

Die Leeranlaufvorrichtung findet ausschließlich Verwendung bei großen Luftkompressoren. Bei kleinen Anlagen wird ein Druckschalter mit Entlastungsventil

[1]) Klöckner, Köln.

verwendet, durch das beim Ausschalten des Motors die im Zylinder und Vorreiniger vorhandene Luft ins Freie geführt wird. Bei großen Anlagen muß stets die Druckluftleitung, die vom Windkessel kommt, im Anlauf mit der Entlastungsvorrichtung des Kompressors verbunden sein. Die Absperrung der vom Windkessel kommenden Rohrleitung erfolgt, sobald der Motor die volle Tourenzahl erreicht hat, d. h. der Hubmagnet muß dann anziehen. Zugleich erfolgt die Öffnung der von der Entlastungsvorrichtung kommenden Rohrleitung, damit evtl. in ihr sich befindende Luft entweichen kann. Gleichgültig, ob die Entlastung durch Offenhalten der Saugventile, durch Abdrosselung der Saugleitung oder durch Öffnen der Druckleitung erfolgt, die Anlaufverhältnisse erfordern stets ein großes (2,5fach) Anlaufmoment. Eine Leeranlaufvorrichtung zeigt Abb. 275.

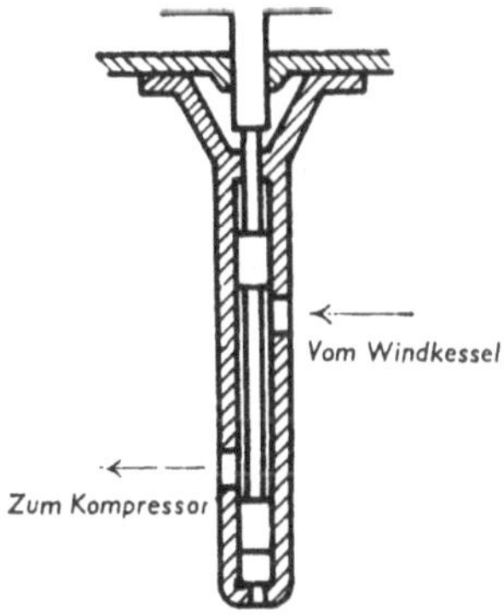

Abb. 275

Die Leeranlaufvorrichtung ist ebenso wie das Entlastungsventil durch eine dünne Druckluftleitung (1/4″) mit dem Windkessel und mit der Entlastungsvorrichtung des Vorreinigers verbunden. Abb. 275 zeigt das Ventil im geöffneten Zustand, die Verbindung vom Windkessel zur Entlastungsvorrichtung ist freigegeben. Die Druckluft des Windkessels betätigt also die Entlastungsvorrichtung. Im eingeschalteten Zustand des Magneten liegt das Ventil zwischen der Leitung, die zum Kompressor führt, und der, die vom Windkessel kommt. Dadurch ist die vom Windkessel kommende Rohrleitung abgeriegelt, während die Leitung, die zur Entlastungsvorrichtung des Kompressors führt, geöffnet ist. Die darin enthaltene Preßluft entweicht ins Freie durch ein kleines Loch am Boden der Leerlaufvorrichtung, dadurch wird die Entlastungsvorrichtung freigegeben, und der Kompressor kann entlastet anlaufen.

Der Hubmagnet erfordert etwa 6—8 cmkg Hubarbeit bei 100% ED.

Das Entlastungsventil wird für einen Maximaldruck von etwa 8—10 at gebaut. Das abgebildete Gerät ist mit Schiebern ausgerüstet.

Auch für sonstige Zwecke, z. B. für die Verbindungen von Soleleitungen, kommen im Kompressorenbau elektromagnetische Ventile — meist aus Bronze — vor. Die Magnete öffnen das Soleventil bei einer Anlage für mehrere Räume in Abhängigkeit von einem Raumthermostaten. Die Magnete werden für 100% Einschaltdauer ausgelegt. Man wählt für Ventile bis etwa 1,25″ Magnete von 3—4 cmkg Hubarbeit, für Ventile bis etwa 2″ Magnete von etwa 8—10 cmkg Hubarbeit Für hohe Drücke (von etwa 8—10 at) müssen bei einer lichten Weite von 2″ Magnete von etwa 10—12 cmkg Hubarbeit ausgewählt werden.

Allgemeine Kinematik der Schaltgeräte

Für die Übertragung von Kräften gibt es verschiedene Übertragungsmechanismen; durch diese werden Kontaktkräfte, Massengewichte, zum Teil in Lagern, aufgefangen.

Bei der Ausbildung von Lagern, in denen größere Kräfte aufgefangen werden und die einer häufigen Beanspruchung unterliegen, ist auf ausreichende Schmierung zu achten. Für große Schalthäufigkeit sind daher die Lagerbolzen ausreichend zu dimensionieren, und für größere Geräte sollen Schmierrillen angebracht werden.

Wesentlich einfacher ist meist eine Lagerung durch Spitzen. Diese hat sich besonders bei hoher Schalthäufigkeit bewährt (Abb. 276a). Schütze sollen außerdem einstellbare Magnete haben. In den meisten Fällen genügt es, den Bau des Magneten so vorzusehen, daß die Einstellung von allein erfolgt, indem man einen oder evtl. beide Magnetteile in Lagern drehbeweglich aufhängt. Besonders aber bei geräuscharmen Schützen ist eine derartige Lagerung nicht ausreichend, auch bei einer Übertragung durch Kniehebel (siehe unten) ist infolge der an den Gelenken auftretenden Wellen- oder Zapfenbeanspruchung eine solche Einstellung nicht an-

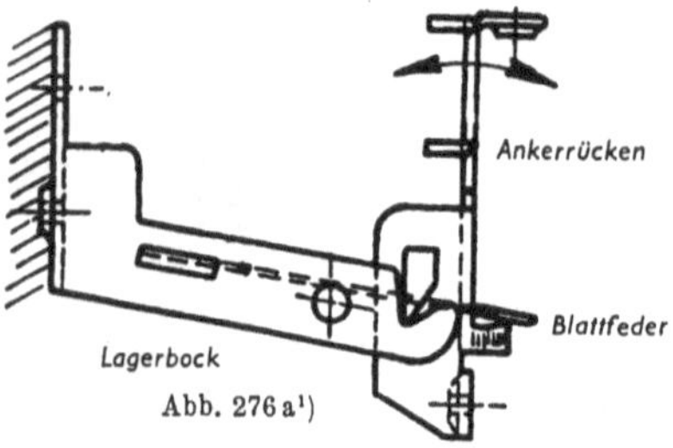

Abb. 276a[1])

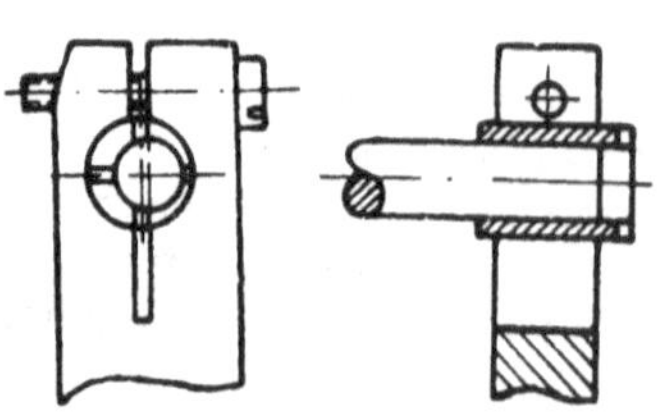
Abb. 276b

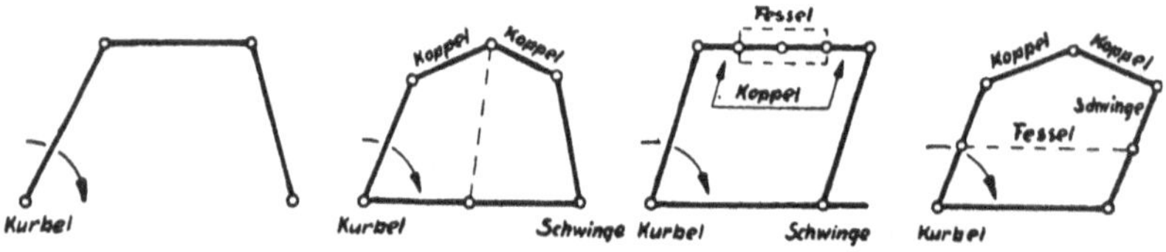

Abb. 277

gängig. Man müßte in diesem Falle durch lange Nacharbeiten am Prüffeld die richtige brummfreie Einstellung des Magneten versuchen zu erhalten: es ist aber besser, ein verstellbares Lager zu wählen, z. B. durch Exzenter (Abb. 276b)[2]).

In einer Büchse ist die Lagerbohrung gering exzentrisch, sie ist drehbeweglich in zwei Lagerböcken befestigt. Der bewegliche Teil des Magneten ist mit dem Lagerbolzen verbunden.

[1]) Konstruktion von Nedeß.
[2]) Rheostat, Dresden.

Der wichtigste Übertragungsmechanismus ist der Kniehebel. Der Kniehebel ist ein gebundener Zweikurbeltrieb[1]), der in nachfolgenden Formen ausgebildet sein kann, entweder durch Verdrängung der zweiten Kurbel nebst der dazugehörigen Fessel (Abb. 277a) oder aus zwei Koppeln, der Schwinge, der antreibenden Kurbel und dem Steg, wobei die Zwangsläufigkeit durch ein weiteres Glied (Fessel) erzielt wird (Abb. 277b).

Abb. 277c

Durch Umwandlung der Schwinge nach Abb. 277c in eine Geradführung entsteht die Schubkurbel. Nach Abb. 278 kann durch Umwandlung der Schwinge und der antreibenden Kurbel in Geradführungen eine Koppel und

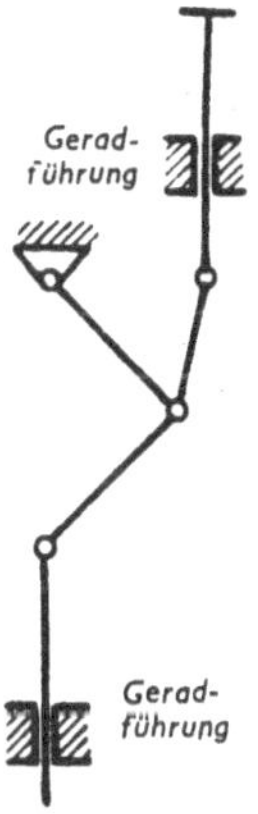

Abb. 278

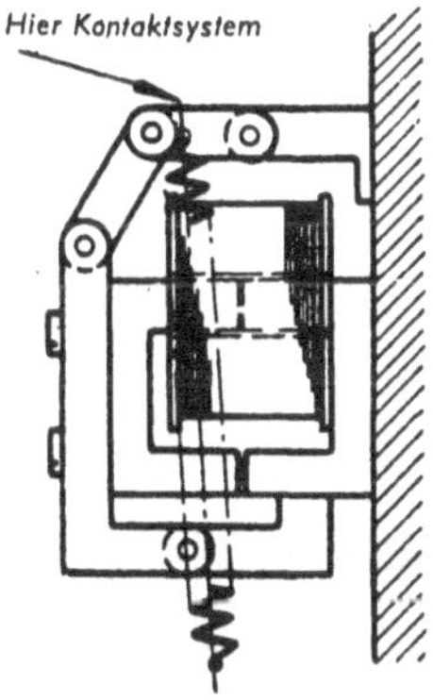

Abb. 279a

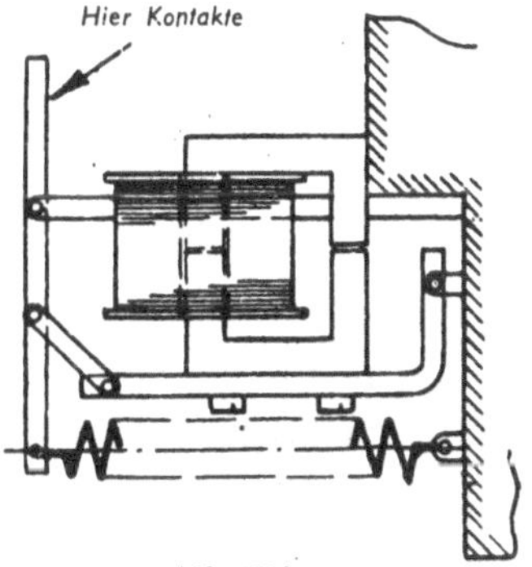

Abb. 279b

ein anderes bewegliches Glied des Zweikurbeltriebes abgewandelt werden.

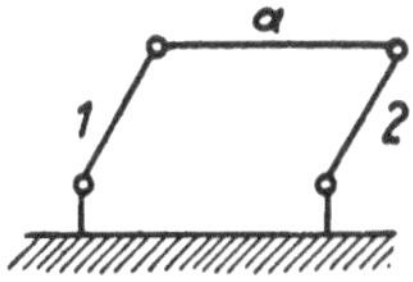

Abb. 280a

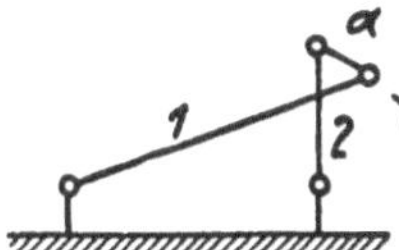

Abb. 280b

Durch Handbetätigung wird der Kniehebel um ein kleines Stück über den toten Punkt geschaltet. Bei Festhaltung gegen einen Elektromagneten, z. B. bei einem Schütz, darf nicht ganz bis in den Totpunkt geschaltet werden (Abb. 279a und b).

Eine besondere Form des Zweikurbeltriebes ist noch der Parallel-Kurbeltrieb, durch den außer in den Totpunktlagen eine Parallel-Verschiebung einer Bewegung erzielt wird (Abb. 280a), und der Antiparallel-Kurbeltrieb, durch den eine Winkel-

[1]) Siehe Hütte, Auflage 1925, Bd. 1, S. 288ff.

veränderung von 180° erzielt wird (Abb. 280b). Beliebig viele Parallel-Kurbeln können angebracht werden.

Häufig werden im Schaltapparatebau auch Gestängeantriebe zu dem Zwecke verwandt, um einen anderen Schaltwinkel für den Handgriff als für die Kontakte zu erzielen und um auf größere Entfernung schalten zu können. Dies gilt z. B. für

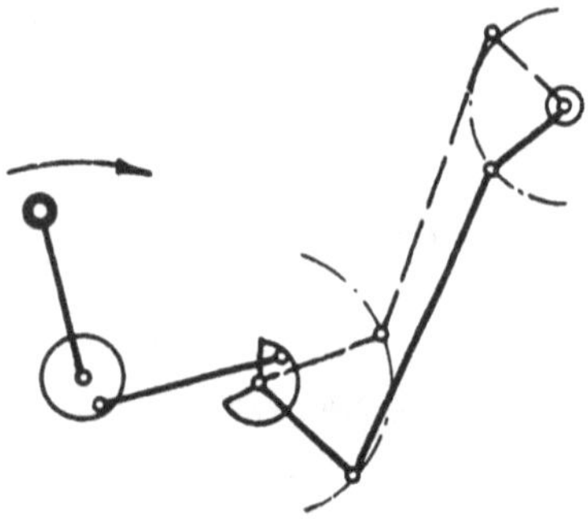

Abb. 281

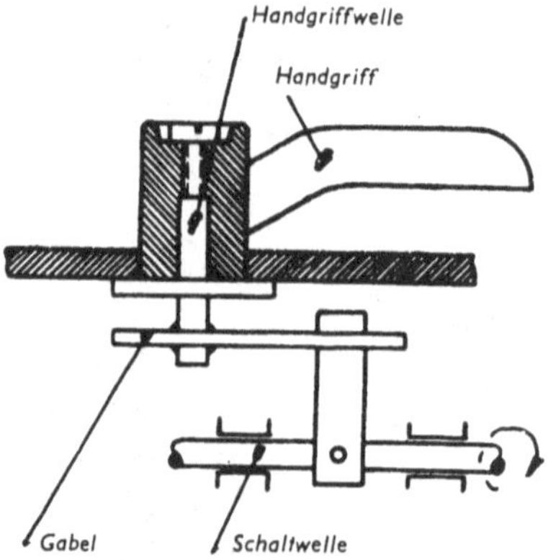

Abb. 282

Schalter, die auf Masten angebracht sind oder für Schalter, die hinter der Schalttafel liegen und von vorn zu bedienen sind. Einen solchen Gestängeantrieb zeigt Abb. 281.

Wird die Verlegung einer Schaltbewegung von einer Ebene in eine andere gefordert, wie dies z. B. bei Schaltgeräten mit seitlich liegender Schaltwelle, die von vorn bedient werden sollen, der Fall ist, so besteht die einfachste Lösung darin, auf der Schaltwelle einen Hebel anzubringen. Dieser wird von einer Gabel (Abb. 282a), die in der anderen Ebene liegt und durch den Handgriff gedreht wird, in die Aus- und Einstellungen geschoben.

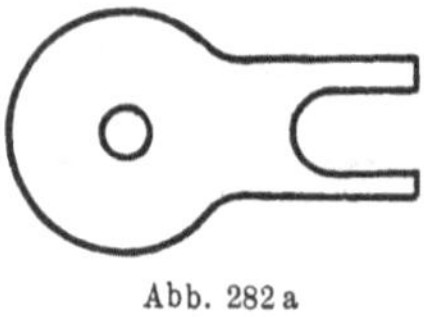

Abb. 282a

Eine derartige Ausführung ist jedoch dann nicht möglich, wenn die Schaltwelle einen größeren Schaltwinkel als 90° zurücklegen muß. Für diesen Zweck ist z. B. ein Schaltgetriebe nach Abb. 283 zweckmäßig. Hierbei müßten die Gelenke, da die Bewegung nicht nur in einer Ebene stattfindet, entweder als Doppelgelenke oder Kugelgelenke ausgestattet werden. Ein solches Doppelgelenk zeigt z. B. Abb. 284.

Bei kleinen Schaltern kann man die Drehung der Schaltwelle auch durch Druckknöpfe erzielen. Die Scha'twelle ist mit einer Wippe zu versehen, die durch zwei parallel geführte Druckknöpfe entweder in die eine Richtung oder in die andere gedreht wird. Diese Ausführung läßt sich jedoch nur dann anwenden, wenn der Schaltwinkel nicht zu groß ist und die erforderlichen Kräfte an der Schaltwelle gering sind.

Auch ein Kniehebel kann in der Weise bedient werden, daß eine Koppel durch eine Kurvenscheibe oder eine Gabel ersetzt wird. Diese wird durch die Kurbel gedreht. In diesem Falle wird der Kniehebel etwas über den Totpunkt geschaltet. Auf die Weise wird erreicht, daß der Bedienungsgriff vorn liegt. Die Einschaltung der Kontakte erfolgt dadurch, daß sich die Schaltbrücke von vorn nach hinten bewegt.

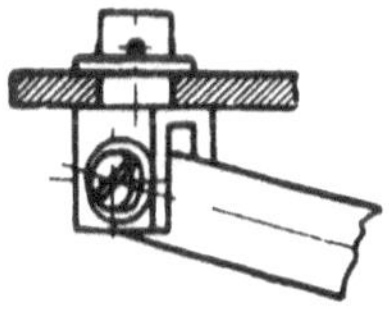

Abb. 284

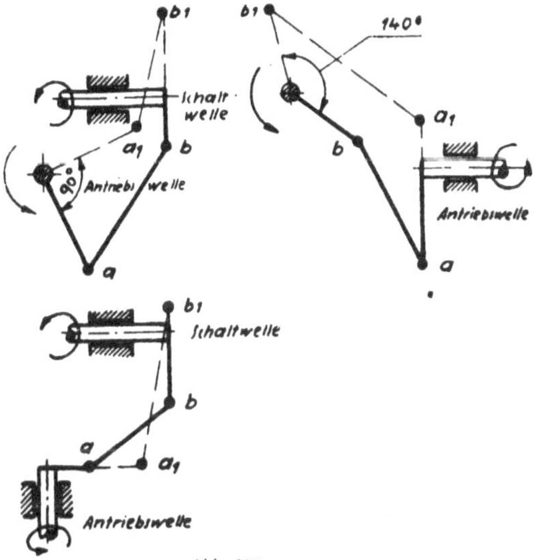

Abb. 283

Untersucht man die Kräfte, die an den Gelenken eines Getriebes auftreten können, so ist zu beachten, daß Kurbeln Kräfte in jeder Richtung aufnehmen können und Koppeln nur Kräfte, die in ihre Richtung fallen. Betrachtet man z. B. ein Luftschütz (Abb. 279a), dessen Magnet von vorn nach hinten schaltet, so ergibt sich für den Kniehebelmechanismus das folgende Bild. Abb. 285 zeigt schematisch die Hebelverhältnisse des Luftschützes Abb. 279a.

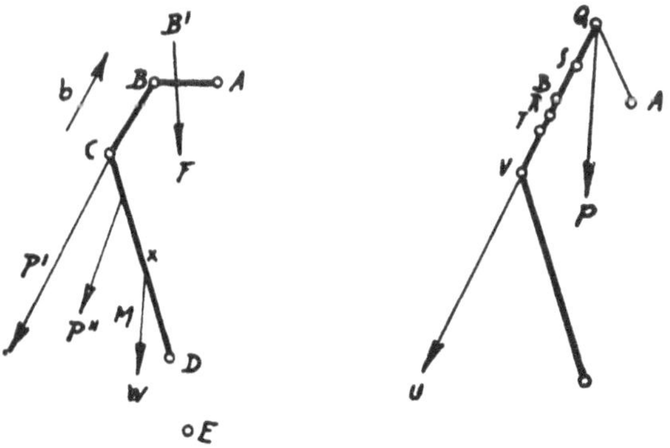

Abb. 285

Die Federkraft, gezeichnet in der Richtung B'—F, dient dazu, die Kontakte in die Ausschaltstellung zu bringen. Die Ausschaltstellung ist durch einen Anschlag bestimmt. Die Magnetkraft kann man, nachdem man die Gesamtkontaktkraft gemäß Kapitel 1 berechnet und die Massengewichte M des beweglichen Magnetteils und der Kurbel nach dem Konstruktionsentwurf geschätzt hat, nach Abb. 285 bestimmen. P ist die Summe der Kontaktkräfte und der Massenkraft der Schwinge AB in einem beliebig angenommenen Punkte, bezogen auf den Drehpunkt A. Diese Kraft P kann die Koppel nur in ihrer Richtung aufnehmen. Man bringe daher einen Strahl in Richtung der Koppel b mit P zum Schnitt im Punkt Q, die Gerade QR in Richtung von b ist der Kraftanteil von P in Koppelrichtung. Der Druck auf das Gelenk A geht dann in Richtung von AQ. ST ist in gleicher Weise bestimmt, sie ist die Projektion der Federkraft F in Richtung von b · QR + ST = P′. Es herrscht Gleichgewicht, wenn auf dem Punkt B die Kraft P′ in umgekehrter Richtung wirkt und auf dem Gelenkpunkt C der Kurbel c wieder in der ursprünglichen Richtung = UV. Der Magnet muß diese Kraft UV und die Massenkraft M (XW) überwinden.

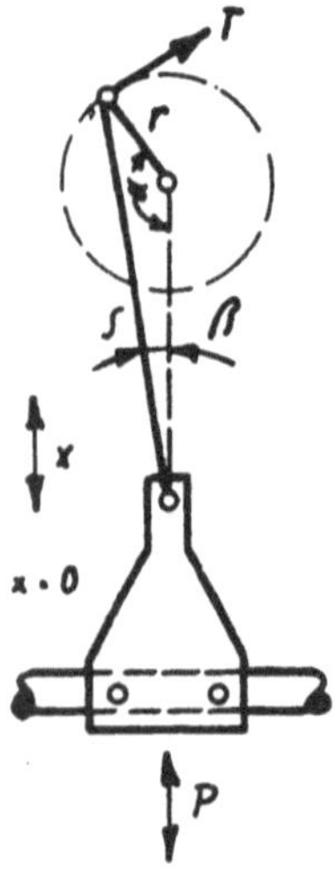

Abb. 286

$$P'' = \dot{U}\bar{V} + \dot{X}W$$

Zu diesem Werte kommt noch ein Zuschlag für die Reibungskräfte. Diesen kann man mit etwa 30—40 % schätzen.

Um die Gelenkdrücke darzustellen, zeichnet man nach Broeger[1]) die Gelenkbolzen mit großem Spiel, und die Zapfenbeanspruchung ergibt sich dann durch die geometrische Addition der Kräfte gemäß obigem Beispiel. Im allgemeinen kann man die Reibungsverluste annehmen mit $\mu Pr\varphi$, wobei φ der Drehwinkel und r die Länge des Hebels ist. μ beträgt in Luft etwa 0,2.

Weit verbreitet ist die Übertragung von Kräften im Schalterbau durch den Schubkurbeltrieb[2]) (Abb. 286). Einen Schubkurbeltrieb für einen Ölschalter zeigt Abb. 287.

Für die Übertragung großer Kräfte, besonders bei Ölschaltern größerer Leistung, ist er geeignet. Die Kraft P (herrührend von der Kontaktkraft) ist variabel. Wie die folgenden Betrachtungen zeigen, ist es aber nicht nötig, diese Verschiedenartigkeit für die Bestimmungen der wesentlichen Eigenschaften des Schalterschubkurbeltriebes zu beachten. Bezeichnet man mit T die am Handrad eines Schalters auftretende Kraft bei der Schubstangenkraft P, so muß bei einem automatischen Schalter angestrebt werden, daß diese der Klinkenkraft entsprechende Kraft T ein Minimum werden soll. In diesem Fall werden die kleinsten Auslösemagnete benötigt.

[1]) Siehe Hütte, Bd. 1, Kinematik.

[2]) Siehe Hütte 1944, Bd. 2, S. 103 ff.

$$T = P(\sin\alpha + \lambda/2 \sin 2\alpha\lambda), \text{ wobei } \lambda = r/s$$

T wird 0 für jedes λ bei $\alpha = 180°$.

In dieser Lage sind jedoch die Reibungskräfte besonders hoch, außerdem wird meist die Anordnung des Auslösegestänges schwierig. Man wählt daher in der Einschaltlage den Winkel $\alpha < 180°$. Der ungünstigste Schaltwinkel α_0, also $T = T_{max}$, ergibt sich:

α	60°	64°	69°
λ	1	$^3/_4$	$^1/_2$
α	77°	81°	84°
λ	$^1/_4$	$^1/_6$	$^1/_{10}$

Im allgemeinen soll man α zwischen 120—150° wählen, bei großem λ wähle man α kleiner.

Für die Bestimmungen des Schaltverlaufes, d. h. der Abhängigkeit des Kontaktweges vom Angriffshebelweg, muß man sich bei den meisten Schaltgetrieben mit grafischen Methoden der punktweisen Aufzeichnungen begnügen. Beim oben angegebenen Schubkurbelweg kann der Schaltweg auch rechnerisch aus dem Handkurbelweg bestimmt werden. Bezeichnet man mit x den Kontaktweg, wobei man dem Schnittpunkt eines Kreises mit der Schaltkurbellänge um den Handkurbelmittelpunkt mit der Verbindungslinie Handkurbelmittelpunkt-Schubkurbelendpunkt den Wert 0 zuordnet, so ergibt sich

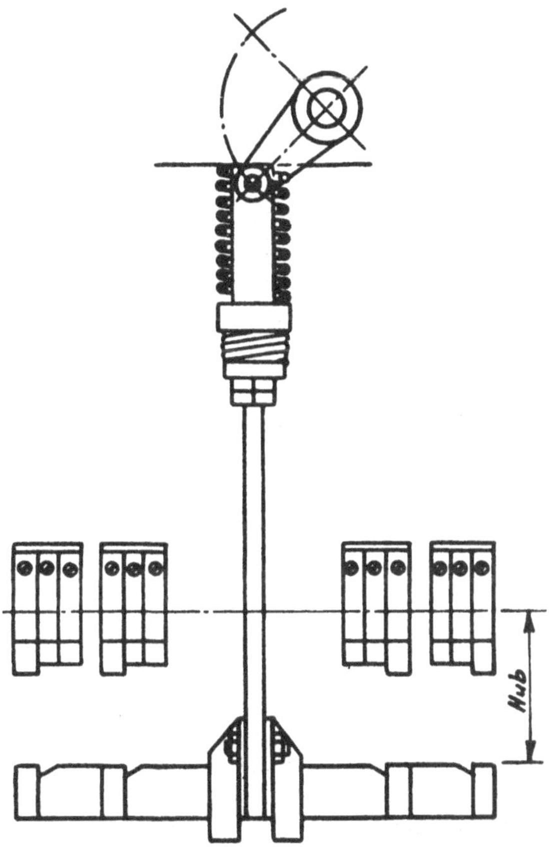

Abb. 287

$$x = -r\cos\alpha + l(1 - \cos\beta)$$

und durch Reihenentwicklung

$$x = -r\left(\cos\alpha + \frac{\lambda}{2}\sin^2\alpha\right)$$

$\alpha =$	180°	150°	120°	90°	60°	30°	0°	
x/r	+1	+0,74	+0,12	−0,50	−0,88	−0,99	−1	f. $\lambda = 1$
x/r	+1	+0,81	+0,31	−0,25	−0,69	−0,93	−1	f. $\lambda = 1/2$
x/r	+1	+0,84	+0,40	−0,12	−0,60	−0,90	−1	f. $\lambda = 1/4$
x/r	+1	+0,86	+0,46	−0,05	−0,54	−0,88	−1	f. $\lambda = 1/10$

An dem Punkt, an dem die beweglichen Kontakte sich von den festen trennen, soll größte Geschwindigkeit herrschen. Vernachlässigt man die Reibung, so daß mit konstanter Schubkurbelkraft gerechnet werden kann, so ergibt sich, wenn man mit v die konstante Tangentialgeschwindigkeit der Handkurbel bezeichnet, die Geschwindigkeit c der Schubkurbel:

$$c = v\sin(\alpha \pm \beta)\cos\beta = v(\sin\alpha + \lambda/2\sin 2\alpha)$$

Daraus erkennt man, daß die Punkte maximaler Geschwindigkeit, je nach dem Wert von α, die gleichen sind wie die Punkte für T_{max}. Es soll also dieser Punkt als der Trennpunkt des Funkenabreißkontaktes vom festen Kontakt gewählt werden. In vielen Fällen wird dies nicht ganz erreicht werden, da ja andererseits die Entfernung zwischen festem und beweglichem Kontakt möglichst groß sein soll. Vor allem bei Tastkontakten bleibt dann ein zu großer Teil der vom beweglichen Kontakt durchgelaufenen Strecke leitend. Unter keinen Umständen soll aber die Strecke, in der sich die Kontakte berühren, über diesen Punkt herausgehen. In der Ausschaltstellung soll die abzudämpfende kinetische Energie so klein als möglich sein, es muß daher die Schubkurbelgeschwindigkeit niedrig sein. Gemäß der Formel für die Geschwindigkeit gilt dies für $\alpha = 0$, es ist daher in der Ausschaltstellung $\alpha = 0$ zu wählen. Aus diesen Gründen wird man bei senkrechter Bewegung der Kontaktbrücke und Kniehebelanordnung stets die beweglichen Kontakte unten und die festen Kontakte oben anordnen. Die Schaltgeschwindigkeit wird vielfach noch durch Ausschaltfedern unterstützt (s. Abb. 287). Man beachte ferner, daß innerhalb eines gewissen Schaltwinkels die Schubkurbel selbstsperrend ist, und zwar solange die Wirkung der Zapfenreibung größer ist als die der Leistung an der Handkurbel, dies gilt etwa im Winkel von etwa 8—10°.[1])

Ein sehr häufig im Schalterbau angewandtes Schloß ist die Freiauslösung oder Freilaufkupplung. Das Wesen dieses Schlosses beruht darin, daß auch bei festgehaltenem Handgriff durch ein automatisches Element, das vom Über- oder Erdungsstrom ausgelöst wird, der Schalter in die Ausschaltstellung gelangt. Die Lösung dieser Aufgabe ist entweder durch ein Klinkenschloß oder durch einen Kurbeltrieb möglich. Die Ausbildung als Kurbeltrieb geschieht in der Weise, daß der Zweikurbeltrieb, der sich in der Strecklage selbst hält, durch Aufhebung der Fesselung seine

[1]) Näheres darüber siehe Hütte, S. 111, Bd. 2/44.

Zwangsläufigkeit verliert und daher die Ausschaltung bewirkt. Das Schloß einer Freiauslösung besteht daher aus fünf Hebeln und dem Steg. Hierin sind diejenigen Hebel nicht einbezogen, die, sei es von elektromagnetischen oder thermischen Elementen bedient, die Aufhebung der Fesselung bewirken.

Außerdem muß die Freiauslösung eine Rückzugfeder haben, durch die der Handgriff oder der Druckknopf nach erfolgter Ausschaltung durch den Überstrom von selbst in die Aus-Stellung bewegt, und ferner eine Schaltfeder, durch die die Ausschaltung bewirkt wird. Als Fessel kann auch eine Feder dienen. Die Aufhebung der Fesselung soll stets dort stattfinden, wo die geringsten Kräfte erforderlich sind.

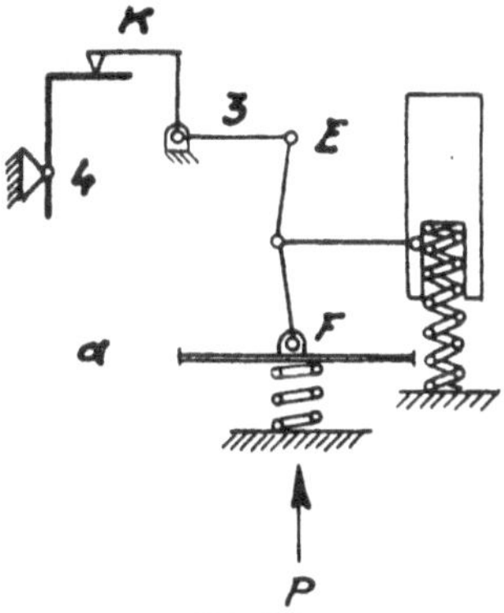

Abb. 288a

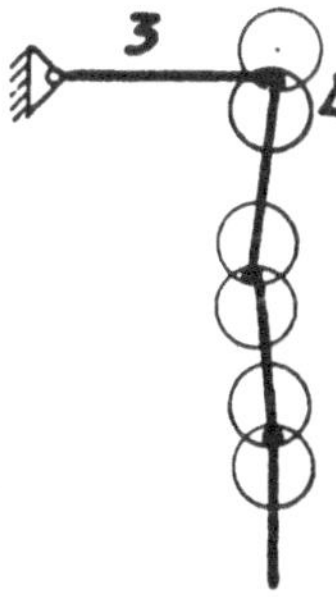

Abb. 288c

Abb. 288a[1]) und b[2]) zeigen einfache, erschütterungssichere Freiauslösungen. Der Schalter wird durch Druckknöpfe betätigt. Die Druckknöpfe werden durch Führungen geradlinig bewegt. Als Fessel dient der Hebel 3. Der Punkt a kann in endlicher (Abb. 288b) oder unendlicher Entfernung liegen (Abb. 288a). Liegt der Punkt a in unendlicher Entfernung, so ist die Kontaktbewegung geradlinig, was durch eine besondere Führung an der in F aufgehängten Kontaktbrücke erzielt wird. Liegt der Punkt a in endlicher Entfernung, so ist die Kontaktbewegung kreisförmig. Im eingeschalteten Zustand wirkt die Kontaktkraft P im Punkte F auf den über den Totpunkt geschalteten Kniehebel. Um die Zapfendruckverhältnisse festzulegen, zeichnet man sich wieder die Bolzen mit großem Spiel. Die Richtung der Zapfendrücke gibt Abb. 288c an. Man sieht, daß im Punkte E auf den Hebel 3 ein solcher Druck ausgeübt wird, daß er sich im Gegenuhrzeigersinne drehen möchte. Durch die Klinke K wird aber der Hebel 3 an der Bewegung verhindert, und solange die Klinke K nicht bewegt wird, ist das Schloß nach

[1]) ähnlich AEG.
[2]) SSW.

Abb. 288a ein Kniegelenk, wie dies in Abb. 278 dargestellt ist. Die Klinke wird durch eine Drehung um die Achse 4 (Abb. 288a) durch ein thermisches oder elektromagnetisches Auslöse-Element bewegt (Näheres darüber s. S. 315).

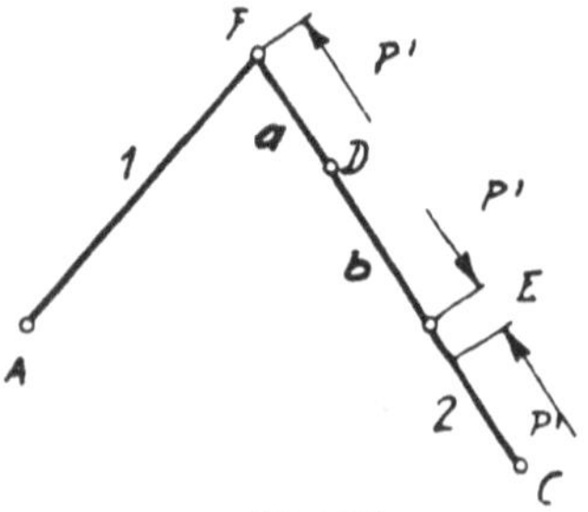

Abb. 289 b

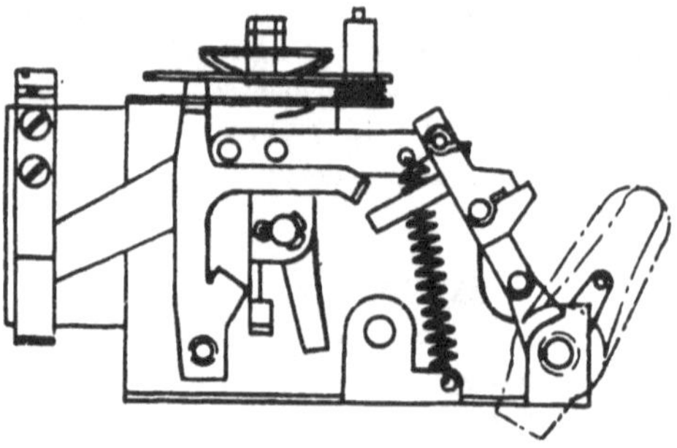

Abb. 289 a

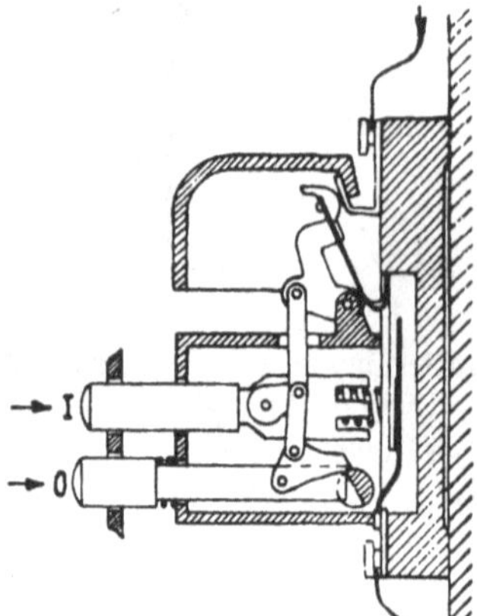

Abb. 288 b

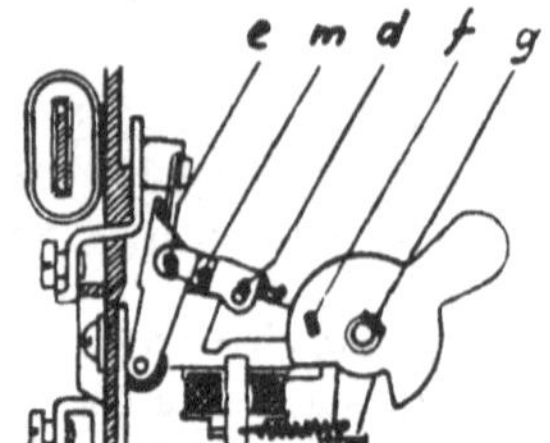

Abb. 290

Eine Freiauslösung, bei der der Kniehebel nur in die Totpunktlage geschaltet wird, zeigt Abb. 289a und 289b.

Hierbei dient als Fessel eine Drehfeder im Lager F, die den Hebel a stets im Uhrzeigersinne zu bewegen versucht und am Hebel 1 abgestützt ist. Schlägt man das Kniegelenk bei D gegen diese Federkraft auseinander, dann bewegt sich D nach rechts, und die mit der Schaltwelle bzw. den Kontakten verbundene Schwinge 1 fällt nach unten bzw. je nach Lage des Schalters nach hinten oder vorn. Dadurch wird die mit der Schwinge 1 mechanisch verbundene Kontaktbrücke ausgeschaltet. Nach Loslassen des Handgriffs bewegt sich der Hebel 2 durch eine Rückzugfeder in die Aus-Stellung. Beim Schalten von Hand könnte sich das Gelenk D auch nach links durchdrücken. Dies wird jedoch durch Nasen an den Kniegelenkstücken a und b verhindert. Die Ausschaltung erfolgt dadurch, daß durch den Überstrom ein Glied ausgelöst wird, das den Hebel a gegen die Federkraft der Drehfeder drehen will. Abb. 290 zeigt die Freiauslösung eines Kleinselbstschalters¹), der in ähnlicher Weise wirkt wie die Freiauslösung nach Abb. 289a u. b. Die die Fesselung bewirkende Feder sitzt jedoch hier im Kniegelenk selbst. Der Schalter wird dadurch bedient, daß der Hebel f den Kniegelenkhebel m so bewegt, daß der um den Drehpunkt e sich bewegende Hebel gleichzeitig die Kontaktfeder, die hier auch als Ausschaltfeder wirkt, gegen den festen Kontakt drückt. Die selbsttätige Auslösung wird durch einen Schlag gegen den Drehpunkt d des Kniegelenkes durch das thermische oder elektromagnetische Auslöseglied bewirkt.

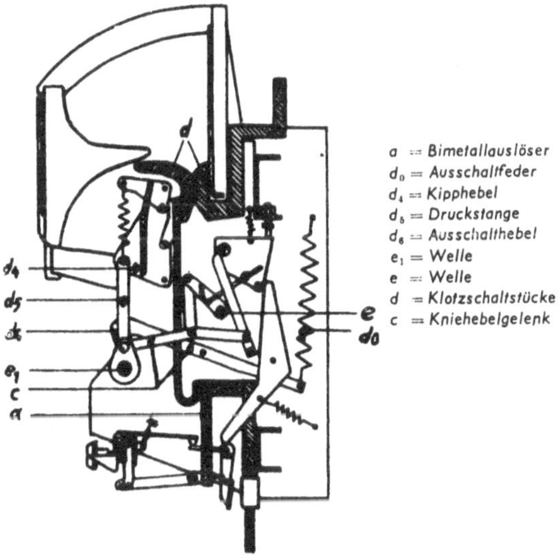

Abb. 291

Bei Schaltern für große Stromstärken, in denen große Kräfte übertragen werden müssen, reicht ein Kniehebel nicht aus. Ein Hebel des Kniegelenks drückt nicht direkt auf den die Kontakte bewegenden Hebel, der sich geradlinig oder kreisförmig bewegen kann, sondern wieder auf den Gelenkpunkt eines zweiten Kniehebels. Durch diesen zweiten Kniehebel wird die die Kontakte bewegende Welle erst bedient. Im Gelenkpunkt senkrecht zur Bewegung der Kraftrichtung, ausgeübt durch die Kontaktkraft, tritt nicht die Kraft P, sondern nur die Kraft μP (μ = Reibungskoeffizient) auf. Aus Sicherheitsgründen wird der zweite Kniehebel etwas über den Totpunkt geschaltet. Ein Ausführungsbeispiel für einen Schalter mit doppeltem Kniegelenk zeigt Abb. 291²).

¹) SSW.

²) SSW.

Die Einschaltbewegung überträgt sich von der Welle e auf das Kniegelenk c und die Welle e_1. Hierbei wird das bewegliche Schaltstück d durch den Kipphebel d_4 bewegt und durch die Druckstange d_5 mit hohem Druck gegen die feststehenden Kontakte gepreßt. Der Kniegelenkpunkt ist gefesselt, bis durch thermische oder elektromagnetische oder Handausschaltung die Fesselung aufgehoben wird. Die Ausschaltung erfolgt dann durch die Schaltfeder d_0 über den Ausschalthebel d_6. Dieser wirkt auf den Kniegelenkpunkt in senkrechter Richtung zur Kontaktdruckfeder. Für die Übertragung derartiger großer Kräfte sind daher nicht 5 Hebel, sondern mindestens 7 erforderlich, ohne Beachtung derjenigen Elemente, die zur Aufhebung der Fesselung dienen. Das in der Zeichnung angegebene Glied d_6 ist nicht durch das Prinzip, sondern nur durch die Konstruktion bedingt. Wird die Kontaktkraft noch größer, so könnten weitere Kniehebel vorgesehen werden, wobei immer wieder der Stützpunkt eines Kniehebels sich im Kniegelenk des folgenden befindet.
Dieser Weg wird aber selten beschritten, und man verwendet bei Übertragung großer Kräfte lieber die Freilaufkupplung oder das Mehrklinkenschloß[1]). Es muß dann eine Kräfteübertragung durch Klinken stattfinden. Die Schlösser von Selbstschaltern werden dann als Freilaufkupplungen gebaut. Die Schaltwelle wird über Klinke und Kupplungsgehäuse mit einem Handrad oder über Klinken mit dem Auslöser (thermisch oder magnetisch) gekuppelt, beim Ausschalten wird die Kuppelklinke durch den Auslösemechanismus weggestoßen, und die Schaltwelle wird durch eine Schaltfeder in die Ausschaltlage gedreht. Beim Einschalten wird zunächst der Klinkenmechanismus in die Einschaltvorbereitestellung gebracht, was durch eine rückläufige Bewegung von Hand oder durch eine besondere Vorrichtung, die die Klinke im letzen Teil der Ausschaltbewegung in die Einschaltvorbereitestellung legt, geschehen kann.

Die Klinkenkraft $K = \mu K_0$, wenn K_0 die Kraft in Richtung der Klinke ist. Man strebt stets an, die Berührungsflächen so zu gestalten, daß die Fortsetzung ihrer Berührungslinien durch den Achsenmittelpunkt des Klinkensystems verläuft. $\mu = 0{,}15$ für Stahl auf Stahl oder Bronze. μK_0 steht senkrecht auf K_0.

Das System der Klinkenkupplung ist von dem der Kniegelenkauslösung grundsätzlich verschieden. Die Kraftübersetzung von n-Klinken beträgt $\mu^n K_0$, wenn die Hebelübersetzungen jeweils 1 : 1 betragen. Gewöhnlich sind die Übersetzungen größer als 1 : 1. Das Prinzip einer Dreiklinkenkupplung zeigt Abb. 292.

Auf der Welle 1 sitzt über einem Keil 3 das Rohr 2, das mit dem Klinkenhebel 4 fest verbunden ist (z. B. durch Schweißung). Dieser stützt im eingeschalteten Zustand die Klinke 6, die sich um den im Gehäuse befestigten Bolzen 5 dreht. Hier findet eine Übersetzung im Verhältnis von etwa 1:3 statt. Dann wird die Schaltkraft über die Klinke b und den Hebel 7, der sich um den gleichfalls im Gehäuse befestigten Bolzen 8 dreht, auf den Hebel 9, der sich um den Bolzen 5 bewegt, übertragen. Auf den Endpunkt des Hebels 9 wirkt in der Pfeilrichtung der Auslöser. Durch diesen wird 9 beim Auslösefall im Uhrzeigersinne gedreht. Durch die Feder 10 dreht sich der

[1]) Siehe auch Kesselring: Elektrische Schaltgeräte.

nunmehr seine Verklinkung verlierende Hebel 7 in gleicher Richtung und daraufhin 6. Der Klinkenhebel 4 kommt außer Eingriff, Gehäuse und Welle sind entkuppelt, die Schaltfedern drehen 1, 2 und 3 im Gegenuhrzeigersinn in die Ausschaltstellung. Die Feder 11 versucht den Hebel 9 zurückzudrehen, kann aber nicht, solange das Gehäuse nicht zurückgedreht ist. Soll eingeschaltet werden, müssen alle Klinken gemäß Abb. 292 in Eingriff kommen. Wird jetzt das Gehäuse im Uhrzeigersinne gedreht, so bewegen sich mit dem Gehäuse über die Klinkenkupplung die Teile 1, 2, 3, 4 in gleicher Weise, und der Schalter kommt z. B. über einen Schubkurbeltrieb zur Einschaltung. In der Einschaltstellung muß das Klinkengehäuse und das Handrad in geeigneter Weise, sei es durch Klinke, sei es durch über den Totpunkt geschaltetes Kniegelenk, gehalten werden.

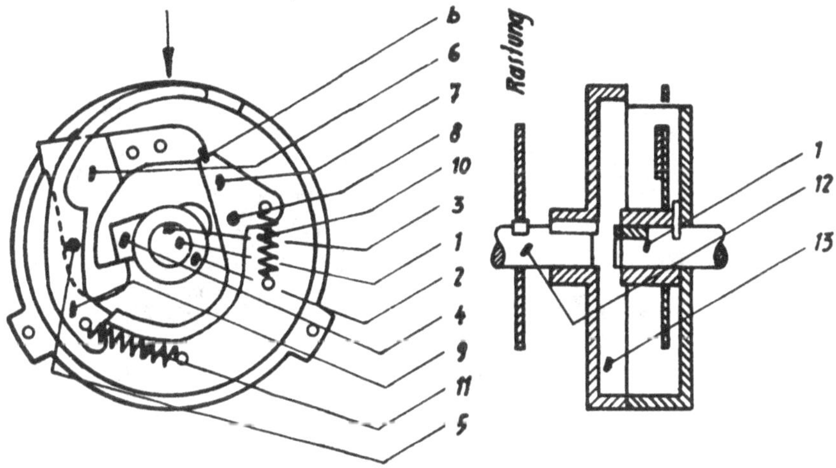

Abb. 292

Die Ausschaltung von Hand erfolgt durch eine kleine Drehung des Handrades gegen den Uhrzeigersinn, wobei ein am Handrad befestigter Stift den Hebel 9 im Uhrzeigersinn dreht. Die Einschaltvorbereitestellung kann man an Stelle durch Linksdrehung des Handrades nach erfolgter Ausschaltung selbsttätig dadurch herbeiführen, daß eine Nase das Gehäuse während der Ausschaltbewegung im Gegenuhrzeigersinne dreht. Zu diesem Zwecke befindet sich auf der mit dem Handrad verbundenen Welle 12 eine Nase und in der Nabe des Kuppelgehäuses 13 eine Aussparung. Erst nach einer kleinen Linksdrehung, bei der der Hebel 9 bewegt wird, dreht sich mit der Welle 12 das Gehäuse 13.

Statt der hier gezeichneten Dreiklinkenkupplung sind natürlich auch andere Klinkenzahlen möglich, je nachdem wie groß die Kraftübertragung ist. Die genaue

Ausbildung der Klinken hat nach sorgfältigen Modellversuchen zu geschehen, so muß z. B. Klinke 6 genau auf Klinke 4 nach dem Zusammenfall passen, damit diese nach entsprechender Drehung des Gehäuses wieder in die in Abb. 292 bezeichnete Lage durch den Hebel 4 zurückgetrieben wird. Der Hebel 7 muß den Auslösehebel 9 nach erfolgter Entklinkung beiseite drücken, ohne festzuklemmen.

Eine andere Mehrklinkenkupplung für Niederspannungsgeräte zeigt Abb. 293 a b c[1]).

Bei dieser drehen sich die beweglichen Schaltstücke um die Welle a. Sie sind durch einen Hebel (in der Zeichnung nicht mit angegeben), der a und b verbindet,

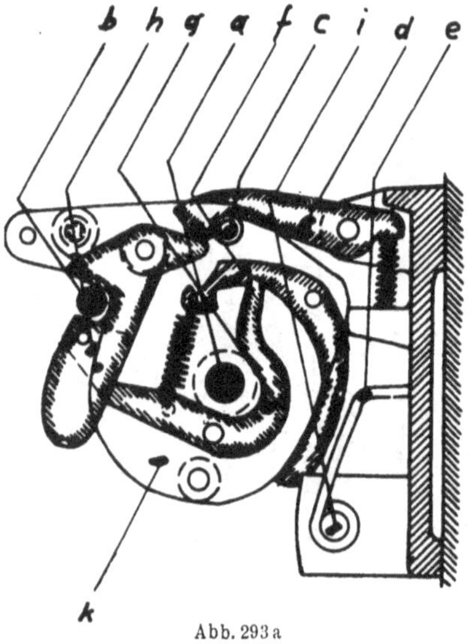

Abb. 293 a

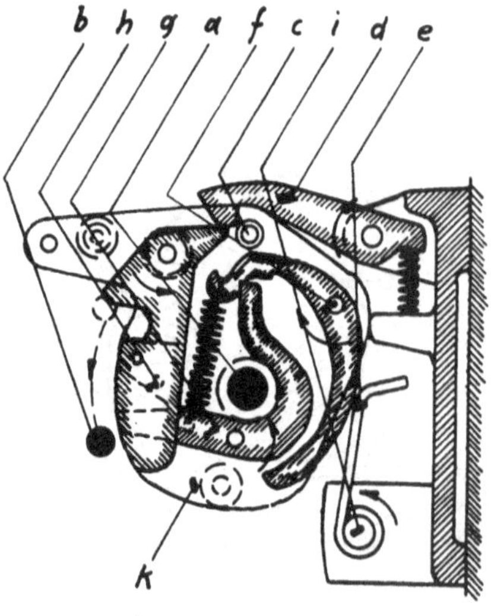

Abb. 293 b

durch den Bolzen b mit dem Schaltschloß gekuppelt. Beim Einschalten dreht sich die Scheibe k im Uhrzeigersinn und nimmt hierdurch den Bolzen b mit. Der Hebel g ist in der Einschaltstellung durch die Klinke h abgestützt und der Schalter durch den Stift c und die Halteklinke d verklinkt. Durch einen Überstrom dreht sich der Hebel e um den Bolzen i und schlägt gegen den Hebel f. Durch die Rückzugsfeder wird der Hebel g gedreht und die Stützklinke h freigegeben, wodurch der Bolzen b und damit die Schaltwelle in die Ausschaltstellung kommt. Läßt man den Handgriff los, so kommt die Scheibe k in die nach Abb. 293c gezeichnete Lage. Gleichzeitig wird die Stützklinke h wieder auf g abgestützt. Mit dem Handgriff zugleich geht das Schloß wieder in die Bereitschaftsstellung zum Einschalten zurück. Dieses Schloß

[1]) AEG.

hat gegenüber dem Schloß nach Abb. 292 den Vorteil, daß es unmittelbar nach der Ausschaltung wieder einschaltbereit ist. Eine solche Einschaltbereitstellung nach erfolgter Ausschaltung läßt sich auch bei der Freiauslösung erzielen. Bei dieser wird die Auslösung vielfach durch die Aufhebung einer Verklinkung, verursacht durch thermisches oder magnetisches Relais, erzielt. Die Einschaltbereitstellung wird dadurch erreicht, daß die Verklinkung während des Ausschaltvorganges wiederhergestellt wird oder bei Einleitung der Einschaltbewegung. Wenn eine solche Vorrichtung nicht angebracht ist, muß sowohl bei der Freiauslösung als auch beim Klinkenschloß durch eine besondere rückläufige Bewegung die Verklinkung wiederhergestellt werden. Erst danach kann das verklinkte Schloß wieder eingeschaltet werden.

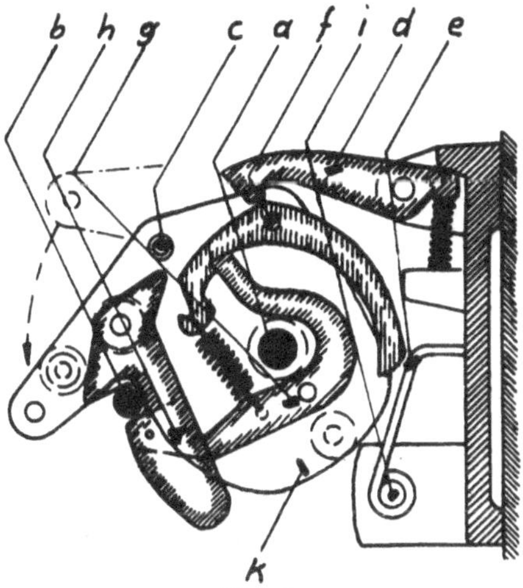

Abb. 293 c

Schnellschalter

Zur Abschaltung großer Leistungen genügt es nicht, einen Überstromschalter mit Klinkenschloß oder Freiauslösung zu verwenden. Ein solcher Mechanismus schaltet zu langsam und insbesondere bei Gleichstrom muß die Abschaltung so schnell vor sich gehen, daß der Kurzschlußstrom sich gar nicht bis zu seiner vollen Höhe entwickeln kann. Im allgemeinen muß die Ausschaltung in einer Zeit erfolgen, die kürzer als eine halbe Periode des Wechselstromes ist, damit eine Neuzündung des Gleichrichters vermieden wird oder in einer Zeit, die kürzer ist als eine Lamelle am Kommutator des Generators nötig hat, um von der einen Bürste zur nächsten zu kommen. Größenordnungsmäßig muß daher die Ausschaltzeit bei etwa 0,01 sek. liegen. In dieser Zeit muß inbegriffen sein

a) die Zeit vom Beginn des Kurzschlusses bis zum Erreichen des Ansprechstromes des Überstrom- oder Rückstromauslösers,

b) das Ansprechen des Überstromauslösers und die Trennung der Kontaktstücke,

c) das Löschen des Lichtbogens, und wenn nötig, das Löschen des zweiten Bogens, der dann entsteht, wenn die Abschaltung durch einen parallel geschalteten Widerstand erfolgt (siehe darüber Kap. 1).

Die Eigenzeit solcher Schalter liegt heute meist bei 1—2 millisek. Bisher sind drei Systeme von Schnellschaltermechanismen bekannt[1]), das System des Haltemagneten, das des Schlagankers und das der Lamellenkupplung.

Das System des Haltemagneten, der nur bei Gleichstrom verwendet werden kann (Abb. 294) beruht auf folgendem Gedanken: Ein stark gesättigter Haltemagnet liegt im Nebenschluß; zwischen den Polen des Haltemagneten[2]) liegt eine Spule oder Schiene, die am Anker befestigt ist, durch die ein Teil des Hauptstromes geführt wird. Durch diese Spule wird ein magnetischer Nebenfluß erzeugt, so daß er den Hauptfluß im Anker, der durch die Shuntwicklung erzeugt wurde, entgegengesetzt

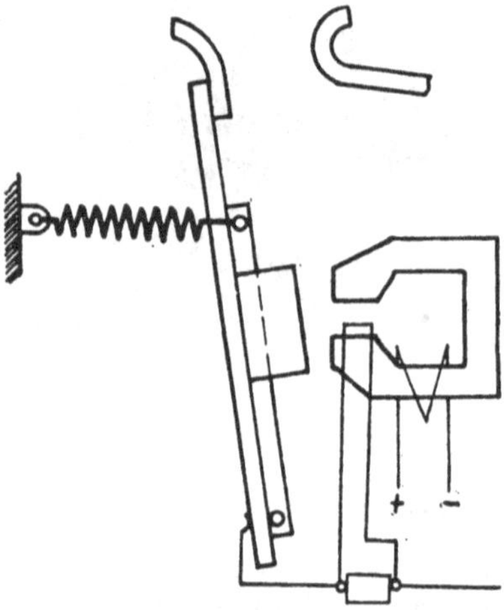

Abb. 294

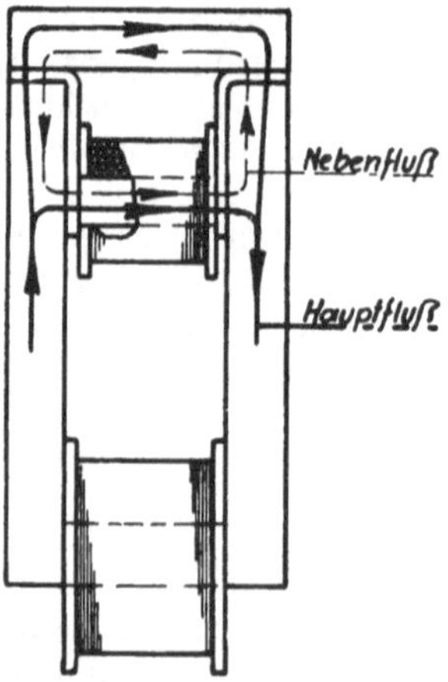

Abb. 294 a

geführt ist. Dieser Nebenfluß ist schwach gesättigt, so daß sich die Haltekraft des Magneten, die durch den Fluß, verursacht durch den Hauptstrom, sich mit dem Strom stark ändert.

Es ergibt sich also folgendes Bild über die Verteilung der Magnetflüsse (Abb. 294 a).

Der Anker wird durch den Haltemagneten gegen starke Federn festgehalten. Überschreitet die Schwächung des Hauptflusses einen bestimmten eingestellten Wert, so schaltet der Anker durch die starken Ausschaltfedern sofort ab. Dieses System hat man in der letzten Zeit noch dahin verbessert, daß die nach der Berührung der Kontakte vorhandene freie Strecke dazu benützt wird, den Kontakt nicht unmittelbar wie in Abb. 294 angegeben mit dem Anker zu bewegen, sondern

[1]) The Switch Gear Handbook Pitman & Son.

[2]) General Electric.

einen Bolzen durch den Anker wegzudrücken und durch den Bolzen erst die Kontakte. Ein solches System nennt man ein System des Haltemagneten (Fig. 295)[1]).

Der Kontakthebel 2 ist über die Kontaktdruckfeder 8, den Federbolzen 7, den Schlagbolzen 6 und das Kupplungsstück 5 mit dem Haltemagnetanker 4 verbunden. An dem Kupplungsstück ist — schematisch dargestellt — die Rückzugfeder 9 eingehängt. Beim Einschalten löst sich bei Berührung der Kontakte der Schlagbolzen vom Kontakthebel ab, so daß entsprechend dem vorhandenen Kontaktdurchdruck zwischen dem Kontakthebel und dem Schlagbolzen ein Luftspalt vorhanden ist. Nach Durchlaufen des Luftspaltes schlägt der Anschlagbolzen auf den Kontakthebel und bewirkt so schnelle Abschaltung der Kontakte. Ein weiterer Vorteil dieser Anordnung besteht darin, daß der Luftspalt unabhängig vom Kontaktabbrand ist, wenn man an den Kontakten leicht auswechselbare einseitig federnde Abbrennstücke aus Wolframlegierungen anbringt. Dadurch verändert der Schalter auch seine Schaltgeschwindigkeit nicht, wenn eine größere Anzahl Kurzschlüsse abgeschaltet werden soll.

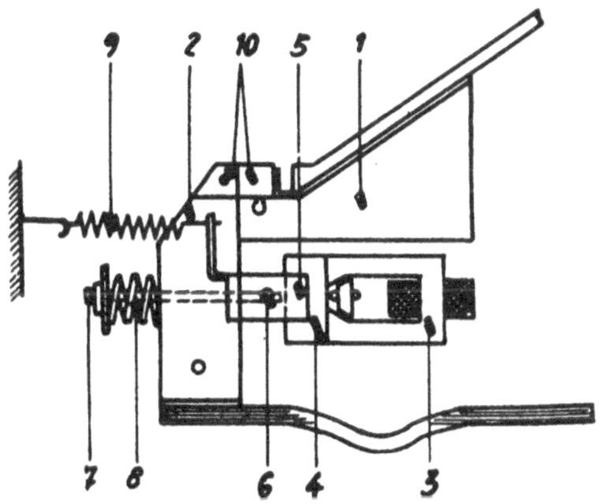

1) fester Kontakt
2) Kontakthebel
3) Haltemagnetkern
4) Haltemagnet Anker
5) Kupplungsstück
6) Schlagbolzen
7) Federbolzen
8) Kontaktdruckfeder
9) Rückzugfeder
10) Abbrennstücke

Abb. 295

Das System des Schlagankers[2]), das nicht nur bei Schnellschaltern, sondern auch bei einigen Konstruktionen von Ölschützen Verwendung findet, zeigt Fig. 296. Bei dem Schnellschalter nach dem Schlagankersystem geschieht die Trennung der Kontakte durch den elastischen Stoß des sogen. Schlagankers. Der Schnellschalter nach dem System des Schlagankers besteht aus einem Haltemagneten und einem besonderen Auslösemagneten. Der Auslösemagnet ist schwach, der Haltemagnet stark

[1]) Müller ETZ S. 467: Schaltzeit und zuverlässige Schalthäufigkeit von Schnellschaltern
Metzger ETZ S. 988: Über den Kontaktabbrand von Schnellschaltern
L. Haag ETZ 1927 S. 1727: Ein neuer Gleichstromschnellschalter
L. Haag ETZ 1938 S. 229: Ein neuer Gleichstromschnellschalter mit sehr kleinem Schaltverzug.

[2]) ETZ 1938, S. 1232.

gesättigt. Der Fluß des Auslösemagneten wird durch den Hauptstrom oder einen Teil desselben, der des Haltemagneten durch die Spannung oder auch durch den Hauptstrom erzeugt. Da dieser stark gesättigt ist, wird durch eine Steigerung des Hauptstromes nur der Auslösemagnet, nicht dagegen der wesentlich kleinere Haltemagnet an Zugkraft gewinnen. Starke Federn drücken den Schlaganker gegen den Auslösemagneten, sobald dieser an Zugkraft das Übergewicht erhält. Dabei trifft der Schlaganker 2 auf den Kontakthebel 4, der mit einer Stahlbewehrung versehen ist, um der mechanischen Beanspruchung gewachsen zu sein, und reißt damit den beweglichen Kontakt ab. Bezeichnet man mit δ_1 den Vorlaufweg, den der Schlaganker notwendig hat bis er die Stahlbewehrung berührt, und mit δ_2 den Weg von der Berührung des Kontaktes bis zum Auslösemagneten (Schlagweg), und mit δ, d. h. $\delta_1 + \delta_2$ den Luftspalt zwischen Schlaganker und Auslösemagnet, so kann man nach Metzger angenähert folgendes feststellen.

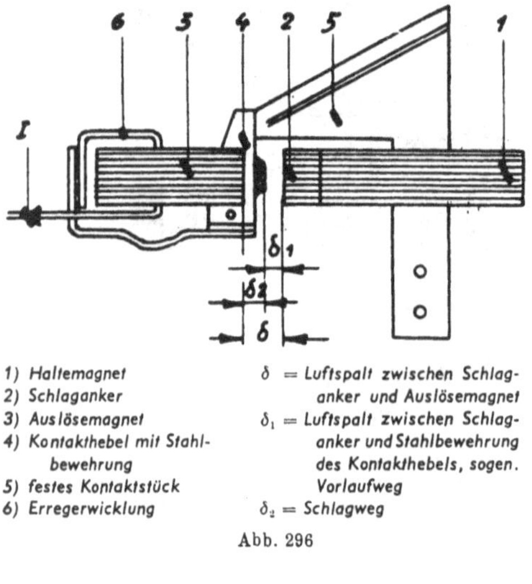

1) *Haltemagnet*
2) *Schlaganker*
3) *Auslösemagnet*
4) *Kontakthebel mit Stahlbewehrung*
5) *festes Kontaktstück*
6) *Erregerwicklung*

δ = *Luftspalt zwischen Schlaganker und Auslösemagnet*
δ_1 = *Luftspalt zwischen Schlaganker und Stahlbewehrung des Kontakthebels, sogen. Vorlaufweg*
δ_2 = *Schlagweg*

Abb. 296

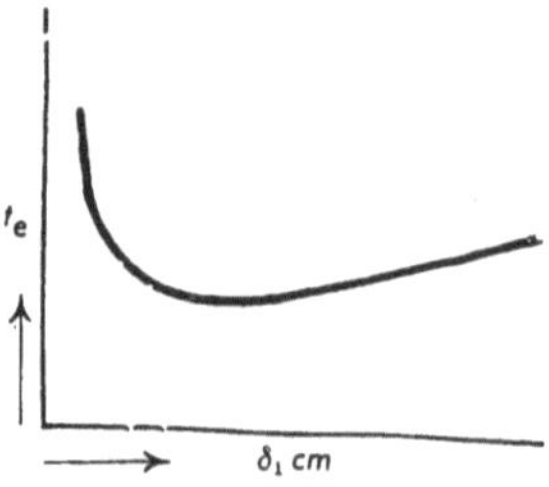

Abb. 296a

Die Kraft, mit der der Schlaganker angezogen wird, beträgt $P = 3{,}16 \frac{\vartheta^2}{\delta^2} F \cdot 10^{-8}$ wobei man mit F den Querschnitt des Magneten und mit ϑ die Durchflutung des Auslösemagneten bezeichnet. Die Beschleunigung b, die der Schlaganker beim Auftreffen auf die Stahlbewehrung hat, ist $\frac{P}{m_1}$, wobei m_1 die Masse des Schlagankers ist. Der zurückgelegte Weg des Ankers ist $\delta_1 = 1/2\, b\, t^2_1$.

Durch Einsetzen dieses Wertes erhält man die Zeit, die der Schlaganker notwendig hat, um gegen die Stahlbewehrung des Kontakthebels zu stoßen. Die vorhandene Geschwindigkeit $v_1 \doteq b_1\, t_1$.

$$t_1 \approx 2{,}5 \frac{\vartheta}{\delta} \sqrt{\frac{\delta_1 F}{m_1}}\, 10^{-4}$$

$$t_1 \approx 0{,}8 \frac{\delta}{\vartheta} \sqrt{\frac{\delta_1 m_1}{F}}\, 10^{4}$$

$$t_2 \approx 0{,}4 \frac{\delta\, \delta_2 m_2}{\vartheta \sqrt{\delta_1 F m_1}}\, 10^{4}$$

Die Geschwindigkeit, mit der jetzt der Kontakt weggetrieben wird, ist v_2. Bezeichnet man mit m_2 die Masse des Kontakthebels, so ergibt sich ein ungefähr elastischer Stoß.

$$v_2 = v_1\, m_1/m_2.$$

Die Zeit $t_e = t_1 + t_2$ ist die Eigenzeit des Schalters. Diese Eigenzeit ist in einem bestimmten Rahmen stark unabhängig vom Vorlaufweg δ_1, wie Abb. 296a zeigt. Es kann daher auch dieser Schalter eine größere Anzahl Schaltungen vornehmen, bis der Abbrandweg so groß ist, daß sich der Vorlaufweg δ_1 hierdurch wesentlich ändert und hierdurch die Schnellschaltereigenschaften wesentlich verschlechtert werden.

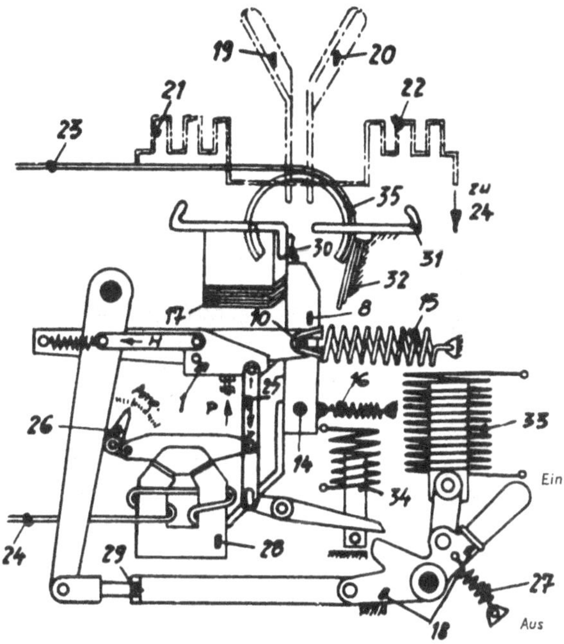

1) Lamellenkupplung
8) Kontakthebel
10) Bolzen des Kontakthebels
14) Drehpunkt des Kontakthebels
15) Ausschaltfeder
16) Zugfeder
17) Bürste
18) Griffhebel
19, 20) Hilfshörner
21, 22) Widerstände
23, 24) Hauptanschlüsse
25) Zugstange des Überstrommagneten
26) Skalenhebel
27) Zugfeder
28) Überstrommagnet
29) Einstellbare Schubstange
30) Abreißkontakt
31) Funkenlöschhörner
32) Pufferfedern
33) Einschaltspule
34) Ausschaltspule
35) Blasspule

Abb. 297a

Bei der Verwendung einer Lamellenkupplung (Voigt & Haeffner) ist ebenfalls zur Entkupplung ein wesentlich kleinerer Weg erforderlich als bei Verwendung einer Freiauslösung oder eines Klinkenschlosses (Abb. 297a, b, c).

Der unter Einwirkung von starken Federn bewegliche kontakttragende Hebel 8 wird über die Lamellenkupplung 1 mit dem Antriebshebel 11 verbunden. Die Lamellenkupplung zeigt Fig. 297b. Die beiden Kupplungshälften 2 und 3 haben eine Anzahl Lamellen, die gegenseitig fingerartig ineinandergreifen. Die Kupplungshälfte 2 greift im Punkt 10 am Kontakthebel 8 an, die Kupplungshälfte 3 ist mit dem

U-förmigen Träger 4, in dem die beiden Kupplungshälften eingebaut sind, durch den Bolzen 5 fest verbunden. In dem Träger 4 ist außerdem in Punkt 6 drehbar gelagert ein Winkelhebel 7. Der Träger 4 stützt sich durch einen Längsschlitz horizontal verschiebbar mit dem einen Ende auf den Bolzen 10 des Kontakthebels 8 und mit dem anderen auf den Bolzen 9 des Antriebshebels 11. Die ineinandergeschobenen Lamellen werden mit vielfacher Sicherheit mit einer Kraft P, welche von der durch die Kupplung zu übertragenden Haltekraft H durch den Winkelhebel 7 abgezweigt ist, gegeneinander gepreßt und halten durch Reibung die Verbindung zwischen 11 und 8 aufrecht. Gegen die Kraft P wirkt die Kraft Z, die vom Überstrom oder Rückstrommagneten oder vom Handhebel aus erzeugt wird. Sobald diese Kraft größer wird, was durch ansteigenden Überstrom erfolgt, wird der Preßdruck der Lamellen gegeneinander geringer. Ist der Preßdruck genügend geschwächt, so schnellen die beiden Kupplungshälften mit plötzlichem Ruck auseinander und unter Einwirkung der Schaltfeder 13 reißt der Kontakt ab. In der Aus-Stellung kuppelt der Schalter wieder ein, der Hebel 11 dreht sich beim Ausschalten im Gegenuhrzeigersinn. Er kann auch von Hand oder mittels Einschaltmagnet in die Ein-Stellung bewegt werden. Das Oszillogramm eines solchen Schalters zeigt Fig. 298. Um solche kurze Abschaltzeiten, wie hier vorgeschrieben, zu erzielen, sind natürlich neben den mechanischen Einrichtungen, die zur Erzielung einer kurzen Eigenzeit erforderlich sind, auch die im 1. Kapitel ausführlich besprochenen elektrischen Einrichtungen zur schnellsten Lichtbogenlöschung erforderlich.

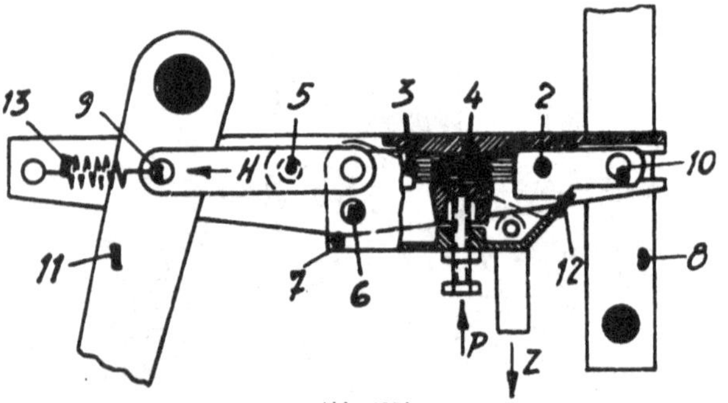

Abb. 297b

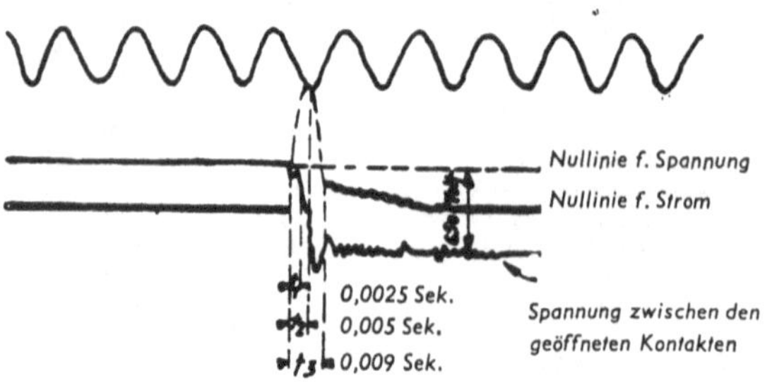

t_1 = Eigenzeit t_2 = Zeit vom Beginn des Stromstiegs bis zum Strommaximum
t_3 = Zeit vom Beginn d. Stromstiegs bis zum Verlöschen des Kurzschlußlichtbogens

Abb. 298

Fernantriebe

Neben der Handeinschaltung von verklinkten Schaltern und Schnellschaltern spielt die Ferneinschaltung eine große Rolle. Die verklinkten Schalter belasten nur während des Einschaltvorganges den die Ferneinschaltung bewirkenden Mechanismus, während sie sich im eingeschalteten Zustand durch Verklinkung selbst halten. Dadurch unterscheiden sie sich wesentlich von den Schützen. Zur Ferneinschaltung gibt es grundsätzlich dreierlei Möglichkeiten; nämlich

die Einschaltung mittels Einschaltemagnet,
den motorischen Antrieb und
den Druckluftantrieb.

Die einfachste Einschaltung ist die mittels Einschaltemagneten. Für kleine Schalter bis etwa 1000 Amp. kann man zur Einschaltung einen Wechselstrommagneten verwenden, bei größeren muß wegen der erforderlichen hohen Stromspitze bei Wechselstrommagneten ein Gleichstrommagnet Verwendung finden.

Der Wechselstrommagnet hat einen Selbstunterbrecher, durch den er nach erfolgter Einschaltung selbsttätig abschaltet. Es wird dadurch vermieden, daß der Einschaltmagnet zum Pumpen kommt, wenn er nicht vollkommen durchzieht oder der „Ein“-Druckknopf zu kurz bedient wird. Das Schaltbild eines fernbetätigten Motorschutzschalters mit Gleichstrommagneten und Spannungsrückgangsauslösung zeigt Fig. 299[1]).

Die Kraftwirkung eines Magneten steigt mit der Annäherung des Ankers an den Kern. Hierdurch tritt eine Kraftwirkung beim Einschalten auf. Bei der Bestimmung des Einschaltmagneten ist es vor allem wichtig, den Verlauf des Einschaltdrehmomentes an der Welle, an der die Einschaltung erfolgt, festzustellen. Die beste Ferneinschaltvorrichtung ist eine solche, bei der der Zugkraftverlauf an der Welle identisch ist mit dem Zugkraftverlauf am Fernantrieb. Im allgemeinen ist nun im letzten Moment durch die Überwindung der Kontaktkraft die größere Zugkraft an der Schaltwelle erforderlich. Aus diesem Grunde ist ein Magnetantrieb günstig.

Der Gleichstrommagnet wird im Niederspannungs-Schaltgerätebau meist über ein Kniegelenk mit der Schaltwelle gekuppelt. Eine Kupplungsvorrichtung sorgt dafür, daß der Schalter wahlweise von Hand und durch Magnetantrieb eingeschaltet werden kann. Beobachtet muß werden, daß nach beendetem Einschaltvorgang der Stromkreis am Magnetantrieb geöffnet werden muß. Der Hubmagnetantrieb muß nicht mehr als für 10 Schaltungen pro Std. ausgelegt sein. Die Einschaltdauer soll 5 sek nicht überschreiten. Die Magnetspule soll durch einen Wärmeauslöser (s. S. 315) geschützt werden.

Durch einen Druckknopftaster oder einen Verriegelungskontakt am Anlasser 6 — werden Druckknopftaster und Verriegelungskontakt verwendet, müssen diese

[1]) SSW.

parallel angeordnet werden — wird das Schütz 5 eingeschaltet und durch dieses die Hubmagnetspule des Hubmagneten 3 über den Vorschaltwiderstand 4. Die Ausschaltung des Schalters erfolgt durch einen Spannungsauslöser 2. Die Lampen zeigen die Stellung des Schalters an.

Für höhere Schalthäufigkeiten eignet sich der Magnetenantrieb nicht. Man verwendet hierfür den Motorantrieb oder dort, wo eine Druckluftanlage vorhanden ist, einen

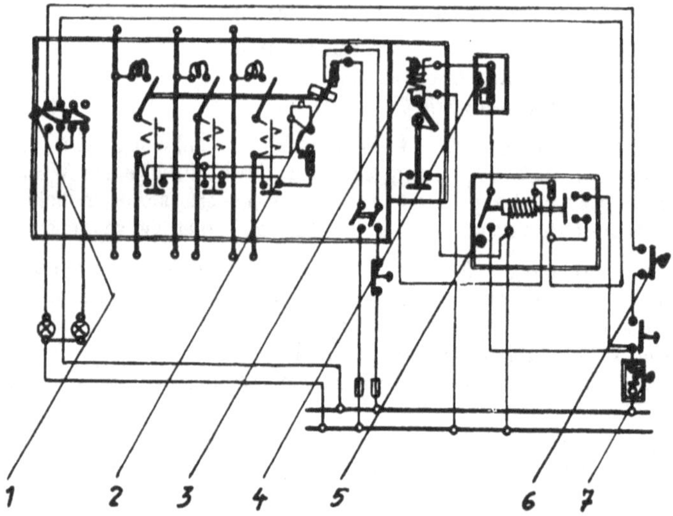

1) Hilfskontakte 2) Spannungsauslöser 3) Hubmagnet 4) Vorschaltwiderstand 5) Schütz 6) Verriegelungskontakt am Anlasser od. dgl. 7) Kleinselbstschalter

Abb. 299

Druckluftantrieb¹). Das Prinzip eines Druckluftantriebes zeigt Fig. 300²). Das Steuerventil wird durch den Magneten 1 kurzzeitig eingeschaltet. Dadurch wird die Druckluftleitung 5, in der das Absperrventil 4 liegt. mit der Druckluftleitung 6 verbunden. 2 und 3 sind Teile des Steuerventils in schematischer Darstellung. Die Steuerleitung 11 wird nun mit dem Druckluftzylinder 7 verbunden, in dem der Kolben 8 sitzt. Dieser Kolben ist mit der Antriebswelle 19 des Schalters mit dem Gelenk 11 und den Gestängen 12, 13 und 14 verbunden. Wird nun Druckluft dem Kolben zugeführt, so bewegt dieser sich nach oben, und zwar so lange, bis die Klinke 9 mit dem Anschlag 10 in Eingriff kommt. Dadurch wird verhindert, daß der Kolben durch die Druckfeder 20 wieder in die Ursprungslage zurückgeht, sobald das Druckluftventil geschlossen ist. Das Druckluftventil ist nur kurze Zeit geöffnet. Die Druck-

¹) Siehe „Der Fernantrieb vom Niederspannungsselbstschalter", ETZ 1930, S. 1123.
²) ähnlich BBC.

luft entweicht wieder. Durch die Bewegung der Stange 12 ist die Stange 14 in die strichpunktierte Lage gekommen. Das Kniegelenk 11, 13 wird durch die Nasen 16, 17 festgehalten, so daß das Gestänge in der Strecklage bleibt. Soll der Schalter nun ausgeschaltet werden, so wird durch Überstrom, Handbetätigung, durch eine Nullspannungsspule oder einen Arbeitsstromauslöser die Sperrklinke 17 weggeschlagen, und das Kniegelenk 12 und 13 kommt außer Eingriff. Durch die Feder 15 kommt 14 wieder in die gezeichnete Lage. Das Kniegelenk 12, 13 ist durchgedrückt. Die Klinke 9 ist nicht mehr mit dem Anschlag 10 im Eingriff, und durch die Rückdruckfeder 20 wird der Kolben 8 wieder in die Ursprungslage gebracht. Hierbei kommen 12 und 13 wieder in die Strecklage, und durch die Feder 18 wird die Verklinkung der Klinken 16, 17 wiederhergestellt. Der Druckluftantrieb ist für einen neuen Vorgang einschaltbereit. Man arbeitet im allgemeinen mit etwa 4,5 atü Druck. Das Steuerventil muß nur ganz kurzzeitig bis höchstens 5 Sek. eingeschaltet bleiben. und von Hand oder automatisch wieder abgeschaltet werden. Sobald ein niedrigerer Druck als 4,5 atü herrscht, muß das Absperrventil die Druckluftzufuhr automatisch absperren, damit sich nicht bei ungenügendem Druck der Kolben bewegt.

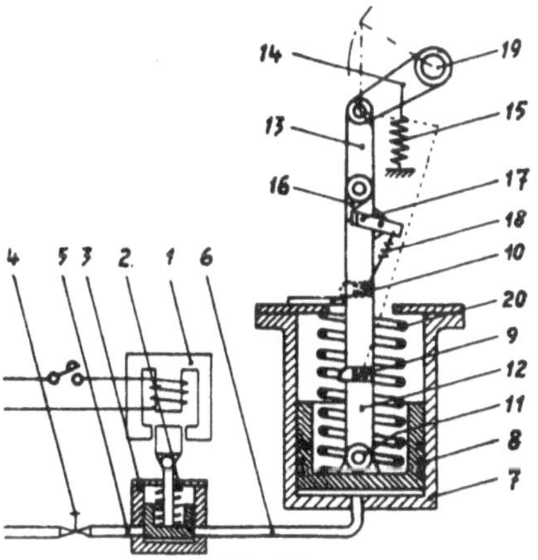

Abb. 300

Der einfachste Motorantrieb ist bereits in Abb. 229 in Verbindung zu Walzen dargestellt. Auch in Verbindung mit Schaltern kann man einen Motorantrieb, wie dort beschrieben, verwenden. Es ist jedoch in vielen Fällen erforderlich, mit Rücksicht auf den Zugkraftverlauf, den motorischen Antrieb so auszubilden, daß die im letzten Moment erforderliche hohe Zugkraft dadurch erzielt wird, daß ein Kraftspeicher die vom Motor ausgeübte Kraft unterstützt. Auf diese Weise kann der Antriebsmotor kleiner gewählt werden. Außerdem wird erreicht, daß auch dann der motorische Antrieb wirksam ist, wenn während des Einschaltvorganges vor Schließen der Kontakte aus irgendeinem Grunde die Spannung wegbleibt. Als Kraftspeicher dienen entweder ein Schwungrad oder Federn. In der Niederspannungstechnik werden meist Schwungräder, in der Hochspannungstechnik meist Federn als Kraftspeicher verwendet. Der Anteil der Schwungmasse an der Einschaltarbeit ist wesentlich größer als der in der Motorleistung und muß allein zum Einschalten des Schalters genügen. Nach Einschalten des Motors wird erst das Schwungrad bewegt, und erst durch das Schwungrad wird der Schalter durch Schwungmasse und Motor eingeschaltet. Die Schwungmasse allein genügt zum Einschalten. Um den Schalter schnell wieder einschaltbereit zu machen, ist eine Bremsvorrichtung vorhanden, durch die das Schwungrad sofort nach erfolgter Einschaltung des Hauptschalters abgebremst wird. Das Prinzip eines motorisch angetriebenen Niederspannungsschalters zeigt Abb. 301[1]).

Der Motor 1 treibt über ein Vorgelege mit Untersetzung 40 : 1 die Welle 3 an. Zwischen der Kurbel 4, der Welle 3 und dem Mitnehmerbolzen 5 an der Schaltgriffnabe 6 ist als Kupplung zwischen Motor und Schalter ein Federgestänge 7 eingelegt. Das am Schalter angelenkte Ende des Gestänges macht bei jedem Schaltgang nur eine dem Schaltweg des Schalters entsprechende Winkeldrehung. Der Mit-

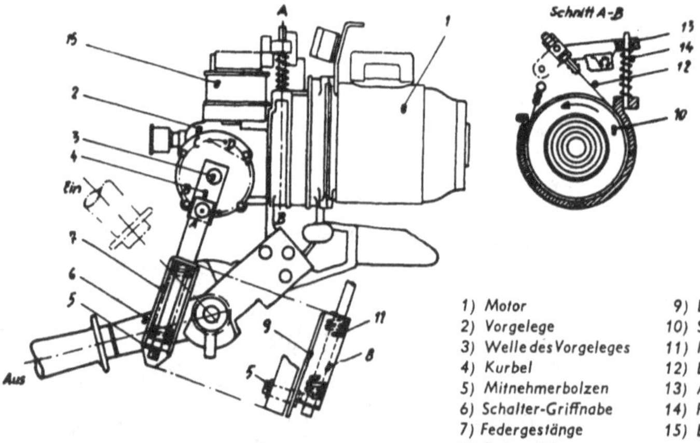

1) Motor
2) Vorgelege
3) Welle des Vorgeleges
4) Kurbel
5) Mitnehmerbolzen
6) Schalter-Griffnabe
7) Federgestänge
8) Federgehäuse
9) Langloch
10) Schwungmasse
11) Feder
12) Bremsband
13) Anker
14) Feder
15) Bremslüftmagnet

Abb. 301

nehmerbolzen 5 greift in einen langen Schlitz 9 des Federgehäuses 8 ein. Bei Betätigung von Hand bewegt sich der Mitnehmerbolzen 5 frei in dem Schlitz hin und her und der Motorantrieb ist ausgekuppelt. Bewegt sich die Motorkurbel 4 im Kreise, so wird das Federgestänge zunächst leer mitbewegt, während der Mitnehmerbolzen 5 in den Schlitz des Gestängegehäuses anschlägt, worauf der Schalter in Einschaltrichtung mitgenommen wird. Von der Startstellung der Kurbel 4 bei A bewegt sich diese bis zum Punkt B, bevor der Schalter mitgenommen wird. Die Wegstrecke A bis B dient als Anlauf des Motors und zur Aufladung der Schwungmasse 10. Der Weg der Mitnehmerkurbel 4 bis zum Punkt c entspricht dem Einschaltweg des Schalters. Bei weiterer Drehung der Mitnehmerkurbel bis in die Stellung D wird die Feder 11 zusammengedrückt, da die Griffnabe 6 über die Einschaltstellung hinaus der Bewegung nicht folgen kann. Durch diese zusätzliche Druckkraft wird eine sichere Ver-

[1]) Siehe S. 293 von W. Herden, Motorischer Antrieb für Niederspannungsgeräte, ETZ 1939.

klinkung des Schalters erzielt. Dreht sich die Mitnehmerkurbel 4 noch weiter, so wird das Federgestänge nach erfolgter Einschaltung des Schalters wieder zurückbewegt, aber der Schalter bleibt eingeschaltet. Die Bremsung der Schwungmasse 10 erfolgt durch das Bremsband 12 in Verbindung mit der Feder 14 und dem Bremslüftmagneten 15. Auch der Motorantrieb muß wie der Druckluft- und Magnetantrieb selbsttätig unterbrochen werden, sobald eingeschaltet ist.

Spannungsrückgangs-Auslösung

In Industriebetrieben wird häufig Unterspannungsauslösung oder richtiger Spannungsrückgangsauslösung gefordert. Diese dient besonders als Unfallschutz, um nach Ausbleiben der Spannung ein unbeabsichtigtes Wiedereinschalten bei ihrer Wiederkehr zu verhindern. Unterspannungsmagneten sollen bei etwa 35% der Nennspannung den Schalter zur Auslösung bringen und bei etwa 70% der Nennspannung anziehen. Damit die Magnete so weit herab regulierbar sind, müssen sie eine höhere Induktion als normale Schützmagnete haben und als Tauchankermagnete ausgebildet sein. Bei Schützen wird diese Bedingung im allgemeinen nicht erfüllt: sie schalten bereits bei einem Spannungsabfall von etwa 50% aus (sogenannte Nullspannungsauslösung).

Um bei vorübergehenden kurzzeitigen Spannungsschwankungen im Netz nicht sofort ein Ausschalten des Schalters zu verursachen, werden Unterspannungsmagnete häufig mit einer Verzögerung, einstellbar von 1—5 Sek. versehen. Erst wenn die Spannungsschwankung länger als 5 sek. dauert, wird definitiv ausgeschaltet. In Verbindung mit Überstromschaltern liegt entweder die Nullspannungsspule immer an Spannung oder sie wird, sobald sich die Hauptkontakte berühren, bevor noch der Schalter verklinkt ist, an Spannung gelegt.

Beim Ausbleiben der Spannung betätigt der Anker des Nullspannungssystems den Auslösemechanismus des Überstromschalters, der hierdurch in gleicher Weise ausgeschaltet wird, wie durch die Anziehung des Überstrommagneten oder die Auslösung eines anderen Auslöseorgans. Eine andere Möglichkeit der Anordnung der Unterspannungsspule besteht darin, daß der Kniehebel nicht ganz bis in den Totpunkt geschaltet wird und der Magnet den Handgriffhebel oder einen Parallelhebel gegen die Rückzugsfeder hält, beim Nachlassen der Spannung wird ausgeschaltet[1].)

Unterspannungsauslösung kann auch durch eine Klinke, die an einem starr mit dem beweglichen Magnetteil verbundenen Hebel angebracht ist, bewirkt werden, die beim Einschalten zur Seite gedrückt wird, das Rückschalten jedoch verhindert, solange der Unterspannungsmagnet angezogen hat. Man kann auch das Durchdrücken des Kniegelenks so lange verhindern, bis ein Hilfskontakt den Unterspannungsmagneten zum Anzug gebracht hat. Es sind dann geringe Kräfte nur

[1]) Die Ausführung des Kniegelenkes ist ähnlich wie bei Schützen nach Abb. 279 a und b, nur der Magnet ist erheblich kleiner.

erforderlich, die das Durchdrücken verhindern, wie eine Untersuchung der am Gelenkpunkt des Kniegelenks auftretenden Kräfte in Richtung der Bewegung dieses Punktes gezeigt hat.

Die Ausstattung der gewöhnlichen Schalter und Anlasser mit Unterspannungsauslösung ohne Freiauslösung, wie sie vor allem in Großbritannien bei Geräten für Leistungen über 0,5 PS und am Kontinent für Geräte für den Marinebetrieb üblich ist, ist meist sehr einfach. Bei Flachbahnanlassern wird die Kurbel mit einer Rückzugsfeder ausgestattet. In der letzten Stellung schnappt sie in eine Blattfeder ein, die vom Unterspannungsmagneten angezogen wird. Die Ausbildung der Feder zeigt Abb. 302. Versucht man, mit dem Handrad die Kurbel zurückzubewegen, so wird dadurch, daß auf der Innenseite der Feder eine kleine Abschrägung vorhanden ist und die Kurbel eine Abrundung hat, die Feder zur Seite geschoben, und die Kurbel kann zurückschnellen. Bei Unterschreitung der Spannung wird die Feder freigegeben. An Flachbahngeräten, auf denen die Nullspannungsspule keinen Platz hat, wird auch vielfach für die Unterspannungsauslösung ein Verriegelungskontakt in Verbindung mit einem Schütz als Netzschalter verwandt.

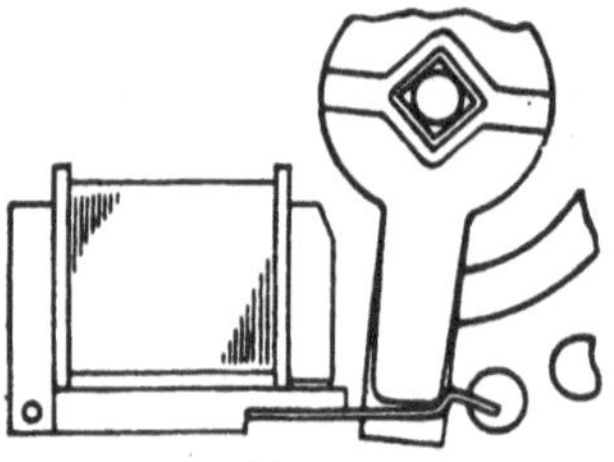

Abb. 302

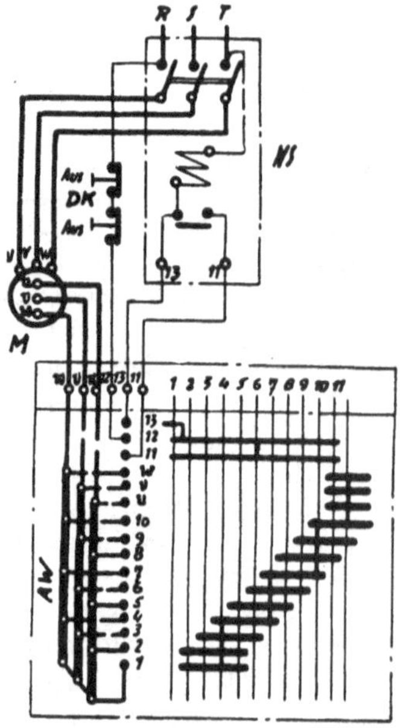

Abb. 303

Man unterscheidet dann den Verriegelungs- und den Nullkontakt. Die Nullkontaktgabe besteht darin, daß das Netzschütz nur in der Nullstellung eingeschaltet werden kann. Die Einschaltung selbst erfolgt durch einen getrennten Druckknopf. Das Schütz schaltet aus, sobald die Spannung sinkt oder wegbleibt, es kann aber erst wieder eingeschaltet werden, wenn sich der Anlasser (oder die Walze) in der Nullstellung befindet. Der Nullstellungszwang zum Wiedereinschalten ohne getrennten Druckknopf erfolgt durch den Verriegelungskontakt (Kap. 2, Abb. 96). Die Schaltung zeigen Abb. 303, 304, 305a und b. Kurz vor oder in der ersten Stellung wird das Netzschütz eingeschaltet und hält sich dann über den Selbsthaltekontakt. Nach Ausschalten des Schützes kann erst wieder eingeschaltet werden, wenn der Verriegelungskontakt von der Nullstellung aus betätigt wird. Bei kleineren Schaltgeräten kann, wie bei Anlassern dargelegt, die Unterspannungs-

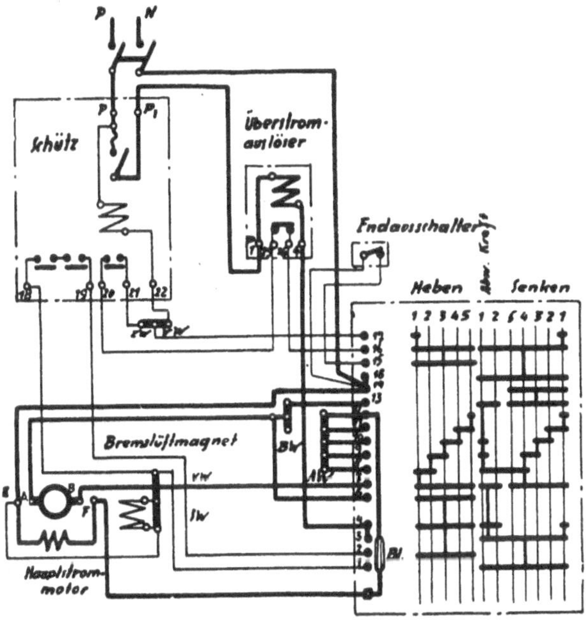

AW = Anlaßwiderstand
BW = Bremswiderstand
SW = Schutzwiderstand
VW = Vorschaltwiderstand
ZW = Zuschaltwiderstand
Bl = Blasspule

Abb. 304

auslösung direkt mit der Rastung verbunden werden, wenn eine Rückzugsfeder den Schalter in die Nullage zurückbringt, sobald der Unterspannungsmagnet nicht mehr arbeitet.

Die Einrichtung kann beispielsweise so getroffen werden, daß in jeder Stellung ein kleiner Vorsprung am Rastenrad in einen Sperrhebel (ähnlich Fig. 302) eingreift, der am durch den Unterspannungsmagneten betätigten Hebel sitzt. Die Sperrung durch den Sperrhebel ist wie in Fig. 302 nur einseitig. Eine weitere Unterspannungsschaltung ist die nach Abb. 306. Eine Relaisspule wird zwischen Sternpunkt und

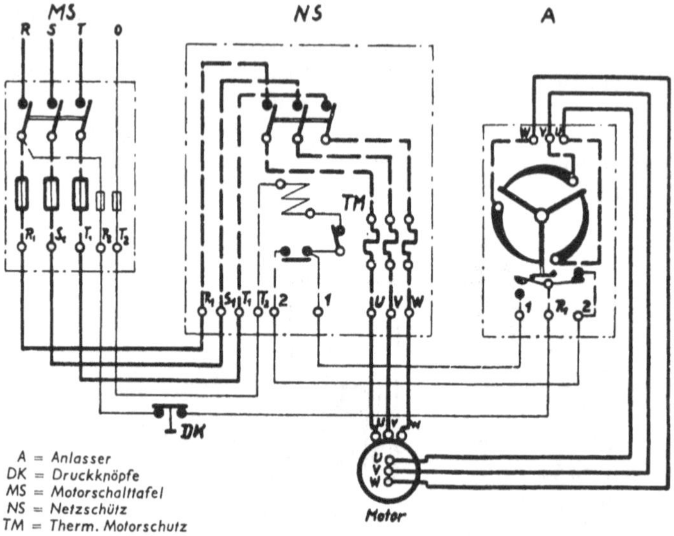

Abb. 305 a

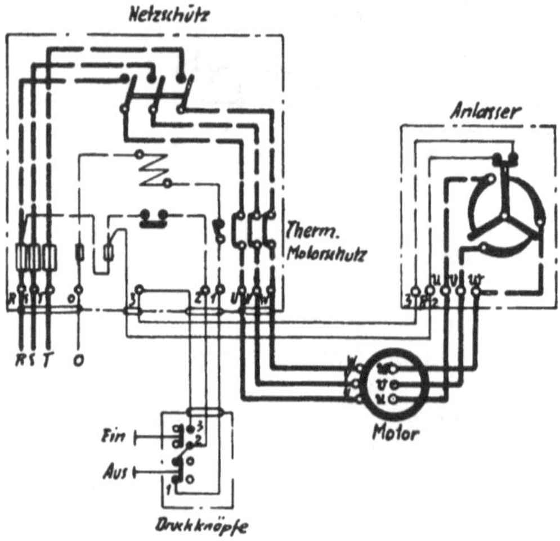

Abb. 305 b

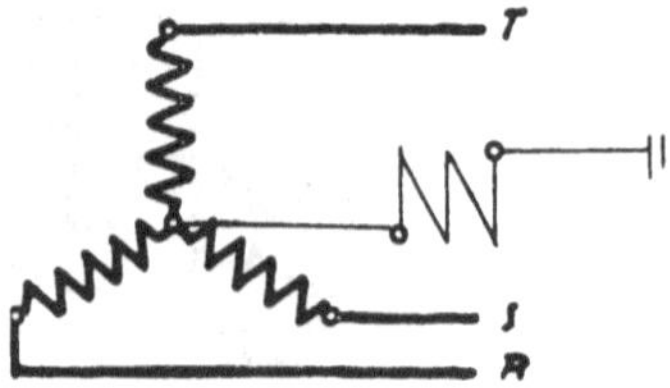

Abb. 306

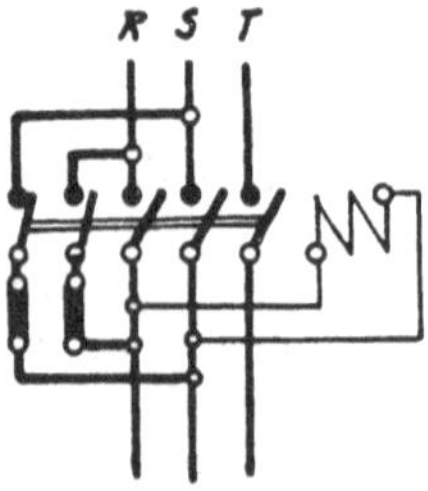

Abb. 307 a

Erde geschaltet. Fällt eine Phase aus, so erhält der Sternpunkt ein unzulässiges Potential, und der Magnet zieht an, wodurch der Selbstschalter zur Ausschaltung gebracht wird.

Insbesondere bei Kranbetrieben wird ein Motorschutzschalter[1]) für mehrere Motoren als Schutzschalter verwendet. Sind dies Schleifringankermotoren, so werden die Kontroller häufig mit einer Nullspannungsverriegelung ausgeführt, damit die Motoren nach Ausbleiben der Spannung nicht ohne Widerstand wieder eingeschaltet werden können. Man kann die Verriegelung an jeder einzelnen Schaltwalze sparen, wenn man den Motorschutzschalter nach einer Schaltung nach Abb. 307a ausführt. Bei dieser Schaltung wird ebenso wie bei anderen Motorschutzschaltern, die für mehrere Motoren dienen (Kranschaltkasten), der Schalter mit Spannungsrückgangsspule ausgerüstet und für jeden Motor ein thermisches, evtl. thermisches und elektromagnetisches Relais angebracht, das bei Überstrom auslöst und bei der Auslösung die Leitung zur Spannungsrückgangsspule unterbricht. Besteht in einem Motorstromkreis ein Kurzschluß oder schaltet der Motor wegen Überlastung aus, so werden alle Motoren abgeschaltet. Die zwangsweise Verriegelung sämtlicher Schalter durch die in Abb. 307a angegebene Schaltung[2]) zwingt den Bedienenden, vor der Einschaltung des Leistungsschalters jede Belastung wegzunehmen (sogen. Nullastzwang). Dieser Nullastzwang wird z. B. dadurch erreicht, daß beim Beginnen der Schließbetätigung des Leistungsschalters ein zweipoliger Hilfskontakt die Zuleitung über Widerstände mit der Ableitung des Leistungsschalters verbindet. Solange der Stromkreis der Ableitung keine Last führt, erhält der unmittelbar an der Ableitung angeschlossene Spannungsrückgangsauslöser über die Widerstände so viel Strom, daß er das Einschalten des Schalters ermöglicht. Ist jedoch die Ableitung über einen versehentlich eingeschaltet gebliebenen Motor oder einen Leitungskurzschluß oder sonstige Stromverbraucher geschlossen, so fließt der durch die Widerstände begrenzte Strom zum Teil über den parallel zur Spannungsrückgangsspule liegenden Stromkreis. Der Anker des Spannungsrückgangsauslösers wird deshalb nicht mehr festgehalten und entklinkt die Freiauslösung, bevor die Hauptkontakte geschlossen sind.

Magnetische und thermische Auslöser

Der einfachste Überlastungsschutz ist die Sicherung. Sicherungen haben zwei entscheidende Nachteile, die der Billigkeit, Einfachheit und dem guten Kurzschlußschutz gegenüberstehen. Nach erfolgtem Durchschmelzen sind sie erst nach Einziehen eines neuen Drahtes oder Verwendung einer neuen Patrone wieder brauchbar. Außerdem sind selbst die trägsten Sicherungen nicht in der Lage, einen Motor sowohl gegen Kurzschluß als auch gegen eine lang andauernde geringe Überlastung zu schützen. Die hohen Einschaltströme bei Kurzschlußankermotoren, für die die

[1]) Näheres s. S. 295.

[2]) System Calor-Emag.

Sicherungen bemessen sein müssen, machen überhaupt den Schutz gegen geringe Überlast unmöglich, da die Sicherung in diesem Falle nicht anspräche.

Man kann an Stelle der Sicherungen Schutzschalter verwenden, und zwar Automaten für den Leitungsschutz, die eine Auslösecharakteristik wie die Sicherungen haben, bestehend aus einem Überstrommagneten, der bei Auftreten des Kurzschlußstromes sofort anspricht und einem thermischen Schutz, der bei Auftreten eines geringen Überstromes wirksam wird. Zum Schutz von Motoren werden Motorschutzschalter verwendet. Sie haben ein träges Element, das grundsätzlich die Charakteristik des Motors kopieren soll, und bei zu großer Stromaufnahme, d. h. bei Zuwarmwerden des Motors den Schutzschalter zur Auslösung bringen muß.

Als Kurzschlußschutz können entweder Sicherungen oder die elektromagnetische Schnellauslösung dienen. Wird elektromagnetische Schnellauslösung neben der thermischen Auslösung verwandt, so muß der Schalter so gebaut sein, daß er auch einen Kurzschluß abschalten kann. Der auftretende Kurzschlußstrom ist in Kapitel 1 berechnet worden; er ist um so größer, je näher der Schalter der Stromquelle angebracht ist. Ist ein verhältnismäßig langes Leitungsstück zwischen dem Aufstellungsort des Schalters und der Stromquelle oder sind die Kraftreserven an der Stromquelle gering (kleine Eigenerzeugungsanlagen), so ist auch der Kurzschlußstrom begrenzt und der Schalter kann verhältnismäßig klein sein. Der auftretende Kurzschlußstrom hat mit dem Nennstrom, für den der Schalter gebaut ist, im allgemeinen nichts zu tun. Die Schalter für kleine Nennstromstärken werden im allgemeinen auch klein gebaut. Solche kleine Schalter kann man ohne Sicherungen, auch wenn sie Kurzschlußschnellauslösung haben, in der Nähe einer Stromquelle meist nicht verwenden. Die VDE-Vorschriften schreiben vor, daß ein Schalter mit Schnellauslösung für Wechselstrom bis zu 15 Amp. den 100fachen, bis zu 100 Amp. den 60fachen und darüber hinaus den 25fachen Nennstrom abschalten muß, wobei als Mindeststromstärken 1500 Amp. für Schalter bis zu 100 Amp. und 6000 Amp. für Schalter über 100 Amp. vorgesehen sind. Diese Abschaltstromstärken werden bei cos. $\varphi \approx 0{,}2$ gemessen. Diese Kurzschlußströme müssen bei voller Nennspannung abgeschaltet werden. Können an der Stelle, an der der Schalter eingebaut ist, größere Kurzschlußströme eintreten, sind auf jeden Fall neben dem Motorschutzschalter noch Sicherungen vorzusehen.

Da jeder Motor eine andere Charakteristik hat und sich auch die kleinen trägen Elemente, wie sie in Schaltern sich befinden, nicht mit einem so großen Zeitfaktor bauen lassen wie Motoren, ist für Motorschutzschalter festgelegt, daß sie in betriebswarmem Zustand innerhalb 2 Stunden bei 5% Überstrom nicht ansprechen, dagegen bei 20% Überstrom bestimmt. Bei 50% Überlast muß die Auslösung innerhalb 2 Minuten erfolgen. Die Auslöseverzögerung soll beim sechsfachen Strom mindestens 5 Sek. betragen, bzw. bei kleinen Schaltern (vorgeschaltete Sicherungen höchstens 100 Amp.) beim fünffachen Nennstrom 0,5 Sek. vom kalten Zustand aus. Früher wurden zum Schutz von Motoren auch magnetische Auslöser, die unabhängig, begrenzt abhängig oder abhängig von der Stromstärke verzögert ausschalteten, verwendet, sie sind jedoch durch die thermischen Auslöser vollständig verdrängt worden. Alle Schalter, die mit einer magnetischen Kurzschlußauslösung ausgerüstet sind, müssen eine Freiauslösung haben, bei den rein thermischen Überstromschutzschaltern ist dies nicht unbedingt erforderlich, aber in vielen Fällen empfehlenswert. Sehr häufig werden thermische Relais, die in Verbindung mit Schützen arbeiten, nur mit einer Sperre ausgerüstet gemäß Schaltung Abb. 307b. Die Sperre besteht aus einer einfachen Verklinkung, die durch ein durch Überstrom bewegtes Glied aufgehoben wird. Nach erfolgter Entklinkung wird unmittelbar unter Wirkung einer Schaltfeder der Auslösekontakt sprungartig ausgeschaltet. In Verbindung mit einem durch Momentkontakt ferngesteuerten Motorschutzfernschalter oder einem mit Unterspannungsmagneten versehenen Schalter kann beim thermischen Relais auch die Sperre fortgelassen werden, da nach Aufhören der Überstromwirkung das Gerät ausgeschaltet wird. Eine Wiedereinschaltung kann nicht von selbst erfolgen. (Abb. 307a).

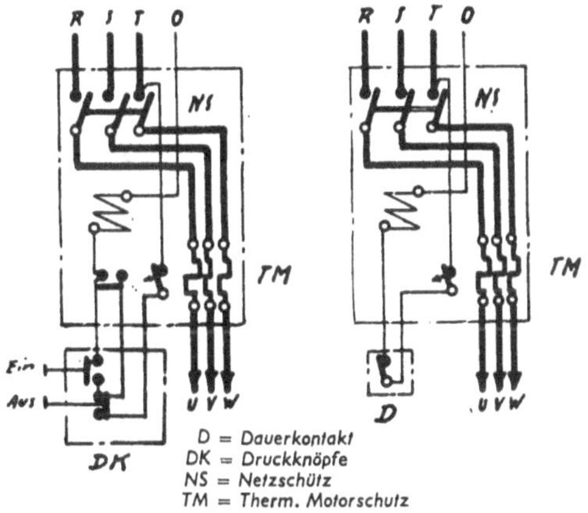

Abb. 307

Als Elemente, die auf den Überstrom zu reagieren haben, kommen in Frage: Bimetallstreifen, Hitzdrähte, Schmelzlote, vom Strom abhängig schaltende Elektromagnete.

1. Bimetallstreifen

Diese können nur zum Schutz gegen Überlastung verwendet werden, sie wirken bei Auftreten eines Kurzschlusses viel zu langsam. Bimetall besteht aus zwei aufeinandergewalzten oder gelöteten Metallen von besonders großer Differenz der Ausdehnungskoeffizienten, z. B. Invar und Messing. Der Ausdehnungskoeffizient zwischen 0 und 100° C von Invar (36% Nickel, 64% Eisen) $a_2 \doteq 1{,}5 \times 10^{-6}$ mm je mm Länge für 1° C Temperatursteigerung, der von Messing $a_1 \doteq 1{,}8 \times 10^{-5}$ mm je mm Länge für 1° C Temperatursteigerung. Der Ausdehnungskoeffizient von Bimetall beträgt nun $a = a_1 - a_2 \doteq 1{,}65 \times 10^{-5}/°$ C. Im allgemeinen liegen die Ausdehnungskoeffizienten der Bimetalle zwischen $13{,}5 - 20 \times 10^{-6}/°$ C, zwischen 0° C und 100° C. Zwischen 100° C und 200° C ist der Ausdehnungskoeffizient meist etwas niedriger, für obengenannte Metalle beträgt er z. B. $1{,}55 \times 10^{-5}/°$ C. Bevor die

Streifen in die Schalter eingebaut werden, müssen sie etwa 10 Minuten lang auf etwa 200° C erwärmt werden (altern). Man wählt an Stelle von Messing nicht gern Blei, trotzdem dieses Metall einen größeren Ausdehnungskoeffizienten hat, da sein Schmelzpunkt meist zu niedrig liegt.

Bezeichnet man den Krümmungsradius der Mittellinie des inneren erwärmten Bimetallstreifens mit r, die Dicke des Bimetallstreifens mit t (cm), die Länge mit l (cm), mit φ den Bogen des Krümmungskreises, dann gilt, wenn man mit $\tau =$ die Temperatursteigerung in ° C bezeichnet (Abb. 308);

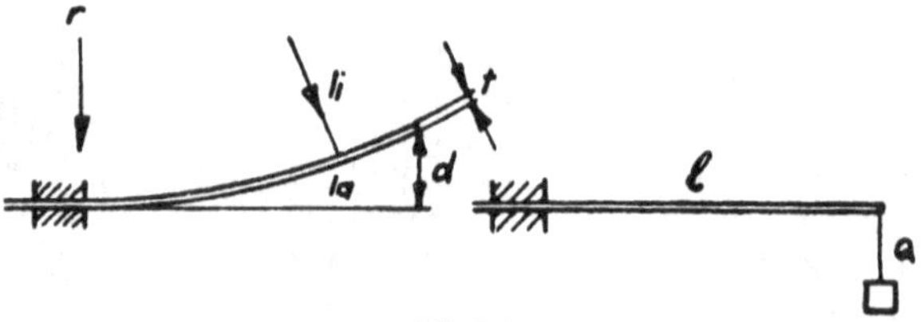

Abb. 308

$$l_a = \left(r + \frac{t}{2}\right)\varphi \qquad l_a/l_i = \frac{r + t/2}{r} = 1 + \frac{t}{2r} = \frac{1 + a_2\tau}{1 + a_1\tau}$$

$$l_i = r\varphi \qquad t/2r = \frac{1 + a_2\tau}{1 + a_1\tau} - 1 = \frac{a\tau}{1 + a_1\tau}$$

$$d = r - r\cos\varphi \text{ (da } \varphi \text{ klein) } d \sim r\,(1 - 1 + \varphi^2/2) = \frac{r\varphi^2}{2}$$

$$d \sim \frac{l_i^2}{2r} = \frac{l^2(1 + a_1\tau)^2}{2r} = \frac{l^2(1 + a_1\tau)a\tau}{t}, \text{ da}$$

$a_1\tau \ll 1$ ergibt sich

$$d = \frac{l^2 a\tau}{t}.$$

a beträgt z. B. bei Bimetallen von 36% NiFe und 20% NiFe + 6% Mn = $0{,}175 \cdot 10^{-5}/°$ C, von 36% NiFe und 27% NiFe + 5% Mn = $0{,}137 \cdot 10^{-5}/°$ C.

ρ in jedem Falle etwa $0{,}8\,\frac{\Omega mm^2}{m}$ bei 20° C, Spezialbimetalle haben auch $\rho = 0{,}5\,\frac{\Omega mm^2}{m}$

α (Zunahme des spezifischen Widerstandes mit der Temperatur) etwa 0,0005 bis etwa 0,0006.

Die Formveränderung von Bimetallspiralen oder beliebig geformten Bimetallstreifen durch Erwärmung wird bestimmt, indem man die Spirale in eine Anzahl kleiner Sehnen zerlegt und für jede die Durchbiegung für sich bestimmt und am Ende der erwärmten gedachten Sehne die neue hinzuzeichnet. Soll die Ausdehnung verhindert werden, so müßte dem erwärmten Streifen mit der Breite b (cm) und dem Elastizitätsmodul E die Kraft

$$P = \frac{d\,E\,t^3\,b}{4\,l^3} \approx (3{,}25 \text{ bis } 4)\,\frac{b\,\tau\,t^2}{l}\,(\text{kg})$$

entgegengesetzt werden. Diese Formel ist die bekannte Formel für die Durchbiegung eines eingespannten Balkens. Da P proportional d ist, kann die vom Bimetallstreifen ausgeübte Kraft leicht bestimmt werden. Die Dauertemperatur und den Temperaturverlauf errechnet man nach Formel 71 von Kapitel 1.

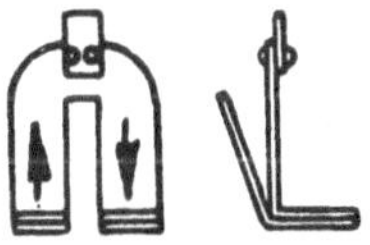

Abb. 309 a

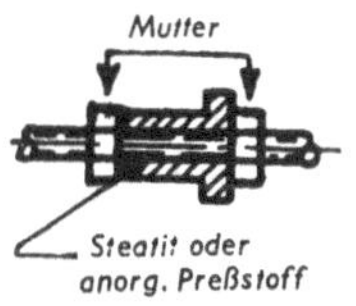

Abb. 309 b

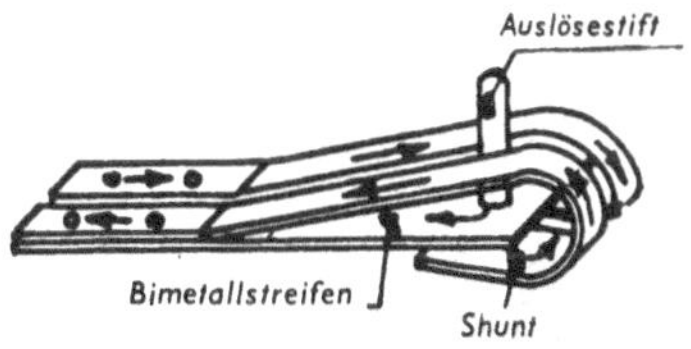

Abb. 310

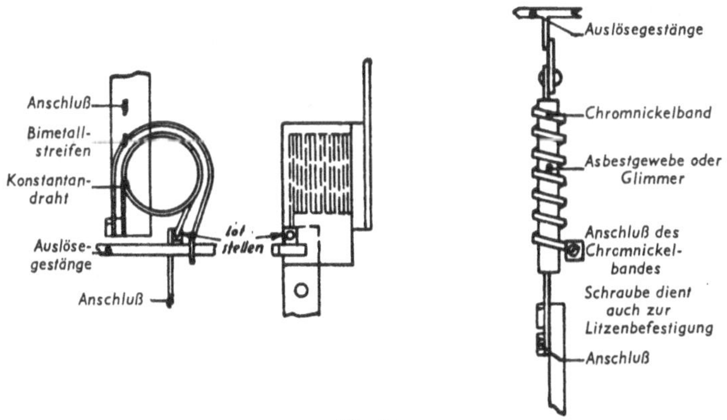

Abb. 311

Geringere Bedeutung haben Bimetallspiralen, sie werden mehr im Meßinstrumentenbau verwandt, allerdings sind derartige Meßinstrumente infolge ihrer Trägheit selten.

Bimetalle werden entweder direkt vom Strom geheizt, etwa in der Weise, wie in Abb. 309a und 310 dargestellt, oder, wenn die Wärme zu gering ist (kleine Stromstärken), indirekt gemäß Abb. 311.

Außerdem werden häufig parallel zum Bimetallstreifen für hohe Stromstärken Shuntbleche aus Konstantan verwendet. Der Anschluß kann so erfolgen, daß die beiden Enden des Streifens mit je einer Klemme auf eine isolierte Grundplatte geführt werden. Die Bimetallstreifen betätigen einen Auslösungsmechanismus. Dieser kann z. B. ein Auslösegestänge sein. Das mit dem Bimetallstreifen verbundene Auslösegestänge besteht entweder aus anorganischen oder keramischen Werkstoffen oder evtl. aus keramischen Teilen, die auf einer Stange angeordnet sind (Abb. 309b). Der Bimetallstreifen muß dann ein entsprechenend anders geformtes Anpassungsstück erhalten. Eine andere Form der direkten Heizung zeigt Abb. 310[1]).

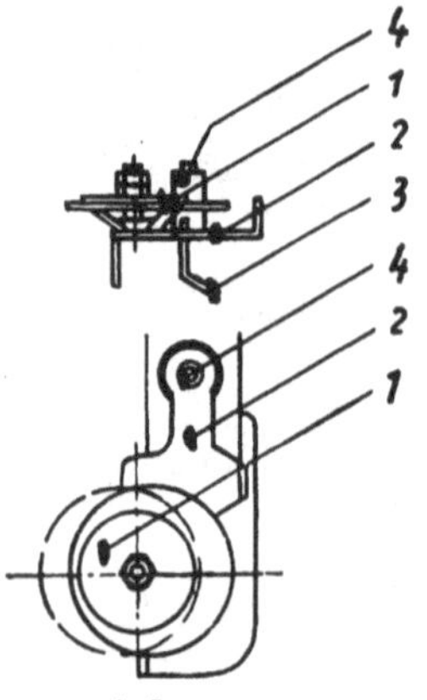

1) Exzenterscheibe
2) Drehhebel
3) Schaltklinke
4) Bolzen

Abb. 313

Die Schleifenform hat den Vorteil, daß im Falle eines starken Kurzschlusses der Bimetallstreifen vom oberen Shuntteil angezogen und vom unteren abgestoßen wird, da sich parallele Leiter untereinander bilden, wodurch eine sofortige Abschaltung auf elektrodynamischem Wege stattfindet. Ausreichende Kraft wird jedoch erst bei sehr hohen Stromstärken ausgeübt, so daß die Kurzschlußausschaltung durch Magnete vorgenommen werden muß. Bei der indirekten und gemischten Heizung werden an der Heizwicklung ziemlich hohe Temperaturen entwickelt. Man macht sie gewöhnlich aus Konstantan oder eisenhaltigem Chromnickelband oder -draht. Der Strom geht zunächst durch den Bimetallstreifen und von diesem über die Heizwicklung zu einer beweglichen Kupferlitze, die mit dem Anschluß verbunden ist. Der spezifische Widerstand von eisenhaltigem Chromnickel beträgt 1,10 Ohm mm^2/m. Als Isolation zwischen Bimetallstreifen und Heizwicklung werden wegen der hohen Temperaturen Asbestpapier oder Glimmer oder Mikanitplatten gewählt. Zur Bestimmung der Temperatur gelten für direkte Heizung die Ausführungen auf S. 23ff. (Kap. 1), bei indirekter Heizung auf S. 94 (Kap. 2). An ihrem Ende sind sowohl die direkt als auch die indirekt beheizten Streifen mit einem Metallstück verbunden, das ein wenig mit der Zange verbogen werden kann: dieses Stück wird auf den Streifen genietet. Ein Wärmerelais für mehrere Phasen hat so viele Bimetallstreifen als Phasen, die geschützt werden sollen. Alle Streifen müssen in der Nullstellung gleiche Entfernung vom Auslösemechanismus haben. Um diese jeweils

[1]) AEG.

erreichen zu können, müssen die Streifen in kaltem Zustand eingestellt werden können.

Der Bimetallstreifen kann sowohl gerade als auch gebogen sein, mit seinem Ende stößt er gegen einen isolierten Anschlag eines Auslösemechanismus, durch dessen Bewegung ausgeschaltet wird. Der Auslösestrom kann eingestellt werden, da der Weg, den der Bimetallstreifen bis zur Ausschaltung zurücklegen muß, variiert werden kann. Als Einstellorgan kann z. B. eine unrunde Scheibe oder eine runde Exzenterscheibe dienen (Abb. 313).

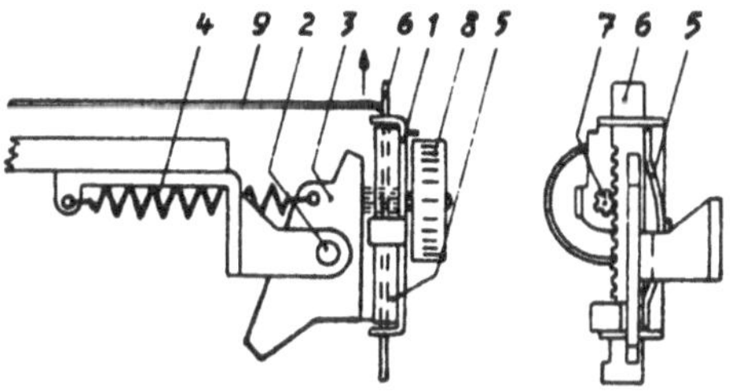

1 = Zahnstangenführung
2 = Lager
3 = Lagerteil
4 = Zugfeder
5 = Blattfeder
6 = Zahnstange
7 = Ritzel
8 = Skalenkappe
9 = Bimetallstreifen

Abb. 314

An Stelle der Scheiben können auch Exzenterbolzen verwendet werden, auch Zahnstangentriebe sind verwendbar (Abb. 314). Der Bimetallstreifen bewegt sich nach oben, der Zahnstangentrieb wird durch den Bimetallstreifen an der Drehung um Lager 2 verhindert. Sobald der Bimetallstreifen warm wird, gibt er den Zahnstangentrieb frei, wodurch sich der Teil 3 dreht und die Auslösung bewirkt. Die Zahnstange kann nach oben verschoben werden. Dann muß der Bimetallstreifen wärmer werden, um die Auslösung zu bewirken, auch wird ein höherer Auslösestrom erreicht. Die Feineinstellung von Bimetallstreifen erfolgt z. B. dadurch, daß am Bimetallstreifen selbst, wie in Abb. 311 dargestellt, ein Metallstück aufgenietet ist und dieses zurecht gebogen wird. Hierdurch wird erreicht, daß die Entfernung des Bimetallstreifens vom Auslöseorgan für alle Phasen die gleiche ist.

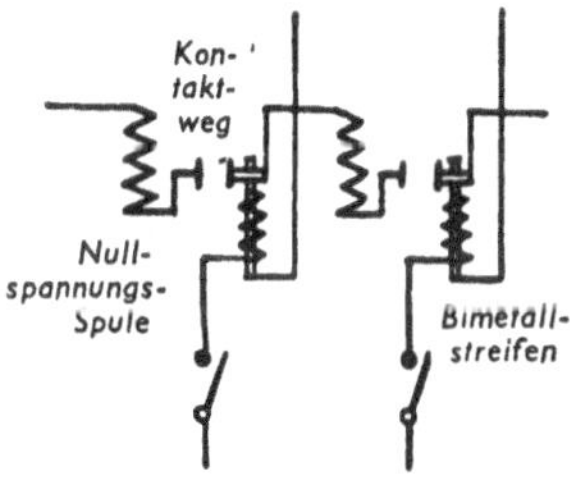

Abb. 315

Die Einstellung für eine bestimmte Auslösestromstärke kann sowohl zentral für alle Phasen als auch für jede Phase besonders vorgenommen werden. Im ersten Falle besteht der Vorteil, daß nur eine Einstellvorrichtung vorhanden ist, dagegen muß bei der Feineinstellung darauf geachtet werden, daß nicht für jede Phase die Auslösecharakteristik eine andere wird. Eine solche Anordnung ist meist billiger als die mittels drei Einstellvorrichtungen.

Eine andere Art der Verwendung ist die Schaltung eines Hilfskontaktes für jede Phase, der isoliert auf einem Bimetallstreifen sitzt, in Verbindung mit einer Spule, die durch den Bimetallstreifen an Spannung gelegt wird und dadurch den

Schalter zur Ausschaltung bringt. Der Bimetallstreifen hat allein den Hilfskontaktdruck aufzubringen (Abb. 315)[1]). Die Einstellung verschiedener Auslösestromstärken erfolgt hier durch Verdrehung einer Schraube am festen Kontakt. Diese Anordnung ist teurer, ohne Vorteile zu bieten.

Alle Bimetallstreifen können aber auch so angeordnet werden, daß sie gemeinsam auf eine Traverse wirken. Die Einstellung erfolgt dann z. B. durch eine exzentrische oder unrunde Walze (Abb. 312a).

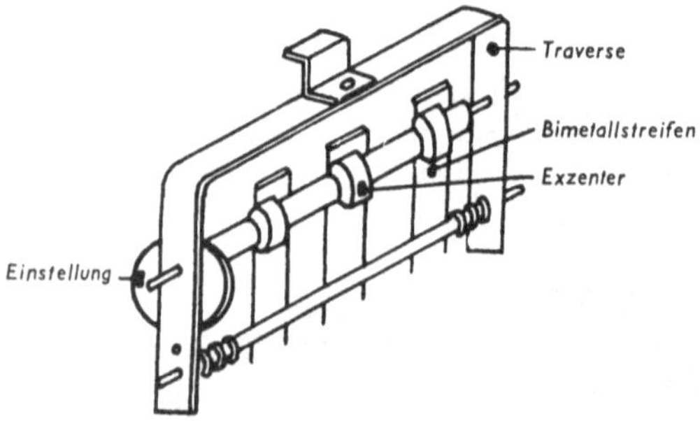

Abb. 312a

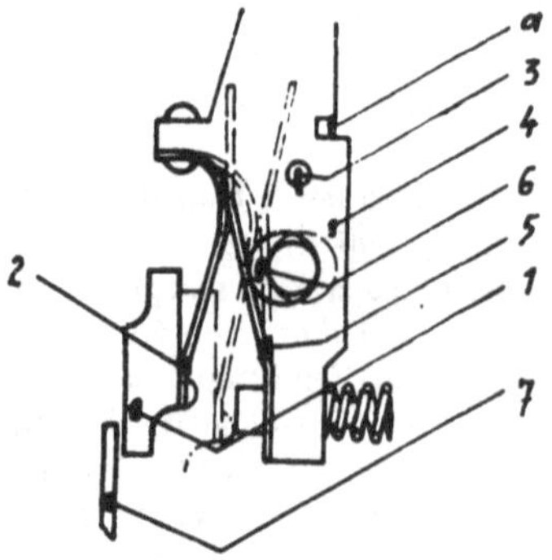

Abb. 312b

Eine andere Möglichkeit der Einstellung besteht darin, die Entfernung einer federnd aufgehängten Ausschaltplatte von der die Klinkenstütze tragenden Platte durch Drehung eines exzentrisch aufgehängten Bolzens zu variieren (Abb. 312b)[2]). Die Ausschaltplatte 1 wird durch die Blattfeder 2 von dem um die Achse 3 drehbaren Hebel 4 gehalten. Im Hebel 4, der an der Stelle a eine Klinkenstütze hat, befindet sich eine nach unten offene Aussparung. In diese wird mittels einer Feder 5 ein mehrere Exzenter tragender Bolzen 6 unter Vorspannung gehalten. Die Feder 2 drückt gegen die Feder 5. Durch Verstellung des Exzenters wird die Feder 5, dann die Feder 2 und dadurch Platte 1 nach oben verschoben. Sobald der Bimetallstreifen 7 gegen die Platte 1 drückt, wird der Hebel 4 im Gegenuhrzeigersinn gedreht. Die Klinke wird freigegeben. Die Einstellung erfolgt durch Drehung von 6.

Die Bimetallstreifen selbst sind meist 0,3—1,5 mm stark und arbeiten je nach der Art des Bimetalls bei einer maximalen Temperatur von etwa 200°. Wird das Bimetall noch wärmer, so soll der Schalter auslösen. Werden Wärmeauslöser in schlagwetter- oder explosionsgefährdeten Räumen[3]) verwendet, so müssen diese in der Bauart für erhöhte Sicherheit vorgesehen werden. Nach diesen Vorschriften dürfen alle Teile keine gefährliche Temperatur annehmen, d. h. keine solche Tem-

[1]) Wijk en Visser
[2]) AEG.
[3]) VDE 0171 u. 0172

peratur, die eine Explosion des Gases, das sich in dem Raum befindet, in dem der Schalter untergebracht ist, verursachen kann, Gefährliche Temperaturen dürfen in Gehäusen auftreten, die so konstruiert sind, daß eine Explosion nicht nach außen dringen kann, d. h. sie müssen von solcher Wandstärke und solcher Bauart sein, daß der bei einer Explosion auftretende Druck das Gehäuse nicht zerstören kann. Werden die Bimetallstreifen durch eine Heizwicklung beheizt, so tritt im allgemeinen eine Temperatur an der Heizwicklung auf, die so hoch ist, daß das Relais in ein druckfestes Gehäuse gesetzt werden muß. Wird dagegen der Bimetallstreifen direkt beheizt, so kann man ihn so bauen, daß er bei einer Temperatur unter 200° den Motorschutzschalter zur Ausschaltung bringt und dort, wo besonders explosive Gase auftreten können, wie Acetylen, Äthyläther oder Schwefelkohlenstoff, bei noch niedrigeren Temperaturen (155°, 115° bzw. 80°) die Auslösung bewirkt.

Da die Bimetallstreifen sehr schwach sind, kann man bei hohen Strömen nur einen Teil des Stromes durch die Bimetallstreifen selbst führen. Man wird daher einen Widerstand parallel schalten oder die Beheizung der Bimetallstreifen durch Stromwandler vornehmen. Bei der Beheizung durch Stromwandler kann die Einstellung des Auslösestromes auch durch Veränderung des Streuflusses des Stromwandlers erreicht werden.

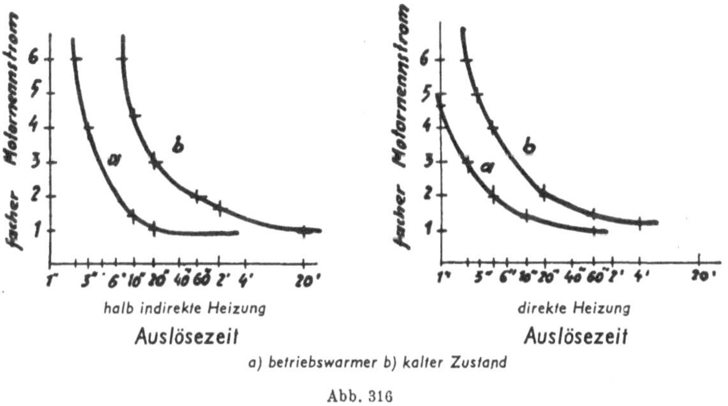

Abb. 316

Der Zeitfaktor von Bimetallstreifen ist bei direkt beheizten Bimetallstreifen kleiner als bei indirekt beheizten Streifen, d. h. bei solchen, bei denen die Erwärmung des Bimetallstreifens nicht durch den Strom, sondern durch eine Heizwicklung, die vom Strom durchflossen wird, erfolgt oder bei gemischt beheizten, die teils vom Strom selbst durchflossen und teils durch eine Heizwicklung erwärmt werden.

Abb. 316 zeigt eine Auslösekurve von Bimetallstreifen.

Im allgemeinen ist es zweckmäßig, daß die in den VDE-Vorschriften vorgesehenen Spielräume für die Auslösezeiten stärker ausgenutzt werden als in Abb. 316 dargestellt, d. h. bei 1½facher Überlast kann die Auslösung auch später erfolgen als in der Abbildung dargestellt, damit eine genügende Reserve vorhanden ist, d. h. daß bei Belastung mit Nennstrom der Schalter oder Auslöser erschütterungssicher arbeitet. Dies wird dadurch erreicht, daß der Klinkenweg an der Auslöseklinke verhältnismäßig groß gehalten wird.

Ein Vorteil der Bimetallauslöser besteht darin, daß leicht eine Temperaturkompensation angebracht werden kann. Der Vorteil der Temperaturkompensation besteht darin, daß die Eichung des Auslöserelais, unabhängig davon, in welchem Raum es sich befindet, vorgenommen werden kann. Es werden stets die Auslösezeiten gleich sein, ob der Bimetallauslöser mit einem Ölschütz, Luftschütz zusammengebaut ist oder in einem Raum, in dem eine höhere oder niedrigere Temperatur herrscht, liegt. Andererseits wird durch die Temperaturkompensation nicht ausgenutzt, daß ein Motor in einem kälteren Raum mehr belastet werden darf als in einem wärmeren, so daß ein Schalter mit Temperaturkompensation dort, wo höhere Raumtemperaturen als 35° herrschen, nicht verwendet werden darf.

Die Temperaturkompensation besteht aus einem Bimetallstreifen, der nicht stromdurchflossen ist und den stromdurchflossenen in der Ausbiegung gerade entgegengesetzt wirkt, z. B. kann das Auslösegestänge am Ende mit einem U-förmigen Streifen versehen werden, über den erst die Wärmeauslöser auf die Einstellscheibe wirken.

Wesentlich ist im Zusammenhang mit Schnellauslösern die Kurzschlußfestigkeit der Überstromauslöser. Einen Anhalt bietet die Berechnung von Cohn (ETZ 1930), der jedoch von der sehr starken Vereinfachung ausgeht, daß sich der Bimetallstreifen nach einer Exponentialkurve erwärmt. Bezeichnet man mit T' = Zeitkonstante, τ = die Übertemperatur (° C), τ_{gmax} = die Dauertemperatur, bei der Dauerstromstärke I_g, τ_{kmax} die theoretische Dauertemperatur bei der Kurzschlußstromstärke I_k, t_k = die Kurzschlußzeit des Schalters = Eigenzeit + Lichtbogenzeit des Schalters, wobei man unter Eigenzeit die Zeit vom Auftreten des Kurzschlusses bis zur Trennung der Kontakte versteht. τ_k = die Temperatur des Bimetallstreifens bei einem Kurzschlußstrom I_k in der Zeit t_k, dann gilt, da $t_k \ll T'$:

$$\frac{t_k}{T'} = \frac{\tau_k}{\tau_{kmax}} \qquad \frac{\tau_{gmax}}{\tau_{kmax}} = \frac{I_g^2}{I_k^2} = 1/K, \quad K = \text{Kurzschlußverhältnis}$$

$$\frac{\tau_k}{\tau_{gmax}} = \frac{t_k}{T'}\left(\frac{I_k}{I_g}\right)^2 \qquad K = \sqrt{\frac{T'}{t_k}\cdot\frac{\tau_k}{\tau_{gmax}}}$$

In dieser Gleichung setzt man für τ_k die maximal zulässige Dauertemperatur (τ_{max}) ein, um das Kurzschlußverhältnis des Auslösers festzustellen. Ist der Auslöser bereits auf die Temperatur τ_{gmax} erwärmt, dann gilt für

$$K = \frac{T'}{t_k}\left(\frac{\tau_{max} - \tau_{gmax}}{\tau_{gmax}}\right)$$

Die exaktere Berechnung des Wertes von K nach den Formeln 54—81 (Kap. 1) ist rechnerisch sehr umständlich, wobei umfangreiche transzendente Gleichungen aufzulösen sind.

2. Hitzdrahtauslöser

An Stelle der Bimetallstreifen kann auch ein gewöhnlicher Hitzdraht zur Auslösung verwendet werden. Die Durchbiegung infolge Erwärmung ist nicht so stark als von Bimetallstreifen, so daß die Auslösestromstärke eines Hitzdrahtauslösers nur in geringem Umfange verändert werden kann, es sei denn, daß die Einstellung in einem vorgeschalteten Transformator liegt. Der Hitzdrahtauslöser kann entweder aus verhältnismäßig dünnen Platin-Iridium-Drähten, die auf eine Nullspannungsspule wirken, aufgebaut sein oder, wenn er aus dickeren Bändern zusammengesetzt ist, auf ein Gestänge ähnlich wie der Bimetallauslöser wirken. Der Hitzdrahtauslöser arbeitet mit wesentlich höheren Temperaturen als Bimetall (etwa 300 bis 400° C gegen 130 bis 170° C). Die Ausdehnung der Bänder wird über eine Hebelübersetzung auf die Sperre oder die Freiauslösung übertragen. Der Zeitfaktor der dünnen Platin-Iridium-Drähte ist verhältnismäßig niedrig, so daß diese heute wenig Verwendung finden. Für stärkere Bänder kommen z. B. eisenhaltiges Chromnickelband oder Konstantan oder Nickelin in Frage. Da die Hitzdrähte mit höherer Temperatur arbeiten, ist der Einfluß der Raumtemperatur geringer als bei Bimetallstreifen, so daß in den meisten Fällen eine Temperaturkompensation überflüssig wird.

3. Schmelzlotauslöser

Diese bestehen aus einer eutektischen Legierung, deren Schmelzpunkt zwischen 80 bis 150° C liegt. Eine solche Legierung ist z. B. Rosesches Metall (Schmelzpunkt 96° C) oder eine andere Legierung von Wismut, es kann aber auch eine Legierung mit einem Schmelzpunkt von einer Temperatur zwischen 150 bis 250° C gewählt werden. Bei den meisten üblichen Konstruktionen wird ein kleines Rädchen, das sich unter dem Einfluß einer Feder 7 (Abb. 317)[1]) drehen möchte, durch die eutektische Legierung 2 festgehalten. Schmilzt diese, so beginnt sich das Rad 3 zu drehen, bis die Feder 7 entspannt ist. Gleichzeitig dreht sich der Schalthebel 5 und damit der Kontakt 10, und das Relais schaltet aus. An Stelle der Bewegung des Kontaktarmes kann auch eine Klinke freikommen, wodurch die Freiauslösung in Wirkung tritt. Die eutektische Legierung muß nach 2 Sekunden wieder fest sein, damit wird das Rad fest und der Schalter kann durch Drehung des Schalthebels 5 wieder eingeschaltet werden. Die Klinke am Schalthebel darf sich nur nach einer Seite bewegen können. Bei der Handeinschaltung muß die Rastung aufgehoben sein. Die Heizung der Legierung kann auf verschiedene Weise geschehen, z. B. durch einen Widerstandsdraht. Für jede Stromstärke muß dann ein anderer Shunt ausgewählt

[1]) Allan Bradley.

werden, um auf diese Weise in jedem Fall im Heizelement stets die gleiche Wärme erzeugen zu können. Der Auslöser kann dann nicht für verschiedene Stromstärken eingestellt werden. Teurer ist die Einstellung durch einen vorgeschalteten Transformator, die Sekundärwicklung dient dann als Heizwicklung, die wie z. B. in Abb. 317 in einem Hohlrohr durch das Heizelement durchgeführt wird. Durch Auswechslung der Primärwicklung (verschiedene Windungszahlen) kann dann der jeweilige Sekundärstrom variiert werden.

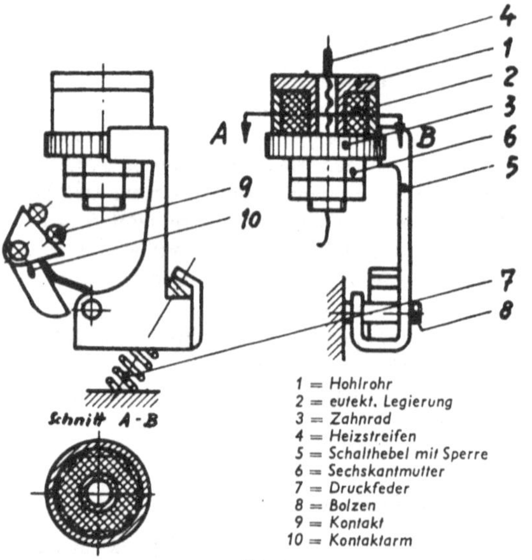

Abb. 317

Die Einstellung der Sekundärstromstärke kann man aber außerdem noch durch Variation des Streuflusses eines Stromwandlers vornehmen. Da die Verluste bei großem Luftspalt sich stark steigern, beschränkt man sich gewöhnlich, auf diese Weise nur die Auslösestromstärke im Verhältnis von 1 : 2 bis 1 : 4 einzustellen und die weitere Variation der Auslösestromstärke durch Auswechslung der Primärwicklungen vorzunehmen. Diese Art der Einstellung kann natürlich auch in Verband mit Hitzdraht-Bimetall- und elektromagnetischen Auslösern vorgenommen werden. Für Schmelzlotauslöser ist es die einzig zweckmäßige, in den anderen Fällen beruht der Vorteil hauptsächlich darin, daß nur ein Einstellungsorgan für den Elektromagneten und den Wärmeauslöser nötig ist, während eine andere Einstellung der Bimetallauslöser eine gesonderte Einstellung des elektromagnetischen Auslösers notwendig macht. Man kann z. B. als Magneten einen Topfmagneten wählen und den Kern mittels Schrauben verstellen, wodurch der Luftspalt verändert wird. Aus der Stellung der Schraube kann dann die jeweilige Auslösestromstärke abgelesen werden.

Eine andere Ausführung zeigt Abb. 318[1]). Hier wird ein Stromwandler mit drehbarem Magnetteil als Teil der elektromagnetischen Schnellauslösung benutzt, während er außerdem als Heiztransformator für ein Bimetallelement dient. Auf der Skala 5 kann die Auslösestromstärke abgelesen werden. Der Vorteil dieser Anordnung besteht darin, daß der Bimetallstreifen durch Kurzschluß nicht zerstört werden

[1]) Sprecher und Schuh, Aarau.

kann, da der Kurzschlußstrom im Sekundärkreis infolge der Sättigung des Eisens begrenzt ist.

Bei der Einstellung von Wärmeauslösern für aussetzenden Betrieb muß man beachten, daß der Zeitfaktor von Wärmeauslösern meist wesentlich kleiner ist als von Motoren. Die Folge davon ist, daß man Auslöser stärker überlasten kann als Motoren. Die Auslöser müssen jedoch so eingestellt sein, daß der Motor keinen Schaden leiden kann. Ist z. B. ein Auslöser auf einen Nennstrom von 10 Amp. eingestellt, so muß der Motor, wenn er dauernd überlastet ist, durch den Schalter abgeschaltet werden, z. B. nach den VDE-Vorschriften innerhalb von 2 Stunden bei 20% Überlast, dagegen in dieser Zeit bei 5% Überlast noch nicht.

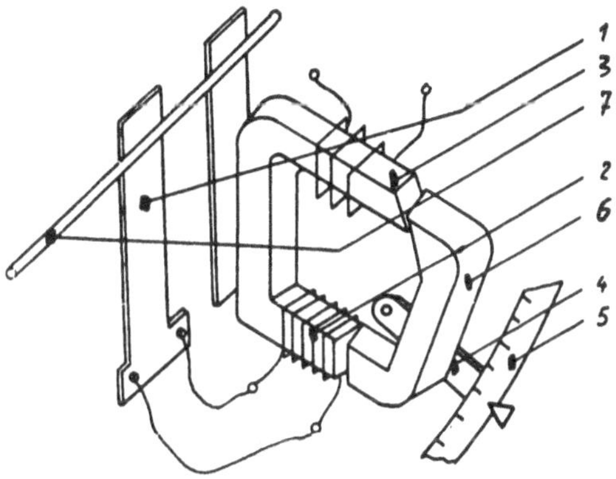

1 = Bimetallstreifen 5 = Einstellskala
2 = Stromwandler 6 = Anker
3 = Magnetkern 7 = Auslösegestänge
4 = Zeiger

Abb. 318

Legt man eine Motor-Zeitkonstante von 30 Minuten zugrunde, so kann bei einer Einschaltdauer von 30% und 30 Schaltungen in der Stunde der Motor nach den Gleichungen von Ölschläger um das 3,2fache überlastet werden. Hat der Auslöser eine Zeitkonstante von 3 Minuten, dürfte er nur um das 2,7fache überlastet werden. Er wäre daher nicht auf $10\sqrt{3{,}2}$, sondern auf $10\sqrt{2{,}7}$ einzustellen.

Im 1. Kapitel wurde schon auseinandergesetzt, daß alle solchen Rechnungen nur einen beschränkten Wert haben. Als Anhaltspunkte seien die folgenden experimentell gefundenen Einstellwerte für Wärmeauslöser für aussetzende Betriebe bei Schalthäufigkeiten bis zu etwa 60 Schaltungen pro Stunde angegeben:[1])

Relative Einschaltdauer	70%	40%	25%	15%
Einzustellender Strom	90%	80%	70%	60%

Unverzögerte magnetische Auslöser

Unverzögerte magnetische Auslöser dienen meist als Kurzschlußschutz, sie werden neben den thermischen Auslösern in Motorschutzschaltern und Installationsselbstschaltern verwendet. Die Schnellauslösespulen begrenzen durch ihren Blindwider-

[1]) Wärmeauslöser haben wegen des kleinen Zeitfaktors bei großer Schalthäufigkeit (> 120 Schaltungen pro Stunde) keinen Sinn, da dann die Motorcharakteristik nicht mehr nachgeahmt werden kann.

stand den Kurzschlußstrom. Die Magnete müssen meist nur eine geringe Kraft aufbringen, um die Verklinkung aufzuheben. Man kann sie für kleinere Schalter (bis etwa 200 Amp.) auch für Wechselstrom als Topfmagnete unter Verzicht auf den Aufbau aus einzelnen Blechen herstellen. Hierdurch wird in vielen Fällen eine einfachere Konstruktion ermöglicht. Der gleiche Kern kann für Gleichstrom und Drehstrom verwendet werden, ja man kann sogar die Überstromauslösung mit einer elektromagnetischen Lichtbogenblasung kombinieren. Wenn man den Wechselstrommagneten massiv bauen will, muß man mit wesentlich geringerer Induktion arbeiten, als für Wechselstrommagnete in Kap. 2 angegeben ist. Will man den Magneten noch mit Blasung kombinieren, so muß man davon ausgehen, daß bei Nennstrom eine Induktion höchstens von etwa 300 bis 500 Gauß herrschen soll. Der Kernquerschnitt von Vollkernauslösern ohne Blasung soll für eine Induktion von etwa 3000 bis 4000 Gauß berechnet sein. Schätzt man die Auslösekraft unter Berücksichtigung einer gewissen Sicherheit auf ½ kg, so ergibt sich ein Kernquerschnitt bei einer Induktion von 3500 Gauß, P′ · 700 gr (Kurzschlußring ist in diesem Fall nicht nötig), von 1,4 cm. Macht man den Kern 1 cm breit, so errechnen sich bei einem solchen Kern die Wirbelstrom- und Hysteresisverluste nach Kap. 3 Formel 342 und 349. Bei einem spezifischen Widerstand des Eisens von $\sim 0{,}1\ 10^{-5}$ Ohmcm ergibt sich also ein Verlust von etwa 65 Watt im Anzug. Will man die Dauerverluste bestimmen, so ergibt sich aber zwischen den beiden Fällen (Vereinigung des Überstrommagneten mit der Blasung und Überstrommagnet als reiner Überstromauslöser) ein großer Unterschied. Unter Vernachlässigung der Streuung ergibt sich für den Fall der Abb. 319 bei einem Auslösestrom in Höhe des sechsfachen Nennstromes:

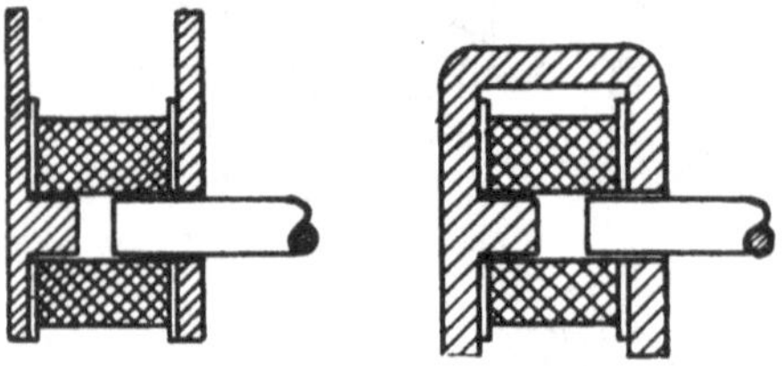

Abb. 319

d_0/d	$\sim 0{,}1$	$\sim 0{,}85$	d = Luftspalt offen
L_0'/L'	~ 10	$\sim 1{,}2$	d_0 = Luftspalt geschlossen
I_0/I	~ 6	~ 6	L = Selbstinduktion offen
B_0'/B'	~ 60	$\sim 7{,}2$	L_0 = Selbstinduktion geschlossen
L_0/L	$\sim 3{,}5$	$\sim 1{,}1$	I = Spulenstrom offen
B_0/B	~ 38	$\sim 5{,}4$	I_0 = Spulenstrom geschlossen
			B = Induktion offen
			B_0 = Induktion geschlossen

Bei der Berechnung darf nicht übersehen werden, daß durch den Auslöser ein über den Nennstrom, jedoch unter dem Auslösestrom liegender Strom so lange hindurchgehen kann, bis der thermische Auslöser anspricht. Ist kein thermischer Auslöser vorhanden, so kann dies auch dauernd der Fall sein, jedoch werden unverzögerte magnetische Auslöser ohne thermische Auslöser selten verwendet.

Mehrphasen-Überstrom-Magnete können nach Abb. 320a und 320b/1 geschaltet werden.

Die Magnete werden dann meist aus Dynamoblechen hergestellt, jedoch ist dies nicht unbedingt erforderlich. Der Magnet muß anziehen, wenn in einer Phase Überstrom herrscht. Man bestimme erst den Querschnitt und die Windungszahl gemäß Gleichungen 400—412 (Kap. 3). Als Induktion wähle man wieder etwa 3000 bis 4000 Gauß im angezogenen Zustand. Die Anordnung nach Abb. 320b/1 ist nicht so

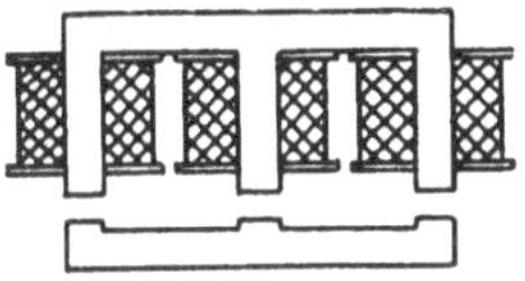

Abb. 320 a

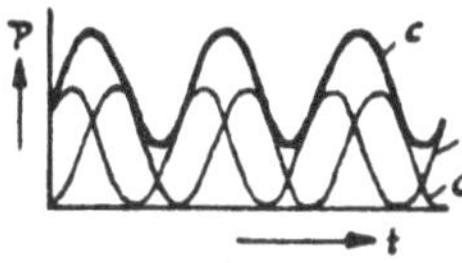

Abb. 320 b/2

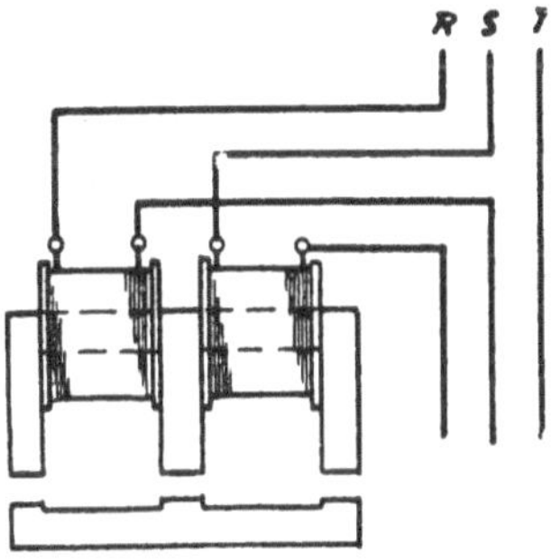

Abb. 320 b/1

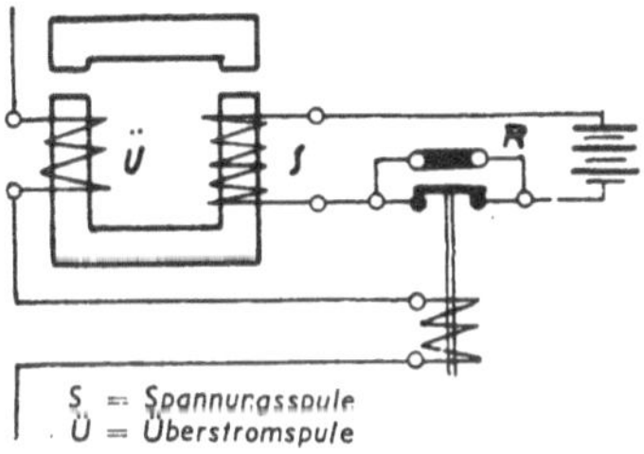

Abb. 321

zweckmäßig wie die Verwendung von je einem Auslöser für jede Phase, denn die Auslösestromstärke ist nicht so genau bestimmbar. Da der Auslöser auch ansprechen soll, wenn Kurzschluß zwischen einer Phase und Erde besteht, so wird er bereits früher anziehen, wenn in zwei oder gar in allen drei Phasen Überstrom herrscht, auch wenn kein Kurzschluß besteht. Die Anordnung gemäß Abb. 320b ist eine Vereinfachung der Abb. 320a. Betrachtet man die Kraftwirkung jeder Phase, so zeigt es sich, daß sich die Kräfte am mittleren Schenkel addieren. Dies gilt auch dann, wenn der Überstrom nicht in den Phasen S und R, sondern in den Phasen T und S auftritt. Die Kraftwirkungen werden durch Abb. 320b/2 dargestellt, die Kraft am mittleren Schenkel ergibt sich aus der Kurve c. In Verbindung mit Schützen für Gleichstrom kann auch die Überstromwicklung auf den Schützmagnetschenkel gewickelt werden, wobei Schützspulenstrom und Überstromwicklung entgegengesetzt geschaltet werden, so daß bei Auftreten des Überstromes (z. B. des sechsfachen Nennstromes) das Schütz ausgeschaltet wird. Der Abfall wird verschnellt, wenn eine Schaltung gemäß Abb. 321 gewählt wird. Dadurch, daß das Hilfsschütz einen Widerstand einschaltet, muß nicht erst die völlige Entregung des Kernes abgewartet werden, vielmehr wird durch den Spannungsabfall eine Beschleunigung des Magnetabfalles erzielt. Auch für Drehstrom ist ein solcher Gedanke bereits verwertet worden, besonders bei dem Schlaganker (siehe Schnellschalter). Abb. 322 zeigt ein Schütz mit Kurzschlußschnellauslösung nach dem Schlagankerprinzip, durch das eine besonders hohe Schaltgeschwindigkeit erzielt wird. Der Schlaganker wird durch die vom Kurzschlußstrom durchflossenen Magnetspulen angezogen und bewirkt besonders im Kurzschlußfalle schnelle Abhebung der Kontakte. Durch Kurzschlußstrom in denselben Spulen wird die Ausschaltung der Schützspule verursacht. Der Schlaganker verhindert ein Zusammenschweißen der Hauptkontakte.

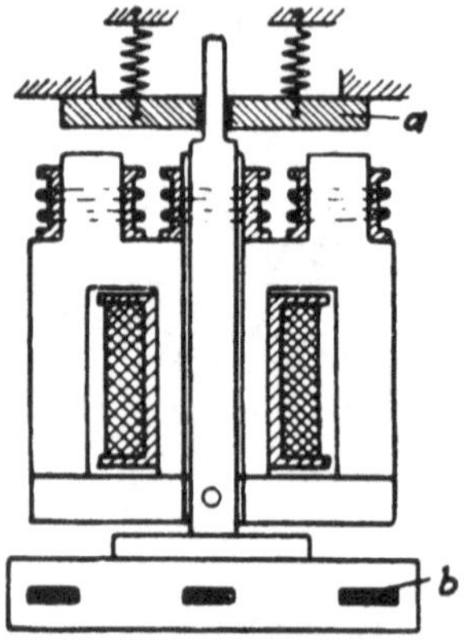

a = Schlaganker b = Kontaktträger

Abb. 322

In Verbindung mit Schützen wird auch häufig die Schnellauslösung so gestaltet, daß die Schützkontakte unabhängig von Schützmagneten sich bewegen (s. Kap. 1).

Die Einstellung von magnetischen unverzögerten Auslösern erfolgt entweder zugleich mit den thermischen Auslösern durch Variation des Streuflusses des vorgeschalteten Transformators (s. Abb. 318) oder durch Veränderung der Vorspannung einer Feder, die den Kern nach erfolgter Auslösung wieder in die Ursprungslage zu bringen hat (Abb. 323).

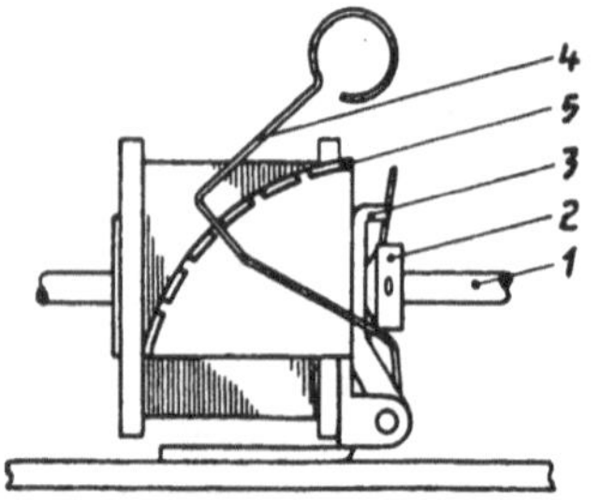

Abb. 323

Die Einstellung der Magnete nach Abb. 323 geht in folgender Weise vor sich: Der auf dem Stößel 1 befindliche Ring 2 stößt an die Messingklappe 3, die unter Einfluß einer Spiralfeder 4 nach links gedrückt wird. Die Feder 4 kann in der Kurve 5 in verschiedene Einschnitte gesetzt werden, wodurch die Vorspannung der Feder und damit der Ausschaltstrom variiert wird. Der durch den Kern durchgehende Messing-Stößel wirkt auf die Freiauslösung und erreicht, daß auf diese Weise der Schalter entklinkt wird.

In Verbindung mit Schmelzlotauslösern ist meist die Einstellung durch Änderung des Streuflusses billiger, da Schmelzlotauslöser ohnedies transformatorisch beheizt werden.

Schaltung und Charakteristik der Auslöser

Während bei dauernd eingeschalteten Motoren der thermische Auslöser auf den Motornennstrom einzustellen ist, bzw. bei intermittierendem Betrieb auf den auf S. 315 angegebenen Bruchteil (bei großen Schalthäufigkeiten hat die Verwendung von Motorschutzschaltern, deren Zeitfaktoren von denen des Motors abweichen, nicht viel Sinn), müssen Anlagen mit langer Anlaufdauer, also insbesondere Zentrifugen, zwei Schutzeinrichtungen erhalten, eine für den Anlauf, eine für den Dauerbetrieb. Für den Dauerbetrieb kann der Motorschutzauslöser, wenn nicht zu

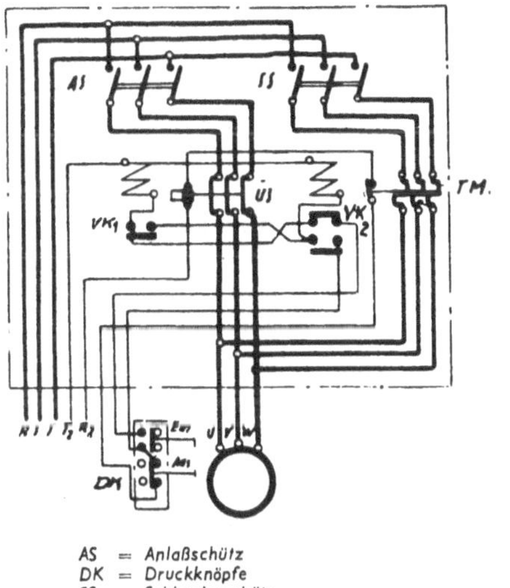

AS = Anlaßschütz
DK = Druckknöpfe
SS = Schleuderschütz
ÜS = Überstromzeitrelais
TM = Therm. Motorschutz
VK_1 = Verzögerungskontakt (Anlaufzeit)
VK_2 = Verzögerungskontakt (Ausschaltung ganz kurz)

Abb. 324

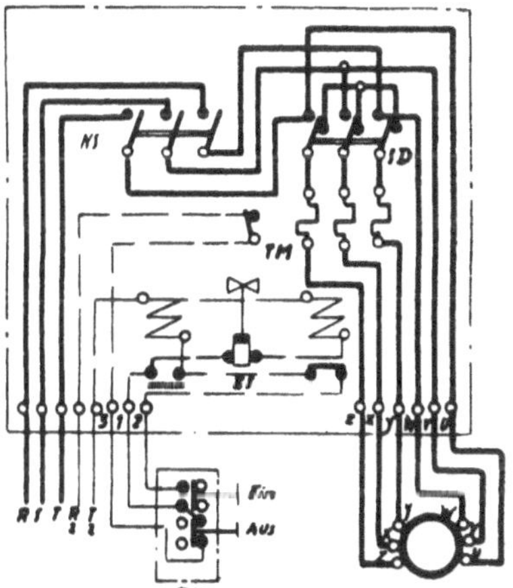

DK = Druckknöpfe
NS = Netzschütz
SD = Stern-Dreieck-Schütz
TM = Therm. Motorschutz
ZS = Zeitschalter

Abb. 325

häufig angelassen wird, was bei Zentrifugenanlagen kaum vorkommt, wegen des gegenüber dem Motor kleinen Zeitfaktors des Auslösers, auf den Motornennstrom eingestellt werden, während man für den Anlaufvorgang einen magnetischen Auslöser mit Zeitverzögerung (siehe S. 334ff.) wählt. Als Kurzschlußschutz dient entweder eine Sicherung oder ein auf den sechs- bis achtfachen Motornennstrom eingestelltes unverzögertes Relais. Die Schaltung einer derartigen Anlage zeigt Abb. 324.

Sterndreieckschalter werden nicht in der Weise geschaltet, daß der Motorschutzauslöser in die Zuleitungen gelegt wird, weil dann der Motor, solange er im Stern läuft, nicht geschützt ist, vielmehr wird Schaltung 325 gewählt. Der Auslöser ist dann jedoch nur auf den Sternstrom (Sternpunkt) einzustellen. An Stelle der in Abb. 325 vorgesehenen Rückkontakte $\left(\frac{I_n}{\sqrt{3}}\right.$, wobei I_n der Nennstrom ist$\left.\right)$, kann auch ein drittes Schütz treten. Die Schutzschaltung bei Verwendung von Handschaltern ist dieselbe.

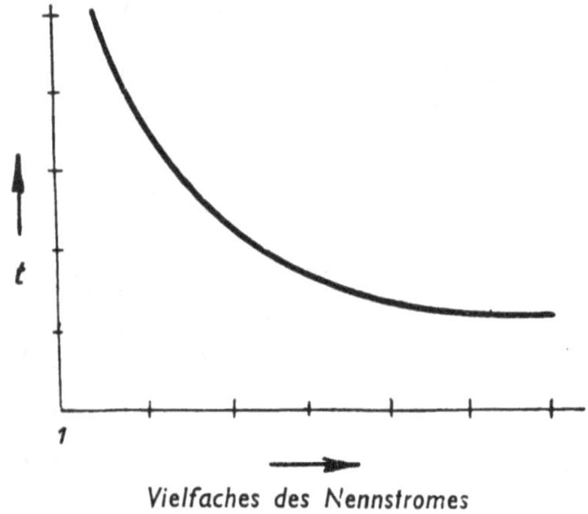

Abb. 326 a

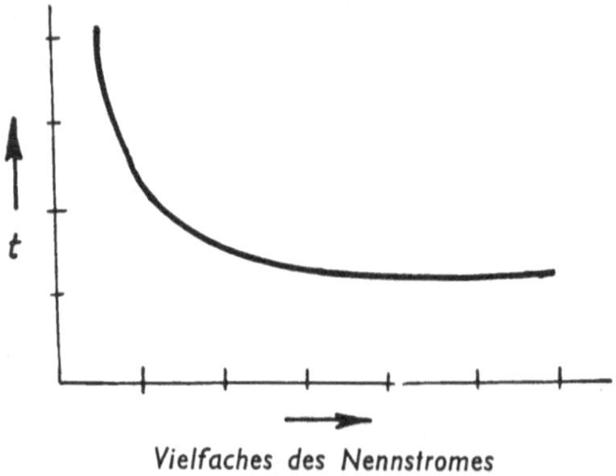

Abb. 326 b

Bei den Überstrom-Zeitauslösern unterscheidet man eine große Anzahl verschiedener Systeme, die im Rahmen dieses Buches zu behandeln zu weit führen würde, weil derartige Relais hauptsächlich als Selektivschutz im Hochspannungsgebiet Verwendung finden oder zum Schutze von Generatoren großer Leistungen, insbesondere für Zentralen und auch hier mehr in Verbindung mit Hochspannungs- als mit Niederspannungsgeräten wirken. Im Niederspannungsbau kommen fast ausschließlich abhängige und begrenzt abhängige Überstrom-Zeitauslöser vor. In beiden Fällen wird die Auslösungszeit entweder abhängig oder teilweise abhängig von der Höhe des Überstromes sein. Über die Charakteristiken derartiger Auslösungen gibt Abb. 326a und b Auskunft.

Die abhängigen Überstromauslöser (Abb. 326 a) finden Verwendung in Stromkreisen mit nicht so hohen Einschaltstromspitzen, sie wirken beim Auftreten eines Kurzschlusses nicht selektiv. Die begrenzt abhängigen Auslöser sind bei geringem Überstrom abhängig von der Zeit auslösend, während sie bei höherem Überstrom unabhängig von der Zeit nach einer bestimmt einstellbaren Grenzzeit auslösen (Abb. 326 b).

Rückstrom-Auslöser

Nur in seltenen Ausnahmefällen wird ein Energierichtungsrelais in Verbindung mit einem Niederspannungsschalter verwendet, z. B. dann, wenn ein Transformator, der einen Knotenpunkt eines vermaschten Niederspannungsnetzes speist, hochspannungsseitig z. B. wegen Kurzschluß abschaltet. Um zu verhindern, daß der Transformator von der Niederspannungsseite von einem anderen Knotenpunkt aus gespeist wird, wird ein Rückleistungsrelais angebracht. Sobald der Transformator Leistungsempfänger wird, wird über einen Hilfskontakt die Auslösespule des Leistungsschalters in Tätigkeit gesetzt und der Schalter schaltet aus. Ein solches Rückleistungsrelais arbeitet nach dem Wattmeterprinzip. Gewöhnlich wird eine Ferrasisscheibe von einer Strom- und einer Spannungsspule in Drehung versetzt. Ein Dauermagnet dient zur Bremsung. Die Drehung ist nur in einer Richtung möglich, nach der anderen mechanisch gesperrt. Nach einer einstellbaren Zeit wird ein Kontakt geschlossen, wodurch dann ein Schütz ein- oder ausgeschaltet wird. Die größte Schwierigkeit bei einem solchen Relais besteht darin, ein genau wattmetrisches Verhalten zu erzielen, das heißt eine völlige Unabhängigkeit vom Leistungsfaktor. Man wendet hier meist die Hummelschaltung (Abb. 327) an. Es ergibt sich für Widerstände die folgende Beziehung:

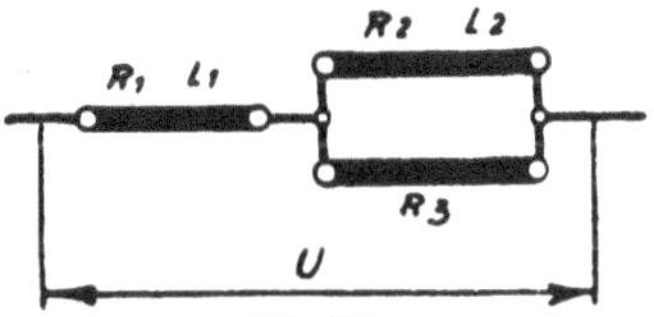

Abb. 327

$$R_3 = \left(\frac{\omega^2 L_1 L_2 - R_1 R_2}{R_1 + R_2} \right)$$

Bei Gleichstrom genügt die Verwendung eines Rückstromrelais oder eines Rückstromschalters. (Diese arbeiten in ähnlicher Weise wie Überstrom- und Nullspannungsschalter.) Als Auslöseorgan dient eine Kombination aus einer Strom- und einer Spannungsspule, die sich auf einem Auslösemagneten befindet. Strom- und Spannungsspule sind so angeordnet, daß ihre Kräfte sich im Normalbetrieb gegenseitig aufheben. Kehrt sich dagegen die Stromrichtung um, so bewirkt der Auslösestrom die Ausschaltung. Beim Auftreten von hohem Überstrom wird ebenfalls sofort ausgeschaltet. Man kann z. B. einen Schalter so einrichten, daß er bei etwa 10% Rückstrom und 150 bis 250% Vorwärtsstrom auslöst. Auch der Rückstromschalter kann mit einer Verzögerungseinrichtung versehen werden. Besonders wichtig ist ein derartiger Rückstromschalter bei der Ladung von Akkumulatorenbatterien, da ein Nullspannungsschalter bei Umkehrung der Stromrichtung unter Umständen dann nicht abschalten würde, wenn der Strom nur so kurze Zeit unterbrochen wird, daß die Auslösung nicht erfolgen würde. Neben diesem System für Rückstrom- und Rückwattrelais gibt es auch noch weniger gebräuchliche, z. B. solche, bei denen ein Eisenbügel, der von der spannungsabhängigen Spule magnetisiert ist, durch eine Stromspule angezogen wird. Sind zwei Stromspulen hintereinandergeschaltet, und zwar in der Weise, daß der Eisenbügel je nach der Energierichtung entweder von der einen oder der anderen angezogen wird, so ist hiermit ein Energierichtungsrelais geschaffen. Derartige Einrichtungen sind allerdings als Rückwattrelais weniger gebräuchlich als die geschilderten.

Verzögerungseinrichtungen

Sehr häufig ist es nötig, einen Kontakt automatisch eine bestimmte Zeit nach Eintreten eines Schaltvorganges zu schließen oder zu öffnen, oder auf ein Schaltschloß nach dieser Zeit zu wirken. Das kann verschiedene Zwecke haben. Bei automatischen Sterndreieckschaltern (Abb. 327) soll die Dreieckschaltung einige Sekunden, nachdem das Sternschütz eingeschaltet ist, hergestellt werden. Bei mehrstufigen selbsttätigen Selbstanlassern kann jede Widerstandsstufe eine gewisse Zeit nach der vorhergehenden mittels Schütz abgeschaltet werden. Solche Selbstanlasser können entweder mit Motorantrieb versehene Steuerwalzen sein, es kann aber auch für jede Stufe mittels eines Schützes ein Teil des Widerstandes abgeschaltet werden. Es muß stets nach einer bestimmten Zeit ein neues Schütz eingeschaltet werden. Verzögerungseinrichtungen sind weiter nötig bei der Bremsung von Drehstrommotoren mittels Trockengleichrichters, da der Gleichstrom erst ein oder zwei Sekunden nach Abschalten des Drehstromes eingeschaltet werden darf. Bei Aufzügen soll häufig verhindert werden, daß unmittelbar nach der Fahrt in einer Richtung in der anderen gefahren werden kann. Eine Verzögerungseinrichtung muß dafür sorgen, daß erst einige Sekunden nach der Abschaltung das Hauptschütz eingeschaltet werden kann.

Eine wichtige Verwendung finden Verzögerungseinrichtungen in Verbindung mit magnetischen oder Nullspannungsauslösern. Hinzu kommt, daß die meisten Relais, die auf Hochspannungsschalter wirken, mit Verzögerungseinrichtungen ausgestattet sind.

Ein einfaches Relais, das verzögert Kontakt gibt, besteht aus einem Magneten, bei dessen Ein- oder Ausschalten eine Quecksilberröhre gekippt wird. Diese Quecksilberröhre besteht aus Glas und ist mit Gas (Wasserstoff, Edelgas oder Stickstoff) gefüllt, um die Oxydation des Quecksilbers zu vermeiden und das Schaltfeuer zu vermindern.

Quecksilberschaltröhren sind daher besonders für Räume, in denen Explosionsgefahr besteht, zu verwenden, wenn sie gegen mechanische Zerstörungen geschützt werden.

Sie werden außer für verzögerte Schaltung zum gewöhnlichen Ein- und Ausschalten sowie als Wischkontakte gebraucht. Beim Öffnen der Kontakte wird das in der Röhre befindliche Gas durch die Lichtbogenenergie dissoziert und erhitzt, Gasdruck und Säulenfeldstärke steigen, bis der Bogen abreißt. Durch die Glaswand oder durch keramische Funkenschutzwände tritt Kühlung des Lichtbogens ein. Die Anschlußstücke sind in das Glas eingeschmolzen. Eine Quecksilber-Verzögerungsröhre zeigt Abb. 328. Während in der einen Kipprichtung das Quecksilber durch das untere Rohr langsam fließt, strömt es in der anderen Kipprichtung schnell zurück. Man kann auch Röhren bauen mit verzögerter Ein- und verzögerter Ausschaltung; dann muß auch beim Zurückschalten das Rohr verengt werden.

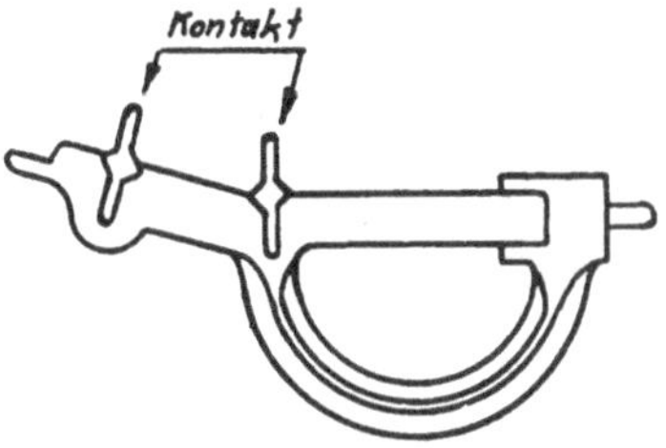

Abb. 328

In Verbindung mit kleinen Magneten kann die Quecksilberröhre unmittelbar vom Klappanker bewegt werden, wenn der Kippwinkel der Röhre und der des Magneten gleich sind. Bei größeren Magneten ist aber der auftretende Schlag so groß, daß eine sichere Schaltung mittels des Quecksilbers dann nicht erzielt werden kann. Im allgemeinen ist es außerdem nicht möglich, die beiden Kippwinkel einander gleich zu machen. Es empfiehlt sich daher, die Kippung der Quecksilberröhre durch Federkraft vornehmen zu lassen und den die Feder tragenden Hebel durch den Magneten zu bewegen oder beim Ausschalten der Röhre eine die Ausschaltung verhindernde Stütze wegzureißen. Man kann den Schaltwinkel in der Verzögerungsröhre in bescheidenem Maße variieren, damit auch die Schaltzeit. Solche Quecksilberröhren sind auch für größere Stromstärken bis etwa 50 Amp. und mit keramischer Einlage auch für Spannungen bis 500 Volt verwendbar. Der Nachteil besteht darin, daß die Verzögerungszeit nur in sehr geringem Maße durch Verstellen des Kippwinkels verändert werden kann, dagegen kann man Röhren fast für jede beliebige Verzögerungszeit bauen. Sollen in Abhängigkeit von einem Relais mehrere andere Relais oder Schütze zu verschiedenen Zeiten einschalten (z. B. Schützenselbstanlasser), dann können mehrere Röhren mit verschiedenen Verengungen nebeneinander angeordnet werden, die alle von einem Schütz aus betätigt werden können.

In Verbindung mit Schützen, Bremsmagneten, Überstromspulen und Meßinstrumenten werden häufig auch Dämpfungspumpen in Öl oder Luft verwandt. Der Kraftbedarf ist etwas größer als für Quecksilberröhren, ihre Anbringung ist meist auch etwas teurer, dagegen können besonders bei Ölpumpen die Dämpfungszeiten gut variiert werden, vor allem besteht der Vorteil darin, daß die Schläge beim Aufeinanderprallen von Magnetteilen und Kontakten gedämpft werden, wodurch eine starke Geräuschverminderung beim Schalten auftritt.

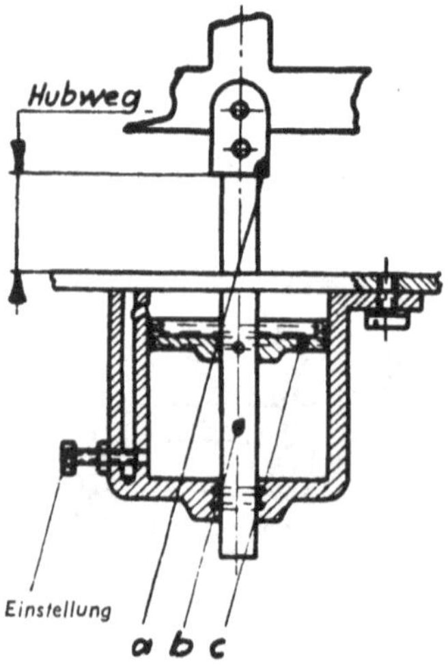

Abb. 330

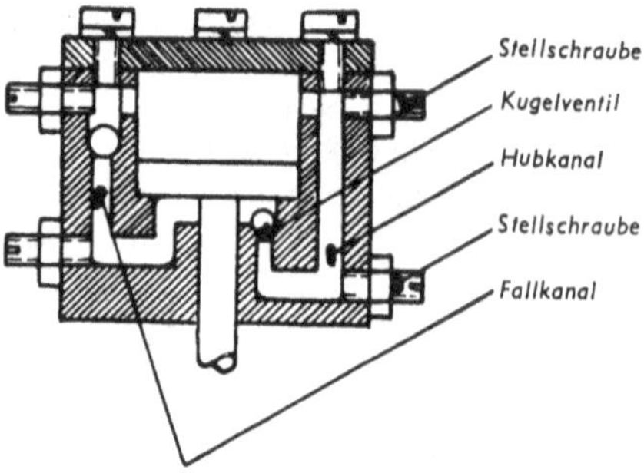

Abb. 331[1]

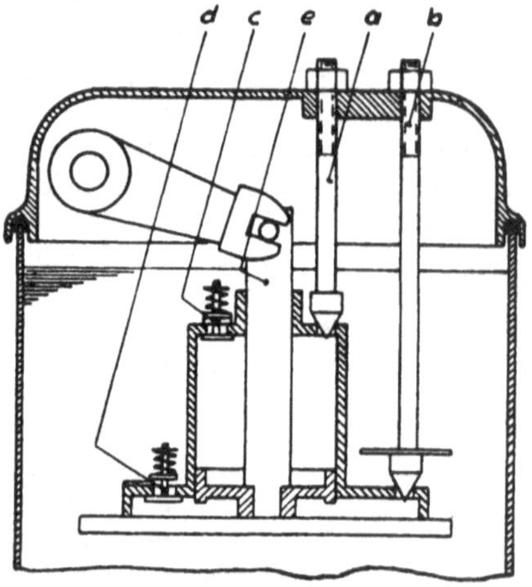

Abb. 332

Abb. 330 zeigt eine einfache Luftpumpe, die besonders in Verbindung mit Bremsmagneten verwendet wird. An der am Magnetblech a aufgehängten Zugstange b ist ein Kolben c befestigt, der in einem Dämpfungszylinder geführt wird. Durch Schrauben wird am Gehäuse der Luftaustritt beim Fallen oder Steigen des Kolbens reguliert. Der Zylinder selbst wird dicht am Gehäuse befestigt.

Eine Regulierung, die sich ebenfalls für Bremsmagnete eignet, ist in Abb. 331 dargestellt. Die abgebildete Pumpe ermöglicht sowohl veränderliche Abwärts- wie Aufwärtsdämpfung. Durch die Kugelventile wird erreicht, daß beim Pumpen stets nur ein Durchfluß des Öls in einer Richtung möglich ist. Durch die Stellschrauben ist eine feine Zeitregulierung möglich. Es genügt auch eine Stellschraube für jede Richtung. Eine andere Pumpenanordnung zeigt Abb. 332. Durch die Stellschrauben a und b wird die Dämpfungszeit für beide Kolbenrichtungen bestimmt. Durch die beiden Einweg-Ventile c und d wird je nach der Bewegungsrichtung des Kolbens Öl in dem Zylinderraum angesaugt. Die Kolbenstange e ist mit dem Magnet-Anker verbunden. Eine solche Anordnung wird bei Ölbremsmagneten verwendet.

[1]) BBC Mannheim.

In Verbindung mit schlaggedämpften Schützen, die besonders für Aufzüge häufig verwendet werden, muß der Schlag der aufeinanderprallenden Magnet- und Kontaktteile beim Einschalten vermindert werden, während das Ausschalten stets ohne Magnetkraft und ohne Dämpfung vor sich gehen muß. Man baut daher für derartige Geräte in die Pumpe eine Feder 3 (Abb. 333), durch die der Kolben nach dem Ausschalten des Schützes nach oben gedrückt wird. Vor allem die Einschaltverzögerungszeit muß gut regulierbar sein, man verwendet wegen des größeren Widerstandes meist Öl- oder Glyzerinpumpen. Die langsame Bewegung erfolgt durch Umlauf des Öls, wobei die Lochöffnung 6 durch den Kegel 7 variiert wird. Beim Abfallen des Schützankers wird durch die kleine Feder 2 der Stössel 1 nach oben gedrückt, und das Öl fließt durch das Loch 4 schnell. Durch die Kolbenfeder 3 wird der Kolben 5 wieder an den Stössel 1 gedrückt.

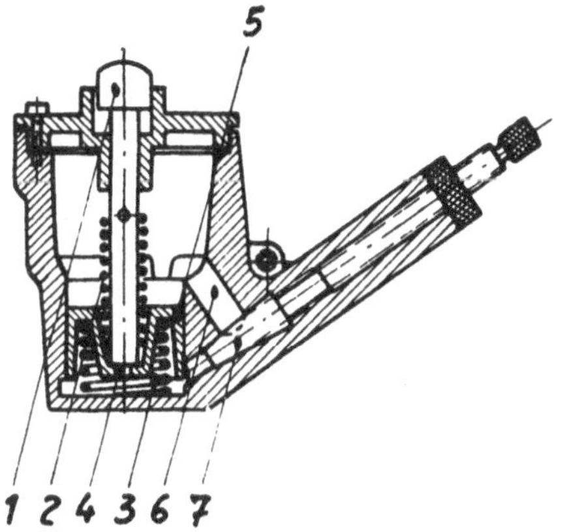

Abb. 333

Luftpumpen müssen entweder sehr große Abmessungen haben oder aber einen Lederkolben besitzen, durch den eine bessere Abdichtung erzielt wird als mit einem Metallkolben. Die überschüssige Luft wird ins Freie gedrückt. Durch einen kleinen Kegel wird die Größe der Austrittsöffnung und damit die Dämpfungszeit variiert. Solche Pumpen werden insbesondere bei Treppenautomaten auch aus Preßstoff hergestellt. Die Verzögerungszeit kann vom Bruchteil einer Sekunde bis zu einigen Minuten verändert werden.

Für alle langsam schaltenden Magnete, gleichgültig ob die Verzögerung durch Pumpe oder Hemmwerk geschieht, muß von Anfang an eine große Zugkraft gefordert werden. Man verwendet daher meist abgeschrägte Kerne. Bei Geräten, die möglichst geräuscharm schalten sollen, erfordert ein abgeschrägter Kern sehr sorgfältige Werkstattarbeit, so daß oft darauf verzichtet werden muß, sie längere Zeit eingeschaltet zu lassen (Brummgefahr!).

Über die Abhängigkeit der Anzugskraft vom Luftspalt bei Gleichstrommagneten für ebene und konische Kerne gibt nachstehendes Diagramm Auskunft (Abb. 333a)[1]).

Für alle Auslöser ist noch das Ansprechverhältnis eine wichtige Größe. Es ist das Verhältnis desjenigen Stromes, bei dem der Magnet anzieht zu demjenigen, bei dem der Magnet abfällt. Durch die Abschrägung des Kernes wird

[1]) Windred, Electr. Magnets and Windings 1943.

das Ansprechverhältnis klein gehalten. Vorschriften bestimmen die zulässigen Maximalwerte. Verzögerte Auslöser sollen ein Ansprechverhältnis von etwa 1,2 bis 1,4 haben, das von unverzögerten muß kleiner sein.

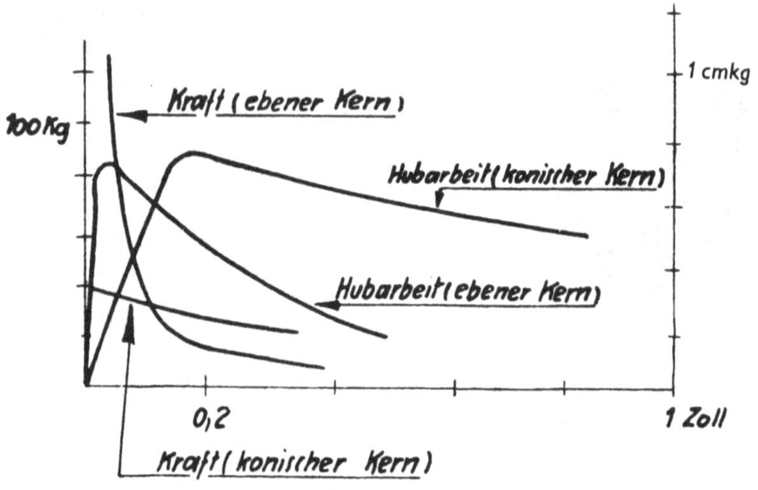

Abb. 333a

An Stelle einer Dämpfungspumpe kann als Verzögerungselement auch ein Hemmwerk verwendet werden. Das Hemmwerk kann sowohl für stromabhängige Überstrommagneten (Abb. 336)[1]) als auch für unabhängige (Abb. 335)[1]) gebaut werden.

Stromunabhängige Auslöser oder Relais sind solche, die nach einer bestimmten einstellbaren, von der Höhe des Überstromes unabhängigen Zeit, auf ein Schloß wirken oder einen Stromkreis öffnen bzw. schließen. In jedem Hemmwerk muß eine Ankerhemmung für die Verzögerung sorgen. Das Prinzip einer solchen Ankerhemmung zeigt z. B. Abb. 334.

Wird das Ankerrad 1 über das Ritzel 2 im Uhrzeigersinn gedreht, dann gleitet der Anschlag 3 des Ankers 5, der sich um die Achse 6 bewegt, an der Zahnflanke entlang und gibt das Ankerrad 1 frei. Gleichzeitig greift der Anschlag 4 in eine Zahnlücke ein und hemmt dadurch die Drehbewegung des Ankerrades 1. Daraufhin gleitet der Anschlag 4 an der Zahnflanke entlang, es greift Anschlag 3 ein und hemmt wieder das Ankerrad 1. Dieser beschriebene Vorgang wiederholt sich, solange eine Kraft auf das Ankerrad 1 einwirkt. Die Geschwindigkeit, mit der sich das Ankerrad dreht, hängt von der Trägheit des Ankers 5 ab. Durch das Pendel 7 kann

[1]) Soc. Anonyme Atelier de Constructions Electriques Charlerois.

die Trägheit des Ankers und damit auch die Ablaufzeit verändert werden. Der Abstand der Anschläge 3 und 4 des Ankers 5 ist (n + ½) Zähne, wobei n eine ganze Zahl sein muß.

Abb. 334

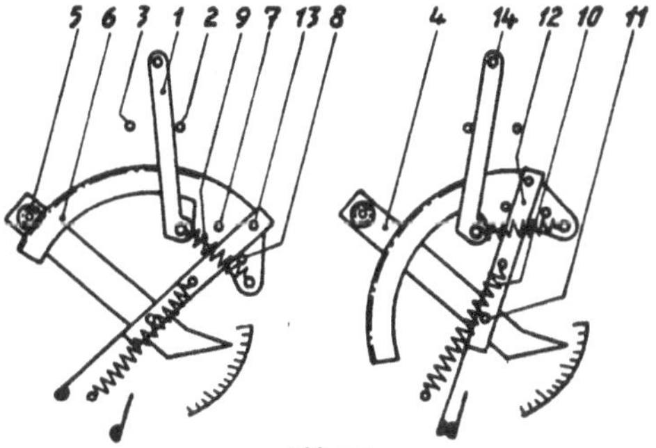

Abb. 335

Ein Hemmwerk mit Hebelübertragung zeigt Abb. 335. Der Hebel 1 dreht sich unter Einfluß eines Magneten um die Achse 14 nach links bis zum Anschlag 3 und spannt dadurch die Feder 9. Die Koppel 6 wird durch die Feder 9 im Gegenuhrzeigersinn um die feste Achse 11 bewegt, bis sie den Hebel 1 wieder an der Anschlagstelle berührt. Die Koppel 6 hat eine Zahnkurve, auf ihr ist die Achse 13 befestigt. Der mit der Koppel 6 verbundene Anschlag 8 und die Achse 13 nehmen den Hebel 12 mit, der sich um die feste Achse 11 dreht, um die auch der doppelarmige Hebel 4 stramm bewegt werden kann. Dieser Ablauf der Zahnkurve 6 wird verlangsamt, weil sie in das mit der Ankerhemmung (wie z. B. in Abb. 334 dargestellt) verbundene Ritzel 5 eingreift. Dieses Ritzel ist in dem doppelarmigen Hebel 4 gelagert. Am Ende der Ablaufzeit dreht sich unter dem Einfluß der nunmehr links von 12 liegenden Feder 10 der Hebel 12 weiter. Da die Zahnkurve 6 durch die Feder 9 an den Hebel 1 gezogen wird, dreht sie sich um die Achse 13, bis der auf 6 befestigte Anschlag 7 an dem Hebel 12 anliegt. An dem Hebel 12 ist der bewegliche Kontakt oder das mechanische Auslöseelement einer Freiauslösung angebracht. Beim Abfallen des Magneten legt sich der Hebel 1 wieder an den Anschlag 2. Der Hebel 1 drückt gegen die Zahnkurve 6 und dreht den Hebel 12 im Uhrzeigersinn um die Achse 11. Die Rückbewegung geschieht ohne Verzögerung, weil die Zahnkurve 6 am Ende der gehemmten Ablaufbewegung soweit um die Achse 13 gedreht wurde, daß das Ritzel 5 außer Eingriff bleibt. Am Ende der Rücklaufbewegung dreht sich die Zahnkurve 6 unter der Einwirkung der Federn 9 und 10 um die Achse 13, bis der Anschlag 8 sich wieder an den Hebel 12 anlegt. Die Zeiteinstellung geschieht durch Verdrehen des Hebels 4, wodurch der Eingriffsweg des Ritzels 5 mit der Zahnkurve 6 vergrößert oder verkleinert wird. Eine Verstellung der Ablaufzeit kann auch durch Veränderung der Federkraft 9 oder durch Verstellen des Pendelgewichtes (Fig. 334) erfolgen. Da der Verzögerungsmechanismus durch die Feder 9 betätigt wird, kann der Magnetanker schnell anziehen, während die gehemmte Ablaufbewegung unabhängig von der Stärke des Überstromes ist.

Das Hemmwerk nach Abb. 337 arbeitet nach dem Prinzip der Klinkenübertragung. Beim Anzug eines Magnetankers dreht sich der Hebel 9 um die Achse 10 nach rechts. Dadurch wird über die Hebel 8 und 5 der Klinkenhebel 2 im Gegenuhrzeigersinn bewegt. Um die Achse 3 ist eine Drehfeder angebracht, die den Klinkenhebel 2 mit der Rolle 1 stets im Gegenuhrzeigersinn um die Achse 3 zu drehen versucht und dadurch die Klinke von 2 im Sperrad 4 in Eingriff hält. Die Drehbewegung wird vom Sperrad 4 über verschiedene Zahnräder 6 auf eine Ankerhemmung (wie in Abb. 334 dargestellt) übertragen, welche die Ablaufbewegung verzögert. Um die gleiche Achse wie das Sperrad 4 kann die Ablaufkurve 7 gedreht werden. Hierdurch erfolgt die Einstellung von verschiedenen Auslösezeiten, denn sobald die Rolle 1, die im Klinkenhebel 2 gelagert ist, auf die Ablaufkurve 7 kommt, dreht sich der Klinkenhebel im Uhrzeigersinn und die Verklinkung wird gelöst. Der Hebel 5 dreht sich nun unverzögert weiter, bis entweder ein Kontakt geschlossen bzw. geöffnet oder eine Freiauslösung betätigt wird. Die Rückführung geht nun wieder unverzögert vor sich, da die Klinke nicht durch das Sperrad gehemmt wird. Das dargestellte Verzögerungswerk gehört zu einem abhängigen Relais oder Auslöser, da das Verzögerungswerk um so schneller arbeitet, je höher der Überstrom ist. Man kann ein solches Werk anstatt durch den Hebel 8 durch eine Zugfeder antreiben, dann zieht der Anker in jedem Falle schnell an und die Charakteristik ist die von einem unabhängigen Relais. Ein Zeitrelais mit abhängiger Charakteristik nach dem Kurvenprinzip mit Hebelübertragung kann z. B. gemäß Abb. 336 gebaut werden. Der Hebel 1 wird vom Magneten vom Anschlag 2 zum Anschlag 3 bewegt. Über den Hebel 11 wird der Winkelarm 12, der das Ritzel 6 mit dem Hemmwerk führt, längs der Zahnkurvenscheibe 4 getrieben. Durch die Achse 13 ist der Winkelarm mit dem Hebel 8 verbunden, der sich ebenfalls wie die Kurvenscheibe 4 um die Achse 7 dreht. Sobald das Ritzel die Verzahnung verlassen hat, dreht sich der

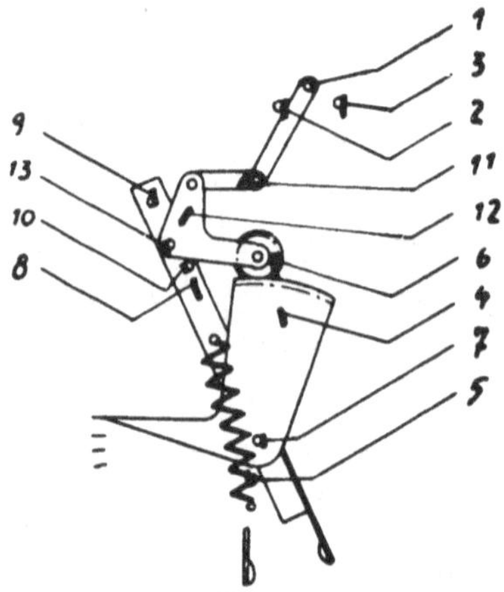

Abb. 336

Abb. 337

den beweglichen Kontakt tragende Hebel 8 unter dem Einfluß der Feder 5 unverzögert weiter, bis der Kontakt einschaltet. Hierbei kommt der Winkelarm 12 mit dem Anschlag 9 in Berührung, da er sich um die Achse 13 dreht. Das Ritzel entfernt sich daher von der Kurvenscheibe, es wird beim Ausschalten des Magneten das Relais unverzögert zurückgehen.

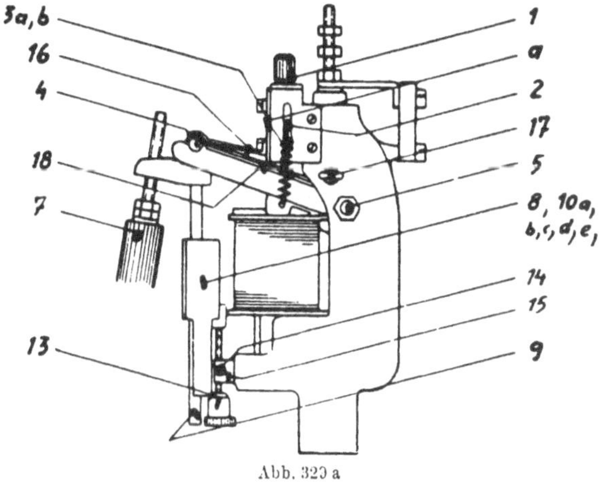

Abb. 329 a

Abb. 329a zeigt einen begrenzt abhängigen Überstromzeitauslöser. In der Skala a wird durch die Schraube 1 ein Stift, der in dem Schlitz 2 geführt ist, bewegt und damit der Überstrom eingestellt, bei dem der Magnetanker zum Anzug kommen soll. Dies geschieht dadurch, daß durch die Schraube 1 die Vorspannung der Federn 3a und 3b variiert wird. Zieht jetzt der Magnetanker an, so drückt der im Drehpunkt 5 gelagerte Anker durch die Feder 18 auf den Stift 4. Der Stift 4 ist in einem Formstück aus Messingguß befestigt, das mittels der Stange 7 auf das Schaltschloß des Schalters wirkt. Der schnelle Anzug des Stiftes wird durch das Hemmwerk 8 (Abb. 329b) verhindert, indem die Zahnstange 9 über die Zahnräder 10a, b, c, d, e mit der Ankerhemmung 11 verbunden ist. Mit dem Zahnrad 10a ist ein Sperrad 12a nebst Sperrklinken 12b verbunden. Mittels der Stellschraube 13 kann das Hemmwerk nach oben oder unten bewegt werden, wodurch die Auslösezeit variiert wird. Es wird dadurch der Eingriffsweg zwischen Ritzel und Zahnstange ver-

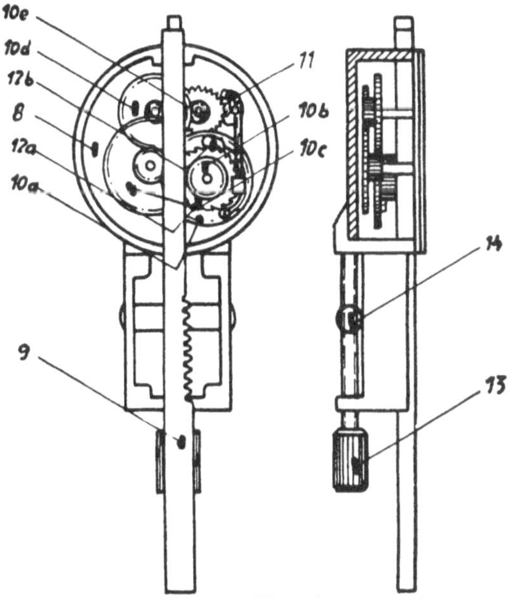

Abb. 329 b

ändert. Die im Hemmwerkrahmen gelagerte Stellschraube 13 verschiebt den Bolzen 14, der drehbar in 15 gelagert ist. Eine Feder 16 dämpft den Rückschlag des Ankers, der im übrigen durch den Bolzen 17 begrenzt wird. Die Kraft, mit der der Stift 4 bewegt wird, ist bei geringen Überströmen abhängig von der Anzugskraft des Magneten und damit von der Stromstärke. Bei höheren Überströmen wächst auch die elektromagnetische Kraft, durch die der Anker sofort angezogen und die Blattfeder gespannt wird. Die gespannte Blattfeder drückt nun unabhängig von der Höhe des Überstromes auf das Hemmwerk.

Durch die Feder 18 wird die begrenzt abhängige Charakteristik erzielt. Drückt der Anker direkt auf den Stift 4, so wird die Charakteristik des Auslösers abhängig. Ein abhängiger Auslöser hat gewöhnlich noch die Kurzschlußschnellauslösung für schwere Kurzschlüsse, ein begrenzt abhängiger nicht. Unabhängige Auslöser können nach diesem Prinzip nicht gebaut werden.

Seltener werden Verzögerungswerke, die in beiden Richtungen verzögern sollen, benötigt. Die Konstruktion derartiger Hemmwerke ist aus den angegebenen Beispielen leicht abzuleiten, man muß nur die Schwenkung des Ritzels bzw. der Kurvenscheibe nach Ablauf der Verzahnung verhindern.

Andere Verzögerungswerke arbeiten nach dem Ferrarisprinzip. Die Theorie derartiger Werke ist in Kap. 3 S. 199 kurz dargestellt. Als Überstromauslöser sind Ferrariswerke, die direkt vom Überstrom betrieben werden, stromabhängig, ein Nachteil ist ihre Frequenzabhängigkeit. Sie können allerdings auch durch eine gesonderte Stromquelle betrieben werden, die durch ein unverzögert einschaltendes magnetisches Überstromrelais eingeschaltet wird. Dann sind sie stromunabhängig. Nach einer bestimmten Zeit schließen sie einen Kontakt, durch den sie ein weiteres unverzögertes Relais einschalten, durch das das Hauptgerät ausgeschaltet wird.

Die Scheibe kann z. B. an einem Seidenfaden hängende Gewichte heben, die beim Auslösen gegen einen Kontakt stoßen. Je größer die Gewichte sind, die gehoben werden müssen, desto höher ist der Auslöserstrom, je länger der Faden, desto länger die Auslösezeit.

Man kann auch an Stelle eines durch Gewichte beschwerten Seidenfadens eine einstellbare Feder zur Überstromeinstellung wählen, oder die magnetische Dämpfung kann verstellbar gebaut werden.

Ferrariswerke haben gegenüber den Hubmagneten den Vorteil, daß keine Brummgeräusche entstehen können.

Überstromauslöser nach dem Ferrarisprinzip werden jedoch in der Niederspannungstechnik jetzt selten verwandt, dagegen werden neben Hemmwerken auch Ferrariswerke als Zeitschalter, z. B. zur Erzielung der Verzögerungszeit bei Verzögerungskontakten, verwendet. Die Bewegung der Scheibe wird auf eine Walze aus Preßstoff, imprägniertem Holz oder Hartpapier durch Zahnradübersetzung übertragen, auf der die Walzensegmente befestigt sind. Die Walze muß leicht sein, da die zur Verfügung stehenden Kräfte nur klein sind.

Abb. 338 gibt an, wie derartige Walzen zu schalten sind. Es sind folgende Gesichtspunkte zu beachten:

1. Das Laufwerk muß unabhängig vom Netzschütz eingeschaltet werden und muß sich nach der Einschaltung weiterdrehen.

2. Das Netzschütz darf nur eingeschaltet werden können, wenn die Walze in der Nullstellung steht. Auf diese Weise wird erreicht, daß bei einem Ausfall der Spannung auf einer Zwischenstellung der Walze, diese, bevor neu eingeschaltet werden kann, erst in die Nullstellung geht.

An Stelle von Ferrarisschaltwerken werden seltener kleine einphasige Motoren, insbesondere kleine Synchronmotoren mit asynchronem Anlauf und Hilfswicklung als Walzenantrieb verwandt, sie entwickeln ein größeres Moment, dagegen ist der Antrieb teurer. Für Gleichstrom ist es wesentlich vorteilhafter, einen Hubmagneten mit Hemmwerk zu verwenden, da keine Geräusche auftreten und sonst ein Motorantrieb für die kleine Hilfswalze gewählt werden müßte, was teurer ist.

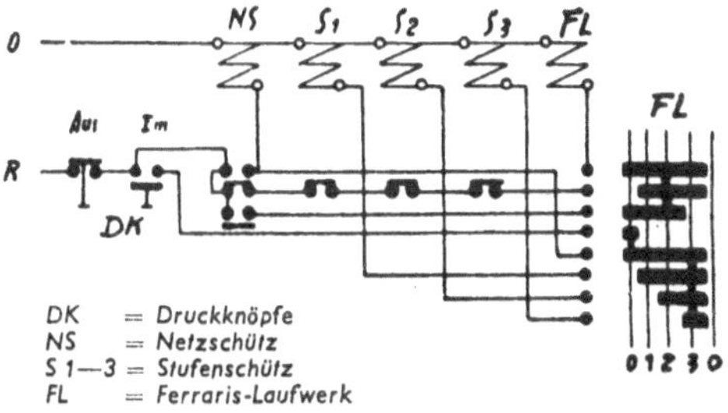

Abb. 338

Eine andere Verzögerungseinrichtung arbeitet nach thermischem Prinzip. Ein Wärmeelement, z. B. ein Bimetallstreifen wird erwärmt und schließt nach einer einstellbaren Zeit einen Kontakt, durch den ein Relais eingeschaltet wird. Solche Verzögerungseinrichtungen müssen, abgesehen von den Fällen, wo konstante Stromstärke vorliegt, in den Spannungskreis eingeschaltet werden. Ist nun bereits eine Relaisspule vorhanden, so kann der Wärmeauslöser mit vom Spulenstrom geheizt werden. Bei kleineren Geräten ist dieser Strom meist nicht ausreichend, so daß die Heizung über einen Transformator, dessen Kern gleichzeitig der Schützmagnet ist, geschieht.

Die Einschaltung darf nur dann erfolgen, wenn das Relais kalt ist, da sonst die Verzögerungszeit kürzer als die eingestellte wäre. Man kann daher nach erfolgter Einschaltung nicht unmittelbar wieder einschalten. Dieser Nachteil muß in Kauf genommen werden. Um zu erzwingen, daß nur dann, wenn der Auslöser kalt ist, eingeschaltet werden kann, soll wie in Abb. 339a und b vorgesehen, die vom Einschaltdruckknopf führende Leitung über das Wärmerelais geführt werden, und zwar in der Weise, daß der Ruhekontakt des Wärmerelais nur im kalten Zustand eingeschaltet ist. Die Heizung des Wärmeelementes muß sofort unterbleiben, wenn das verzögert eingeschaltete Schütz angezogen hat. Dies kann entweder gemäß Abb. 339a in der Weise geschehen, daß durch Einschalten des zweiten Schützes eine auf diesem befindliche Spule entgegen der Heizspule geschaltet wird und diese entregt oder gemäß Abb. 339b, daß ein Hilfskontakt am Nachschaltschütz den Heizkreis öffnet.

Die Konstruktion derartiger Auslöser ist ähnlich wie die von Motorschutzauslösern mit Tastkontakt, die Einstellung erfolgt in gleicher Weise. Der Kontakt kann z. B. durch Aufsetzen von isoliert angebrachten Silberplättchen auf den Wärmestreifen erfolgen. Es kann aber auch ein federnder Tastkontakt vom Bimetallstreifen bewegt werden und dadurch die Ein- und Ausschaltung erfolgen. Es ist

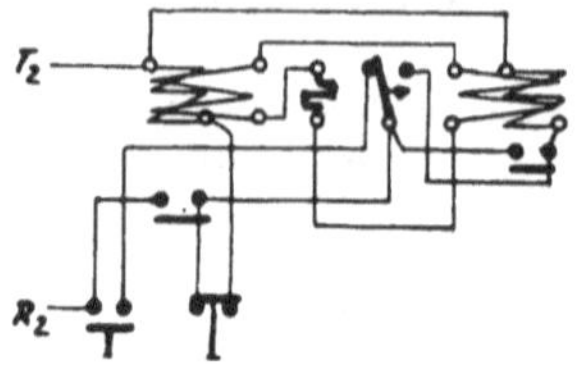

Abb. 339 a

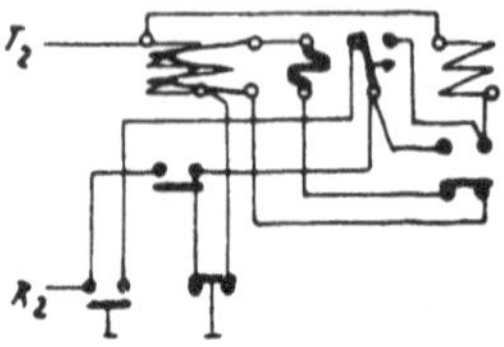

Abb. 339 b

zweckmäßig, derartige Verzögerungseinrichtungen mit Kompensation zu versehen, sie sind für Gleich- und Wechselstrom verwendbar. Sind mehrere Kontakte in Abhängigkeit von einem Schütz zu schalten, so sind sie meist zu teuer, außerdem ist die Verzögerungszeit nicht so exakt wie bei den anderen Verzögerungseinrichtungen einzustellen. Thermische Einrichtungen als Verzögerungselement genügen meist für kleine Sterndreieckschalter bis etwa 5 kW; die Verzögerungszeit beträgt hierbei etwa 4 sek. Für größere Sterndreieckschalter ist die Verzögerungszeit länger: daher müssen Uhr-, Pump- oder Ferrarislaufwerke als Verzögerungselement vorgesehen werden. Die Verzögerung beträgt etwa

bis	3	kW	3	sek.
„	10	„	5	„
„	20	„	6,5	„
„	30	„	7,5	„
„	100	„	12	„

Kurze Verzögerungszeiten bei Vorhandensein von Gleichstrom können auch durch Anbringen einiger Kurzschlußwindungen auf einem Elektromagneten erzielt werden.

Berührungsschutzschalter

Neben den bisher besprochenen automatischen Schutzschaltern haben sich in den letzten Jahren noch Einrichtungen gegen zu hohe Berührungsspannungen eingebürgert. Sobald das Gehäuse eines elektrischen Gerätes unter eine Spannung kommt, die über 68 Volt gegen Erde beträgt, kann die Berührung des Gehäuses für Menschen gefährlich werden. Man verlangt daher bei allen Geräten über 250 Volt und solchen zwischen 65 und 250 Volt gegen Erde, die besonders gefährdet sind (gute Leitfähigkeit des Standortes) eine besondere Schutzschaltung. Der einfachste Berührungsschutz besteht darin, die Geräte mit isoliertem Gehäuse (Formpreßstoff Type 7 notfalls Type 31) zu versehen. Das ist aber meist nicht möglich. Die mechanische Beanspruchungsfähigkeit des Isoliermaterials läßt sich mit der von Metall nicht vergleichen, die Einrichtungskosten sind hoch, so daß nur gut gängige Modelle isoliert gekapselt gebaut werden können. Motoren und viele andere Geräte können überhaupt nicht isoliert gekapselt ausgeführt werden.

Man kann alle Geräte erden, aber die Erdung allein ist häufig kein ausreichender Schutz. Der Übergangswiderstand zwischen Erdleitung und Boden verursacht, daß eine Spannung zwischen dem geerdeten Gerät und der Erde selbst auftreten kann, wenn ein Strom vom Gehäuse — z. B. weil dieses mit spannungführenden Teilen in Verbindung gekommen ist — zur Erde fließt. Sorgfältige Erdung vermindert natürlich diese Gefahr. Aber auch das Nullen führt nicht immer zum Erfolge, da auch der Nulleiter nicht widerstandslos ist, er außerdem unterbrochen werden kann und schließlich durch Phasenschluß wegen des Erdwiderstandes Spannung zwischen Nulleiter und Erde auftreten kann.

Leicht zugängliche Gehäuse, insbesondere von Geräten, die sich im Haushalt befinden — wie Kochherde, Warmwasserspeicher — aber auch Industriegeräte werden zweckmäßigerweise mit einer Einrichtung versehen, durch die ein Gerät, dessen Gehäuse eine größere Spannung als etwa 42 Volt gegen Erde hat, abgeschaltet wird. Es gibt, um dies zu erreichen, verschiedene Möglichkeiten. In Deutschland hat sich insbesondere das System von Heinisch-Riedl, in Großbritannien ein System, das von Rey-Rolle & Co. patentiert ist, eingebürgert, daneben gibt es aber auch noch andere Lösungen, die hier kurz besprochen werden sollen.

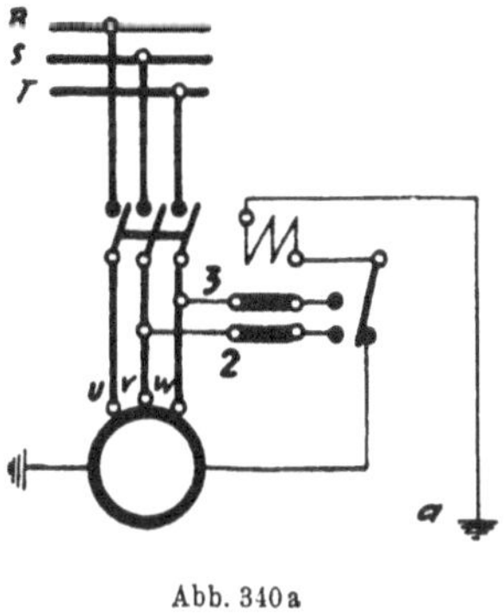

Abb. 340a

Bei dem Heinisch-Riedl-Schutzschalter (Abb. 340a) wird eine hochohmige Spule zwischen das geerdete Gehäuse und eine Hilfserde gelegt. Sobald zwischen den Spulenenden eine Spannung von 22 ± 2 Volt auftritt, zieht ein Magnet an, und der Schalter trennt den Motor vom Netz. Die Wirksamkeit der Spule wird mittels einer Prüfeinrichtung nachgeprüft, durch die über induktionsfreie Vorschaltwiderstände die Schutzspule abwechselnd an die verschiedenen Phasen gelegt wird. Eine solche Prüfeinrichtung mit einer Prüftaste, die jeweils über den Kohlewiderstand 2 oder 3 die Spule verbindet, zeigt z. B. Abb. 340b[1]).

[1]) Sbik-Bruchsaal.

Jeder Heinisch-Riedl-Schutzschalter soll eine Freiauslösung haben, die Auslösespule arbeitet auf die Auslösung in gleicher Weise wie die thermische oder magnetische Überstromauslösung. Es ist sehr zweckmäßig, eine Berührungsschutzspule mit einem Überstromschalter zu verbinden, um so mehr als die Freiauslösung bei diesem bereits vorhanden ist.

Die Schutzschaltung versagt jedoch, wenn die Leitung zwischen dem Schutzschalter und dem zu schützenden Gehäuse oder der Hilfserde unterbrochen ist, oder die Spule kurzgeschlossen wird, also wenn Hilfs- und Haupterde direkt verbunden sind.

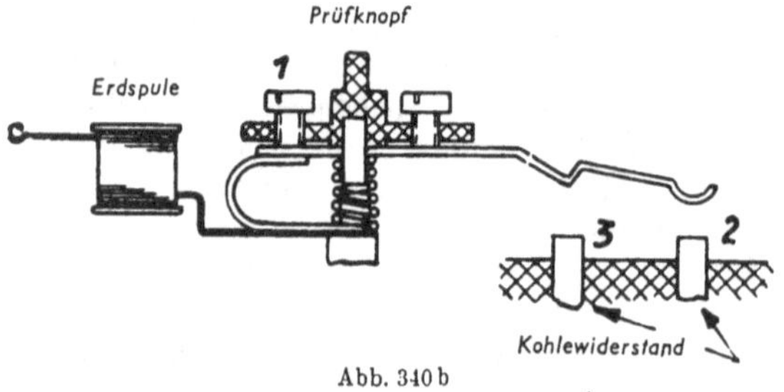

Abb. 340 b

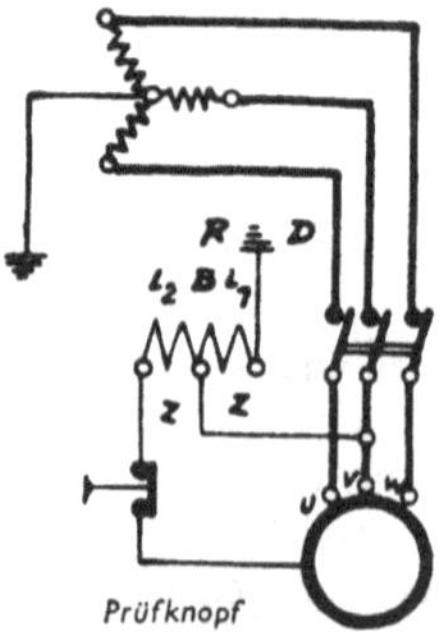

Abb. 341

Das System von Rey-Rolle ist in Abb. 341 abgebildet. Der Schaltspule wird in der Mitte (Punkt B) durch eine Leitung Strom zugeführt. Die beiden Spulenhälften 1 und 2 sind entgegengesetzt gewickelt, so daß sich der von V kommende Strom nicht auswirken kann, da sich die magnetischen Wirkungen aufheben, solange das Gehäuse des Motors (Erdung hier nicht mitgezeichnet) Erdpotential hat. Wird jedoch eine Leitung unterbrochen oder kommt das Gehäuse oder die Hilfserde gegen Erde unter Spannung, so zieht der Magnet an.

Der Spulenstrom errechnet sich wie folgt:

$$U - i_2 Z - U_E = 0$$

$$U = i_1 (Z + R) \qquad i_1 = \frac{U}{Z + R} \qquad i_2 = \frac{U - U_E}{Z}$$

$$Zi = (i_1 - i_2) Z = \frac{U Z}{Z + R} - U + U_E$$

U = Spannung zwischen Phase und Erde
U_E = Spannung am Gehäuse (Berührungsspannung)
Z = Spulenhälftenimpedanz
R = Widerstand bei D.

Der Widerstand der Hilfserde wird hoch gewählt. Eine Prüfeinrichtung ist unnötig, weil man statt dessen in die Leitung B eine kleine Prüflampe legen kann, durch die angezeigt wird, daß der Punkt B unter Spannung steht. Man kann noch einen Prüfknopf einbauen, nach dessen Drücken ausgeschaltet wird. Das System versagt, wenn beide Erdleitungen unterbrochen sind. Die Sicherheit ist jedoch größer als beim Heinisch-Riedl-Schutzsystem.

Das System von Tasseron ist in Abb. 342 dargestellt. Sobald das Motorgehäuse eine unzulässige Spannung gegen Erde erhält, sinkt auch der Spannungsunterschied gegen die Phasen. Es werden daher drei Nullspannungsspulen gemäß Abb. 342 geschaltet, von denen zumindest eine abschalten muß. Die Einrichtung wird vor allem in Dreiphasensystemen ziemlich kompliziert. Die Unterspannungsauslösung wird jedoch erspart. Prüfeinrichtungen sind unnötig.

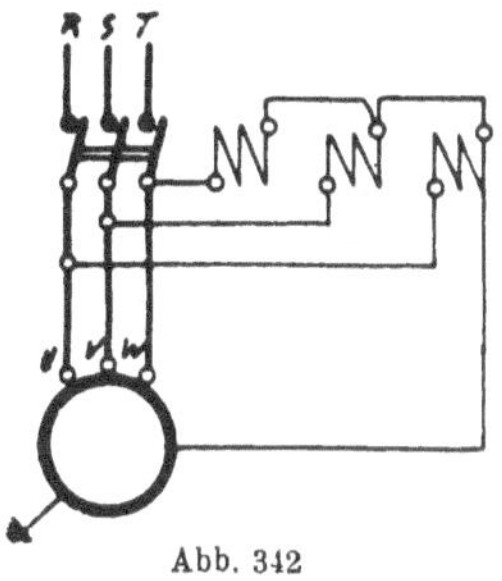

Abb. 342

Dieses System ist in Netzen mit starken Spannungsschwankungen nicht verwendbar, hat dagegen den Vorteil, daß es ohne Hilfserde arbeitet, da alle Anordnungen mit Hilfserde versagen, wenn Kurzschluß zwischen zu erdendem Gehäuse und der Hilfserde bzw. dem mit der Hilfserde verbundenen Spulenende besteht.

Schutzgeräte in Systemen mit durchgehendem Nulleiter gegen unzulässige Nullleiterspannung sind noch Stationsschalter, bei denen im Nulleiterstromkreis ein thermisches Relais eingebaut ist. Führt der Nulleiter einen unzulässigen Strom, so schaltet der Stationsschalter ab. Die Stationsschalter können auch mit thermischem und magnetischem Überstromschutz und Berührungsschutz ausgestattet werden. Neben Berührungsschutzgeräten gibt es vor allem zum Schutze von Generatoren, Leitungen und Kabeln eine Menge verschiedenartigster Relais, die unter der Bezeichnung Selektivschutz zusammengefaßt sind.

Es würde über den Rahmen des vorliegenden Buches hinausgehen, das ganze Gebiet des Selektivschutzes zu behandeln. Dies gehört eher in den Rahmen einer Abhandlung über Hochspannungsschaltgeräte und Kraftwerksanlagen, denn auch Generatoren, die Leistungen von 1000 KVA nicht überschreiten, werden selten anders als mit einem einfachen Überstromschutz, wie er in diesem Buche geschildert ist, ausgestattet. Größere Einheiten erhalten allerdings meist noch Differential-Erdschluß oder Energierichtungsrelais usw. Derartige Generatoren arbeiten aber meist mit höheren Spannungen oder werden oft direkt mit den Transformatoren verbunden und hochspannungsseitig abgeschaltet, die Relais wirken dann auf den Hochspannungsleistungsschalter.

Register

L

M

N

O

P

T

U

V

W

Z

Elektrische Schaltgeräte, Anlasser und Regler

I. Theoretische Grundlagen zur Berechnung der Schaltgeräte. Von **F. Kesselring.** 3. Aufl. Mit zahlreichen Abb. 1949. 143 S. In Vorbereitung. DM 2,40
(Sammlung Göschen Band Nr. 711)

Die komplexe Berechnung von Wechselstromschaltungen

Von **H.-H. Meinke.** Mit 114 Abb. 1949. 160 S. DM 2,40
(Sammlung Göschen Band Nr. 1156)

Elektrotechnik

Ein Lehrbuch für den Praktiker. Von **A. Däschler,** Zürich.
Bearb. d. 1. deutschen Aufl. **H. Bornemann,** Berlin. Mit 252 Abb. 1949. VII, 131 S. DM 5,80
(Techn. Verlag Herbert Cram)

Grundzüge der Elektrotechnik

Ein Lehrbuch mit Aufgabensammlung zum Gebrauche beim Unterricht an höheren technischen Lehranstalten und zum Selbststudium. Von Prof. Dr. **G. Maier.** 2. Aufl. Mit etwa 400 Abb. Etwa 500 S. In Vorbereitung.
(Techn. Verlag Herbert Cram)

Die symmetrischen Komponenten unsymmetrischer Drehstromsysteme

Von **E. Hueter.** Mit 35 Abb. 1949. 47 S. DM 2,40

Elektrolyt-Kondensatoren

Ihre Entwicklung, wissenschaftliche Grundlage, Herstellung, Messung und Verwendung. Von Prof. Dr.-Ing. **A. Güntherschulze** und Ing. **H. Betz.** 2. Aufl. Mit vielen Abb. In Vorbereitung.
(Techn. Verlag Herbert Cram)

WALTER DE GRUYTER & CO., BERLIN W 35

Aus der Sammlung Göschen

Humburg, K., Die Gleichstrommaschine I. (Band 257) Mit 59 Abb. Durchgesehener Neudruck. 1949. 102 S.

Humburg, K., Die Gleichstrommaschine II. (Band 881) Mit 38 Abb. Durchgesehener Neudruck. 1949. 98 S.

Humburg, K., Die synchrone Maschine. (Band 1146) Mit 79 Bildern. 1949. 109 S.

Schäfer, W., Transformatoren. (Band 952) 2. Aufl. Mit 74 Abb. 1949. 128 S.

Daßler, A., Elektrochemie I. (Band 252) Mit 21 Abb. 1950. In Vorbereitung.

Daßler, A., Elektrochemie II. (Band 253) Mit 17 Abb. 1950. In Vorbereitung.

Mahler, G., Physikalische Formelsammlung. (Band 136) 8., verbess. Aufl. 1950. 153 S. In Vorbereitung.

Schulz, G., Formelsammlung zur praktischen Mathematik. (Band 1110) Mit 10 Abb. Durchgesehener Neudruck. 1945. 147 S.

Adler A., Fünfstellige Logarithmen. (Band 423) Mit mehreren graphischen Rechentafeln und häufig vorkommenden Zahlwerten. 2. Aufl. Neudruck. 1 Tafel. 1947. 127 S.

Fischer, P. B., Arithmetik. (Band 47) 2. Aufl. 1948. 152 S.

Ende, E. vom, Die Maschinenelemente. (Band 3) 2., verbesserte Aufl. Mit 175 Fig. und 12 Tafeln. 1950. In Vorbereitung.

Tochtermann, W., Das Maschinenzeichnen mit Einführung in das Konstruieren. (Band 589) I: Das Maschinenzeichnen. 4. Aufl. Mit 77 Tafeln. 1950. 156 S. In Vorbereitung.

— —, (Band 590) II: Ausgeführte Konstruktionsbeispiele. 4. Aufl. Mit 58 Tafeln. 1950. 130 S. In Vorbereitung.

Witting, A., Repetitorium und Aufgabensammlung zur Differentialrechnung. (Band 146) 2. Aufl. Neudruck. 1949. 122 S.

— —, **Repetitorium und Aufgabensammlung zur Integralrechnung.** (Band 147) 2. Aufl. Neudruck. 1949. 121 S.

Jeder Band DM 2,40

WALTER DE GRUYTER & CO., BERLIN W 35

FSC
www.fsc.org
MIX
Papier | Fördert
gute Waldnutzung
FSC® C083411

Kolibri 360 GmbH
Ferdinand-Jühlke-Straße 7
99095 Erfurt, Deutschland
produktsicherheit@kolibri360.de